高等学校规划教材

理论力学（第二版）

主编　张淑芬

中国建筑工业出版社

图书在版编目(CIP)数据

理论力学/张淑芬主编．—2版．—北京：中国建筑工业出版社，2011.7

（高等学校规划教材）

ISBN 978-7-112-13202-7

Ⅰ.①理… Ⅱ.①张… Ⅲ.①理论力学-高等学校-教材 Ⅳ.①031

中国版本图书馆CIP数据核字(2011)第085304号

本书是为适应新世纪普通高等教育本科院校工科专业的教学需求，结合近年来力学教学改革的成果及学生的特点而编写的。教材内容编排以够用为度，兼顾理论体系完整，注重与工程实际问题的联系，重点突出，文字简练。格式、符号力求清晰、规范，符合国家标准。本书主要内容包括：静力学、运动学、动力学普遍定理、达朗贝尔原理、虚位移原理等。本书配有一定量的思考题、习题及以框图形式对各章知识点进行概括的小结，书末附有答案。

本书可作为普通高等院校工科各专业中、多学时理论力学课程的教材，也可作为成人教育、自学考试、函授大学、职工大学相应专业的教材，还可供有关工程技术人员参考。

* * *

责任编辑：王 跃 吉万旺
责任设计：张 虹
责任校对：王雪竹 关 健

高等学校规划教材
理论力学（第二版）
主 编 张淑芬
副主编 梁 斌 王彦生 徐红玉
*
中国建筑工业出版社出版、发行（北京西郊百万庄）
各地新华书店、建筑书店经销
北京红光制版公司制版
北京市兴顺印刷厂印刷
*
开本：787×1092毫米 1/16 印张：23½ 字数：580千字
2011年7月第二版 2011年7月第四次印刷
定价：**39.00**元
ISBN 978-7-112-13202-7
(20620)

第二版前言

现代科学技术的迅速发展和市场经济对高等工科院校人才培养提出了更高的要求。为适应新形势的需要，本书对前一版进行了修订。通过多年的教学实践，本书的体系和风格已经比较成熟，本版仍保持前一版的风格，坚持理论严谨，逻辑清晰，由浅入深的原则，对原有教学内容进行一定调整，适当提高起点，增加部分新内容，拓宽内容的深广度，如增加了虚位移原理等，为学有余力者创造深入学习的条件；精练了对点的运动学、质点动力学普遍定理等与大学物理有关内容的叙述，加强应用，较好地处理了衔接问题；更新并精选例题、习题，加强对工程实例分析；注重对工程意识、科学思维方法和建模能力的培养。修订后的教材更有利于激发学习兴趣，启发并提高思维能力，为培养其创新精神和创新能力奠定基础。各章后面均附有以串联、并联形式概括体现的知识结构框图小结，有利于学生对所学内容的梳理、归纳。

本书可作为普通高等工科院校四年制土建、机械、交通、动力、水利等专业中、多学时理论力学课程的教材，也可供其他专业选用，或作为自学、函授教材，也可供工程技术人员学习参考。

本书由张淑芬主编和统稿，梁斌、王彦生、徐红玉任副主编，全书分为三篇共十五章，第一篇静力学由李作良、徐红玉、张淑芬编写，第二篇运动学由王彦生、徐红玉、刘宗发编写，第三篇动力学由刘宗发、梁斌、张淑芬编写。张彦斌、侯中华、虞跨海参加了该教材的修订工作。

本版由郑州大学孙利民教授和兰州大学武建军教授审阅，他们提出了许多宝贵意见和建议，使本书得以完善和增色。中国建筑工业出版社对该书的出版给予了积极支持和帮助，特此致谢。

本教材在修订过程中，得到河南科技大学教务处和规划与建筑工程学院及力学系教师的大力支持和帮助，在此表示衷心感谢。本书由河南科技大学教材出版基金资助。编写与修订中参考了国内外一些优秀教材，在此向教材的编著者们一并致谢。

限于编者水平和经验，本书难免有疏漏与不妥之处，恳请同行专家和使用本书的广大读者批评指正，并希望通过E-mail与我们联系(张淑芬：zsf@mail.haust.edu.cn；梁斌：liangbin@mail.haust.edu.cn；王彦生：wys@mail.haust.edu.cn；徐红玉：163xuhongyu@163.com)。

2011年2月

第一版前言

理论力学是高等院校工科专业的技术基础课，研究物体机械运动的一般规律及其在工程实际中的应用，同时也是后续力学课程和基础专业课程的理论基础。

本教材是为适应新世纪普通高等院校工科专业的教学需求，结合近年来力学教学改革的成果及学生的特点而编写的。在编写过程中，继承了该门课程理论严密，逻辑性强，由浅入深的优点，适当提高起点，在删除与大学物理重复部分的同时，增加部分新内容。内容力求精练，以适应当前学时有所减少的状况。在加深物理概念阐述的同时也注重工程建模能力的培养。书中附有大量的例题和习题供教师选用和学生练习，设置的思考题可启发思维，培养其创新精神。

本书可作为高等工科院校四年制机械、土建、交通、动力等专业中学时理论力学课程的教材，也可供其他专业选用，或作为自学、函授教材，也可作为工程技术人员学习参考。

全书分为三篇共十四章。由张淑芬担任主编，梁斌和王彦生担任副主编，第一篇静力学由李作良、徐红玉、张彦斌编写，第二篇运动学由王彦生、徐红玉、刘宗发编写，第三篇动力学由刘宗发、梁斌、张淑芬编写。全书由张淑芬统稿。

本书由河南省力学学会秘书长、郑州大学孙利民教授和甘肃省力学学会秘书长、兰州大学武建军教授审阅，他们提出了许多宝贵意见。中国建筑工业出版社有关同志对本书的出版给予了支持和帮助，编者特此致谢。

本教材在编写过程中，得到了河南科技大学和建筑工程学院领导及专家的大力支持和帮助，力学研究所教师也提出了不少宝贵意见，在此表示衷心感谢。本书由河南科技大学教材出版基金资助。编写中参考了国内外一些优秀教材，在此向教材的编著者们一并致谢。

限于编者水平，书中难免有疏漏与不妥之处，敬请使用本书的广大师生和读者批评指正，并希望通过 E-mail 与我们联系（张淑芬：zsf@mail. haust. edu. cn；梁斌：liangbin@mail. haust. edu. cn；王彦生：wys@mail. haust. edu. cn）。

2006 年 8 月

目 录

第二篇　运　动　学

第三篇 动 力 学

主 要 符 号 表

$\boldsymbol{a}$	加速度
$\boldsymbol{a}_n$	法向加速度
$\boldsymbol{a}_\tau$	切向加速度
$\boldsymbol{a}_a$	绝对加速度
$\boldsymbol{a}_r$	相对加速度
$\boldsymbol{a}_e$	牵连加速度
$\boldsymbol{a}_C$	科氏加速度
A	面积，自由振动振幅
f	动摩擦因数
f_s	静摩擦因数
$\boldsymbol{F}$	力
$\boldsymbol{F}'_R$	主矢
$\boldsymbol{F}_s$	静滑动摩擦力
$\boldsymbol{F}_N$	法向约束力
$\boldsymbol{F}_I$	惯性力
$\boldsymbol{F}_{Ie}$	牵连惯性力
$\boldsymbol{F}_{IC}$	科氏惯性力
$\boldsymbol{g}$	重力加速度
h	高度
$\boldsymbol{i}$	x 轴的基矢量
$\boldsymbol{I}$	冲量
$\boldsymbol{j}$	y 轴的基矢量
J_z	刚体对 z 轴的转动惯量
J_{xy}	刚体对 x，y 轴的惯性积
J_C	刚体对质心的转动惯量
k	弹簧刚度系数
$\boldsymbol{k}$	z 轴的基矢量
l	长度
d	力偶臂，直径，距离
β	角度坐标
δ	滚阻系数
δ	变分符号
ρ	密度,曲率半径,回转半径
φ	角度坐标
φ_f	摩擦角
C	速度瞬心，质心
$\boldsymbol{L}_O$	刚体对点 O 的动量矩
$\boldsymbol{L}_C$	刚体对质心的动量矩
m	质量
M_z	力对 z 轴的矩
$\boldsymbol{M}$	力偶矩，主矩
$\boldsymbol{M}_O(\boldsymbol{F})$	力 $\boldsymbol{F}$ 对点 O 的矩
$\boldsymbol{M}_I$	惯性力的主矩
$\boldsymbol{M}_f$	滚动阻力偶
n	质点数目
O	参考坐标系的原点
$\boldsymbol{p}$	动量
P	重量，功率
r	半径
$\boldsymbol{r}$	矢径
$\boldsymbol{r}_O$	点 O 的矢径
$\boldsymbol{r}_C$	质心的矢径
R	半径
s	弧坐标，路程，弧长
t	时间
T	动能，周期
$\boldsymbol{v}$	速度
$\boldsymbol{v}_a$	绝对速度
$\boldsymbol{v}_r$	相对速度
$\boldsymbol{v}_e$	牵连速度
$\boldsymbol{v}_C$	质心速度
V	势能，体积
W	力的功
x，y，z	直角坐标
α	角加速度
ψ	角度坐标
ω_n	固有角频率
ω	角速度
ω_a	绝对角速度
ω_r	相对角速度
ω_e	牵连角速度

绪　论

一、理论力学的研究对象和内容

理论力学是研究物体机械运动一般规律的学科。

机械运动是指物体在空间的位置随时间的变化。例如车辆、船只的行驶，飞行体的航行，机器的运转，建筑物的振动，大气和河水的流动等等，都是机械运动，平衡则是机械运动的一种特殊运动形式。除机械运动外，物质的发声、发光、发热、化学过程、电磁现象，以至人类的思维活动、生命现象等也都是物质的运动形式。在多种多样的运动形式中，机械运动是人们在日常生活和生产实践中最常见、最普遍、也是最简单的一种运动。

本课程的研究对象是速度远小于光速的宏观物体的机械运动，它属于以伽利略和牛顿总结的基本定律为基础的经典力学的范畴。至于物体的速度接近于光速的运动，则必须用相对论的理论进行研究，而基本粒子的运动，则须用量子力学的观点才能完善地予以解释。这固然说明经典力学的局限性，但是，经过长期的实践证明，不仅在一般工程中，就是在一些尖端科学技术（火箭、宇宙航行等）中，所考察的物体都是宏观物体，运动速度也都远远小于光速，应用经典力学来解决不仅方便，而且能够保证足够的精确性，所以经典力学至今仍有很大的实用意义，并且还在不断地发展。

理论力学的内容包括以下三个部分：

静力学——研究物体在力系作用下的平衡条件，同时还研究物体的受力分析及力系简化的方法等。

运动学——用几何的观点研究物体的运动（如轨迹、速度和加速度等），而不涉及引起物体运动的物理原因（作用力和物体的质量）。

动力学——研究物体的运动状态的变化与作用力之间的关系。

二、理论力学的研究方法

科学研究的过程，就是认识客观世界的过程，任何正确的科学研究方法，一定要符合辩证唯物主义的认识论。理论力学的研究和发展也必须遵循这个正确的认识规律。

1. 通过观察生活和生产实践中的各种现象，进行无数次的科学实验，经过分析、综合和归纳，总结出力学最基本的概念和定律。如“力”和“力矩”的概念，“加速度”的概念；摩擦定律以及动力学三定律等都是在大量实践和实验的基础上经分析、综合和归纳得到的。

2. 在对事物观察和实验的基础上，通过抽象化建立力学模型。客观事物总是复杂多样的，当我们拥有大量来自实践的资料之后，必须根据所研究的问题的性质，抓住主要的、起决定作用的因素，撇开次要的、偶然的因素，深入事物的本质，了解其内部联系，建立抽象化的力学模型。这就是力学中普遍采用的抽象化方法。这种抽象化、理想化的方法，一方面简化了所研究的问题，另一方面也更深刻地反映出事物的本质。例如，在某些问题中忽略实际物体受力后的微小变形，建立形状大小均不改变的刚体模型；在另一些问题中则忽略物体的大小和形状，得到质点的模型等等。一个物体究竟应该作为质点还是作为刚体看待，主要决定于所讨论问题的性质，而不决定于物体本身的大小和形状。例如机器上的零件，尽管尺寸不大，当要考虑它的转动时，就须作为刚体模型看待。火车的长度虽然以百米计，当我们将列车作为一个整体来研究它沿铁道线路运行的距离、速度和加速度时，却可以作为一个点来看待。即使同一个物体，随着研究问题性质的不同，有时可作为质点，有时则要作为刚体。例如地球半径为6370km，但当研究它在绕太阳公转的轨道上的运行规律时，可以当做质点，而当考察它的自转时，却必须当做刚体。当然，任何抽象化的模型都是相对的。当条件改变时，必须再考虑到影响事物的新的因素，建立新的力学模型。例如：要分析物体内部的受力状态或解决一些复杂物体系的平衡问题时，必须考虑到物体的变形，建立弹性体模型。

3. 在建立力学模型的基础上，从基本定律出发，用数学演绎和逻辑推理的方法，得出正确的具有物理意义和实用价值的定理和结论，在更高的水平上指导实践，推动生产的发展。

从实践到理论，再由理论回到实践，通过实践进一步补充和发展理论，然后再回到实践，如此循环往复，每一个循环都在原来的基础上提高一步。和所有其他学科一样，理论力学正是沿着这条道路不断向前发展的。

三、学习理论力学的目的

理论力学是一门理论性较强的技术基础课。学习理论力学的目的有以下三个方面：

1. 为解决工程实际问题打好基础。工程中有些简单的机械、设备和结构的静力计算和设计，以及机构的运动分析等可以直接应用理论力学的基本理论和方法去解决，有些比较复杂的问题，例如机器的自动控制和稳定性及振动的研究等，则需要运用理论力学和其他专门知识共同来解决。所以学好理论力学有助于解决工程实际中的有关力学问题。

2. 为后继课程的学习奠定基础。理论力学是研究力学中最普遍、最基本的规律。很多工程专业的课程，例如材料力学、机械原理、机械设计、结构力学、弹塑性力学、流体力学、飞行力学、振动理论、断裂力学以及许多专业课程等，都要以理论力学为基础，所以理论力学是学习一系列后续课程的重要基础。随着现代科学技术的发展，理论力学的研究内容渗透到其他学科领域，形成了一些新的边缘学科，例如：理论力学用于研究人体的运动而形成运动力学；理论力学与固体力学、流体力学结合用来研究人体内骨骼的强度、血液流动的规律、人体的力学模型以及植物中营养的输送问题等，形成了生物力学；此外还有电磁流体力学、爆炸力学、物理力学等等。总之，为了探索新的科学领域必须打下坚实的理论力学基础。

3. 为培养辩证唯物主义世界观和提高分析问题、解决问题的能力创造一定条件。理论力学的理论来源于实践又服务于实践，既抽象而又紧密结合实际，研究的问题涉及面广，而且系统性和逻辑性很强。这些特点，对培养我们辩证唯物主义世界观，培养逻辑思维能力和提高正确的分析问题、解决问题的能力，也起着重要作用，为今后解决生产实际问题、从事科学研究工作打下良好的基础和创造一定的条件。

第一篇　静　力　学

静力学研究刚体在力系作用下处于平衡的条件。静力学中的所谓平衡是指刚体相对于地面（惯性坐标系）保持静止或匀速直线运动的状态。可见，平衡是物体机械运动的一种特殊状态。

静力学中的研究对象是刚体。所谓**刚体**是指在力的作用下大小和形状保持不变的物体，这一特征表现为刚体内任意两点之间的距离始终保持不变。这是一个理想的力学模型，实际中并不存在。但是，如果物体受力作用时，变形很小且不影响所要研究问题的实质，就可以忽略其变形，将其视为刚体，这是一种科学的抽象，可以使运算简化。故静力学又称为刚体静力学。

力，是物体间相互的机械作用，这种作用使物体的机械运动状态发生变化。实践表明，力对物体的作用效果决定于三个要素：（1）力的大小；（2）力的方向；（3）力的作用点。故力应以矢量表示，本书中用黑体字母 $\boldsymbol{F}$ 表示力矢量，而用普通字母 F 表示力的大小。在国际单位制中，力的单位是“N”或“kN”。

静力学研究的主要问题是：

1. 物体的受力分析

分析所研究物体受有哪些力作用，以及每个力的作用位置和方向。

2. 力系的等效替换（或简化）

力系，是指作用于物体上的一群力。将作用在物体上的一个力系用另一个与它等效的力系来代替，这两个力系互为**等效力系**。力系的简化就是用一个简单的力系等效地替换一个复杂的力系。如果某力系与一个力等效，则此力称为该力系的合力，而该力系的各力称为此力的分力。研究力系的简化，可以了解力系对刚体的作用效应。

研究力系等效替换并不限于分析静力学问题，也为学习动力学奠定基础。

3. 力系的平衡条件及其应用

研究作用在物体上的各种力系所需满足的平衡条件。工程中常见的力系，按其作用线所在的位置，可以分为**平面力系**和**空间力系**两大类；又可以按其作用线的相互关系，分为**共线力系**、**平行力系**、**汇交力系**和**任意力系**。满足平衡条件的力系称为**平衡力系**。

力系的平衡条件在工程中有着十分重要的意义，是设计结构、构件和机械零件时静力计算的基础。因此，静力学在工程中有着广泛的应用。

第 1 章 静力学公理和物体的受力分析

§1.1 静 力 学 公 理

本章将阐述静力学公理，并介绍工程中常见的约束和约束反力的分析及物体的受力图。

静力学公理是人们在生活和生产实践中长期总结出来的力的基本性质，它们又经过实践的反复检验，被确认是符合客观实际的最普遍规律。这些性质无需证明而为人们所公认，并可作为证明中的论据，是静力学的理论基础。

公理 1 二力平衡公理

作用在刚体上的两个力，使刚体保持平衡的必要和充分条件是：这两个力的大小相等，方向相反，且作用在同一直线上。

这个公理表明了作用于刚体上最简单力系的平衡的平衡条件。对于变形体来说，这个条件是必要的，但不是充分的。例如，软绳受两个等值反向共线的拉力作用可以平衡，但若将拉力改变为压力就不能平衡了。工程上常遇到只受两个力作用而平衡的构件，称为二力构件或二力杆。根据公理 1，作用于二力构件上的两力必沿两力作用点的连线，如图 1-1所示。

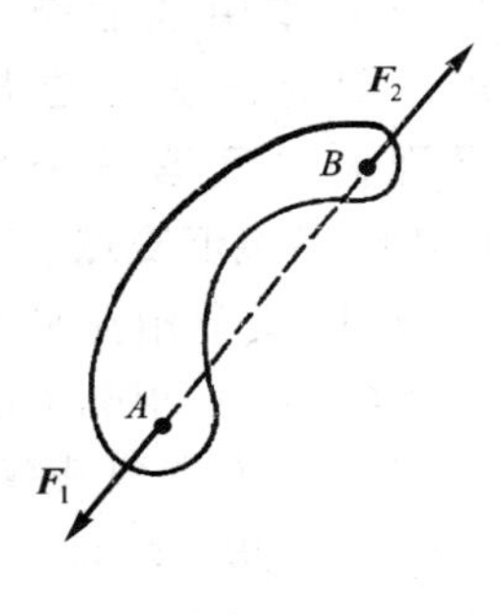

图 1-1

公理 2 加减平衡力系公理

在已知力系上加上或减去任意的平衡力系，并不改变原力系对于刚体的作用。

这个公理是研究力系等效替换的理论依据。

推论 力的可传性原理

作用于刚体上某点的力，可以沿其作用线移到刚体内任意一点，并不改变该力对刚体的作用。

证明：在刚体上的点 A 作用一个力 $\boldsymbol{F}$，如图 1-2（a）所示。根据加减平衡力

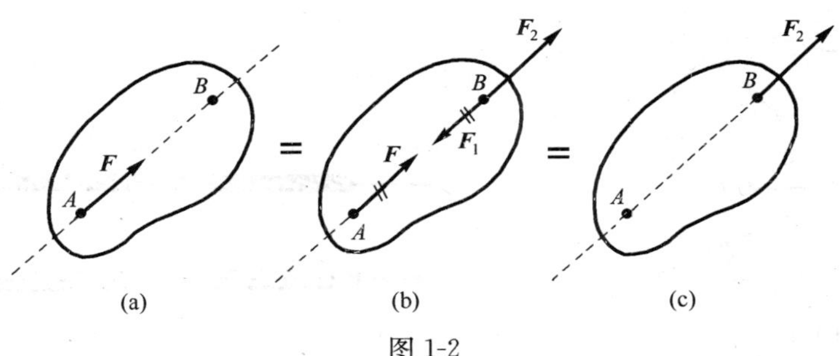

图 1-2

系公理，可在力的作用线上任取一点 B，并加上两个平衡力 $\boldsymbol{F}_1$和 $\boldsymbol{F}_2$，使 $\boldsymbol{F}=\boldsymbol{F}_2=-\boldsymbol{F}_1$，如图 1-2（b）所示。由于力 $\boldsymbol{F}_1$和 $\boldsymbol{F}$ 也是一个平衡力系，故可除去；这样只剩下一个力 $\boldsymbol{F}_2$，如图 1-2（c）所示，即原来的力 $\boldsymbol{F}$ 沿其作用线移到了点 B。

由此可见，对于刚体来说，力的作用点已不是决定力的作用效应的要素，它已被作用线所代替。因此，作用于刚体上的力的三要素是：力的大小、方向和作用线。

作用于刚体上的力可以沿着作用线移动，这种矢量称为**滑动矢量**。

公理 3　力的平行四边形法则

作用在物体上同一点的两个力，可合成为一个合力，合力的作用点仍在该点，合力的大小和方向，由这两个力为边构成的平行四边形的对角线确定。或者说，合力等于这两个分力的矢量和，即

$$\boldsymbol{F}_R=\boldsymbol{F}_1+\boldsymbol{F}_2$$

如图 1-3 所示，此公理给出了力系简化的基本方法。

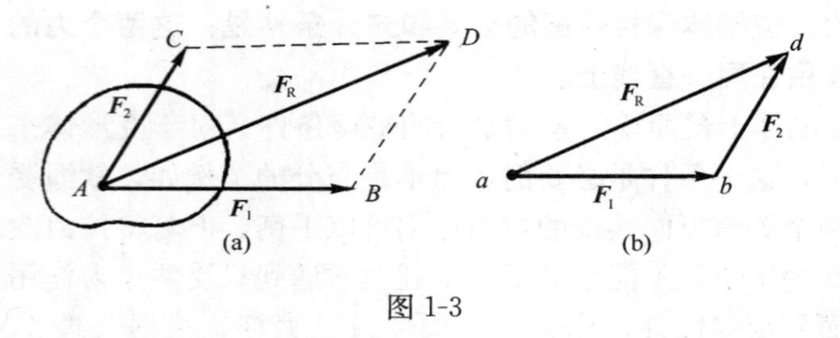

图 1-3

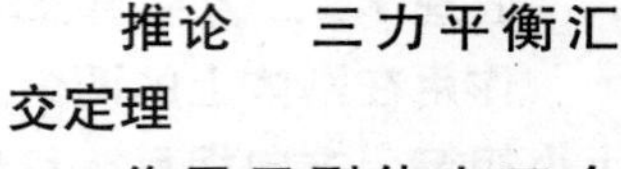

推论　三力平衡汇交定理

作用于刚体上三个相互平衡的力，若其中两个力的作用线汇交于一点，则此三力必在同一平面内，且第三个力的作用线通过汇交点。

证明：如图 1-4 所示，在刚体的 A，B，C 三点上，分别作用三个相互平衡的力 $\boldsymbol{F}_1$，$\boldsymbol{F}_2$和 $\boldsymbol{F}_3$。根据力的可传性，将力 $\boldsymbol{F}_1$和 $\boldsymbol{F}_2$移到汇交点 O，然后根据力的平行四边形法则，得合力 $\boldsymbol{F}_R$。则力 $\boldsymbol{F}_3$应与 $\boldsymbol{F}_R$平衡。由于两个力平衡必须共线，所以力 $\boldsymbol{F}_3$必定与力 $\boldsymbol{F}_1$和 $\boldsymbol{F}_2$共面；且通过力 $\boldsymbol{F}_1$和 $\boldsymbol{F}_2$的交点 O。于是定理得证。

公理 4　作用与反作用定律

两物体间的相互作用力，大小相等，方向相反，作用线沿同一直线。

此公理概括了物体间相互作用的关系，表明作用力与反作用力总是成对出现，有作用力必有其反作用力，并分别作用在不同的物体上。这是分析物体间相互作用力的一条重要规律，为研究由多个物体组成的物系问题提供了理论基础。

公理 5　刚化公理

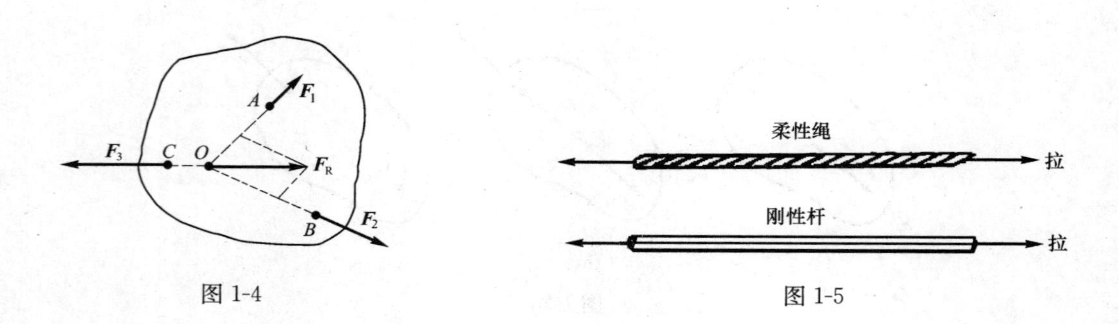

图 1-4　　图 1-5

变形体在某一力系作用下处于平衡时，如将其刚化为刚体，其平衡状态保持不变。

此公理提供了将变形体看作刚体的条件。刚体平衡条件是变形体平衡的必要条件而非充分条件。如图 1-5 所示，绳索在等值、反向、共线的两个拉力作用下处于平衡，如将绳索刚化成刚体，其平衡状态保持不变。反之就不一定成立。如刚体在两个等值反向的压力作用下平衡。若将它换成绳索就不能平衡了。

§1.2　约束和约束力

一、约束和约束力

如果一个物体在空间的位移不受任何限制而自由运动，例如空中可以自由飞行的飞机，则称为**自由体**；反之，如一个物体在空间的位移受到一定的限制，例如用绳子悬挂的物体，支承于墙上而静止不动的屋架等，则称为**非自由体**。

在力学中，把这种事先对于物体的运动（位置和速度）所施加的限制条件称为约束。机械的各个构件如不按照适当的方式相互联系从而受到限制，就不能恰当地传递运动实现所需要的动作；工程结构如不受到某种限制，便不能承受荷载以满足各种需要。限制物体运动的其他物体则称为**约束**。约束是以物体相互接触的方式构成的，构成约束的周围物体称为约束体，有时也称为约束。例如，沿轨道行驶的车辆，轨道限制了车辆的运动，它就是约束体；摆动的单摆，绳子就是约束体，它事先限制摆锤只能在不大于绳长的范围内运动，而通常是作以绳长为半径的圆弧运动。

约束体阻碍限制物体的自由运动，改变了物体的运动状态，因此约束体必须承受物体的作用力，同时给予物体以等值、反向的反作用力，即约束对于物体的作用力称为**约束反力**或**约束力**，简称为**反力**，属于被动力。除约束反力外，物体上受到的各种力如重力、风力、切削力、顶板压力等，它们是促使物体运动或有运动趋势的力，属于主动力，工程上常称为**荷载**。在设计工作中，荷载可根据设计指标决定，分析、研究确定或用实验测定。

约束反力取决于约束本身的性质、主动力以及物体的运动状态。约束反力阻止物体运动的作用是通过约束体与物体间相互接触来实现的，因此它的作用点应在相互接触处，约束反力的方向总是与约束体所能阻止的运动方向相反，这是我们确定约束反力方向的原则。至于它的大小，在静力学中将由平衡条件求出。

我们将工程中常见的约束理想化，并将其归纳为几种基本类型。下面介绍几种常见的约束类型和确定约束力方向的方法。

二、几种常见类型的约束反力

1. 柔性体约束

绳索、链条和胶带等属于柔性约束。例如绳索吊住重物，如图 1-6（a）所示。由于绳索本身只能承受拉力，故它给物体的约束力也只可能是拉力（图

1-6b)。所以柔性体对物体的约束反力，作用在连接点或假想截割处，方向沿着柔索而背离物体。通常用 $\boldsymbol{F}$ 或 $\boldsymbol{F}_{\mathrm{T}}$ 表示这类约束反力。

凡只能阻止物体沿某一方向运动而不能阻止物体沿相反方向运动的约束称为单面约束，否则称为双面约束。柔索为单面约束。单面约束的反力指向是确定的，而双面约束的反力指向决定于物体的运动趋势。

链条或胶带也都只能承受拉力。当它们绕在轮子上时，对轮子的约束反力沿轮缘的切线方向（图 1-7）。

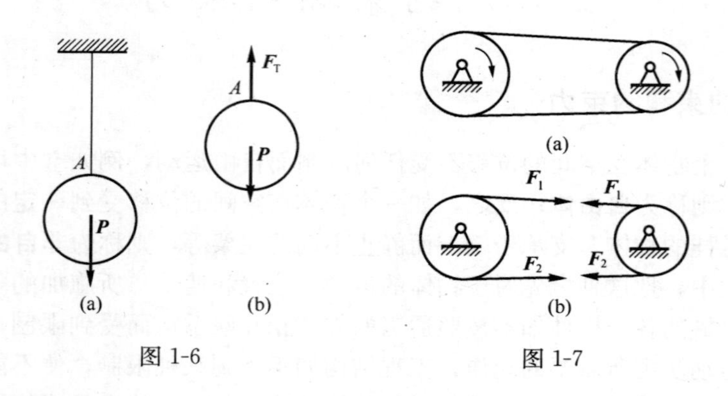

图 1-6　　图 1-7

2. 光滑接触面

两物体直接接触，且忽略接触面间的摩擦而构成的约束，称为光滑接触面约束。这类约束的特点是只能阻碍物体沿着接触点公法线朝向约束的位移，而不能阻碍物体沿接触点切线方向的位移。因此，光滑接触面的约束反力，作用在接触点处，方向沿着接触点的公法线而指向被约束物体。它只能承受压力，而不能承受拉力。因约束反力沿法线方向，故又称为法向约束反力，一般用 $\boldsymbol{F}_{\mathrm{N}}$ 表示，如图 1-8 所示。

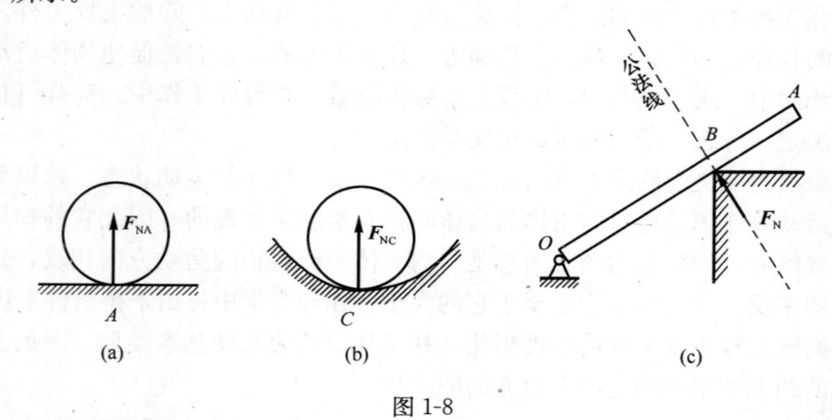

图 1-8

3. 光滑圆柱铰链约束

铰链约束是由两个带有圆孔的构件，与圆柱销钉连接构成。若不计接触面的摩擦，这样的铰链称为光滑圆柱铰链，简称光滑铰链。这类约束有径向轴承、圆柱形铰链和固定铰链支座等。

(1) 径向轴承(向心轴承)

如图 1-9(a),(b)所示的轴承装置,传动轴可以在轴承内绕轴线任意转动,也可沿孔的中心线移动;但是,轴不能沿径向方向移动,可简化成如图 1-9(c)所示的简图。当轴和轴承在某点 A 光滑接触时,轴承对轴的约束反力 $\boldsymbol{F}_A$ 作用在接触点 A 处,并且沿公法线指向轴心(图 1-9a)。但是,随着轴所受的主动力不同,轴和孔的接触点的位置也随之不同。所以,当主动力尚未确定时,约束反力的方向预先不能确定。然而,无论约束反力朝向何方,它的作用线必在垂直于轴线的平面内并通过轴心。这样一个方向不能预先确定的约束力,通常可用通过轴心的两个大小未知的正交分力 $\boldsymbol{F}_{Ax}$,$\boldsymbol{F}_{Ay}$ 来表示,如图 1-9(b)或(c)所示,$\boldsymbol{F}_{Ax}$,$\boldsymbol{F}_{Ay}$ 的指向可任意假定。

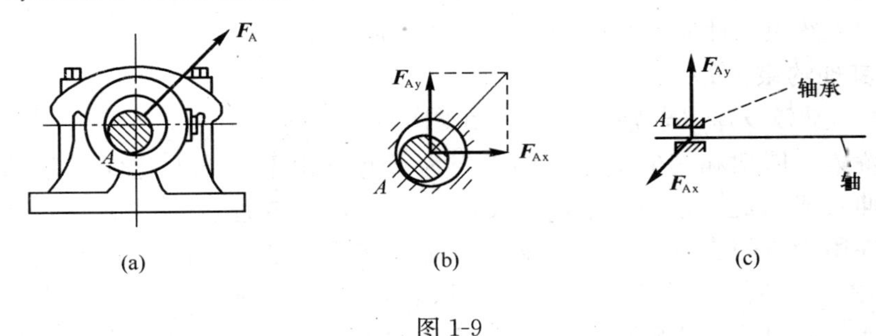

图 1-9

(2) 圆柱铰链和固定铰链支座

圆柱铰链简称**铰链**,它是由圆柱形销钉将两个钻有同样大小圆孔的构件连接而构成。如图 1-10 所示。如果铰链连接中有一个物体固定在地面或机架上作为支座,则这种约束称为固定铰支座,简称固定支座,如图 1-11 所示。这类约束的特点是只能限制物体的径向移动,即只能阻止物体在垂直于销钉轴线的平面内的移动,不能限制物体绕圆柱销钉轴线的转动和沿圆柱销钉轴线的移动,约束反力的特点同径向轴承,即约束反力的作用线不能预先定出,但约束反力在垂直于销钉轴线的平面内并通过铰链中心。故也可用两个大小未知的正交分力表示,如图 1-10(b)。若无须单独研究销钉的受力情况时,可将销钉与其中任一个构件视为一体,如 AC 构件在 C 处所承受的反力可由两个待确定的正交分力 $\boldsymbol{F}_{Cx}$,$\boldsymbol{F}_{Cy}$ 表示,则 CB 构件在 C 处承受 AC 构件的反作用力为 $\boldsymbol{F}'_{Cx}$,$\boldsymbol{F}'_{Cy}$,如图 1-10(b)所示。

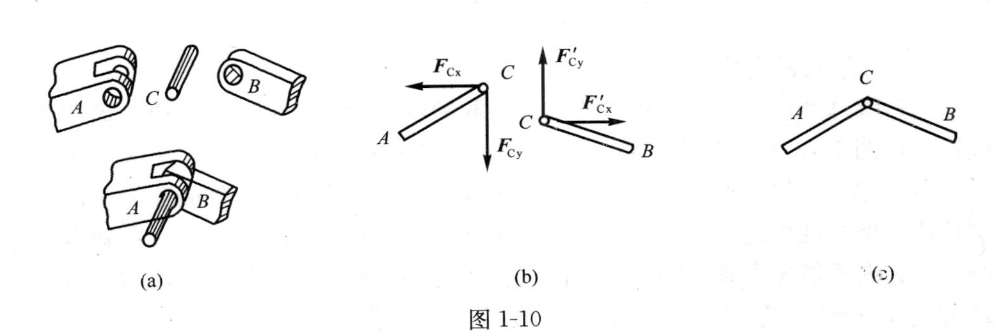

图 1-10

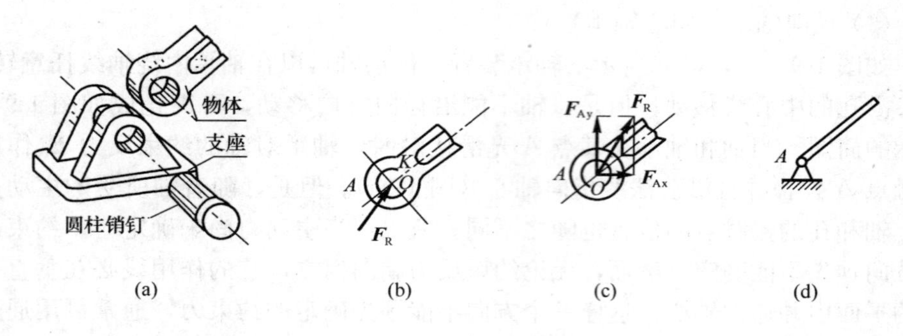

图 1-11

上述三种约束（径向轴承、铰链和固定铰链支座），它们的具体结构虽然不同，但构成约束的性质是相同的，都可表示为光滑铰链。

4. 其他约束

(1) 活动铰支座（辊轴支座，滚动支座）

在桥梁、屋架和其他工程结构中，为了允许由于温度变化而引起结构跨度的自由伸长或缩短，常采用活动铰支座或称为滚动支座、辊轴支座。这种支座是将物件用销钉与支座连接，而支座与光滑支承面之间，装有几个辊轴而构成，如图 1-12（a）所示。其简图如 1-12（b），（c），（d）所示。它不能阻止沿支承面的运动，而只能阻止物体与支座连接处向着支承面或离开支承面的运动（为双向约束）。所以辊轴支座的约束力垂直于支承面，通过铰链中心，指向不定（即可能是压力或拉力）。一般用 $\boldsymbol{F}_N$ 表示，如图1-12（e）所示。

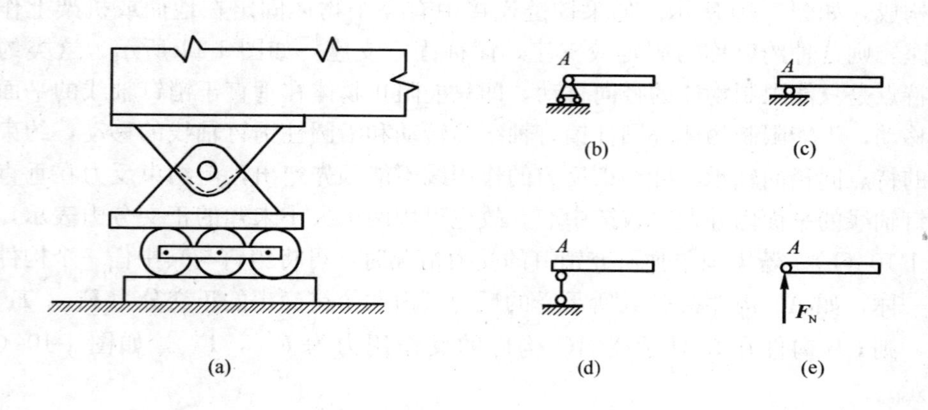

图 1-12

(2) 球形铰链支座

通过圆球和球壳将两个构件连接在一起的约束称为球形铰链支座，简称为球铰链，如图 1-13（a）所示。汽车变速箱的操纵杆就是用球形铰支座固定的；简易起重机中的桅杆或桅杆的支座也相当于球形铰支座。它使构件的球心不能有任何位移，但构件可绕球心任意转动。若忽略摩擦，其约束力应是通过接触点与球心，但方向不能预先确定的一个空间法向约束力，可用三个正交分力 $\boldsymbol{F}_{Ax}$，$\boldsymbol{F}_{Ay}$，$\boldsymbol{F}_{Az}$ 表示，其简图及约束力如图 1-13（b）所示。

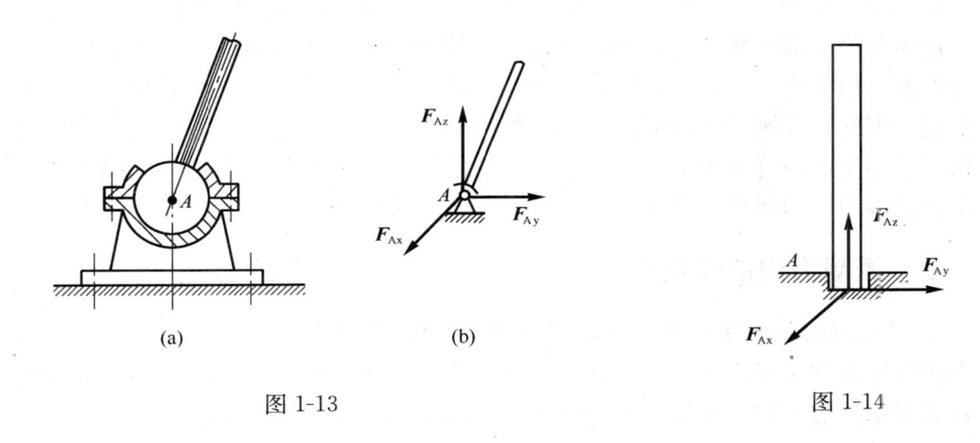

图 1-13

图 1-14

(3) 止推轴承

止推轴承也是机器中常见的约束，与径向轴承不同，它除了能限制轴的径向位移以外，还能限制轴沿轴向的位移。因此，它比径向轴承多一个沿轴向的约束力，即其约束力有三个正交分量 $\boldsymbol{F}_{Ax}$，$\boldsymbol{F}_{Ay}$，$\boldsymbol{F}_{Az}$，止推轴承的简图及其约束力如图 1-14 所示。

以上只介绍了几种常见的简单约束，在工程中，约束的类型远不止这些，有的约束比较复杂，分析时需要加以简化或抽象，在以后的章节中，再作介绍。

§1.3 物体的受力分析和受力图

解决力学问题时，首先要明确需要进行研究的物体，把它从周围物体中分离出来，即选取研究对象或**分离体**。然后分析所选取的研究对象上受有哪些作用力，以及每个力的大小、作用线位置和指向（包括主动力和约束反力）. 这个过程称为进行受力分析。为了清晰地表示出物体的受力情况，需要将作用在研究对象上全部外力画出，这就是画受力图。在分离体上画出所受的全部外力的简图，称为**受力图**。选取研究对象、进行受力分析和画受力图，是研究力学问题所特有的方法，是正确解决力学问题的前提。正确地画出受力图，是取得正确解答的首要条件。

一、受力图的画法及步骤

1. 根据题意选取研究对象，用尽可能简明的轮廓线把它单独画出来，即取分离体。画分离体图应注意大小成比例，形状要相似。

2. 画出该研究对象上所受的全部主动力。

3. 在研究对象与其他物体相接触或相连的地方，根据约束的性质画出约束反力。对于方向不能预先确定的约束反力（如圆柱铰链或球铰链的约束反力），可用互相垂直的两个或三个分力表示，指向可以假设。

4. 有时可根据作用在分离体上的力系特点，如利用二力平衡公理、三力平衡汇交定理、作用和反作用定律等，确定某些约束反力的方向，简化受力图。

物体系统内部各物体之间的相互作用力称为内力，外部物体对系统的作用力称为外力，由于内力总是成对出现，并且等值、反向、共线，故对系统的平衡没有影响。因此，在画受力图时只需画出外力即可。应当注意，内力和外力的区分是相对于一定的研究对象而言的。对于一个物体系统，系统内各物体之间的相互作用力是内力，但对系统内的每一个物体来说就是外力了。

二、画受力图应注意的事项

1. 当选取的分离体是互相有联系的物体时，同一个力在不同的受力图中用相同的符号和方法来表示；同一处的一对作用力和反作用力，分别在两个受力图中表示成相反的方向，并用相同的符号表示出作用与反作用的关系。

2. 画出作用在分离体上的全部外力，不能多画也不能少画。内力一律不画。除分布力代之以等效的集中力、未知的约束反力可用它的正交分力表示外，所有其他力一般不合成、不分解，并画在其真实作用位置上。

研究对象的受力分析及其受力图的画法，必须通过具体实践反复练习，以掌握约束的性质及约束反力的分析。

【例 1-1】 匀质球 A，重 G_1，放置在倾角为 θ 的光滑斜面上，细绳绕过质量和摩擦均不计的理想滑轮 C 上，连接球 A 和重为 G_2 的物块 B，如图 1-15 (a) 所示。试分析物块 B、球 A 和滑轮 C 的受力情况，并分别画出平衡时各物体的受力图。

【解】 (1) 物块 B 受两个力作用：本身的重力 $\boldsymbol{G}_2$（主动力）铅直向下，作用点可取在物块的重心；绳子 DG 段作用在物块的拉力 $\boldsymbol{F}_D$（约束反力），作用在物块 B 与绳子的连接点 D。根据二力平衡公理，物块 B 平衡时 $\boldsymbol{F}_D$ 和 $\boldsymbol{G}_2$ 必定共线，彼此大小相等而指向相反。物块 B 的受力如图 1-15 (b) 所示。

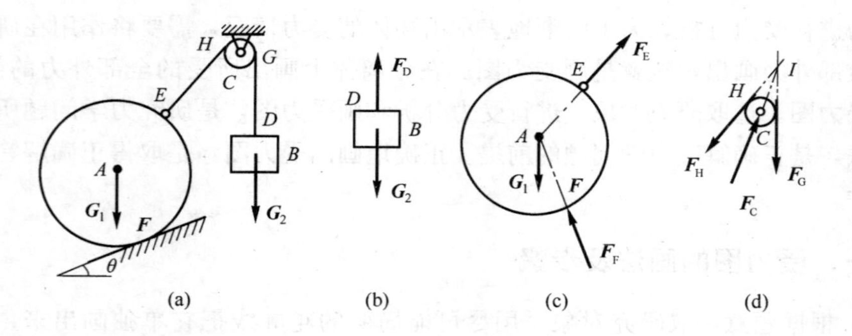

图 1-15

(2) 球 A 受三个力作用：铅直向下的重力 $\boldsymbol{G}_1$（主动力），作用于球心 A；绳子 EH 段的拉力 $\boldsymbol{F}_E$ 和斜面的反力 $\boldsymbol{F}_F$（约束反力）。由于斜面是光滑的，故反力 $\boldsymbol{F}_F$ 的方向垂直于此斜面，由其作用点 F（球与斜面的接触点）指向球心 A。绳子的拉力 $\boldsymbol{F}_E$ 作用于绳的连接点 E，且沿方向 EH；由三力平衡汇交定理知，$\boldsymbol{F}_E$ 的作用线也必定通过球心 A。可见，本系统不是在任意位置上都能平衡的，它平衡时的位置必须能使绳子 EH 段的延长线通过球心 A。球 A 的受力如图 1-15（c）所示。

（3）作用于滑轮 C 的力有：绳子 GD 段的拉力 $\boldsymbol{F}_G$，HE 段的拉力 $\boldsymbol{F}_H$，以及滑轮轴 C 的反力 $\boldsymbol{F}_C$。当滑轮平衡时，这三力的作用线必定汇交于一点。因此，设已求出力 $\boldsymbol{F}_G$和 $\boldsymbol{F}_H$的交点 I，则约束反力 $\boldsymbol{F}_C$必定沿方向 CI。图 1-15（d）画出了滑轮平衡时的受力图。不难看出，滑轮的半径完全不影响反力 $\boldsymbol{F}_C$的方向。改变半径，仅引起力 $\boldsymbol{F}_G$和 $\boldsymbol{F}_H$作用线的交点 I 在约束反力 $\boldsymbol{F}_C$的作用线上移动。可见，只要保持两边绳子的方向不变，理想滑轮的半径可以采用任意值，而不影响其平衡。为简单起见，可以假定此滑轮的半径等于零，而认为 $\boldsymbol{F}_G$和 $\boldsymbol{F}_H$直接作用在滑轮轴心 C 上。

注意：力 $\boldsymbol{F}_D$和 $\boldsymbol{F}_G$是绳子 DG 段对两端物体的拉力，这两个力大小相等而方向相反，即有 $\boldsymbol{F}_D=-\boldsymbol{F}_G$，但两者并非作用力与反作用力的关系。力 $\boldsymbol{F}_D$和 $\boldsymbol{F}_H$的反作用力，各自作用在绳子 DG 段两端。对绳 EH 段，拉力 $\boldsymbol{F}_E$和 $\boldsymbol{F}_H$可作同理分析。可以看出，拉力 $\boldsymbol{F}_E$和 $\boldsymbol{F}_D$的大小相等。由此可见，滑轮仅改变绳子的方向，而不改变绳子拉力的大小。

【例 1-2】 如图 1-16（a）所示的三铰拱桥，由左、右两拱铰接而成。不计自重及摩擦，在拱 AC 上作用有载荷 $\boldsymbol{F}$。试分别画出拱 AC 和 CB 的受力图。

【解】 （1）先分析拱 BC 的受力。由于拱 BC 自重不计，且只在 B，C 两处受到铰链约束，因此拱 BC 为二力构件。在铰链中心 B，C 处分别受 $\boldsymbol{F}_B$，$\boldsymbol{F}_C$两力的作用，且 $\boldsymbol{F}_B=-\boldsymbol{F}_C$，这两个力的方向如图 1-16（b）所示。

（2）取拱 AC 为研究对象。由于自重不计，因此主动力只有载荷 $\boldsymbol{F}$。拱 AC 在铰链 C 处受到拱 BC 给它的约束力 $\boldsymbol{F}'_C$，根据作用和反作用定律，$\boldsymbol{F}'_C=-\boldsymbol{F}_C$。拱在 A 处受有固定铰链支座给它的约束力 $\boldsymbol{F}_A$的作用，由于方向未定，可用两个大小未知的正交分力 $\boldsymbol{F}_{Ax}$和 $\boldsymbol{F}_{Ay}$代替。拱 AC 的受力图如图 1-16（c）所示。

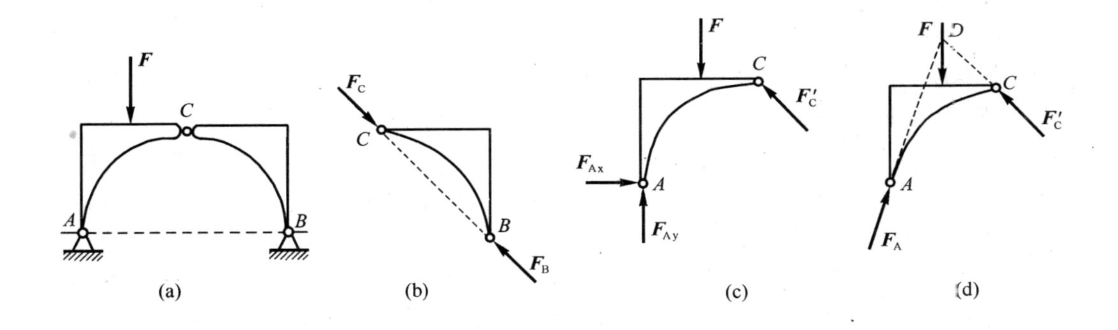

图 1-16

进一步分析可知，由于拱 AC 在 $\boldsymbol{F}$，$\boldsymbol{F}'_C$及 $\boldsymbol{F}_A$三个力作用下平衡，故可根据三力平衡汇交一点的推论，确定铰链 A 处约束力 $\boldsymbol{F}_A$的方向。点 D 为力 $\boldsymbol{F}$ 和 $\boldsymbol{F}'_C$作用线的交点，当拱 AC 平衡时，约束力 $\boldsymbol{F}_A$的作用线必通过点 D（图 1-16d）；至于 $\boldsymbol{F}_A$的指向，先假定如图所示，以后由平衡条件确定。

请读者考虑：若左右两拱均计入自重时，各受力图有何不同？

【例 1-3】 如图 1-17（a）所示的结构，由杆 AC，CD 与滑轮 B 铰接而成，物体 K 重 G，用绳子挂在滑轮上，如杆、滑轮及绳子的重量不计，并忽略各处的摩擦，试分别画出滑轮 B，重物 K，杆 AC，CD 及整体的受力图。

【解】（1）取滑轮 B 为研究对象，画出分离体图。在 B 处为光滑铰链约束，画上铰链销钉对轮孔的约束反力 $\boldsymbol{F}_{Bx}$ 和 $\boldsymbol{F}_{By}$；在轮缘有绳索的拉力 $\boldsymbol{F}_{E}$，$\boldsymbol{F}_{H}$。其受力如图 1-17（b）所示。

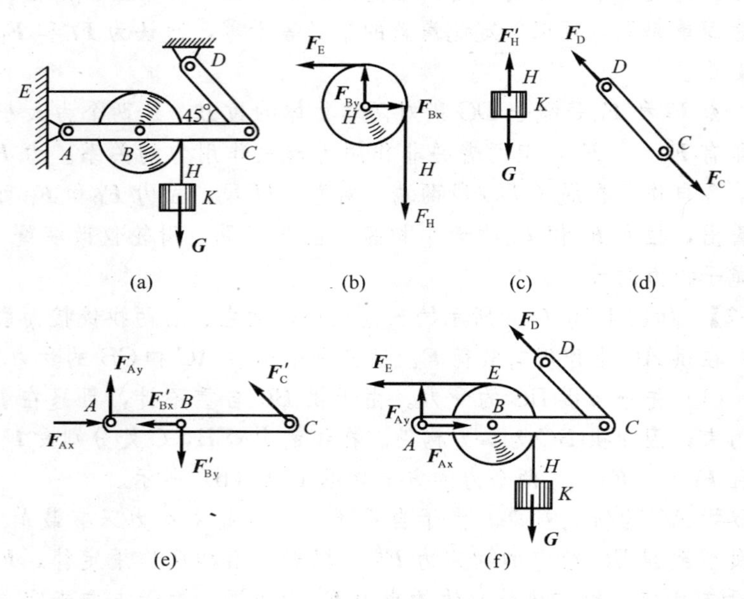

图 1-17

（2）取物体 K 为研究对象，画出分离体图。其上受有重力 $\boldsymbol{G}$，在 H 处受绳索的拉力 $\boldsymbol{F}'_{H}$，它与 $\boldsymbol{F}_{H}$ 是作用力与反作用力的关系。其受力如图 1-17（c）所示。

（3）在系统问题中，先找出二力杆将有助于确定某些未知力的方向。故先以二力杆 CD 为研究对象，画出分离体图。假设 CD 杆受拉，在 C，D 处画上拉力 $\boldsymbol{F}_{C}$ 与 $\boldsymbol{F}_{D}$，且 $\boldsymbol{F}_{C}=-\boldsymbol{F}_{D}$。其受力如图 1-17（d）所示。

（4）以杆 AC（包括销钉）为研究对象，画出分离体图。在 A 处为固定铰链支座。故画上约束反力 $\boldsymbol{F}_{Ax}$，$\boldsymbol{F}_{Ay}$；在 B 处画上 $\boldsymbol{F}'_{Bx}$，$\boldsymbol{F}'_{By}$，它们分别与 $\boldsymbol{F}_{Bx}$，$\boldsymbol{F}_{By}$ 互为作用力与反作用力。在 C 处画上 $\boldsymbol{F}'_{C}$，它与 $\boldsymbol{F}_{C}$ 是作用力与反作用力的关系。其受力如图 1-17（e）所示。

（5）取整体为研究对象，画出其分离体图。系统上所受的外力有：主动力 $\boldsymbol{G}$，约束反力 $\boldsymbol{F}_{D}$，$\boldsymbol{F}_{E}$，$\boldsymbol{F}_{Ax}$ 和 $\boldsymbol{F}_{Ay}$，对整个系统来说，B，C，H 三处均受内力作用，在受力图上不要画出。其受力如图 1-17（f）所示。

正确地画出物体的受力图，是分析、解决力学问题的基础。画受力图时必须注意如下几点：

1. 必须明确研究对象。根据求解需要，可以取单个物体为研究对象，也可以选取由几个物体组成的系统为研究对象。不同研究对象的受力图是不同的。

2. 正确确定研究对象受力的数目。由于力是物体之间相互的机械作用，因此，对每一个力都应明确它是哪一个施力物体施加给研究对象的，绝不能凭空产生。同时，也不可漏掉一个力。一般可先画已知的主动力，再画约束反力；凡是研究对象与外界接触的地方，都一定存在约束反力。

3. 正确画出约束反力。一个物体同时受到几个约束的作用时，应分别根据每个约束本身的特性来确定其约束力的方向，而不能凭主观臆测。

4. 分析两物体间相互的作用力时，应遵循作用与反作用关系。若作用力的方向一经假定，则反作用力的方向应与之相反。当画某个系统的受力图时，由于内力成对出现，组成平衡力系，因此不必画出，只需画出全部外力。

小　结（知识结构图）

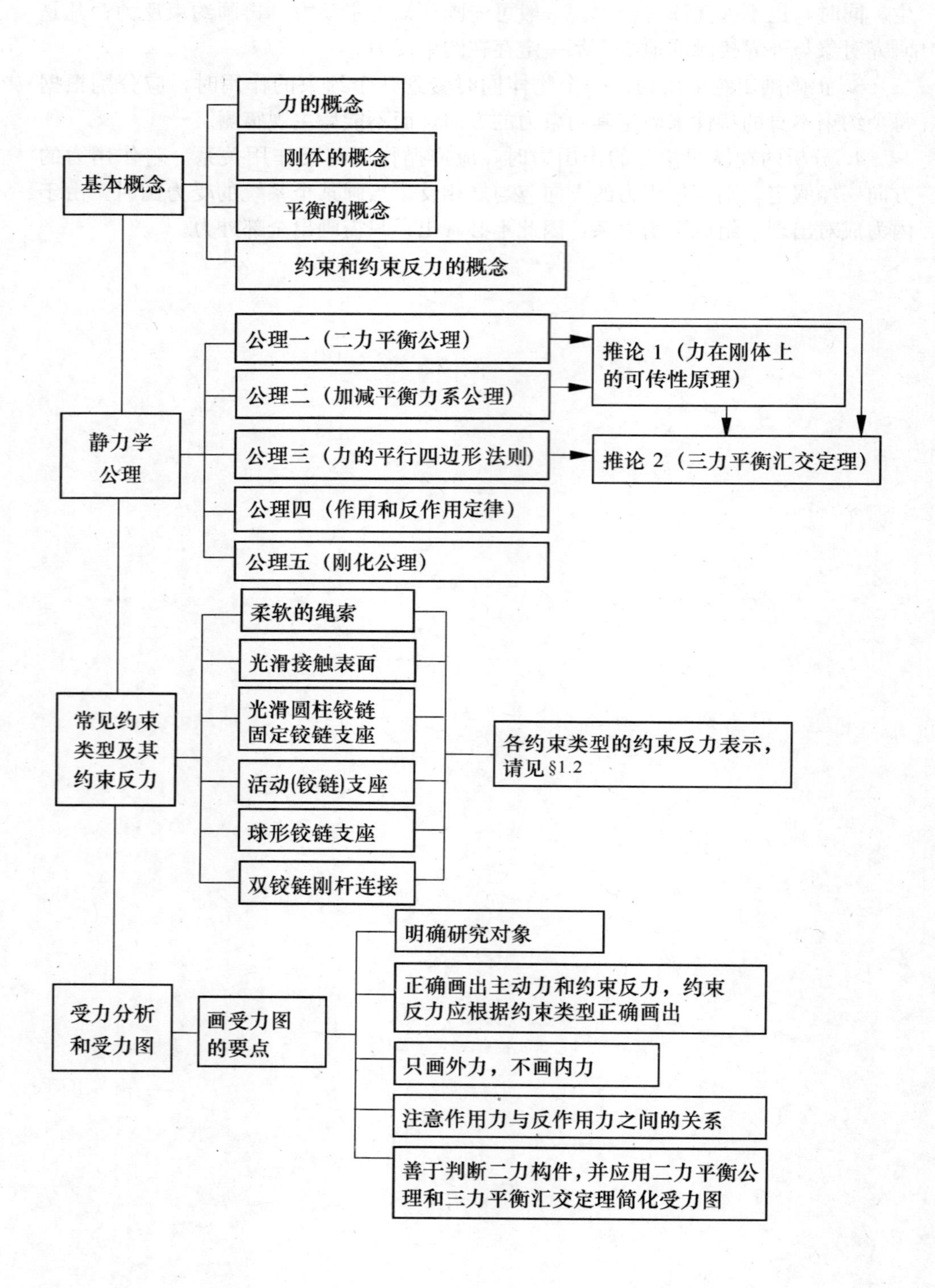

力的概念
刚体的概念
基本概念
平衡的概念
约束和约束反力的概念
公理一（二力平衡公理）
推论1（力在刚体上的可传性原理）
公理二（加减平衡力系公理）
静力学公理
公理三（力的平行四边形法则）
推论2（三力平衡汇交定理）
公理四（作用和反作用定律）
公理五（刚化公理）
柔软的绳索
光滑接触表面
光滑圆柱铰链固定铰链支座
常见约束类型及其约束反力
各约束类型的约束反力表示，请见§1.2
活动(铰链)支座
球形铰链支座
双铰链刚杆连接
明确研究对象
正确画出主动力和约束反力，约束反力应根据约束类型正确画出
受力分析和受力图
画受力图的要点
只画外力，不画内力
注意作用力与反作用力之间的关系
善于判断二力构件，并应用二力平衡公理和三力平衡汇交定理简化受力图

思 考 题

1-1 说明下列式子与文字的意义和区别：

(1) $\boldsymbol{F}_1=\boldsymbol{F}_2$，(2) $F_1=F_2$，(3) 力 $\boldsymbol{F}_1$ 等效于力 $\boldsymbol{F}_2$。

1-2 为什么说二力平衡条件、加减平衡力系公理和力的可传性原理等都只能适用于刚体？

1-3 试区别 $\boldsymbol{F}_R=\boldsymbol{F}_1+\boldsymbol{F}_2$ 和 $F_R=F_1+F_2$ 两个等式代表的意义。

1-4 什么叫二力构件？分析二力构件受力时与构件的形状有无关系。

习 题

下列各题中，假设所有接触处都是光滑的，图中未标出重量的物体其重量均忽略不计。

1-1 画出下列各球体的受力图（题 1-1 图）。

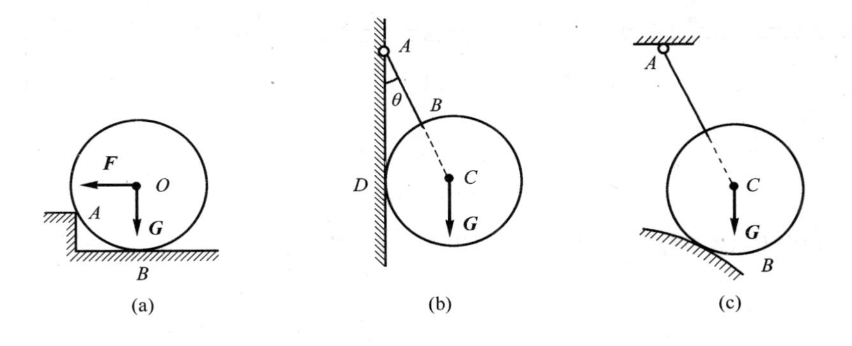

题 1-1 图

1-2 画出下列各杆的受力图（题 1-2 图）。

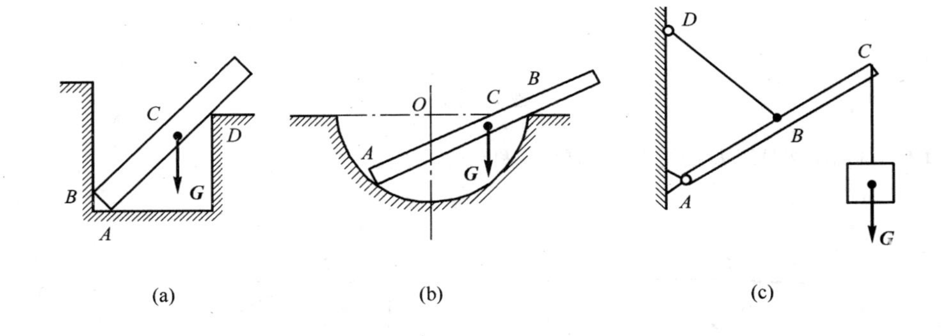

题 1-2 图

1-3 画出下列各图中 AB 梁的受力图（题 1-3 图）。

1-4 下列各构件中，两根杆均在 B 处用光滑圆柱铰链连接，画出各杆件的受力图（题 1-4 图）。

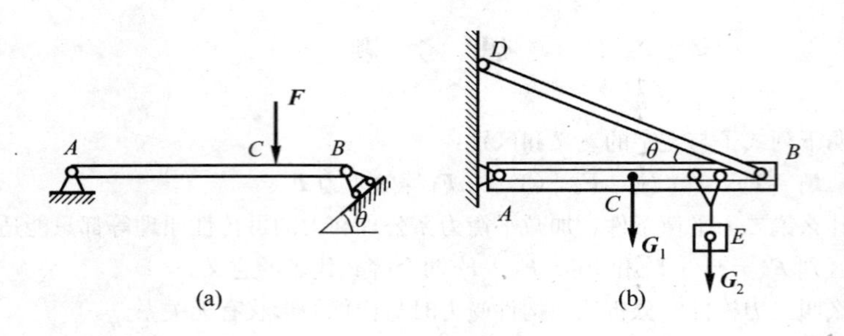

题 1-3 图

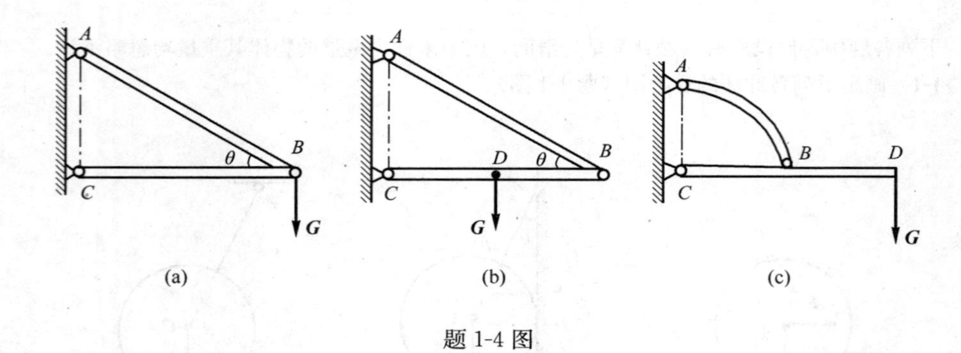

题 1-4 图

1-5 画出下列各组合梁中 AB、BC 和 CD 梁的受力图（题 1-5 图）。

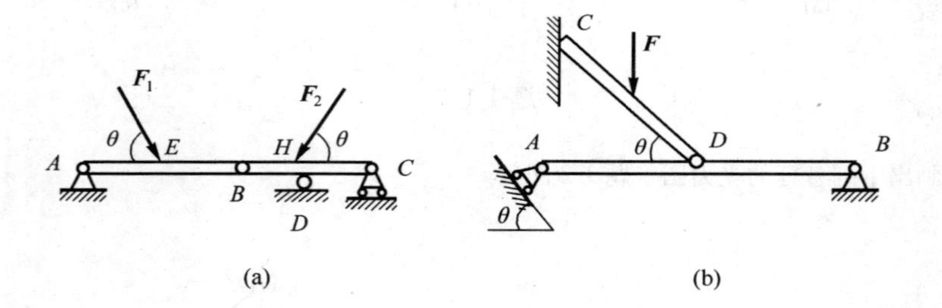

题 1-5 图

1-6 画出刚架 $ABCD$ 的受力图（题 1-6 图）。

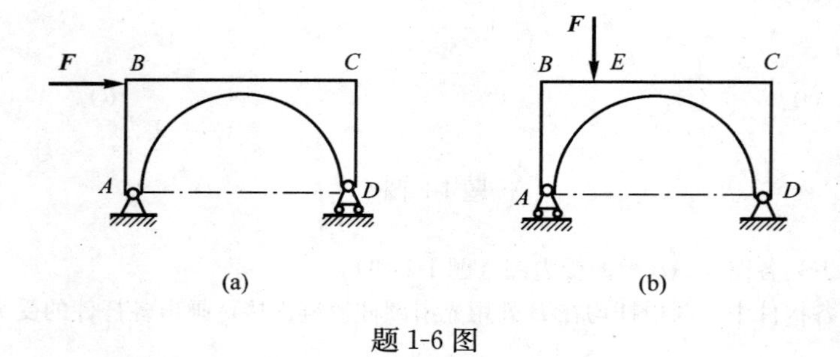

题 1-6 图

1-7 画出棘轮 O 和棘爪 AB 的受力图（题 1-7 图）。

1-8 三铰拱桥在 C 处用铰链连接，画出左右两部分 AC 和 CB 的受力图（题 1-8 图）。

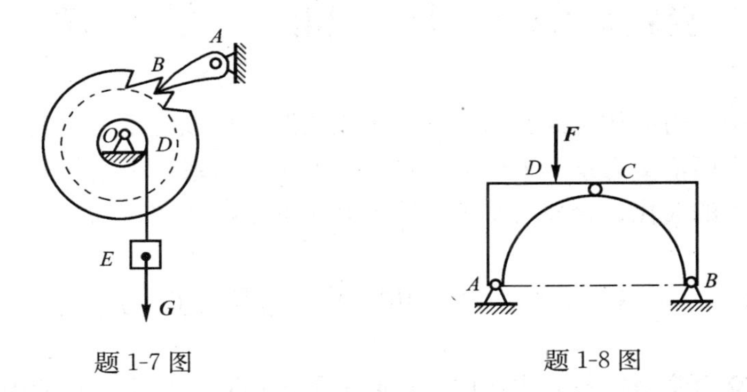

题 1-7 图　　题 1-8 图

1-9 画出下列各结构中标注字符物体的受力图（不含销钉与支座）和整体结构的受力图（题 1-9 图）。

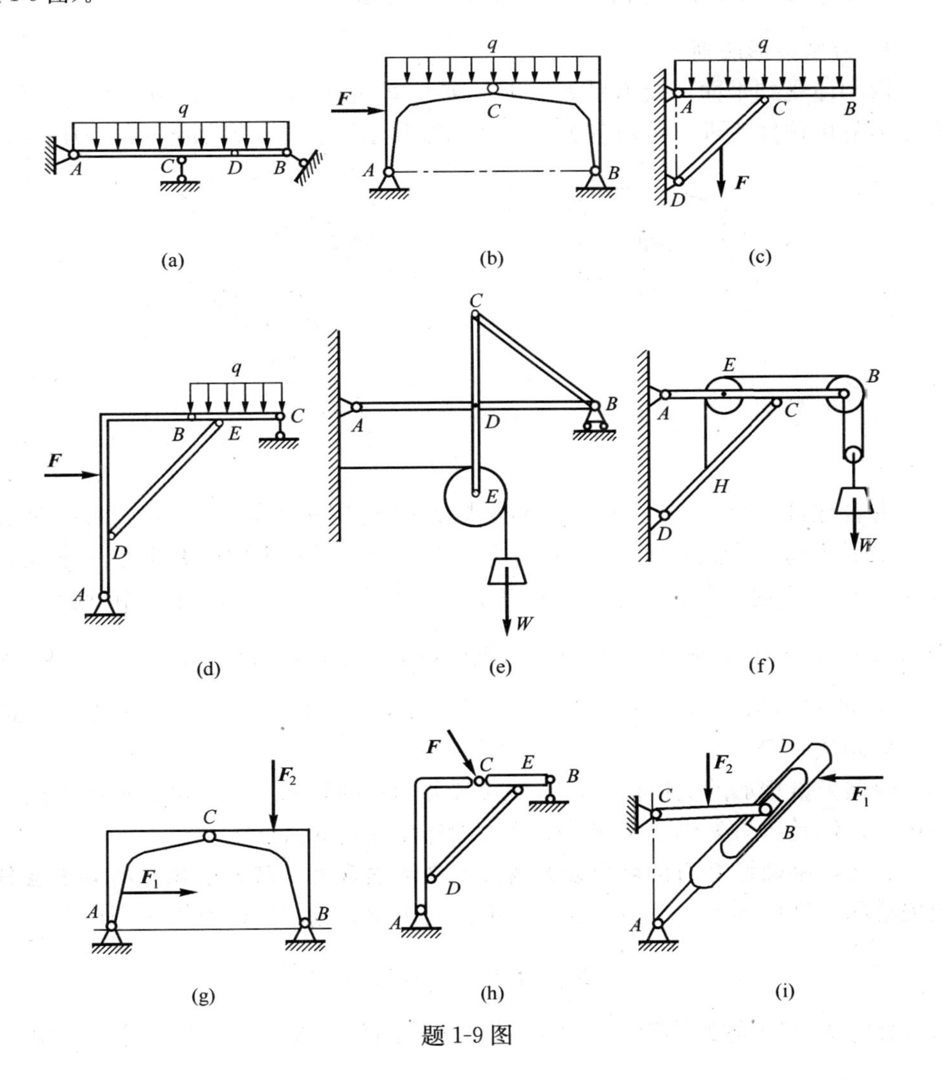

题 1-9 图

第2章 平 面 力 系

当力系中各力的作用线都处于同一平面内时，称该力系为平面力系。平面力系又可分为平面汇交力系、平面力偶系、平面平行力系、平面任意力系等。本章研究这些力系的简化、合成与平衡及物体系统的平衡问题。

§2.1 平 面 汇 交 力 系

平面汇交力系是指各力的作用线在同一平面内且汇交于一点的力系。

一、平面汇交力系合成与平衡的几何法

1. 力多边形法则

设刚体受到平面汇交力系 $\boldsymbol{F}_1$、$\boldsymbol{F}_2$、$\boldsymbol{F}_3$、$\boldsymbol{F}_4$的作用，各力作用线汇交于O点，根据力的可传性原理，可将各力沿其作用线移至汇交点O，如图2-1 (a)所示。

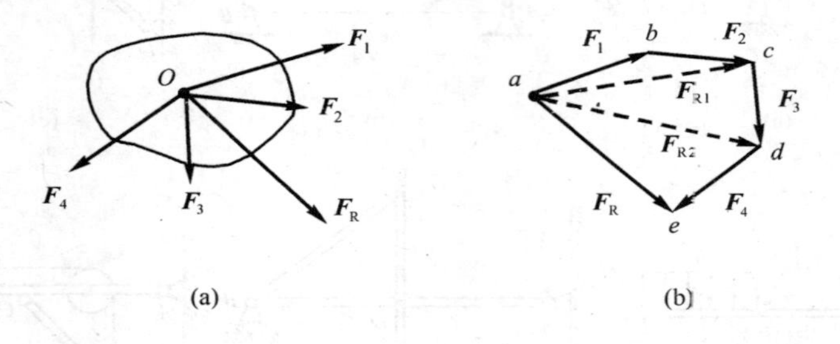

图 2-1

为合成此平面汇交力系，可根据力的平行四边形法则，逐步两两合成各力，最后求得一个通过汇交点O的合力$\boldsymbol{F}_R$。还可以用更简便的方法求此合力$\boldsymbol{F}_R$的大小与方向。任取一点a，将各分力的矢量依次首尾相连，由此组成一个不封闭的力多边形$abcde$，如图2-1 (b)所示。此图中的虚线$\overrightarrow{ac}$矢（$\boldsymbol{F}_{R1}$）为力$\boldsymbol{F}_1$与$\boldsymbol{F}_2$的合力矢，又虚线$\overrightarrow{ad}$矢（$\boldsymbol{F}_{R2}$）为力$\boldsymbol{F}_{R1}$与$\boldsymbol{F}_3$的合力矢，在作力多边形时不必画出。

根据矢量相加的交换律，任意变换各分力矢的作图次序，可得形状不同的力多边形，但其合力矢仍然不变。而合力的作用线仍通过原汇交点。

总之，**平面汇交力系可合成为通过汇交点的合力，其大小和方向等于各分力的矢量和**。推广到由n个力组成的平面汇交力系，则它们的合力$\boldsymbol{F}_R$为

$$\boldsymbol{F}_R = \boldsymbol{F}_1 + \boldsymbol{F}_2 + \cdots + \boldsymbol{F}_n = \sum_{i=1}^{n} \boldsymbol{F}_i \tag{2-1}$$

合力$\boldsymbol{F}_R$对刚体的作用与原力系对该刚体的作用等效。如果一个力与某一个

力系等效，则此力称为该力系的合力。

如力系中各力的作用线都沿同一直线，则此力系称为**共线力系**，它是平面汇交力系的特殊情况，它的力多边形在同一直线上。若沿直线的某一指向为正，相反为负，则力系合力的大小与方向决定于各分力的代数和，即

$$\boldsymbol{F}_{\mathrm{R}}=\sum_{i=1}^{n}\boldsymbol{F}_i \tag{2-2}$$

2. 平面汇交力系平衡的几何条件

从平面汇交力系合成结果可知，平面汇交力系可用其合力来代替。显然，平面汇交力系平衡的必要和充分条件是：**该力系的合力等于零**。即

$$\sum_{i=1}^{n}\boldsymbol{F}_i=0 \tag{2-3}$$

在平衡条件下，力多边形中最后一个力的终点与第一个力的起点重合，此时的力多边形称为封闭的力多边形。于是，平面汇交力系平衡的几何条件是：**该力系的力多边形自行封闭**。

求解平面汇交力系的平衡问题时可用图解法，即按比例先画出封闭的力多边形，然后，量得所要求的未知量；也可根据图形的几何关系，用三角公式计算出所要求的未知量，这种解题方法称为**几何法**。

【例 2-1】 支架的横梁 AB 与斜杆 DC 彼此以铰链 C 相连接，并各以铰链 A、D 连接于铅直墙上。如图 2-2（a）所示。已知 $AC=CB$；杆 DC 与水平线呈 45°角；载荷 $F=10\text{kN}$，作用于 B 处。设梁和杆的重量忽略不计，求铰链 A 的约束力和杆 DC 所受的力。

【解】 选取横梁 AB 为研究对象。横梁的 B 处受荷载 $\boldsymbol{F}$ 作用。DC 为二力杆，它对横梁 C 处的约束力 $\boldsymbol{F}_{\mathrm{C}}$ 的作用线必沿两铰链 D、C 中心的连线。铰链 A 的约束力 $\boldsymbol{F}_{\mathrm{A}}$ 的作用线可根据三力平衡汇交定理确定，即通过另两力的交点 E，如图 2-2（b）所示。

根据平面汇交力系平衡的几何条件，这三个力应组成一封闭的力三角形。按照图中力的比例尺，先画出已知力矢 $\overrightarrow{ab}=\boldsymbol{F}$，再由点 a 作直线平行于 AE，由点 b

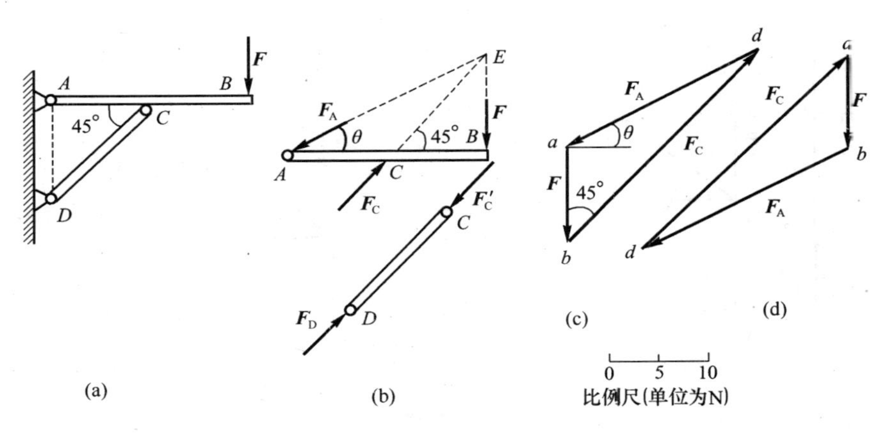

图 2-2

作直线平行CE，这两直线相交于点d，如图2-2（c）所示。由力三角形abd封闭，可确定$\boldsymbol{F}_C$和$\boldsymbol{F}_A$的指向。

在力三角形中，线段bd和da分别表示力$\boldsymbol{F}_C$和$\boldsymbol{F}_A$的大小，量出它们的长度，按比例换算即可求得$\boldsymbol{F}_C$和$\boldsymbol{F}_A$的大小。但一般都是利用三角公式计算，在图2-2（b），（c）中，通过简单的三角计算可得

$$\boldsymbol{F}_C=28.3\text{kN},\quad \boldsymbol{F}_A=22.4\text{kN}$$

根据作用力和反作用力的关系，作用于杆DC的C端的力$\boldsymbol{F}'_C$与$\boldsymbol{F}_C$的大小相等，方向相反。由此可知杆DC受压力，如图2-2（b）所示。

应该指出，封闭力三角形也可以如图2-2（d）所示，同样可求得力$\boldsymbol{F}_C$和$\boldsymbol{F}_A$，且结果相同。

通过以上例题，可总结几何法解题的主要步骤如下：

1. 选取研究对象。根据题意，选取适当的平衡物体作为研究对象，并画出简图。

2. 画受力图。在研究对象上，画出它所受的全部已知力和未知力（包括约束力）。

3. 作力多边形或力三角形。选择适当的比例尺，作出该力系的封闭力多边形或封闭力三角形。必须注意，作图时总是从已知力开始。根据矢序规则和封闭特点，应可以确定未知力的指向。

4. 求出未知量。按比例确定未知量，或者用三角公式计算出来。

二、平面汇交力系合成与平衡的解析法

1. 力在直角坐标轴上的投影

力在某轴上的投影，等于该力的大小乘以力与投影轴正向间夹角的余弦。力在轴上的投影为代数量，当力与投影轴间夹角为锐角时，其值为正；当夹角为钝角时，其值为负。

设已知力$\boldsymbol{F}$与直角坐标轴x，y的夹角为α，β，如图2-3所示，则力在轴上的投影分别为：

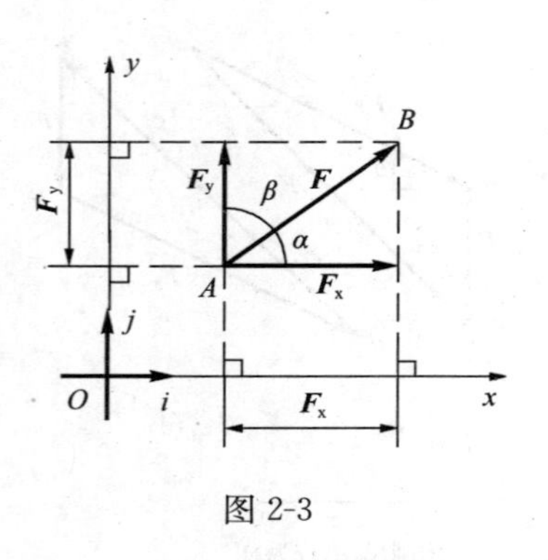

图 2-3

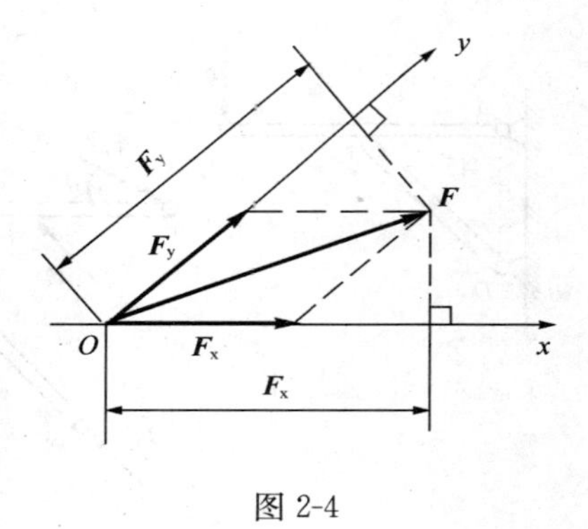

图 2-4

$$F_x=F\cos\alpha \qquad (2\text{-}4)$$
$$F_y=F\cos\beta=F\sin\alpha$$

相反，如果已知力 $\boldsymbol{F}$ 在直角坐标轴上的投影 F_x，F_y，则可确定该力的大小和方向余弦

$$F=\sqrt{F_x^2+F_y^2}$$
$$\cos(\boldsymbol{F},\boldsymbol{i})=\frac{F_x}{F},\cos(\boldsymbol{F},\boldsymbol{j})=\frac{F_y}{F} \tag{2-5}$$

式中 $\boldsymbol{i}$、$\boldsymbol{j}$ 分别为沿坐标轴 x，y 正向的单位矢量。

2. 力沿坐标轴分解

力沿坐标轴分解时，分力由力的平行四边形法则确定，如图 2-4 所示，力 $\boldsymbol{F}$ 沿直角坐标轴 Ox，Oy 可分解为两个分力 $\boldsymbol{F}_x$ 和 $\boldsymbol{F}_y$，其分力与力的投影之间有下列关系：

$$\boldsymbol{F}_x=F_x\boldsymbol{i} \quad \boldsymbol{F}_y=F_y\boldsymbol{j} \tag{2-6}$$

因此，力的解析表达式可写为

$$\boldsymbol{F}=F_x\boldsymbol{i}+F_y\boldsymbol{j} \tag{2-7}$$

必须注意，力的投影与力的分解是两个不同的概念，两者不可混淆。力在坐标轴上的投影 F_x 和 F_y 为代数量，而力沿坐标轴的分量 $\boldsymbol{F}_x$和 $\boldsymbol{F}_y$为矢量。当 Ox，Oy 两轴不垂直时，分力 $\boldsymbol{F}_x$，$\boldsymbol{F}_y$和力在轴上的投影 F_x，F_y 在数值上也不相等，如图 2-4 所示。

3. 合力投影定理

设由 n 个力组成的平面汇交力系，其汇交点为 O，此平面汇交力系的合力 $\boldsymbol{F}_R$，如图 2-5（b）所示，有

$$\boldsymbol{F}_R=\boldsymbol{F}_1+\boldsymbol{F}_2+\cdots+\boldsymbol{F}_n=\sum_{i=1}^{n}\boldsymbol{F}_i \tag{2-8}$$

简写为

$$\boldsymbol{F}_R=\Sigma\boldsymbol{F}$$

根据合矢量投影定理：**合矢量在某一轴上的投影等于各分矢量在同一轴上投影的代数和**。将矢量方程向 x，y 轴投影，可得

$$F_{Rx}=F_{1x}+F_{2x}+\cdots+F_{nx}=\Sigma F_x$$
$$F_{Ry}=F_{1y}+F_{2y}+\cdots+F_{ny}=\Sigma F_y \tag{2-9}$$

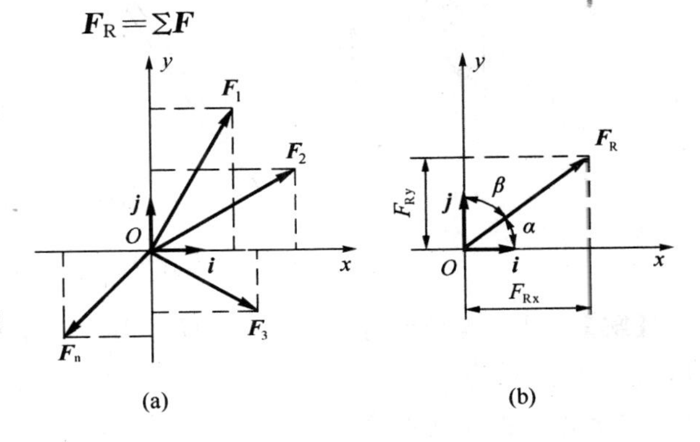

图 2-5

上式表明：合力在某一轴上的投影等于各分力在同一轴上投影的代数和，这就是合力投影定理。式中 F_{1x}，F_{2x}，…，F_{nx} 和 F_{1y}，F_{2y}，…，F_{ny}分别为各分力在坐标轴上的投影。

求得合力的投影后，由下式可得合力的大小和方向余弦

$$F_R=\sqrt{F_{Rx}^2+F_{Ry}^2}$$
$$\cos(\boldsymbol{F}_R,\boldsymbol{i})=\frac{F_{Rx}}{F_R},\cos(\boldsymbol{F}_R,\boldsymbol{j})=\frac{F_{Ry}}{F_R} \tag{2-10}$$

这种运用力在坐标轴上的投影，计算平面汇交力系合力的方法，就是平面汇交力系合成的解析法。

4. 平面汇交力系平衡的解析条件

由 2.1 节知，平面汇交力系平衡的必要和充分条件是：**该力系的合力等于零**。由式（2-10）应有

$$F_R=\sqrt{F_{Rx}^2+F_{Ry}^2}=\sqrt{(\Sigma F_x)^2+(\Sigma F_y)^2}=0$$

欲使上式成立，必须同时满足

$$\Sigma F_x=0,\ \Sigma F_y=0 \tag{2-11}$$

于是，平面汇交力系平衡的必要和充分条件是：**力系的各力在作用面内任意两个坐标轴上投影的代数和分别等于零**。式（2-11）称为**平面汇交力系的平衡方程**。这是两个独立的代数方程，可以用来求解两个未知量。应当指出，所选取的两个投影轴，可以是互相垂直的，也可以是斜交的，这要根据问题的具体情况而选定。通常分别选取与两个未知力中一个力的作用线相垂直的轴为投影轴，这时两个平衡方程中都分别只包含一个未知量，可避免求解联立方程。

【例 2-2】 如图 2-6（a）所示，重力 $P=20\text{kN}$，用钢丝绳绕过滑轮 B 挂在绞车 D 上。A，B，C 处为光滑铰链连接。钢丝绳、杆和滑轮的自重不计，并忽略摩擦和滑轮的大小，试求平衡时杆 AB 和 BC 所受的力。

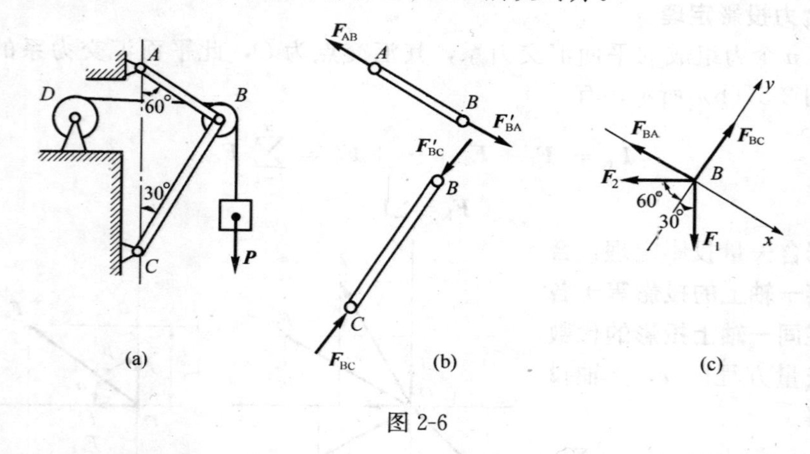

图 2-6

【解】（1）取研究对象。由于 AB，BC 两杆都是二力杆，假设杆 AB 受拉力，杆 BC 受压力，如图 2-6（b）所示。为了求出这两个未知力，可求两杆对滑轮的约束力。由此选取滑轮 B 为研究对象。

（2）画受力图。滑轮受到钢丝绳的拉力 $\boldsymbol{F}_1$ 和 $\boldsymbol{F}_2$（已知 $F_1=F_2=P$）。此外杆 AB 和 BC 对滑轮的约束力为 $\boldsymbol{F}_{BA}$ 和 $\boldsymbol{F}_{BC}$。由于滑轮的大小可忽略不计，故这些力可看作是汇交力系，如图 2-6（c）所示。

（3）列平衡方程。选取坐标轴如图 2-6（c）所示，坐标轴应尽量取在与未知力作用线相垂直的方向。这样在一个平衡方程中只有一个未知数，不必解联立方程，即

$$\Sigma F_x=0,\qquad -F_{BA}+F_1\cos 60^\circ-F_2\cos 30^\circ=0 \tag{a}$$

$$\Sigma F_y=0, \qquad F_{BC}-F_1\cos30°-F_2\cos60°=0 \qquad \text{(b)}$$

（4）求解方程，得

$$F_{BA}=-0.366P=-7.32\text{kN}$$
$$F_{BC}=1.366P=27.32\text{kN}$$

所求结果，F_{BA}为负值，表示这个力的假设方向与实际方向相反，即杆 AB 受压力。F_{BC}为正值，表示这个力的假设方向与实际方向一致，即杆 BC 受压。

§2.2 平面中力对点之矩·平面力偶

力对刚体的作用效应有移动与转动两种。其中力对刚体的移动效应由力的矢量来度量，而力对刚体的转动效应则由力对点之矩（简称力矩）来度量。即力矩是度量力对刚体转动效应的物理量。

一、力对点之矩

如图 2-7 所示，平面内作用一力 $\boldsymbol{F}$，在该平面内任取一点 O，点 O 称为力矩中心，简称**矩心**，矩心 O 点到力作用线的垂直距离 h 称为**力臂**，则平面力对点之矩的定义如下：

在平面内，**力对点之矩是一个代数量，其大小等于力与力臂的乘积，正负号规定如下：力使物体绕矩心逆时针转向转动时为正，反之为负。**

以 $M_O(\boldsymbol{F})$表示力 $\boldsymbol{F}$ 对于点 O 之矩，则

$$M_O(\boldsymbol{F})=\pm Fh=\pm 2A_{\Delta OAB} \qquad (2\text{-}12)$$

式中 $A_{\Delta OAB}$表示三角形 OAB 的面积。

力矩的单位常用“N·m”或“kN·m”。当力的作用线通过矩心时，力臂 $h=0$，则 $M_O(\boldsymbol{F})=0$。

以 $\boldsymbol{r}$ 表示由点 O 到 A 的矢径，则矢积 $\boldsymbol{r}\times\boldsymbol{F}$ 的模$|\boldsymbol{r}\times\boldsymbol{F}|$等于该力矩的大小，且其指向与力矩转向符合右手规则。

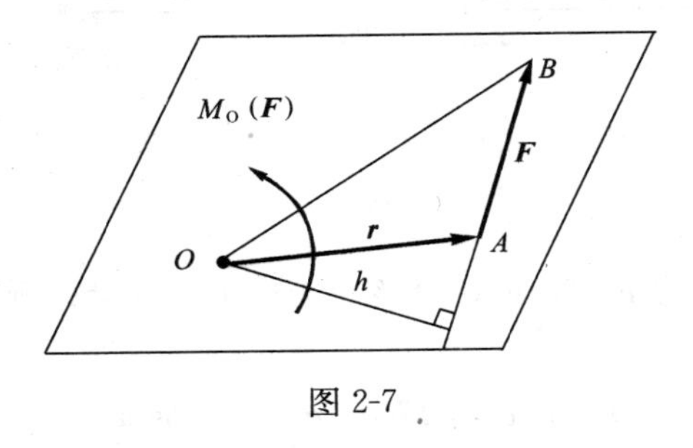

图 2-7

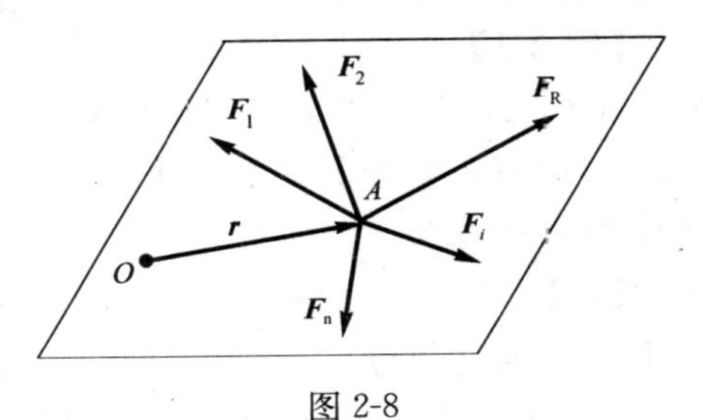

图 2-8

二、合力矩定理与力矩的解析表达式

合力矩定理：平面汇交力系的合力对平面内任一点之矩等于各分力对该点之矩的代数和。即

$$M_O(\boldsymbol{F}_R)=\Sigma M_O(\boldsymbol{F}_i) \qquad (2\text{-}13)$$

证明：如图2-8所示，设平面汇交力系$\boldsymbol{F}_1$，$\boldsymbol{F}_2$，…，$\boldsymbol{F}_n$有合力$\boldsymbol{F}_R$，由$\boldsymbol{F}_R=\boldsymbol{F}_1+\boldsymbol{F}_2+\cdots+\boldsymbol{F}_n$，用矢径$\boldsymbol{r}$左乘上式两端，有

$$\boldsymbol{r}\times\boldsymbol{F}_R=\boldsymbol{r}\times(\boldsymbol{F}_1+\boldsymbol{F}_2+\cdots+\boldsymbol{F}_n)$$

由于各力与矩心O在同一平面，因此上式中各矢积相互平行，矢量和可按代数和进行计算，而各矢量积的大小也就是力对点O之矩，故得

$$M_O(\boldsymbol{F}_R)=M_O(\boldsymbol{F}_1)+M_O(\boldsymbol{F}_2)+\cdots+M_O(\boldsymbol{F}_n)=\Sigma M_O(\boldsymbol{F})$$

定理得证。

合力矩定理不仅适用于平面汇交力系，也适用于任何有合力存在的力系。

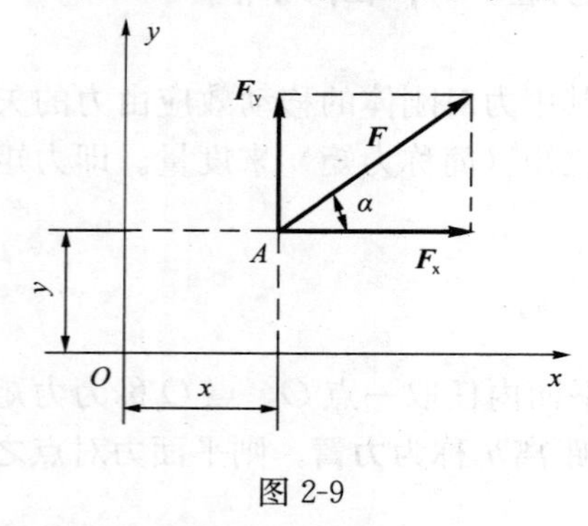

图 2-9

由合力矩定理可得到力矩的解析表达式，如图2-9所示，将力$\boldsymbol{F}$分解为两分力$\boldsymbol{F}_x$和$\boldsymbol{F}_y$，则力$\boldsymbol{F}$对坐标原点O之矩为：

$$M_O(F)=M_O(\boldsymbol{F}_x)+M_O(\boldsymbol{F}_y)=xF\sin\alpha-yF\cos\alpha$$

或
$$M_O(F)=xF_y-yF_x \tag{2-14}$$

上式为平面内力矩的解析表达式。其中x，y为力$\boldsymbol{F}$作用点的坐标，F_x，F_y为力$\boldsymbol{F}$在x，y轴上的投影，它们都是代数量，计算时必须注意各量的正负号。

将式（2-14）代入式（2-13），可得到合力对坐标原点之矩的解析表达式，即

$$M_O(\boldsymbol{F}_R)=\sum_{i=1}^{n}(x_iF_{yi}-y_iF_{xi}) \tag{2-15}$$

可用力矩的定义式（2-12）或力矩的解析表达式（2-14）计算平面内力对某一点之矩。当力臂计算比较困难时，应用合力矩定理，可以简化力矩的计算。一般将力分解为两个适当的分力，求出两分力对此点之矩的代数和即可。

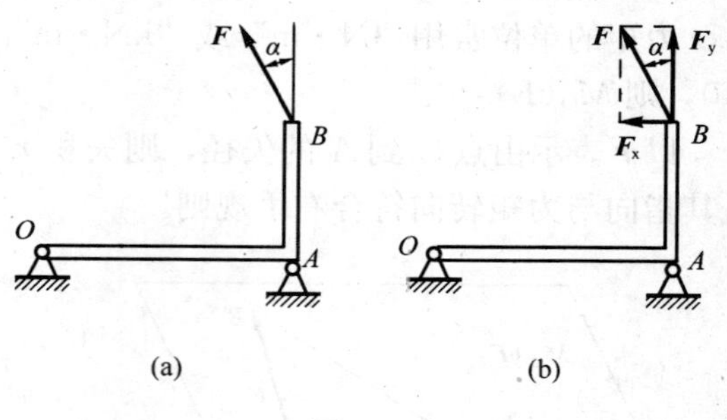

图 2-10

【例 2-3】 如图2-10（a）所示，曲杆上作用一力$\boldsymbol{F}$，已知$OA=a$，$AB=b$，试分别计算力$\boldsymbol{F}$对点O和点A之矩。

【解】 应用合力矩定理，将力$\boldsymbol{F}$分解为$\boldsymbol{F}_x$和$\boldsymbol{F}_y$，如图2-10（b）所示，则力$\boldsymbol{F}$对O点之矩为

$$M_O(\boldsymbol{F})=M_O(\boldsymbol{F}_x)+M_O(\boldsymbol{F}_y)=F_xb+F_ya=Fb\sin\alpha+Fa\cos\alpha$$

力$\boldsymbol{F}$对A点之矩为

$$M_A(\boldsymbol{F})=M_A(\boldsymbol{F}_x)+M_A(\boldsymbol{F}_y)=F_xb=Fb\sin\alpha$$

【例 2-4】 三角形分布载荷作用在水平梁AB上，如图2-11所示。最大载荷集度为q，梁长l。试求该力系的合力及合力作用线位置。

【解】 先求合力的大小。在梁上距A端为x处取一微段dx，其上作用力大

小为 $q_x dx$，其中 q_x 为此处的载荷集度。由图 2-11 可知，$q_x = qx/l$，故分布载荷的合力为

$$F_R = \int_0^l q_x dx = \int_0^l q \frac{x}{l} dx = \frac{1}{2}ql$$

再求合力作用线位置。设合力 $\boldsymbol{F}_R$ 的作用线距 A 端的距离为 h，在微段 dx 上的作用力对点 A 之矩为 $-(q_x dx)x$，全部分布载荷对点 A 之矩为

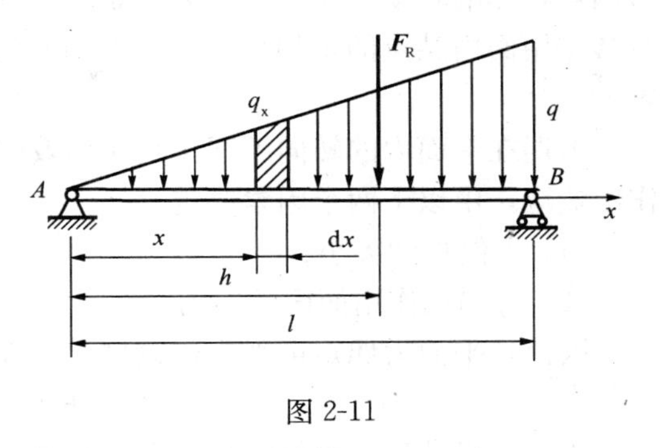

图 2-11

$$-F_R h = -\int_0^l q_x x dx = -\int_0^l q \frac{x}{l} x dx = -\frac{1}{3}ql^2$$

代入 F_R 的值，得

$$h = \frac{2}{3}l$$

即合力大小等于三角形分布载荷的面积，合力作用线通过三角形的几何中心。

三、力偶与力偶矩

1. 力偶

在日常生活与生产实践中，用两个手指拧水龙头或转动钥匙、钳工用扳手和丝锥攻螺纹（图 2-12b）、汽车司机用双手转动方向盘（图 2-12a）；电动机的定子磁场对转子作用电磁力使之旋转等。在水龙头、钥匙、丝锥、方向盘、电机转子等物体上，都作用了成对的等值、反向且不共线的平行力。等值反向平行力的矢量和显然等于零，但是由于它们不共线而不能相互平衡，它们能使物体改变转动状态。这种**由两个大小相等、方向相反且不共线的平行力组成的力系**，称为**力偶**，如图 2-13 所示，记作（$\boldsymbol{F}$，$\boldsymbol{F}'$）。力偶的两力之间的垂直距离 d 称为**力偶臂**，力偶所在的平面称为**力偶的作用面**。

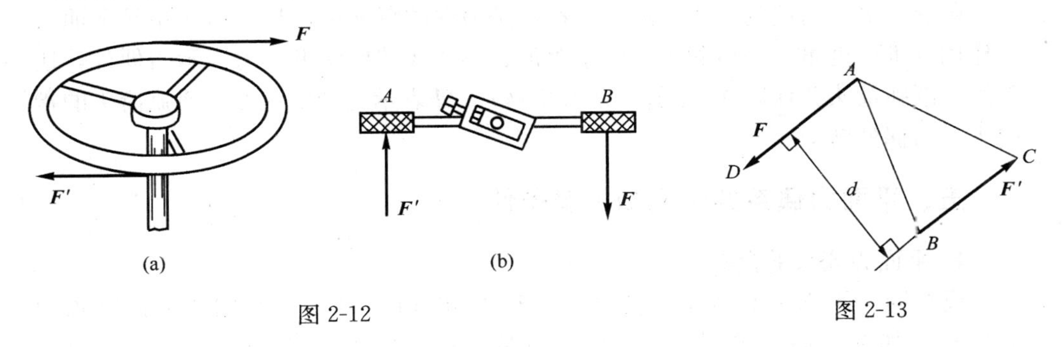

图 2-12　　图 2-13

由于力偶不能合成为一个力，故力偶也不能用一个力来平衡。因此，力和力偶是静力学的两个基本要素。

2. 力偶矩

力偶是由两个力组成的特殊力系，它的作用只改变物体的转动状态。因此，

力偶对物体的转动效应，可用**力偶矩**来度量，而力偶矩的大小为力偶中的两个力对其作用面内某点的矩的代数和，其值等于力与力偶臂的乘积即 Fd，与矩心位置无关。

力偶在平面内的转向不同，其作用效应也不相同。因此，平面力偶对物体的作用效应，由以下两个因素决定：

(1) 力偶矩的大小；

(2) 力偶在作用面内的转向。

因此，平面力偶矩可视为代数量，以 M 或 $M(\boldsymbol{F},\boldsymbol{F}')$ 表示，即

$$M=\pm Fd=2A_{\Delta ABC} \tag{2-16}$$

于是可得结论：**力偶矩是一个代数量，其绝对值等于力的大小与力偶臂的乘积，正负号表示力偶的转向；一般规定逆时针转向为正，反之为负**。力偶矩的单位与力矩相同，也是"N·m"。力偶矩也可用三角形面积表示（见图 2-13）。

四、平面力偶的等效定理

由于力偶的作用只改变物体的转动状态，而力偶对物体的转动效应是用力偶矩来度量的，因此可得如下的定理。

定理：在同一平面内的两个力偶，如果力偶矩相等，则两力偶彼此等效。

该定理给出了在同一平面内力偶等效的条件。由此可得推论：

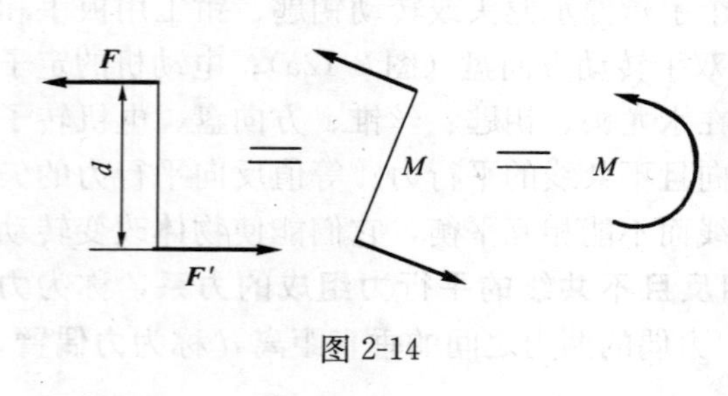

图 2-14

1. 任一力偶可以在它的作用面内任意移转，而不改变它对刚体的作用。因此，力偶对刚体的作用与力偶在其作用面内的位置无关。

2. 要保持力偶矩的大小和力偶的转向不变，可以同时改变力偶中力的大小和力偶臂的长短，而不改变力偶对刚体的作用。

由此可见，力偶的臂和力的大小都不是力偶的特征量，只有力偶矩是平面力偶作用的唯一度量。今后除了用两个等值、不共线的反向平行力表示力偶外，还常用一圆弧箭头并伴以 M 表示（见图 2-14）。M 表示力偶矩大小，圆弧箭头的指向表示力偶的转向。

五、平面力偶系的合成和平衡条件

1. 平面力偶系的合成

设在同一平面内有两个力偶（$\boldsymbol{F}_1$，$\boldsymbol{F}'_1$）和（$\boldsymbol{F}_2$，$\boldsymbol{F}'_2$），它们的力偶臂各为 d_1 和 d_2，如图 2-15（a）所示。这两个力偶的矩分别为 M_1 和 M_2，求它们的合成结果。为此，在保持力偶矩不变的情况下，同时改变这两个力偶的力的大小和力偶臂的长短，使它们具有相同的力偶臂 d，并将它们在平面内移转，使力的作用线重合，如图 2-15（b）所示。于是得到与原力偶等效的两个新力偶（$\boldsymbol{F}_3$，$\boldsymbol{F}'_3$）和（$\boldsymbol{F}_4$，$\boldsymbol{F}'_4$）。即

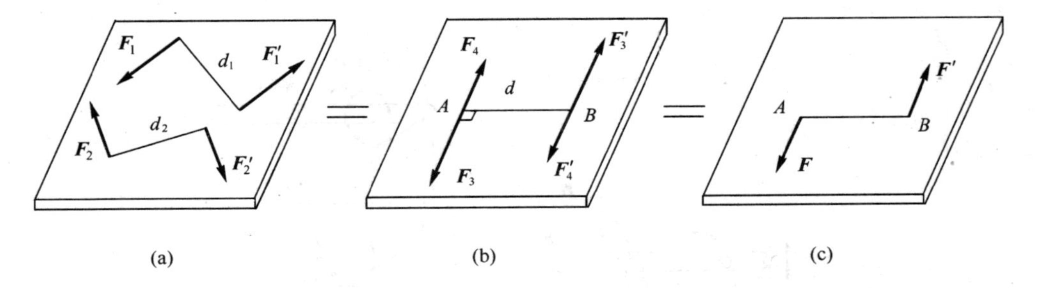

图 2-15

$$M_1=F_1d_1=F_3d,\ M_2=-F_2d_2=-F_4d$$

分别将作用在点 A 和 B 的力合成（设 $F_3>F_4$），得

$$F=F_3-F_4,\ F'=F'_3-F'_4$$

由于 $\boldsymbol{F}$ 与 $\boldsymbol{F}'$ 是相等的，所以构成了与原力偶系等效的合力偶（$\boldsymbol{F}$，$\boldsymbol{F}'$）如图 2-15（c）所示，以 M 表示合力偶的矩，得

$$M=Fd=(F_3-F_4)d=F_3d-F_4d=M_1+M_2$$

如有两个以上的平面力偶，可以按照上述方法合成。即在同平面内的任意个力偶可合成为一个合力偶，合力偶矩等于各个力偶矩的代数和，即

$$M=\sum_{i=1}^{n}M_i \tag{2-17}$$

2. 平面力偶系的平衡条件

由合成结果可知，力偶系平衡时，其合力偶的矩等于零。因此，**平面力偶系平衡的必要和充分条件是：所有各力偶矩的代数和等于零**，即

$$\sum_{i=1}^{n}M_i=0 \tag{2-18}$$

【例 2-5】 图 2-16（a）所示的平面铰接四连杆机构 $OABD$，在杆 OA 和 BD 上分别作用着力偶矩为 M_1 和 M_2 的力偶，而使机构在图示位置处于平衡。已知 $OA=r$，$DB=2r$，$\theta=30°$，不计各杆自重，试求力偶矩 M_1 和 M_2 之间的关系。

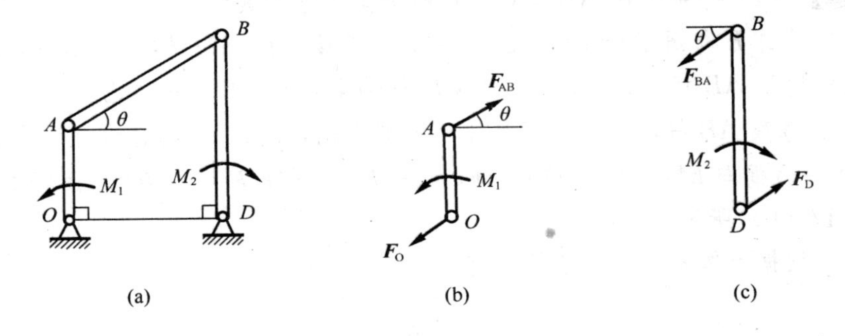

图 2-16

【解】 为了求力偶矩 M_1 和 M_2 间的关系，可分别取杆 OA 和 DB 为研究对象。AB 杆是二力杆，故其约束反力 $\boldsymbol{F}_{AB}$ 和 $\boldsymbol{F}_{BA}$ 必沿 A，B 的连线。因为力偶只能用力偶来平衡，所以固定铰链支座 O 和 D 的约束反力 $\boldsymbol{F}_O$ 和 $\boldsymbol{F}_D$ 只能分别平行于

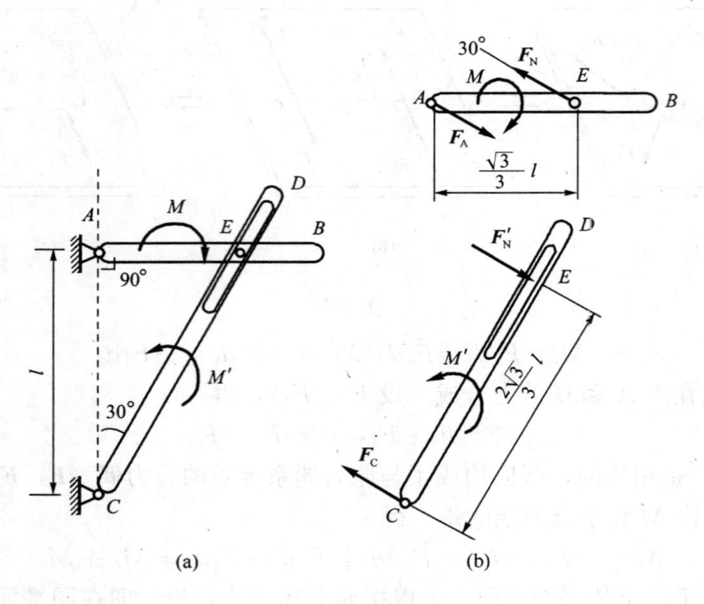

图 2-17

$\boldsymbol{F}_{AB}$和 $\boldsymbol{F}_{BA}$，且方向相反。这两根杆的受力如图 2-16（b）和图 2-16（c）所示。

根据平面力偶系的平衡条件，分别写出杆 OA 和 DB 的平衡方程：

$$\Sigma M_i = 0, \qquad M_1 - F_{AB}r\cos\theta = 0$$

$$-M_2 + 2F_{BA}r\cos\theta = 0$$

因为 $F_{AB}=F_{BA}$，故得 $M_1=\frac{1}{2}M_2$

【例 2-6】 由杆 AB，CD 组成的机构如图 2-17（a）所示，A，C 均为铰链，销钉 E 固定在 AB 杆上且可沿 CD 杆上的光滑滑槽滑动。已知在 AB 杆上作用一力偶，力偶矩为 M。问在 CD 杆上作用的力偶矩 M' 大小为何值时，才能使系统平衡，并求此时 A，C 处的约束反力 $\boldsymbol{F}_A$，$\boldsymbol{F}_C$。

【解】 (1) 分别考虑 AB 与 CD 杆的平衡并分析其受力。

(2) 销钉 E 与滑槽光滑接触，约束反力沿接触面公法线方向，即垂直于 CD 杆；且作用于 AB 杆的 $\boldsymbol{F}_N$ 及作用于 CD 杆的 $\boldsymbol{F}'_N$ 是一对作用力与反作用力，$\boldsymbol{F}'_N=-\boldsymbol{F}_N$。考察 AB 杆，由于力偶只能用力偶平衡，所以 A 点的约束反力 $\boldsymbol{F}_A$ 必与 $\boldsymbol{F}_N$ 构成一力偶与 M 平衡，因而有 $\boldsymbol{F}_A=-\boldsymbol{F}_N$。同理 $\boldsymbol{F}_C=-\boldsymbol{F}'_N$。两杆的受力图如图 2-17（b）所示。

(3) 根据力偶系的平衡条件，有

对 AB 杆
$$-M+F_N\cdot\frac{\sqrt{3}}{3}l\sin 30°=0$$

对 CD 杆
$$M'-F'_N\cdot\frac{2\sqrt{3}}{3}l=0$$

解得

$$F_N=2\sqrt{3}\frac{M}{l},\ M'=4M,\ F_A=F_C=F_N=2\sqrt{3}\frac{M}{l}$$

铰 A，C 的约束反力方向如图 2-17（b）所示。

§2.3 平面任意力系向作用面内一点简化

当力系中各力的作用线都在同一平面内，且既不汇交于一点，也不互相平行，而是呈任意分布时，称为**平面任意力系**。平面任意力系是平面力系的一般情况，平面汇交力系和平面力偶系都是它的特殊情况。

在工程实际中，当物体的形状和受力都对称于某个对称平面，可把原空间分布的力系简化为作用在对称平面内的平面力系来处理。例如作用在屋架、汽车等物体上的力系都可以视为平面任意力系。

力系向一点简化是一种较为简便并且具有普遍性的力系简化方法。此方法的理论基础是力的平移定理。

一、力的平移定理

定理：作用在刚体上某点 A 的力 F 可平行移到任一点 B，平移时需附加一个力偶，附加力偶的力偶矩等于原来的力 F 对平移后的点 B 之矩。

证明：如图 2-18（a）所示，设力 $\boldsymbol{F}$ 作用于刚体上 A 点，要将力 $\boldsymbol{F}$ 平移至 B 点。在 B 点加上一对平衡力系 $\boldsymbol{F}'$ 和 $\boldsymbol{F}''$，令 $\boldsymbol{F}'=-\boldsymbol{F}''=\boldsymbol{F}$，如图 2-18（b）所示，显然，这三个力 $\boldsymbol{F}'$，$\boldsymbol{F}''$，$\boldsymbol{F}$ 与原力 $\boldsymbol{F}$ 等效。而（$\boldsymbol{F}''$，$\boldsymbol{F}$）组成一个力偶，其力偶矩 $M=Fd$，如图 2-18（c）所示，因此，力 $\boldsymbol{F}$ 和（$\boldsymbol{F}'$，M）等效。

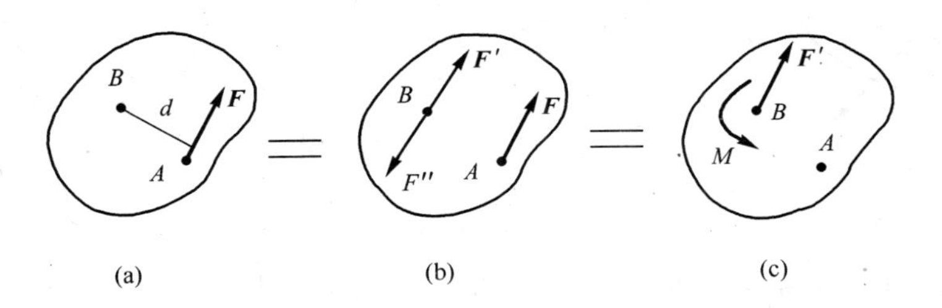

图 2-18

这样，就把作用于点 A 的力 $\boldsymbol{F}$ 平移到了另一点 B，但同时附加了一个相应的力偶 M，这个力偶称为附加力偶。其附加力偶矩为

$$M=Fd=M_B(\boldsymbol{F})$$

即附加力偶矩等于力 $\boldsymbol{F}$ 对平移点 B 之矩。于是定理得证。

显然，这个定理的逆定理也是成立的，即作用在刚体上某一平面内的一个力和一个力偶可以合成为一个力。

力的平移定理既是复杂力系简化的理论依据，还可用于分析和解释工程实际中的一些力学问题。例如攻丝时，必须用两手握住扳手，而且用力要相等。如果用单手攻螺纹（图 2-19a），由于作用在扳手 AB 一端的力 $\boldsymbol{F}$ 向点 C 简化的结果为一个力 $\boldsymbol{F}'$ 和一个力偶 M，如图 2-19（b）所示，力偶 M 使丝锥转动，而力 $\boldsymbol{F}'$ 却往往使螺纹歪斜，影响加工精度，甚至折断丝锥。

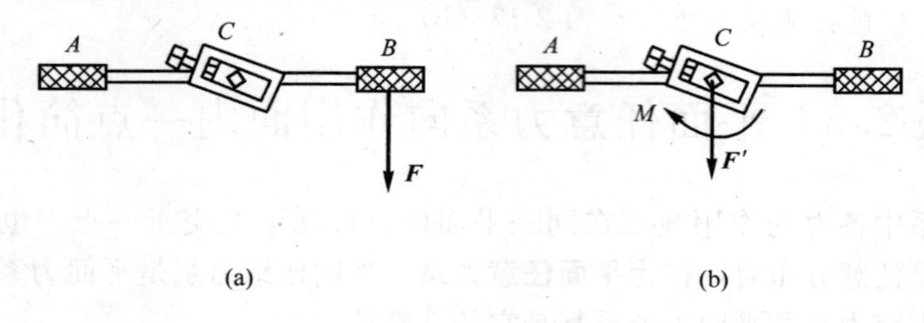

图 2-19

二、平面任意力系向作用面内一点简化·主矢和主矩

1. 平面任意力系向作用面内一点简化

刚体上作用有 n 个力组成的平面任意力系 $\boldsymbol{F}_1$，$\boldsymbol{F}_2$，…，$\boldsymbol{F}_n$，如图 2-20（a）所示。在平面内任选一点 O，称为**简化中心**。应用力的平移定理，将各力平移到 O 点，于是得到一个作用于 O 点的平面汇交力系 $\boldsymbol{F}'_1$，$\boldsymbol{F}'_2$，…，$\boldsymbol{F}'_n$ 和一个相应的附加力偶系 M_1，M_2，…，M_n，如图 2-20（b）所示，其力偶矩分别为：$M_1=M_O(\boldsymbol{F}_1)$，$M_2=M_O(\boldsymbol{F}_2)$，…，$M_n=M_O(\boldsymbol{F}_n)$。这样，原力系与作用于简化中心 O 点的平面汇交力系和附加的平面力偶系是等效的。

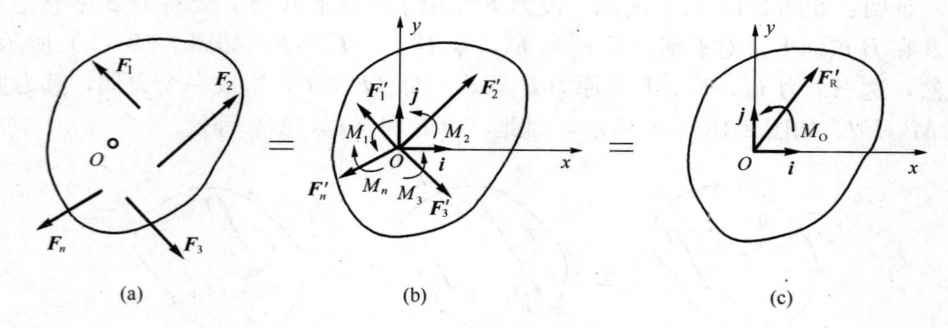

图 2-20

将平面汇交力系 $\boldsymbol{F}'_1$，$\boldsymbol{F}'_2$，…，$\boldsymbol{F}'_n$ 合成为作用于简化中心 O 点的一个力 $\boldsymbol{F}'_R$，如图 2-20(c) 所示，则

$$\boldsymbol{F}'_R=\boldsymbol{F}'_1+\boldsymbol{F}'_2+\cdots+\boldsymbol{F}'_n=\boldsymbol{F}_1+\boldsymbol{F}_2+\cdots+\boldsymbol{F}_n=\sum_{i=1}^{n}\boldsymbol{F}_i \tag{2-19}$$

即力矢 $\boldsymbol{F}'_R$ 等于原来各力的矢量和。

附加平面力偶系 M_1，M_2，…，M_n 可合成为一个力偶，合力偶矩 M_O 等于各附加力偶矩的代数和，故

$$M_O=M_1+M_2+\cdots+M_n=M_O(\boldsymbol{F}_1)+M_O(\boldsymbol{F}_2)+\cdots+M_O(\boldsymbol{F}_n)=\sum_{i=1}^{n}M_O(F) \tag{2-20}$$

即力偶的矩等于原来各力对简化中心 O 点之矩的代数和。

2. 主矢和主矩

平面任意力系中所有各力的矢量和 $\boldsymbol{F}'_R$ 称为该力系的**主矢**，而各力对于任选简化中心 O 之矩的代数和 M_O 称为该力系对于简化中心的**主矩**。

由主矢和主矩的定义，可得平面力系向一点简化的结果。

结论 平面任意力系向作用面内任选简化中心 O 点简化，一般可得一个力和一个力偶，这个力等于该力系的主矢，作用于简化中心 O 点，这个力偶的矩等于该力系对于 O 点的主矩。

$$\boldsymbol{F}'_R = \sum_{i=1}^{n} \boldsymbol{F}_i,\ M_O = \sum_{i=1}^{n} M_O(\boldsymbol{F})$$

取坐标系 Oxy，如图 2-20（c）所示，$\boldsymbol{i}$，$\boldsymbol{j}$ 为沿 x，y 轴的单位矢量，则力系主矢的解析表达式为

$$\boldsymbol{F}'_R = \boldsymbol{F}'_{Rx} + \boldsymbol{F}'_{Ry} = \Sigma F_x \boldsymbol{i} + \Sigma F_y \boldsymbol{j} \tag{2-21}$$

于是主矢 $\boldsymbol{F}'_R$ 的大小和方向余弦为

$$F'_R = \sqrt{(\Sigma F_x)^2 + (\Sigma F_y)^2}$$

$$\cos(\boldsymbol{F}'_R, \boldsymbol{i}) = \frac{\Sigma F_x}{F'_R} \qquad \cos(\boldsymbol{F}'_R, \boldsymbol{j}) = \frac{\Sigma F_y}{F'_R}$$

力系对点 O 的主矩的解析表达式为

$$M_O = \sum_{i=1}^{n} M_O(\boldsymbol{F}) = \sum_{i=1}^{n} (x_i F_y - y_i F_x) \tag{2-22}$$

其中 x_i，y_i 为力 $\boldsymbol{F}_i$ 作用点的坐标。

3. 固定端约束

固定端是工程实际中一种常见的约束，图 2-21（a）所示为夹持在卡盘上的工件，图 2-21（b）所示为固定在飞机机身上的机翼，图 2-21（c）所示为插入地基中的电线杆。这类物体连接方式的特点是连接处刚性很大，两物体间既不能产生相对移动，也不能产生相对转动，这类实际约束均可抽象为固定端或称插入端约束，其简图如图 2-21（d）所示，其中 A 端为固定端约束，AB 为悬臂梁。

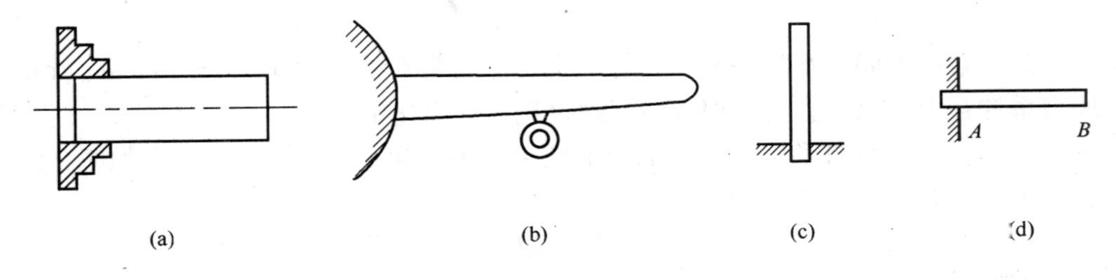

图 2-21

固定端对梁 AB 的插入段的作用是一个很复杂的力系，在平面问题中是个平面任意力系，如图 2-22（a）所示。根据力系简化理论，将这些力系向作用平面内的 A 点简化，得到一个力 $\boldsymbol{F}_A$ 和一个力偶矩为 M_A 的力偶，如图 2-22（b）所示。力 $\boldsymbol{F}_A$ 的大小和方向均为未知量（与主动力有关），一般用两个相互垂直的分力 $\boldsymbol{F}_{Ax}$、$\boldsymbol{F}_{Ay}$ 来表示（图 2-22c）。因此，在平面问题中，固定端约束有三个未知量，其中两个是相互垂直的约束反力，第三个是一个约束反力偶。

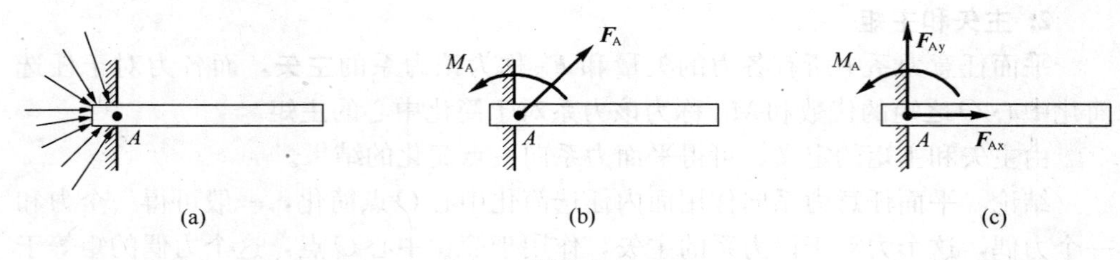

(a) (b) (c)

图 2-22

与固定铰链支座的约束性质相比，固定端约束除了限制物体在水平方向和铅直方向移动外，还能限制物体在平面内转动，而固定铰链支座不能限制物体在平面内转动。因此，固定端约束与固定铰链支座的区别是固定端约束多了一个限制转动的约束反力偶。

4. 平面任意力系的简化结果分析

平面任意力系向作用面内一点简化的结果，可能有四种情况，即：(1) $\boldsymbol{F}'_R=0$，$M_O\neq0$；(2) $\boldsymbol{F}'_R\neq0$，$M_O=0$；(3) $\boldsymbol{F}'_R\neq0$，$M_O\neq0$；(4) $\boldsymbol{F}'_R=0$，$M_O=0$。下面对这几种情况作进一步的分析讨论。

(1) 平面任意力系简化为一个力偶的情形

如果力系的主矢等于零，而主矩 M_O 不等于零，即

$$\boldsymbol{F}'_R=0，M_O\neq0$$

则原力系合成为合力偶。合力偶矩为

$$M_O=\sum_{i=1}^{n}M_O(\boldsymbol{F})$$

因为力偶对于平面内任意一点的力偶矩都相同，因此当力系合成为一个力偶时，主矩与简化中心的选择无关。

(2) 平面任意力系简化为一个合力的情形

如果主矩等于零，主矢不等于零，即

$$\boldsymbol{F}'_R\neq0，M_O=0$$

此时附加力偶系互相平衡，只有一个与原力系等效的力 $\boldsymbol{F}'_R$。显然，$\boldsymbol{F}'_R$就是原力系的合力，而合力的作用线恰好通过选定的简化中心 O。

如果平面力系向简化中心 O 简化的结果是主矢和主矩都不等于零，如图 2-23 (a) 所示，即

$$\boldsymbol{F}'_R\neq0，M_O\neq0$$

现将力偶矩为 M_O 的力偶用两个力 $\boldsymbol{F}_R$ 和 $\boldsymbol{F}''_R$表示，并令 $\boldsymbol{F}'_R=\boldsymbol{F}_R=-\boldsymbol{F}''_R$ (图

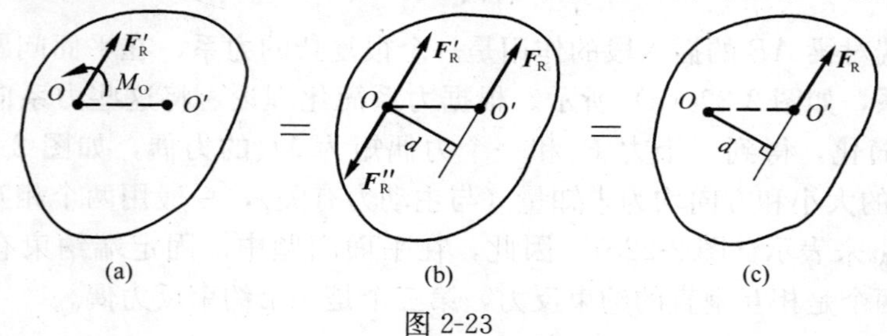

(a) (b) (c)

图 2-23

2-23b)。再去掉一对平衡力 $\boldsymbol{F}'_R$ 与 $\boldsymbol{F}''_R$，于是就将作用于点 O 的力 $\boldsymbol{F}'_R$ 和力偶（$\boldsymbol{F}_R$，$\boldsymbol{F}''_R$）合成为一个作用在点 O' 的力 $\boldsymbol{F}_R$，如图 2-23（c）所示。

这个力 $\boldsymbol{F}_R$ 就是原力系的合力。合力矢 $\boldsymbol{F}_R$ 等于主矢；合力的作用线在点 O 的哪一侧，需根据主矢和主矩的方向确定；合力作用线到点 O 的距离 d 为

$$d=\frac{M_O}{F_R}$$

（3）平面任意力系平衡的情形

如果力系的主矢，主矩均等于零，即

$$\boldsymbol{F}'_R=0,\quad M_O=0$$

则原力系平衡，这种情形将在下节详细讨论。

5. 合力矩定理

平面任意力系的合力矩定理：**平面任意力系的合力对平面内任一点之矩等于力系中各力对同一点之矩的代数和。**

证明：由图 2-23（b）易见，合力 $\boldsymbol{F}_R$ 对点 O 点的矩为

$$M_O(\boldsymbol{F}_R)=F'_R d=M_O$$

由式（2-20），有

$$M_O=\sum_{i=1}^{n} M_O(\boldsymbol{F})$$

$$M_O(\boldsymbol{F}_R)=\sum_{i=1}^{n} M_O(\boldsymbol{F}) \tag{2-23}$$

得证。由于简化中心 O 是任意选取的，故上式具有普遍意义。

【例 2-7】 重力坝受力情况如图 2-24（a）所示。已知：$W_1=450\text{kN}$，$W_2=300\text{kN}$，$F_1=300\text{kN}$，$F_2=70\text{kN}$。求力系向点 O 简化的结果，合力与基线 OA 的交点到点 O 的距离 x，以及合力作用线方程。

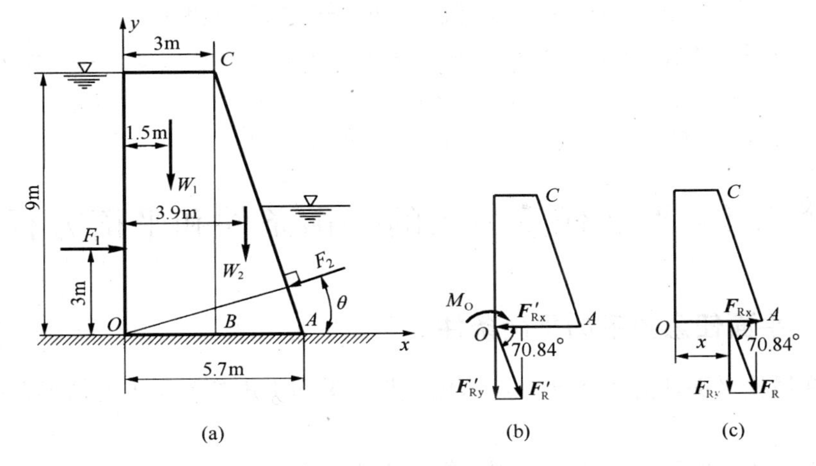

图 2-24

【解】 （1）先将力系向点 O 简化，求得其主矢 $\boldsymbol{F}'_R$ 和主矩 M_O（图 2-24b）。由图 2-24（a），有

$$\theta=\angle ACB=\arctan\frac{AB}{CB}=16.7^\circ$$

主矢 F'_R在 x，y 轴上的投影为

$$F'_{Rx}=\Sigma F_x=F_1-F_2\cos\theta=232.9\text{kN}$$

$$F'_{Ry}=\Sigma F_y=-W_1-W_2-F_2\sin\theta=-670.1\text{kN}$$

主矢 F'_R的大小为

$$F'_R=\sqrt{(\Sigma F_x)^2+(\Sigma F_y)^2}=709.4\text{kN}$$

主矢 F'_R的方向余弦为

$$\cos(F'_R,\ i)=\frac{\Sigma F_x}{F'_R}=0.3283 \qquad \cos(F'_R,\ j)=\frac{\Sigma F_y}{F'_R}=-0.9446$$

则有

$$\angle(F'_R,\ i)=\pm70.84° \qquad \angle(F'_R,\ j)=180°\pm19.16°$$

故主矢 F'_R在第四象限内，与 x 轴的夹角为$-70.84°$

力系对点 O 的主矩为

$$M_O=\sum_{i=1}^{n}M_O(F)=-3\times F_1-1.5\times W_1-3.9\times W_2=-2355\text{kN}\cdot\text{m}$$

(2) 合力 F_R的大小和方向与主矢 F'_R相同。其作用线位置的 x 值可根据合力矩定理求得（图 2-24c），由于 $M_O(F_{RX})=0$ 故

$$M_O=M_O(F_R)=M_O(F_{Rx})+M_O(F_{Ry})=F_{Ey}\times x$$

解得

$$x=\frac{M_O}{F_{Ry}}=\frac{2355}{670.1}=3.514\text{m}$$

(3) 设合力作用线上任一点的坐标为 $(x,\ y)$，将合力作用于此点（图 2-24c），则合力 F_R对坐标原点的矩的解析表达式为

$$M_O=M_O(F_R)=xF_{Ry}-yF_{Rx}=x\Sigma F_y-y\Sigma F_x$$

将已求得的 M_O，ΣF_y，ΣF_x的代数值代人上式，得合力作用线方程为

$$670.1x+232.9y-2355=0$$

上式中，若令 $y=0$，可得 $x=3.514\text{m}$，与前述结果相同。

§2.4　平面任意力系的平衡条件和平衡方程

一、平面任意力系的平衡条件

现在讨论平面任意力系向一点简化，其主矢和主矩都等于零的情形，即

$$F'_R=0,\ M_O=0 \tag{2-24}$$

显然，主矢等于零，表明作用于简化中心 O 的汇交力系为平衡力系；主矩等于零，表明附加力偶系也是平衡力系，所以原力系必为平衡力系。故式（2-24）为平面任意力系平衡的充分条件。

由上一节分析结果可知：若主矢和主矩有一个不等于零，则力系应简化为合力或合力偶；若主矢与主矩都不等于零时，可进一步简化为一个合力。上述情况

下力系都不能平衡，只有当主矢和主矩都等于零时，力系才能平衡。故式（2-24）又是平面任意力系平衡的必要条件。

因此，平面任意力系平衡的必要和充分条件是：**力系的主矢和对于任一点的主矩都等于零**。

平衡条件可用解析式表示。由式（2-24）和式（2-21）可得

$$\Sigma F_{xi}=0, \Sigma F_{yi}=0, \quad \Sigma M_O(\boldsymbol{F}_i)=0 \tag{2-25}$$

由此可得结论，平面任意力系平衡的解析条件是：**力系中各力在其作用面内任选的两个相交的坐标轴上投影的代数和分别等于零，以及各力对任意一点的矩的代数和也等于零**。式（2-25）称为平面任意力系的平衡方程。

二、平面任意力系平衡方程的三种形式

1. 基本形式

平面任意力系平衡方程的第一种形式为式（2-25）表示的基本形式。它有两个投影方程和一个力矩式，共三个独立方程。

需要指出，在列基本形式的平衡方程时，其投影轴和力矩中心都可以任意选取，也就是所选的两个投影轴不必一定是相互垂直，所选的矩心不必一定是投影轴的交点，可以是平面内的任一点。

【例 2-8】 图 2-25 所示的水平横梁 AB，A 端为固定铰链支座，B 端为滚动支座。梁长为 $4a$，梁重 P，作用在梁的中点 C。在梁的 AC 段上受均布载荷 q 作用，在梁的 BC 段上受力偶作用，力偶矩 $M=Pa$。试求 A 和 B 处的支座约束力。

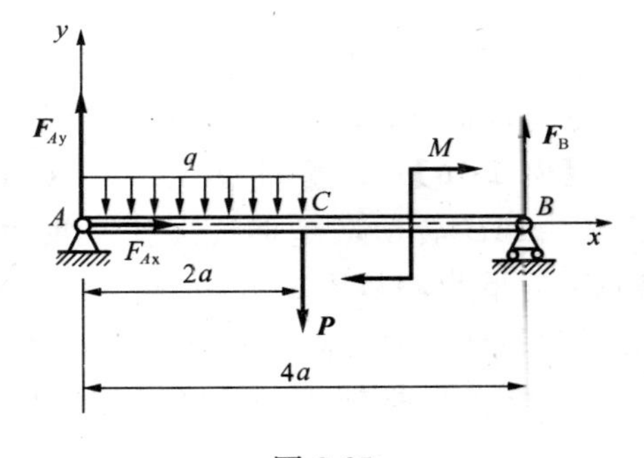

图 2-25

【解】 选梁 AB 为研究对象。它所受的主动力有：均布载荷 q，重力 $\boldsymbol{P}$ 和矩为 M 的力偶。它所受的约束力有：铰链 A 的两个分力 $\boldsymbol{F}_{Ax}$和 $\boldsymbol{F}_{Ay}$，滚动支座 B 处铅直向上的约束力 $\boldsymbol{F}_B$。取坐标系如图 2-25 所示，列出平衡方程：

$$\Sigma M_A(\boldsymbol{F})=0, F_B\times 4a-M-P\times 2a-q\times 2a\times a=0$$

$$\Sigma F_x=0, F_{Ax}=0$$

$$\Sigma F_y=0, F_{Ay}-q\times 2a-P+F_B=0$$

解上述方程，得

$$F_B=\frac{3}{4}P+\frac{1}{2}qa, \ F_{Ax}=0, \ F_{Ay}=\frac{P}{4}+\frac{3}{2}qa$$

【例 2-9】 T 字形刚架 ABD 自重 $P=100\text{kN}$，置于铅垂面内，载荷如图 2-26(a)所示。其中 $M=20\text{kN}\cdot\text{m}$，$F=400\text{kN}$，$q=20\text{kN/m}$，$l=1\text{m}$。试求固定端 A 处的约束反力。

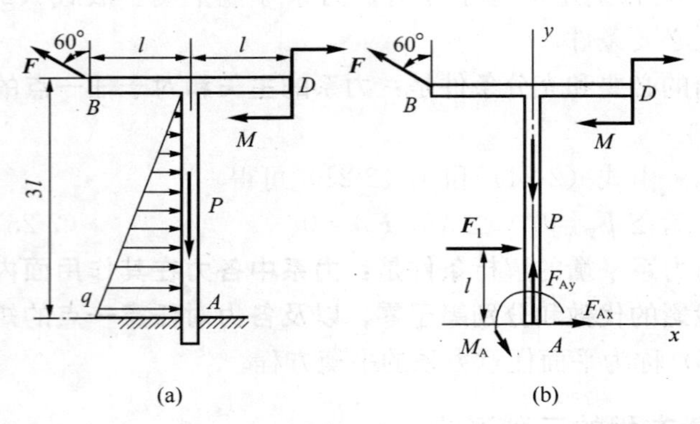

图 2-26

【解】 取T字形刚架为研究对象，其上除受主动力外，还受有固定端A处的约束反力F_{Ax}、F_{Ay}和约束反力偶M_A。线性分布荷载可用一个集中力$\boldsymbol{F}_1$等效替代，$\boldsymbol{F}_1$大小为$F_1=\frac{1}{2}q\times3l=30\text{kN}$，作用于三角形分布载荷的几何中心，即距点$A$为$l$处。刚架受力如图2-26(b)所示。列平衡方程，并解得

$$\Sigma F_x=0,\quad F_{Ax}+F_1-F\sin 60°=0$$

$$F_{Ax}=F\sin60°-F_1=316.4\text{kN}$$

$$\Sigma F_y=0,\quad F_{Ay}-P+F\cos 60°=0$$

$$F_{Ay}=P-F\cos60°=-100\text{kN}$$

$$\Sigma M_A(\boldsymbol{F})=0,\quad M_A-M-F_1 l-F\cos 60°\times l+F\sin 60°\times 3l=0$$

$$M_A=M+F_1 l+F\cos 60°\times l-F\sin 60°\times 3l=-789.2\text{kN}$$

负号说明图中所设方向与实际情况相反，即F_{Ay}方向应向下，M_A应为顺时针转向。

【例 2-10】 起重机重$P_1=10\text{kN}$，可绕铅直轴AB转动，起重机上挂一重为$P_2=40\text{kN}$的重物，如图2-27所示。起重机的重心C到转动轴的距离为1.5m，其他尺寸如图所示。求在止推轴承A和轴承B处的约束反力。

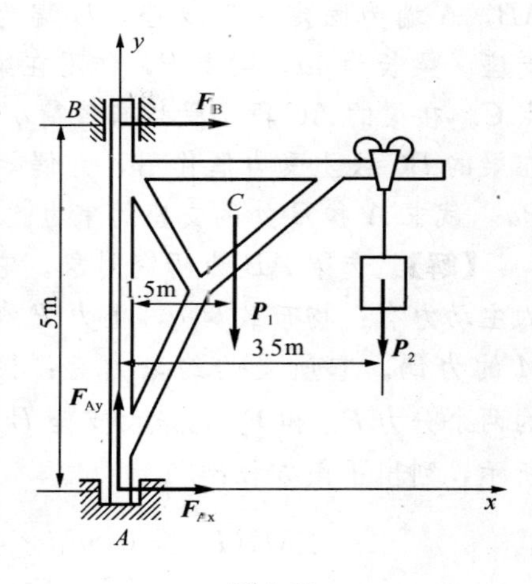

图 2-27

【解】 以起重机为研究对象，它所受的主动力有$\boldsymbol{P}_1$和$\boldsymbol{P}_2$。由于对称性，约束反力和主动力都位于同一平面内。止推轴承A处有两个约束反力$\boldsymbol{F}_{Ax}$和$\boldsymbol{F}_{Ay}$，轴承B处只有一个与转轴垂直的约束反力$\boldsymbol{F}_B$，约束反力方向如图2-27所示。

取坐标系如图2-27所示，列平面任意力系的平衡方程，即

$$\Sigma F_x=0, F_{Ax}+F_B=0$$

$$\Sigma F_y=0, F_{Ay}-P_1-P_2=0$$

$$\Sigma M_A(F)=0, -F_B\times5-P_1\times1.5-P_2\times3.5=0$$

求解以上方程，得

$$F_{Ay}=P_1+P_2=50\text{kN}$$

$$F_B=-0.3P_1-0.7P_2=-31\text{kN}$$

$$F_{Ax}=-F_B=31\text{kN}$$

F_B为负值，说明它的方向与假设的方向相反，即应指向左。

由于平面任意力系的简化中心是任意选取的，因此，在求解平面任意力系平衡问题时，可取不同的矩心，列出不同的力矩方程。用力矩方程代替投影方程可得平面任意力系平衡方程的其他两种形式。

2. 二力矩形式

平面任意力系平衡方程的第二种形式为二力矩式，就是三个平衡方程中有两个力矩方程和一个投影方程，即

$$\sum M_A(\boldsymbol{F})=0, \sum M_B(\boldsymbol{F})=0, \sum F_x=0 \tag{2-26}$$

其附加条件是：投影轴 x 不得垂直于 A，B 两点的连线。

现在论证二力矩形式的平衡方程也是平面任意力系平衡的必要和充分条件。

必要性论证：如果平面任意力系平衡（$\boldsymbol{F}'_R=0$，$M_O=0$），则该力系中各力对任意轴（包括 x 轴）的投影的代数和等于零，故 $\sum F_x=0$。因简化中心是任取的，故力系对任一点的主矩（包括 A，B 两点）都等于零，即 $\sum M_A(\boldsymbol{F})=0$，$\sum M_B(\boldsymbol{F})=0$。

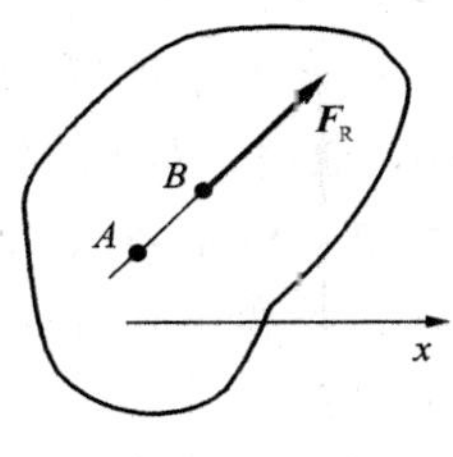

图 2-28

充分性论证：如果平面任意力系满足式（2-26），根据 $\sum M_A(\boldsymbol{F})=0$和 $\sum M_B(\boldsymbol{F})=0$，力系对 A，B 两点的主矩均等于零，则这个力系不可能简化为一个力偶，只可能平衡或者简化为经过 A，B 两点的一个力，如图 2-28 所示。式（2-26）的附加条件 AB 连线不垂直于 x 轴，由 $\sum F_x=0$，可知 $\boldsymbol{F}_R=0$，故该力系必为平衡力系。

3. 三力矩形式

平面任意力系平衡方程的第三种形式为三力矩形式，就是三个平衡方程均为力矩方程，即

$$\sum M_A(\boldsymbol{F})=0, \sum M_B(\boldsymbol{F})=0, \sum M_C(\boldsymbol{F})=0 \tag{2-27}$$

附加条件是：A，B，C 三点不得共线。

三力矩形式的平衡方程也是平面任意力系平衡的必要和充分条件，读者可自行论证。

上述三种不同形式的平衡方程式（2-25），式（2-26）和式（2-27），究竟选用哪一种形式，须根据具体条件确定。但应该指出，不管哪一种形式的平衡方程，对于受平面任意力系作用的单个刚体，只可以写出三个独立的平衡方程，求解三个未知量。任何第四个方程只是前三个方程的线性组合，因而不是独立的。可以利用这个方程来校核计算结果。另外，对于式（2-26），式（2-27）中投影轴和矩心的选取，需满足相应的附加条件。在实际应用时，可将投影轴取成与较多的未知力相垂直，矩心应取在多个未知力的交点上，尽量避免求解联立方程。

三、平面平行力系的平衡方程

各力的作用线在同一平面内，且相互平行的力系称为**平面平行力系**。它是平

面任意力系的一种特殊情况，其平衡方程可从平面任意力系的平衡方程中导出。

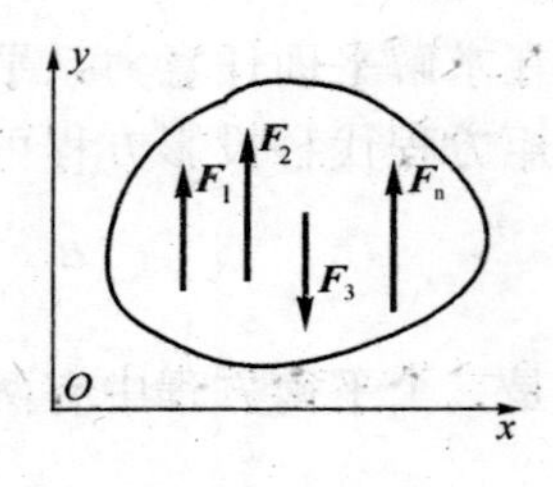

图 2-29

如图 2-29 所示，刚体受平面平行力 $\boldsymbol{F}_1$，$\boldsymbol{F}_2$，…，$\boldsymbol{F}_n$作用，建立直角坐标系，并使 x 轴与各力垂直，则不论力系是否平衡，各力在 x 轴上的投影恒等于零，即 $\Sigma F_x \equiv 0$。因此，平面平行力系的独立平衡方程的数目只有两个，即

$$\Sigma F_y = 0,\ \Sigma M_O(\boldsymbol{F}) = 0 \tag{2-28}$$

平面平行力系的平衡方程也可用两力矩方程的形式表示，即

$$\Sigma M_A(\boldsymbol{F}) = 0, \Sigma M_B(\boldsymbol{F}) = 0 \tag{2-29}$$

其附加条件是：A，B 连线不平行各力的作用线。

【例 2-11】 塔式起重机如图 2-30 所示。机架重 $W_1 = 700\text{kN}$，作用线通过塔架的中心。最大起重量 $W_2 = 200\text{kN}$，最大悬臂长为 12m，轨道 AB 的间距为 4m。平衡重 W_3 到机身中心线距离为 6m。试问：(1) 保证起重机在满载和空载时都不致翻倒，平衡重 W_3 应为多少?

(2) 当平衡重 $W_3 = 180\text{kN}$ 时，求满载时轨道 A，B 的约束反力。

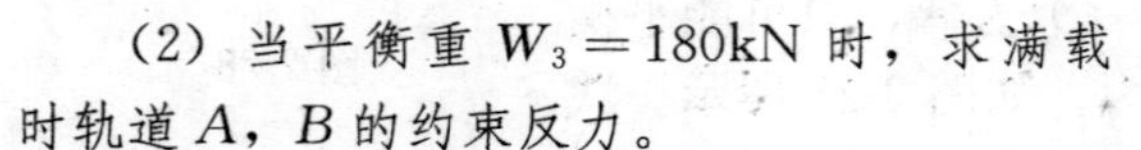

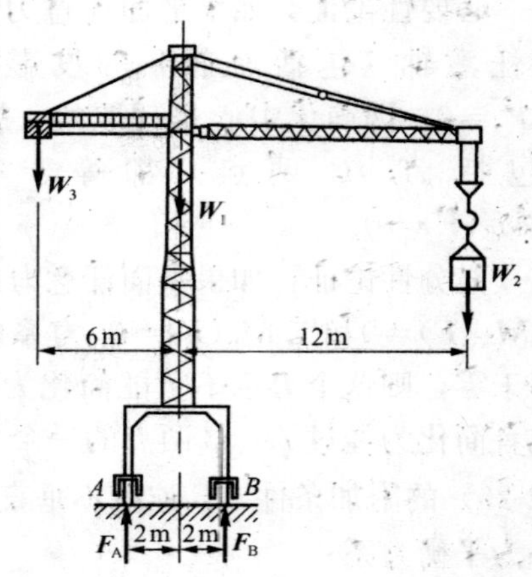

图 2-30

【解】 (1) 起重机受力如图 2-30 所示，在起重机不翻倒的情况下，这些力组成的力系应满足平面平行力系的平衡条件。

满载时，在起重机即将绕 B 点翻倒的临界情况下，有 $F_A = 0$。由此可求出平衡重 W_3 的最小值由平衡方程：

$$\Sigma M_B(\boldsymbol{F}) = 0,\qquad W_{3\min} \times (6+2) + 2W_1 - W_2 \times (12-2) = 0$$

得

$$W_{3\min} = \frac{1}{8}(10W_2 - 2W_1) = 75\text{kN}$$

空载时，荷载 $W_2 = 0$。在起重机即将绕 A 点翻倒的临界情况下，有 $F_B = 0$。由此可求出平衡重 W_3 的最大值由平衡方程：

$$\Sigma M_A(\boldsymbol{F}) = 0,\qquad W_{3\max}(6-2) - 2W_1 = 0$$

得

$$W_{3\max} = 0.5W_1 = 350\text{kN}$$

实际工作时，起重机不允许处于临界平衡状态，因此，起重机不致翻倒的平衡重取值范围为

$$75\text{kN} < W_3 < 350\text{kN}$$

(2) 当 $W_3 = 180\text{kN}$ 时，由平面平行力系的平衡方程：

$$\Sigma M_A(\boldsymbol{F}) = 0,\qquad W_3 \times (6-2) - 2W_1 - W_2 \times (12+2) + 4F_B = 0$$

得

$$F_B = \frac{14W_2 + 2W_1 - 4W_3}{4} = 870\text{kN}$$

$\Sigma F_y=0$， $F_A+F_B-W_1-W_2-W_3=0$

$$F_A=-F_B+W_1+W_2+W_3=210\text{kN}$$

结果校核：由不独立的平衡方程 $\Sigma M_B(\boldsymbol{F})=0$，可校核以上结果的正确性。

$$\Sigma M_B(\boldsymbol{F})=0,\quad W_3\times(6+2)+2W_1-W_2\times(12+2)-4F_A=0$$

代入 $\boldsymbol{F}_A$，W_1，W_2，W_3 的值，满足该方程，说明计算无误。

从以上几个例题可见，对于平面任意力系的平衡问题，选取适当的坐标轴和矩心，可以减少每个平衡方程中的未知量的数目。一般说来，矩心应取在两个未知力的交点上，而坐标轴应当与尽可能多的未知力相垂直。

§2.5 物体系的平衡·静定和超静定问题的概念

工程中，如组合构架、三铰拱等结构，都是由几个物体组成的系统。当物体系平衡时，组成该系统的每一个物体都处于平衡状态，因此对于每一个受平面任意力系作用的物体，均可写出三个平衡方程。如物体系由 n 个物体组成，则共有 $3n$ 个独立平衡方程。如系统中有的物体受平面汇交力系或平面平行力系作用时，则系统的平衡方程数目相应减少。当系统中的未知量数目等于独立平衡方程的数目时，则所有未知量都能由平衡方程求出，这样的问题称为**静定**问题。显然前面列举的各例都是静定问题。在工程实际中，有时为了提高结构的刚度和坚固性，常常增加多余的约束，因而使这些结构的未知量的数目多于平衡方程的数目，未知量就不能全部由平衡方程求出，这样的问题称为**超静定**问题，也称为**静不定**问题。对于超静定问题，必须考虑物体因受力作用而产生的变形，加上某些补充方程后，才能使方程的数目等于未知量的数目。超静定问题已超出刚体静力学的范围，将在材料力学和结构力学中研究。

图 2-31（a），（b），（c）是平面静定问题。在图 2-31（a），（b）中物体均受平面汇交力系和平面平行力系作用（图 2-31b 中的 $\boldsymbol{F}_A$ 为什么是铅直的，请读者自行考虑），平衡方程都是 2 个，而未知反力也是 2 个，故是静定的。在图 2-31

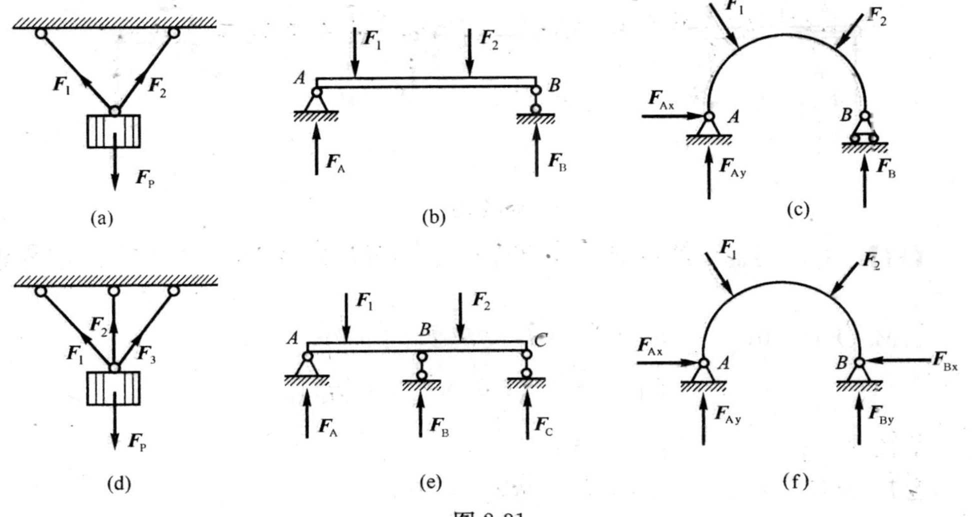

图 2-31

(c) 中物体受平面任意力系作用，平衡方程是 3 个，未知反力是 3 个，仍是静定的。图 2-31 (d)，(e)，(f) 是平面超静定问题。在图 2-31 (d)，(e) 中，物体所受的力仍分别为平面汇交力系和平面平行力系，平衡方程都是 2 个。而未知反力却是 3 个，任何一个未知力都不能由平衡方程解得。在图 2-31 (f) 中，两铰拱所受的力是平面任意力系，平衡方程是 3 个，而未知反力却是 4 个，虽然可以利用 $\Sigma M_A(\boldsymbol{F})=0$ 求出 $\boldsymbol{F}_{By}$，再利用 $\Sigma M_B(\boldsymbol{F})=0$ 或 $\Sigma \boldsymbol{F}_y=0$ 求出 F_{Ay}，但 F_{Ax} 及 F_{Bx} 却无法求得，所以仍是超静定的。

当物体系统平衡时，则组成该系统的每一个物体也必然处于平衡状态，因此在求解物体系统的平衡问题时，既可以取系统中的某个物体为分离体，也可以取几个物体的组合，甚至可以取整个系统为分离体，这要根据问题的具体情况，以便于求解为原则来适当地选取研究对象。同时要注意在选列平衡方程时，适当地选取矩心和投影轴，选取的原则是尽量使一个平衡方程中只包含一个未知量，尽可能避免解联立方程。

应该指出，如选取的研究对象中包含几个物体，由于各物体之间相互作用的力（内力）总是成对出现，所以在求解该研究对象的平衡时，不必考虑这些内力。

【例 2-12】 组合梁由 AC 和 CE 用铰链连接而成，结构的尺寸和荷载如图 2-32 (a) 所示，已知 $F=5\text{kN}$，$q=4\text{kN/m}$，$M=10\text{kN}\cdot\text{m}$，试求梁的支座反力。

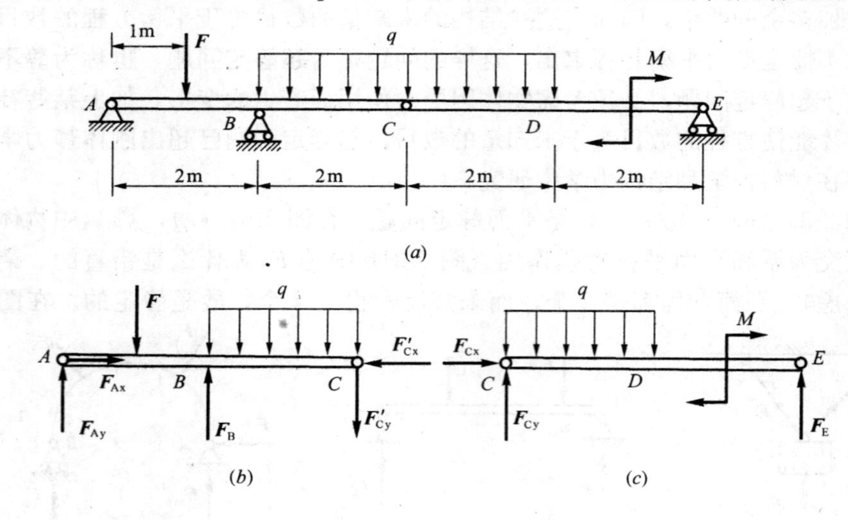

图 2-32

【解】 先取梁的 CE 段为研究对象，受力图如图 2-32 (c) 所示，列平衡方程：

$$\Sigma M_C(\boldsymbol{F})=0,\qquad F_E\times 4-M-q\times 2\times 1=0$$

$$F_E=\frac{M+q\times 2\times 1}{4}=4.5\text{kN}$$

$$\Sigma F_x=0,\qquad F_{Cx}=0$$

$$\Sigma F_y=0,\qquad F_{Cy}+F_E-q\times 2=0$$

$$F_{Cy}=2q-F_E=3.5\text{kN}$$

然后取梁的 AC 段为研究对象，受力图如图 2-32（b）所示，列平衡方程：

$\Sigma M_A(F)=0,\qquad -F\times1+F_B\times2-q\times2\times3-F_{Cy}\times4=0$

$$F_B=\frac{F\times1+q\times2\times3+F_{Cy}\times4}{2}=21.5\text{kN}$$

$\Sigma F_y=0,\qquad F_{Ay}+F_B-F-q\times2-F_{Cy}=0$

$$F_{Ay}=-F_B+F+q\times2+F_{Cy}=-5\text{kN}$$

$\Sigma F_x=0,\qquad F_{Ax}=0$

本题也可以先取梁的 CE 段为研究对象，求出 E 处的反力 F_E，然后，再取整体为研究对象，列方程求出 A，B 处的反力 F_{Ax}，F_{Ay}，F_B，请读者自行分析。须注意：此题在研究整体平衡时，可将均布载荷作为合力通过 C 点，但在分别研究梁 CE 或 AC 平衡时，必然分别受一半的均布载荷作用。

【例 2-13】 三铰拱如图 2-33（a）所示，已知每个半拱重高 $W=300\text{kN}$，跨度 $l=32\text{m}$，高 $h=10\text{m}$。试求支座 A，B 处的反力。

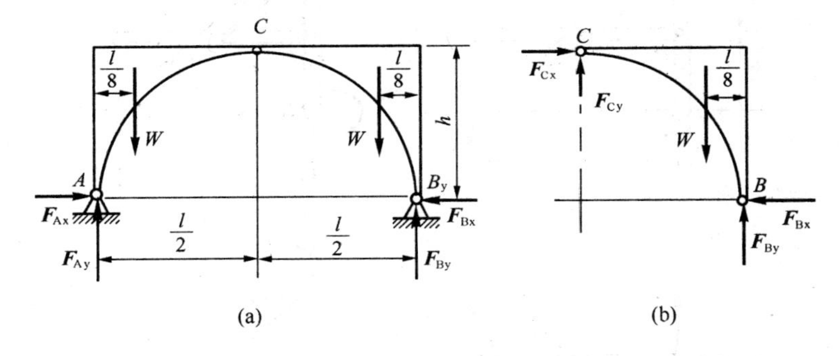

图 2-33

【解】 首先取整体为研究对象。其受力如图 2-33（a）所示。可见此时 A、B 两处共有四个未知力，而独立的平衡方程只有三个，显然不能解出全部未知力。但其中的三个约束力的作用线通过 A 点或 B 点，可列出对 A 点或 B 点的力矩方程，求出部分未知力。

$\Sigma M_A(\boldsymbol{F})=0,\qquad F_{By}l-W\dfrac{l}{8}-W\left(l-\dfrac{l}{8}\right)=0$

$$F_{By}=W\frac{1}{8}+W\left(1-\frac{1}{8}\right)=W=300\text{kN}$$

$\Sigma F_y=0,\qquad F_{Ay}+F_{By}-W-W=0$

$$F_{Ay}=W+W-F_{By}=W=300\text{kN}$$

$\Sigma F_x=0,\qquad F_{Ax}-F_{Bx}=0$

$$F_{Ax}=F_{Bx}$$

再以右半拱（或左半拱）为研究对象，例如，取右半拱为研究对象，其受力图如图 2-33（b）所示。列出对 C 点的力矩平衡方程，并求出 F_{Bx}

$\Sigma M_C(\boldsymbol{F})=0,\qquad -W\left(\dfrac{l}{2}-\dfrac{l}{8}\right)-F_{Bx}h+F_{By}\dfrac{l}{2}=0$

$$F_{Bx}=\frac{Wl}{8h}=\frac{300\times 32}{8\times 10}=120\text{kN}$$

故
$$F_{Ax}=F_{Bx}=120\text{kN}$$

工程中，经常遇到对称结构上作用对称载荷的情况，在这种情形下，结构的支反力也对称，有时，可以根据这种对称性直接判断出某些约束力的大小，但这些结果及关系都包含在平衡方程中。本题中，根据对称性，可得 $F_{Ax}=F_{Bx}$，$F_{Ay}=F_{By}$再根据铅垂方向的平衡方程，容易得到 $F_{Ay}=F_{By}=W$。

【例 2-14】 在图 2-34（a）所示的平面结构中，销钉 E 固结在水平杆 DG 上，并置于 BC 杆的光滑斜槽内，各杆的重量及摩擦不计。已知 $a=2\text{m}$，$F_1=10\text{kN}$，$F_2=20\text{kN}$，力偶矩 $M=30\text{kN}\cdot\text{m}$。试求 A 和 B 处的约束反力。

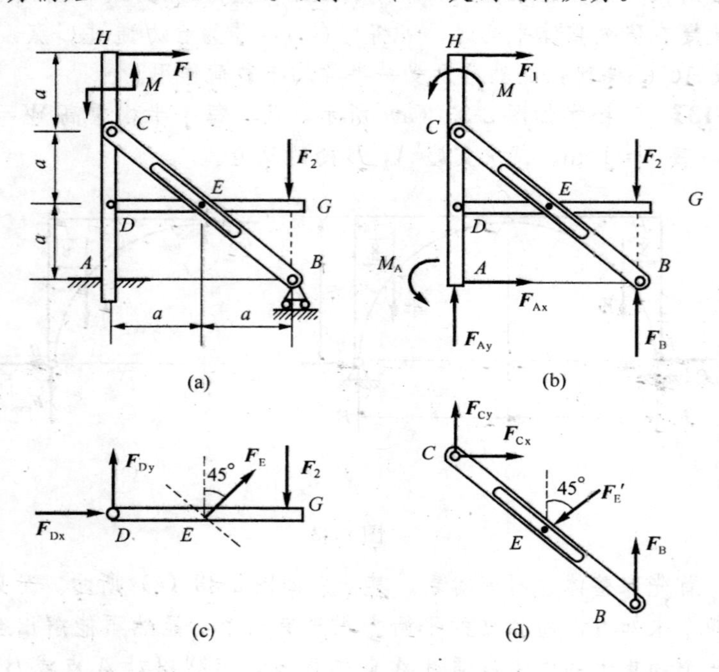

图 2-34

【解】 物体系由 3 个受平面任意力系的物体 AH，BC 和 DG 组成，可列出 9 个独立的平衡方程。固定端 A 有 3 个未知量，B 和 E 处各有 1 个未知量，铰链 C 和 D 处各有 2 个未知量，故该物体系共有 9 个未知量。可见，该物体系统是静定问题。

首先取整体为研究对象，受力如图 2-34（b）所示，列平衡方程：

$\Sigma F_x=0$， $F_{Ax}+F_1=0$ (a)

$F_{Ax}=-F_1=-10\text{kN}$

$\Sigma F_y=0$， $F_{Ay}+F_B-F_2=0$ (b)

$\Sigma M_A(\boldsymbol{F})=0$， $M_A+2aF_B+M-2aF_2-3aF_1=0$ (c)

然后取 DG 杆为研究对象，受力如图 2-34（c）所示。列平衡方程：

$\Sigma M_D(\boldsymbol{F})=0$， $aF_E\cos 45^\circ-2aF_2=0$ (d)

$$F_{E}=\frac{2aF_{2}}{a\cos45^{\circ}}=58.56\text{kN}$$

最后取 BC 杆为研究对象，受力如图 2-34（d）所示。列平衡方程：

$$\sum M_{C}(\boldsymbol{F})=0,\qquad 2aF_{B}-\sqrt{2}aF'_{E}=0 \tag{e}$$

$$F_{B}=\frac{\sqrt{2}aF'_{E}}{2a}=40\text{kN}$$

将 F_B 代入式（b），式（c）可得

$$F_{Ay}=-F_{B}+F_{2}=-20\text{kN}$$

$$M_{A}=-2aF_{B}-M+2aF_{2}+3aF_{1}=-50\text{kN}$$

可以看出：(1) 先取整体为研究对象，列三个平衡方程，只求出反力 F_{Ax}，在另外的两个方程中有三个待求的约束反力 F_{Ay}，F_B 和 M_A。因此必须通过选取合适的分离体为研究对象，求出其中一个未知的反力，其他两个约束反力即可求得。

(2) 题目中并不要求把结构中所有的约束反力都求出来，例如 C 和 D 铰链处的约束反力，因此，选列平衡方程时，应尽量避免在平衡方程中出现 D 处的约束反力 F_{Dx}，F_{Dy}。故选择 $\sum M_D(\boldsymbol{F})=0$，可求出 E 处的反力 F_E。虽然题目也没有要求求出 F_E，但无论选取杆 BC 或 DG 为研究对象时，F_E 都为外力，所以必须把 F_E 求出来。

(3) 在受力分析中，判断约束的类型十分重要，例如销钉 E 处为光滑接触面，约束反力 F_E 为垂直于斜槽的压力。

通过以上例题的分析可知求解物体系统平衡时的一般步骤：首先明确系统由几个物体构成，分析每个物体的受力情况，确定独立平衡方程的个数；还要确定未知量的个数。其次是恰当选取研究对象，进行受力分析，画出相应的受力图，列出平衡方程。由于研究对象选取、平衡方程选列都有一定灵活性，因此应经过分析比较，采用较为简便的方案，既要使平衡方程的数目足够且彼此独立，又要尽量避免求解联立方程。

§2.6 平面静定桁架的内力计算

一、桁架和它的基本假设

在工程实际中，起重机架、屋架、桥架以及输电塔架等的结构物常用桁架(图2-35)。由若干根杆件在其两端互相连接而成的几何形状不变的结构称为**桁架**。桁架中杆件的相互连接处称为**节点**。各杆件在同一平面内的桁架称为平面桁架。如果桁架的全部未知力都能用刚体静力学中求解平衡问题的方法求出，则称为**静定桁架**，否则就称为**静不定桁架**。本节只研究平面桁架中的静定桁架，如图 2-35所示。此桁架是以三角形框架为基础，每增加一个节点需要增加两根杆件，这样构成的桁架又称为**平面简单桁架**。

在平面简单桁架中，杆件的数目 m 与节点数目 n 之间有确定的关系。基础

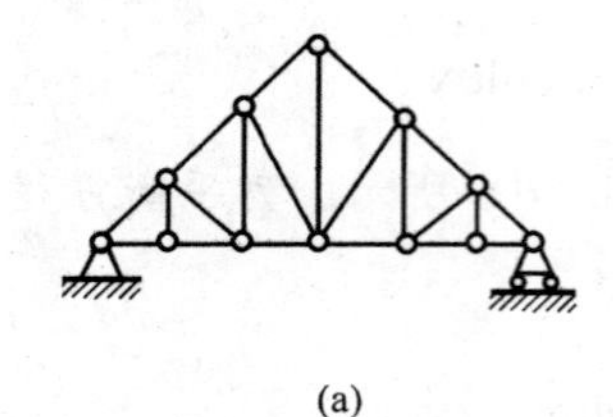
(a)

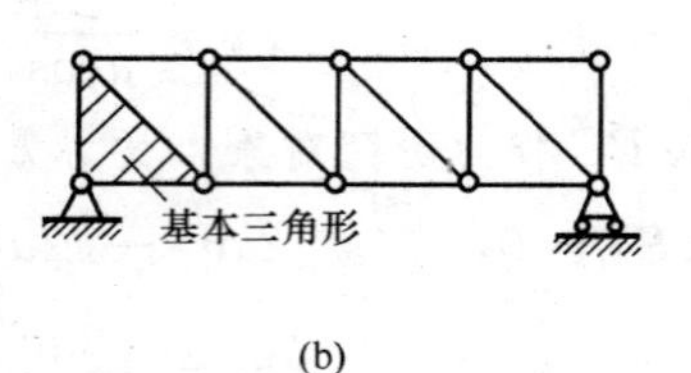

(b)

图 2-35

三角形框架的杆件数和节点数各等于 3。此后增加的杆件数（$m-3$）和节点数（$n-3$）之间的比例是 2∶1，故有

$$m-3=2(n-3)$$

即

$$m+3=2n \tag{2-30}$$

桁架的优点是：杆件主要承受拉力或压力，可以充分发挥材料的作用，节省材料，减轻结构的重量。为简化桁架的计算，工程实际中常作如下基本假设：

1. 各杆件都是直杆，并用光滑铰链连接；

2. 杆件所受的外荷载都作用在各节点上，各力的作用线都在桁架平面内；

3. 各杆件的重量忽略不计，或平均分配在杆件两端的节点上。

根据以上假设，桁架中的每一杆件都是二力杆，故所受的力沿其轴线，或为拉力和压力，这样就使桁架的设计计算简化。这样的桁架称为理想桁架。其计算所得结果是实际问题的近似值，一般能符合工程实际的要求。下面介绍两种计算平面静定桁架内力的方法：节点法和截面法。

二、计算桁架内力的节点法

桁架的每个节点都受一个平面汇交力系的作用。为了求出每个杆件的内力，可以逐个的选取各节点为研究对象，利用平面汇交力系的平衡方程，由已知力求出全部未知的杆件内力，这就是**节点法**。

应当指出，对于每一节点上的平面汇交力系，只能求解两个未知量。因此，在每次取节点时，总是取未知杆件内力不超过两个的节点为研究对象。通常假设杆件内力都是拉力的方向，若求得内力结果为负值，则说明实际方向与假设相反，即杆件受压力。

【例 2-15】 用节点法求图 2-36（a）中桁架各杆件的内力。已知载荷 $F=10\text{kN}$，$F'=20\text{kN}$。

【解】 首先求支座的反力。由对称性知 $F_A=F_B=20\text{kN}$。

此后逐一研究各节点的平衡。假设各杆件均受拉力，每个节点只有两个平衡方程，为计算方便，最好先从只含两个未知力的节点开始。先取节点 A，其受力如图 2-36（b）所示。列出平衡方程，有

$$\Sigma F_x=0,\qquad F_1+F_2\cos 30°=0$$

$$\Sigma F_y=0,\qquad F_2\sin 30°+F_A=0$$

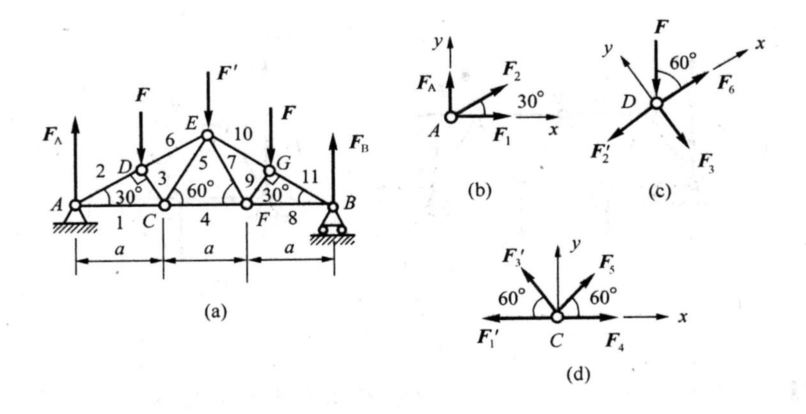

图 2-36

将 F_A的值代入，得

$$F_1=34.6\text{kN}，F_2=-40\text{kN}$$

接着取节点 D，其受力如图 2-36（c）所示，列平衡方程：

$$\sum F_x=0，\qquad F_6-F'_2-F\cos 60°=0$$

$$\sum F_y=0，\qquad -F_3-F\sin 60°=0$$

代入 F 和 F'_2的值后，得

$$F_3=-8.7\text{kN}，F_6=-35\text{kN}$$

分别研究节点 C，E，F，G，即可求得各杆的内力。其结果为

$$F_4=25.9\text{kN}，F_5=8.7\text{kN}，F_7=8.7\text{kN}，F_8=34.6\text{kN}$$

$$F_9=-8.7\text{kN}，F_{10}=-35\text{kN}，F_{11}=-40\text{kN}$$

计算结果表明，杆 1，4，5，7 和 8 承受拉力；杆 2，3，6，9，10 和 11 承受压力。本例中由于对称，研究节点 C 之后，事实上已将全部杆件的内力求出。

三、计算桁架内力的截面法

节点法常用于求解桁架全部杆件的内力。如果只要求计算桁架内某几个杆件的内力，可采用截面法。截面法是适当地选取一个截面（可以是平面也可以是曲面），假想地将桁架截开，然后取其中的任一部分为研究对象，分析其上的作用力，这时被截断杆件的内力就暴露出来，并假设它们均为拉力，根据平面任意力系的平衡条件，求出被截杆件的内力。

应该指出：平面任意力系只有三个独立的平衡方程，因此，在选取截面时，一般被截断的未知力的杆件数不能超过三个。否则就无法求得所截杆件的全部未知内力。

【例 2-16】 如图 2-37（a）所示平面桁架，各杆件的长度都等于 1m。在节点 E，G，F 上分别作用荷载 $F_E=10\text{kN}$，$F_G=7\text{kN}$，$F_F=5\text{kN}$。试计算杆 1，2 和 3

的内力。

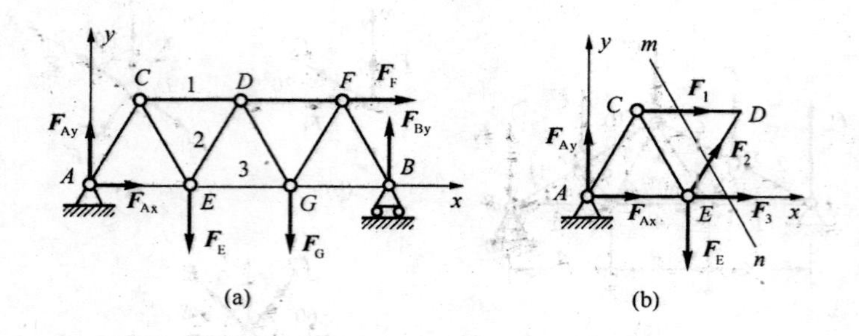

图 2-37

【解】 先求桁架的支座反力，以桁架整体为研究对象，受力如图 2-37(a)。列出平衡方程：

$$\Sigma F_x=0, \qquad F_{Ax}+F_F=0$$

$$\Sigma F_y=0, \qquad F_{Ay}+F_{By}-F_E-F_G=0$$

$$\Sigma M_B(\boldsymbol{F})=0, \quad F_E\times 2+F_G\times 1-F_{Ay}\times 3-F_F\sin 60^\circ\times 1=0$$

解得

$$F_{Ax}=5\text{kN}, \ F_{Ay}=7.557\text{kN}, \ F_{By}=9.44\text{kN}$$

为求杆 1，2 和 3 的内力，可作一截面 m—n 将三杆截断。选取桁架左半部分为研究对象。假定所截断的三杆都受拉力，受力如图 2-37（b）所示，为一平面任意力系。列平衡方程：

$$\Sigma M_E(\boldsymbol{F})=0, -F_1\sin 60^\circ\times 1-F_{Ay}\times 1=0$$

$$\Sigma F_y=0, F_{Ay}+F_2\sin 60^\circ-F_E=0$$

$$\Sigma M_D(\boldsymbol{F})=0, F_E\times\frac{1}{2}+F_3\times\sin 60^\circ\times 1-F_{Ay}\times 1.5+F_{Ax}\sin 60^\circ\times 1=0$$

解得

$$F_1=-0.8726\text{kN}\ (\text{压力}), \ F_2=2.821\text{kN}\ (\text{拉力}), \ F_{By}=9.44\text{kN}$$

如选取桁架的右半部分为研究对象，可得同样的结果。

同样，可以用截面断开另外三根杆件，计算其他各杆的内力，或用以校核已求得的结果。

由上例可见，采用截面法时，选择适当的力矩方程，常可较快地求得某些指定杆件的内力。当然，应注意到，平面任意力系只有三个独立的平衡方程，因而，作截面时每次最好只截断三根内力未知的杆件。

小 结（知识结构图）

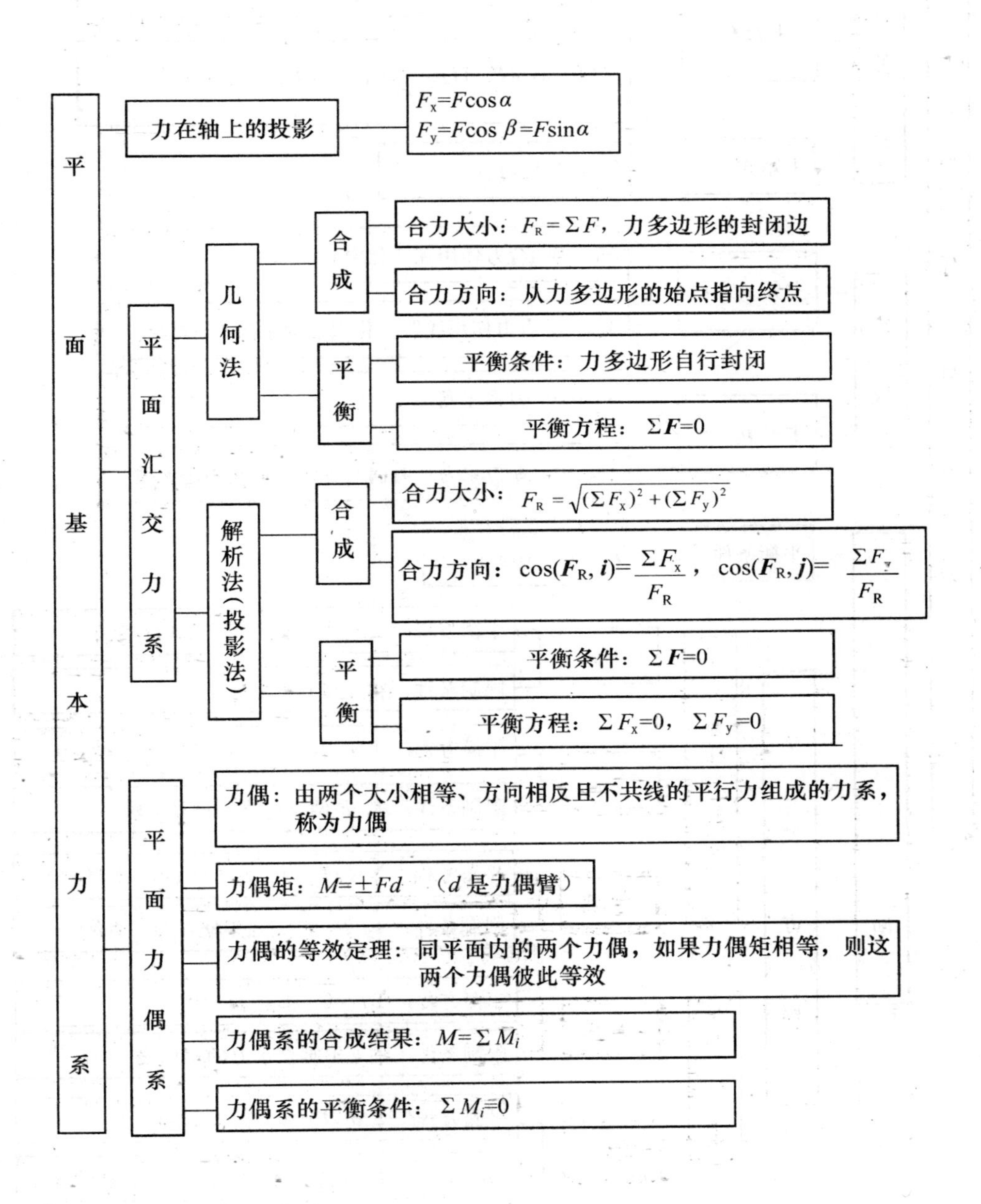

平面基本力系
力在轴上的投影
$F_x=F\cos\alpha$
$F_y=F\cos\beta=F\sin\alpha$
平面汇交力系
几何法
合成
合力大小：$F_R=\Sigma F$，力多边形的封闭边
合力方向：从力多边形的始点指向终点
平衡
平衡条件：力多边形自行封闭
平衡方程：$\Sigma \boldsymbol{F}=0$
解析法(投影法)
合成
合力大小：$F_R=\sqrt{(\Sigma F_x)^2+(\Sigma F_y)^2}$
合力方向：$\cos(\boldsymbol{F}_R,\boldsymbol{i})=\frac{\Sigma F_x}{F_R}$，$\cos(\boldsymbol{F}_R,\boldsymbol{j})=\frac{\Sigma F_y}{F_R}$
平衡
平衡条件：$\Sigma \boldsymbol{F}=0$
平衡方程：$\Sigma F_x=0$，$\Sigma F_y=0$
平面力偶系
力偶：由两个大小相等、方向相反且不共线的平行力组成的力系，称为力偶
力偶矩：$M=\pm Fd$ （d是力偶臂）
力偶的等效定理：同平面内的两个力偶，如果力偶矩相等，则这两个力偶彼此等效
力偶系的合成结果：$M=\Sigma M_i$
力偶系的平衡条件：$\Sigma M_i=0$

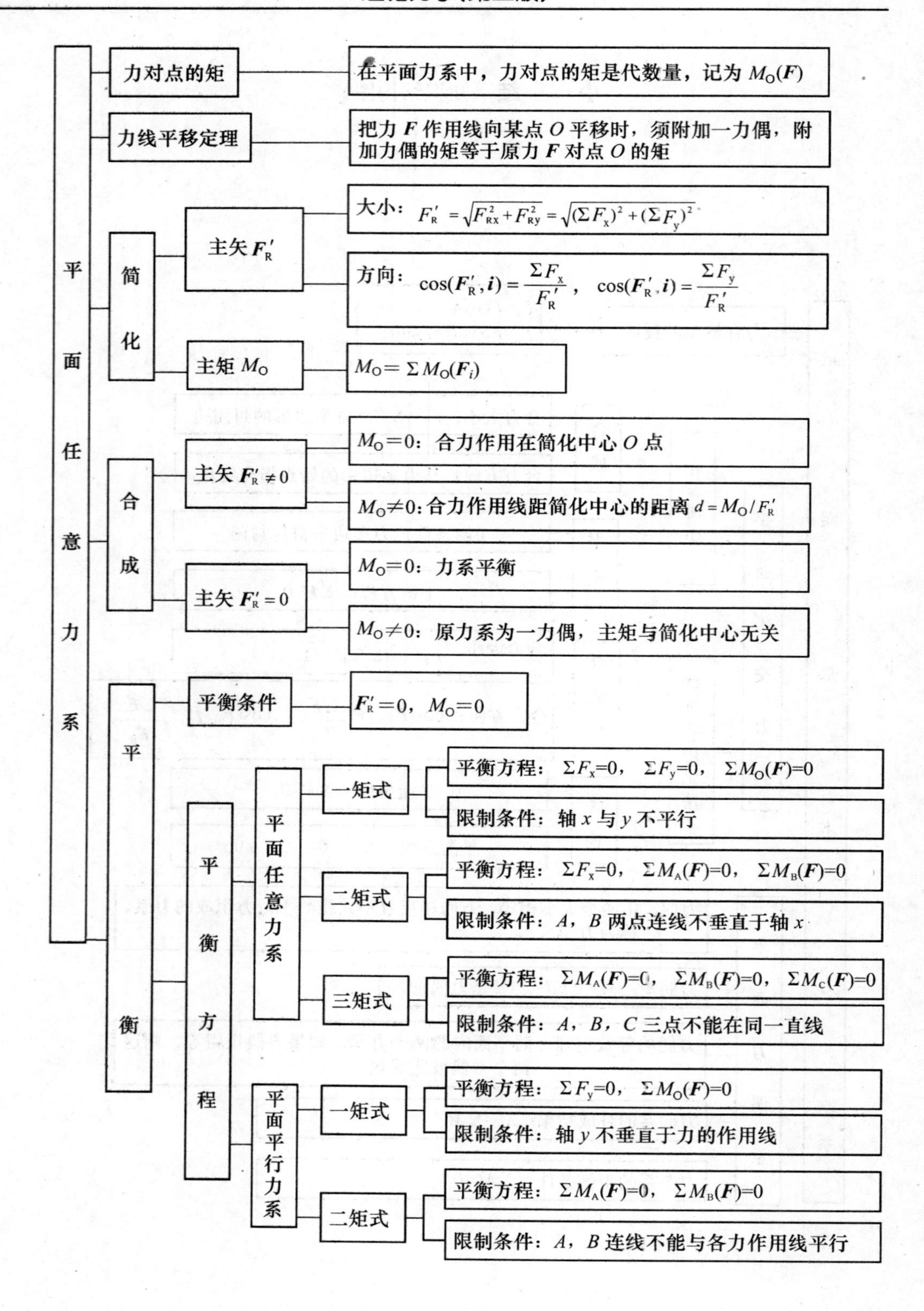
平面任意力系
力对点的矩
在平面力系中，力对点的矩是代数量，记为 $M_O(F)$
力线平移定理
把力 F 作用线向某点 O 平移时，须附加一力偶，附加力偶的矩等于原力 F 对点 O 的矩
简化
主矢 F_R'
大小：$F_R'=\sqrt{F_{Rx}^2+F_{Ry}^2}=\sqrt{(\Sigma F_x)^2+(\Sigma F_y)^2}$
方向：$\cos(F_R',i)=\frac{\Sigma F_x}{F_R'}$，$\cos(F_R',i)=\frac{\Sigma F_y}{F_R'}$
主矩 M_O
$M_O=\Sigma M_O(F_i)$
合成
主矢 $F_R'\neq0$
$M_O=0$：合力作用在简化中心 O 点
$M_O\neq0$：合力作用线距简化中心的距离 $d=M_O/F_R'$
主矢 $F_R'=0$
$M_O=0$：力系平衡
$M_O\neq0$：原力系为一力偶，主矩与简化中心无关
平衡
平衡条件
$F_R'=0$，$M_O=0$
平衡方程
平面任意力系
一矩式
平衡方程：$\Sigma F_x=0$，$\Sigma F_y=0$，$\Sigma M_O(F)=0$
限制条件：轴 x 与 y 不平行
二矩式
平衡方程：$\Sigma F_x=0$，$\Sigma M_A(F)=0$，$\Sigma M_B(F)=0$
限制条件：A，B 两点连线不垂直于轴 x
三矩式
平衡方程：$\Sigma M_A(F)=0$，$\Sigma M_B(F)=0$，$\Sigma M_C(F)=0$
限制条件：A，B，C 三点不能在同一直线
平面平行力系
一矩式
平衡方程：$\Sigma F_y=0$，$\Sigma M_O(F)=0$
限制条件：轴 y 不垂直于力的作用线
二矩式
平衡方程：$\Sigma M_A(F)=0$，$\Sigma M_B(F)=0$
限制条件：A，B 连线不能与各力作用线平行

思　考　题

2-1　图 2-38 所示两个力三角形中三个力的关系是否一样？

2-2　力 $\boldsymbol{F}$ 沿轴 Ox、Oy 的分力和力在两轴上的投影有何区别？试以图 2-39（a）、（b）两种情况为例进行分析说明。或 $\boldsymbol{F}=F_x\boldsymbol{i}+F_y\boldsymbol{j}$ 对图 2-39（a）、（b）都成立吗？

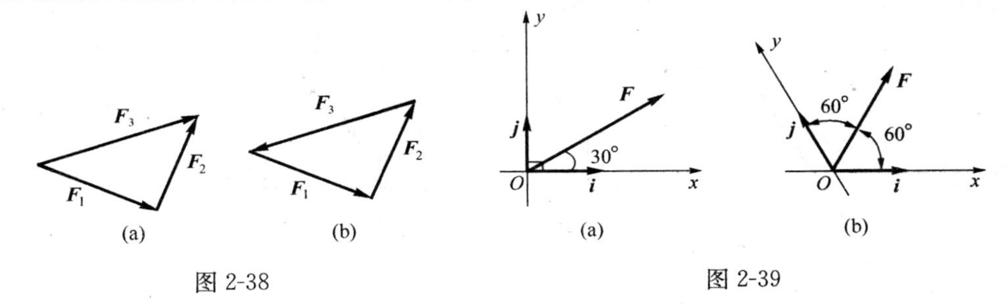

图 2-38　　图 2-39

2-3　用解析法求解平面汇交力系的平衡问题时，x 与 y 两轴是否一定要相互垂直？x 与 y 轴不垂直时，建立的平衡方程 $\Sigma F_x=0$，$\Sigma F_y=0$ 能满足力系的平衡条件吗？为什么？

2-4　输电线跨度 l 相同时，电线下垂量 h 越小，电线越易于拉断，为什么？

2-5　图 2-40 所示的三种结构，构件自重不计，忽略摩擦，$\theta=60°$。如 B 处都作用有相同的水平力 $\boldsymbol{F}$，问铰链 A 处的约束反力是否相同。请作图表示其大小与方向。

2-6　在刚体的 A，B，C，D 四点作用有四个大小相等的力，此四力沿四个边恰好组成封闭的力多边形，如图 2-41 所示。此刚体是否平衡？若 $\boldsymbol{F}_1$ 和 $\boldsymbol{F}'_1$ 都改变方向，此刚体是否平衡？

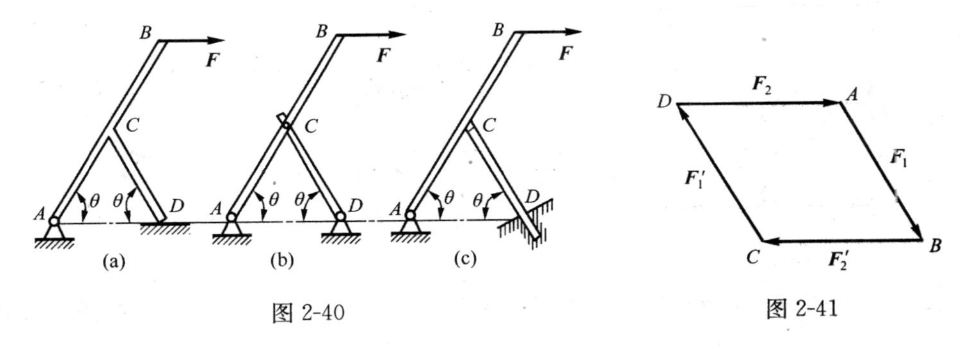

图 2-40　　图 2-41

2-7　力偶不能与一个力平衡，那么如何解释图 2-42 所示鼓轮的平衡现象？

2-8　在图 2-43 中，力或力偶对点 A 的矩都相等，它们引起的支座约束反力是否相同？

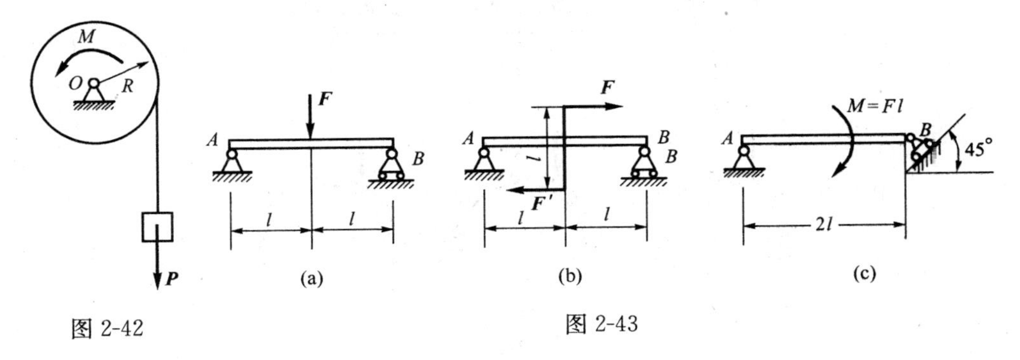

图 2-42　　图 2-43

2-9 某平面力系向同平面内任一点简化的结果都相同，此力系简化的最终结果可能是什么？

2-10 用力系向一点简化的分析方法，证明图示二同向平行力简化的最终结果为一合力 $\boldsymbol{F}_R$（图 2-44）。且有若 $F_1>F_2$，且二者方向相反，简化结果又如何？

$$F_R=F_1+F_2,\ \frac{F_1}{F_2}=\frac{CB}{AC}$$

2-11 在刚体上 A，B，C 三点分别作用三个力 $\boldsymbol{F}_1$，$\boldsymbol{F}_2$，$\boldsymbol{F}_3$，各力的方向如图 2-45 所示，大小恰好与$\triangle ABC$ 的边长呈比例。问该力系是否平衡？为什么？

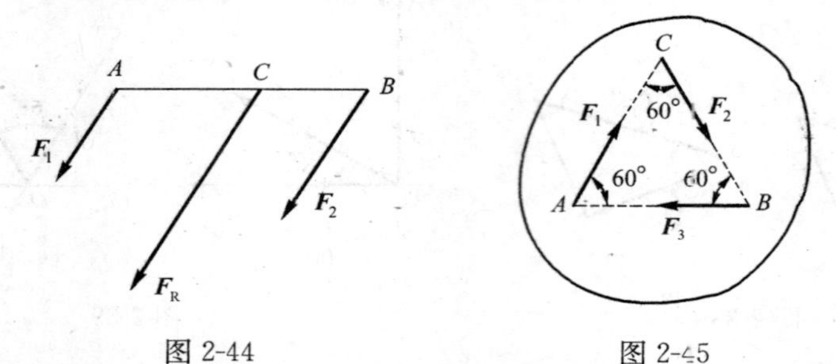

图 2-44　　　图 2-45

2-12 力系如图 2-46 所示，且 $F_1=F_2=F_3=F_4$。问力系向点 A 和 B 简化的结果是什么？二者是否等效？

2-13 平面汇交力系的平衡方程中，可否取两个力矩方程，或一个力矩方程和一个投影方程？这时，其矩心和投影轴的选择有什么限制？

2-14 图示三铰拱，在构件 CB 上分别作用一力偶 M（图 2-47a）或力 $\boldsymbol{F}$（图 2-47b）。当求铰链 A，B，C 的约束力时，能否将力偶 M 或力 $\boldsymbol{F}$ 分别移到构件 AC 上？为什么？

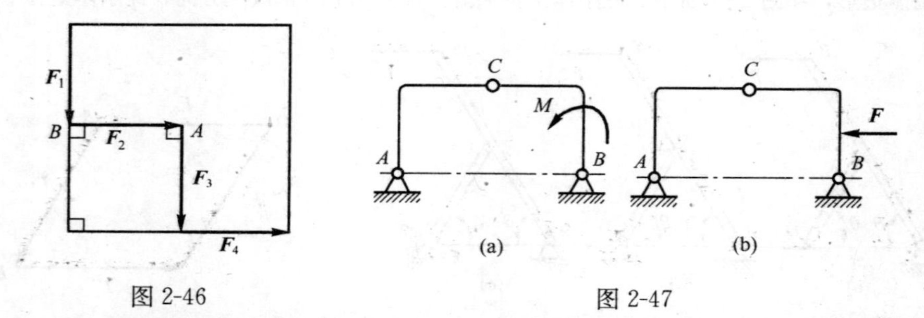

图 2-46　　　图 2-47

2-15 怎样判断静定和超静定问题？图 2-48 所示的 6 种情形中哪些是静定问题，哪些是超

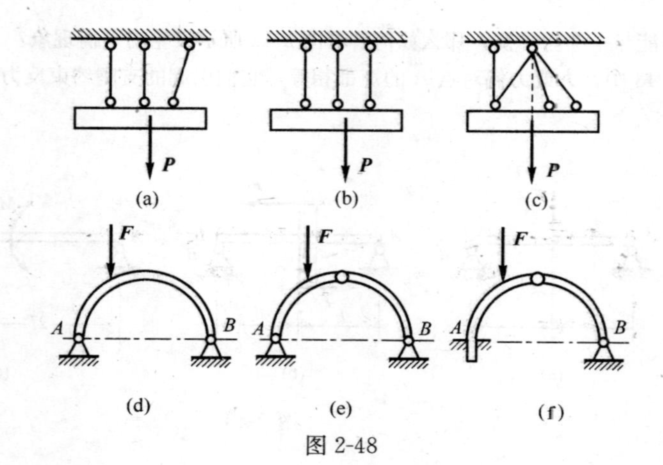

图 2-48

静定问题？

2-16 能否直接找出图 2-49 所示桁架中内力为零的杆件？

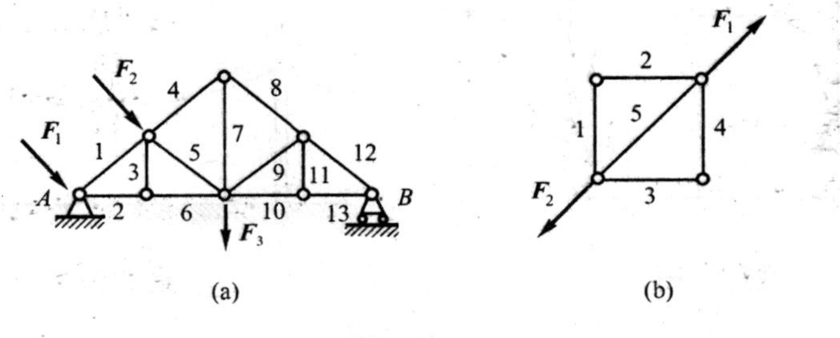

图 2-49

习 题

2-1 已知：$F_1=100$N，$F_2=50$N，$F_3=50$N，求：力系的合力。

2-2 如图所示，固定在墙壁上的圆环受三条绳索的拉力作用，力 $\boldsymbol{F}_1$ 沿水平方向，力 $\boldsymbol{F}_3$ 沿铅直方向，力 $\boldsymbol{F}_2$ 与水平线呈 40°角。三力的大小分别为 $F_1=2000$N，$F_2=2500$N，$F_3=1500$ N。求三力的合力。

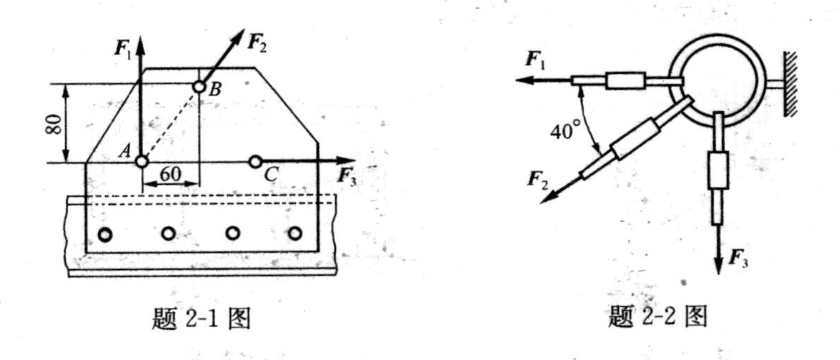

题 2-1 图 题 2-2 图

2-3 物体重 $P=20$kN，用绳子挂在支架的滑轮 B 上，绳子的另一端接在绞 D 上. 如图所示。转动绞车，物体便能升起。设滑轮的大小、AB 与 CB 杆自重及摩擦略去不计，A，B，C 三处均为铰链连接。当物体处于平衡状态时，求拉杆 AB 和支杆 CB 所受的力。

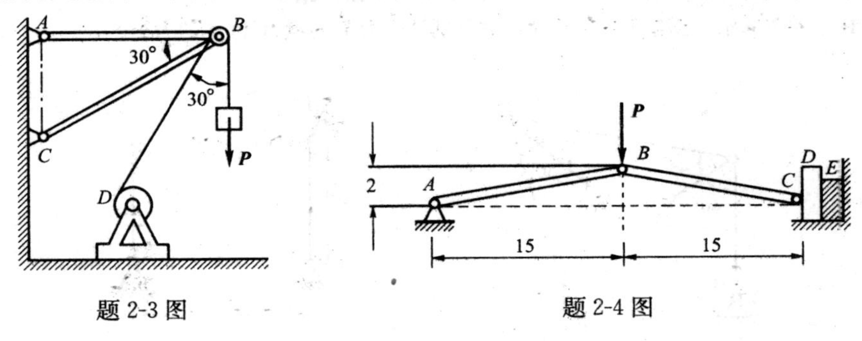

题 2-3 图 题 2-4 图

2-4 压榨机构如图所示，A 为固定铰链支座。当在铰链 B 处作用一个铅直力 $\boldsymbol{P}$ 时，可通过压块 D 挤压物体 E。如果 $P=300$N，不计摩擦和自重，求杆 AB 和 BC 所受的力以及物体 E 所受的侧向压力。图中长度单位为“cm”。

2-5 在图示刚架的点 B 作用一水平力 $\boldsymbol{F}$，刚架重量略去不计。求支座 A，D 的约束反力。

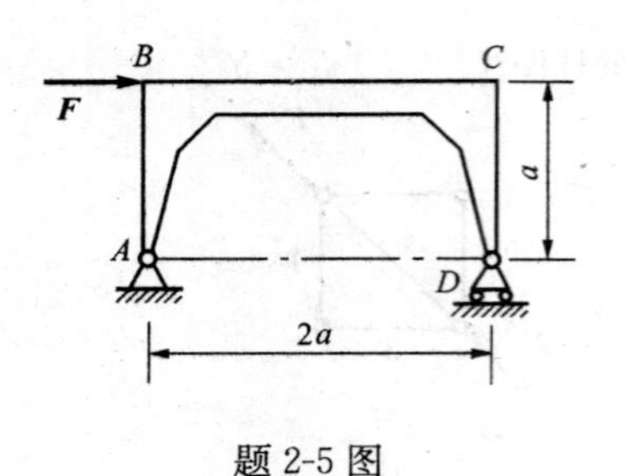

题 2-5 图

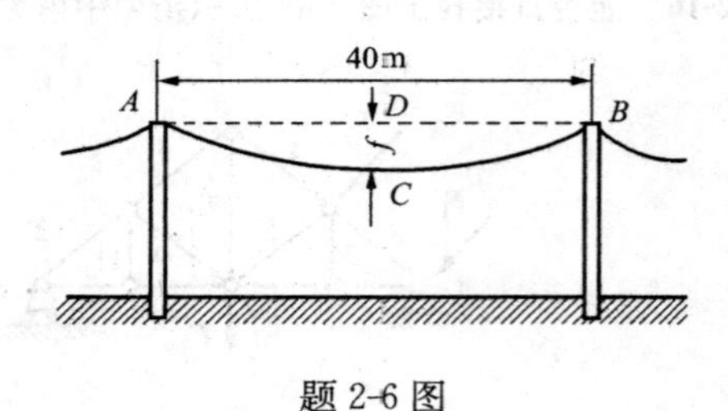

题 2-6 图

2-6 如图所示，输电线 ACB 架在两电线杆之间，形成一下垂曲线，下垂距离 $CD=f=1\text{m}$，两电线杆间距离 $AB=40\text{m}$。电线 ACB 段重 $P=400\text{N}$，可近似认为沿 AB 连线均匀分布。求电线的中点和两端的拉力。

2-7 图示液压夹紧机构中，D 为固定铰链，B，C，E 为连接铰链。已知力 $\boldsymbol{F}$，机构平衡时角度如图所示，各构件自重不计，求此时工件 H 所受的压紧力。

2-8 图示为一拔桩装置。在木桩的点 A 上系一绳，将绳的另一端固定在点 C，在绳的点 B 系另一绳 BE，将它的另一端固定在点 E。然后在绳的点 D 用力向下拉，并使绳的 BD 段水平，AB 段铅直，DE 段与水平线，CB 段与铅直线间成等角 $\theta=4°$（当 θ 很小时，$\tan\theta\approx\theta$）。如向下的拉力 $F=800\text{N}$，求绳 AB 作用于桩上的拉力。

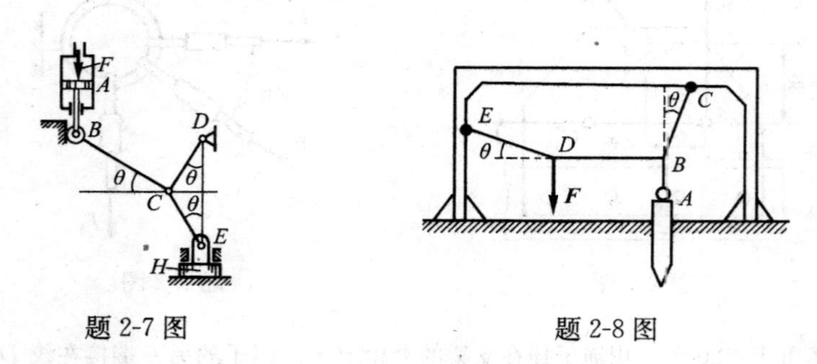

题 2-7 图　　题 2-8 图

2-9 铰链四杆机构 $CABD$ 的 CD 边固定，在铰链 A，B 处有力 $\boldsymbol{F}_1$，$\boldsymbol{F}_2$ 作用，如图所示。该机构在图示位置平衡，杆重略去不计。求力 $\boldsymbol{F}_1$ 与 $\boldsymbol{F}_2$ 的关系。

2-10 如图所示，刚架上作用力 $\boldsymbol{F}$。试分别计算力 $\boldsymbol{F}$ 对点 A 和 B 的力矩。

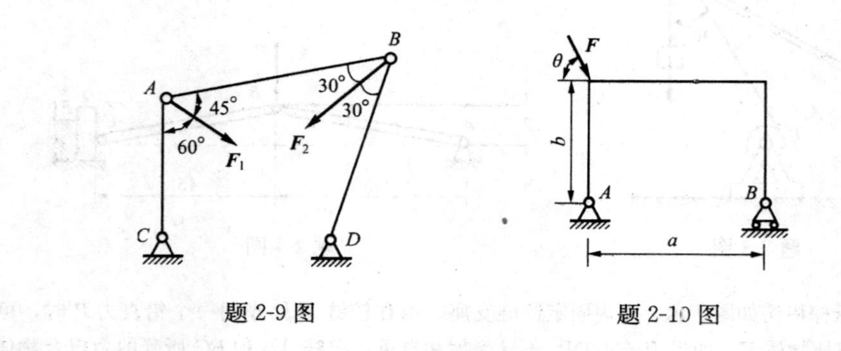

题 2-9 图　　题 2-10 图

2-11 一力偶矩为 M 的力偶作用在直角曲杆 ADB 上，如图所示。如果曲杆作用两种不同方式的支承，求每种支承的约束反力。

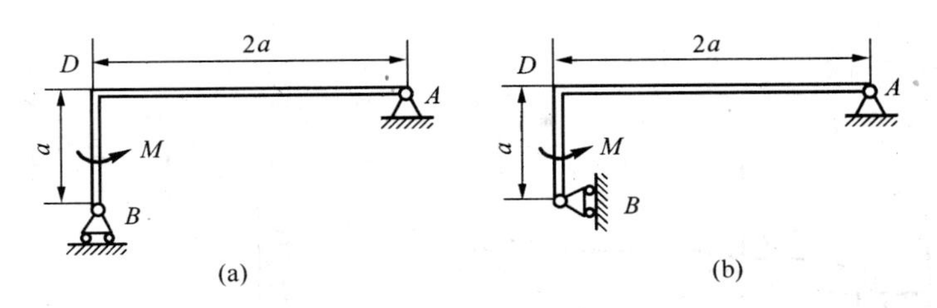

题 2-11 图

2-12 在图示结构中，各构件的自重略去不计。在构件 AB 上作用一力偶矩为 M 的力偶，求支座 A 和 C 的约束力。

2-13 在图示结构中，各构件的自重略去不计，在构件 BC 上作用一力偶矩为 M 的力偶，各尺寸如图。求支座 A 的约束反力。

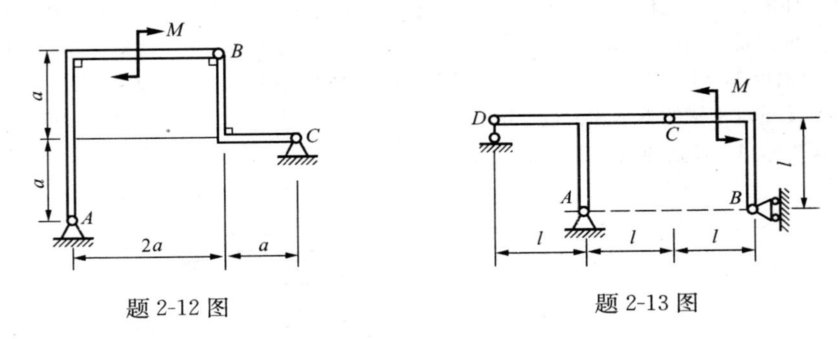

题 2-12 图　　题 2-13 图

2-14 已知：$F_1=150\text{N}$，$F_2=200\text{N}$，$F_3=300\text{N}$，$F=F'=200\text{N}$。求力系向点 C 的简化结果，并求力系合力的大小与其作用线到原点的距离 d。

2-15 图示平面力系中：$F_1=40\sqrt{2}\text{N}$，$F_2=80\text{N}$，$F_3=40\text{N}$，$F_4=110\text{N}$，$M=2000\text{N}\cdot\text{mm}$。各力的作用位置如图所示。求（1）力系向点 O 简化的结果；（2）合力的大小、方向及合力作用线方程。

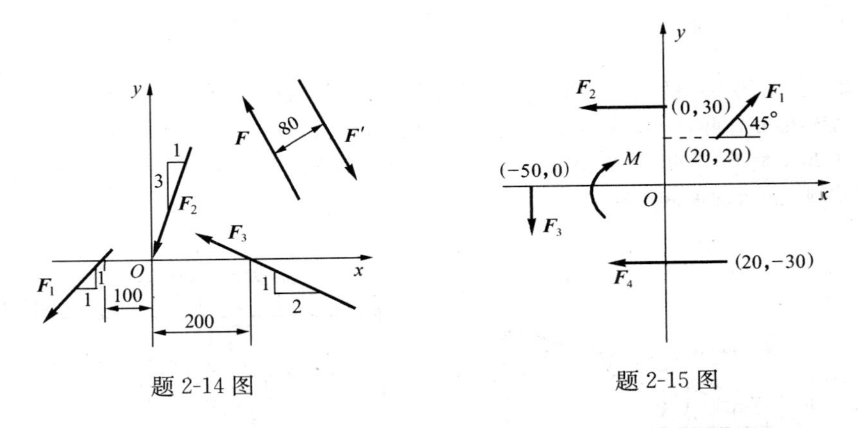

题 2-14 图　　题 2-15 图

2-16 如图所示，当飞机稳定航行时，所有作用在它上面的力必须相互平衡。已知飞机的重量为 $P=30\text{kN}$，螺旋桨的牵引力 $F=4\text{kN}$，飞机的尺寸：$a=0.2\text{m}$，$b=0.1\text{m}$，$c=0.05\text{m}$，$l=5\text{m}$。求阻力 F_x，机翼升力 F_{y1} 和尾部升力 F_{y2}。

2-17 刚架如图所示，已知：$q=3\text{kN/m}$，$F=6\sqrt{2}\text{kN}$，$M=10\text{kN}\cdot\text{m}$，刚架自重不计，尺寸如图。求固定端 A 处约束反力。

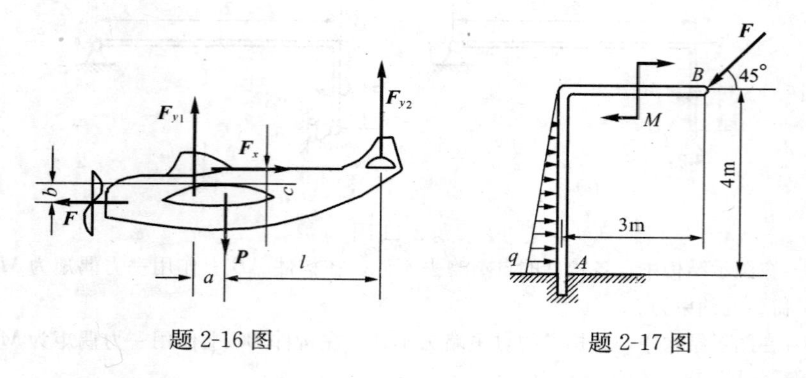

题 2-16 图　　题 2-17 图

2-18　如图所示，飞机机翼上安装一台发动机，作用在机翼 OA 上的气动力按梯形分布：已知：$q_1=60\text{kN/m}$，$q_2=40\text{kN/m}$，机翼重 $P_1=45\text{kN}$，发动机重 $P_2=20\text{kN}$，发动机螺旋桨的反作用力偶矩 $M=18\ \text{kN}\cdot\text{m}$，尺寸如图。求机翼根部固定端 O 处的约束力。

2-19　无重水平梁的支承和荷载如图（a），（b）所示。已知：力 F，力偶矩 M、均布载荷集度 q，求支座 A，B 处的约束力。

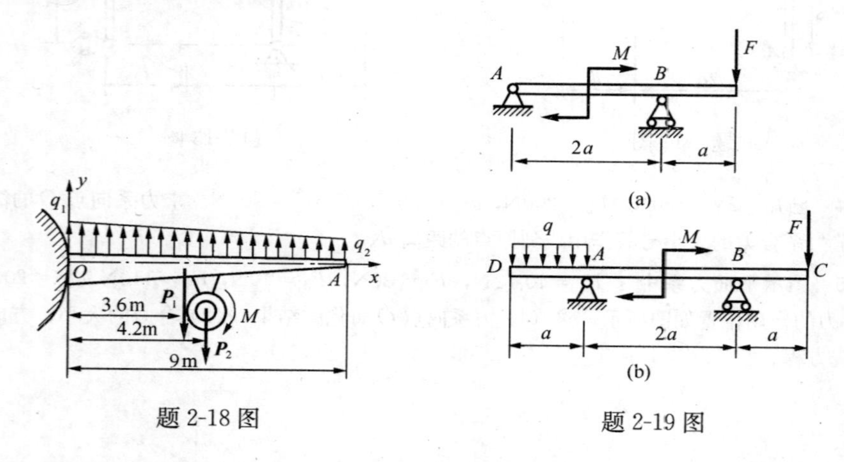

题 2-18 图　　题 2-19 图

2-20　如图所示，液压式汽车起重机全部固定部分（包括汽车自重）总重已知：$P_1=60\text{kN}$，旋转部分总重 $P_2=20\text{kN}$，$a=1.4\text{m}$，$b=0.4\text{m}$，$l_1=1.85\text{m}$，$l_2=1.4\text{m}$。求（1）当 $R=3\text{m}$，起吊重量 $P=50\text{kN}$ 时，支撑腿 A、B 所受地面的支持力；（2）当 $R=5\text{m}$ 时，为保证起重机不翻倒，最大起重量为多少？

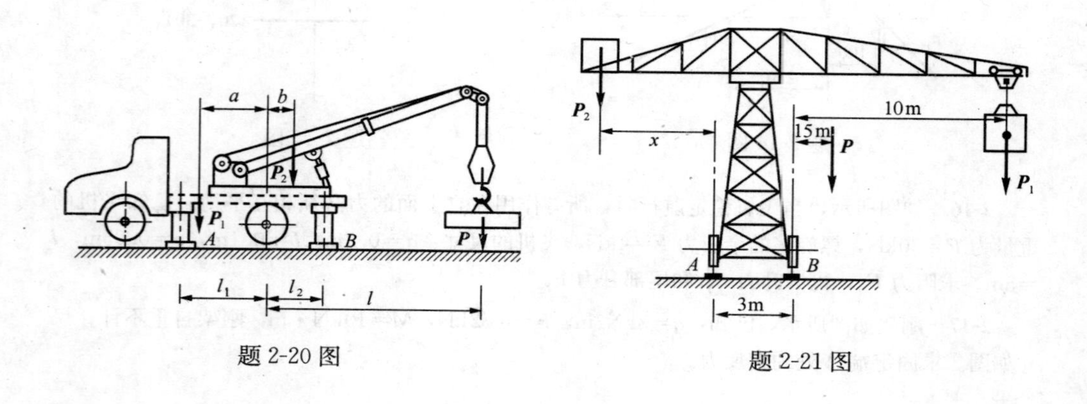

题 2-20 图　　题 2-21 图

2-21 如图所示，已知行走式起重机重不计平衡锤的重为 $P=500\text{kN}$，其重心在离右轨 1.5m 处。起吊重物重量 $P_1=250\text{kN}$，突臂伸出右轨 10m。跑车本身重量不计，欲使起重机满载和空载时均不翻倒，求平衡锤的最小重量 P_2 及平衡锤到左轨的最大距离 x。

2-22 火箭发动机试验台，发动机固定在台面上，测力计 H 指出绳的拉力 F_1，已知工作台和发动机共重 G，重力通过 AB 的中点，$CD=2b$，$CK=h$，$AC=BD=c$，火箭推力 F 的作用线到 AB 的距离为 d。如果其余物体的重量不计，试求此推力。

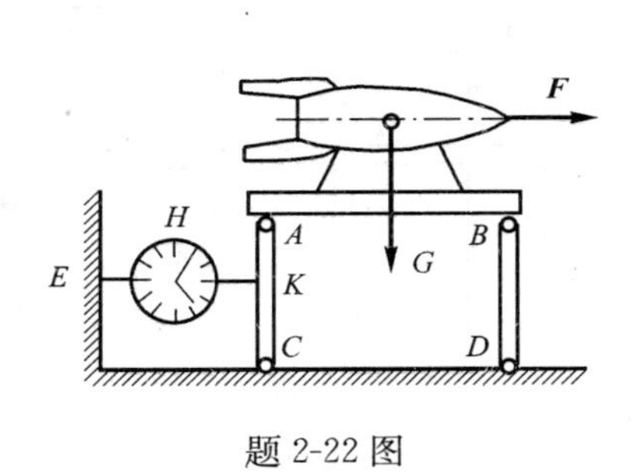

题 2-22 图

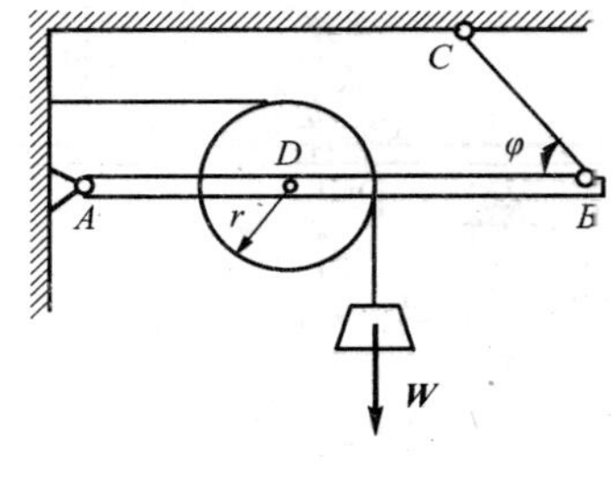

题 2-23 图

2-23 水平梁 AB 由铰链 A 和杆 BC 所支持，如图所示。在梁上 D 处用销子安装一半径为 $r=0.1\text{m}$ 的滑轮。跨过滑轮的绳子一端水平地系于墙上，另一端悬挂有重 $W=1800\text{N}$ 的重物。如 $AD=0.2\text{m}$，$BD=0.4\text{m}$，$\varphi=45°$，且不计梁、杆、滑轮和绳子的重量。试求铰链 A 和杆 BC 对梁的反力。

2-24 组合梁由 AC 和 CD 两段在 C 端铰接而成，支承和受力情况如图所示。已知均布载荷集度 $q=10\text{kN/m}$，力偶矩的大小 $M=40\text{kN}\cdot\text{m}$。不计梁的重量，求支座 A，B，D 的反力以及铰链 C 所受的力。

2-25 组合梁如图所示，已知：力偶矩 M，均布载荷集度 q，尺寸如图所示，不计梁重。求固定端 A，支座 C，铰链 B 三处的约束力。

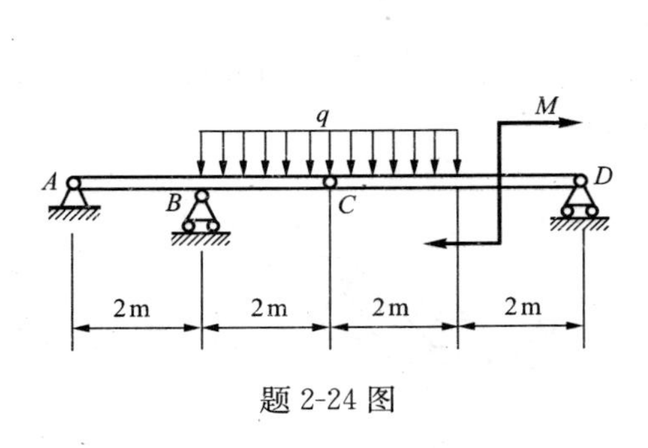

题 2-24 图

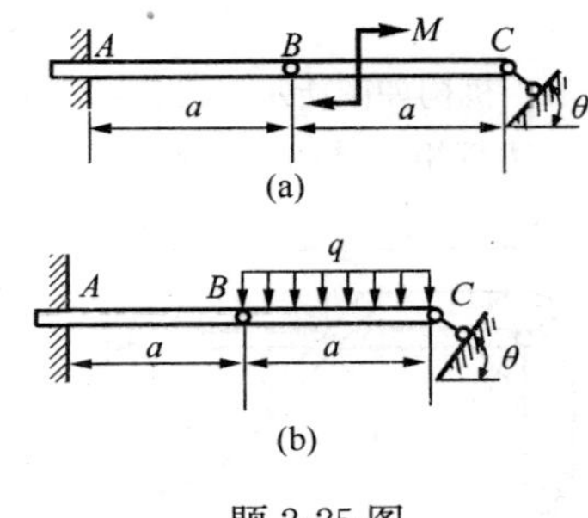

题 2-25 图

2-26 组合梁由 AC 和 DC 两段铰接构成，起重机放在梁上，如图所示。已知起重机重 $P_1=50\text{kN}$，重心在铅直线 EC 上，起重载荷 $P_2=10\text{kN}$。不计梁重，试求支座 A，B 和 D 三处的约束力。

2-27 起重机放于复合梁上，起吊的重物重 $G_1=10\text{kN}$，起重机重 $G=40\text{kN}$，其重心在铅垂线 KC 上。梁的重量不计，求 A，B 两端支座的反力。尺寸如图所示，长度单位为“m”。

2-28 颚式破碎机构如图所示，已知工作阻力 $F_R=3\text{kN}$，尺寸 $BC=CD=AB=600\text{mm}$，$OE=100\text{mm}$，各构件的自重忽略不计。求机构平衡时的力偶矩 M。

2-29 皮带轮传动机构如题图所示。设在轮上用绳索吊一重 $G=300\text{N}$ 的物体，$R=30\text{cm}$，$r=20\text{cm}$。欲使系统处于平衡，在轮Ⅱ上应作用力偶矩 M 为多大的力偶（轮和皮带的重量都忽略不计)?

2-30 支架由两杆 AD，EC 和滑轮等组成，B 处是铰链连接，尺寸如图所示，在滑轮上吊有重 $G=1000\text{N}$ 的物体，如果不计其余构件的重量，求支座 A 和 E 的约束反力。

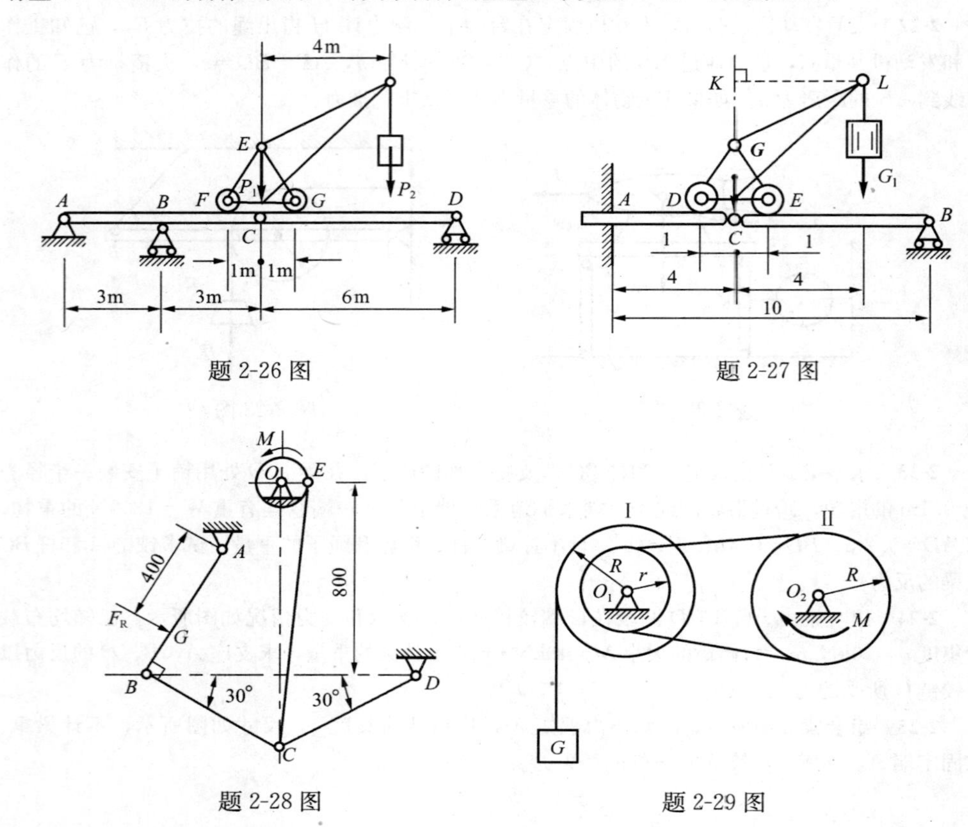

题 2-26 图　　题 2-27 图

题 2-28 图　　题 2-29 图

2-31 机构如图所示，已知：水平力 F，$OA=r$，角度 β，忽略构件的自重和摩擦。求机构平衡时，力偶矩 M 与角度 θ 的关系。

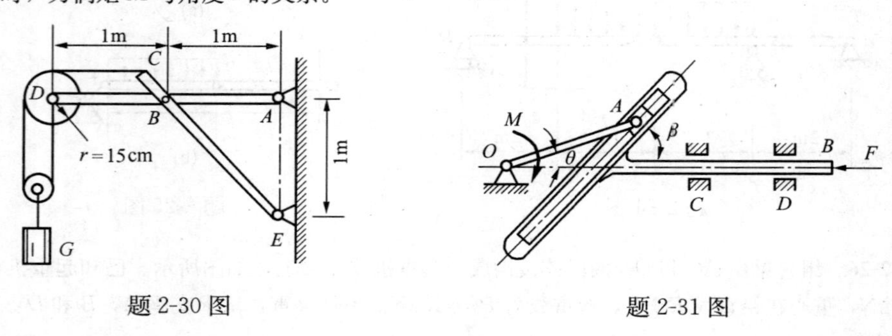

题 2-30 图　　题 2-31 图

2-32 三铰拱如图所示，跨度 $l=8\text{m}$，$h=4\text{m}$。试求支座 A，B 的反力。(1) 在图 (a) 中，拱顶部受均布荷载 $q=20\text{kN/m}$ 作用，拱的自重忽略不计；(2) 在图 (b) 中，拱顶部受集中力 $F=20\text{kN}$ 作用，拱每一部分的重量 $W=40\text{kN}$。

2-33 支架由杆 AB，BC，CE 和滑轮等组成。尺寸如图所示，D 处是铰链连接，物体重 $G=12\text{kN}$。如果不计各杆件的重量，求固定铰链支座 A 和活动铰链支座 B 的反力，以及杆 BC 的内力。

2-34　图示结构位于铅垂面内，由杆 AB、CD 及斜 T 形杆组成，不计各杆的重量。已知载荷 F_1，F_2，M 及尺寸 a，且 $M=F_1a$，F_2 作用于销钉 B 上，求（1）固定端 A 处的约束反力；（2）销钉 B 对 AB 杆及斜 T 形杆的作用力。

2-35　光滑圆盘 D 重 $G=147\text{N}$，半径 $r=10\text{cm}$，放在半径 $R=50\text{cm}$ 的半圆拱上，并用曲杆 $BECD$ 支撑。如果不计其余构件的重量，求铰链 B 所受的力以及支座 C 的反力。

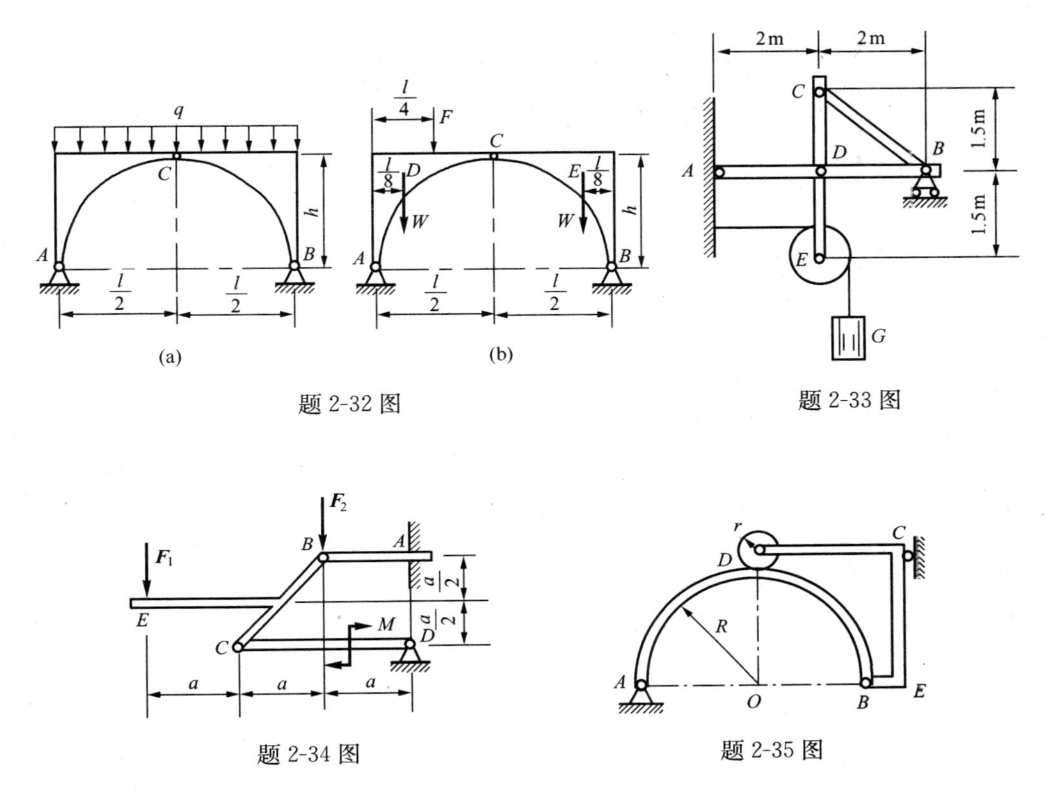

题 2-32 图　　题 2-33 图

题 2-34 图　　题 2-35 图

2-36　构架由杆 AB，AC 和 DH 组成。尺寸如图所示。水平杆 DH 的 D 端与杆 AB 铰接，固连在中点的销钉 E 则可在杆 AC 的光滑斜槽内滑动，而在其自由端作用着铅垂力 F。如果不计各杆的重量，求支座 B 和 C 的约束反力以及作用在杆 AB 上 A，D 两点的约束反力。

2-37　已知力 F，用节点法求题 2-37 图所示桁架中各杆件的内力。

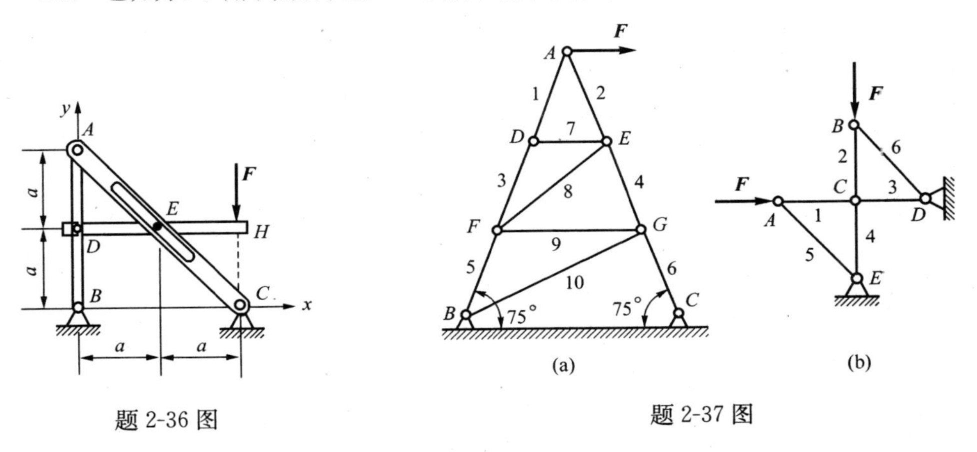

题 2-36 图　　题 2-37 图

2-38 已知力 F，用截面法求题 2-38 图所示各桁架中杆 1，杆 2 和杆 3 的内力。

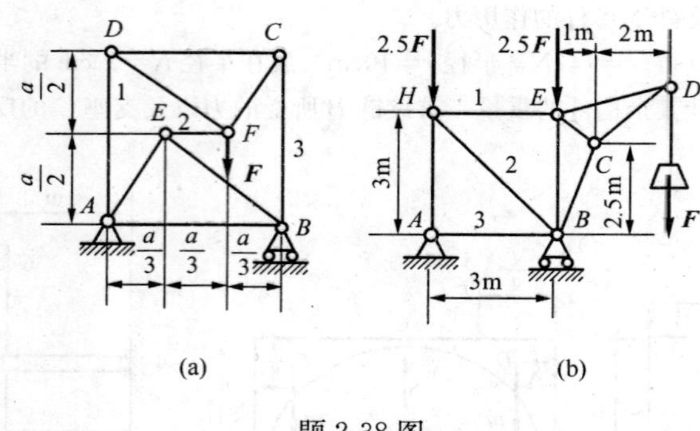

题 2-38 图

第3章 空 间 力 系

前面讨论了平面力系的合成与平衡问题。但在许多工程实际问题中，作用在物体上各力的作用线并不在同一平面内，而是分布在空间的，这种力系称为空间力系。显然，平面力系是空间力系的特殊情况。本章将研究空间力系的简化和平衡条件。与平面力系一样，可以把空间力系分为空间汇交力系、空间力偶系和空间任意力系来研究。

§3.1 空间汇交力系

一、力在直角坐标轴上的投影

根据已知条件的不同，空间力在直角坐标轴上的投影计算，一般有两种方法。

1. 若已知力 $\boldsymbol{F}$ 与正交坐标系 $Oxyz$ 三个轴的正向夹角分别为 α，β，γ，如图3-1所示，则力在三个轴上的投影等于力 $\boldsymbol{F}$ 的大小乘以与各轴夹角的余弦，即

$$\left.\begin{aligned} F_{x} &= F\cos\alpha \\ F_{y} &= F\cos\beta \\ F_{z} &= F\cos\gamma \end{aligned}\right\} \tag{3-1}$$

称为直接投影法，或一次投影法。

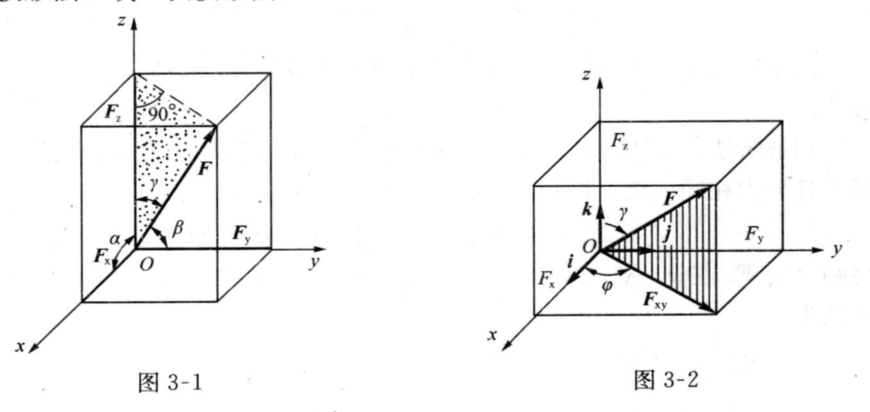

图3-1　　图3-2

2. 已知力 $\boldsymbol{F}$ 与坐标轴间的方位角 φ 和 γ，如图3-2所示，可将力 $\boldsymbol{F}$ 先投影到坐标平面 Oxy 内，得到力 $\boldsymbol{F}_{xy}$，然后再把这个力投影到 x，y 轴上，则力 $\boldsymbol{F}$ 在三个坐标轴上的投影分别为：

$$\left.\begin{aligned} F_{x} &= F\sin\gamma\cos\varphi \\ F_{y} &= F\sin\gamma\sin\varphi \\ F_{z} &= F\cos\gamma \end{aligned}\right\} \tag{3-2}$$

称为间接投影法，或二次投影法。

应该注意：力在轴上的投影是代数量，而力在平面上的投影是矢量。这是因为$\boldsymbol{F}_{xy}$的方向不能像在轴上的投影那样可简单地用正负号来表明，而必须用矢量来表示。

上面讨论了已知力如何求它在直角坐标轴上的投影。反之，若已知力$\boldsymbol{F}$在直角坐标轴上的投影，则可以确定该力的大小和方向余弦为

$$\left.\begin{aligned}&F=\sqrt{F_x^2+F_y^2+F_z^2}\\&\cos\alpha=\frac{F_x}{F},\cos\beta=\frac{F_y}{F},\cos\gamma=\frac{F_z}{F}\end{aligned}\right\}\tag{3-3}$$

若以$\boldsymbol{F}_x$，$\boldsymbol{F}_y$，$\boldsymbol{F}_z$表示力$\boldsymbol{F}$沿直角坐标轴x，y，z的正交分量，以$\boldsymbol{i}$，$\boldsymbol{j}$，$\boldsymbol{k}$分别表示沿x，y，z坐标轴正向的单位矢量，则力$\boldsymbol{F}$可表示成

$$\boldsymbol{F}=\boldsymbol{F}_x+\boldsymbol{F}_y+\boldsymbol{F}_z=F_x\boldsymbol{i}+F_y\boldsymbol{j}+F_z\boldsymbol{k}\tag{3-4}$$

此式为力$\boldsymbol{F}$的解析表达式。

二、空间汇交力系的合成与平衡条件

各力的作用线不在同一平面内且汇交于一点的力系称为**空间汇交力系**。与平面汇交力系相同，空间汇交力系的合成也可以用几何法和解析法来完成。

空间汇交力系合成的几何法是应用力的多边形法则。将各力首尾相接，构成空间的力多边形，由力多边形的封闭边确定合力的大小方向。所以，**空间力系的合力等于各分力的矢量和，合力的作用线通过各力汇交点**。合力矢为

$$\boldsymbol{F}_R=\boldsymbol{F}_1+\boldsymbol{F}_2+\cdots\cdots+\boldsymbol{F}_n=\sum_{i=1}^{n}\boldsymbol{F}_i\tag{3-5}$$

由于空间汇交力系的力多边形是空间的力多边形，所以用几何法求合力很不方便。

用解析法合成空间汇交力系，要应用合力投影定理。合力在任意轴上的投影等于各分力在同一轴上投影的代数和，即

$$F_{Rx}=\Sigma F_{xi},F_{Ry}=\Sigma F_{yi},F_{Rz}=\Sigma F_{zi}\tag{3-6}$$

得到合力F_R在x，y，z轴上的投影后，可按式（3-3）求得合力的大小和方向余弦为

$$\left.\begin{aligned}&F_R=\sqrt{(\Sigma F_{xi})^2+(\Sigma F_{yi})^2+(\Sigma F_{zi})^2}\\&\cos(\boldsymbol{F}_R,\boldsymbol{i})=\frac{\Sigma F_{xi}}{F_R},\cos(\boldsymbol{F}_R,\boldsymbol{j})=\frac{\Sigma F_{yi}}{F_R},\cos(\boldsymbol{F}_R,\boldsymbol{k})=\frac{\Sigma F_{zi}}{F_R}\end{aligned}\right\}\tag{3-7}$$

其中，($\boldsymbol{F}_R$，$\boldsymbol{i}$)，($\boldsymbol{F}_R$，$\boldsymbol{j}$)，($\boldsymbol{F}_R$，$\boldsymbol{k}$) 是合力$\boldsymbol{F}_R$与坐标轴x，y，z正向之间的夹角。

或

$$\boldsymbol{F}_R=\Sigma F_{xi}\boldsymbol{i}+\Sigma F_{yi}\boldsymbol{j}+\Sigma F_{zi}\boldsymbol{k}\tag{3-8}$$

由于一般空间汇交力系合成为一个合力，因此，**空间汇交力系平衡的必要和充分条件为：该力系的合力等于零**，即

$$\boldsymbol{F}_R = \Sigma \boldsymbol{F}_i = 0 \tag{3-9}$$

由此可知，**空间汇交力系平衡的几何条件是：该力系的力多边形自行封闭。**

由式（3-7）可知，为使合力 F_R 为零，必须同时满足：

$$\Sigma F_{xi} = 0, \Sigma F_{yi} = 0, \Sigma F_{zi} = 0 \tag{3-10}$$

所以，**空间汇交力系平衡的解析条件为：该力系中所有各力在三个坐标轴上投影的代数和分别等于零。**式（3-10）**称为空间汇交力系的平衡方程**（为便于书写，下标 i 可略去）。

应用解析法求解空间汇交力系的平衡问题的步骤，与平面汇交力系问题相同，只不过需列出三个平衡方程，可求解三个未知量。顺便指出：投影轴是可以任意选取的，只要这三个轴不共面及它们中的任何两个轴不相互平行。

【例 3-1】　图 3-3 所示简易起吊装置。杆 AB 的 A 端为球形铰链支座，另一端 B 装有滑轮并用系在墙上的绳子 CB 和 DB 拉住。已知：$\angle CBE = DBE = 45°$；CBD 平面与水平面的夹角 $\angle EBF = 30°$，且与铅垂面 ABE 垂直；绕在卷扬机上的绳子与水平线的夹角 $\beta = 45°$；杆 AB 与铅垂线的夹角 $\gamma = 30°$；被起吊物体重 $W = 7.5\text{kN}$。不计杆的自重和滑轮的尺寸，滑轮的轴承是光滑的，起吊装置在平衡状态。试求杆 AB 和绳子 CB，BD 的内力。

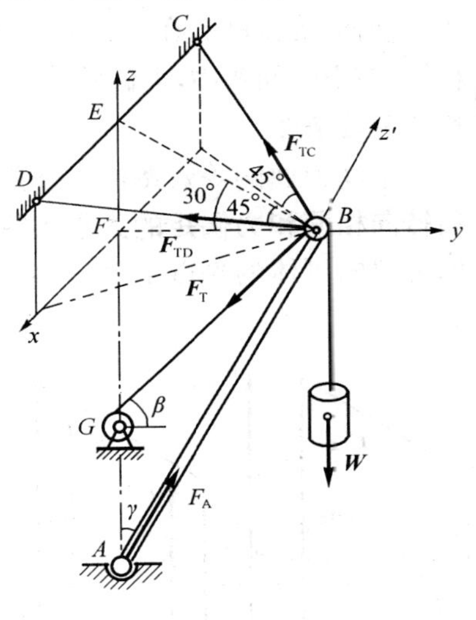

图 3-3

【解】　取杆 AB 和滑轮 B 及重物为研究对象。因杆 AB 的自重不计，且只在两端受力，所以为二力杆。作用在滑轮 B 上的力有：绳子的拉力 $\boldsymbol{F}_{TC}$，$\boldsymbol{F}_{TD}$，$\boldsymbol{F}_T$ 及重物的重力 $\boldsymbol{W}$，而球铰链 A 对 AB 杆的约束反力 $\boldsymbol{F}_A$ 沿 AB 连线。由题意，不计滑轮的尺寸，这些力可视为汇交于 B 点的空间汇交力系，且 $F_T = W = 7.5\text{kN}$。这样，作用在滑轮 B 上的力只有三个是未知的。取 F 点为坐标原点，x 轴与铅垂直面 ABE 垂直，y 轴沿 FB，z 轴铅垂向上。列出平衡方程：

$\Sigma F_x = 0$，$F_{TD}\sin 45° - F_{TC}\sin 45° = 0$

故

$$F_{TC} = F_{TD} \tag{a}$$

$\Sigma F_y = 0$

$$-F_{TC}\cos 45°\cos 30° - F_{TD}\cos 45°\cos 30° - F_T\cos 45° + F_A\sin 30° = 0 \tag{b}$$

$\Sigma F_z = 0$

$$F_{TC}\cos 45°\sin 30° + F_{TD}\cos 45°\sin 30° - F_T\sin 45° + F_A\cos 30° - W = 0 \tag{c}$$

代入各已知值，解上面三个方程得

$$F_{TC} = F_{TD} = 1.30\text{kN}, \quad F_A = 13.8\text{kN}$$

F_A 为正值，显然，AB 杆受压力。

另外，由题意知 CBD 平面与 ABE 平面垂直，所以 AB 垂直于两个未知力 $\boldsymbol{F}_{TC}$ 和 $\boldsymbol{F}_{TD}$。如果沿 AB 方向取 z' 轴，则 $\boldsymbol{F}_{TC}$，$\boldsymbol{F}_{TD}$ 在该轴上的投影等于零。于是

$$\Sigma F_{z'}=0,\ F_A-F_T\cos 15°-W\cos 30°=0$$

将已知值代入得

$$F_A=13.8\text{kN}$$

然后，再利用上列平衡方程式 (a)，式 (b) 或式 (a)，式 (c) 即可求得其余两个未知力。这样求解较简捷。

§3.2 空 间 力 偶

一、空间力偶的等效条件·力偶矩以矢量表示

前面已经证明，在同一平面内两个力偶等效的条件是：两力偶的力偶矩的代数值相等，在空间问题中，力偶的等效条件必须加以扩展。下面讨论力偶在平行平面内搬移的等效条件。

空间力偶的等效条件：**作用在同一刚体的两平行平面内的两个力偶，若它们的转向相同和力偶矩的大小相等，则两力偶等效**。由这个等效条件显见，一个力偶可以向刚体的平行平面搬移而不影响它对刚体的作用。力偶的这一性质可证明如下：

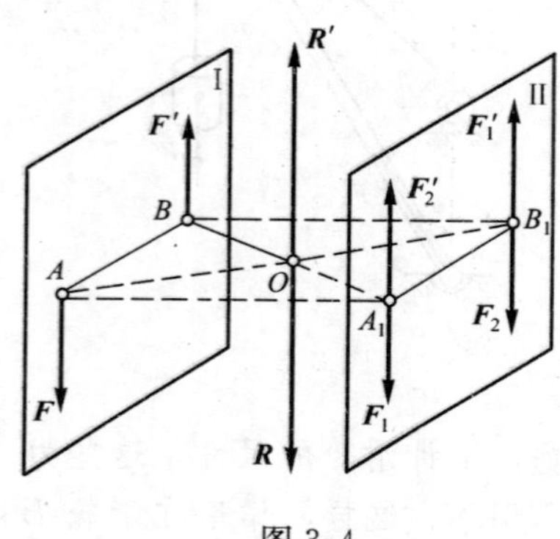

图 3-4

设有力偶 ($\boldsymbol{F}$, $\boldsymbol{F}'$) 作用于刚体的平面 I 内，其臂长为 AB (图 3-4)。作与平面 I 平行的任一平面Ⅱ，并在该平面内取线段 A_1、B_1 两点各加一对平衡力 $\boldsymbol{F}_1$，$\boldsymbol{F}_2'$和 $\boldsymbol{F}_1'$，$\boldsymbol{F}_2$，令各力与原力偶的两个力平行且大小相等，即 $F_1=F_2'=F_2=F_1'=F=F'$。由公理 2 可知，这六个力组成的力系与原力偶 ($\boldsymbol{F}$, $\boldsymbol{F}'$) 等效。连接 A，A_1 及 B，B_1 得平行四边形 ABB_1A_1，其对角线 AB_1 与 BA_1 相交于中点 O。将作用于 A，B_1 两点的力 $\boldsymbol{F}$，$\boldsymbol{F}_2$ 合成得一合力 $\boldsymbol{R}$，且 $R=2F$，其作用线过 O 点；同样，将作用于 B，A_1两点的力 $\boldsymbol{F}'$，$\boldsymbol{F}_2'$合成得一合力 $\boldsymbol{R}'$，且 $R'=2F'$，其作用线也过 O 点。由于力 $\boldsymbol{R}$ 与$\boldsymbol{R}'$为一对平衡力可舍去，而剩下作用于 A_1，B_1 两点的力 $\boldsymbol{F}_1$ 和 $\boldsymbol{F}'_1$构成一新力偶 ($\boldsymbol{F}_1$，$\boldsymbol{F}'_1$)，显然它与原力偶 ($\boldsymbol{F}$, $\boldsymbol{F}'$) 等效，新力偶的力、力偶臂及转向都与原力偶相同。这就证明了力偶可由一个平面移至刚体内另一平行平面而不影响它对于刚体的作用。

另外，经验还告诉我们，分别作用在不平行平面内的两个力偶对于刚体的效应是不同的。这就表明，力偶对于刚体的效应是与力偶的作用面在空间的方位有关，而与该作用面的具体位置无关。于是综合平面力偶与空间力偶的性质得知：**力偶对于刚体的转动效应取决于力偶矩的大小、力偶的转向和力偶作用面在空间的方位**，这就是空间力偶对刚体作用效果决定的三要素。空间力偶的三个要素可以用一个矢量表示，矢量的长度按一定比例尺表示力偶矩大小，方位与力偶作用面的法线的方位相同，指向按右手规则表示力偶的转向 (图 3-5a)，即从矢的末

端沿矢看去，力偶的转向是逆时针转向（图3-5b）。这样，这个矢就完全包括了上述三个因素，我们称它为**力偶矩矢**，记作 $\boldsymbol{M}$。由此可知，**力偶对刚体的作用完全由力偶矩矢所决定**。

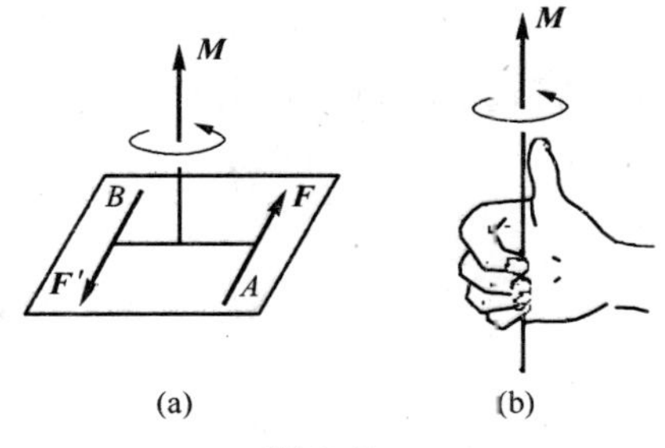

图 3-5

应该指出，由于力偶可以在同一平面内任意移转，并可搬移到平行平面内，而不改变它对刚体的作用效果，故力偶矩矢可以平行搬移，且不需要确定矢的初端位置。这种不仅可以滑动，而且可以平行移动的矢量称为自由矢量。可见**力偶矩矢是自由矢量**。

用矩矢表示力偶矩，空间力偶的等效条件可叙述为：**若两个力偶的力偶矩矢相等，则它们是等效的**。

二、空间力偶系的合成与平衡条件

任意个空间分布的力偶（即空间力偶系）一般情况下可合成为一个合力偶，合力偶矩矢等于各分力偶矩矢的矢量和，即

$$\boldsymbol{M} = \boldsymbol{M}_1 + \boldsymbol{M}_2 \cdots + \boldsymbol{M}_n = \sum_{i=1}^{n} \boldsymbol{M}_i \tag{3-11}$$

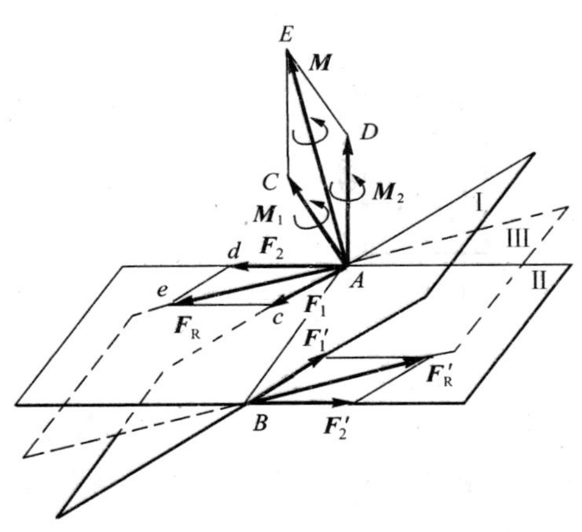

图 3-6

证明：设有矩为 $\boldsymbol{M}_1$ 和 $\boldsymbol{M}_2$ 的两个力偶分别作用在相交的平面Ⅰ和Ⅱ内，如图 3-6 所示。首先证明它们合成的结果为一力偶。为此，在这两平面的交线上取任意线段 $AB=d$，利用同平面内力偶的等效条件，将两力偶各在其作用面内移转和变换，使它们的力偶臂与线段 AB 重合，而保持力偶矩的大小和力偶的转向不变。这时，两力偶分别为（$\boldsymbol{F}_1$，$\boldsymbol{F}'_1$）和（$\boldsymbol{F}_2$，$\boldsymbol{F}'_2$），它们的力偶矩矢分别为 $\boldsymbol{M}_1$ 和 $\boldsymbol{M}_2$。将力 $\boldsymbol{F}_1$ 和 $\boldsymbol{F}_2$ 合成为力 $\boldsymbol{F}_R$，又将力 $\boldsymbol{F}_1$ 与 $\boldsymbol{F}'_2$ 合成为力 $\boldsymbol{F}'_R$。由图显然可见，力 $\boldsymbol{F}_R$ 与 $\boldsymbol{F}'_R$ 等值而反向，组成一个力偶，即为合力偶，它作用在平面Ⅲ内，令合力偶矩矢为 $\boldsymbol{M}$。

下面再证明：合力偶矩矢等于原有两力偶矩矢的矢量和。由图 3-6 易于证明四边形 $ACED$ 与平行四边形 $Aced$ 相似，因而 $ACED$ 也是一个平行四边形。于是可得

$$\boldsymbol{M}=\boldsymbol{M}_1+\boldsymbol{M}_2$$

上式证得：合力偶矩矢等于原有两力偶矩矢的矢量和。

如有 n 个空间力偶，可逐次合成，则式（3-11）得证。

合力偶矩矢的解析表达式为

$$\boldsymbol{M}=M_x\boldsymbol{i}+M_y\boldsymbol{j}+M_z\boldsymbol{k} \tag{3-12}$$

将式(3-11)分别向 x,y,z 轴投影,有

$$\left.\begin{aligned} M_x &= M_{1x}+M_{2x}+\cdots+M_{nx}=\sum_{i=1}^{n}M_{ix} \\ M_y &= M_{1y}+M_{2y}+\cdots+M_{ny}=\sum_{i=1}^{n}M_{iy} \\ M_z &= M_{1z}+M_{2z}+\cdots+M_{nz}=\sum_{i=1}^{n}M_{iz} \end{aligned}\right\} \tag{3-13}$$

即合力偶矩矢在 x,y,z 轴上投影等于各分力偶矩矢在相应轴上投影的代数和(为便于书写,下标 i 可略去)。

合力偶矩矢的大小和方向余弦可用下列公式求出,即

$$\left.\begin{aligned} &M=\sqrt{(\Sigma M_{ix})^2+(\Sigma M_{iy})^2+(\Sigma M_{iz})^2} \\ &\cos(\boldsymbol{M},\boldsymbol{i})=\frac{M_x}{M},\cos(\boldsymbol{M},\boldsymbol{j})=\frac{M_y}{M},\cos(\boldsymbol{M},\boldsymbol{k})=\frac{M_z}{M} \end{aligned}\right\} \tag{3-14}$$

【例 3-2】 工件如图 3-7(a)所示,它的四个面上同时钻五个孔,每个孔所受的切削力偶矩均为 80N·m。求工件所受合力偶的矩在 x,y,z 轴上的投影 M_x,M_y,M_z。

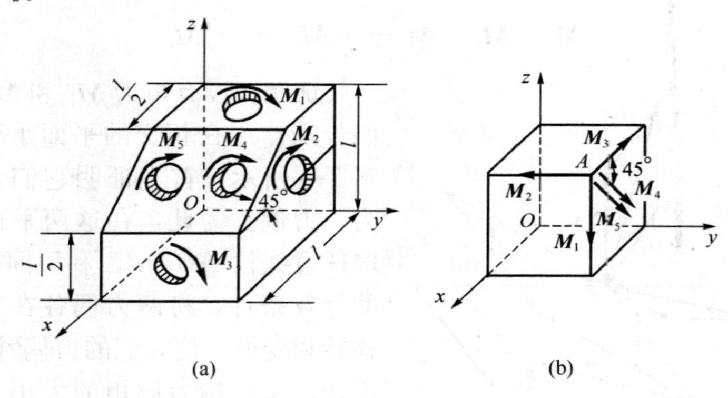

图 3-7

【解】 将作用在四个面上的力偶用力偶矩矢量表示,并将它们平行移到点 A,如图 3-7(b)所示。根据式(3-13),得

$M_x=\Sigma M_x=-M_3-M_4\cos45°-M_5\cos45°=-193.1\text{N}\cdot\text{m}$

$M_y=\Sigma M_y=-M_2=-80\text{N}\cdot\text{m}$

$M_z=\Sigma M_z=-M_1-M_4\cos45°-M_5\cos45°=-193.1\text{N}\cdot\text{m}$

由于空间力偶系可以用一个合力偶来代替,因此,**空间力偶系平衡的必要和充分条件是:该力偶系的合力偶矩等于零,亦即所有力偶矩矢的矢量和等于零**,即

$$\sum_{i=1}^{n}\boldsymbol{M}_i=0 \tag{3-15}$$

欲使上式成立,由式(3-14)必须同时满足:

$$\sum_{i=1}^{n}M_{ix}=0,\ \sum_{i=1}^{n}M_{iy}=0,\ \sum_{i=1}^{n}M_{iz}=0 \tag{3-16}$$

式（3-16）为**空间力偶系的平衡方程**。即**空间力偶系平衡的必要和充分条件为：该力偶系中所有各力偶矩矢在三个坐标轴上投影的代数和分别等于零。**

上述三个独立的平衡方程可求解三个未知量。

【例 3-3】 O_1和O_2圆盘与水平轴AB固定连接，O_1盘面垂直于z轴，O_2盘面垂直于x轴，盘面上分别作用有力偶（$\boldsymbol{F}_1$，$\boldsymbol{F}_1'$）、（$\boldsymbol{F}_2$，$\boldsymbol{F}_2'$），如图 3-8(a)所示。如两盘半径均为 200mm，$F_1=3\text{N}$，$F_2=5\text{N}$，$AB=800\text{mm}$，不计构件自重。求轴承A和B处的约束力。

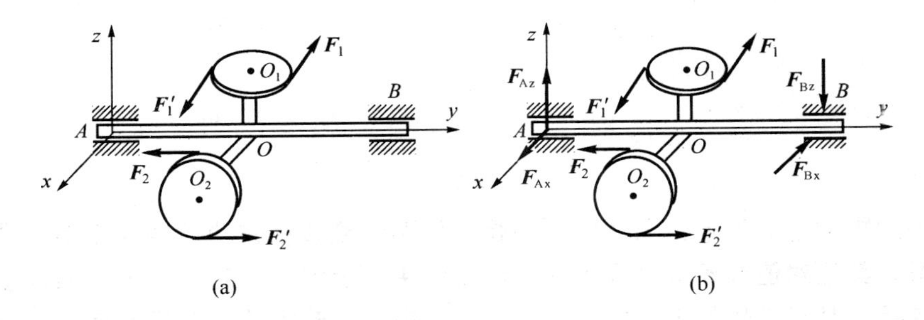

图 3-8

【解】 取整体为研究对象，由于构件自重不计，主动力为两力偶，由力偶只能同力偶来平衡的性质，轴承A，B处的约束力也应形成力偶。设A，B处的约束力为$\boldsymbol{F}_{Ax}$，$\boldsymbol{F}_{Az}$，$\boldsymbol{F}_{Bx}$，$\boldsymbol{F}_{Bz}$，方向如图 3-8（b）所示，由力偶系的平衡方程，有

$$\Sigma M_x=0，400\times F_2-800\times F_{Az}=0$$

$$\Sigma M_z=0，400\times F_1+800\times F_{Ax}=0$$

解得

$$F_{Ax}=F_{Bx}=-1.5\text{N}，F_{Az}=F_{Bz}=2.5\text{N}$$

§3.3 力对轴的矩和力对点的矩

一、力对轴的矩

工程实际中，经常遇到刚体绕定轴转动的情形，为了度量力对绕定轴转动刚体的作用效果，必须了解力对轴的矩的概念。

为了说明力对轴的矩与哪些因素有关，研究大家所熟悉的推门的例子（图 3-9a）。门的转轴为z，在门上的A点施加一力$\boldsymbol{F}$。过A点作一垂直转轴z的平面xy，并交z轴于O点。OA是xy平面与门的交线。

将力$\boldsymbol{F}$分解为平行于z轴和在垂直于z轴的平面内的两个分力$\boldsymbol{F}_z$和$\boldsymbol{F}_{xy}$，$\boldsymbol{F}_{xy}$就是力$\boldsymbol{F}$在与z轴垂直的xy面上的投影。经验证明，平行于z轴的分力$\boldsymbol{F}_z$不能使门绕z轴转动，只有分力$\boldsymbol{F}_{xy}$才能使门转动。由图可见，平面xy上的力$\boldsymbol{F}_{xy}$使门绕z轴转动的效果由力$\boldsymbol{F}_{xy}$对O点的矩来确定。

以符号$M_z(\boldsymbol{F})$表示力对z轴的矩，即

$$M_z(\boldsymbol{F})=M_O(\boldsymbol{F}_{xy})=\pm F_{xy}h=\pm 2A_{\Delta OAB} \tag{3-17}$$

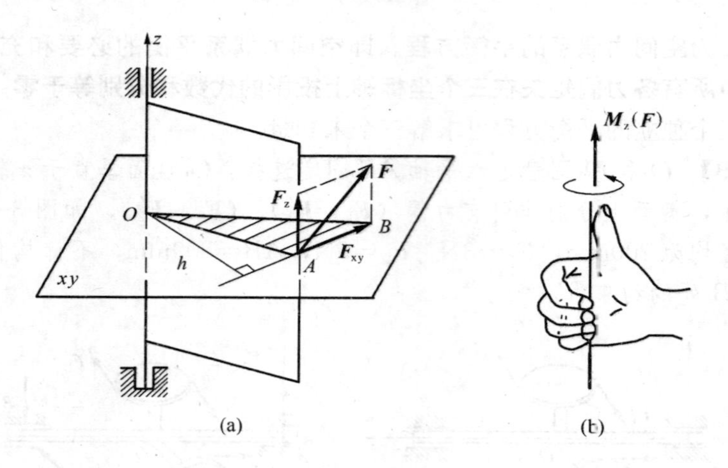

图 3-9

力对轴的矩的定义如下：**力对轴的矩是力使刚体绕该轴转动效果的度量，是一个代数量，其绝对值等于该力在垂直于该轴的平面上的投影对于这个平面与该轴的交点的矩。其正负号如下确定：从 z 轴正端来看，若力的这个投影使物体绕该轴逆时针转动，则取正号，反之取负号。也可按右手螺旋法则确定其正负号**，如图 3-9（b）所示，**拇指指向与 z 轴一致为正，反之为负**。可见，计算力对轴的矩，归结为计算平面内力对点的矩。

力对轴的矩等于零的情形：（1）当力与轴相交时（此时 $h=0$）；（2）当力与轴平行时（此时 $|\boldsymbol{F}_{xy}|=0$）。这两种情形可以概括为：**当力与轴共面时，力对轴的矩等于零。**

力对轴的矩的单位为“N · m”。

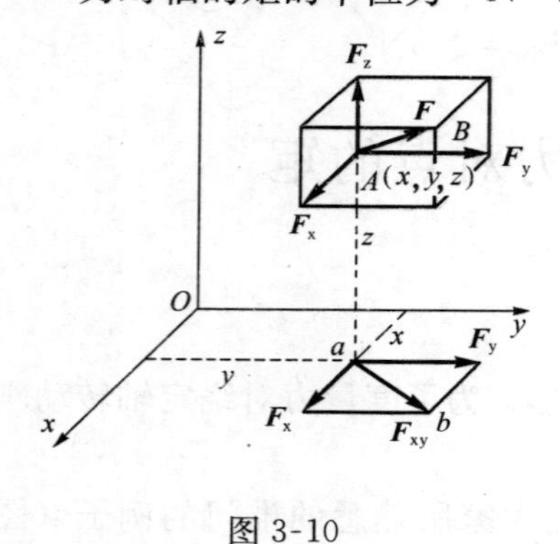

图 3-10

力对轴的矩也可用解析式表示。设力 $\boldsymbol{F}$ 在三个坐标轴上的投影分别为 F_x，F_y，F_z，力作用点A的坐标为 x，y，z，如图 3-10 所示。根据式（3-17），得

$$M_z(\boldsymbol{F}) = M_O(\boldsymbol{F}_{xy}) = M_O(\boldsymbol{F}_x) + M_O(\boldsymbol{F}_y)$$

即

$$M_z(\boldsymbol{F}) = xF_y - yF_x$$

同理可得其余二式。将此三式合写为

$$\left.\begin{aligned} M_x(\boldsymbol{F}) &= yF_z - zF_y \\ M_y(\boldsymbol{F}) &= zF_x - xF_z \\ M_z(\boldsymbol{F}) &= xF_y - yF_x \end{aligned}\right\} \tag{3-18}$$

以上三式是计算力对轴之矩的解析式。

【例 3-4】 力 $\boldsymbol{F}$ 作用在边长为 a 的正六面体的对角线上，试求力 $\boldsymbol{F}$ 对 x，y，z 轴的矩。

【解】 先求力 $\boldsymbol{F}$ 对 x 轴的矩。将力 $\boldsymbol{F}$ 投影到与 x 轴垂直的侧面 $ABCD$ 上，得力 $\boldsymbol{F}_{yz}$（图 3-11a），且

$$F_{yz} = F\cos\alpha = \sqrt{\frac{2}{3}}F$$

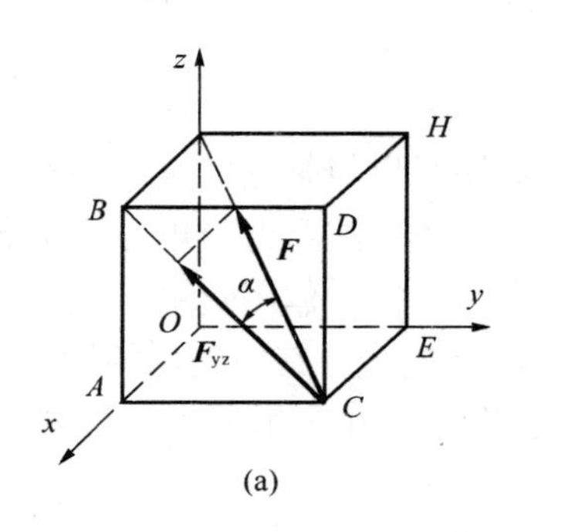

(a)

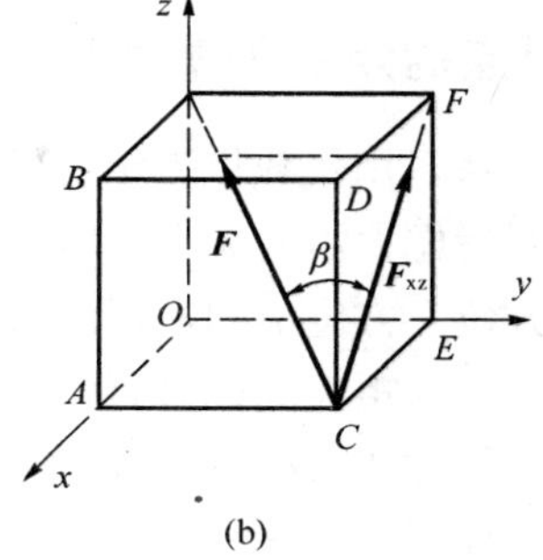

(b)

图 3-11

按力对轴的矩的定义

$$M_x(\boldsymbol{F}) = M_A(\boldsymbol{F}_{yz}) = \frac{\sqrt{2}}{2}aF_{yz} = \sqrt{\frac{1}{3}}aF$$

求力 $\boldsymbol{F}$ 对 y 轴的矩时，应将力 $\boldsymbol{F}$ 投影到与 y 轴垂直的侧面 $CDEH$ 上。按照与上面相同的做法，得

$$M_y(\boldsymbol{F}) = M_E(\boldsymbol{F}_{xz}) = -\sqrt{\frac{1}{3}}aF$$

在图 3-11(b)中，按右手法则判定，力 $\boldsymbol{F}$ 对 y 轴的矩取负号。

力 $\boldsymbol{F}$ 与 z 轴相交，有

$$M_z(\boldsymbol{F}) = 0$$

可以证明，平面力系中的合力矩定理，能推广到力对轴的矩的计算中，即：**空间任意力系的合力对某轴的矩，等于各分力对同一轴的矩的代数和。**据此，求解例 3-4 时，可先将力 $\boldsymbol{F}$ 沿坐标轴分解为三个分力 F_x，F_y，F_z，分别求三个分力对 x 轴的矩，所得结果代数相加，即得力 $\boldsymbol{F}$ 对 x 轴之矩。

【例 3-5】 手柄 $ABCE$ 在平面 Axy 内，在 D 处作用一个力 $\boldsymbol{F}$，如图 3-12 所示，它在垂直于 y 轴的平面内，偏离铅直线的角度为 θ，如果 $CD=a$，杆 BC 平行于 x 轴，杆 CE 平行于 y 轴，AB 和 BC 的长度都等于 l。试求力 $\boldsymbol{F}$ 对 x，y，z 三轴的矩。

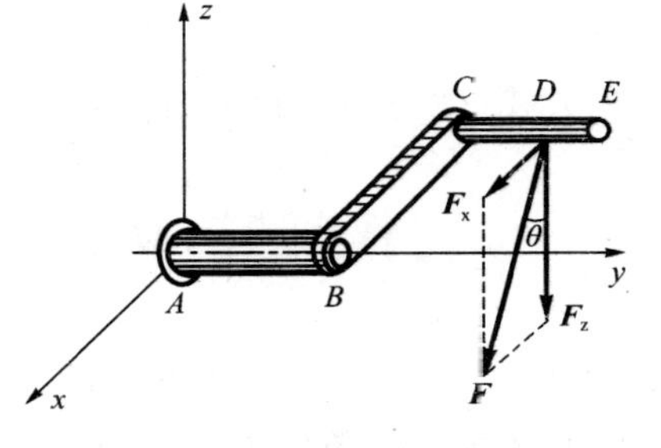

图 3-12

【解】 力 $\boldsymbol{F}$ 在 x，y，z 轴上的投影为

$F_x=F\sin\theta$，$F_y=0$，$F_z=-F\cos\theta$

力作用点 D 的坐标为

$$x=-l,\ y=l+a,\ z=0$$

代入式 (3-18)，得

$M_x(\boldsymbol{F}) = yF_z - zF_y = (l+a)(-F\cos\theta) - 0 = -F(l+a)\cos\theta$

$M_y(\boldsymbol{F}) = zF_x - xF_z = 0-(-l)(-F\cos\theta) = -Fl\cos\theta$

$M_z(\boldsymbol{F}) = xF_y - yF_x = 0-(l+a)(F\sin\theta) = -F(l+a)\sin\theta$

本题亦可直接按力对轴之矩的定义进行计算。

二、力对点的矩的矢量表示

对于平面力系，用代数量表示力对点的矩足以概括它的全部要素。但是在空间情况下，不仅要考虑力矩的大小、转向，而且还要注意力与矩心所组成的平面（力矩作用面）的方位。方位不同，即使力矩大小一样，作用效果将完全不同。这三个因素可以用力对点的矩矢简称**力矩矢** $\boldsymbol{M}_O(\boldsymbol{F})$来描述。其中矢量的模即 $|\boldsymbol{M}_O(\boldsymbol{F})| = F \cdot h = 2A_{\triangle OAB}$；矢量的方位和力矩作用面的法线方向相同；矢量的指向按右手螺旋法则来确定，如图 3-13 所示。

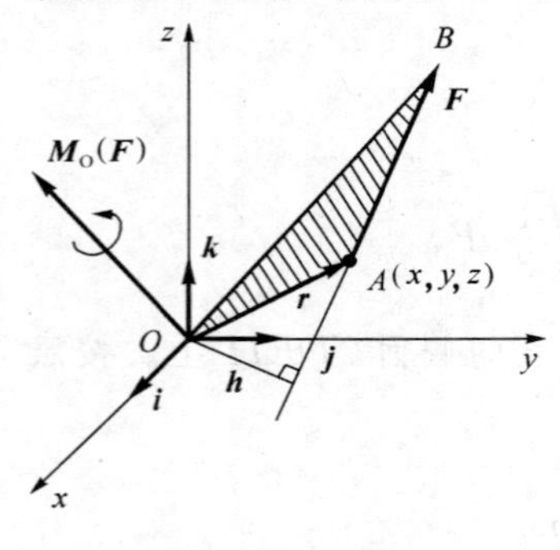

图 3-13

当矩心的位置变化时，力矩矢量的大小和方向都随之发生变化。为使力矩矢量能反映矩心的位置，规定将矩心作为力矩矢量的起点。这样，力对点的矩矢是**定位矢量**，它与力偶矩矢不同，是不能自由移动的。

由图 3-13 易见，以 $\boldsymbol{r}$ 表示力作用点 A 的矢径，设 $\boldsymbol{r}$ 与 $\boldsymbol{F}$ 的夹角为 α。则矢积 $\boldsymbol{r}\times\boldsymbol{F}$ 的模等于三角形 OAB 面积的两倍，即 $|\boldsymbol{r}\times\boldsymbol{F}| = Fr\sin\alpha = Fh$，矢积的方向与力矩矢一致。因此可得

$$\boldsymbol{M}_O(\boldsymbol{F}) = \boldsymbol{r}\times\boldsymbol{F} \tag{3-19}$$

式（3-19）为力对点的矩的矢积表达式，即：**力对点的矩矢等于矩心到该力作用点的矢径与该力的矢量积。**

若以矩心 O 为原点，作空间直角坐标系 $Oxyz$ 如图 3-13 所示。设力作用点 A 的坐标为 A（x，y，z），力在三个坐标轴上的投影分别为 F_x，F_y，F_z，则矢径 $\boldsymbol{r}$ 和力 $\boldsymbol{F}$ 的解析式分别为

$$\boldsymbol{r} = x\boldsymbol{i} + y\boldsymbol{j} + z\boldsymbol{k}$$

$$\boldsymbol{F} = F_x\boldsymbol{i} + F_y\boldsymbol{j} + F_z\boldsymbol{k}$$

代入式（3-19），并采用行列式形式，得

$$\boldsymbol{M}_O(\boldsymbol{F}) = \boldsymbol{r}\times\boldsymbol{F} = \begin{vmatrix} \boldsymbol{i} & \boldsymbol{j} & \boldsymbol{k} \\ x & y & z \\ F_x & F_y & F_z \end{vmatrix}$$

$$= (yF_z - zF_y)\boldsymbol{i} + (zF_x - xF_z)\boldsymbol{j} + (xF_y - yF_x)\boldsymbol{k} \tag{3-20}$$

由上式可知，单位矢量 $\boldsymbol{i}$，$\boldsymbol{j}$，$\boldsymbol{k}$ 前面的三个系数，应分别表示力矩矢 $\boldsymbol{M}_O(\boldsymbol{F})$在三个坐标轴上的投影，即

$$\left.\begin{aligned} [\boldsymbol{M}_O(\boldsymbol{F})]_x &= yF_z - zF_y \\ [\boldsymbol{M}_O(\boldsymbol{F})]_y &= zF_x - xF_z \\ [\boldsymbol{M}_O(\boldsymbol{F})]_z &= xF_y - yF_x \end{aligned}\right\} \tag{3-21}$$

三、力对点的矩与力对通过该点的轴的矩之间的关系

这是空间力系理论中的关键问题。比较式（3-18）与式（3-21），可得

$$\left.\begin{aligned}[\boldsymbol{M}_{\mathrm{O}}(\boldsymbol{F})]_{\mathrm{x}} &= M_{\mathrm{x}}(\boldsymbol{F}) \\ [\boldsymbol{M}_{\mathrm{O}}(\boldsymbol{F})]_{\mathrm{y}} &= M_{\mathrm{y}}(\boldsymbol{F}) \\ [\boldsymbol{M}_{\mathrm{O}}(\boldsymbol{F})]_{\mathrm{z}} &= M_{\mathrm{z}}(\boldsymbol{F})\end{aligned}\right\} \tag{3-22}$$

上式说明：**力对点的矩矢在通过该点的任一轴上的投影，就等于力对该轴的矩。**

式（3-22）建立了力对点的矩与力对轴的矩之间的关系。

如果力对通过点 O 的直角坐标轴 x，y，z 的矩是已知的，则可求得该力对点 O 的矩的大小和方向余弦为

$$\left.\begin{aligned}&|\boldsymbol{M}_{\mathrm{O}}(\boldsymbol{F})| = |\boldsymbol{M}_{\mathrm{O}}| = \sqrt{[M_{\mathrm{x}}(\boldsymbol{F})]^2 + [M_{\mathrm{y}}(\boldsymbol{F})]^2 + [M_{\mathrm{z}}(\boldsymbol{F})]^2} \\ &\cos(\boldsymbol{M}_{\mathrm{O}},\boldsymbol{i}) = \frac{M_{\mathrm{x}}(\boldsymbol{F})}{|\boldsymbol{M}_{\mathrm{O}}(\boldsymbol{F})|},\ \cos(\boldsymbol{M}_{\mathrm{O}},\boldsymbol{j}) = \frac{M_{\mathrm{y}}(\boldsymbol{F})}{|\boldsymbol{M}_{\mathrm{O}}(\boldsymbol{F})|},\ \cos(\boldsymbol{M}_{\mathrm{O}},\boldsymbol{k}) = \frac{M_{\mathrm{z}}(\boldsymbol{F})}{|\boldsymbol{M}_{\mathrm{O}}(\boldsymbol{F})|}\end{aligned}\right\} \tag{3-23}$$

§3.4 空间任意力系向一点的简化·主矢和主矩

一、空间任意力系向一点的简化

空间任意力系向一点简化的方法与平面任意力系向一点简化的方法基本相同。设刚体上作用空间任意力系 $\boldsymbol{F}_1$，$\boldsymbol{F}_2$，…，$\boldsymbol{F}_n$（图 3-14a）。应用力的平移定理，依次将各力向简化中心 O 平移，同时附加一个相应的力偶，并将附加力偶矩均以矢量表示。这样，原来的空间任意力系被空间汇交力系和空间力偶系两个简单力系等效替换，如图 3-14(b)所示。其中

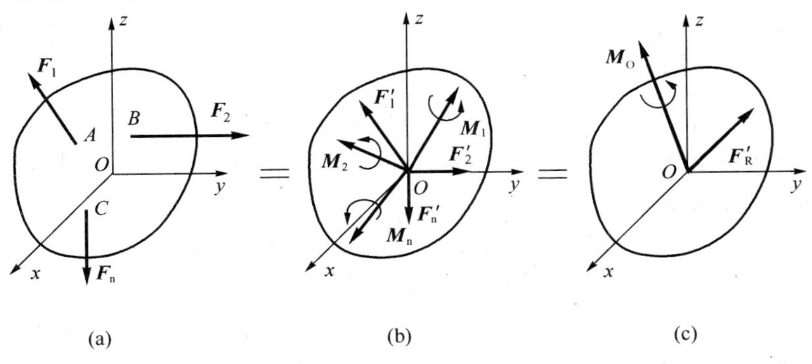

图 3-14

$$\boldsymbol{F}_i' = \boldsymbol{F}_i \qquad (i = 1,2,\ldots,n)$$
$$\boldsymbol{M}_i = \boldsymbol{M}_{\mathrm{O}}(\boldsymbol{F}_i)$$

作用于点 O 的空间汇交力系可合成一力 $\boldsymbol{F}_{\mathrm{R}}'$（图 3-14c），此力的作用线通过简化中心点 O，其大小和方向等于汇交力系各力的矢量和，也就等于原力系中各力的矢量和，称为力系的主矢，即

$$\boldsymbol{F}_{\mathrm{R}}' = \sum_{i=1}^{n}\boldsymbol{F}_i = \sum_{i=1}^{n}F_{xi}\boldsymbol{i} + \sum_{i=1}^{n}F_{yi}\boldsymbol{j} + \sum_{i=1}^{n}F_{zi}\boldsymbol{k} \tag{3-24}$$

空间分布的力偶系可合成为一力偶（图 3-12c），其力偶矩矢 $\boldsymbol{M}_O$ 等于各附加

力偶矩矢的矢量和，也就等于原力系中各力对简化中心 O 点的力矩矢的矢量和，称为力系对简化中心 O 点的主矩，即

$$\boldsymbol{M}_{\mathrm{O}}=\sum_{i=1}^{n}\boldsymbol{M}_{i}=\sum_{i=1}^{n}\boldsymbol{M}_{\mathrm{O}}(\boldsymbol{F}_{i})=\sum_{i=1}^{n}(\boldsymbol{r}_{i}\times\boldsymbol{F}_{i}) \tag{3-25a}$$

由力矩的解析表达式（3-20），有

$$\boldsymbol{M}_{\mathrm{O}}=\sum_{i=1}^{n}(y_{i}F_{zi}-z_{i}F_{yi})\boldsymbol{i}+\sum_{i=1}^{n}(z_{i}F_{xi}-x_{i}F_{zi})\boldsymbol{j}+\sum_{i=1}^{n}(x_{i}F_{yi}-y_{i}F_{xi})\boldsymbol{k} \tag{3-25b}$$

于是可得结论：**空间任意力系向任一点 O 简化，一般可得一力和一力偶。这个力的大小和方向等于原力系中各力的矢量和，称为力系的主矢，作用线通过简化中心 O；这个力偶的矩矢等于原力系中各力对该点的矩矢的矢量和，称为力系对简化中心的主矩。**

与平面任意力系一样，**空间任意力系的主矢与简化中心的位置无关，主矩一般与简化中心的位置有关。**

式（3-25b）中，单位矢量 $\boldsymbol{i}$，$\boldsymbol{j}$，$\boldsymbol{k}$ 前的系数，即主矩 $\boldsymbol{M}_{\mathrm{O}}$ 沿 x，y，z 轴的投影，也等于力系各力对 x，y，z 轴之矩的代数和 $\Sigma M_{x}(\boldsymbol{F})$，$\Sigma M_{y}(\boldsymbol{F})$，$\Sigma M_{z}(\boldsymbol{F})$。

力系的主矢和主矩的大小方向，可用解析法进行计算。按合矢量投影定理，可得主矢在直角坐标轴上的投影

$$F'_{\mathrm{Rx}}=\Sigma F_{x},\quad F'_{\mathrm{Ry}}=\Sigma F_{y},\quad F'_{\mathrm{Rz}}=\Sigma F_{z}$$

于是主矢的大小和方向余弦为

$$\left.\begin{aligned}&F'_{\mathrm{R}}=\sqrt{(\Sigma F_{x})^{2}+(\Sigma F_{y})^{2}+(\Sigma F_{z})^{2}}\\&\cos(\boldsymbol{F}'_{\mathrm{R}},\boldsymbol{i})=\frac{\Sigma F_{x}}{F'_{\mathrm{R}}},\cos(\boldsymbol{F}'_{\mathrm{R}},\boldsymbol{j})=\frac{\Sigma F_{y}}{F'_{\mathrm{R}}},\cos(\boldsymbol{F}'_{\mathrm{R}},\boldsymbol{k})=\frac{\Sigma F_{z}}{F'_{\mathrm{R}}}\end{aligned}\right\} \tag{3-26}$$

式中（$\boldsymbol{F}'_{\mathrm{R}}$，$\boldsymbol{i}$），（$\boldsymbol{F}'_{\mathrm{R}}$，$\boldsymbol{j}$）和（$\boldsymbol{F}'_{\mathrm{R}}$，$\boldsymbol{k}$）分别表示主矢 $\boldsymbol{F}'_{\mathrm{R}}$ 与坐标轴 x，y 和 z 正向的夹角。类似地运用合矢量投影定理，并按力对点的矩与力对轴的矩之间的关系，可得主矩在直角坐标轴上的投影为

$$\begin{aligned}M_{\mathrm{Ox}}&=\Sigma[\boldsymbol{M}_{\mathrm{O}}(\boldsymbol{F})]_{x}=\Sigma M_{x}(\boldsymbol{F})\\M_{\mathrm{Oy}}&=\Sigma[\boldsymbol{M}_{\mathrm{O}}(\boldsymbol{F})]_{y}=\Sigma M_{y}(\boldsymbol{F})\\M_{\mathrm{Oz}}&=\Sigma[\boldsymbol{M}_{\mathrm{O}}(\boldsymbol{F})]_{z}=\Sigma M_{z}(\boldsymbol{F})\end{aligned}$$

于是主矩的大小和方向余弦为

$$\left.\begin{aligned}&M_{\mathrm{O}}=\sqrt{[\Sigma M_{x}(\boldsymbol{F})]^{2}+[\Sigma M_{y}(\boldsymbol{F})]^{2}+[\Sigma M_{z}(\boldsymbol{F})]^{2}}\\&\cos(\boldsymbol{M}_{\mathrm{O}},\boldsymbol{i})=\frac{\Sigma M_{x}(\boldsymbol{F})}{M_{\mathrm{O}}},\cos(\boldsymbol{M}_{\mathrm{O}},\boldsymbol{j})=\frac{\Sigma M_{y}(\boldsymbol{F})}{M_{\mathrm{O}}},\cos(\boldsymbol{M}_{\mathrm{O}},\boldsymbol{k})=\frac{\Sigma M_{z}(\boldsymbol{F})}{M_{\mathrm{O}}}\end{aligned}\right\} \tag{3-27}$$

式中（$\boldsymbol{M}_{\mathrm{O}}$，$\boldsymbol{i}$），（$\boldsymbol{M}_{\mathrm{O}}$，$\boldsymbol{j}$）和（$\boldsymbol{M}_{\mathrm{O}}$，$\boldsymbol{k}$）分别表达主矩 $\boldsymbol{M}_{\mathrm{O}}$ 与坐标轴 x，y 和 z 正向的夹角。

二、空间任意力系的简化结果分析

空间任意力系向一点简化可能出现下列四种情况，即（1）$\boldsymbol{F}'_{\mathrm{R}}=0$，$\boldsymbol{M}_{\mathrm{O}}\neq0$；

（2）$\boldsymbol{F}'_R \neq 0$，$\boldsymbol{M}_O = 0$；（3）$\boldsymbol{F}'_R \neq 0$，$\boldsymbol{M}_O \neq 0$；（4）$\boldsymbol{F}'_R = 0$，$\boldsymbol{M}_O = 0$。现分别讨论力系简化的最后结果。

1. 若主矢 $\boldsymbol{F}'_R = 0$，主矩 $\boldsymbol{M}_O \neq 0$，这时得一与原力系等效的合力偶，其合力偶矩等于原力系对简化中心的主矩。由于力偶矩矢与矩心位置无关，因此，在这种情况下，主矩与简化中心的位置无关。

2. 若主矢 $\boldsymbol{F}'_R \neq 0$，主矩 $\boldsymbol{M}_O = 0$，这时得一与原力系等效的合力，合力的作用线通过简化中心 O，其大小和方向等于原力系的主矢。

3. 若主矢 $\boldsymbol{F}'_R \neq 0$，又主矢 $\boldsymbol{M}_O \neq 0$。这时有三种可能情况：

（1）$\boldsymbol{F}'_R \perp \boldsymbol{M}_O$（图 3-15a）。这时，力 $\boldsymbol{F}'_R$和力偶矩矢为 $\boldsymbol{M}_O$ 的力偶（$\boldsymbol{F}''_R$，$\boldsymbol{F}_R$）在同一平面内（图 3-15b），可将力 $\boldsymbol{F}'_R$与力偶（$\boldsymbol{F}''_R$，$\boldsymbol{F}'_R$）进一步合成，得作用于点 O'的一个力 $\boldsymbol{F}_R$（图 3-15c）。此力即为原力系的合力，其大小和方向等于原力系的主矢，其作用线离简化中心 O 的距离为

$$d = \frac{|\boldsymbol{M}_O|}{F_R} \tag{3-28}$$

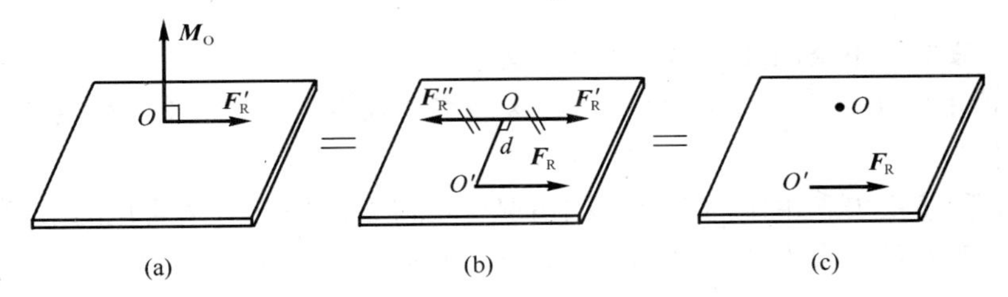

图 3-15

（2）$\boldsymbol{F}'_R /\!/ \boldsymbol{M}_O$，如图 3-16 所示。这时力系再不能进一步简化。这种结果称为**力螺旋，所谓力螺旋就是由一力和一力偶组成的力系，其中的力垂直于力偶的作用面**。例如，钻孔时的钻头对工件的作用以及拧木螺钉时螺钉旋具对螺钉的作用都是力螺旋。

力螺旋是由静力学的两个基本要素力和力偶组成的最简单的力系，不能再进一步合成。如 $\boldsymbol{M}_O$ 与 $\boldsymbol{F}'_R$同方向则称为右螺旋（图 3-16a），如 $\boldsymbol{M}_O$ 与 $\boldsymbol{F}'_R$相反则称为左螺旋（图 3-16b）。力螺旋中力作用线称为力螺旋的**中心轴**。在上述情形下，中心轴通过简化中心。

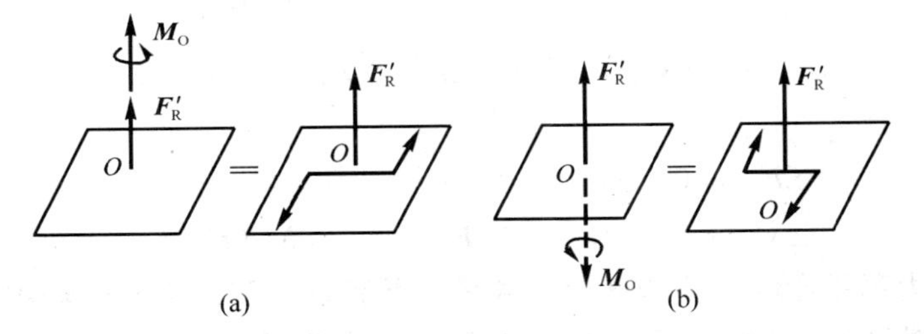

图 3-16

（3）$\boldsymbol{F}'_R$与 $\boldsymbol{M}_O$ 成任意角 θ，如图 3-17(a)所示。这是力系简化所得最一般的情况，此时可将 $\boldsymbol{M}_O$ 分解为两个分力偶矩矢 $\boldsymbol{M}''_O$和 $\boldsymbol{M}'_O$，它们分别垂直于 $\boldsymbol{F}'_R$和平

行于 $\boldsymbol{F}'_R$，如图 3-17(b)所示，则 $\boldsymbol{M}''_O$和 $\boldsymbol{F}'_R$可用作用于点 O'的力 $\boldsymbol{F}_R$ 来代替。由于力偶矩矢是自由矢量，故可将 $\boldsymbol{M}'_O$平行移动，使之与 $\boldsymbol{F}_R$ 共线。这样便得一力螺旋，其中心轴不在简化中心 O，而是通过另一点 O'，如图 3-16(c)所示。O，O'两点间的距离为

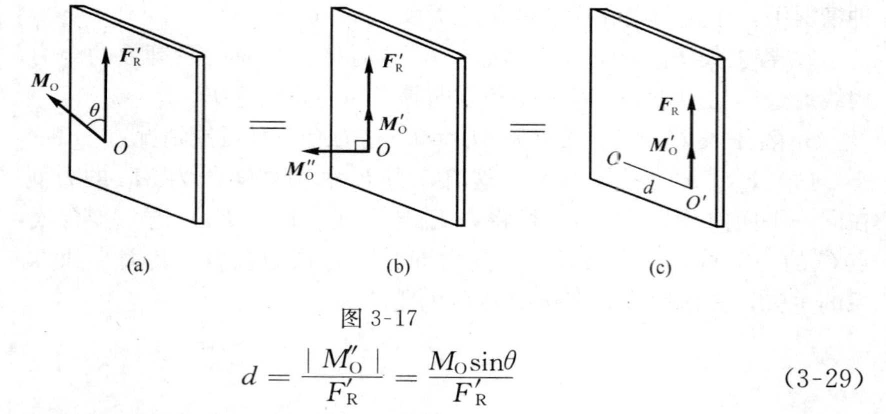

图 3-17

$$d=\frac{|M''_O|}{F'_R}=\frac{M_O\sin\theta}{F'_R} \tag{3-29}$$

可见，**一般情形下空间任意力系可合成为力螺旋。**

4. 若主矢 $\boldsymbol{F}'_R=0$，主矩 $\boldsymbol{M}_O=0$，这是空间任意力系平衡的情形，将在下节详细讨论。

综上所述主矢和主矩的各种不同情况，可得空间任意力系简化的最后结果只可能是以下四种：合力偶、合力、力螺旋、平衡。

§3.5 空间任意力系的平衡方程

一、空间任意力系的平衡方程

空间任意力系处于平衡的必要和充分条件是：力系的主矢和对于任一点的主矩都等于零，即

$$\boldsymbol{F}'_R=0,\ \boldsymbol{M}_O=0$$

根据式（3-26）和（3-27）已知

$$F'_R=\sqrt{(\Sigma F_x)^2+(\Sigma F_y)^2+(\Sigma F_z)^2}$$

$$M_O=\sqrt{[\Sigma M_x(\boldsymbol{F})]^2+[\Sigma M_y(\boldsymbol{F})]^2+[\Sigma M_z(\boldsymbol{F})]^2}$$

因此得

$$\left.\begin{array}{l}\Sigma F_x=0,\ \Sigma F_y=0,\ \Sigma F_z=0\\ \Sigma M_x(\boldsymbol{F})=0,\ \Sigma M_y(\boldsymbol{F})=0,\ \Sigma M_z(\boldsymbol{F})=0\end{array}\right\} \tag{3-30}$$

即空间任意力系平衡的必要和充分条件是：所有各力在三个坐标轴中每一个轴上的投影的代数和等于零，以及这些力对于每一个坐标轴的矩的代数和也等于零。式（3-30）称为空间任意力系的平衡方程。它具有六个独立的方程，可求解六个未知量。

空间任意力系是力系的最一般情形，所有其他力系都是它的特例，因此，这

些力系的平衡方程也可直接由空间任意力系的平衡方程式（3-30）导出。现以空间平行力系为例，其余情况读者可自行推导。

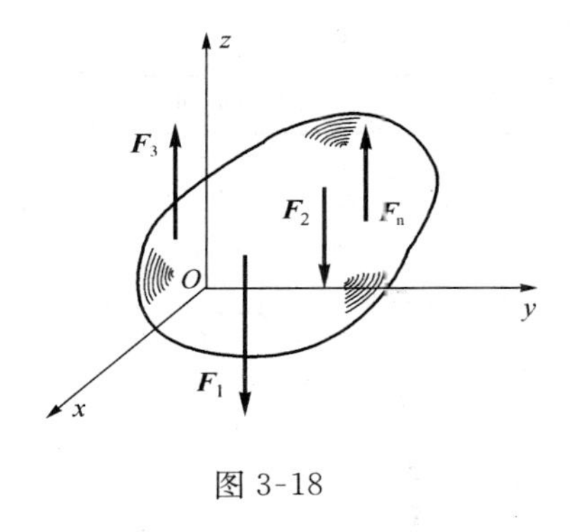

图 3-18

如图 3-18 所示的空间平行力系，其 z 轴与这些力平行，则各力对于 z 轴的矩等于零。又由于 x 和 y 轴都与这些力垂直，所以各力在这两轴上的投影也等于零。即 $\Sigma F_x \equiv 0$，$\Sigma F_y \equiv 0$，$\Sigma M_z(\boldsymbol{F}) \equiv 0$，不管力系平衡与否，上三式总能得到满足。于是，空间平行力系只有三个平衡方程，即

$$\left.\begin{aligned}\Sigma F_z &= 0\\ \Sigma M_x(\boldsymbol{F}) &= 0\\ \Sigma M_y(\boldsymbol{F}) &= 0\end{aligned}\right\}\tag{3-31}$$

上式表明，**空间平行力系平衡的必要与充分条件是：力系中所有各力在与力的作用线平行的坐标轴上的投影的代数和等于零，以及各力对于两个与力线垂直的每一轴的矩的代数和等于零。**

顺便指出：空间任意力系的平衡方程除三投影式和三力矩式的基本形式(3-30)外，还有四矩式、五矩式和六矩式，与平面任意力系一样，对投影轴和力矩轴都有一定的限制条件，这里不再详述。

二、空间约束的类型举例

一般情况下，当刚体受到空间任意力系作用时，在每个约束处，其约束力的未知量可能有 1～6 个。决定每种约束的约束力未知量个数的基本方法是：观察被约束物体在空间可能的 6 种独立的位移中(沿 x、y、z 三轴的移动和绕此三轴的转动)，有哪几种位移被约束所阻碍。阻碍移动的是约束力；阻碍转动的是约束力偶。现将几种常见的约束及其相应的约束力综合列表，如表 3-1 所示。

空间约束的类型及其约束力举例 **表 3-1**

序号	约束力未知量	约束类型
1	F_{Az} A	光滑表面　滚动支座　绳索　二力杆
2	F_{Az} A　F_{Ay}	径向轴承　圆柱铰链　铁轨　蝶铰链

续表

序号	约束力未知量	约束类型
3	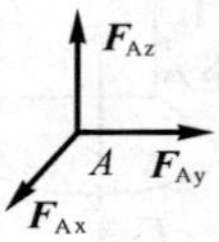 F_{Az}，F_{Ay}，F_{Ax}（A）	球形铰链；止推轴承 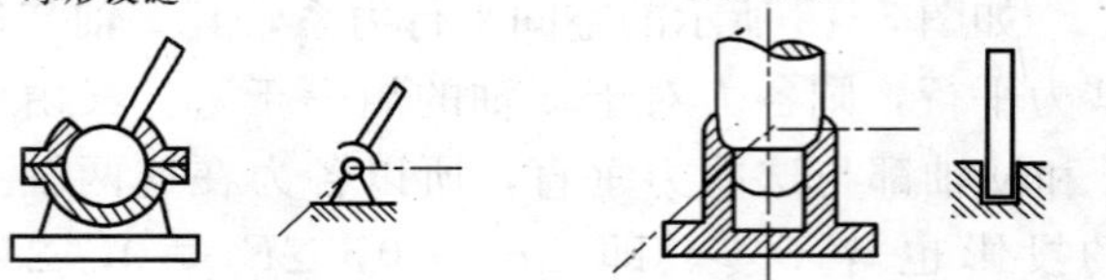
4	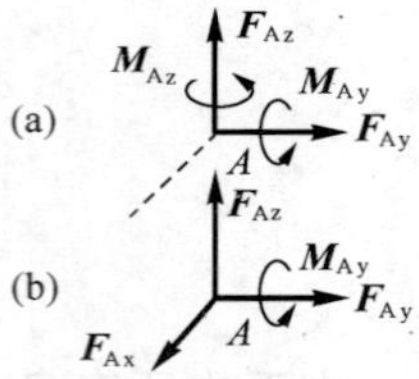 (a) M_{Az}，F_{Az}，M_{Ay}，F_{Ay}（A） (b) F_{Az}，M_{Ay}，F_{Ay}，F_{Ax}（A）	导向轴承 (a)；万向接头 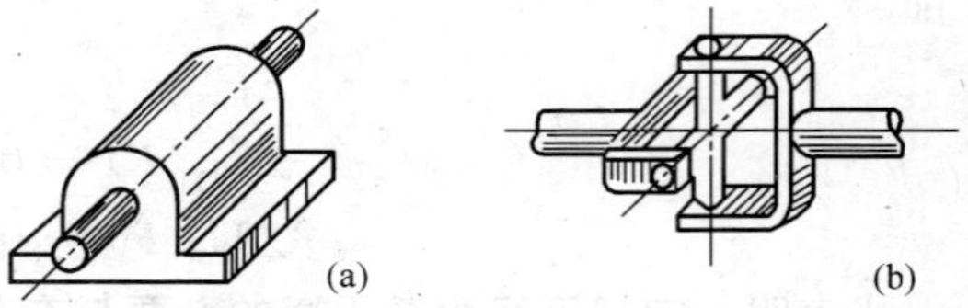 (b)
5	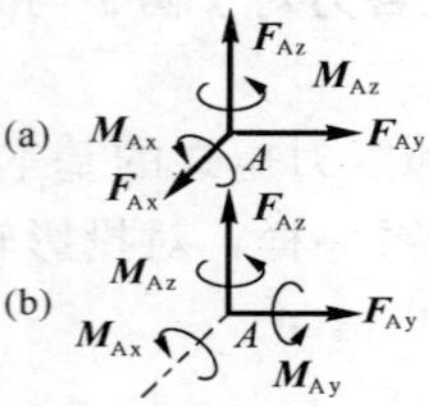 (a) F_{Az}，M_{Az}，M_{Ax}，F_{Ay}，F_{Ax}（A） (b) F_{Az}，M_{Az}，F_{Ay}，M_{Ax}，M_{Ay}（A）	带有销子的夹板 (a)；导轨 (b)
6	 F_{Az}，M_{Az}，M_{Ay}，F_{Ay}，F_{Ax}，M_{Ax}（A）	空间的固定端支座 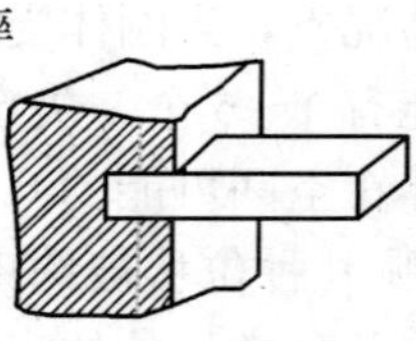

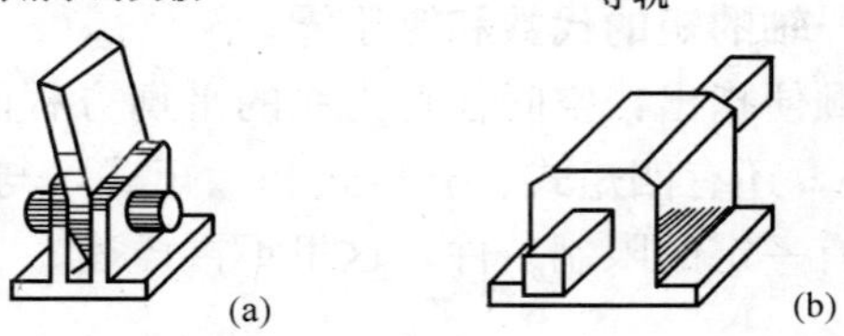

三、空间力系平衡问题举例

【例 3-6】 图 3-19 中重为 W 的均质矩形板 $ABCD$，在 A，B 二处分别用球铰和蝶形铰固定于墙上；在 C 处用缆索 CE 与墙上 E 处柜连。板的尺寸 l_1 和 l_2 以及板重 W 均为已知，求 A，B 二处的约束力。

【解】 1. 受力分析

球铰 A 处的约束力可以用 $Oxyz$ 坐标系中的三个分量 $\boldsymbol{F}_{Ax}$，$\boldsymbol{F}_{Ay}$，$\boldsymbol{F}_{Az}$ 表示。蝶形铰 B 处的约束力，由其所限制的运动确定，假定只限制平板沿 x 和 z 方向的运动，而不限制 y 方向的运动，故 B 处只有 x 和 z 方向的约束力，用 $\boldsymbol{F}_{Bx}$ 和 $\boldsymbol{F}_{Bz}$ 表示。此外，在 C 处平板还受有缆索的拉力 $\boldsymbol{F}_{T}$。主动力为板的重力 $\boldsymbol{W}$。

2. 建立平衡方程求解未知力

平板共受有 6 个未知约束力，其中 $\boldsymbol{F}_{Ax}$，$\boldsymbol{F}_{Ay}$，$\boldsymbol{F}_{Az}$，$\boldsymbol{F}_{Bx}$，$\boldsymbol{F}_{Bz}$ 均为所要求的

约束力。而空间一般力系有6个平衡方程，足以求解所需要的未知量。根据平板的受力，可以建立如下的平衡方程：

$$\Sigma M_x(\boldsymbol{F}) = 0,\ -W \times \frac{l_1}{2} + F_T \sin\alpha \times l_1 + F_{Bz} \times l_1 = 0$$

$$\Sigma M_y(\boldsymbol{F}) = 0,\ W \times \frac{l_2}{2} - F_T \sin\alpha \times l_2 = 0$$

$$\Sigma M_z(\boldsymbol{F}) = 0,\ F_{Bx} \times l_1 = 0$$

$$\Sigma F_x = 0,\ F_{Ax} - F_T \cos\alpha \sin\alpha + F_{Bx} = 0$$

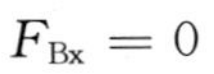

图 3-19

$$\Sigma F_y = 0,\ F_{Ay} - F_T \cos\alpha \cos\alpha = 0$$

$$\Sigma F_z = 0,\ F_{Az} - W + F_{Bz} + F_T \sin\alpha = 0$$

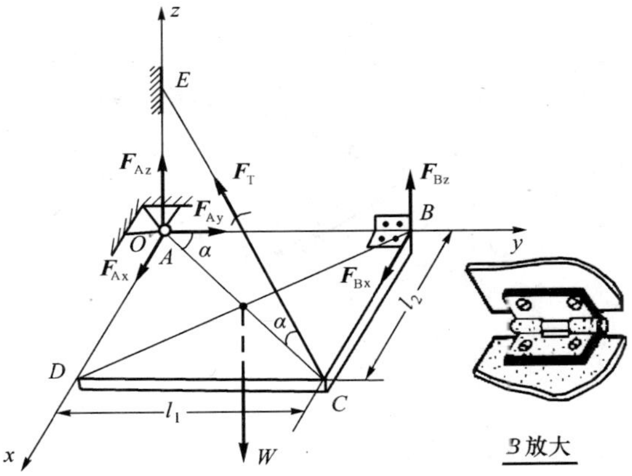

由此解出

$$F_T = \frac{W}{2\sin\alpha}$$

$$F_{Bx} = 0,\quad F_{Bz} = 0$$

$$F_{Ax} = \frac{1}{2} W \cos\alpha,\quad F_{Ay} = \frac{1}{2} W \frac{\cos^2\alpha}{\sin\alpha},\quad F_{Az} = \frac{W}{2}$$

3. 本例讨论

上述求解过程涉及含多个未知力的联立方程，因而计算过程比较复杂。

为避免求解联立方程，最好能使一个平衡方程只包含一个未知力。为此，建立对轴之矩的平衡方程，对轴要加以选择。

本例中，若选 z 轴和 AC 线作为取矩轴，则由 $\Sigma M_z(\boldsymbol{F})=0$ 和 $\Sigma M_{AC}(\boldsymbol{F})=0$，可直接求得 $F_{Bx}=0$ 和 $F_{Bz}=0$。这是因为写 $\Sigma M_z(\boldsymbol{F})=0$ 时，除 $\boldsymbol{F}_{Bx}$ 外，其余所有力的作用线与 z 轴或相交或平行，建立 $M_{AC}(\boldsymbol{F})=0$ 时，亦有类似情形。

此外，若将 $\boldsymbol{F}_T$ 分解为 $\boldsymbol{F}_z$ 和 $\boldsymbol{F}_{AC}$ 也可以使计算过程简化。

【例 3-7】 在图 3-20(a)中，胶带的拉力 $F_2=2F_1$，曲柄上作用有铅垂力 $F=2000$N。已知胶带轮的直径 $D=400$mm，曲柄长 $R=300$mm，胶带1和胶带2与铅垂线间夹角分别为 θ 和 β，$\theta=30°$，$\beta=60°$（参见图 3-20b），其他尺寸如图所示。求胶带拉力和轴承约束力。

【解】 以整个轴为研究对象，受力分析如图 3-20(a)所示，其上有力 $\boldsymbol{F}_1$，$\boldsymbol{F}_2$，$\boldsymbol{F}$ 及轴承约束力 $\boldsymbol{F}_{Ax}$，$\boldsymbol{F}_{Az}$，$\boldsymbol{F}_{Bx}$，$\boldsymbol{F}_{Bz}$。轴受空间任意力系作用，选坐标轴如图所示，列出平衡方程：

$$\Sigma F_x=0,\quad F_1 \sin 30° + F_2 \sin 60° + F_{Ax} + F_{Bx} = 0$$

$$\Sigma F_y=0,\quad 0=0$$

$$\Sigma F_z=0,\quad -F_1 \cos 30° - F_2 \cos 60° - F + F_{Az} + F_{Bz} = 0$$

$$\Sigma M_x(\boldsymbol{F})=0,$$

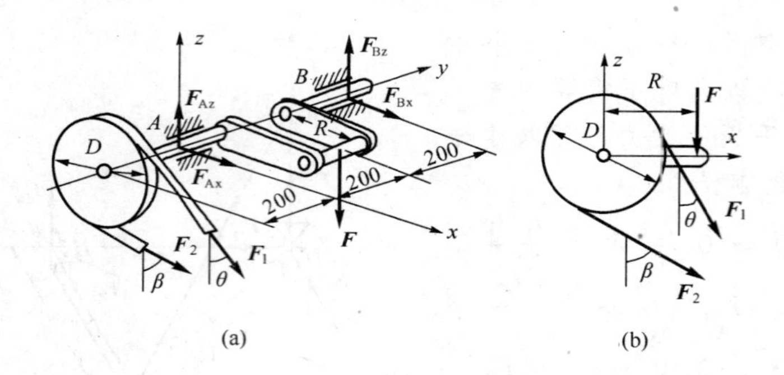

(a) (b)

图 3-20

$$F_1\cos 30°\times 0.2+F_2\cos 60°\times 0.2-F\times 0.2+F_{Bz}\times 0.4=0$$

$$\Sigma M_y(\boldsymbol{F})=0,\ FR-\frac{D}{2}\ (F_2-F_1)\ =0$$

$$\Sigma M_z(\boldsymbol{F})=0,\ F_1\sin 30°\times 0.2+F_2\sin 60°\times 0.2-F_{Bz}\times 0.4=0$$

又有

$$F_2=2F_1$$

联立上述方程，解得

$$F_1=3000\text{N},\ F_2=6000\text{N}$$

$$F_{Ax}=-10044\text{N},\ F_{Az}=9397\text{N}$$

$$F_{Bx}=3348\text{N},\ F_{Bz}=-1799\text{N}$$

此题中，平衡方程 $\Sigma F_y=0$ 成为恒等式，独立的平衡方程只有 5 个；在题设条件 $F_2=2F_1$ 之下，才能解出上述 6 个未知量。

本题也可将作用于传动轴上的各力投影在坐标平面上，把空间力系的平衡问题转化为平面力系平衡问题的形式来处理，对此读者可自行考虑。

【例 3-8】 车床主轴如图 3-21(a)所示。已知车刀对工件的切削力为：径向切削力 $F_x=4.25\text{kN}$，纵向切削力 $F_y=6.8\text{kN}$，主切削力（切向）$F_z=17\text{kN}$，方向如图所示。在直齿轮 C 上有切向力 F_τ 和径向力 $\boldsymbol{F}_r$，且 $F_r=0.36F_\tau$。齿轮 C 的节圆半径为 $R=50\text{mm}$，被切削工件的半径 $r=30\text{mm}$。卡盘及工件等自重不计，其余尺寸如图示。当主轴匀速转动时，求：(1) 齿轮啮合力 F_τ 及 F_r；(2) 径向轴承 A 和止推轴承 B 的约束力；(3) 三爪卡盘 E 在 O 处对工件的约束力。

【解】 先取主轴、卡盘齿轮以及工件系统为研究对象，受力如图 3-21(a)所

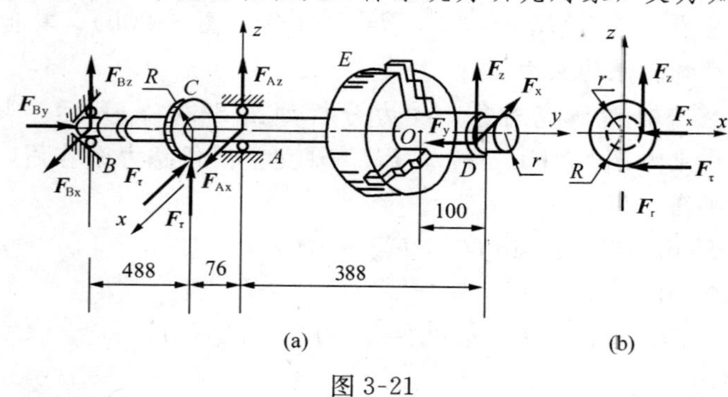

(a) (b)

图 3-21

示，为一空间任意力系。取如图所示坐标 $Axyz$，列平衡方程：

$\Sigma F_x=0$，$F_{Bx}-F_\tau+F_{Ax}-F_x=0$

$\Sigma F_y=0$，$F_{By}-F_y=0$

$\Sigma F_z=0$，$F_{Bz}+F_r+F_{Az}+F_z=0$

$\Sigma M_x(\boldsymbol{F})=0$，$-(0.488+0.076)\times F_{Bz}-0.076\times F_r+0.388\times F_z=0$

$\Sigma M_y(\boldsymbol{F})=0$，$F_\tau R-F_z r=0$

$\Sigma M_z(\boldsymbol{F})=0$，$(0.488+0.076)\times F_{Bx}-0.076\times F_\tau-0.03\times F_y+0.388\times F_x=0$

又，按题意有

$$F_r=0.36F_\tau$$

以上共有 7 个方程，可解出全部 7 个未知量，即

$$F_\tau=10.2\text{kN}，F_r=3.67\text{kN}$$

$$F_{Ax}=15.64\text{kN}，F_{Az}=-31.87\text{kN}$$

$$F_{Bx}=-1.19\text{kN}，F_{By}=6.8\text{kN}，F_{Bz}=11.2\text{kN}$$

再取工件为研究对象，其上除受 3 个切削力外，还受到卡盘（空间插入端约束）对工件的 6 个约束力 $\boldsymbol{F}_{Ox}$，$\boldsymbol{F}_{Oy}$，$\boldsymbol{F}_{Oz}$，$\boldsymbol{M}_x$，$\boldsymbol{M}_y$，$\boldsymbol{M}_z$，如图 3-22 所示。

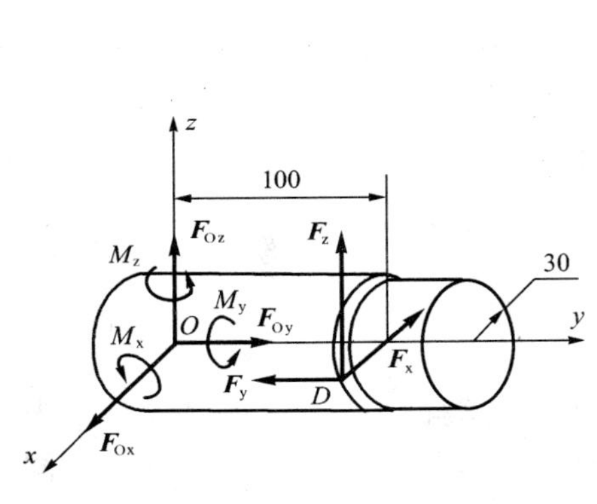

图 3-22

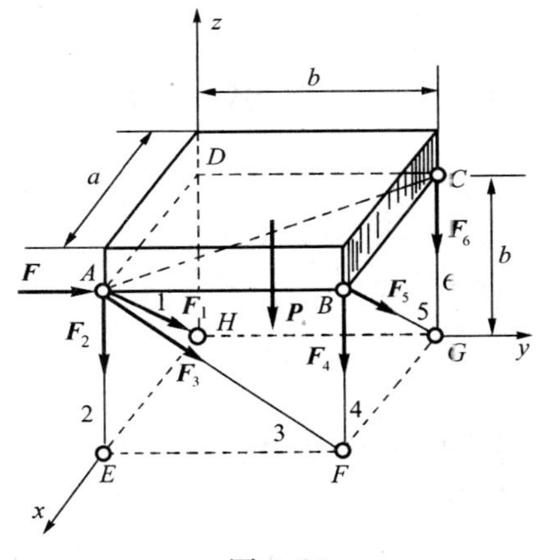

图 3-23

取如图所示坐标轴系 $Oxyz$，列平衡方程：

$\Sigma F_x=0$，$F_{Ox}-F_x=0$

$\Sigma F_y=0$，$F_{Oy}-F_y=0$

$\Sigma F_z=0$，$F_{Oz}+F_z=0$

$\Sigma M_x(\boldsymbol{F})=0$，$M_x+0.1\times F_z=0$

$\Sigma M_y(\boldsymbol{F})=0$，$M_y-0.03\times F_z=0$

$\Sigma M_z(\boldsymbol{F})=0$，$M_z+0.1\times F_x-0.03\times F_y=0$

求解上述方程，得

$F_{Ox}=4.25\text{kN}$，$F_{Oy}=6.8\text{kN}$，$F_{Oz}=-17\text{kN}$

$M_x=-1.7\text{kN}\cdot\text{m}$，$M_y=0.51\text{kN}\cdot\text{m}$，$M_z=-0.22\text{kN}\cdot\text{m}$

空间任意力系有 6 个独立的平衡方程，可求解 6 个未知量，但其平衡方程不局限于式（3-30）所示的形式。为使解题简便，每个方程中最好只包含一个未知

量。为此，选投影轴时应尽量与其余未知力垂直；选取矩的轴时应尽量与其余的未知力平行或相交。投影轴不必相互垂直。取矩的轴也不必与投影轴重合，力矩方程的数目可取 3～6 个。现举例如下。

【例 3-9】 图 3-23 所示均质长方板由六根直杆支持于水平位置，直杆两端各用球铰链与板和地面连接。板重为 $\boldsymbol{P}$，在 A 处作用一水平力 $\boldsymbol{F}$，且 $F=2P$。求各杆的内力。

【解】 取长方体刚板为研究对象，各支杆均为二力杆，设它们均受拉力。板的受力图如图 3-23 所示。列平衡方程：

$$\Sigma M_{AE}(\boldsymbol{F})=0, \quad F_5=0 \tag{a}$$

$$\Sigma M_{BF}(\boldsymbol{F})=0, \quad F_1=0 \tag{b}$$

$$\Sigma M_{AC}(\boldsymbol{F})=0, \quad F_4=0 \tag{c}$$

$$\Sigma M_{AB}(\boldsymbol{F})=0, \quad P\frac{a}{2}+F_6 a=0 \tag{d}$$

解得

$$F_6=-\frac{P}{2}\ (压力)$$

由
$$\Sigma M_{DH}(\boldsymbol{F})=0, \quad Fa+F_3\cos 45^\circ\cdot a=0 \tag{e}$$

解得

$$F_3=-2\sqrt{2}P(压力)$$

由
$$\Sigma M_{FG}(\boldsymbol{F})=0, \quad Fb-F_2 b-P\frac{b}{2}=0 \tag{f}$$

解得

$$F_2=1.5P(拉力)$$

此例中用 6 个力矩方程求得 6 个杆的内力。这样做使一方程只含一个未知量。当然也可以采用其他形式的平衡方程求解。如用 $\Sigma F_x=0$ 代替式 (b)，同样求得 $F_1=0$；又可用 $\Sigma F_y=0$ 代替式 (e)，同样求得 $F_3=-2\sqrt{2}P$。读者还可以试用其他方程求解。但无论怎样列方程，独立平衡方程的数目只有 6 个。空间任意力系平衡方程的基本形式为式(3-30)，即三个投影方程和三个力矩方程，它们是相互独立的。其他不同形式的平衡方程还有很多组，也只有 6 个独立方程，由于空间情况比较复杂，本书不再讨论其独立性条件，但只要各用一个方程逐个求出各未知量，这 6 个方程一定是独立的。

与平面物体系平衡问题一样，当未知量数目不超过独立方程数时，为静定问题，否则为超静定问题。

§3.6 平行力系的中心与重心

一、平行力系中心

平行力系中心是平行力系合力通过的一个点。

空间平行力系有一个重要的特点，即如果它有合力，则合力作用线上将有一确定点 C。若将各力绕各自作用点按相同方向转过同一角度（各力线仍相互平行），则合力也绕 C 点转过同一角度。C 点称为平行力系中心。也就是说，平行力系合力作用点的位置仅与力系中各平行力的大小和作用点的位置有关，而与各平行力的方向无关。

利用上述特点，根据合力矩定理来推导平行力系中心的坐标公式。

设有一平行力系 $\boldsymbol{F}_1$，$\boldsymbol{F}_2$，…，$\boldsymbol{F}_n$，如图 3-24 所示。并设各力的作用线与 Oz 轴平行，方向相反，各力作用点的坐标为 C_1（x_1，y_1，z_1），C_2（x_2，y_2，z_2），…，C_n（x_n，y_n，z_n）。设其合力为 $\boldsymbol{F}_R$，$F_R = \sum\limits_{i=1}^{n} F_i$，平行力系中心 C 的坐标为（x_C，y_C，z_C）。根据合力矩定理，先分别对坐标轴 x 和 y 取矩，得

$$-F_R y_C = -\Sigma F_i y_i$$
$$F_R x_C = \Sigma F_i x_i$$

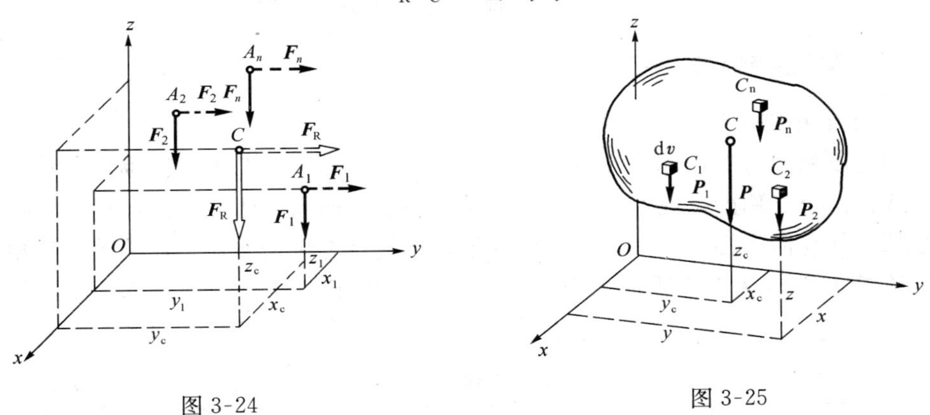

图 3-24　　　　图 3-25

若将力系中各力绕各自作用点按同一方向转动 90°，如图中虚线所示，使各力与 y 轴平行，再应用合力矩定理对 x 轴取矩，得

$$F_R z_C = \Sigma F_i z_i$$

由此三式可求得平行力系中心 C 的坐标为

$$x_C = \frac{\Sigma F_i x_i}{\Sigma F_i}, \quad y_C = \frac{\Sigma F_i y_i}{\Sigma F_i}, \quad z_C = \frac{\Sigma F_i z_i}{\Sigma F_i} \tag{3-32}$$

式（3-32）对于反向平行力系也同样适用。

二、重心

在工程实践中，确定重心位置具有重要意义。例如，在工地上运料的翻斗车，为了卸料方便，设计时对翻斗的重心位置必须加以考虑。起重机的重心必须在一定范围内，才能保证在起吊重物时的安全。飞轮、高速转子的重心若不位于转轴中心线上，运转时将引起剧烈振动，引起对轴承的巨大附加压力。而振动打桩机、混凝土振捣器等，转动部分的重心又必须偏离转轴，才能发挥预期的作用。在材料力学中，研究构件的强度时，也要涉及与重心有关的问题。

地球半径很大，作用在一物体各质点上的重力可近似地看成是一平行力系，此

平行力系中心就称为物体的重心。重心有确定的位置，与物体在空间的位置无关。如将物体分割成许多微单元，每微单元体积的重力为 P_i，其作用点为 C_i（x_i，y_i，z_i），($i=1，2，\cdots，n$)，如图 3-25 所示。由式（3-32）得重心 C 的坐标的近似公式为

$$x_C=\frac{\Sigma P_i x_i}{\Sigma P_i},\quad y_C=\frac{\Sigma P_i y_i}{\Sigma P_i},\quad z_C=\frac{\Sigma P_i z_i}{\Sigma P_i} \tag{3-33}$$

将物体分割得愈细（n 愈大），各部分的重量愈小，则由式（3-33）求得的重心位置愈精确。在极限情况下，上式就成为定积分形式（即重心坐标的一般公式）。

如果物体是均质的，则单位体积的重量是常数，由式（3-33）可得

$$x_C=\frac{\int_V x\mathrm{d}V}{V},\quad y_C=\frac{\int_V y\mathrm{d}V}{V},\quad z_C=\frac{\int_V z\mathrm{d}V}{V} \tag{3-34}$$

式中 V 为物体的体积。显然，**均质物体的重心就是几何中心**，即**形心**。

三、确定物体重心的方法

1. 简单几何形状物体的重心

如均质物体有对称面，或对称轴，或对称中心，不难看出，该物体的重心必相应地在这个对称面，或对称轴，或对称中心上。如椭球体、椭圆面或三角形的重心都在其几何中心上，平行四边形的重心在其对角线的交点上，等等。简单形状物体的重心可从工程手册上查到，表 3-2 列出了常见的几种简单形状物体的重心。

简单形体重心表 **表 3-2**

图形	重心位置	图形	重心位置
三角形 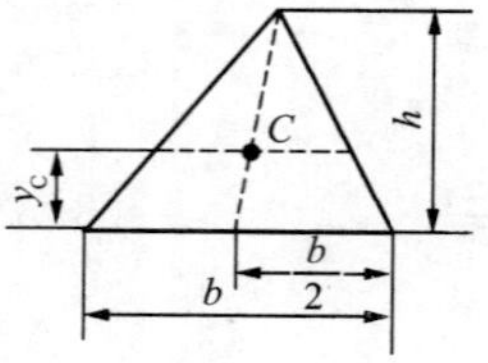	在中线的交点 $y_C=\frac{1}{3}h$	梯形 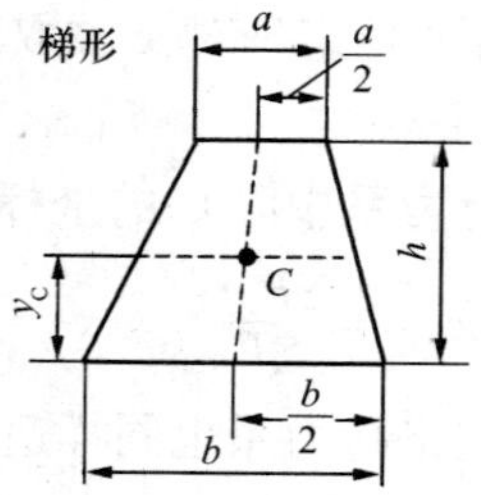	$y_C=\frac{h(2a+b)}{3(a+b)}$
圆弧 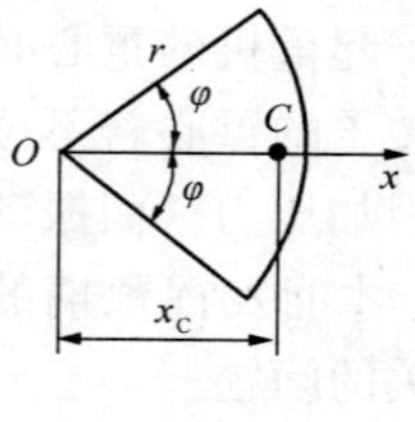	$x_C=\frac{r\sin\varphi}{\varphi}$ 对于半圆弧 $x_C=\frac{2r}{\pi}$	弓形 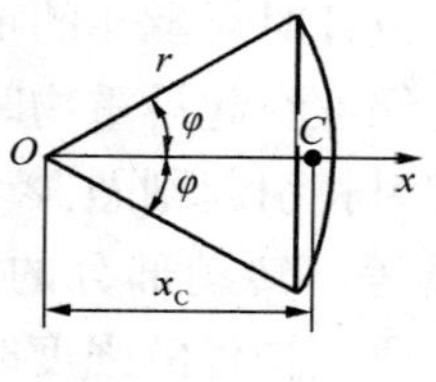	$x_C=\frac{2}{3}\frac{r^3\sin^3\varphi}{A}$ 面积 $A=\frac{r^2(2\varphi-\sin 2\varphi)}{2}$

续表

图　形	重心位置	图　形	重心位置
扇形	$x_C=\frac{2}{3}\frac{r\sin\varphi}{\varphi}$ 对于半圆 $x_C=\frac{4r}{3\pi}$	部分圆环	$x_C=\frac{2}{3}\frac{R^3-r^3}{R^2-r^2}\frac{\sin\varphi}{\varphi}$
二次抛物线面	$x_C=\frac{5}{8}a$ $y_C=\frac{2}{5}b$	二次抛物线面	$x_C=\frac{3}{4}a$ $y_C=\frac{3}{10}b$
正圆锥体	$z_C=\frac{1}{4}h$	正角锥体	$z_C=\frac{1}{4}h$
半圆球	$z_C=\frac{3}{8}r$	锥形筒体	$y_C=\frac{4R_1+2R_2-3t}{6(R_1+R_2-t)}$

表3-2中列出的重心位置，均可按前述公式积分求得，如下例。

【例3-10】 试求图3-26所示半径为R、圆心角为2φ的扇形面积的重心。

【解】 取中心角的平分线为y轴。由于对称关系，重心必在这个轴上，即$x_C=0$，现在只需求出y_C。

把扇形面积分成无数无穷小的面积素（可看作三角形）、每个小三角形的重心都在距顶点O为$\frac{2}{3}R$处。任一位置θ处的微小面积$dA=\frac{1}{2}R^2d\theta$，其重心的y坐标为$y=\frac{2}{3}R\cos\theta$。扇形总面积为

$$A=\int dA=\int_{-\varphi}^{\varphi}\frac{1}{2}R^2d\theta=R^2\varphi$$

由面积形心坐标公式，可得

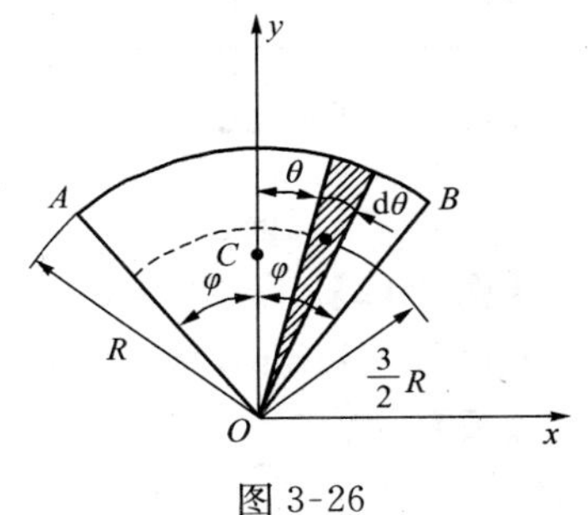

图3-26

$$y_C=\frac{\int y\mathrm{d}A}{A}=\frac{\int_{-\varphi}^{\varphi}\frac{2}{3}R\cos\theta\cdot\frac{1}{2}R^2\mathrm{d}\theta}{R^2\varphi}=\frac{2}{3}R\frac{\sin\varphi}{\varphi}$$

如以 $\varphi=\frac{\pi}{2}$ 代入，即得半圆形的重心

$$y_C=\frac{4R}{3\pi}$$

2. 用组合法求重心

(1) 分割法

若一个物体由几个简单形状的物体组合而成，而这些物体的重心是已知的，那么整个物体的重心可用式（3-33）求出。

【例 3-11】 试求 Z 形截面重心的位置，其尺寸如图 3-27 所示。

【解】 取坐标轴如图所示，将该图形分割为三个矩形（例如用 ab 和 cd 两线分割）。

以 C_1，C_2，C_3 表示这些矩形的重心，而以 A_1，A_2，A_3 表示它们的面积。以 x_1，y_1；x_2，y_2；x_3，y_3 分别表示 C_1，C_2，C_3 的坐标，由图得

$x_1=-15$，$y_1=45$，$A_1=300$；$x_2=5$，$y_2=30$，$A_2=400$；$x_3=15$，$y_3=5$，$A_3=300$

按公式求得该截面重心的坐标 x_C，y_C 为

$$x_C=\frac{x_1A_1+x_2A_2+x_3A_3}{A_1+A_2+A_3}=\frac{(-15)\times300+5\times400+15\times300}{300+400+300}=2\text{mm}$$

$$y_C=\frac{y_1A_1+y_2A_2+y_3A_3}{A_1+A_2+A_3}=\frac{45\times300+30\times400+5\times300}{300+400+300}=27\text{mm}$$

(2) 负面积法（负体积法）

若在物体或薄板内切去一部分（例如有空穴或孔的物体），则这类物体的重心，仍可应用与分割法相同的公式来求得，只是切去部分的体积或面积应取负值。

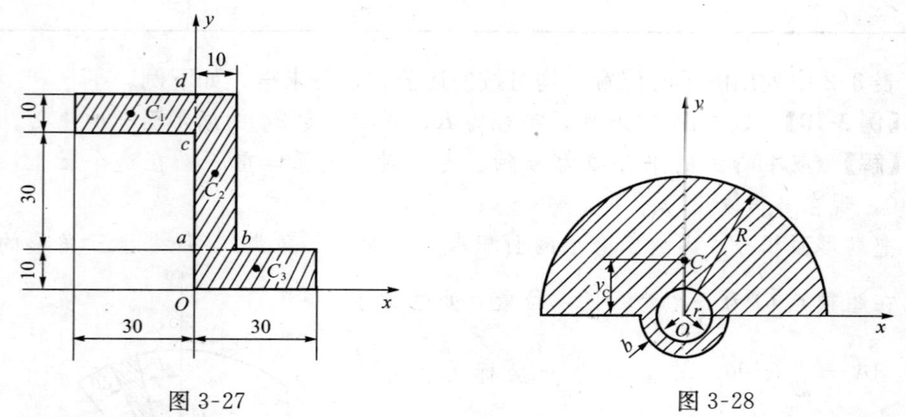

图 3-27　　图 3-28

【例 3-12】 试求图 3-28 所示振动沉桩器中的偏心块的重心。已知：$R=100$mm，$r=17$mm，$b=13$mm。

【解】 将偏心块看成是由三部分组成，即半径为 R 的半圆 A_1，半径为 $r+b$ 的半圆 A_2 和半径为 r 的小圆 A_3。因 A_3 是切去的部分，所以面积应取负值。取坐标

轴如图 3-28，由于对称有 $x_C=0$。设 y_1，y_2，y_3 分别是 A_1，A_2，A_3 重心的坐标，由例 3-10 的结果可知

$$y_1=\frac{4R}{3\pi}=\frac{400}{3\pi}=42.4\text{mm},A_1=\frac{\pi}{2}R^2=\frac{\pi}{2}\times(100)^2=157\times10^2\ \text{mm}^2$$

$$y_2=\frac{-4(r+b)}{3\pi}=\frac{-4\times(17+13)}{3\pi}=-12.7\text{mm}$$

$$A_2=\frac{\pi}{2}(r+b)^2=\frac{\pi}{2}(17+13)^2=14.1\times10^2\ \text{mm}^2$$

$$y_3=0,\quad A_3=-\pi r^2=-\pi\times17^2=-9.07\times10^2\ \text{mm}^2$$

于是，偏心块重心的坐标为

$$y_C=\frac{A_1y_1+A_2y_2+A_3y_3}{A_1+A_2+A_3}=\frac{157\times10^2\times42.4+14.1\times10^2\times(-12.7)+0}{157\times10^2+14.1\times10^2+(-9.07\times10^2)}$$
$$=40.01\text{mm}$$

形心 C 的位置已在图中标明。

（3）用实验方法测定重心的位置

工程中一些外形复杂或质量分布不均的物体很难用计算方法求其重心，此时可用实验方法测定重心位置。常用的实验方法有悬挂法和称重法。

下面以汽车为例用称重法测定重心。如图 3-29 所示，首先称量出汽车的重量 P，测量出前后轮距 l 和车轮半径 r。

设汽车是左右对称的，则重心必在对称面内，我们只需测定重心 C 距地面的高度 z_C 和距后轮的距离 x_C。

为了测定 x_C，将汽车后轮放在地面上，前轮放在磅秤上，车身保持水平，如图 3-29(a)所示。这时磅秤上的读数为 F_1。因车身是平衡的，由 $\Sigma M_A(\boldsymbol{F})=0$，有

$$Px_C=F_1l$$

于是得

$$x_C=\frac{F_1}{P}l \tag{a}$$

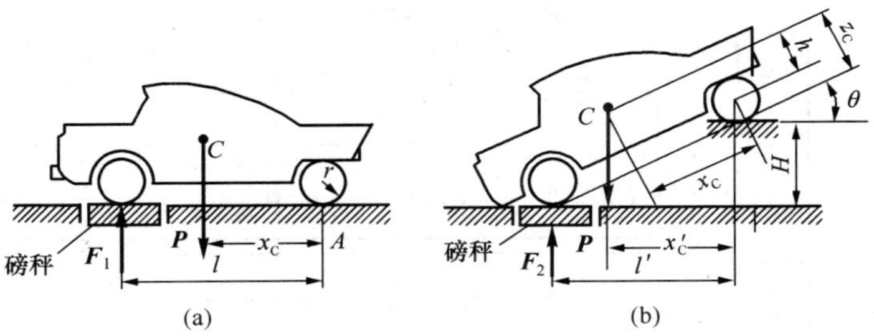

(a) (b)

图 3-29

欲测定 z_C，需将车的后轮抬到任意高度 H，如图 3-29(b)所示。这时磅秤的读数为 F_2。同理得

$$x'_C=\frac{F_2}{P}l' \tag{b}$$

由图中的几何关系知

$$l'=l\cos\theta,\quad x'_C=x_C\cos\theta+h\sin,\theta'\sin\theta=\frac{H}{l},\quad \cos\theta=\frac{\sqrt{l^2-H^2}}{l}$$

其中 h 为重心与后轮中心的高度差，则

$$h=z_C-r$$

把以上各关系式代入式（b）中，经整理后即得计算高度 z_C 的公式，即

$$z_C=r+\frac{F_2-F_1}{P}\frac{1}{H}\sqrt{l^2-H^2}$$

式中均为已测定的数据。

小　　结（知识结构图）

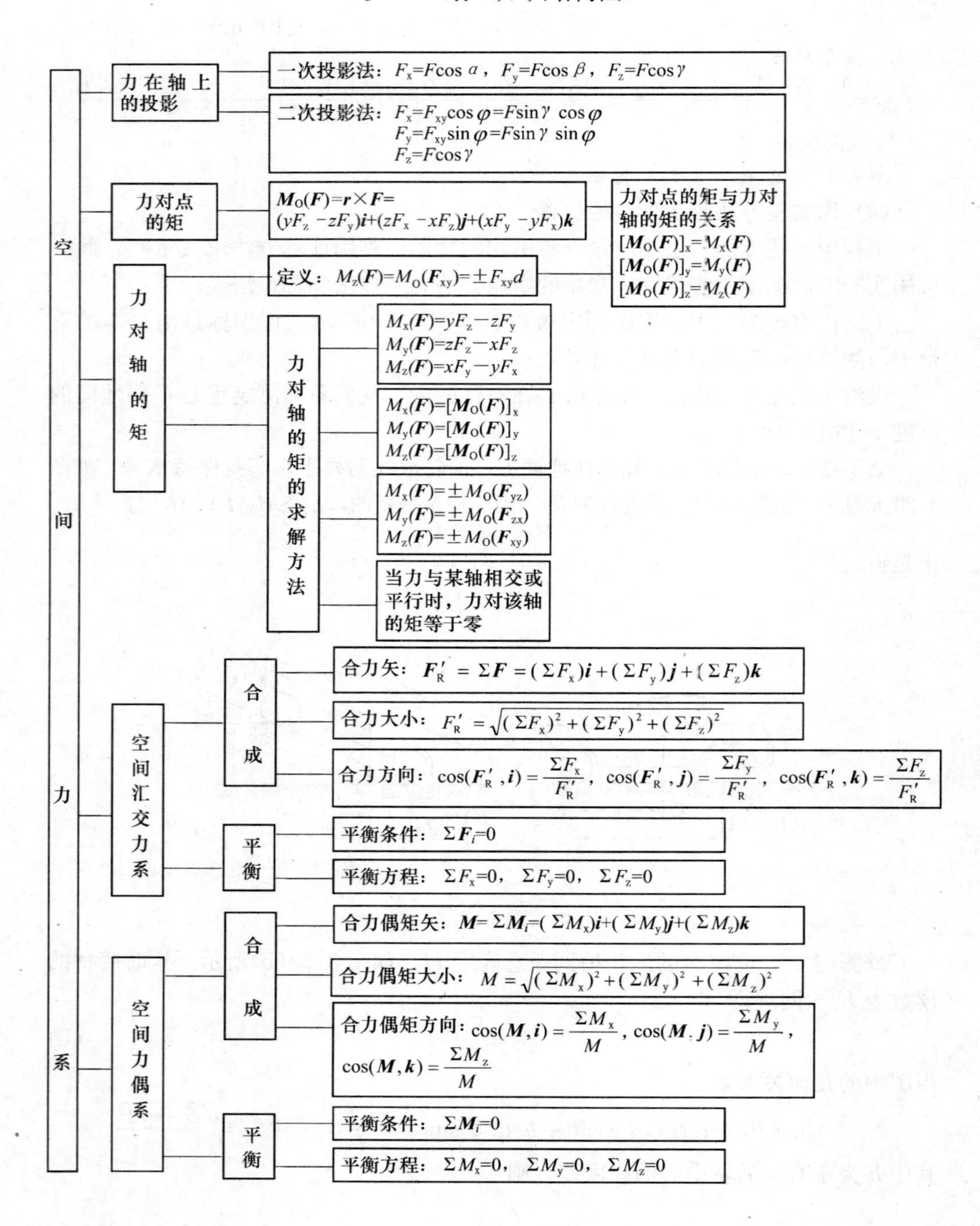

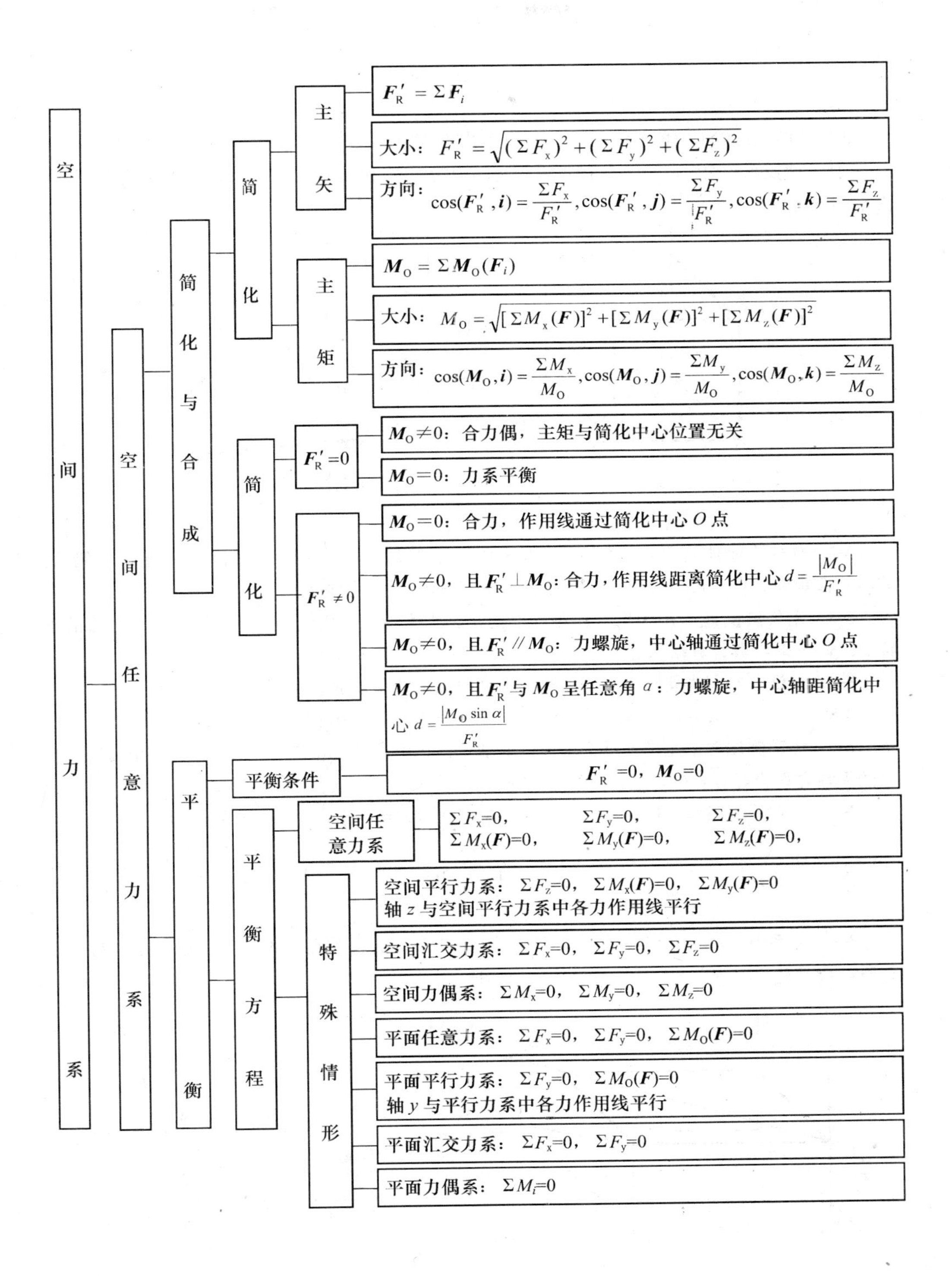
空间力系
空间任意力系
简化与合成
简化
主矢
$F_R' = \Sigma F_i$
大小：$F_R' = \sqrt{(\Sigma F_x)^2 + (\Sigma F_y)^2 + (\Sigma F_z)^2}$
方向：$\cos(F_R', i) = \frac{\Sigma F_x}{F_R'}, \cos(F_R', j) = \frac{\Sigma F_y}{F_R'}, \cos(F_R', k) = \frac{\Sigma F_z}{F_R'}$
主矩
$M_O = \Sigma M_O(F_i)$
大小：$M_O = \sqrt{[\Sigma M_x(F)]^2 + [\Sigma M_y(F)]^2 + [\Sigma M_z(F)]^2}$
方向：$\cos(M_O, i) = \frac{\Sigma M_x}{M_O}, \cos(M_O, j) = \frac{\Sigma M_y}{M_O}, \cos(M_O, k) = \frac{\Sigma M_z}{M_O}$
简化
$F_R' = 0$
$M_O \neq 0$：合力偶，主矩与简化中心位置无关
$M_O = 0$：力系平衡
$F_R' \neq 0$
$M_O = 0$：合力，作用线通过简化中心 O 点
$M_O \neq 0$，且 $F_R' \perp M_O$：合力，作用线距离简化中心 $d = \frac{|M_O|}{F_R'}$
$M_O \neq 0$，且 $F_R' /\!/ M_O$：力螺旋，中心轴通过简化中心 O 点
$M_O \neq 0$，且 F_R' 与 M_O 呈任意角 α：力螺旋，中心轴距简化中心 $d = \frac{|M_O \sin\alpha|}{F_R'}$
平衡
平衡条件
$F_R' = 0$，$M_O = 0$
平衡方程
空间任意力系
$\Sigma F_x = 0$，$\Sigma F_y = 0$，$\Sigma F_z = 0$，
$\Sigma M_x(F) = 0$，$\Sigma M_y(F) = 0$，$\Sigma M_z(F) = 0$，
特殊情形
空间平行力系：$\Sigma F_z = 0$，$\Sigma M_x(F) = 0$，$\Sigma M_y(F) = 0$
轴 z 与空间平行力系中各力作用线平行
空间汇交力系：$\Sigma F_x = 0$，$\Sigma F_y = 0$，$\Sigma F_z = 0$
空间力偶系：$\Sigma M_x = 0$，$\Sigma M_y = 0$，$\Sigma M_z = 0$
平面任意力系：$\Sigma F_x = 0$，$\Sigma F_y = 0$，$\Sigma M_O(F) = 0$
平面平行力系：$\Sigma F_y = 0$，$\Sigma M_O(F) = 0$
轴 y 与平行力系中各力作用线平行
平面汇交力系：$\Sigma F_x = 0$，$\Sigma F_y = 0$
平面力偶系：$\Sigma M_i = 0$

思 考 题

3-1 在正方体的顶角 A 和 B 处，分别作用力 $\boldsymbol{F}_1$ 和 $\boldsymbol{F}_2$，如图 3-30 所示。求此两力在 x，y，z 轴上的投影和对 x，y，z 轴的矩。试将图中的力 $\boldsymbol{F}_1$ 和 $\boldsymbol{F}_2$ 向点 O 简化，并用解析式计算其大小和方向。

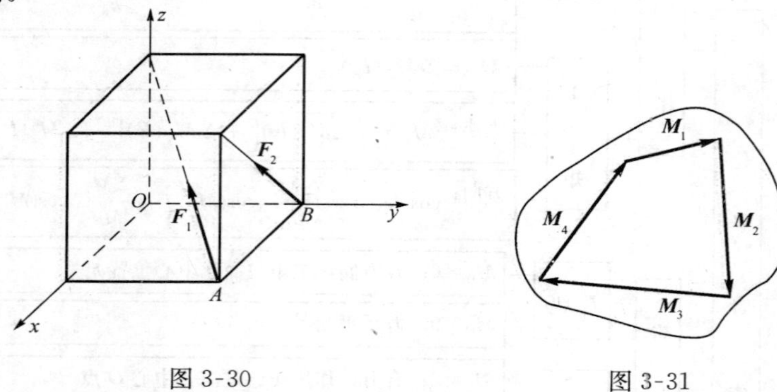

图 3-30　　图 3-31

3-2 作用在刚体上的 4 个力偶，若其力偶矩矢都位于同一平面内，则一定是平面力偶系？若各力偶矩矢力自行封闭（图 3-31），则一定是平衡力系？为什么？

3-3 用矢量积 $\boldsymbol{r}_A\times\boldsymbol{F}$ 计算力 $\boldsymbol{F}$ 对点 O 之矩，当力沿其作用线移动，改变了力作用点的坐标 x、y、z 时，其计算结果有否变化？

3-4 试证：空间力偶对任一轴之矩等于其力偶矩矢在该轴上的投影。

3-5 空间平行力系简化的结果是什么？可能合成为力螺旋吗？

3-6 传动轴用两个止推轴承支持，每个轴承有三个未知力，共 6 个未知量。而空间任意力系的平衡方程恰好有 6 个，是否为静定问题？

3-7 一均质等截面直杆的重心在哪里？若把它弯成半圆形，重心的位置是否改变？

习 题

3-1 力系中，$F_1=100\text{N}$、$F_2=300\text{N}$、$F_3=200\text{N}$，各力作用线的位置如图所示。将力系向原点 O 简化。

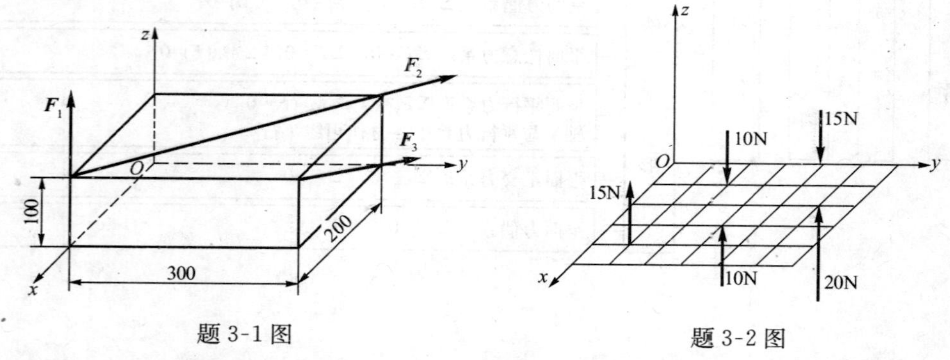

题 3-1 图　　题 3-2 图

3-2 一平行力系由 5 个力组成，力的大小和作用线的位置如图所示。图中小正方格的边长为 10mm。求平行力系的合力。

3-3 图示空间构架由 3 根无重直杆组成，在 D 端用球铰链连接，如图所示。A，B 和 C 端则用球铰链固定在水平地板上。如果挂在 D 端的物重 $P=10\text{kN}$，求铰链 A、B 和 C 的约束力。

3-4 在图示起重机中，已知：$AB=BC=AD=AE$；点 A，B，D 和 E 等均为球铰链连接，如三角形 ABC 在 xy 平面的投影为 AF 线，AF 与 y 轴夹角为 θ，如图所示。求铅直支柱和各斜杆的内力。

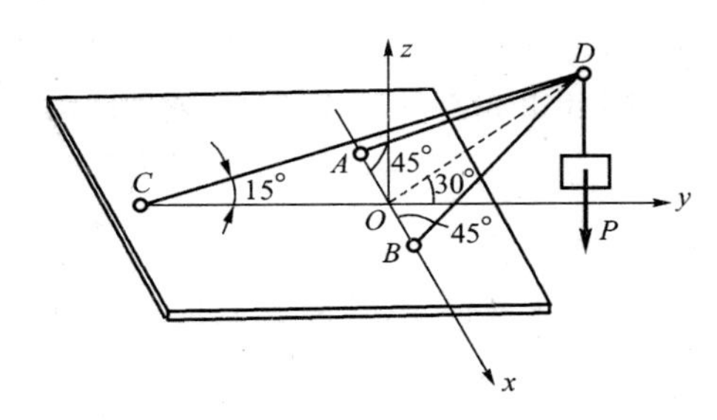

题 3-3 图

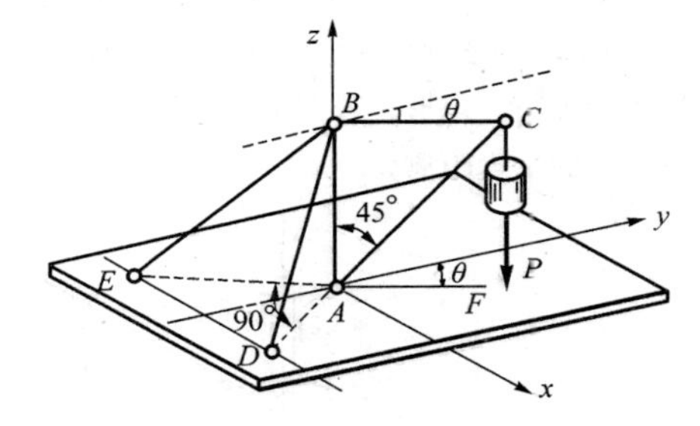

题 3-4 图

3-5 图示空间桁架由六杆 1，2，3，4，5 和 6 构成。在节点 A 上作用一力 F，此力在矩形 $ABCD$ 平面内，且与铅直线呈 45°角。$\triangle EAK=\triangle FBM$。等腰三角形 EAK，FBM 和 NDB 在顶点 A，B 和 D 处均为直角，又 $EC=CK=FD=DM$。若 $F=10\text{kN}$，求各杆的内力。

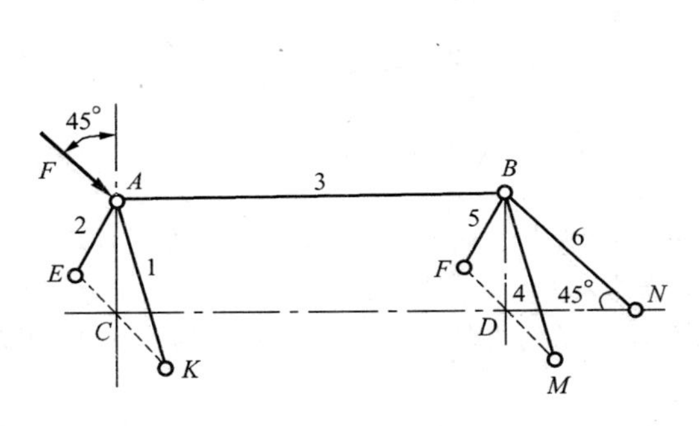

题 3-5 图

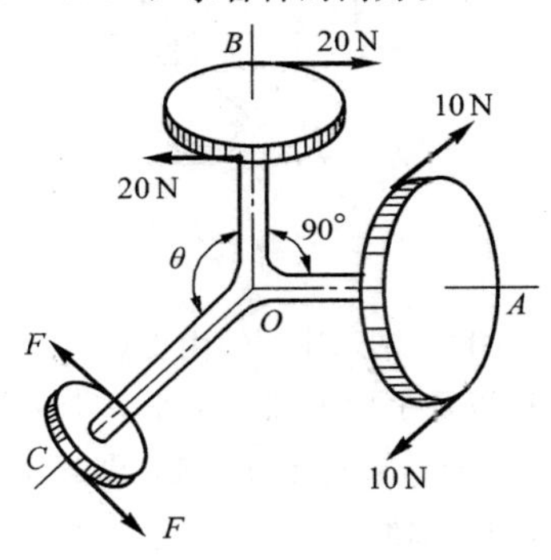

题 3-6 图

3-6 图示三圆盘 A、B 和 C 的半径分别为 150mm、100mm 和 50mm。三轴 OA，OB 和 OC 在同一平面内，$\angle AOB$ 为直角。在这圆盘上分别作用力偶，组成各力偶的力作用在轮缘上，它们的大小分别等于 10N，20N 和 F。如这三圆盘所构成的物系是自由的，不计物系重量，求能使此物系平衡的力 $\boldsymbol{F}$ 的大小和角 θ。

3-7 求图示力 $F=1000\text{N}$ 对于 z 轴的力矩 M_z。

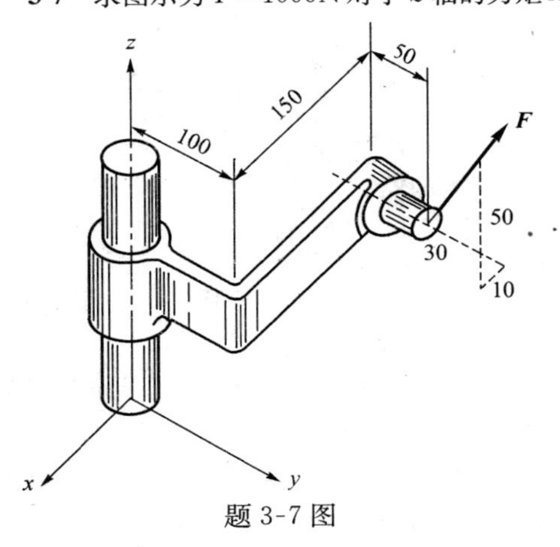

题 3-7 图

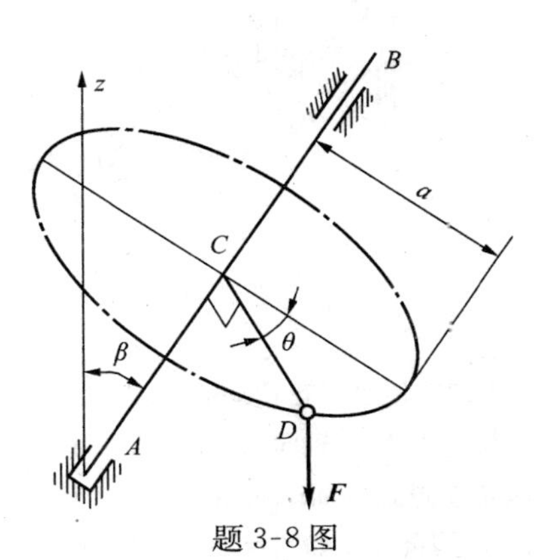

题 3-8 图

3-8 轴 AB 与铅直线成 β 角，悬臂 CD 与轴垂直地固定在轴上，并与铅直面 zAB 成 θ 角，如图所示。如在点 D 作用铅直向下的力 $\boldsymbol{F}$，求此力对轴 AB 的矩。

3-9 水平圆盘的半径为 r，外缘 C 处作用有已知力 $\boldsymbol{F}$。力 $\boldsymbol{F}$ 位于圆盘 C 处的切平面内，且与 C 处圆盘切线夹角为 60°，其他尺寸如图所示。求力 $\boldsymbol{F}$ 对 x，y，z 轴之矩。

3-10 如图所示，三脚圆桌的半径为 $r=500\text{mm}$，重为 $P=600\text{N}$。圆桌的三脚 A，B 和 C 形成一等边三角形。若在中线 CD 上距圆心为 a 的点 M 处作用铅直力 $F=1500\text{N}$，求使圆桌不致翻倒的最大距离 a。

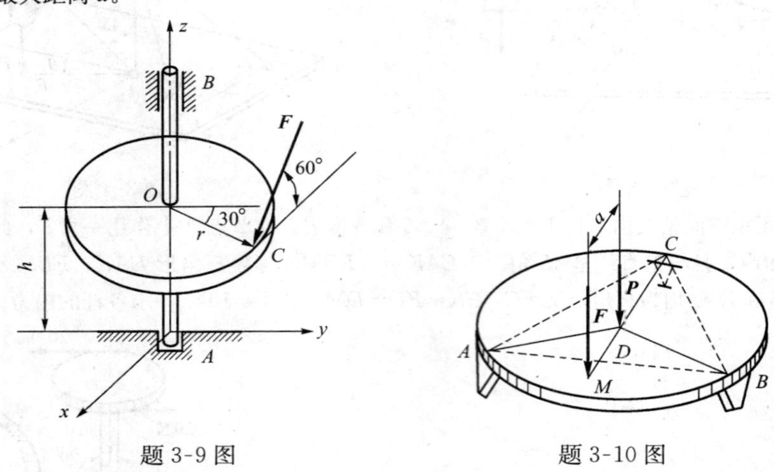

题 3-9 图　　　　题 3-10 图

3-11 图示手摇钻由支点 B，钻头 A 和一个弯曲的手柄组成。当支点 B 处加压力 $\boldsymbol{F}_x$，$\boldsymbol{F}_y$ 和 $\boldsymbol{F}_z$ 以及手柄上加力 $\boldsymbol{F}$ 后，即可带动钻头绕轴 AB 转动而钻孔，已知 $F_z=50\text{N}$，$F=150\text{N}$。求：(1) 钻头受到的阻抗力偶矩 M；(2) 材料给钻头的约束力 $\boldsymbol{F}_{Ax}$，$\boldsymbol{F}_{Ay}$ 和 $\boldsymbol{F}_{Az}$ 的值；(3) 压力 $\boldsymbol{F}_x$ 和 $\boldsymbol{F}_y$ 的值。

3-12 图示电动机以转矩 M 通过链条传动将重物 P 等速提起，链条与水平线呈 30°角（直线 O_1x_1 平行于直线 Ax）。已知：$r=100\text{mm}$，$R=200\text{mm}$，$P=10\text{kN}$，链条主动边（下边）的拉力为从动边拉力的两倍。轴及轮重不计，求支座 A 和 B 的约束力以及链条的拉力。

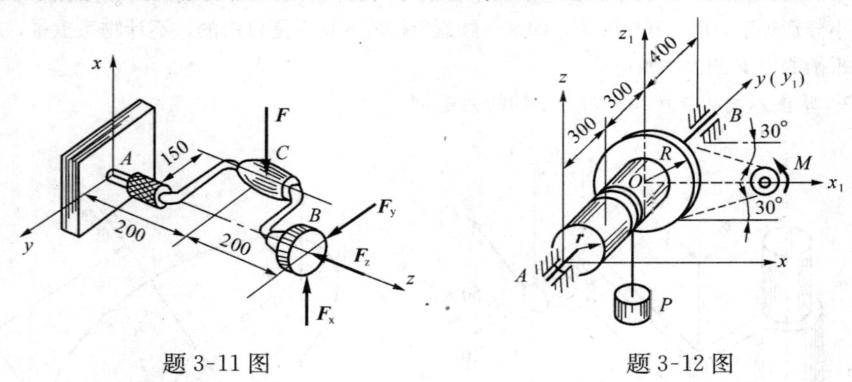

题 3-11 图　　　　题 3-12 图

3-13 使水涡轮转动的力偶矩为 $M_z=1200\text{N}\cdot\text{m}$。在锥齿轮 B 处受到的力分解为三个分力：切向力 $\boldsymbol{F}_\tau$、轴向力 $\boldsymbol{F}_a$ 和径向力 $\boldsymbol{F}_r$。这些力的比例为 $F_\tau:F_a:F_r=1:0.32:0.17$。已知水涡轮连同轴和锥齿轮的总重为 $P=200\text{kN}$，其作用线沿轴 Cz，锥齿轮的平均半径 $OB=0.6\text{m}$，其余尺寸如图示。求止推轴承 C 和轴承 A 的约束力。

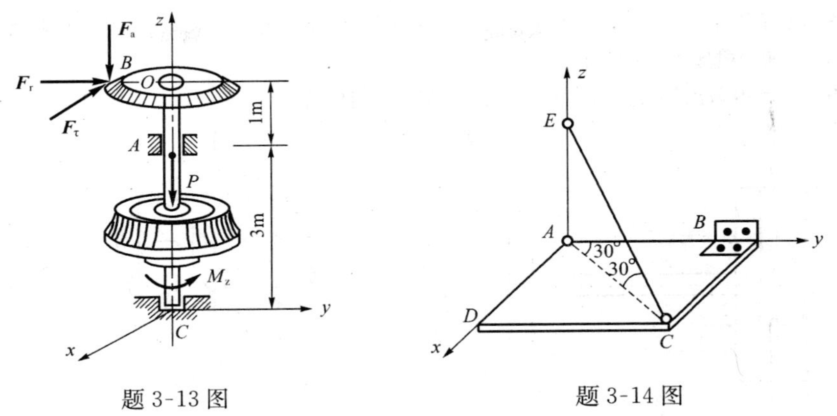

题 3-13 图

题 3-14 图

3-14 如图所示，均质长方形薄板重 $P=200\text{N}$，用球铰链 A 和蝶铰链 B 固定在墙上，并用绳子 CE 维持在水平位置。求绳子的拉力和支座约束力。

3-15 图示六杆支撑一水平板，在板角处受铅直力 $\boldsymbol{F}$ 作用。设板和杆自重不计，求各杆的内力。

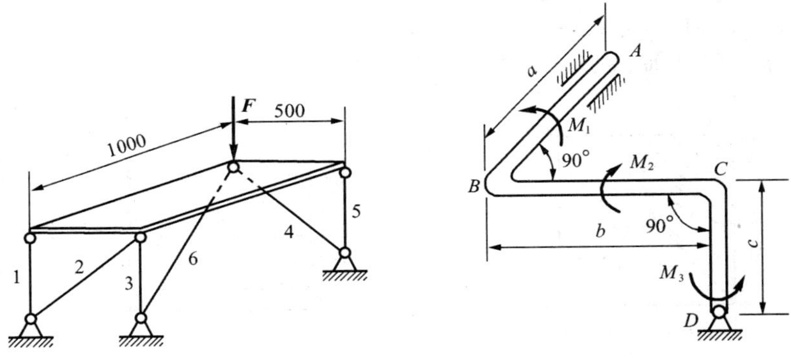

题 3-15 图

题 3-16 图

3-16 无重曲杆 $ABCD$ 有两个直角，且平面 ABC 与平面 BCD 垂直。杆的 D 端为球铰支座，另一 A 端受轴承支持，如图所示。在曲杆的 AB、BC 和 CD 上作用三个力偶，力偶所在平面分别垂直于 AB、BC 和 CD 三线段。已知力偶矩 M_2 和 M_3，求使曲杆处于平衡的力偶矩 M_1 和支座约束力。

3-17 杆系由球铰连接，位于正方体的边和对角线上，如图所示。在节点 D 沿对角线 LD 方向作用力 $\boldsymbol{F}_D$。在节点 C 沿 CH 边铅直向下作用力 $\boldsymbol{F}$。如球铰 B、L 和 H 是固定的，杆重不计，求各杆的内力。

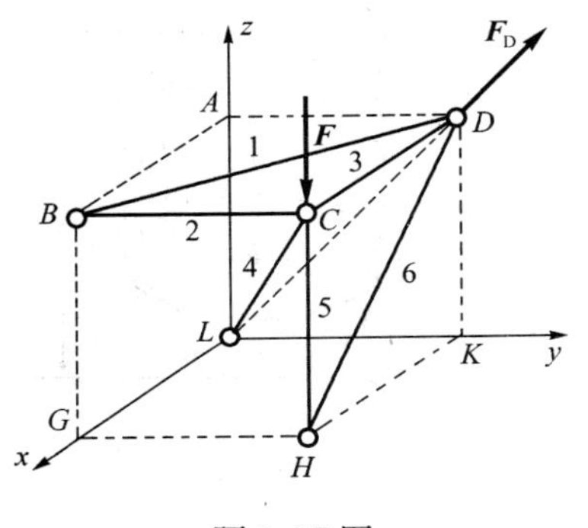

题 3-17 图

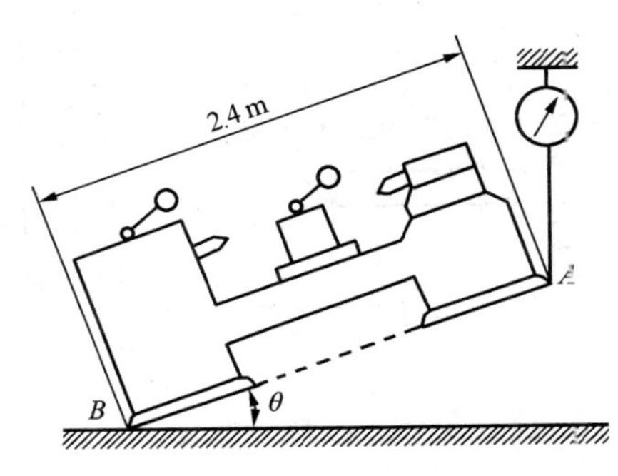

题 3-18 图

3-18 图示机床重 50kN，当水平放置时（$\theta=0°$）秤上读数为 35kN，当 $\theta=20°$时秤上读数为 30kN，试确定机床重心的位置。

3-19 工字钢截面尺寸如图所示，求此截面的几何中心。

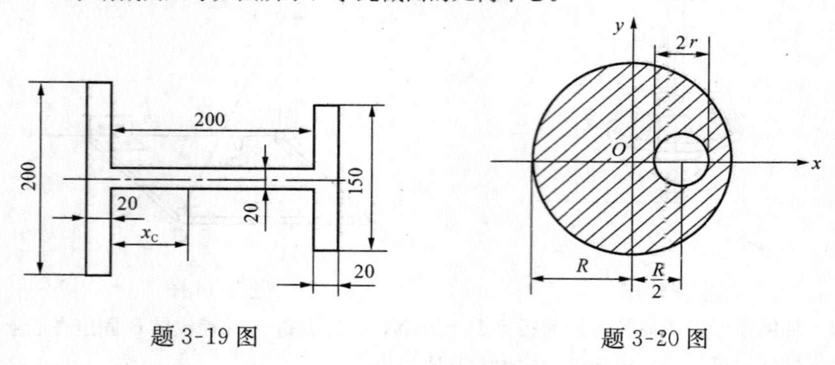

题 3-19 图　　题 3-20 图

3-20 在半径为 R 的圆面积内挖去一半径为 r 的圆孔，求剩余面积的重心坐标。

3-21 已知正方形 $ABCD$ 的边长为 a，试在其中求出一点 E，使此正方形在被截去等腰三角形 AEB 后，E 点即为剩余面积的重心。

3-22 求平面图形面积的重心。图中尺寸以厘米计。

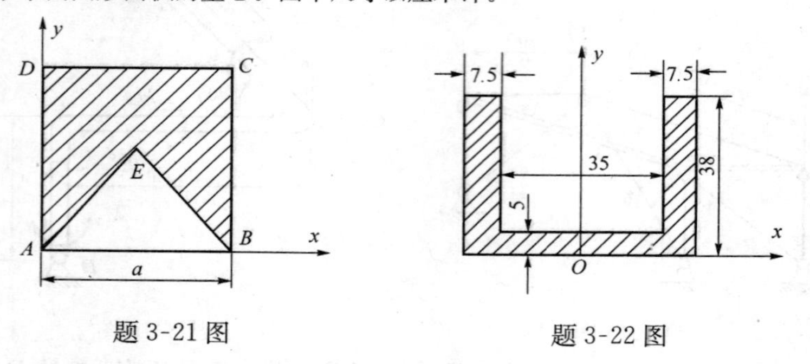

题 3-21 图　　题 3-22 图

3-23 均质块尺寸如图所示，求其重心的位置。

3-24 图示均质物体由半径为 r 的圆柱体和半径为 r 的半球体相结合组成。如均质物体的重心位于半球体的大圆的中心点 C，求圆柱体的高。

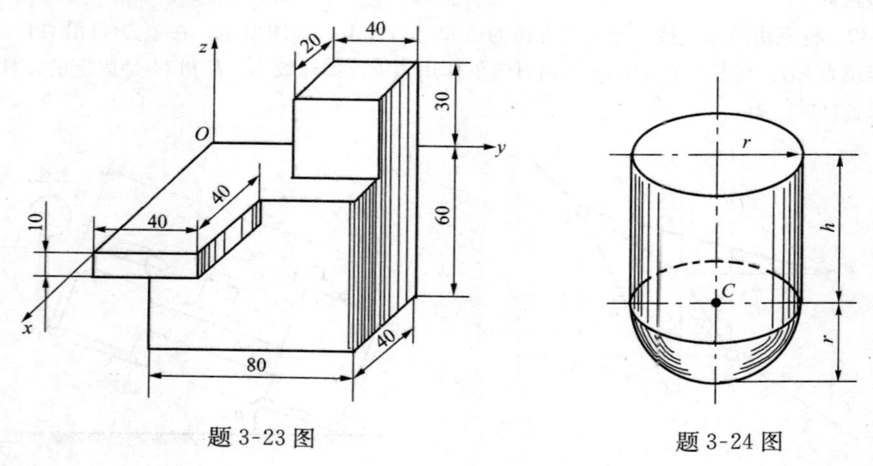

题 3-23 图　　题 3-24 图

第4章 摩 擦

在前面章节分析物体的受力时，都把物体之间的接触面或点看成是完全光滑的。那是因为在所研究的问题中，物体之间的接触面比较光滑，或有良好的润滑条件，摩擦力较小，以至分析受力时不起主要作用，所以摩擦可以作为次要因素而略去不计。这样近似处理使问题简化，也能满足工程需要。但是，实际上并不存在绝对光滑的物体表面，摩擦是机械运动中普遍存在的自然现象，不但在粗糙接触中有摩擦存在，就是极光滑的接触中也有摩擦存在。

摩擦现象比较复杂，可按不同情况分类。按相互接触物体有无相对运动来看，可把摩擦分为静摩擦和动摩擦。如按相互接触的物体的运动形式，又可把摩擦分为滑动摩擦和滚动摩擦。滑动摩擦又随接触物体表面的物理性质不同而分为干摩擦和湿摩擦。如果两物体的接触面相对来说是干燥的，它们之间的摩擦称为干摩擦。如果两物体之间充满足够的液体，它们之间的摩擦就称为湿摩擦。

摩擦在生产上和生活中起着很重要的作用，它对人们的生产和生活，既有有利的一面，也有不利的一面。没有摩擦，人将无法行走，车辆将无法开动，一切生产生活都不可能进行，因此有时需要人为地加大摩擦，利用摩擦。如夹具、摩擦传动、皮带轮传动、刹车装置等。但是摩擦阻碍运动、磨损机件、造成能量损失等，因此需要用润滑剂来减小摩擦，提高机械效率，节省能源。研究摩擦，就是要掌握摩擦规律，尽量利用摩擦有利的一面，并克服其不利的一面。

§4.1 滑 动 摩 擦

两个表面粗糙的物体，当其接触表面之间有相对滑动趋势或相对滑动时，彼此作用有阻碍相对滑动的阻力，即滑动摩擦力。摩擦力作用于相互接触处，其方向与相对滑动的趋势或相对滑动的方向相反，它的大小根据主动力作用的不同，可以分为三种情况，即静滑动摩擦力、最大静滑动摩擦力和动滑动摩擦力。下面讨论摩擦力的变化规律。

一、静滑动摩擦力

设将重 $\boldsymbol{P}$ 的物体放在固定水平面上，并施加一水平力 $\boldsymbol{F}_{\mathrm{T}}$，如图 4-1 所示。由经验而知，当拉力 $\boldsymbol{F}_{\mathrm{T}}$ 由零逐渐增加但大小不超过某一数值时，物体虽有滑动的趋势，但仍可保持静止。这就表明水平面对物体除了有法向反力 $\boldsymbol{F}_{\mathrm{N}}$ 外，还有一阻碍物体滑动的摩擦力 $\boldsymbol{F}_{\mathrm{s}}$，这种在两个接触物体之间有相对滑动趋势时所产生的摩擦力称为**静滑动摩擦力**，简称**静摩擦力**。

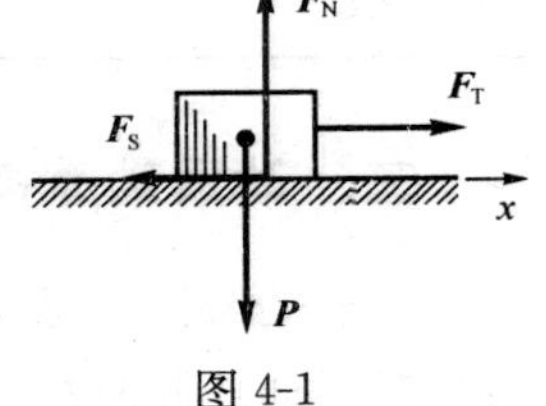

图 4-1

由平衡条件可得

$$\Sigma F_x=0,\ F_s=F_T;\ \Sigma F_y=0,\ F_N=P$$

如 $\boldsymbol{F}_T=0$，则 $\boldsymbol{F}_s=0$，即物体没有滑动趋势时，也就没有摩擦力；而当拉力 $\boldsymbol{F}_T$继续增大时，在一定范围内，物体仍继续保持静止。这表明在此范围内摩擦力随拉力的增大而不断增大。可见静摩擦力随主动力而变化，它的大小由平衡条件来确定，方向与物体相对滑动趋势的方向相反。

二、最大静滑动摩擦力

摩擦力不可能随拉力增大而无限增大，当拉力达到某一定数值时，物体处于将要滑动而尚未滑动的临界状态。可见当物体处于临界平衡状态时，静摩擦力达到最大值，称为**最大静滑动摩擦力**，简称最大静摩擦力，以 $\boldsymbol{F}_{max}$ 表示。

因此，静滑动摩擦力的大小介于零与最大值之间，即

$$0\leqslant F_s\leqslant F_{max} \tag{4-1}$$

大量实验表明，最大静摩擦力的大小与两物体间正压力的大小成正比，方向与相对滑动趋势的方向相反，即

$$F_{max}=f_sF_N \tag{4-2}$$

式中比例常数 f_s 为一无量纲系数，称为**静摩擦因数**。

式（4-2）称为**静摩擦定律**，又称**库仑摩擦定律**，是工程中常用的近似理论。静摩擦因数的大小需由实验测定。它与接触物体的材料和表面情况（如粗糙度、温度和湿度等）有关，而与接触面积的大小无关。

摩擦因数的数值可在工程手册中查到，表 4-1 中列出了一部分常用材料的摩擦因数。但影响摩擦因数的因素很复杂，如果需用比较准确的数值时，必须在具体条件下进行实验测定。

常用材料的滑动摩擦因数 **表 4-1**

材料名称	静摩擦因数		动摩擦因数	
	无润滑	有润滑	无润滑	有润滑
钢-钢	0.15		0.15	0.05～0.1
钢-软钢			0.2	0.1～0.2
钢-铸铁	0.3		0.18	0.05～0.15
钢-青铜	0.15	0.1～0.12	0.15	0.1～0.15
软钢-铸铁	0.2	0.1～0.15	0.18	0.05～0.15
软钢-青铜	0.2	0.18	0.18	0.07～0.15
铸铁-铸铁		0.1	0.15	0.07～0.12
铸铁-青铜		0.15	0.15～0.2	0.07～0.15
青铜-青铜		0.1	0.2	0.07～0.1
皮革-铸铁	0.3～0.5		0.6	0.15
橡皮-铸铁			0.8	0.5
木材-木材	0.4～0.6		0.2～0.5	0.07～0.15

三、动滑动摩擦力

当滑动摩擦力已达到最大值时，若主动力 $\boldsymbol{F}_T$再继续加大，接触面之间将出现相对滑动。此时接触物体之间仍作用有阻碍相对滑动的阻力，这种阻力称为**动**

滑动摩擦力，简称**动摩擦力**，以 F_d 表示。实验表明：动摩擦力的大小与接触物体间的正压力呈正比，即

$$F_d = fF_N \tag{4-3}$$

式中 f 是动摩擦因数，它与接触物体的材料和表面情况有关。

一般情况下，动摩擦因数小于静摩擦因数，即 $f < f_s$。

实际上动摩擦因数还与接触物体间相对滑动的速度大小有关。对于不同材料的物体，动摩擦因数随相对滑动的速度变化规律也不同。多数情况下，动摩擦因数随相对滑动速度的增大而稍减小。但当相对滑动速度不大时，动摩擦因数可近似地认为是个常数，参阅表 4-1。

在机器中，往往用降低接触表面的粗糙度或加入润滑剂等方法，使动摩擦因数 f 降低，以减小摩擦和磨损。

应该指出，关于摩擦的研究，大约经历了 300 多年的历史。法国科学家库仑（C. A. Coulomb，1736—1806）于 1781 年建立的上述理论，只是近似的实验公式，不能反映摩擦的复杂性。但在一般工程计算中，应用上述公式已能满足要求。

§4.2　摩擦角和自锁现象

一、摩擦角

摩擦角是研究滑动摩擦问题的另一个重要物理量，我们仍以图 4-1 所示的实验为例来说明这一物理概念。当物体受拉力 $\boldsymbol{F}_T$ 作用而静止时，把它所受的法向反力 $\boldsymbol{F}_N$ 和静摩擦力 $\boldsymbol{F}_s$ 合成为一个全约束反力而称全反力 $\boldsymbol{F}_R$，它的作用线与接触面的公法线呈一夹角 φ，如图 4-2(a)所示。当拉力 $\boldsymbol{F}_T$ 逐渐增大时，静摩擦 $\boldsymbol{F}_s$ 也随之增大，因而 φ 角也相应地增大。当拉力增至 $\boldsymbol{F}_K$，物体处于平衡的临界状态时，静摩擦力达到最大值 $\boldsymbol{F}_{max}$，此时的全反力达到最大值：$\boldsymbol{F}_R = \boldsymbol{F}_{Rm} = \boldsymbol{F}_N + \boldsymbol{F}_{smax}$，$\boldsymbol{F}_{Rm}$ 与法线夹角 φ 也达到最大值 φ_f，如图 4-2(b)所示。把全反力与法线间夹角的最大值 φ_f 称为**摩擦角**。

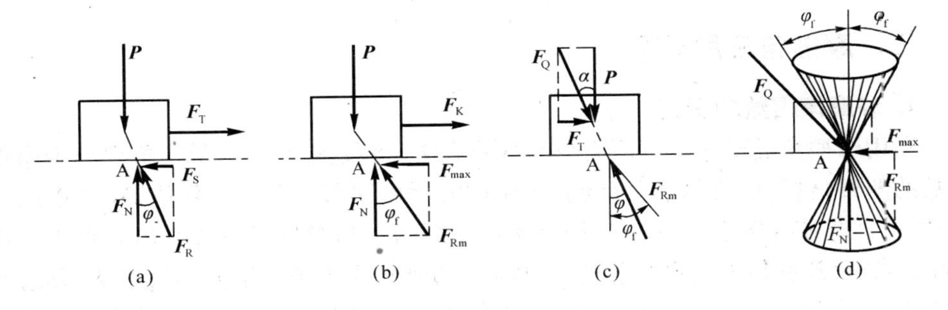

图 4-2

由图 4-2(b)可得

$$\tan\varphi_{f} = \frac{F_{max}}{F_{N}} = \frac{f_{s}F_{N}}{F_{N}} = f_{s} \tag{4-4}$$

即：摩擦角的正切等于静摩擦因数。可见，摩擦角 φ_f 与静摩擦因数 f_s 一样，都是表示材料摩擦性质的物理量。

二、自锁现象

物体平衡时，静摩擦力不一定达到最大值，可在零与最大值 $\boldsymbol{F}_{max}$之间变化，所以全反力与法线间的夹角 φ 也在零与摩擦角 φ_f之间变化，即

$$0 \leqslant \varphi \leqslant \varphi_f \tag{a}$$

式(a)说明物体平衡时全反力作用线位置应有的范围，即只要全反力 $\boldsymbol{F}_R$的作用线在摩擦角以内，物体总是平衡的。

如果把作用在物体上的主动力 $\boldsymbol{P}$ 和 $\boldsymbol{F}_T$合成为一力 $\boldsymbol{F}_Q$，设 $\boldsymbol{F}_Q$力的作用线与接触面法线间的夹角为 α，如图 4-2(c)所示。当物体平衡时，由二力平衡条件知道，$\boldsymbol{F}_Q$与 $\boldsymbol{F}_R$应等值、反向、共线，于是有

$$\alpha = \varphi \tag{b}$$

由式（a）和式（b）可知，物体平衡应满足下面的条件

$$0 \leqslant \alpha \leqslant \varphi_f \tag{4-5}$$

即：作用于物体上全部主动力的合力 $\boldsymbol{F}_Q$，只要其作用线与法线间夹角 α 小于摩擦角 φ_f，则无论其大小如何，物体必定保持静止。这种现象称为**自锁现象**。工程实际中一些机构和夹具中千斤顶、电梯断电自动保护装置等，就是应用自锁原理设计的。

由于静摩擦力不可能超过最大值，因此全反力作用线也不可能超出摩擦角以外。而全部主动力的合力作用线却有可能在摩擦角之外。如果主动力的合力 $\boldsymbol{F}_Q$的作用线在摩擦角 φ_f之外，则无论这个力怎样小，物体必定会滑动。因为这时支承面的最大全反力 $\boldsymbol{F}_{Rm}$和主动力合力 $\boldsymbol{F}_Q$不能满足二力平衡条件，如图 4-2(d)所示。人们应用这个道理，可以设法避免不应发生的自锁。

在空间问题中，物体的滑动趋势方向可任意改变，全反力 $\boldsymbol{F}_R$ 的方向也随之改变，这样，在物体处于临界平衡状态时，可以以全反力 $\boldsymbol{F}_{Rm}$的作用线为母线画出一个顶角为 $2\varphi_f$ 的正圆锥面，称之为**摩擦锥**，如图 4-2（d）所示。

三、摩擦角应用举例

1. 静摩擦因数的测定

利用摩擦角的概念，可用简单的试验方法，测定静摩擦因数。把要测定摩擦因数的两种材料分别做成一可绕水平轴 O 转动的平板 OA 和一物块 B，如图 4-3(a)所示，并使接触表面的情况符合预定的要求。当倾斜角 θ 较小时，由于存在摩擦，物块 B 在斜面上保持静止。此时，物体在重力 $\boldsymbol{P}$，法向约束力 $\boldsymbol{F}_N$和静摩擦力 $\boldsymbol{F}_s$三力作用下处于平衡，如图4-3(b)所示。将力 $\boldsymbol{F}_N$和力 $\boldsymbol{F}_s$合成为全约束力 $\boldsymbol{F}_R$，这样，物块 B 在力 $\boldsymbol{P}$ 和力 $\boldsymbol{F}_R$作用下平衡。力 $\boldsymbol{P}$ 作用线与斜面法线间的夹角即斜面的倾斜角 θ，而力 $\boldsymbol{F}_R$与斜面法线间的夹角为 φ。当平衡时，$\varphi=\theta$。逐渐增

大 θ 角，使物块 B 达到将要下滑的临界平衡状态，此时全约束力 $\boldsymbol{F}_R$ 与斜面法线间的夹角 φ 达到摩擦角 φ_f，且 $\varphi_f=\theta$（图 4-3c）。量出此时平板 OA 的倾斜角 θ，即得摩擦角 φ_f，由式（4-4）求得静摩擦因数为

$$f_s=\tan\varphi_f=\tan\theta$$

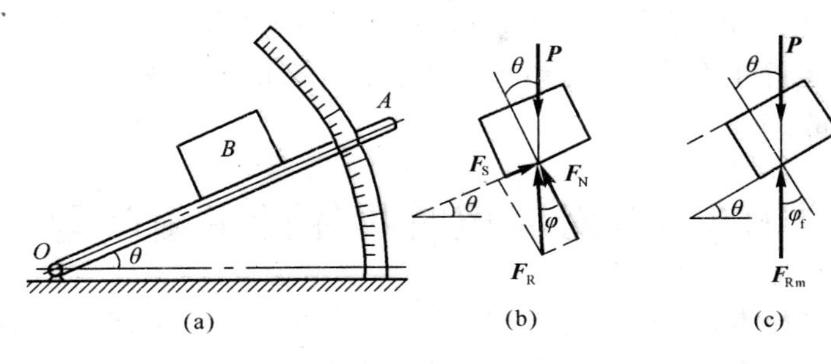

图 4-3

2. 斜面的自锁条件

如图 4-4(c)所示，物块 A 在铅直载荷 $\boldsymbol{P}$ 的作用下不沿斜面下滑的条件，由前面分析可知，只有当 $\alpha\leqslant\varphi_f$ 时，物块不下滑，即斜面的自锁条件是斜面的倾角小于或等于摩擦角。

斜面的自锁条件就是螺纹的自锁条件。如图 4-4(a)所示因为螺纹可以看成为绕在一圆柱体上的斜面，如图 4-4(b)所示，螺纹升角 α 就是斜面的倾角，如图 4-4(c)所示。螺母相当于斜面上的滑块 A，加于螺母的轴向载荷 $\boldsymbol{P}$，相当物块 A 的重力，要使螺纹自锁，必须使螺纹的升角 α 小于或等于摩擦角 φ_f。因此螺纹的自锁条件是：

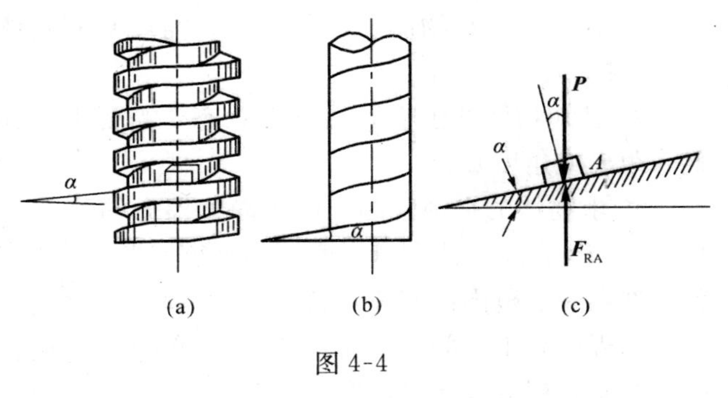

图 4-4

$$\alpha\leqslant\varphi_f$$

若螺旋千斤顶的螺杆与螺母之间的静摩擦因数为 $f_s=0.1$，则

$$\tan\varphi_f=f_s=0.1$$

得 $$\varphi_f=5°43'$$

为保证螺旋千斤顶自锁，一般取螺纹升角 $\alpha=4°\sim4°30'$。

电梯断电自动保护装置也是根据斜面的自锁条件设计的，如图 4-5 所示。已知闸块 A，B 与电梯井壁间的静摩擦系数 f_s，由 $f_s=\tan\varphi_f$ 换算出摩擦角 φ_f。设计二连杆 CA 和 CB，使 α 角（连杆与井壁法线间夹角）小于摩擦角 φ_f，C 点用铰链与电梯底

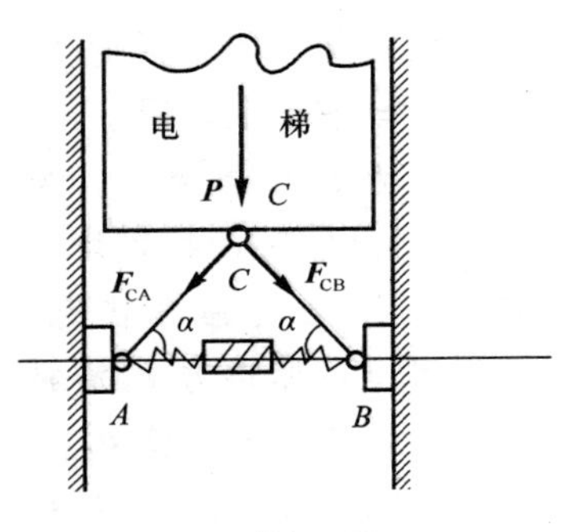

图 4-5

部连接，A，B 闸块之间装有电磁铁弹簧机构。其保护原理是：电梯通电时，电磁铁动作压紧弹簧，使闸块 A，B 离开井壁，电梯可自由上下；当突然断电时，电磁铁断电释放被压紧的弹簧，使闸块紧靠井壁，这时电梯自重 $\boldsymbol{P}$ 分解成沿 CA，CB 杆方向的两个分力 $\boldsymbol{F}_{CA}$ 和 $\boldsymbol{F}_{CB}$；当不计弹簧的压力和闸块自重时，$\boldsymbol{F}_{CA}$ 力就是作用在 A 闸块上主动力合力，因 $\alpha<\varphi_f$，满足斜面的自锁条件，所以 A 块静止不动，同理 B 块也静止不动，于是电梯在断电的一瞬间立即停止不动，不至于因断电失控造成事故。

§4.3 考虑摩擦时物体的平衡问题

考虑摩擦时物体的平衡问题的求解方法与步骤与前几章所述大致相同，只是在受力分析中必须考虑摩擦力。这里要严格区分物体是处于一般的平衡状态还是临界的平衡状态。在一般平衡状态下，摩擦力 $\boldsymbol{F}_s$ 由平衡条件确定。大小应满足 $F_s \leqslant F_{max}$ 的条件，方向由接触面的相对运动趋势来确定。在临界平衡状态下，摩擦力为最大值 F_{max}，应该满足 $F_s = F_{max} = f_s F_N$ 的关系式。

考虑摩擦时物体的平衡问题，一般可分为下述三种类型：

1. 已知作用在物体上的主动力，需要判断物体是否处于平衡状态并计算所受的摩擦力。

2. 已知物体处于临界的平衡状态，需要求主动力的大小或物体平衡时的位置（距离或角度）。

3. 求物体的平衡范围。由于静摩擦力的值 F_s 可以随主动力而变化（只要满足 $F_s \leqslant F_{max}$）。因此在考虑摩擦的平衡问题中，物体所受主动力的大小或平衡位置允许在一定范围内变化。这类问题的解答往往是一个范围值，称为平衡范围。

工程中有不少问题只需要分析平衡的临界状态，这时静摩擦力等于其最大值，补充方程只取等号。有时为了计算方便，可先在临界状态下计算，求得结果后再分析、讨论其解的平衡范围。

【例 4-1】 物体重为 $\boldsymbol{P}$，放在倾角为 θ 的斜面上，它与斜面间的摩擦因数为 f_s，如图 4-6(a)所示。当物体处于平衡时，试求水平力 $\boldsymbol{F}_1$ 的大小。

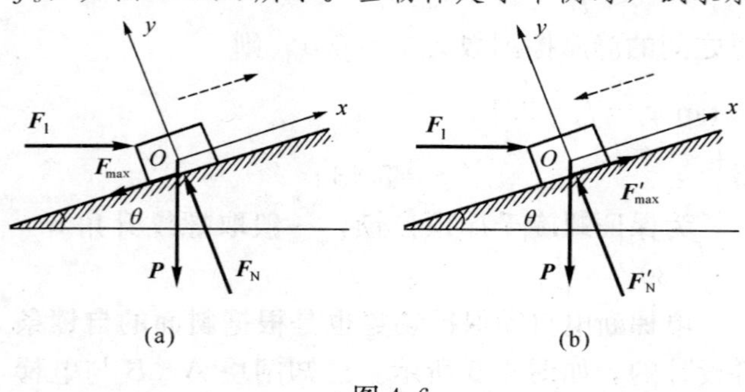

图 4-6

【解】 由经验易知，力 $\boldsymbol{F}_1$ 太大，物块将上滑；力 $\boldsymbol{F}_1$ 太小，物块将下滑，因此 $\boldsymbol{F}_1$ 应在最大与最小值之间。

先求力 $\boldsymbol{F}_1$ 的最大值。当力 $\boldsymbol{F}_1$ 达到此值时，物体处于将要向上滑动的临界状态。在此情形下，摩擦力 $\boldsymbol{F}_s$ 沿斜面向下，并达到最大值 $\boldsymbol{F}_{max}$。物体共受 4 个力作用：已知力 $\boldsymbol{P}$，未知力 $\boldsymbol{F}_1$，$\boldsymbol{F}_N$，$\boldsymbol{F}_{max}$，如图 4-6(a)所示。列平衡方程：

$$\Sigma F_x=0,\ F_1\cos\theta-P\sin\theta-F_{max}=0$$
$$\Sigma F_y=0,\ F_N-F_1\sin\theta-P\cos\theta=0$$

此外，还有一个补充方程，即

$$F_{max}=f_s F_N$$

三式联立，可解得水平推力 F_1 的最大值为

$$F_{1max}=P\frac{\sin\theta+f_s\cos\theta}{\cos\theta-f_s\sin\theta}$$

再求 F_1 的最小值。当力 F_1 达到此值时，物体处于将要向下滑动的临界状态。在此情形下，摩擦力沿斜面向上，并达到另一最大值，用 $\boldsymbol{F}'_{max}$ 表示此力，物体的受力情况如图 4-6（b）所示。列平衡方程：

$$\Sigma F_x=0,\ F_1\cos\theta-P\sin\theta-F'_{max}=0$$
$$\Sigma F_y=0,\ F'_N-F_1\sin\theta-P\cos\theta=0$$

此外，再列出补充方程

$$F'_{max}=f_s\cdot F'_N$$

三式联立，可解得水平推力 F_1 的最小值为

$$F_{1min}=P\frac{\sin\theta-f_s\cos\theta}{\cos\theta+f_s\sin\theta}$$

综合上述两个结果可知：为使物块静止，力 F_1 必须满足如下条件

$$P\frac{\sin\theta-f_s\cos\theta}{\cos\theta+f_s\sin\theta}\leqslant F_1\leqslant P\frac{\sin\theta+f_s\cos\theta}{\cos\theta-f_s\sin\theta}$$

此题如不计摩擦（$f_s=0$），平衡时应有 $F_1=P\tan\theta$，其解答是唯一的。

本题也可以利用摩擦角的概念，使用全约束力来进行求解。当物块有向上滑动趋势且达临界状态时，全约束力 $\boldsymbol{F}_R$ 与法线夹角为摩擦角 φ_f，物块受力如图 4-7 (a)所示。这是平面汇交力系，平衡方程如下：

$$\Sigma F_x=0,\ F_{1max}-F_R\sin(\theta+\varphi_f)=0$$
$$\Sigma F_y=0,\ F_R\cos(\theta+\varphi_f)-P=0$$

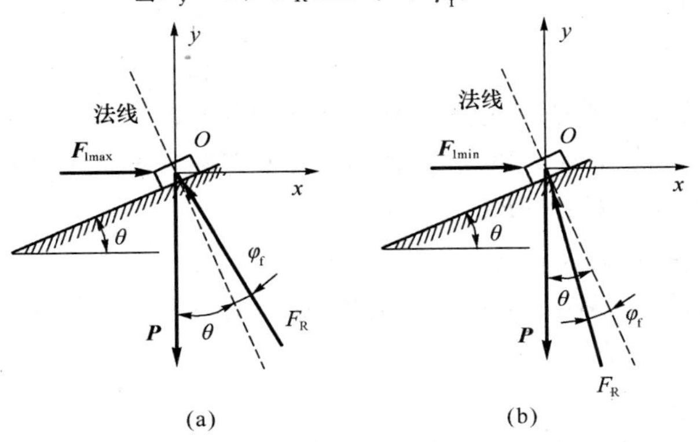

图 4-7

解得

$$F_{1max}=P\tan(\theta+\varphi_f)$$

同样当物块有向下滑动趋势且达临界状态时，受力如图 4-7(b)所示，平衡方程为：

$$\Sigma F_x=0,\ F_{1\min}-F_R\sin(\theta-\varphi_f)=0$$

$$\Sigma F_y=0,\ F_R\cos(\theta-\varphi_f)-P=0$$

解得

$$F_{1\min}=P\tan(\theta-\varphi_f)$$

由以上计算知，使物块平衡的力 $\boldsymbol{F}$，应满足

$$P\tan(\theta-\varphi_f)\leqslant F_1\leqslant P\tan(\theta+\varphi_f)$$

这一结果与用解析法计算的结果是相同的。对图 4-7(a)、(b)所示的两个平面汇交力系也可以不列平衡方程，只需用几何法画出封闭的力三角形就可以直接求出 $F_{1\max}$ 与 $F_{1\min}$。

在此例题中，如斜面的倾角小于摩擦角，即 $\theta<\varphi_f$，时，水平推力 $F_{1\min}$ 为负值。这说明，此时物块不需要力 $\boldsymbol{F}_1$ 的支持就能静止于斜面上；而且无论重力 P 值多大，物块也不会下滑，这就是自锁现象。

应该强调指出，在临界状态下求解有摩擦的平衡问题时，必须根据相对滑动的趋势，正确判定摩擦力的方向。这是因为解题中引用了补充方程 $F_{\max}=f_sF_N$，由于 f_s 为正值，$F_{\max}$ 与 $\boldsymbol{F}_N$ 必须有相同的符号。法向约束力 $\boldsymbol{F}_N$ 的方向总是确定的，F_N 值恒为正，因而 $F_{\max}$ 也应为正值，即摩擦力 $\boldsymbol{F}_{\max}$ 的方向不能假定，必须按真实方向给出。

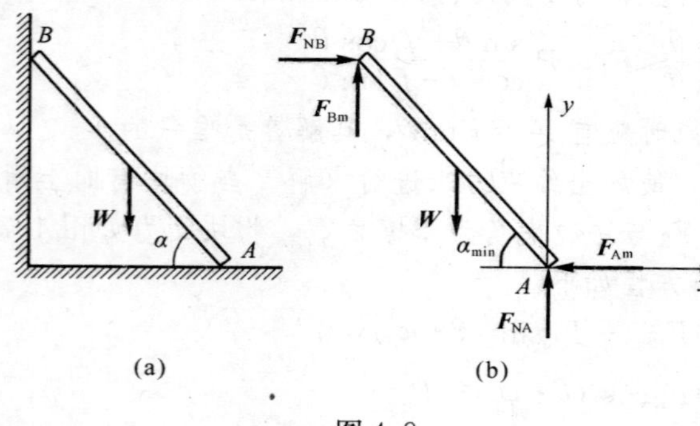

图 4-8

【例 4-2】 梯子 AB 长为 $2a$，重为 $\boldsymbol{W}$，其一端置于水平面上，另一端靠在铅垂墙上(图 4-8a)。设梯子与墙壁和梯子与地板的静摩擦因数均为 f_s。试问梯子与水平线所呈的倾角 α 多大时，梯子处于平衡？

【解】 梯子 AB 靠摩擦力作用才能保持平衡。首先求出梯子平衡时倾角 α 的最小值 $\alpha_{\min}$。这时梯子处于临界平衡状态，有向下滑动的趋势，A，B 两处的摩擦力都达到最大值，梯子受力如图 4-8(b)所示。根据平衡条件和极限摩擦定律可列出

$$\Sigma F_x=0, F_{NB}-F_{Am}=0 \tag{a}$$

$$\Sigma F_y=0, F_{NA}+F_{Bm}-W=0 \tag{b}$$

$$\Sigma M_A=0, Wa\cos\alpha_{\min}-F_{Bm}2a\cos\alpha_{\min}-F_{NB}2a\sin\alpha_{\min}=0 \tag{c}$$

$$F_{Am}=f_sF_{NA} \tag{d}$$

$$F_{Bm}=f_sF_{NB} \tag{e}$$

将式 (d)，式 (e) 代入式 (a)，式 (b) 得

$$F_{NB}=f_sF_{NA}$$

$$F_{NA}=W-f_sF_{NB}$$

由以上两式解出

$$F_{NA}=\frac{W}{1+f_s^2},\ F_{NB}=\frac{f_sW}{1+f_s^2}$$

将所得 F_{NA}之值代入式(b)求出 F_{Bm}，将 F_{Bm}和 F_{NB}之值代入式(c)，并消去W及α得

$$\cos\alpha_{min}-f_s^2\cos\alpha_{min}-2f_s\sin\alpha_{min}=0$$

再将 $f=\tan\varphi_f$ 代入上式，解出

$$\tan\alpha_{min}=\frac{1-\tan^2\varphi_f}{2\tan\varphi_f}=\cot 2\varphi_f=\tan\left(\frac{\pi}{2}-2\varphi_f\right)$$

可见

$$\alpha_{min}=\frac{\pi}{2}-2\varphi_f$$

根据题意，倾角α不可能大于$\pi/2$，因此保证梯子平衡的倾角α应满足的条件是

$$\frac{\pi}{2}-2\varphi_f\leqslant\alpha\leqslant\frac{\pi}{2}$$

不管梯子有多么重，只要倾角α在此范围内，梯子就能处于平衡，因此上述条件也就是梯子的自锁条件。

【例 4-3】 制动器的构造和主要尺寸如图 4-9(a)所示。制动块与鼓轮表面间的摩擦因数为 f_s，试求制止鼓轮转动所必需的力 F。

【解】 选取鼓轮为研究对象，其受力图如图 4-9(b)所示。鼓轮在拉力 F_1作用下，有逆时针转动趋势；因此闸块除给鼓轮正压力 F_N外，还有一个向左的摩擦力 F_s。为了保持鼓轮平衡，摩擦力 F_s应满足方程

$$\Sigma M_{O1}(F_i)=0,\quad F_1r-F_sR=0 \tag{a}$$

其中 $F_1=P$，由式(a)解得

$$F_s=\frac{r}{R}P \tag{b}$$

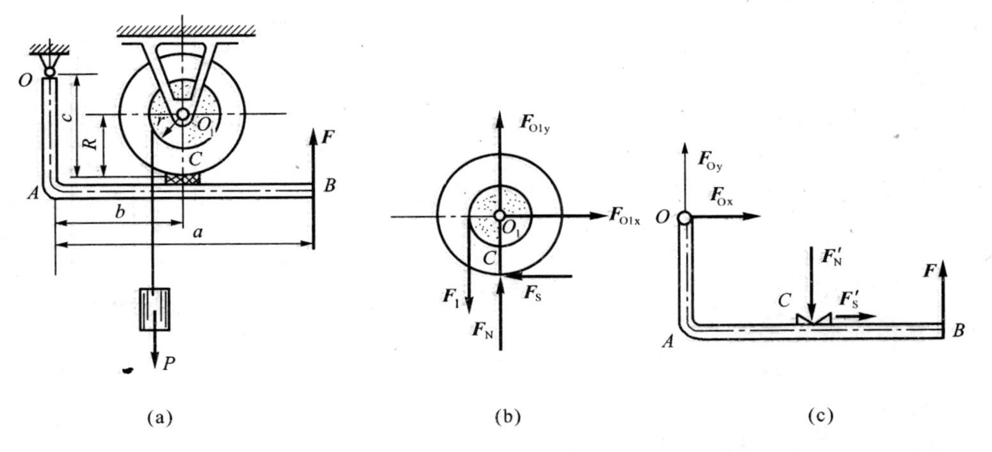

图 4-9

再取杠杆 OAB 为研究对象，分析受力情况，画出它的受力图如图 4-9(c)所示。建立 F 与 F'_N之间关系的平衡方程为

$$\Sigma M_O(F)=0,\quad Fa+F'_sc-F'_Nb=0 \tag{c}$$

考虑到 $\boldsymbol{F}_N=-\boldsymbol{F}'_N$，$\boldsymbol{F}_s=-\boldsymbol{F}'_s$，且因鼓轮是处于临界平衡状态，故有

$$F'_s \leqslant f_s F'_N \tag{d}$$

联立式(b)、式(c)、式(d)，解得

$$F=\frac{Pr}{aR}\left(\frac{b}{f_s}-c\right)$$

这就是要求的力 $\boldsymbol{F}$ 的最小值。

由式(a)可知，当鼓轮临界平衡时所需的静摩擦力 $\boldsymbol{F}_s$ 的大小只与力 $\boldsymbol{F}_1$ 有关，也就是只与 $\boldsymbol{P}$ 有关，而与力 $\boldsymbol{F}$ 无关。而由式(c)知，闸块给鼓轮的正压力是与力 $\boldsymbol{F}$ 有关的，即当 $\boldsymbol{F}$ 值增大时，正压力也随之增大。由式(d)又可知，正压力增大，最大静摩擦力 $\boldsymbol{F}_{max}$ 也增大。于是使得 $\boldsymbol{F}_{max}>\boldsymbol{F}_s$，鼓轮进入非临界平衡状态，可见上面计算结果确实是符合题目要求的。只要 $\boldsymbol{F}$ 满足条件

$$F\geqslant\frac{Pr}{aR}\left(\frac{b}{f_s}-c\right)$$

则鼓轮均可被制动而静止。

应该指出，式(d)中的力 $\boldsymbol{F}_s$ 的值是按静摩擦定律计算的，自然也是最大静摩擦力，式中没有用“$\boldsymbol{F}_{max}$”表示，那是因为：(1) 在这个问题中，鼓轮处于静滑动摩擦阶段，摩擦力只能有这个值，不写脚标max，算式也清楚；(2) 为了与讨论中的“$\boldsymbol{F}_{max}$”加以区别。

【例 4-4】 图 4-10 所示的均质木箱重 $P=5\text{kN}$，它与地面间的静摩擦因数 $f_s=0.4$。图中 $h=2a=2\text{m}$，$\theta=30°$。求：(1) 当 D 处的拉力 $F=1\text{kN}$ 时，木箱是否平衡？(2) 能保持木箱平衡的最大拉力。

【解】 欲保持木箱平衡，必须满足两个条件：一是不发生滑动，即要求静摩擦力 $F_s\leqslant F_{max}=f_sF_N$；二是不绕 A 点翻倒，这时法向约束力 $\boldsymbol{F}_N$ 的作用线应在木箱内，即 $d>0$。

(1) 取木箱为研究对象，受力如图 4-10 所示，列平衡方程

$$\Sigma F_x=0,\ F_s-F\cos\theta=0 \tag{a}$$

$$\Sigma F_y=0,\ F_N+F\sin\theta-P=0 \tag{b}$$

$$\Sigma M_A(\boldsymbol{F})=0,\ hF\cos\theta-P\frac{a}{2}+F_Nd=0 \tag{c}$$

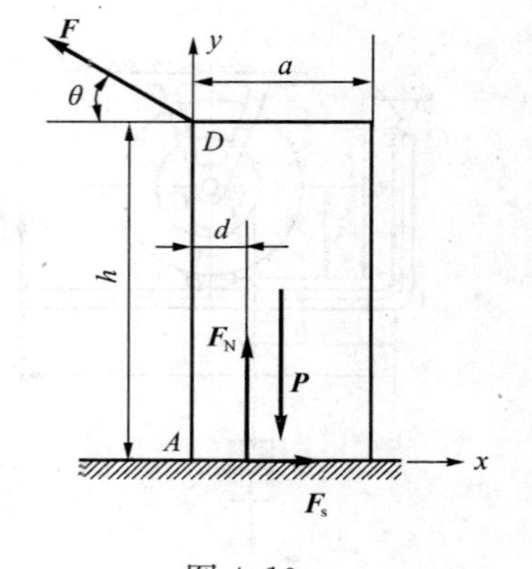

图 4-10

求解以上各方程，得

$$F_s=0.866\text{kN},\ F_N=4.5\text{kN},\ d=0.171\text{m}$$

此时木箱与地面间最大静摩擦力

$$F_{max}=f_sF_N=1.8\text{kN}$$

可见，$F_s<F_{max}$，木箱不滑动；又 $d>0$，木箱不会翻倒。因此，木箱保持平衡。

(2) 为求保持平衡的最大拉力 F，可分别求出木箱将滑动时的临界拉力 $F_{滑}$ 和木箱将绕 A 点翻倒的临界拉力 $F_{翻}$。二者中取其较小者，即为所求。

木箱将滑动的条件为

$$F_s=F_{max}=f_sF_N \tag{d}$$

由式(a)、式(b)、式(c)联立解得

$$F_{滑}=\frac{f_s P}{\cos\theta+f_s\sin\theta}=1.876\text{kN}$$

木箱将绕 A 点翻倒的条件为 $d=0$，代入式(c)，得

$$F_{翻}=\frac{Pa}{2h\cos\theta}=1.443\text{kN}$$

由于 $\boldsymbol{F}_{翻}<\boldsymbol{F}_{滑}$，所以保持木箱平衡的最大拉力为

$$F=F_{翻}=1.443\text{kN}$$

这说明，当拉力 $\boldsymbol{F}$ 逐渐增大时，木箱将先翻倒而失去平衡。

§4.4 滚动摩阻的概念

由实践可知，以滚动代替滑动可以省力。所以在工程中，为了提高效率，减轻劳动强度，常利用物体的滚动代替物体的滑动。在我国殷商时代（大约公元前1324～公元前1066年）已经使用有轮的车来代替滑动的橇。

在固定水平面上放置一重为 $\boldsymbol{P}$，半径为 R 的圆轮，如在圆轮的中心 O 点加一水平力 $\boldsymbol{F}_T$，圆轮的受力情况如图 4-11(a)所示。若力 $\boldsymbol{F}_T$ 不大时，圆轮既不滑动也不滚动，仍能保持静止状态，由平衡条件则有 $F_s=F_T$，静摩擦力 $\boldsymbol{F}_s$ 阻止了圆轮的滑动，但与力 $\boldsymbol{F}_T$ 构成一使圆轮转动的力偶（$\boldsymbol{F}_T$，$\boldsymbol{F}_s$），其力偶矩大小为 F_r，圆轮不可能保持平衡。而实际上圆轮是静止的，可见支承面对圆轮除有法向约束力 $\boldsymbol{F}_N$ 和静摩擦力 $\boldsymbol{F}_s$ 外，还应存在一个阻碍圆轮转动的约束力偶，该约束力偶称为**静滚动摩擦阻力偶**（简称**滚动摩阻**），其转向与圆轮的转动趋势相反，其矩以 $\boldsymbol{M}_f$ 表示，如图 4-11(b)所示，由平衡条件则有 $M_f=F_TR$。

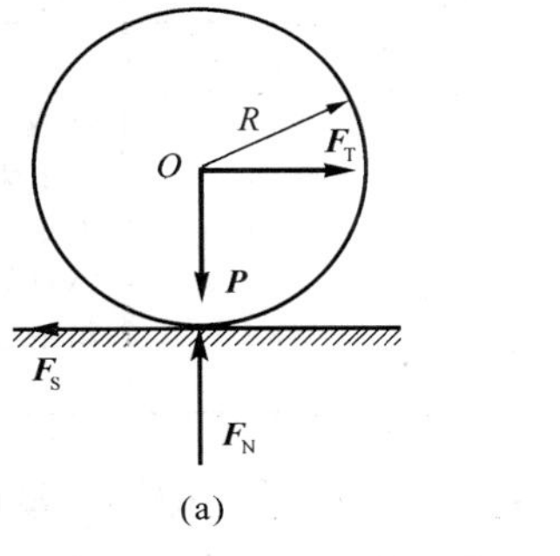

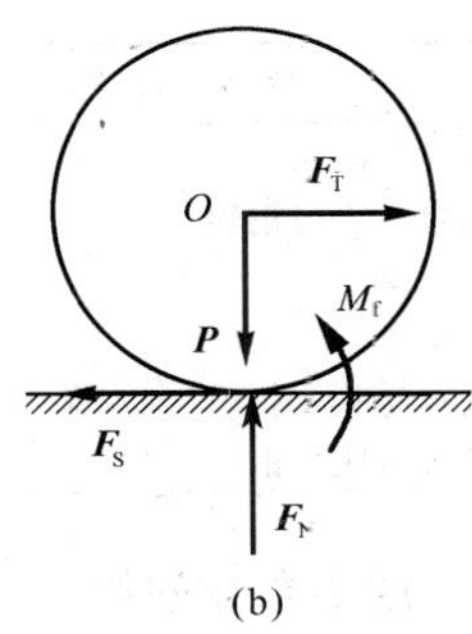

图 4-11

滚动摩擦阻力偶产生的原因可以说明如下：

由于物体间的接触实际上不是刚性的，因此圆轮与支承面的接触处不可能是一条线，应是一部分面积，如图 4-12(a)所示。为了便于分析，假定圆轮是刚体，仅支承面发生变形。在接触面上物体受分布力作用，将这些力向 A 点简化，可得作用于 A 点的一力 $\boldsymbol{F}_R$ 和一力偶，力偶的矩为 $\boldsymbol{M}_f$，如图 4-12(b)所示。力 $\boldsymbol{F}_R$ 可分解为摩擦力 $\boldsymbol{F}_s$ 和法向反力 $\boldsymbol{F}_N$，如图 4-12(c)所示。滚动摩擦力偶矩 $\boldsymbol{M}_f$ 随着主动力的增大而增大，到某一极限数值 M_{max} 为止，如转动力偶矩再略微增大，圆轮即开始沿支承面滚动。因此静滚动摩擦阻力偶矩 $\boldsymbol{M}_f$ 的变化范围为

$$0\leqslant M_f\leqslant M_{max} \tag{4-6}$$

由实验表明：最大滚动摩阻力偶矩 M_{max} 与轮子半径无关，而与支承面的正压力（法向约束力）F_N 的大小呈正比，即

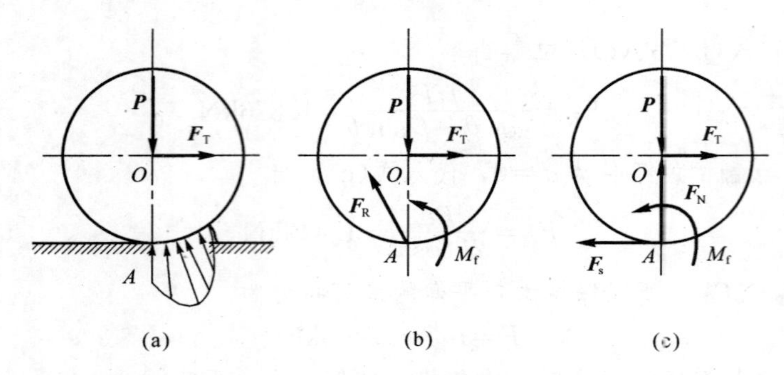

图 4-12

$$M_{max}=\delta F_N \tag{4-7}$$

这就是**滚动摩阻定律**，其中 δ 是比例常数，称为**滚动摩阻系数**，简称**滚阻系数**。由上式知，滚动摩阻系数具有长度的量纲，单位一般用“mm”。

滚动摩阻系数由实验测定，它与轮子和支承面的材料的硬度和湿度等物理因素有关，与轮子的半径无关。表 4-2 是几种材料的滚动摩阻系数的值。

滚动摩阻系数 δ **表 4-2**

材料名称	δ (mm)	材料名称	δ (mm)
铸铁与铸铁	0.5	软钢与钢	0.5
钢质车轮与钢轨	0.05	有滚珠轴承的料车与钢轨	0.09
木与钢	0.3～0.4	无滚珠轴承的料车与钢轨	0.21
木与木	0.5～0.8	钢质车轮与木面	1.5～2.5
软木与软木	1.5	轮胎与路面	2～10
淬火钢珠与钢	0.01		

滚阻系数的物理意义如下。轮子在即将滚动的临界平衡状态时，其受力图如图 4-13(a)所示。根据力的平移定理，可将其中的法向约束力 $\boldsymbol{F}_N$ 与最大滚动摩阻力偶 M_{max} 合成为一个力 F'_N，且 $F'_N=F_N$。力 $\boldsymbol{F}'_N$ 的作用线距中心线的距离为 d，如图 4-13(b)所示，即

$$d=\frac{M_{max}}{F'_N}$$

与式（4-7）比较，得

$$\delta=d$$

因而滚动摩阻系数 δ 可看成在即将滚动时，法向约束力 F'_N 离中心线的最远距离，也就是最大滚阻力偶（$\boldsymbol{F}'_N$，$\boldsymbol{P}$）的臂。故它具有长度的量纲。

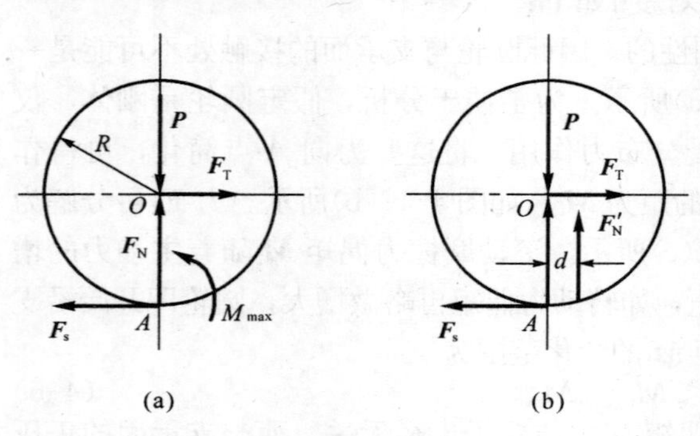

图 4-13

由于滚动摩阻系数较小，因此，在大多数情况下滚动摩阻是可以忽略不计的。

由图 4-13(a)，可以分别计算出使轮子滚动或滑动所需要的水平拉力 $\boldsymbol{F}$。

由平衡方程 $\Sigma M_A(\boldsymbol{F})=0$，可以求得

$$F_{滚}=\frac{M_{max}}{R}=\frac{\delta F_N}{R}=\frac{\delta P}{R}$$

由平衡方程 $\Sigma F_x=0$，可以求得

$$F_{滑}=F_{max}=f_s F_N=f_s P$$

一般情况下，有

$$\frac{\delta}{R}\ll f_s$$

因而使轮子滚动比滑动省力得多。

【例 4-5】 如图 4-14(a)所示，拖车重为 $\boldsymbol{P}$，两轮的半径都为 R，轮与地面间的滚动摩阻系数为 δ。设轮子的重量不计，试求拉动拖车所需要的牵引力 $\boldsymbol{F}$ 的最小值。已知力 $\boldsymbol{F}$ 的作用线距地面高度为 h，两轮轴间距离为 b，拖车重心在两轮轴中间。

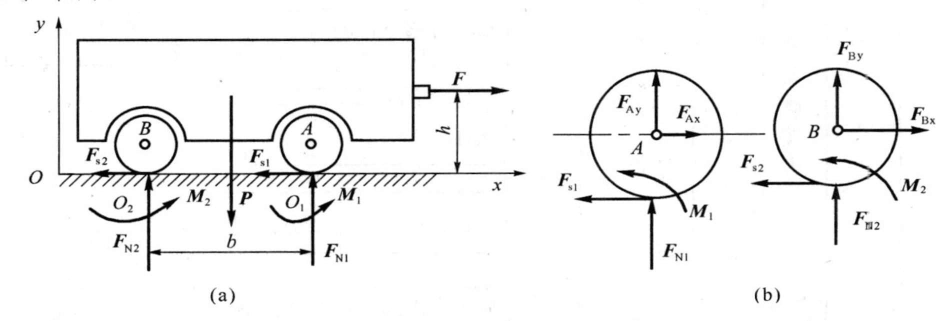

图 4-14

【解】 根据题意，拖车受力 $\boldsymbol{F}$ 作用将向右运动，当 $\boldsymbol{F}$ 的大小等于 F_{min} 时，车轮处于临界平衡状态。这时车轮除了受地面对它的法向反力 $\boldsymbol{F}_{N1}$，$\boldsymbol{F}_{N2}$ 和向左边摩擦力 $\boldsymbol{F}_{s1}$，$\boldsymbol{F}_{s2}$ 作用以外，还有矩为 $\boldsymbol{M}_1$，$\boldsymbol{M}_2$ 的滚动摩阻力偶的作用。拖车整体的受力图如图 4-14(a)所示。列平衡方程，有

$$\Sigma F_x=0,\quad F-F_{s1}-F_{s2}=0 \tag{a}$$

$$\Sigma F_y=0,\quad F_{N1}+F_{N2}-P=0 \tag{b}$$

$$\Sigma M_{O1}(\boldsymbol{F})=0,\quad P\frac{b}{2}-Fh-F_{N2}b+M_1+M_2=0 \tag{c}$$

以上 3 个方程中，包含有 7 个未知量，因此还必须写出 4 个补充方程. 为此拆出前、后车轮为研究对象，画受力图如图 4-14(b)所示。分别对两轮的中心取矩，可得平衡方程：

$$\Sigma M_A(\boldsymbol{F})=0,\quad M_1-F_{s1}R=0 \tag{d}$$

$$\Sigma M_B(\boldsymbol{F})=0,\quad M_2-F_{s2}R=0 \tag{e}$$

再根据滚动摩阻定律补充二方程如下：

$$M_1=\delta F_{N1} \tag{f}$$

$$M_2=\delta F_{N2} \tag{g}$$

由以上 7 个式子解联立方程，可得

$$F_{min}=\frac{\delta}{R}P$$

当力 $\boldsymbol{F}$ 稍大于 $\boldsymbol{F}_{min}$ 时，拖车就被拉动。

如果轮轴生锈致使车轮不转，拉动该拖车滑动的最小水平力为

$$F'_{min}=f_s F_N$$

因为

$$f_s \gg \frac{\delta}{R}$$

所以

$$F'_{min} \geqslant F_{min}$$

可见车轮在非光滑面上滚动比滑动省力。

小　　结（知识结构图）

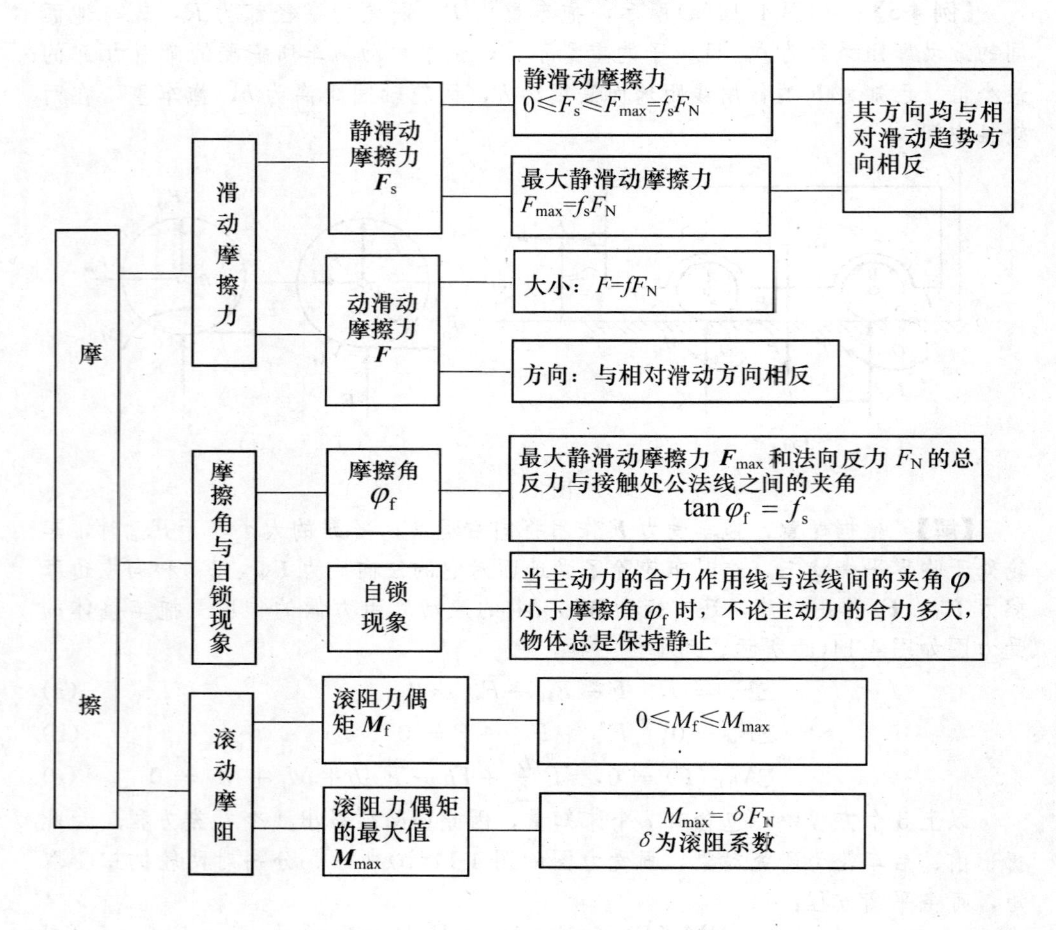

思　考　题

4-1　“摩擦力为未知的约束力，其大小和方向完全由平衡方程确定”的说法是否正确？为什么？

4-2　若传动带压力相同，传动带与传动带轮间的摩擦系数相同，试比较平传动带与三角传动带的最大摩擦力（见图 4-15）。若要传动较大的力矩，应选用哪种形式的传动带？为什么？

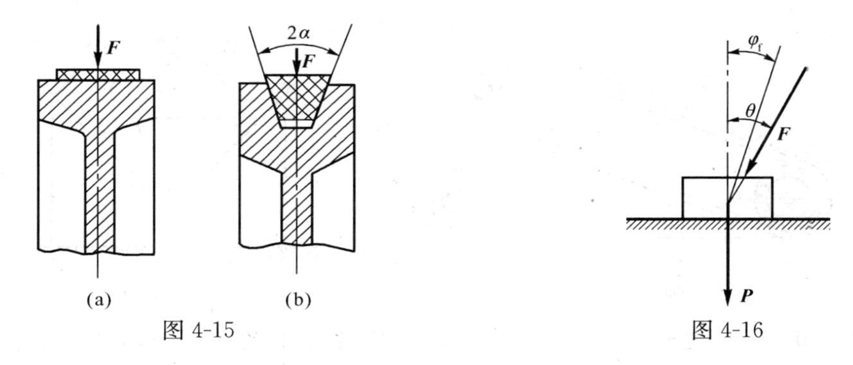

图 4-15　　　　图 4-16

4-3　物块重 $\boldsymbol{P}$，一力 $\boldsymbol{F}$ 作用在摩擦角之外，如图 4-16 所示。已知 $\theta=25°$，摩擦角 $\varphi_f=20°$，$F=P$。问物块动不动？为什么？

4-4　为什么传动螺纹多用矩形螺纹（如丝杠）？而锁紧螺纹多用三角螺纹（如螺钉）？

4-5　如图 4-17 所示，物体重 $\boldsymbol{P}$，力 $\boldsymbol{F}$ 作用在摩擦角之外。根据自锁现象，因为力 $\boldsymbol{F}$ 的作用线在摩擦角外，所以不管力 $\boldsymbol{F}$ 多小，物体总不能平衡。这样分析对吗？

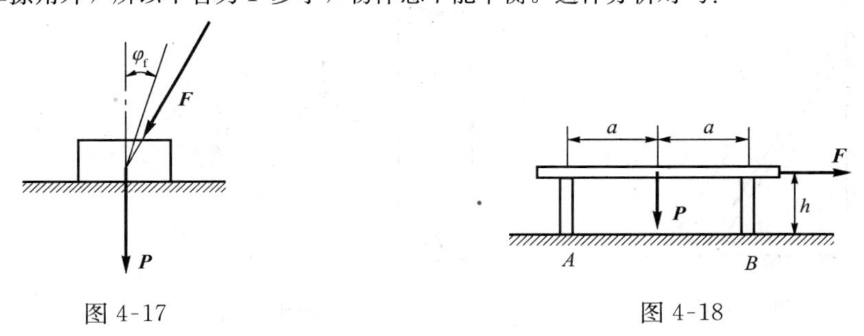

图 4-17　　　　图 4-18

4-6　已知 π 形物体重为 $\boldsymbol{P}$，尺寸如图 4-18 所示。现以水平力 $\boldsymbol{F}$ 拉此物体，当刚开始拉动时，A，B 两处的摩擦力是否都达到最大值？如 A，B 两处的静摩擦因数均为 f_s，此二处最大静摩擦力是否相等？又，如力 $\boldsymbol{F}$ 较小而未能拉动物体时，能否分别求出 A、B 两处的静摩擦力？

习　　题

4-1　已知一物块重 $P=100\text{N}$，用水平力 $F=500\text{N}$ 压在一铅直表面上，如图所示，其摩擦因数 $f_s=0.3$，问此时物块所受的摩擦力等于多少？

4-2　物块 A 重 $W_1=5\text{kN}$，物块 B 重 $W_2=2\text{kN}$，在 B 上作用一水平力 $\boldsymbol{P}$，如图所示。当系 A 之绳与水平呈 $\theta=30°$角，B 与水平面间的静摩擦系数 $f_{s1}=0.2$，物块 A 与 B 之间静摩擦系数 $f_{s2}=0.25$ 时，求将 B 拉出时所需水平力 $\boldsymbol{P}$ 的最小值。

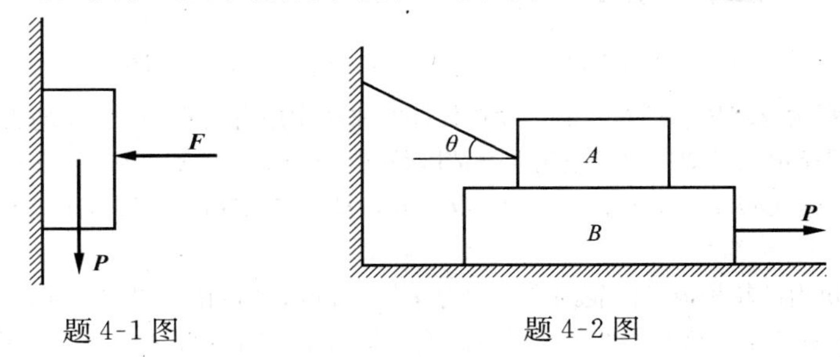

题 4-1 图　　　　题 4-2 图

4-3　如图所示，砂石与胶带间的静摩擦因数 $f_s=0.5$，试问输送带的最大倾角 θ 为多大？

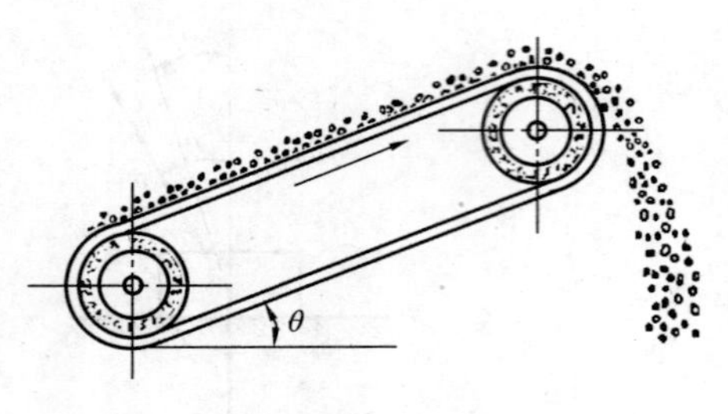

题 4-3 图

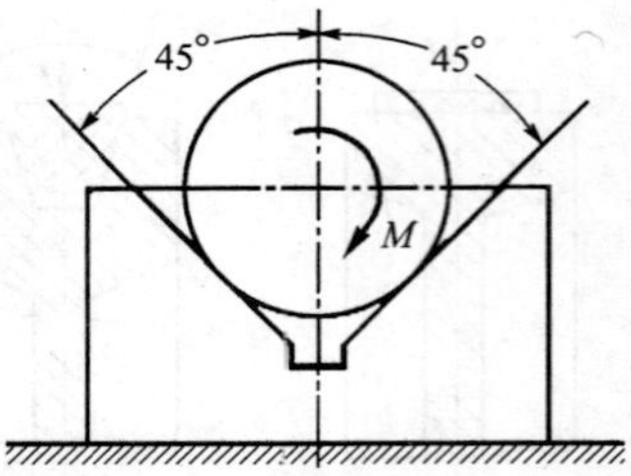

题 4-4 图

4-4 如图所示，置于 V 形槽中的棒料上作用一力偶，力偶的矩 $M=1500\text{N}\cdot\text{cm}$ 时，刚好能转动此棒料。已知棒料重 $P=400\text{N}$，直径 $D=0.25\text{m}$，不计滚动摩阻。求棒料与 V 形槽间的静摩擦因数 f_s。

4-5 梯子 AB 靠在墙上，其重为 $P=200\text{N}$，如图所示。梯长为 l，并与水平面交角 $\theta=60°$。已知接触面间的静摩擦因数均为 0.25。今有一重 650N 的人沿梯上爬，问人所能达到的最高点 C 到 A 点的距离 s 应为多少？

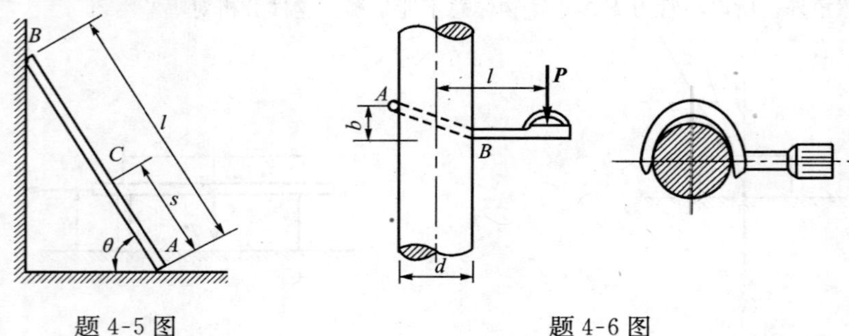

题 4-5 图　　题 4-6 图

4-6 攀登电线杆的脚套钩如图所示。设电线杆直径 $d=300\text{mm}$，A，B 间的铅直距离 $b=100\text{mm}$。若套钩与电线杆之间摩擦因数 $f_s=0.5$。求工人操作时，为了安全，站在套钩上的最小距离 l 应为多大。

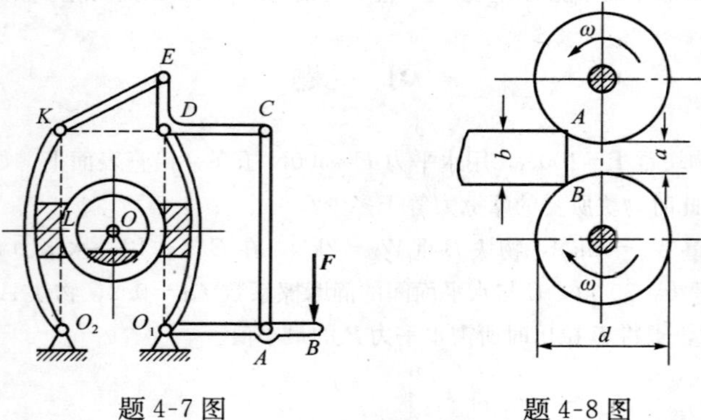

题 4-7 图　　题 4-8 图

4-7 鼓轮利用双闸块制动器制动，设在杠杆的末端作用有大小为 200N 的力 F，方向与杠杆相垂直，如图所示。已知闸块与鼓轮的摩擦因数 $f_s=0.5$，又 $2R=O_1O_2=KD=DC=O_1A=KL=O_2L=0.5\text{m}$，$O_1B=0.75\text{m}$，$AC=O_1D=1\text{m}$，$ED=0.25\text{m}$，自重不计。求作用于鼓轮上的制动力矩。

4-8 轧压机由两轮构成，两轮的直径均为 $d=500\text{mm}$，轮间的间隙为 $a=5\text{ mm}$，两轮反向转动，如图中箭头所示。已知烧红的铁板与铸铁轮间的摩擦因数为 $f_s=0.1$，问能轧压的铁板的厚度 b 是多少？

提示：欲使机器工作，则铁板必须被两转轮带动，亦即作用在铁板 A、B 处的法向反作用力和摩擦力的合力必须水平向右。

4-9　均质圆柱重 $\boldsymbol{P}$，半径为 r，搁在不计自重的水平杆和固定斜面之间。杆端 A 为光滑铰链，D 端受一铅垂向上的力 $\boldsymbol{F}$，圆柱上作用一力偶，如图所示。已知 $F=P$，圆柱与杆和斜面间的静滑动摩擦因数皆为 $f_s=0.3$，不计滚动摩阻，当 $\theta=45°$时，$AB=BD$。求此时能保持系统静止的力偶矩 M 的最小值。

4-10　一起重用的夹具由 ABC 和 DEF 两个相同的弯杆组成，并由杆 BE 连接，B 和 E 都是铰链，尺寸如图所示。不计夹具自重，问要能提起重物 $\boldsymbol{P}$，夹具与重物接触面处的摩擦因数 f_s 应为多大？

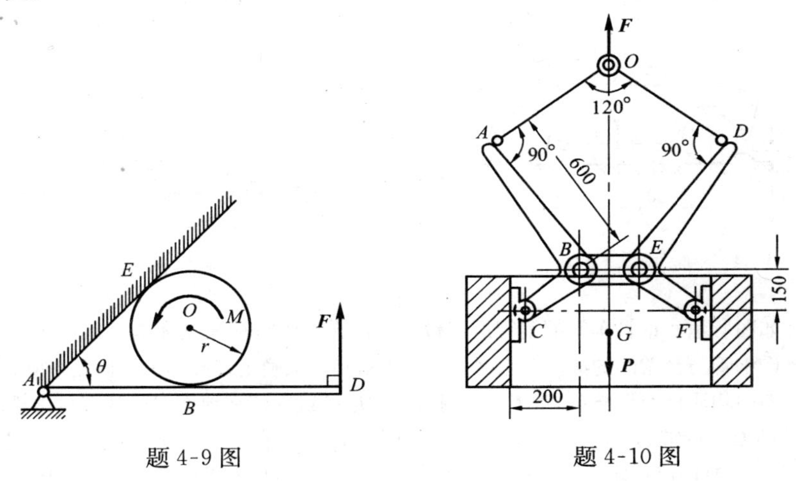

题 4-9 图　　　　题 4-10 图

4-11　图示两无重杆在 B 处用套筒式无重滑块连接，在 AD 杆上作用一力偶，其力偶矩 $M_A=40\text{N}\cdot\text{m}$，滑块和 AD 杆间的摩擦因数 $f_s=0.3$。求保持系统平衡时力偶矩 M_C 的范围。

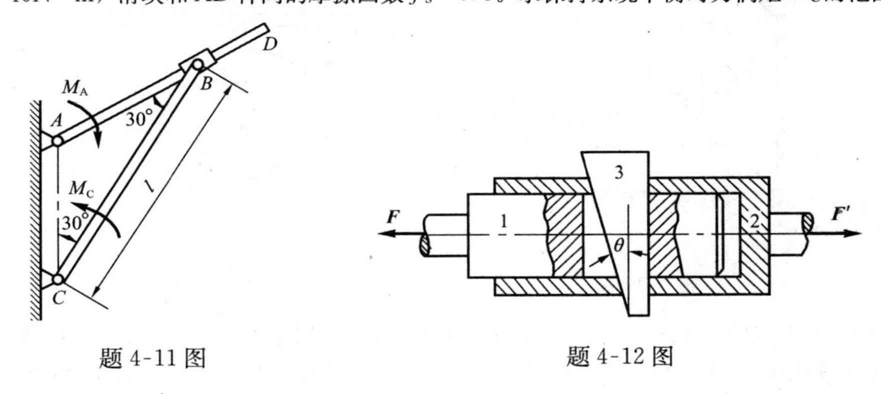

题 4-11 图　　　　题 4-12 图

4-12　构件 1 和 2 用楔块 3 连接，已知楔块与构件间的摩擦因数 $f_s=0.1$，楔块自重不计。求能自锁的倾斜角 θ。

4-13　尖劈顶重装置如图所示。在 B 块上受力 $\boldsymbol{P}$ 的作用。A 与 B 块间的摩擦因数为 f_s（其他有滚珠处表示光滑）。如不计 A 和 B 块的重量，求使系统保持平衡的力 $\boldsymbol{F}$ 的值。

4-14　一半径为 R、重为 $\boldsymbol{P}_1$ 的轮静止在水平面上，如图所示。在轮上半径为 r 的轴上缠有细绳，此细绳跨过滑轮 A，在端部系一重为 $\boldsymbol{P}_2$ 的物体。绳的 AB 部分与铅直线呈 θ 角。求轮与水平面接触点 C 处的滚动摩阻力偶矩、滑动摩擦力和法向反作用力。

4-15　汽车重 $P=15\text{kN}$，车轮的直径为 600mm，轮自重不计。问发动机应给予后轮多大的力偶矩，方能使前轮越过高为 80mm 的阻碍物？并问此时后轮与地面的静摩擦因数应为多大才不至打滑？

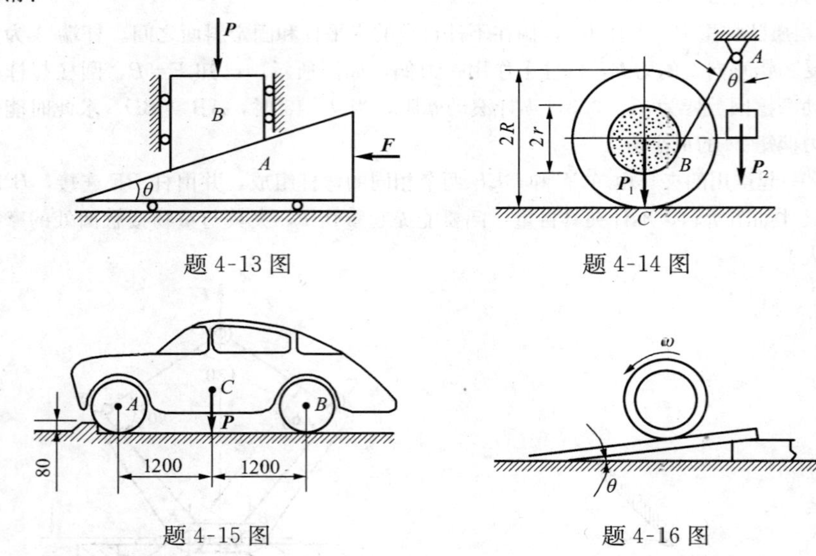

题 4-13 图　　题 4-14 图

题 4-15 图　　题 4-16 图

4-16　如图所示，钢管车间的钢管运转台架，依靠钢管自重缓慢无滑动地滚下，钢管直径为 50mm。设钢管与台架间的滚动摩阻系数 $\delta=0.5$mm。试确定台架的最小倾角 θ 应为多大？

4-17　图中均质杆 AB 长 l，重 $\boldsymbol{P}$，A 端由一球形铰链固定在地面上，B 端自由地靠在一铅直墙面上，墙面与铰链 A 的水平距离等于 a，图中 OB 与 z 轴的交角为 θ。杆 AB 与墙面间的摩擦因数为 f_s，铰链的摩擦阻力可以不计。求杆 AB 将开始沿墙滑动时，θ 角应等于多大？

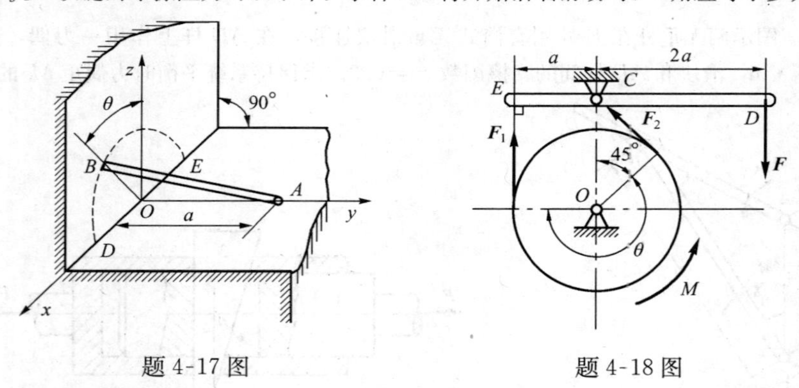

题 4-17 图　　题 4-18 图

4-18　胶带制动器如图所示，胶带绕过制动轮而连接于固定点 C 及水平杠杆的 E 端。胶带绕于轮上的包角 $\theta=225°=1.25\pi$（弧度），胶带与轮间的摩擦因数为 $f_s=0.5$，轮半径 $r=a=100$mm。如在水平杆 D 端施加一铅垂力 $\boldsymbol{F}=100$N，求胶带对于制动轮的制动力矩 M 的最大值。

提示：轮与胶带间将发生滑动时，胶带两端拉力的关系为 $F_2=F_1e^{f_s\theta}$，其中 θ 为包角（以弧度计），f_s 为摩擦因数。

第二篇　运　动　学

运动学是从几何学方面来研究物体的机械运动，即研究物体在空间的位置随时间的变化规律，而不涉及力和质量等引起物体运动状态变化有关的物理因素。至于物体运动规律与力和质量等物理量之间的关系将在动力学中研究。

本篇将所研究的物体抽象为点（动点）和刚体两种力学模型，所谓点，是指不计大小和质量，但在空间占有确定位置的几何点；刚体则是无数点组成的不变形系统。于是运动学也分为点的运动学和刚体运动学两部分。当研究一个物体的运动时，必须选择另一个物体作为参考，这个参考的物体称为参考体。同一个物体，选择不同的参考体，其运动是不同的，也就是说运动具有相对性。因此，在描述物体的运动时，必须指明所取的参考体才有意义。与参考体固连的坐标系称为参考系。一般工程问题中，都取与地面固连的坐标系为参考系。以后若没作特别说明，可如此理解。对于某些特殊问题，将根据需要另选参考系，并加以说明。

运动学中有两个与时间有关的概念：瞬时和时间间隔。瞬时是指与物体运动到某一位置相对应的某一时刻或某一刹那，通常用 t 表示。例如，3 点整，第 8 秒末。时间间隔是指两个不同瞬时之间的一段时间，有时也简称时间，通常用 Δt 表示。例如，从 t_1 瞬时到 t_2 瞬时之间的时间间隔为 $\Delta t=t_2-t_1$。

运动学不仅是动力学的基础，而且也有其独立的应用。例如，在许多机构的设计中，要使它能够完成某些预先规定的动作，就需要对每个构件作详细的运动学分析，以保证其可靠的功能；对一些结构物有时也需要进行运动学分析，以确定整个结构是不是几何不变的。因此，运动学的知识，对学习动力学和分析解决工程实际问题，都具有重要的意义。

第5章 点的运动学

本章主要研究动点相对于某一个参考系的几何位置随时间变动的规律，包括点的**运动方程**、**运动轨迹**、**速度和加速度**等。

点在空间的几何位置随时间而变化的规律的数学表达式称为点的运动方程。点在空间运动时所经过的路线称为点的运动轨迹或简称轨迹。如果轨迹是直线，称点作直线运动；如果轨迹是曲线，称点作曲线运动。点的运动学知识既可以直接应用于某些工程实际问题，又是研究一般物体运动的基础。

描述点的运动有多种方法，本章介绍最常用的矢量法、直角坐标法、自然坐标法及极坐标法。

§5.1 矢 量 法

一、矢量表示点的运动方程

设动点 M 在空间作曲线运动，如图 5-1 所示，在空间任选一固定点 O 为坐标原点，自点 O 向动点 M 作矢量 $\boldsymbol{r}$，称 $\boldsymbol{r}$ 为点 M 相对原点 O 的**位置矢量**，简称**矢径**。当动点 M 运动时，矢径 $\boldsymbol{r}$ 随时间而变化，并且是时间的单值连续函数，即

$$\boldsymbol{r} = \boldsymbol{r}(t) \tag{5-1}$$

式（5-1）称为**用矢量表示的点的运动方程**。动点 M 在运动过程中，其矢径 $\boldsymbol{r}$ 的末端在空间描绘出一条连续曲线，称为**矢端曲线**。显然，矢径 $\boldsymbol{r}$ 的矢端曲线就是动点 M 的运动轨迹。

二、矢量表示点的速度

设动点由瞬时 t 到瞬时 $t+\Delta t$，其位置由 M 运动到 M'，如图 5-2 所示。在 Δt 时间间隔内，矢径的改变量为

$$\Delta \boldsymbol{r} = \boldsymbol{r}(t+\Delta t) - \boldsymbol{r}(t)$$

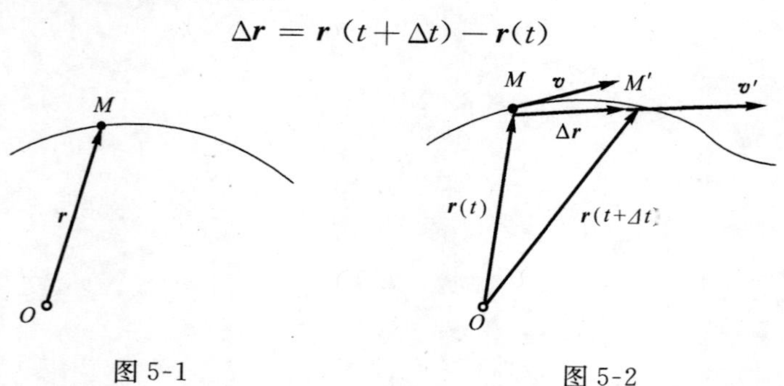

图 5-1　　图 5-2

它代表动点在 Δt 时间间隔内的位移。$\boldsymbol{v}^{*}=\dfrac{\Delta \boldsymbol{r}}{\Delta t}$表示动点 M 在时间间隔 Δt 内的平均速度。当 Δt 趋近于零时，此极限称为动点 M 在瞬时 t 的速度，用$\boldsymbol{v}$表示

$$\boldsymbol{v}=\lim_{\Delta t\to 0}\boldsymbol{v}^{*}=\lim_{\Delta t\to 0}\frac{\Delta \boldsymbol{r}}{\Delta t}=\frac{\mathrm{d}\boldsymbol{r}}{\mathrm{d}t}=\dot{\boldsymbol{r}} \tag{5-2}$$

式（5-2）表示，**动点的速度矢等于它的矢径 $\boldsymbol{r}$ 对时间的一阶导数**，动点的速度是矢量，动点的速度矢沿着矢径 $\boldsymbol{r}$ 的矢端曲线的切线，即沿动点运动轨迹的切线，并与动点运动的方向一致。速度的大小，即速度矢$\boldsymbol{v}$的模，表示动点运动的快慢程度，速度的方向表示动点沿轨迹运动的方向。

在国际单位制中速度$\boldsymbol{v}$的单位为“m/s”。

三、矢量表示点的加速度

点的速度矢对时间的变化率称为**加速度**。点的加速度也是矢量，它表征了速度的大小和方向随时间的变化。设在瞬时 t 和瞬时 $t+\Delta t$，动点分别位于 M 和 M' 点，其速度分别为$\boldsymbol{v}$和$\boldsymbol{v}'$，如图 5-3 所示。则在 Δt 时间内速度的变化为 $\Delta\boldsymbol{v}=\boldsymbol{v}'-\boldsymbol{v}$，比值 $\boldsymbol{a}^{*}=\dfrac{\Delta \boldsymbol{v}}{\Delta t}$ 表示动点在 Δt 时间内的平均加速度。当 Δt 趋近于零时，得动点 M 在瞬时 t 的加速度

$$\boldsymbol{a}=\lim_{\Delta t\to 0}\boldsymbol{a}^{*}=\lim_{\Delta t\to 0}\frac{\Delta \boldsymbol{v}}{\Delta t}=\frac{\mathrm{d}\boldsymbol{v}}{\mathrm{d}t}=\frac{\mathrm{d}^2\boldsymbol{r}}{\mathrm{d}t^2}=\ddot{\boldsymbol{r}} \tag{5-3}$$

可见，**动点的加速度矢等于该点的速度矢对时间的一阶导数，亦等于它的矢径对时间的二阶导数**。

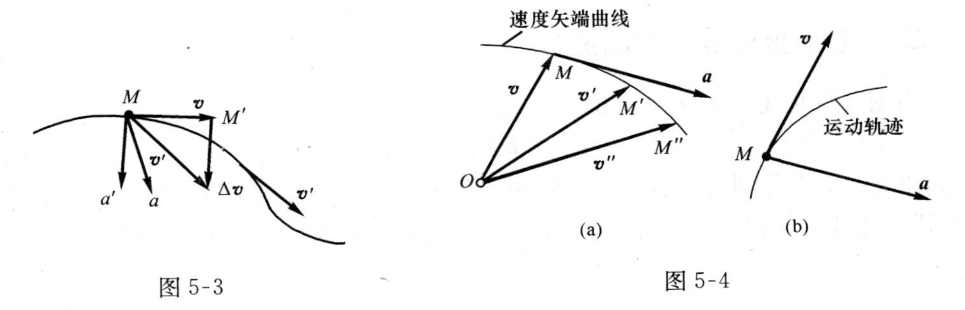

图 5-3　　图 5-4

如在空间任取一点 O，把动点 M 在不同瞬时的速度矢$\boldsymbol{v}$，$\boldsymbol{v}'$，$\boldsymbol{v}''$……都平行地移到点 O，连接各矢量的端点 M，M'，M''……，就构成了矢量$\boldsymbol{v}$端点的连续曲线，称为**速度矢端曲线**。动点的加速度矢 $\boldsymbol{a}$ 的方向与速度矢端曲线在相应点 M 的切线相平行，如图 5-4 所示。

§5.2　直角坐标法

一、直角坐标表示点的运动方程

建立一个固定的直角坐标系 $Oxyz$，如图 5-5 所示，则动点 M 在任意瞬时的

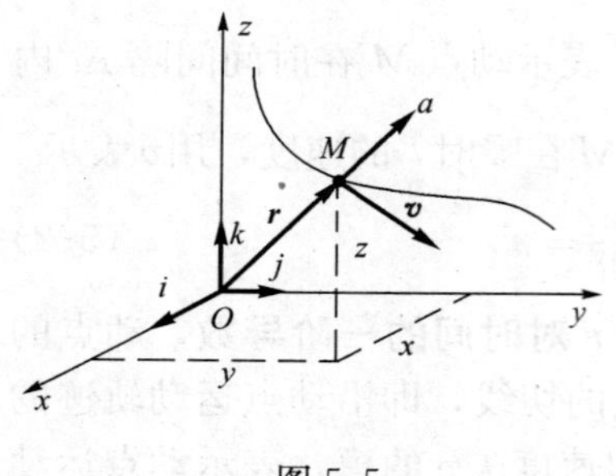

图 5-5

空间位置，可由它在此坐标系中的坐标值 x，y，z 确定。当动点 M 运动时，其三个坐标值 x，y，z 也随着时间 t 而变化，因而它们是时间 t 的单值连续函数，即

$$x = f_1(t) \quad y = f_2(t) \quad z = f_3(t) \tag{5-4}$$

式（5-4）就是**用直角坐标表示的点的运动方程**。若已知点的运动方程式（5-4），就可以求出任一瞬时点的坐标 x，y，z 的值，也就完全确定了该瞬时动点 M 的位置。

式（5-4）实际上也是动点轨迹的参数方程，只要给定时间 t 的不同数值，并依次得出点的坐标 x，y，z 的相应数值，则根据这些数值就可以描出动点的轨迹。

因为动点的轨迹与时间无关，将运动方程中的时间 t 消去，即得动点的轨迹方程。

在工程中，经常遇到动点在某平面内运动的情形，此时点的轨迹为一平面曲线。取轨迹所在的平面为坐标平面 Oxy，则点的运动方程为

$$x = f_1(t),\ y = f_2(t) \tag{5-5}$$

从上式中消去时间 t，即得动点的轨迹方程

$$F(x, y) = 0 \tag{5-6}$$

如果点的运动轨迹为一直线，取此直线为 Ox 轴，则动点的运动方程为

$$x = f(t) \tag{5-7}$$

二、直角坐标表示点的速度

由图 5-5 可见，表示动点位置的坐标 x，y，z 与矢径的关系为：

$$\boldsymbol{r} = x\boldsymbol{i} + y\boldsymbol{j} + z\boldsymbol{k} \tag{5-8}$$

上式中 $\boldsymbol{i}$，$\boldsymbol{j}$，$\boldsymbol{k}$ 分别为沿直角坐标轴正向的单位矢量。根据速度定义，将式（5-8）代入到式（5-2）中，由于 $\boldsymbol{i}$，$\boldsymbol{j}$，$\boldsymbol{k}$ 为大小和方向都不变的恒定单位矢量，所以有

$$\boldsymbol{v} = \dot{\boldsymbol{r}} = \dot{x}\boldsymbol{i} + \dot{y}\boldsymbol{j} + \dot{z}\boldsymbol{k} \tag{5-9}$$

设动点 M 的速度矢 $\boldsymbol{v}$ 在直角坐标轴 x，y，z 上的投影分别为 v_x，v_y 和 v_z，即

$$\boldsymbol{v} = v_x\boldsymbol{i} + v_y\boldsymbol{j} + v_z\boldsymbol{k} \tag{5-10}$$

比较式（5-9）和式（5-10）得

$$v_x = \dot{x} \quad v_y = \dot{y} \quad v_z = \dot{z} \tag{5-11}$$

这就是**用直角坐标表示的动点的速度**。可见，**动点的速度在各直角坐标轴上的投影，等于动点的各对应坐标对时间的一阶导数**。

式（5-11）完全确定了动点速度 $\boldsymbol{v}$ 的大小和方向。速度的大小为

$$v = \sqrt{v_x^2 + v_y^2 + v_z^2} = \sqrt{\dot{x}^2 + \dot{y}^2 + \dot{z}^2} \tag{5-12}$$

速度的方向可用方向余弦表示为

$$\cos(\boldsymbol{v},\boldsymbol{i})=\frac{v_x}{v}\quad \cos(\boldsymbol{v},\boldsymbol{j})=\frac{v_y}{v}\quad \cos(\boldsymbol{v},\boldsymbol{k})=\frac{v_z}{v} \tag{5-13}$$

三、直角坐标表示点的加速度

为求加速度，将式（5-10）对时间求一阶导数得

$$\boldsymbol{a}=\dot{\boldsymbol{v}}=\dot{v}_x\boldsymbol{i}+\dot{v}_y\boldsymbol{j}+\dot{v}_z\boldsymbol{k}=\ddot{x}\boldsymbol{i}+\ddot{y}\boldsymbol{j}+\ddot{z}\boldsymbol{k} \tag{5-14}$$

设动点 M 的加速度矢 $\boldsymbol{a}$ 在直角坐标轴 x，y，z 上的投影分别为 a_x，a_y 和 a_z，即

$$\boldsymbol{a}=a_x\boldsymbol{i}+a_y\boldsymbol{j}+a_z\boldsymbol{k} \tag{5-15}$$

则有

$$a_x=\dot{v}_x=\ddot{x}\quad a_y=\dot{v}_y=\ddot{y}\quad a_z=\dot{v}_z=\ddot{z} \tag{5-16}$$

因此，**动点的加速度在各直角坐标轴上的投影，等于动点的各对应坐标对时间的二阶导数。**

同理，加速度 $\boldsymbol{a}$ 的大小和方向由它的三个投影 a_x，a_y 和 a_z 完全确定。

【例 5-1】 椭圆规的曲柄 OC 可绕定轴 O 转动，其端点 C 与规尺 AB 的中点以铰链相连接，而规尺 AB 两端分别在相互垂直的滑槽中运动，如图 5-6 所示。已知：$OC=AC=BC=l$，$MC=a$，$\varphi=\omega t$。求规尺上点 M 的运动方程、轨迹方程、速度和加速度。

【解】 欲求点 M 的运动轨迹，可以先用直角坐标法给出它的运动方程。为此，取坐标系 Oxy，如图 5-6 所示，点 M 的运动方程为

$$x=(OC+CM)\cos\varphi=(l+a)\cos\omega t$$

$$y=AM\sin\varphi=(l-a)\sin\omega t$$

消去时间 t，得轨迹方程

$$\frac{x^2}{(l+a)^2}+\frac{y^2}{(l-a)^2}=1$$

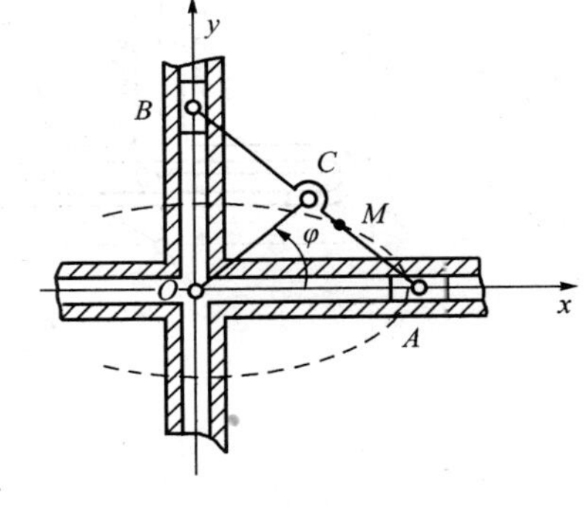

图 5-6

由此可见，点 M 的轨迹是一个椭圆，长轴与 x 轴重合，短轴与 y 轴重合。

当点 M 在 BC 段上时，椭圆的长轴将与 y 轴重合。读者可自行推算。

为求点的速度，应将点的坐标对时间取一次导数。得

$$v_x=\dot{x}=-(l+a)\omega\sin\omega t\qquad v_y=\dot{y}=(l-a)\omega\cos\omega t$$

故点 M 的速度大小为

$$v=\sqrt{v_x^2+v_y^2}=\sqrt{(l+a)^2\omega^2\sin^2\omega t+(l-a)^2\omega^2\cos^2\omega t}$$

$$=\omega\sqrt{l^2+a^2-2al\cos 2\omega t}$$

其方向余弦为

$$\cos(\boldsymbol{v},\boldsymbol{i})=\frac{v_x}{v}=\frac{-(l+a)\sin\omega t}{\sqrt{l^2+a^2-2al\cos 2\omega t}}$$

$$\cos(\boldsymbol{v},\boldsymbol{j})=\frac{v_y}{v}=\frac{(l-a)\cos\omega t}{\sqrt{l^2+a^2-2al\cos2\omega t}}$$

为求点的加速度，应将点的坐标对时间取二次导数，得

$$a_x=\dot{v}_x=\ddot{x}=-(l+a)\omega^2\cos\omega t$$

$$a_y=\dot{v}_y=\ddot{y}=-(l-a)\omega^2\sin\omega t$$

故点 M 的加速度大小为

$$a=\sqrt{a_x^2+a_y^2}=\sqrt{(l+a)^2\omega^4\cos^2\omega t+(l-a)^2\omega^4\sin^2\omega t}$$

$$=\omega^2\sqrt{l^2+a^2+2al\cos2\omega t}$$

其方向余弦为

$$\cos(\boldsymbol{a},\boldsymbol{i})=\frac{a_x}{a}=\frac{-(l+a)\cos\omega t}{\sqrt{l^2+a^2+2al\cos2\omega t}}$$

$$\cos(\boldsymbol{a},\boldsymbol{j})=\frac{a_y}{a}=\frac{-(l-a)\sin\omega t}{\sqrt{l^2+a^2+2al\cos2\omega t}}$$

【例 5-2】 正弦机构如图 5-7 所示，曲柄 OM 长为 r，绕 O 轴匀速转动，它与水平线间的夹角为 $\varphi=\omega t+\theta$，其中 θ 为 $t=0$ 时的夹角，ω 为一常数。已知动杆上 A，B 两点间距离为 b。求点 A 和 B 的运动方程及点 B 的速度和加速度。

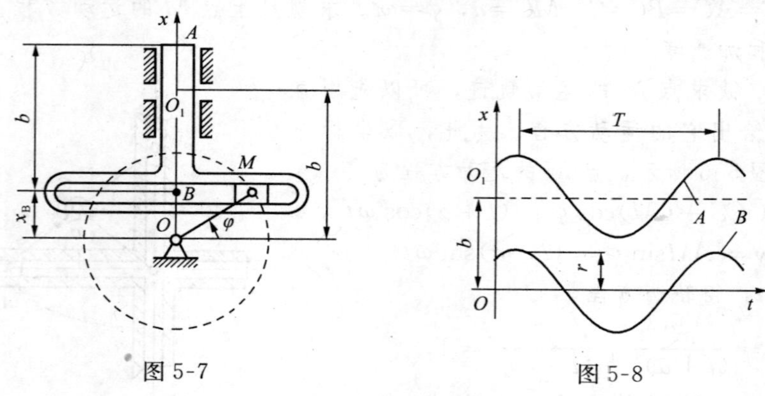

图 5-7　　　　图 5-8

【解】 A，B 两点都作直线运动。取 Ox 轴如图所示。于是 A，B 两点的坐标分别为：

$$x_A=b+r\sin\varphi,\quad x_B=r\sin\theta$$

将坐标写成时间的函数，即得 A，B 两点沿 Ox 轴的运动方程为：

$$x_A=b+r\sin(\omega t+\theta),\quad x_B=r\sin(\omega t+\theta)$$

工程中，为了使点的运动情况一目了然，常常将点的坐标与时间的函数关系绘成图线，一般取横轴为时间，纵轴为点的坐标，绘出的图线称为**运动图线**。图 5-8 中的曲线分别为 A，B 两点的运动图线。

当点作直线往复运动，并且运动方程可写成时间的正弦函数或余弦函数时，这种运动称为**直线谐振动**。往复运动的中心称为**振动中心**。动点偏离振动中心最远的距离 r 称为**振幅**。用来确定动点位置的角 $\varphi=\omega t+\theta$ 称为**位相**，用来确定动点初始位置的角 θ 称为**初位相**。

动点往复一次所需的时间 T 称为振动的**周期**。由于时间经过一个周期，位相应增加 2π，即

$$\omega(t+T)+\theta=(\omega t+\theta)+2\pi$$

故得

$$T=\frac{2\pi}{\omega}$$

周期 T 的导数 $f=\frac{1}{T}$ 称为**频率**，表示每秒振动的次数，其单位为 1/s，或称为赫兹（Hz）。ω 称为振动的**角频率**，因为

$$\omega=\frac{2\pi}{T}=2\pi f$$

所以角频率表示在 2π 秒内振动的次数。

将点 B 的运动方程对时间取一阶导数，即得点 B 的速度为

$$v=\dot{x}_{\mathrm{B}}=r\omega\cos(\omega t+\theta)$$

点 B 的加速度为

$$a=\ddot{x}_{\mathrm{B}}=-r\omega^2\sin(\omega t+\theta)=-\omega^2 x_{\mathrm{B}}$$

从上式看出，谐振动的特征之一是加速度的大小与动点的位移呈正比，而方向相反。

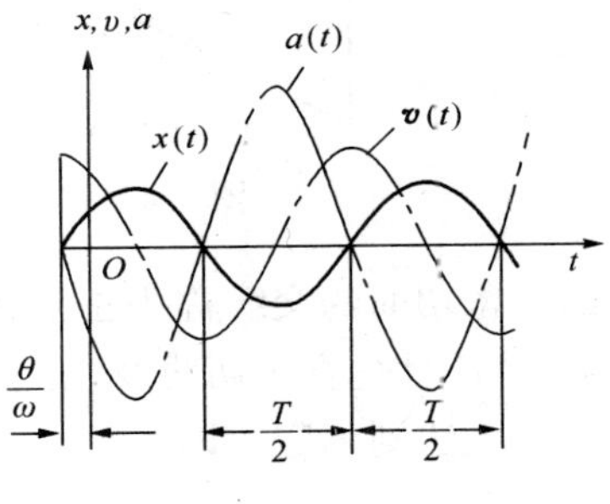

图 5-9

为了形象地表示动点的速度和加速度随时间变化的规律，将 v 和 a 随 t 变化的函数关系画成曲线，这些曲线分别称为**速度图线**和**加速度图线**。在图 5-9 中，表示出谐振动的运动图线、速度图线和加速度图线。从图中可知，动点在振动中心时，速度值最大，加速度值为零；在两端位置时，加速度值最大，速度值为零；又知，点从振动中心向两端运动是减速运动，而从两端回到中心的运动是加速运动。

§5.3 自 然 坐 标 法

利用点的运动轨迹建立弧坐标及自然轴系，并利用它们来描述和分析点的运动的方法称为**自然坐标法**。

一、弧坐标

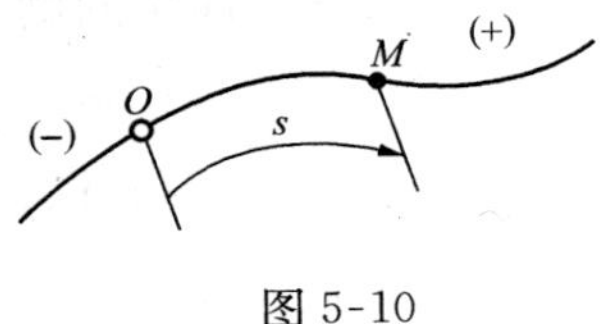

图 5-10

设点 M 的运动轨迹为图 5-10 所示的曲线，则动点 M 在轨迹上的位置可以这样确定：在轨迹上任选一点 O 为坐标原点，并设点 O 的某一侧为正向，另一侧为负向，动点 M 在轨迹上的位置由弧长 s 确定，称 s 为动点 M 在轨迹上的**弧坐标**。因 s 只有正、负之分，所以弧坐标为代数量，当动点 M 运动时，s 随时间变化，它是时间的单值连续函数，即

$$s=f(t) \tag{5-17}$$

式(5-17)称为**点沿轨迹的运动方程，或以弧坐标表示的点的运动方程**。如果已知点的运动方程式(5-17)，可以确定任一瞬时点的弧坐标 s 的值，也就确定了该瞬时动点在轨迹上的位置。此方程通常用于研究轨迹为圆、抛物线等轨迹已知的点的运动。

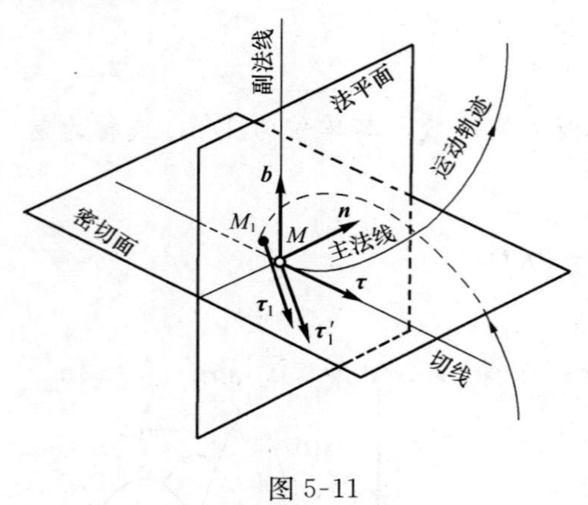

图 5-11

二、自然轴系

在点的运动轨迹曲线上取极为接近的两点 M 和 M_1，其间的弧长为 Δs，这两点切线方向上的单位矢量分别为 $\boldsymbol{\tau}$ 和 $\boldsymbol{\tau}_1$，其指向与弧坐标正向一致，如图 5-11 所示。将 $\boldsymbol{\tau}_1$ 平行移至点 M，则 $\boldsymbol{\tau}$ 和 $\boldsymbol{\tau}_1$ 决定一个平面。令点 M_1 无限趋近点 M，则此平面趋近于某一极限位置，此极限平面称为曲线在点 M 的**密切面**。过点 M 并与切线垂直的平面称为**法平面**，法平面与密切面的交线称为**主法线**。令主法线的单位矢量为 $\boldsymbol{n}$，指向曲线内凹一侧。过点 M 且垂直于切线及主法线的直线称为**副法线**，其单位矢量为 $\boldsymbol{b}$，其指向根据右手法则确定，即

$$\boldsymbol{b}=\boldsymbol{\tau}\times\boldsymbol{n}$$

以点 M 为坐标原点，沿 $\boldsymbol{\tau}$，$\boldsymbol{n}$ 和 $\boldsymbol{b}$ 这三个矢量方向可建立一个正交坐标系，称为曲线在点 M 处的**自然轴系**，这三个轴称为**自然轴**。

注意，自然轴系不是一个固定的坐标系，因为其坐标原点取的是轨迹上与动点重合的点，所以它随动点在轨迹曲线上的位置变化而改变，相应地，$\boldsymbol{\tau}$，$\boldsymbol{n}$ 和 $\boldsymbol{b}$ 也是方向随动点的位置变化的单位矢量。

在曲线运动中，轨迹的曲率或曲率半径是一个重要的参数，它表示曲线的弯曲程度。如点 M 沿轨迹经过弧长 Δs 到达点 M'，如图 5-12 所示。设点 M 处曲线切向单位矢量为 $\boldsymbol{\tau}$，点 M' 处单位矢量为 $\boldsymbol{\tau}'$，而切线经过弧长 Δs 时转过的角度为 $\Delta\varphi$。则比值 $\Delta\varphi/\Delta s$ 表达了曲线在弧长 Δs 内的平均弯曲程度，称为**平均曲率**。当点 M' 趋近于点 M 时，平均曲率的极限值称为曲线在该点 M 处的**曲率**。曲率的倒数称为**曲率半径**，如曲率半径以 ρ 表示，则有

$$\frac{1}{\rho}=\lim_{\Delta s\to 0}\frac{\Delta\varphi}{\Delta s}=\frac{\mathrm{d}\varphi}{\mathrm{d}s} \tag{5-18}$$

由图 5-12 可见

$$|\Delta\boldsymbol{\tau}|=2|\boldsymbol{\tau}|\sin\frac{\Delta\varphi}{2}$$

当 $\Delta s\to 0$ 时，$\Delta\varphi\to 0$，$\Delta\boldsymbol{\tau}$ 与 $\boldsymbol{\tau}$ 垂直，且有 $|\boldsymbol{\tau}|=1$，由此可得

$$|\Delta\boldsymbol{\tau}|\approx\Delta\varphi$$

注意到点沿切向 $\boldsymbol{\tau}$ 的正方向运动，Δs 为正时，$\Delta\boldsymbol{\tau}$ 指向轨迹内凹一侧；Δs 为负

时，$\Delta\boldsymbol{\tau}$ 指向轨迹外凸一侧；因此有

$$\frac{\mathrm{d}\boldsymbol{\tau}}{\mathrm{d}s}=\lim_{\Delta s\to 0}\frac{\Delta\boldsymbol{\tau}}{\Delta s}=\lim_{\Delta s\to 0}\frac{\Delta\varphi}{\Delta s}\boldsymbol{n}=\frac{1}{\rho}\boldsymbol{n} \tag{5-19}$$

上式将用于法向加速度的推导。

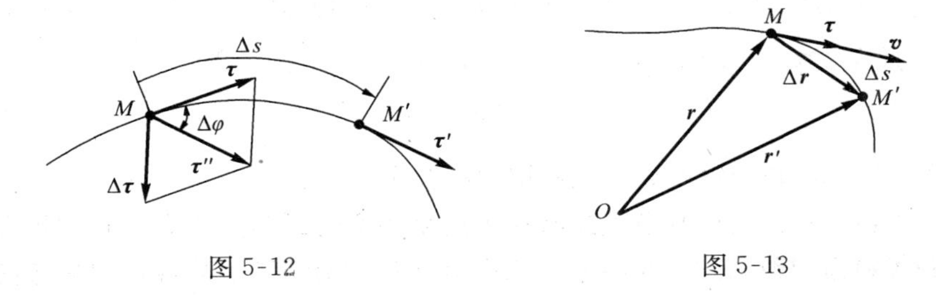

图 5-12　　图 5-13

三、自然坐标表示点的速度

设动点沿已知轨迹作曲线运动，如图 5-13 所示。瞬时 t 动点位于 M 处，矢径为 $\boldsymbol{r}$，在瞬时 $t+\Delta t$，动点位于 M' 处，矢径为 $\boldsymbol{r}'$，则在时间 Δt 内，动点的弧坐标增量为 Δs，矢径增量为 $\Delta\boldsymbol{r}$。由式（5-2）可知，动点在瞬时 t 的速度为

$$\boldsymbol{v}=\frac{\mathrm{d}\boldsymbol{r}}{\mathrm{d}t}=\frac{\mathrm{d}s}{\mathrm{d}t}\cdot\frac{\mathrm{d}\boldsymbol{r}}{\mathrm{d}s}$$

而

$$\frac{\mathrm{d}\boldsymbol{r}}{\mathrm{d}s}=\lim_{\Delta s\to 0}\frac{\Delta\boldsymbol{r}}{\Delta s}$$

当 $\Delta s\to 0$ 时，$\frac{\Delta\boldsymbol{r}}{\Delta s}$的大小趋近于 1，其方向趋近于轨迹在点 M 的切线方向，并指向轨迹的正向，即切线单位矢量 $\boldsymbol{\tau}$ 的方向，故

$$\frac{\mathrm{d}\boldsymbol{r}}{\mathrm{d}s}=\boldsymbol{\tau}$$

所以，速度 $\boldsymbol{v}$ 可写成

$$\boldsymbol{v}=\frac{\mathrm{d}s}{\mathrm{d}t}\boldsymbol{\tau}=v\boldsymbol{\tau} \tag{5-20}$$

式（5-20）中 v 可理解为速度 $\boldsymbol{v}$ 在切线方向的投影。由上式可得

$$v=\frac{\mathrm{d}s}{\mathrm{d}t}=\dot{s} \tag{5-21}$$

即，动点沿已知轨迹的速度的大小等于动点的弧坐标对时间的一阶导数，速度的方向沿动点轨迹的切线方向。

四、自然坐标表示点的切向加速度和法向加速度

将式（5-20）对时间取一阶导数，注意到 $\boldsymbol{v}$，$\boldsymbol{\tau}$ 都是变量，得

$$\boldsymbol{a}=\frac{\mathrm{d}\,\boldsymbol{v}}{\mathrm{d}t}=\frac{\mathrm{d}v}{\mathrm{d}t}\boldsymbol{\tau}+v\frac{\mathrm{d}\boldsymbol{\tau}}{\mathrm{d}t} \tag{5-22}$$

上式右端两项都是矢量，第一项是反应速度大小变化的加速度，记为 $\boldsymbol{a}_\tau$；第二项是反应速度方向变化的加速度，记为 $\boldsymbol{a}_n$。下面分别求它们的大小和方向。

(1) 反应速度大小变化的加速度 $\boldsymbol{a}_\tau$

因为

$$\boldsymbol{a}_\tau = \dot{v}\boldsymbol{\tau} \tag{5-23}$$

显然 $\boldsymbol{a}_\tau$是一个沿轨迹切线的矢量，因此称为**切向加速度**。如 $\dot{v}>0$，$\boldsymbol{a}_\tau$指向轨迹的正向；如 $\dot{v}<0$，$\boldsymbol{a}_\tau$指向轨迹的负向。令

$$a_\tau = \dot{v} = \ddot{s} \tag{5-24}$$

a_τ是一个代数量，是加速度 $\boldsymbol{a}$ 沿轨迹切向的投影。

由此可得结论：**切向加速度反映点的速度值对时间的变化率，它的代数值等于速度的代数值对时间的一阶导数，或弧坐标对时间的二阶导数，它的方向沿轨迹切线。**

(2) 反应速度方向变化的加速度 $\boldsymbol{a}_\mathrm{n}$

因为

$$\boldsymbol{a}_\mathrm{n} = v\frac{\mathrm{d}\boldsymbol{\tau}}{\mathrm{d}t} \tag{5-25}$$

它反应速度方向 $\boldsymbol{\tau}$ 的变化。上式可改写为

$$\boldsymbol{a}_\mathrm{n} = v\frac{\mathrm{d}\boldsymbol{\tau}}{\mathrm{d}s}\frac{\mathrm{d}s}{\mathrm{d}t}$$

将式（5-19）及式（5-21）代入上式，得

$$\boldsymbol{a}_\mathrm{n} = \frac{v^2}{\rho}\boldsymbol{n} \tag{5-26}$$

由此可见，$\boldsymbol{a}_n$的方向与主法线的正向一致，称为**法向加速度**。于是可得结论：**法向加速度反映点的速度方向改变的快慢程度，它的大小等于点的速度平方除以曲率半径，它的方向沿着主法线，指向曲率中心。**

正如前面分析的那样，切向加速度表明速度大小的变化率，而法向加速度只反应速度方向的变化，所以，当速度$\boldsymbol{v}$与切向加速度$\boldsymbol{a}_\tau$的指向相同时，即 v 与 a_τ 的符号相同时，速度的绝对值不断增加，点作加速运动，如图 5-14(a)所示；当速度$\boldsymbol{v}$与切向加速度$\boldsymbol{a}_\tau$的指向相反时，即 v 与 a_τ的符号相反时，速度的绝对值不断减小，点作减速运动，如图5-14(b)所示。

将式（5-23），式（5-25）和式（5-26）代入式（5-22）中，有

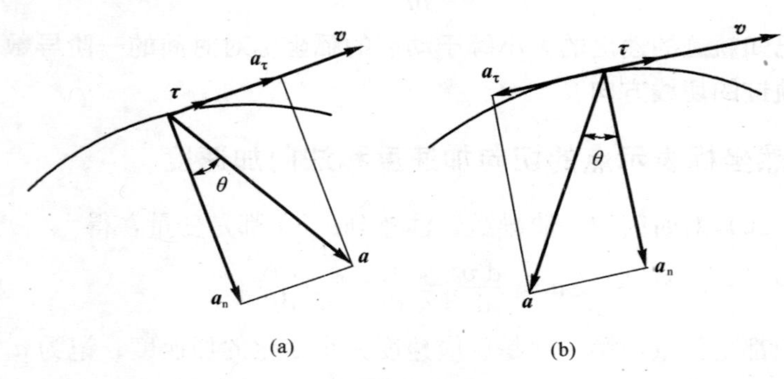

图 5-14

$$\boldsymbol{a}=\boldsymbol{a}_{\tau}+\boldsymbol{a}_{\mathrm{n}}=a_{\tau}\boldsymbol{\tau}+a_{\mathrm{n}}\boldsymbol{n} \tag{5-27}$$

式中

$$a_{\tau}=\frac{\mathrm{d}v}{\mathrm{d}t} \qquad a_{\mathrm{n}}=\frac{v^2}{\rho} \tag{5-28}$$

由于 $\boldsymbol{a}_{\tau}$、$\boldsymbol{a}_{\mathrm{n}}$ 均在密切面内，因此**全加速度** $\boldsymbol{a}$ 也必在密切面内。这表明加速度沿副法线上的分量为零，即

$$\boldsymbol{a}_{\mathrm{b}}=0 \tag{5-29}$$

全加速度的大小可由下式求出

$$a=\sqrt{a_{\tau}^2+a_{\mathrm{n}}^2} \tag{5-30}$$

它与法线间的夹角的正切为

$$\tan\theta=\frac{a_{\tau}}{a_{\mathrm{n}}} \tag{5-31}$$

当 $\boldsymbol{a}$ 与切向单位矢量 $\boldsymbol{\tau}$ 的夹角为锐角时 θ 为正，否则为负（图 5-14b）。

如果动点的切向加速度的代数值保持不变，即 $a_{\tau}=$恒量，则动点的运动称为**曲线匀变速运动**。现在来求它的运动规律。

由

$$\mathrm{d}v=a_{\tau}\mathrm{d}t$$

积分得

$$v=v_0+a_{\tau}t \tag{5-32}$$

式中 v_0 是在 $t=0$ 时点的速度。

再积分，得

$$s=s_0+v_0t+\frac{1}{2}a_{\tau}t^2 \tag{5-33}$$

式中 s_0 是在 $t=0$ 时点的弧坐标。

式（5-32）和式（5-33）与物理学中点作匀变速直线运动的公式完全相似，只不过点作曲线运动时，式中的加速度应该是切向加速度 a_{τ}，而不是全加速度 a。这是因为点作曲线运动时，反映运动速度大小变化的只是全加速度的一个分量——切向加速度。

了解上述关系后，容易得到曲线运动的运动规律。例如所谓**匀速曲线运动**，即动点速度的代数值保持不变，与直线匀速运动的公式相比，即得

$$s=s_0+v_0t \tag{5-34}$$

应注意，在一般曲线运动中，除 $v=0$ 的瞬时外，点的法向加速度 a_{n} 总不等于零。直线运动为曲线运动的一种特殊情况，曲率半径 $\rho\to\infty$，任何瞬时点的法向加速度始终为零。

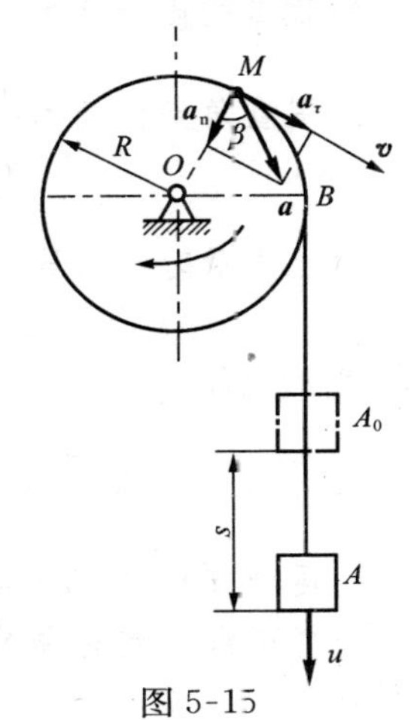

图 5-15

【例 5-3】 半径是 R 的滑轮绕水平轴 O 转动，滑轮上绕有不可伸长的绳索，绳索的一端挂有重物 A（图 5-15）。已知重物按照 $s=\frac{c}{2}t^2$ 的规律运动，长度以 m 计，时间以 s 计。试求滑轮边缘上点 M 的加速度。

【解】 由于绳子不可伸长，且轮与绳间无相对滑动，相当于齿轮齿条的啮合运动。所以，轮上某点的位移，与绳上相应的接触点的位移相同，$\boldsymbol{v}$，$\boldsymbol{a}$ 也相等（B 点除外），利用这种关系，如已知轮的运动，可求绳上点的运动；反之也可。

设重物的速度为 u，则

$$u=\frac{\mathrm{d}s}{\mathrm{d}t}=ct$$

由于绳上点的速度与轮上点的速度相同所以，轮上 M 点的速度为

$$v=u=ct$$

M 点的切向加速度 $a_\tau=\dfrac{\mathrm{d}v}{\mathrm{d}t}=c$

M 点的法向加速度 $a_\mathrm{n}=\dfrac{v^2}{\rho}=\dfrac{c^2t^2}{R}$

M 点的加速度 $\boldsymbol{a}$ 的大小

$$a=\sqrt{a_\tau^2+a_\mathrm{n}^2}=\sqrt{c^2+\left(\frac{c^2t^2}{R}\right)^2}=\frac{c}{R}\sqrt{R^2+c^2t^4}$$

加速度 $\boldsymbol{a}$ 与 MO 的夹角 $\beta=\arctan\dfrac{a_\tau}{a_\mathrm{n}}=\arctan\dfrac{R}{ct^2}$

【讨论】 在绳索上由滑轮刚脱离的一点 B，加速度具有不连续性：在脱离之前，加速度具有法向分量；而在脱离之后，加速度就没有法向分量了，只沿铅垂方向作匀加速度运动。

【例 5-4】 半径为 r 的轮子沿直线轨道无滑动地滚动（称为纯滚动），设轮子转角 $\varphi=\omega t$（ω 为常值），如图 5-16 所示。求用直角坐标和弧坐标表示的轮缘上任一点 M 的运动方程，并求该点的速度、切向加速度及法向加速度。

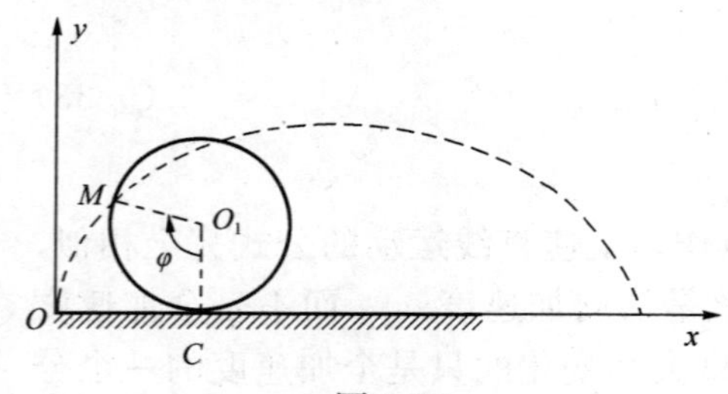

图 5-16

【解】 取点 M 与直线轨道的接触点 O 为原点，建立直角坐标系 Oxy（如图 5-16 所示）。当轮子转过 φ 角时，轮子与直线轨道的接触点为 C。由于是纯滚动，有

$$OC=\widehat{MC}=r\varphi=r\omega t$$

则，用直角坐标表示的点 M 的运动方程为

$$\begin{aligned}x&=OC-O_1M\sin\varphi=r(\omega t-\sin\omega t)\\ y&=O_1C-O_1M\cos\varphi=r(1-\cos\omega t)\end{aligned}\tag{a}$$

上式对时间求导，即得点 M 的速度沿坐标的投影

$$v_\mathrm{x}=\dot{x}=r\omega(1-\cos\omega t)\quad v_\mathrm{y}=\dot{y}=r\omega\sin\omega t\tag{b}$$

M 点的速度为

$$v=\sqrt{v_\mathrm{x}^2+v_\mathrm{y}^2}=r\omega\sqrt{2-2\cos\omega t}=2r\omega\sin\frac{\omega t}{2}\text{，}(0\leqslant\omega t\leqslant2\pi)\tag{c}$$

运动方程式（a）实际上也是点 M 运动轨迹的参数方程（以 t 为参变量）。这是一个摆线（或称旋轮线）方程，这表明点 M 的运动轨迹是摆线，如图 5-16 所示。

取点 M 的起始点 O 作为弧坐标原点，将式（c）的速度 v 积分，即得用弧坐标表示的运动方程：

$$s=\int_0^t 2r\omega\sin\frac{\omega t}{2}\mathrm{d}t=4r(1-\cos\frac{\omega t}{2})\quad(0\leqslant\omega t\leqslant 2\pi)$$

将式（b）再对时间求导，即得加速度在直角坐标系上的投影：

$$a_x=\ddot{x}=r\omega^2\sin\omega t\quad a_y=\ddot{y}=r\omega^2\cos\omega t \tag{d}$$

由此得到全加速度

$$a=\sqrt{a_x^2+a_y^2}=r\omega^2$$

将式（c）对时间求导，即得点 M 的切向加速度

$$a_\tau=\dot{v}=r\omega^2\cos\frac{\omega t}{2}$$

法向加速度为

$$a_n=\sqrt{a^2-a_t^2}=r\omega^2\sin\frac{\omega t}{2} \tag{e}$$

由于 $a_n=\frac{v^2}{\rho}$，于是还可以由式(c)及式(e)求得轨迹的曲率半径

$$\rho=\frac{v^2}{a_n}=\frac{4r^2\omega^2\sin^2\frac{\omega t}{2}}{r\omega^2\sin\frac{\omega t}{2}}=4r\sin\frac{\omega t}{2}$$

再讨论一个特殊情况。当 $t=2\pi/\omega$ 时，$\varphi=2\pi$，这时点 M 运动到与地面相接触的位置。由式（c）知，此时点 M 的速度为零，这表明沿地面作纯滚动的轮子与地面接触点的速度为零。另一方面，由于点 M 全加速度的大小恒为 $r\omega^2$，因此纯滚动的轮子与地面接触点的速度虽然为零，但加速度却不为零。将 $t=2\pi/\omega$ 代入式（d），得

$$a_x=0\ ,\ a_y=r\omega^2$$

即接触点的加速度方向向上。

* §5.4 柱坐标法和极坐标法

如果动点的运动方程以柱坐标 φ，ρ 和 z 表示，则点的速度和加速度也可以在柱坐标上投影。

设柱坐标的单位矢量为 $\boldsymbol{\rho}_0$，$\boldsymbol{\varphi}_0$ 和 $\boldsymbol{k}$，三个矢量相互垂直，组成右手坐标系，其中 $\boldsymbol{k}$ 沿 z 轴正向，$\boldsymbol{\rho}_0$ 和 $\boldsymbol{\varphi}_0$ 指向 ρ 和 φ 增大的方向，如图 5-17 所示。

动点 M 的矢径 $\boldsymbol{r}$ 可用柱坐标表示，即

$$\boldsymbol{r}=\rho\boldsymbol{\rho}_0+z\boldsymbol{k}$$

点 M 的速度为

$$\boldsymbol{v}=\frac{\mathrm{d}\boldsymbol{r}}{\mathrm{d}t}=\frac{\mathrm{d}\rho}{\mathrm{d}t}\boldsymbol{\rho}_0+\rho\frac{\mathrm{d}\boldsymbol{\rho}_0}{\mathrm{d}t}+\frac{\mathrm{d}z}{\mathrm{d}t}\boldsymbol{k}+z\frac{\mathrm{d}\boldsymbol{k}}{\mathrm{d}t}$$

因为 $\boldsymbol{k}$ 为恒矢量，有

$$\frac{\mathrm{d}\boldsymbol{k}}{\mathrm{d}t}=0$$

由于

$$\frac{\mathrm{d}\boldsymbol{\rho}_0}{\mathrm{d}t}=\lim_{\Delta t\to 0}\frac{\Delta\boldsymbol{\rho}_0}{\Delta t}$$

由图 5-18 可见，$\dfrac{\mathrm{d}\boldsymbol{\rho}_0}{\mathrm{d}t}$的大小为

$$\left|\frac{\mathrm{d}\boldsymbol{\rho}_0}{\mathrm{d}t}\right|=\lim_{\Delta t\to 0}\left|\frac{\Delta\boldsymbol{\rho}_0}{\Delta t}\right|=\lim_{\Delta t\to 0}\frac{\left|2\sin\dfrac{\Delta\varphi}{2}\right|}{\Delta t}$$

$$=\lim_{\Delta t\to 0}\left|\frac{\sin\dfrac{\Delta\varphi}{2}}{\dfrac{\Delta\varphi}{2}}\cdot\frac{\Delta\varphi}{\Delta t}\right|=\lim_{\Delta t\to 0}\left|\frac{\Delta\varphi}{\Delta t}\right|=\left|\frac{\mathrm{d}\varphi}{\mathrm{d}t}\right|$$

$\dfrac{\mathrm{d}\boldsymbol{\rho}_0}{\mathrm{d}t}$的方向为 $\Delta\boldsymbol{\rho}_0$ 的极限方向。当 $\Delta t\to 0$ 时，$\beta\to\dfrac{\pi}{2}$，即$\dfrac{\mathrm{d}\boldsymbol{\rho}_0}{\mathrm{d}t}$与 $\boldsymbol{\rho}_0$ 垂直，指向旋转的方向，即 $\boldsymbol{\varphi}_0$ 的方向。因此

$$\frac{\mathrm{d}\boldsymbol{\rho}_0}{\mathrm{d}t}=\frac{\mathrm{d}\varphi}{\mathrm{d}t}\boldsymbol{\varphi}_0$$

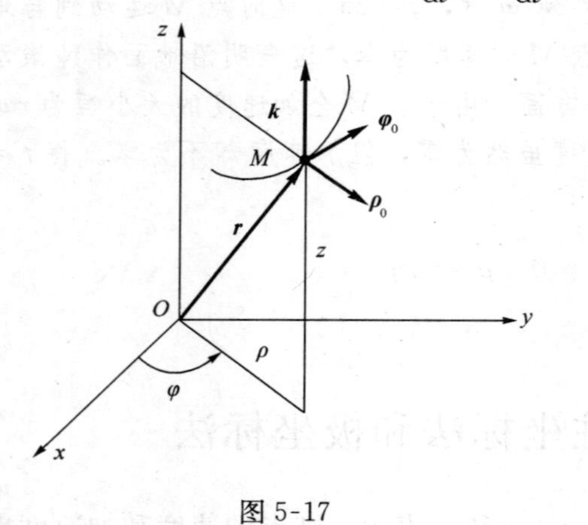

图 5-17

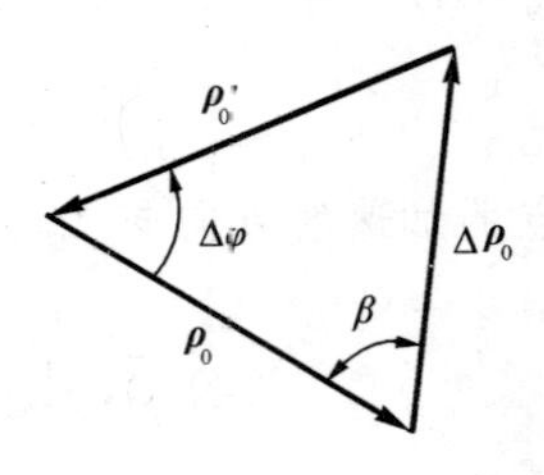

图 5-18

对于在平面内旋转的单位矢量都有相同的结论：单位矢量对时间的一次导数是在旋转平面内的另一矢量，它的大小等于矢量的转角对时间的一阶导数的绝对值，它的方向与原矢量垂直，指向旋转方向。

于是，点 M 的速度为

$$v=\frac{\mathrm{d}\rho}{\mathrm{d}t}\boldsymbol{\rho}_0+\rho\frac{\mathrm{d}\varphi}{\mathrm{d}t}\boldsymbol{\varphi}_0+\frac{\mathrm{d}z}{\mathrm{d}t}\boldsymbol{k} \tag{5-35}$$

点的速度在柱坐标中的投影为

$$v_\rho=\frac{\mathrm{d}\rho}{\mathrm{d}t},\quad v_\varphi=\rho\frac{\mathrm{d}\varphi}{\mathrm{d}t},\quad v_z=\frac{\mathrm{d}z}{\mathrm{d}t} \tag{5-36}$$

点的加速度等于速度矢对时间的一阶导数，即

$$\begin{aligned}\boldsymbol{a}=\frac{\mathrm{d}\boldsymbol{v}}{\mathrm{d}t}&=\left(\frac{\mathrm{d}^2\rho}{\mathrm{d}t^2}\boldsymbol{\rho}_0+\frac{\mathrm{d}\rho}{\mathrm{d}t}\frac{\mathrm{d}\boldsymbol{\rho}_0}{\mathrm{d}t}\right)\\&+\left(\frac{\mathrm{d}\rho}{\mathrm{d}t}\frac{\mathrm{d}\varphi}{\mathrm{d}t}\boldsymbol{\varphi}_0+\rho\frac{\mathrm{d}^2\varphi}{\mathrm{d}t^2}\boldsymbol{\varphi}_0+\rho\frac{\mathrm{d}\varphi}{\mathrm{d}t}\frac{\mathrm{d}\boldsymbol{\varphi}_0}{\mathrm{d}t}\right)\\&+\left(\frac{\mathrm{d}^2z}{\mathrm{d}t^2}\boldsymbol{k}+\frac{\mathrm{d}z}{\mathrm{d}t}\frac{\mathrm{d}\boldsymbol{k}}{\mathrm{d}t}\right)\end{aligned}$$

根据在平面内旋转的单位矢量对时间取一次导数的结论，有

$$\frac{\mathrm{d}\boldsymbol{\varphi}_0}{\mathrm{d}t}=-\frac{\mathrm{d}\varphi}{\mathrm{d}t}\boldsymbol{\rho}_0,\quad \frac{\mathrm{d}\boldsymbol{\rho}_0}{\mathrm{d}t}=\frac{\mathrm{d}\varphi}{\mathrm{d}t}\boldsymbol{\varphi}_0$$

将上式代入前式中，整理后可写成

$$\boldsymbol{a}=\left[\frac{\mathrm{d}^2\rho}{\mathrm{d}t^2}-\rho\left(\frac{\mathrm{d}\varphi}{\mathrm{d}t}\right)^2\right]\boldsymbol{\rho}_0+\left[2\frac{\mathrm{d}\rho}{\mathrm{d}t}\frac{\mathrm{d}\varphi}{\mathrm{d}t}+\rho\frac{\mathrm{d}^2\varphi}{\mathrm{d}t^2}\right]\boldsymbol{\varphi}_0+\frac{\mathrm{d}^2z}{\mathrm{d}t^2}\boldsymbol{k} \tag{5-37}$$

于是点的加速度在柱坐标中的投影为

$$a_\rho=\frac{\mathrm{d}^2\rho}{\mathrm{d}t^2}-\rho\left(\frac{\mathrm{d}\varphi}{\mathrm{d}t}\right)^2,\quad a_\varphi=2\frac{\mathrm{d}\rho}{\mathrm{d}t}\frac{\mathrm{d}\varphi}{\mathrm{d}t}+\rho\frac{\mathrm{d}^2\varphi}{\mathrm{d}t^2},\quad a_z=\frac{\mathrm{d}^2z}{\mathrm{d}t^2} \tag{5-38}$$

当动点 M 的轨迹为平面曲线时，$v_z=0$，$a_z=0$，于是式（5-36）和式（5-38）中的前两式就是点的速度和加速度在极坐标中的投影式。

【例 5-5】 图 5-19 中的凸轮绕 O 轴匀速转动，使杆 AB 升降。欲使杆 AB 匀速上升，凸轮上的 CD 段轮廓线应是什么曲线？

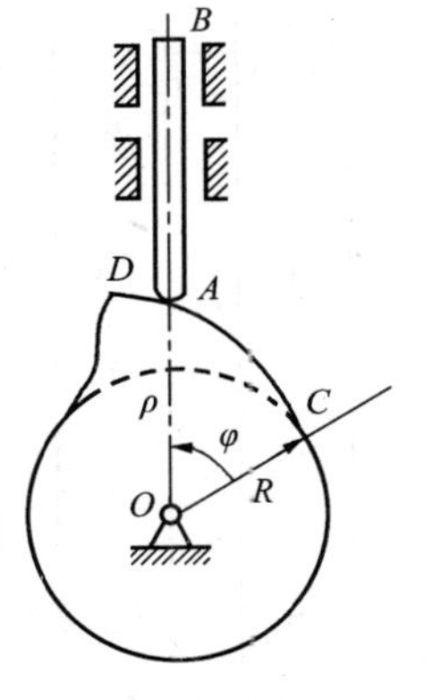

图 5-19

【解】 以凸轮为参考系，取极坐标研究杆上点 A 的运动。

根据题意有

$$\frac{\mathrm{d}\varphi}{\mathrm{d}t}=\omega\text{（常数）},\quad \frac{\mathrm{d}\rho}{\mathrm{d}t}=v\text{（常数）}$$

将上式对时间积分一次，并设点 C 为动点 A 在 $t=0$ 时的初始位置，于是得以极坐标表示的点 A 相对于凸轮的运动方程

$$\varphi=\omega t,\quad \rho=R+vt$$

消去时间 t，得点 A 在凸轮上的轨迹方程

$$\rho=R+\frac{v\varphi}{\omega}$$

凸轮转动，杆 AB 匀速上升，v，ω 为常值，上式为阿基米德螺旋线。

小　结（知识结构图）

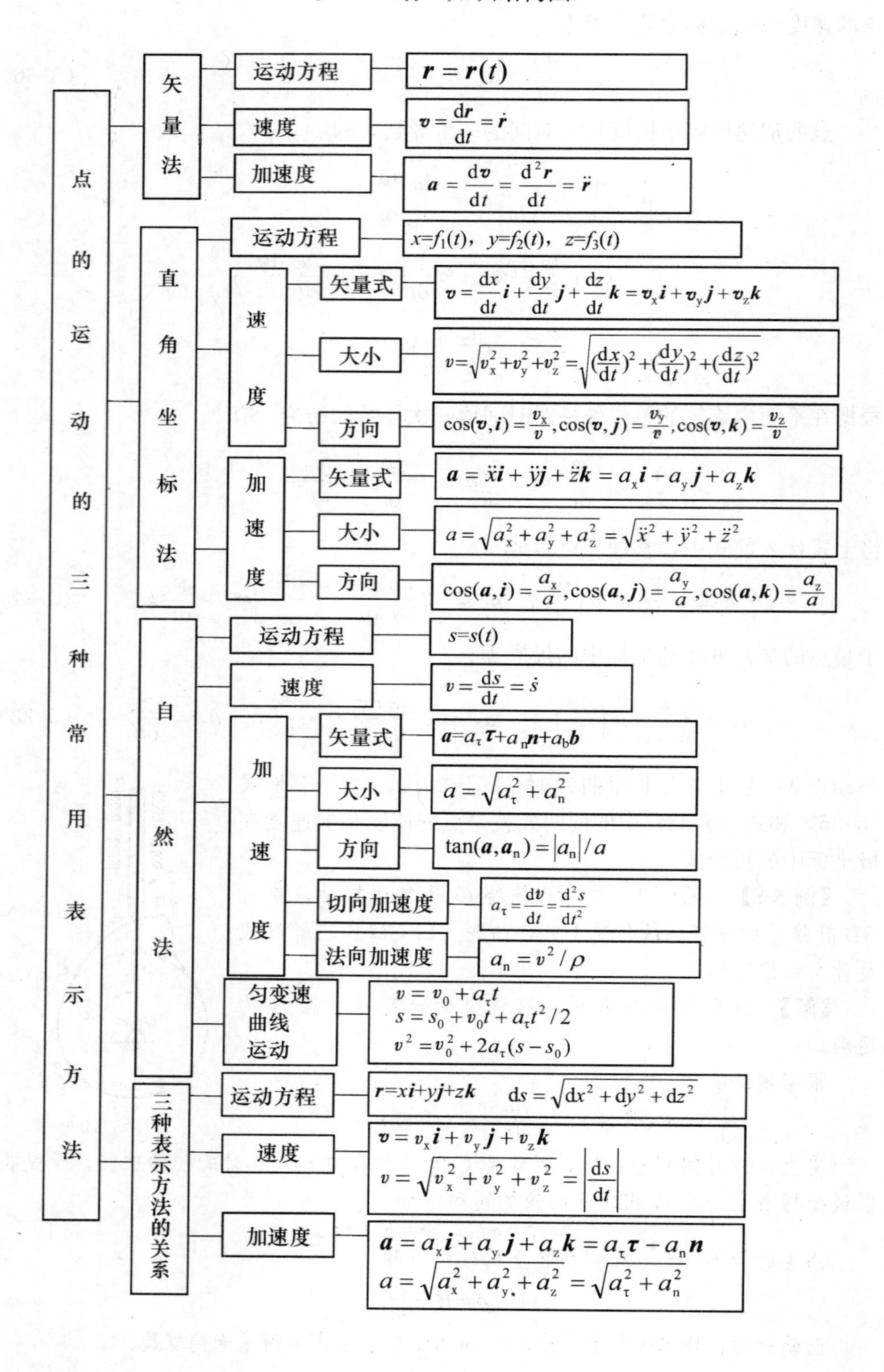
点的运动的三种常用表示方法
矢量法
运动方程
$\boldsymbol{r}=\boldsymbol{r}(t)$
速度
$\boldsymbol{v}=\dfrac{\mathrm{d}\boldsymbol{r}}{\mathrm{d}t}=\dot{\boldsymbol{r}}$
加速度
$\boldsymbol{a}=\dfrac{\mathrm{d}\boldsymbol{v}}{\mathrm{d}t}=\dfrac{\mathrm{d}^2\boldsymbol{r}}{\mathrm{d}t}=\ddot{\boldsymbol{r}}$
直角坐标法
运动方程
$x=f_1(t)$，$y=f_2(t)$，$z=f_3(t)$
速度
矢量式
$\boldsymbol{v}=\dfrac{\mathrm{d}x}{\mathrm{d}t}\boldsymbol{i}+\dfrac{\mathrm{d}y}{\mathrm{d}t}\boldsymbol{j}+\dfrac{\mathrm{d}z}{\mathrm{d}t}\boldsymbol{k}=\boldsymbol{v}_x\boldsymbol{i}+\boldsymbol{v}_y\boldsymbol{j}+\boldsymbol{v}_z\boldsymbol{k}$
大小
$v=\sqrt{v_x^2+v_y^2+v_z^2}=\sqrt{(\dfrac{\mathrm{d}x}{\mathrm{d}t})^2+(\dfrac{\mathrm{d}y}{\mathrm{d}t})^2+(\dfrac{\mathrm{d}z}{\mathrm{d}t})^2}$
方向
$\cos(\boldsymbol{v},\boldsymbol{i})=\dfrac{v_x}{v},\cos(\boldsymbol{v},\boldsymbol{j})=\dfrac{v_y}{\boldsymbol{v}},\cos(\boldsymbol{v},\boldsymbol{k})=\dfrac{v_z}{v}$
加速度
矢量式
$\boldsymbol{a}=\ddot{x}\boldsymbol{i}+\ddot{y}\boldsymbol{j}+\ddot{z}\boldsymbol{k}=a_x\boldsymbol{i}-a_y\boldsymbol{j}+a_z\boldsymbol{k}$
大小
$a=\sqrt{a_x^2+a_y^2+a_z^2}=\sqrt{\ddot{x}^2+\ddot{y}^2+\ddot{z}^2}$
方向
$\cos(\boldsymbol{a},\boldsymbol{i})=\dfrac{a_x}{a},\cos(\boldsymbol{a},\boldsymbol{j})=\dfrac{a_y}{a},\cos(\boldsymbol{a},\boldsymbol{k})=\dfrac{a_z}{a}$
自然法
运动方程
$s=s(t)$
速度
$v=\dfrac{\mathrm{d}s}{\mathrm{d}t}=\dot{s}$
加速度
矢量式
$\boldsymbol{a}=a_\tau\boldsymbol{\tau}+a_n\boldsymbol{n}+a_b\boldsymbol{b}$
大小
$a=\sqrt{a_\tau^2+a_n^2}$
方向
$\tan(\boldsymbol{a},\boldsymbol{a}_n)=|a_n|/a$
切向加速度
$a_\tau=\dfrac{\mathrm{d}v}{\mathrm{d}t}=\dfrac{\mathrm{d}^2s}{\mathrm{d}t^2}$
法向加速度
$a_n=v^2/\rho$
匀变速曲线运动
$v=v_0+a_\tau t$
$s=s_0+v_0t+a_\tau t^2/2$
$v^2=v_0^2+2a_\tau(s-s_0)$
三种表示方法的关系
运动方程
$\boldsymbol{r}=x\boldsymbol{i}+y\boldsymbol{j}+z\boldsymbol{k}$　$\mathrm{d}s=\sqrt{\mathrm{d}x^2+\mathrm{d}y^2+\mathrm{d}z^2}$
速度
$\boldsymbol{v}=v_x\boldsymbol{i}+v_y\boldsymbol{j}+v_z\boldsymbol{k}$
$v=\sqrt{v_x^2+v_y^2+v_z^2}=\left|\dfrac{\mathrm{d}s}{\mathrm{d}t}\right|$
加速度
$\boldsymbol{a}=a_x\boldsymbol{i}+a_y\boldsymbol{j}+a_z\boldsymbol{k}=a_\tau\boldsymbol{\tau}-a_n\boldsymbol{n}$
$a=\sqrt{a_x^2+a_y^2+a_z^2}=\sqrt{a_\tau^2+a_n^2}$

思 考 题

5-1 在描述点的运动时，本章介绍了哪些方法？每种方法是如何描述点的运动的？这些方法之间的联系如何？如已知动点作平面曲线运动的直角坐标运动方程 $x = f_1(t)$，$y = f_2(t)$，如何求自然法中动点的切向加速度和法向加速度？

5-2 一个点作直线运动，在某瞬时速度 $v=2\text{m/s}$，将其代入直线运动加速度公式 $a=\frac{\mathrm{d}v}{\mathrm{d}t}$，求得该瞬时点的加速度为零，试问错在哪里？

5-3 $\frac{\mathrm{d}\boldsymbol{v}}{\mathrm{d}t}$，$\frac{\mathrm{d}v}{\mathrm{d}t}$，$\left|\frac{\mathrm{d}\boldsymbol{v}}{\mathrm{d}t}\right|$ 三者有何不同？

5-4 为什么铁路线路的直线段不能与圆弧直接连接？试从火车行驶时其加速度在连接处将会发生的变化来说明。

5-5 动点在平面内运动，已知其运动轨迹 $y = f(x)$ 及其速度在 x 轴方向上的分量 v_x。判断下述说法是否正确：

（1）动点的速度$\boldsymbol{v}$可以完全确定。

（2）动点的加速度在 x 轴方向上的分量 a_x可以完全确定。

（3）当 $v_x \neq 0$ 时，一定能确定动点的速度$\boldsymbol{v}$，切向加速度 $\boldsymbol{a}_\tau$、法向加速度 $\boldsymbol{a}_n$及全加速度 $\boldsymbol{a}$。

5-6 点沿曲线运动时，下述说法是否正确：

（1）若切向加速度为正，则点作加速运动；

（2）若切向加速度与速度符号相同，则点作加速运动；

（3）若切向加速度为零，则速度为常矢量。

5-7 点沿曲线运动，图 5-20 所示各点所给出的速度$\boldsymbol{v}$和加速度$\boldsymbol{a}$ 哪些是可能的？哪些是不可能的？

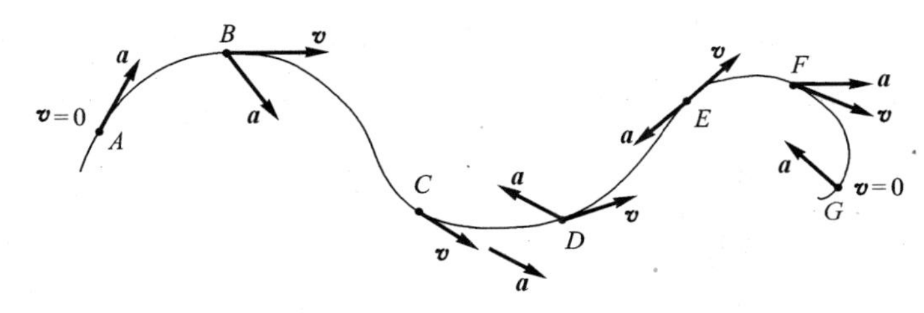

图 5-20

5-8 点 M 沿螺线自外向内运动，如图 5-21 所示。它走过的弧长与时间的一次方呈正比，问点的加速度是越来越大、还是越来越小？点 M 越跑越快、还是越跑越慢？

5-9 当点作曲线运动时，点的加速度 $\boldsymbol{a}$ 是恒矢量，如图 5-22 所示。问点是否作匀变速运动？

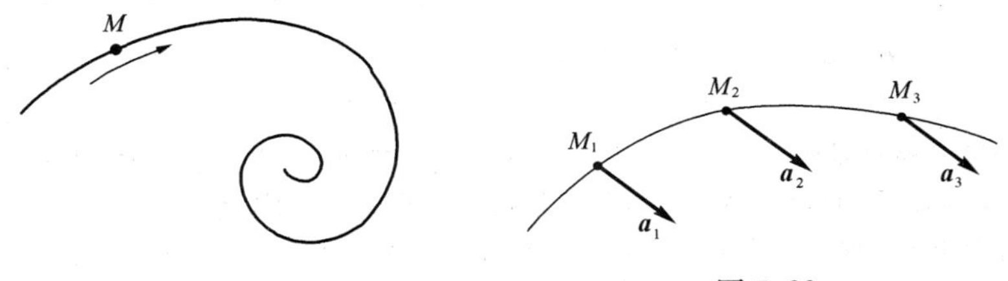

图 5-21　　图 5-22

5-10 在极坐标中，$v_\rho=\dot{\rho}$，$v_\varphi=\rho\dot{\varphi}$ 分别代表在极径方向与极径垂直方向（极角 φ 方向）的速度。但为什么沿这两个方向的加速度为 $a_\rho=\ddot{\rho}-\rho\dot{\varphi}^2$，$a_\varphi=2\dot{\rho}\dot{\varphi}+\rho\ddot{\varphi}$。试分析 a_ρ 中的一

$\rho\dot{\varphi}^2$ 和 a_φ 中的 $\dot{\rho}\dot{\varphi}$ 出现的原因和它们的几何意义。

习　题

5-1 图示曲线规尺的各杆，长为 $OA=AB=200\text{mm}$，$CD=DE=AC=AE=50\text{mm}$。如杆 OA 以等角速度 $\omega=\frac{\pi}{5}\ \text{rad/s}$ 绕 O 轴转动，并且当运动开始时，杆 OA 水平向右。求尺上点 D 的运动方程和轨迹。

5-2 如图所示，杆 AB 长 l，以等角速度 ω 绕点 B 转动，其转动方程为 $\varphi=\omega t$。而与杆连接的滑块 B 按规律 $s=a+b\sin\omega t$ 沿水平线作谐振动，其中 a 和 b 均为常数。求点 A 的轨迹。

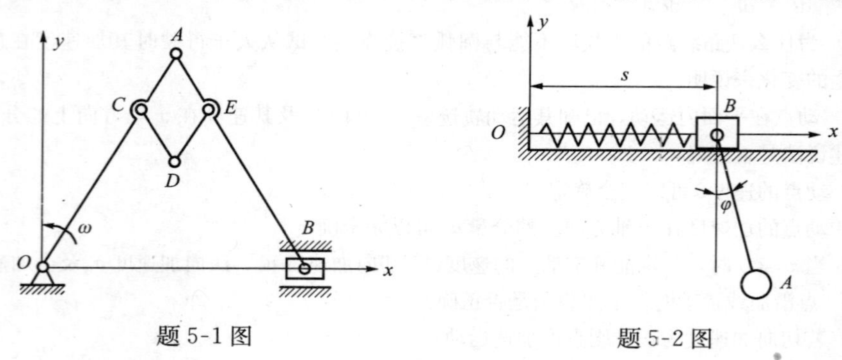

题 5-1 图　　　　题 5-2 图

5-3 如图所示，半圆形凸轮以等速 $v_0=0.01\text{m/s}$ 沿水平方向向左运动，而使活塞杆 AB 沿铅直方向运动。当运动开始时，活塞杆 A 端在凸轮的最高点上。如凸轮的半径 $R=80\text{mm}$，求活塞 B 相对于地面和相对于凸轮的运动方程和速度。

5-4 图示雷达在距离火箭发射台为 l 的 O 处观察铅直上升的火箭发射，测得角 θ 的规律为 $\theta=kt$（k 为常数）。写出火箭的运动方程并计算当 $\theta=\frac{\pi}{6}$ 和 $\frac{\pi}{3}$ 时，火箭的速度和加速度。

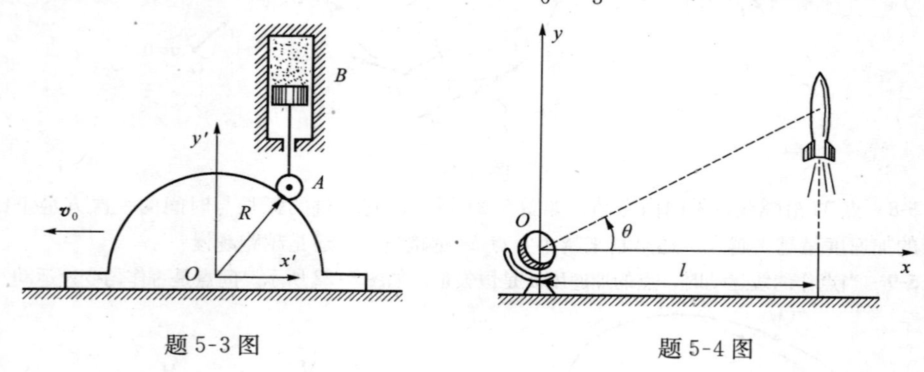

题 5-3 图　　　　题 5-4 图

5-5 物块 B 以匀加速 $a_B=10\text{m/s}^2$ 向上运动。在图示瞬时，物块 B 比物块 A 低 30m，且两物块的初速度都为零。试求当物块 A 与 B 达到同一高度时，两物块的速度。

5-6 如图所示，偏心凸轮半径为 R，绕 O 轴转动，转角 $\varphi=\omega t$（ω 为常量），偏心距 $OC=e$，凸轮带动顶杆 AB 沿铅垂直线作往复运动。求顶杆的运动方程和速度。

5-7 曲柄 OA 长 r，在平面内绕 O 轴转动，如图所示。杆 AB 通过固定于点 N 的套筒与曲柄 OA 铰接于点 A。设 $\varphi=\omega t$，杆 AB 长 $l=2r$，求点 B 的运动方程、速度和加速度。

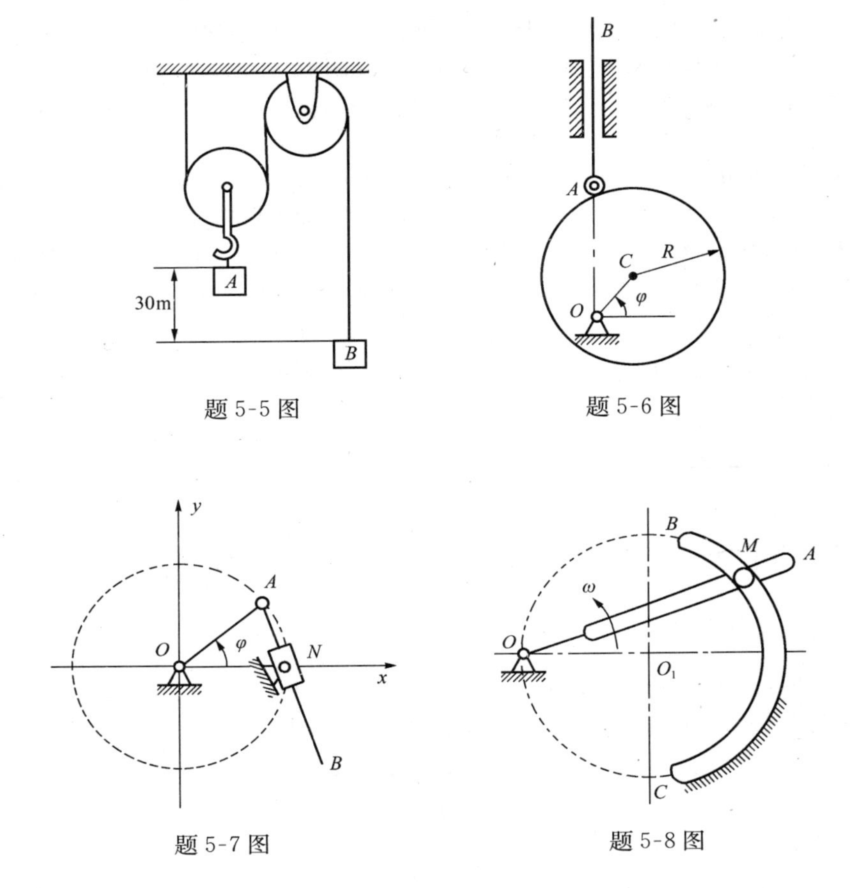

题 5-5 图　　题 5-6 图

题 5-7 图　　题 5-8 图

5-8 图示摇杆滑道机构中的滑块 M 同时在固定的圆弧槽 BC 和摇杆 OA 的滑道中滑动。如弧 BC 的半径为 R，摇杆 OA 的轴 O 在弧 BC 的圆周上。摇杆绕 O 轴以等角速度 ω 转动，当运动开始时，摇杆在水平位置。分别用直角坐标法和自然法给出点 M 的运动方程，并求其速度和加速度。

5-9 如图所示，OA 和 O_1B 两杆分别绕 O 和 O_1 轴转动，用十字形滑块 D 将两杆连接，在运动过程中，两杆保持相交呈直角。已知：$OO_1=a$；$\varphi=kt$，其中 k 为常数。求滑块 D 的速度和相对于 OA 的速度。

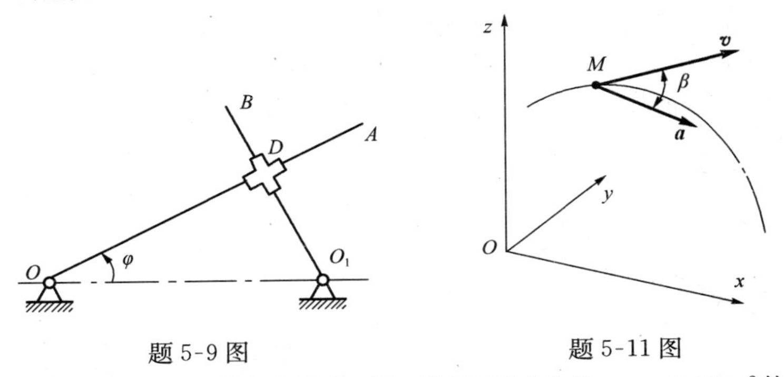

题 5-9 图　　题 5-11 图

5-10 汽车以每小时 36km 的匀速经过一桥，该桥面呈抛物线 $y=-0.005x^2$ 的形状，其中 x、y 均以“m”计。求汽车的最大加速度。

5-11 点沿空间曲线运动，在点 M 处其速度为 $\boldsymbol{v}=4\boldsymbol{i}-3\boldsymbol{j}$，加速度 $\boldsymbol{a}$ 与速度 $\boldsymbol{v}$ 的夹角 $\beta=$

30°，且 $a=10\text{m/s}^2$。求轨迹在该点密切面内的曲率半径 ρ 和切向加速度 a_τ。

5-12 小环 M 由作平移的丁字形杆 ABC 带动，沿着图示曲线轨道运动。设杆 ABC 以速度 v（为常数）向左运动，曲线方程为 $y^2=2px$。求环 M 的速度和加速度的大小（写成杆的位移 x 的函数）。

5-13 列车离开车站时，其速度匀速增加，并在离开车站 3min 后速度达到 72km/h，其运行轨迹为半径等于 800m 的圆弧。求离开车站 2min 后列车的切向和法向加速度。

5-14 如图所示，动点 M 沿轨道 $OABC$ 运动，OA 段为直线，AB 和 BC 段分别为四分之一圆弧。已知点 M 的运动方程为 $s=30t+5t^2$（m）。求 $t=0$、1、2s 时点 M 的加速度。

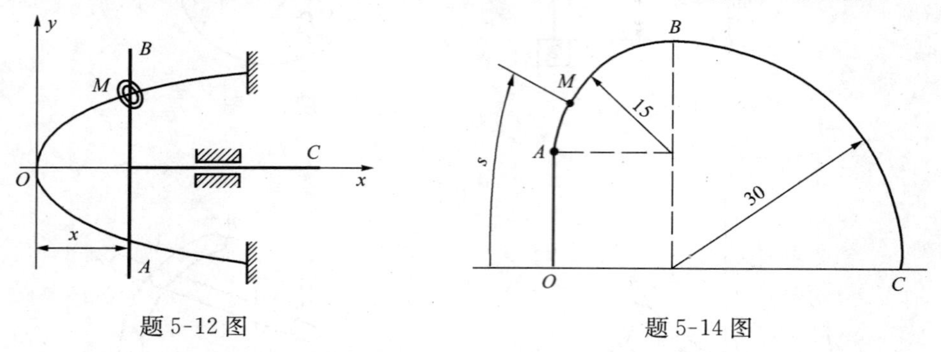

题 5-12 图　　题 5-14 图

5-15 如图所示，一仓库高 25m，宽 40m。今在距仓库为 l、离地高 5m 的 A 处抛一石块，使石块刚能抛过屋顶。问距离 l 为多大时所需初速度 v_0 为最小？

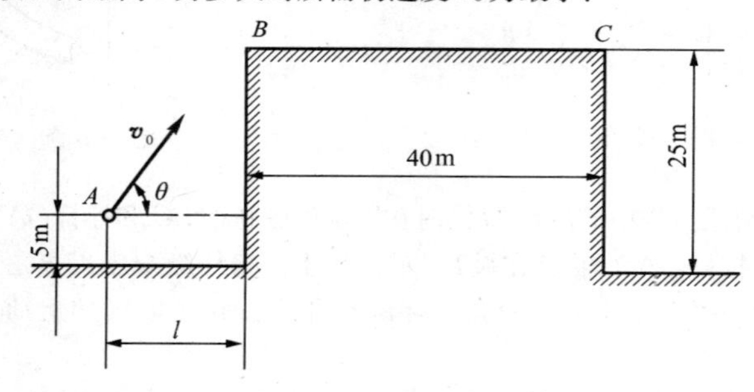

题 5-15 图

* **5-16** 如图所示，一直杆以匀角速度 ω_0 绕其固定端 O 转动，沿此杆有一滑块以匀速 $\boldsymbol{v}_0$ 滑动。设运动开始时，杆在水平位置，滑块在点 O。求滑块的轨迹（以极坐标表示）。

* **5-17** 螺线画轨，如图所示，杆 QQ' 和曲柄 OA 铰接，并穿过固定于点 B 的套筒。取点 B 为极坐标系的极点，直线 BO 为极轴，已知极角 $\varphi=kt$（k 为常数），$BO=AO=a$，$AM=b$。求点 M 的极坐标形式的运动方程，轨迹方程以及速度和加速度的大小。

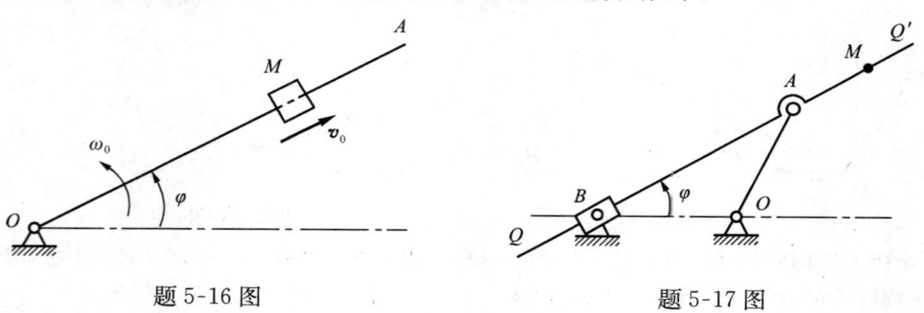

题 5-16 图　　题 5-17 图

第 6 章 刚体的基本运动

在许多工程实际问题中，各种机构的运动不能当做点的运动，而是物体的运动。刚体是由无数点组成的，在点的运动学基础上可研究刚体的运动，研究刚体整体的运动及其与刚体上各点运动之间的关系。本章将研究刚体的两种简单运动：平移和定轴转动。这是工程中最常见的运动，也是研究复杂运动的基础。

§6.1 刚体的平行移动

在运动过程中，**刚体上任意一直线与其初始位置始终保持平行**，这种运动称为**刚体的平行移动**，简称**平移**或**平动**。例如，车床上刀架的运动、电梯的升降运动，在图 6-1 中体育锻炼用的荡木 AB 在图示平面内的运动，都是刚体的平移。

现在研究刚体平移时，其体内各点的运动特征。

设在作平移的刚体上任取两点 A 和 B 并作矢量$\overrightarrow{BA}$，如图 6-2 所示。由于刚体具有不变形性质和平移的特点，则矢量$\overrightarrow{BA}$为一常矢量。因此，在刚体运动过程中，A、B 两点所描绘出的轨迹曲线的形状彼此相同。也就是说，将 B 点的轨迹曲线沿$\overrightarrow{BA}$方向平行移动一段距离 BA 后，就能与 A 点的轨迹曲线完全重合。

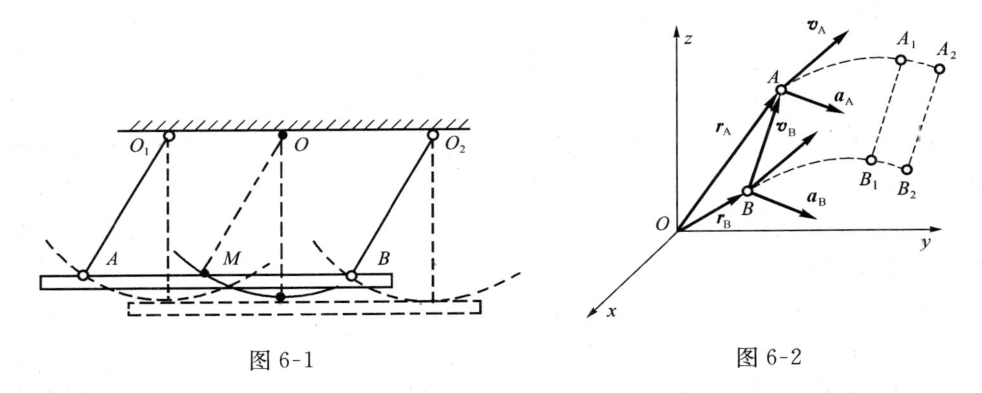

图 6-1　　图 6-2

设在固定点 O 作 A、B 的矢径 $\boldsymbol{r}_{\mathrm{A}}$，$\boldsymbol{r}_{\mathrm{B}}$，在图 6-2 中的矢量三角形 OAB 中

$$\boldsymbol{r}_{\mathrm{A}}=\boldsymbol{r}_{\mathrm{B}}+\overrightarrow{BA} \tag{6-1}$$

式 (6-1) 对时间求一阶导数，由于$\frac{\mathrm{d}}{\mathrm{d}t}\overrightarrow{BA}=0$，故有

$$\frac{\mathrm{d}\boldsymbol{r}_{\mathrm{A}}}{\mathrm{d}t}=\frac{\mathrm{d}\boldsymbol{r}_{\mathrm{B}}}{\mathrm{d}t}$$

即

$$\boldsymbol{v}_{\mathrm{A}}=\boldsymbol{v}_{\mathrm{B}} \tag{6-2}$$

式(6-2)对时间求一阶导数，有

$$\boldsymbol{a}_{\mathrm{A}} = \boldsymbol{a}_{\mathrm{B}} \tag{6-3}$$

其中$\boldsymbol{v}_{\mathrm{A}}$和$\boldsymbol{v}_{\mathrm{B}}$分别表示$A$点和$B$点的速度，$\boldsymbol{a}_{\mathrm{A}}$和$\boldsymbol{a}_{\mathrm{B}}$分别表示它们的加速度。因为$A$点和$B$点是任意选取的，故可得结论：**刚体平移时，体内各点的轨迹形状相同。在同一瞬时，各点具有相同的速度和相同的加速度。**因此，对于作平移运动的刚体，只需确定出刚体内任一点的运动，也就确定了整个刚体的运动。即刚体的平移问题，可归结为点的运动问题。

值得注意的是，由于平移刚体上任一点的轨迹可能是直线或曲线，平移又分为直线平移、曲线平移两种。在前面提到的例子中，电梯的升降运动为直线平移；荡木AB的运动则为曲线平移，如图6-1中，A，B，M各点均围绕着各自的圆心O_1，O_2，O作圆周运动。

§6.2 刚体绕定轴的转动

若刚体运动时，体内或其扩展部分有一条直线始终保持不动，则这种运动就称为刚体绕定轴的转动。这条保持不动的直线称为**转轴或轴线**。转动是工程中最常见的一种运动，例如机床的主轴、卷扬机的卷筒、机器的飞轮、电机的转子等的运动都是定轴转动。由于转轴固定不动，转轴上各点的速度恒为零。又因刚体上其他各点到转轴的距离始终保持不变，所以各点的轨迹都是圆弧，即刚体上各点均围绕转轴作圆周运动，它们的圆心都在转轴上。

设有一刚体T相对于参考体绕固定轴z转动，如图6-3所示，首先要确定刚体在任一瞬时的位置。为此，通过固定轴z作一固定平面Q，再选一与刚体固连的平面P。由于刚体上各点相对于平面P的位置是一定的，因此只要知道平面P的位置也就知道刚体上各点的位置，亦即知道整个刚体的位置。而平面P在任一瞬时t的位置可由它与固定平面Q的夹角φ来确定，角φ称为刚体的**位置角**或**转角**，以弧度(rad)计，从平面Q量到平面P，并规定：从z轴的正向朝负向看去，沿逆时针向量取为正值，反之为负值。当刚体转动时，转角φ随时间t变化，是时间t的单值连续函数，可表示为

$$\varphi = \varphi(t) \tag{6-4}$$

这就是刚体定轴转动的运动方程。转角实际上是确定转动刚体位置的“角坐标”。设由瞬时t到瞬时$t+\Delta t$，转角由φ改变到$\varphi+\Delta\varphi$，转角的增量$\Delta\varphi$称为**角位移**。比值$\dfrac{\Delta\varphi}{\Delta t}$称为在$\Delta t$时间内的**平均角速度**。当$\Delta t\to 0$时，$\dfrac{\Delta\varphi}{\Delta t}$的极限称为刚体在瞬时$t$的**角速度**，用字母$\omega$表示，则

$$\omega = \lim_{\Delta t\to 0}\frac{\Delta\varphi}{\Delta t} = \frac{\mathrm{d}\varphi}{\mathrm{d}t} = \dot{\varphi} \tag{6-5}$$

即角速度等于转角对于时间的一阶导数。

角速度ω是一个代数量，其大小表示刚体转动的快慢程度。当ω为正时，转角φ的代数值随时间增大，从z轴的正向朝负向看，刚体做逆时针向转动；反

之，则作顺时针向转动。

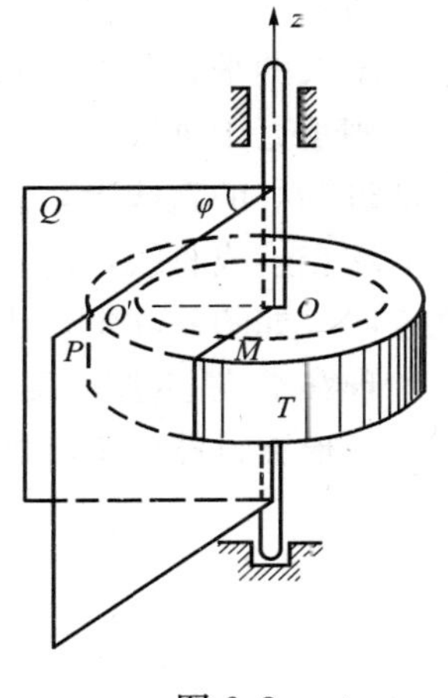

图 6-3

角速度的单位用 rad/s（弧度/秒）。在工程上还常用转速 n 来表示刚体转动的快慢。转速是每分钟的转数，其单位是“r/min”（转/分）。角速度与转速之间的关系是

$$\omega=\frac{2\pi n}{60}=\frac{\pi n}{30} \tag{6-6}$$

角速度一般也是随时间变化的。设从瞬时 t 到 $t+\Delta t$，角速度由 ω 改变到 $\omega+\Delta\omega$ 即在 Δt 时间内改变了 $\Delta\omega$。比值$\frac{\Delta\omega}{\Delta t}$称为**平均角加速度**。当 $\Delta t\to 0$ 时，$\frac{\Delta\omega}{\Delta t}$的极限称为刚体在瞬时 t 的**角加速度**，用字母 α 表示，则

$$\alpha=\lim_{\Delta t\to 0}\frac{\Delta\omega}{\Delta t}=\frac{\mathrm{d}\omega}{\mathrm{d}t}=\frac{\mathrm{d}^2\varphi}{\mathrm{d}t^2}=\ddot{\varphi} \tag{6-7}$$

由此可见：角加速度等于角速度对于时间的一阶导数，也等于转角对于时间的二阶导数。

角加速度 α 也是一个代数量。其大小表示角速度瞬时变化率的大小。当 α 为正时，角速度 ω 的代数值随时间增大，反之减小。若 α 与 ω 符号相同，则 ω 的绝对值随时间而增大，刚体作加速转动；若相反，则刚体作减速转动。

角加速度的单位用 rad/s^2（弧度/秒^2）。

§6.3　转动刚体内各点的速度和加速度

刚体定轴转动时，刚体内任一点都在作圆周运动，圆心在轴线上，圆周所在平面与轴线垂直，圆周半径 R 等于该点到轴线的垂直距离，宜采用自然法研究各点的运动。

刚体内任一点 M 由 O'点开始运动，逆时针方向转到 M 点处，如图 6-4（a）所示。以弧坐标 s 表示点 M 走过的弧长，以 φ 角的正向规定为弧坐标正向，于是 $s=R\varphi$，则 M 点的速度大小为：

$$v=\frac{\mathrm{d}s}{\mathrm{d}t}=R\frac{\mathrm{d}\varphi}{\mathrm{d}t}=R\omega \tag{6-8}$$

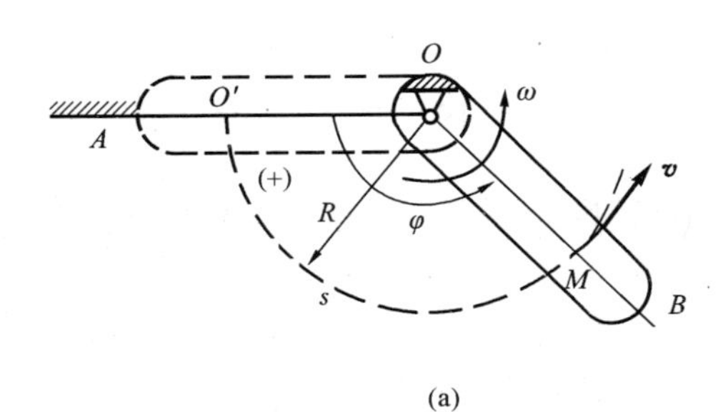

(a)

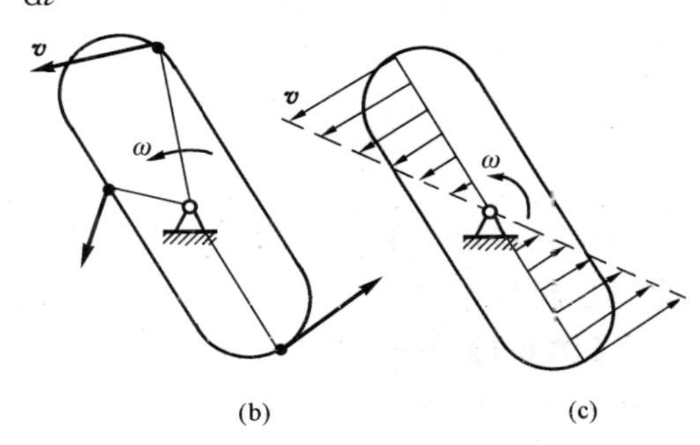

(b)　(c)

图 6-4

由式（6-8）可见，转动刚体内任一点的速度大小，等于刚体的角速度与该点到轴线的垂直距离的乘积，速度方向沿该点圆周的切线，而指向转动的一方。

用垂直于轴线的平面横截刚体的一截面，根据上述结论，在该截面上的任一条通过轴心的直线上，各点的速度按线性规律分布，如图 6-4（c）所示。将速度矢的端点连成直线，此直线通过轴心。在该截面上，不在一条直线上的各点的速度方向，如图 6-4（b）所示。

现在求 M 点加速度。因为 M 点作圆周运动，因此应求切向加速度和法向加速度。根据自然法中求加速度的公式可得

$$a_\tau = \frac{\mathrm{d}v}{\mathrm{d}t} = R\frac{\mathrm{d}\omega}{\mathrm{d}t} = R \cdot \alpha \tag{6-9}$$

$$a_\mathrm{n} = \frac{v^2}{\rho} = \frac{(R\omega)^2}{R} = R\omega^2 \tag{6-10}$$

即：转动刚体内任一点的切向加速度的大小等于该点的转动半径与角加速度的乘积，其方向沿该点圆周的切线而指向顺着 α 的转向；法向加速度的大小等于该点的转动半径与角速度平方的乘积，其方向始终沿转动半径而指向圆心，如图 6-5 所示。

点 M 的全加速度 a 的大小和方向可由下式确定：

$$a = \sqrt{a_\tau^2 + a_\mathrm{n}^2} = R\sqrt{\alpha^2 + \omega^4} \tag{6-11}$$

$$\tan\beta = \frac{|a_\tau|}{a_\mathrm{n}} = \frac{|\alpha|}{\omega^2} \tag{6-12}$$

由图 6-5 可知，如果 ω 与 α 同号，刚体作加速转动，$\boldsymbol{a}_\tau$ 与 $\boldsymbol{v}$ 同向；ω 与 α 异号，刚体作减速转动，$\boldsymbol{a}_\tau$ 与 $\boldsymbol{v}$ 反向。

对定轴转动刚体来说，每一瞬时 ω 和 α 是确定值，所以各点的加速度大小与 R 成正比，且加速度方向与法线呈相同的夹角，所以在通过轴心的直线上，各点加速度按线性分布，见图 6-6。

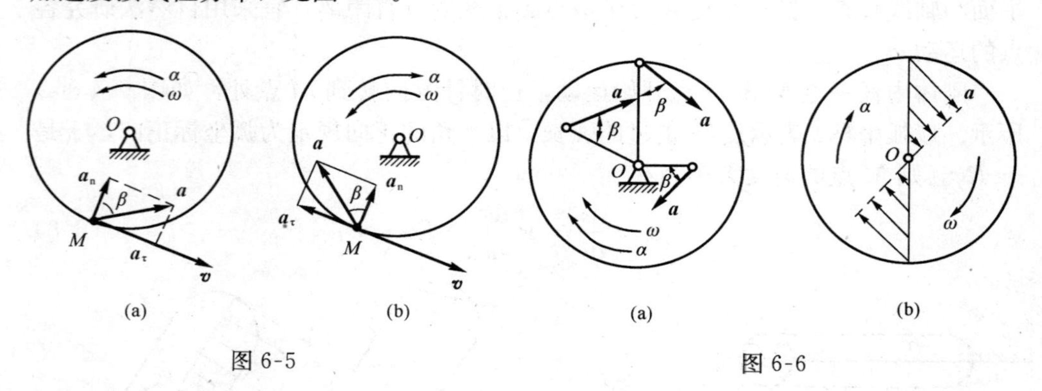

图 6-5　　图 6-6

结论：每一瞬时，转动刚体上各点速度和加速度大小分别与这些点到轴线的垂直距离呈正比。

【例 6-1】 平面四连杆机构如图 6-7（a）所示，已知 $R=O_1A=O_2B$，$O_1O_2=AB$，$\varphi=15\pi t^2$。求当 $t=0$，1（s）时杆 AB 上 M 点的速度和加速度。

【解】 依题意知：AB 杆作平移，其上各点的速度，加速度均相同；O_1A

杆作定轴转动

(1) $t=0$ 时，$\varphi=0$

$$v_{\mathrm{M}}=v_{\mathrm{A}}=R\omega=R\dot{\varphi}=30\pi Rt$$

$$v_{\mathrm{M}}|_{t=0}=0$$

$$a_{\mathrm{M}}^{\tau}=a_{\mathrm{A}}^{\tau}=R\ddot{\varphi}=30\pi R$$

$$a_{\mathrm{M}}^{\tau}|_{t=0}=30\pi R$$

$$a_{\mathrm{M}}^{\mathrm{n}}=a_{\mathrm{A}}^{\mathrm{n}}=\frac{v^2}{R}=900\pi^2 Rt^2,\quad a_{\mathrm{M}}^{\mathrm{n}}|_{t=0}=0$$

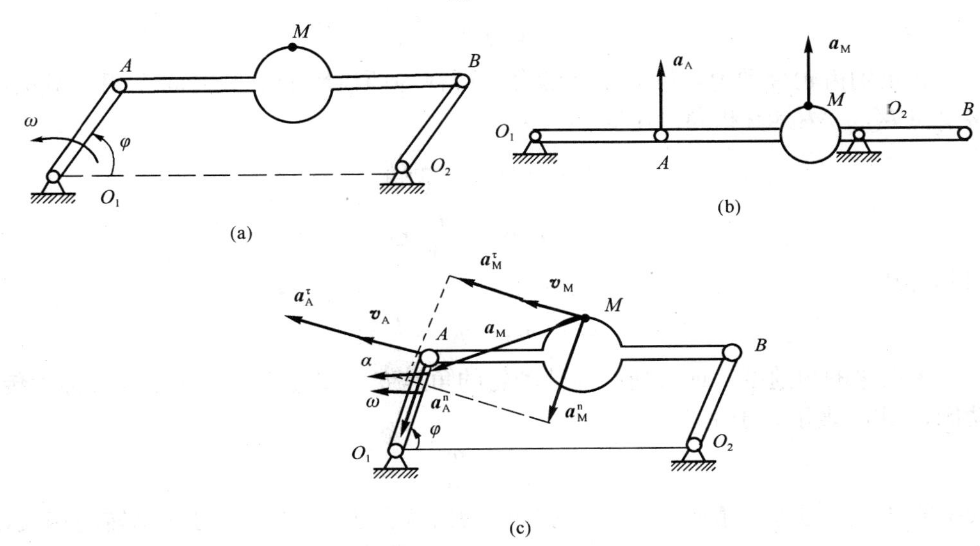

图 6-7

可见，当 $t=0$ 时 M 点只有切向加速度，如图 6-7(b) 所示。

(2) $t=1\mathrm{s}$ 时，$\dot{\varphi}=30\pi$

$$v_{\mathrm{M}}|_{t=1}=30\pi R$$

$$a_{\mathrm{M}}^{\tau}|_{t=1}=30\pi R$$

$$a_{\mathrm{M}}^{\mathrm{n}}|_{t=1}=900\pi^2 R$$

$$a_{\mathrm{M}}=30\pi R\sqrt{1+900\pi^2}$$

当 $t=1\mathrm{s}$ 时，M 点的加速度及其方向如图 6-7(c)所示。

§6.4 定轴轮系的传动比

一、齿轮传动

圆柱齿轮传动是常用的轮系传动方式之一，可用来升降转速、改变转动方向。图 6-8 为外啮合、内啮合的原理图，图中的半径分别为各齿轮节圆的半径。两齿轮外啮合时（图 6-8a），它们的转向相反，内啮合时转向则相同（图 6-8b）。设主动轮 A 和从动轮 B 的节圆半径分别为 r_1，r_2，轮 A 的角速度为 ω_1（转速 n_1），试求轮 B 的角速度 ω_2（转速 n_2）。

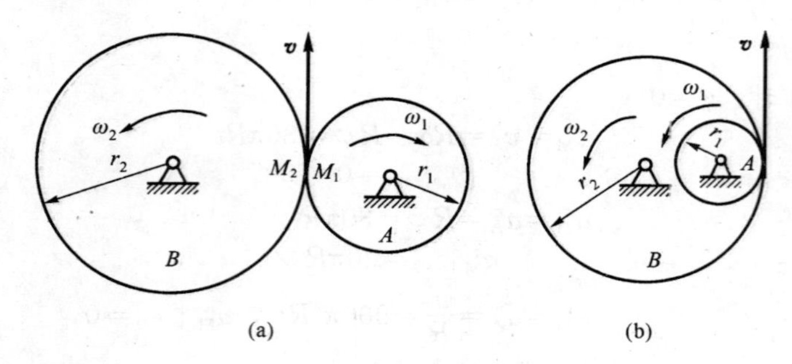

图 6-8

在定轴齿轮传动中，齿轮相互啮合，可视为两齿轮的节圆之间无相对滑动，接触点 M_1，M_2具有相同的速度 v，即

$$v = r_1\omega_1 = \frac{n_1\pi}{30}r_1$$

$$v = r_2\omega_2 = \frac{n_2\pi}{30}r_2$$

因此得到

$$\omega_2 = \frac{r_1}{r_2}\omega_1,\quad n_2 = \frac{r_1}{r_2}n_1$$

主动轮的角速度（或转速）与从动轮的角速度（或转速）之比，通常称为**传动比**，用 i_{12}表示，于是

$$i_{12} = \pm\frac{\omega_1}{\omega_2}$$

式中的“+”号表示角速度的转向相同，为内啮合情形；“−”号表示转向相反，为外啮合情形。

设齿轮 A，B 的齿数分别为 z_1，z_2，由齿数与节圆半径呈正比的关系有

$$\frac{z_1}{z_2} = \frac{r_1}{r_2}$$

可以得到计算传动比的基本公式

$$i_{12} = \pm\frac{\omega_1}{\omega_2} = \pm\frac{n_1}{n_2} = \pm\frac{r_2}{r_1} = \pm\frac{z_2}{z_1} \tag{6-13}$$

由此可见，互相啮合的两个齿轮的角速度（或转速）与半径（或齿数）呈反比。此结论对于锥齿轮传动和皮带轮传动同样适用。

一些复杂轮系（如变速箱）中包含有几对齿轮。将每一对齿轮的传动比算出后，将它们连乘起来，可得总的传动比。

二、带轮传动

在机床中，常用电动机通过胶带使变速箱的轴转动。如图 6-9 所示的带轮装置中，主动轮和从动轮的半径分别为 r_1 和 r_2，角速度分别为 ω_1 和 ω_2。如不考虑胶带的厚度，并假定胶带与带轮间无相对滑动，则应用绕定轴转动的刚体上各点速度的公式，可得到下列关系式：

$$r_1\omega_1 = r_2\omega_2$$

于是带轮的传动比公式为

$$i_{12} = \frac{\omega_1}{\omega_2} = \frac{r_2}{r_1} \tag{6-14}$$

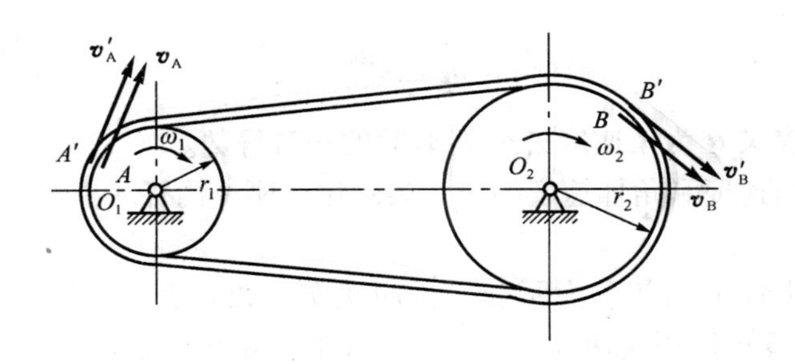

图 6-9

即：两轮的角速度与其半径呈反比。

* §6.5 以矢量表示角速度和角加速度·以矢积表示点的速度和加速度

绕定轴转动刚体的角速度可以用矢量表示。角速度矢 ω 的大小等于角速度的绝对值，即

$$|\boldsymbol{\omega}| = |\omega| = \left|\frac{\mathrm{d}\varphi}{\mathrm{d}t}\right| \tag{6-15}$$

角速度矢 $\boldsymbol{\omega}$ 沿轴线，它的指向表示刚体转动的方向；如果从角速度矢的末端向始端看，则看到刚体作逆时针转向的转动，如图 6-10 所示；或按照右手螺旋规则确定：右手的四指代表转动的方向，拇指代表角速度矢 $\boldsymbol{\omega}$ 的指向. 如图 6-10（b）所示。至于角速度矢的起点，可在轴线上任意选择，也就是说，角速度矢是滑动矢。

如取转轴为 z 轴，它的正向用单位矢 $\boldsymbol{k}$ 的方向表示（图 6-10a）。于是刚体绕定轴转动的角速度矢可写成：

$$\boldsymbol{\omega} = \omega \boldsymbol{k} \tag{6-16}$$

式中 ω——角速度的代数值，它等于 $\dot{\varphi}$。

同样，刚体绕定轴转动的角加速度也可用一个沿轴线的滑动矢量表示：

$$\boldsymbol{\alpha} = \alpha \boldsymbol{k} \tag{6-17}$$

其中 α 是角加速度的代数值，它等于 $\dot{\omega}$ 或 $\ddot{\varphi}$。于是

$$\boldsymbol{\alpha} = \frac{\mathrm{d}\omega}{\mathrm{d}t}\boldsymbol{k} = \frac{\mathrm{d}}{\mathrm{d}t}(\omega \boldsymbol{k})$$

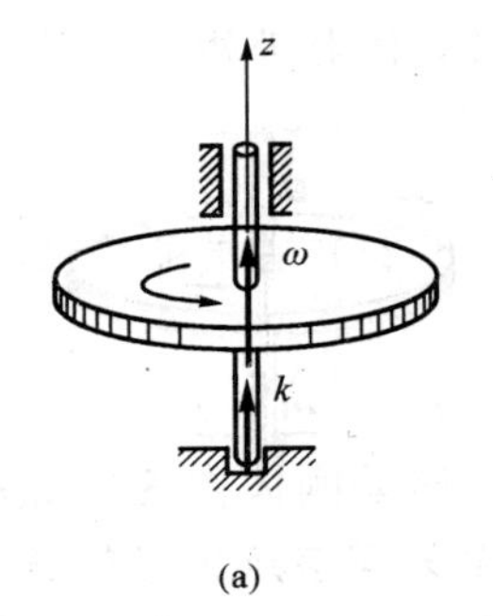

(a)

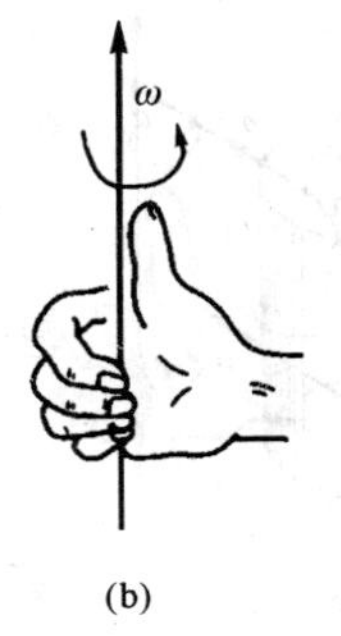

(b)

图 6-10

或

$$\boldsymbol{\alpha}=\frac{\mathrm{d}\boldsymbol{\omega}}{\mathrm{d}t} \tag{6-18}$$

即**角加速度矢 $\boldsymbol{\alpha}$ 为角速度矢 $\boldsymbol{\omega}$ 对时间的一阶导数。**

根据上述角速度和角加速度的矢量表示法，刚体内任一点的速度可以用矢积表示。

如在轴线上任选一点 O 为原点，点 M 的矢径以 $\boldsymbol{r}$ 表示，如图 6-11 所示。那么，点 M 的速度可以用角速度矢与它的矢径的矢量积表示，即

$$\boldsymbol{v}=\boldsymbol{\omega}\times\boldsymbol{r} \tag{6-19}$$

为了证明这一点，需证明矢积 $\boldsymbol{\omega}\times\boldsymbol{r}$ 确实表示点 M 的速度矢的大小和方向。

根据矢积的定义知，$\boldsymbol{\omega}\times\boldsymbol{r}$ 仍是一个矢量，它的大小是

$$|\boldsymbol{\omega}\times\boldsymbol{r}|=|\boldsymbol{\omega}|\cdot|\boldsymbol{r}|\sin\theta=|\boldsymbol{\omega}|\cdot R=|v|$$

式中 θ 是角速度矢 ω 与矢径 $\boldsymbol{r}$ 间的夹角。于是证明了矢积 $\boldsymbol{\omega}\times\boldsymbol{r}$ 的大小等于速度的大小。

矢积 $\boldsymbol{\omega}\times\boldsymbol{r}$ 的方向垂直于 $\boldsymbol{\omega}$ 和 $\boldsymbol{r}$ 所组成的平面（即图中三角形 OMO_1 平面），从矢量 $\boldsymbol{v}$ 的末端看，则见 $\boldsymbol{\omega}$ 按逆时针转向转过角 θ 与 $\boldsymbol{r}$ 重合，由图容易看出，矢积 $\boldsymbol{\omega}\times\boldsymbol{r}$ 的方向正好与点 M 的速度方向相同。

于是可得结论：**绕定轴转动的刚体上任一点的速度矢等于刚体的角速度矢与该点矢径的矢积。**

绕定轴转动的刚体上任一点的加速度矢也可用矢积表示。

因为点 M 的加速度为

$$\boldsymbol{a}=\frac{\mathrm{d}\boldsymbol{v}}{\mathrm{d}t}$$

把速度的矢积表达式（6-19）代入，得

$$\boldsymbol{a}=\frac{\mathrm{d}}{\mathrm{d}t}(\boldsymbol{\omega}\times\boldsymbol{r})=\frac{\mathrm{d}\boldsymbol{\omega}}{\mathrm{d}t}\times\boldsymbol{r}+\boldsymbol{\omega}\times\frac{\mathrm{d}\boldsymbol{r}}{\mathrm{d}t} \tag{6-20}$$

已知 $\frac{\mathrm{d}\boldsymbol{\omega}}{\mathrm{d}t}=\boldsymbol{\alpha}$，$\frac{\mathrm{d}\boldsymbol{r}}{\mathrm{d}t}=\boldsymbol{v}$，于是得

$$\boldsymbol{a}=\boldsymbol{\alpha}\times\boldsymbol{r}+\boldsymbol{\omega}\times\boldsymbol{v} \tag{6-21}$$

式中右端第一项的大小为

$$|\boldsymbol{\alpha}\times\boldsymbol{r}|=|\boldsymbol{\alpha}|\cdot|\boldsymbol{r}|\sin\theta=|\boldsymbol{\alpha}|\cdot R$$

该结果恰好等于点 M 的切向加速度的大小。而 $\boldsymbol{\alpha}\times\boldsymbol{r}$ 的方向垂直于 $\boldsymbol{\alpha}$ 和 $\boldsymbol{r}$ 所构成的平面，指向如图 6-11 所示，此方向恰与点 M 的切向加速度的方向一致，因此矢积 $\boldsymbol{\alpha}\times\boldsymbol{r}$ 等于切向加速度 $\boldsymbol{a}_\tau$，即

$$\boldsymbol{a}_\tau=\boldsymbol{\alpha}\times\boldsymbol{r} \tag{6-22}$$

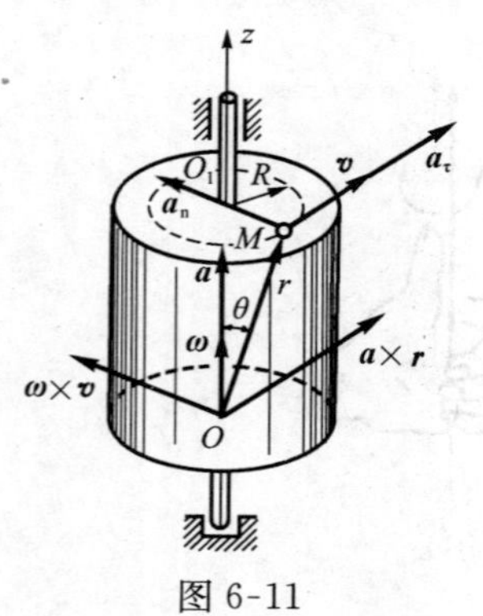

图 6-11

同理可知，式（6-21）右端的第二项等于点 M 的法向加速度，即

$$\boldsymbol{a}_\mathrm{n}=\boldsymbol{\omega}\times\boldsymbol{v} \tag{6-23}$$

于是可得结论：**转动刚体内任一点的切向加速度等于刚体的角加速度矢与该点矢径的矢积；法向加速度等于刚体的角速度矢与该点的速度矢的矢积。**

小 结（知识结构图）

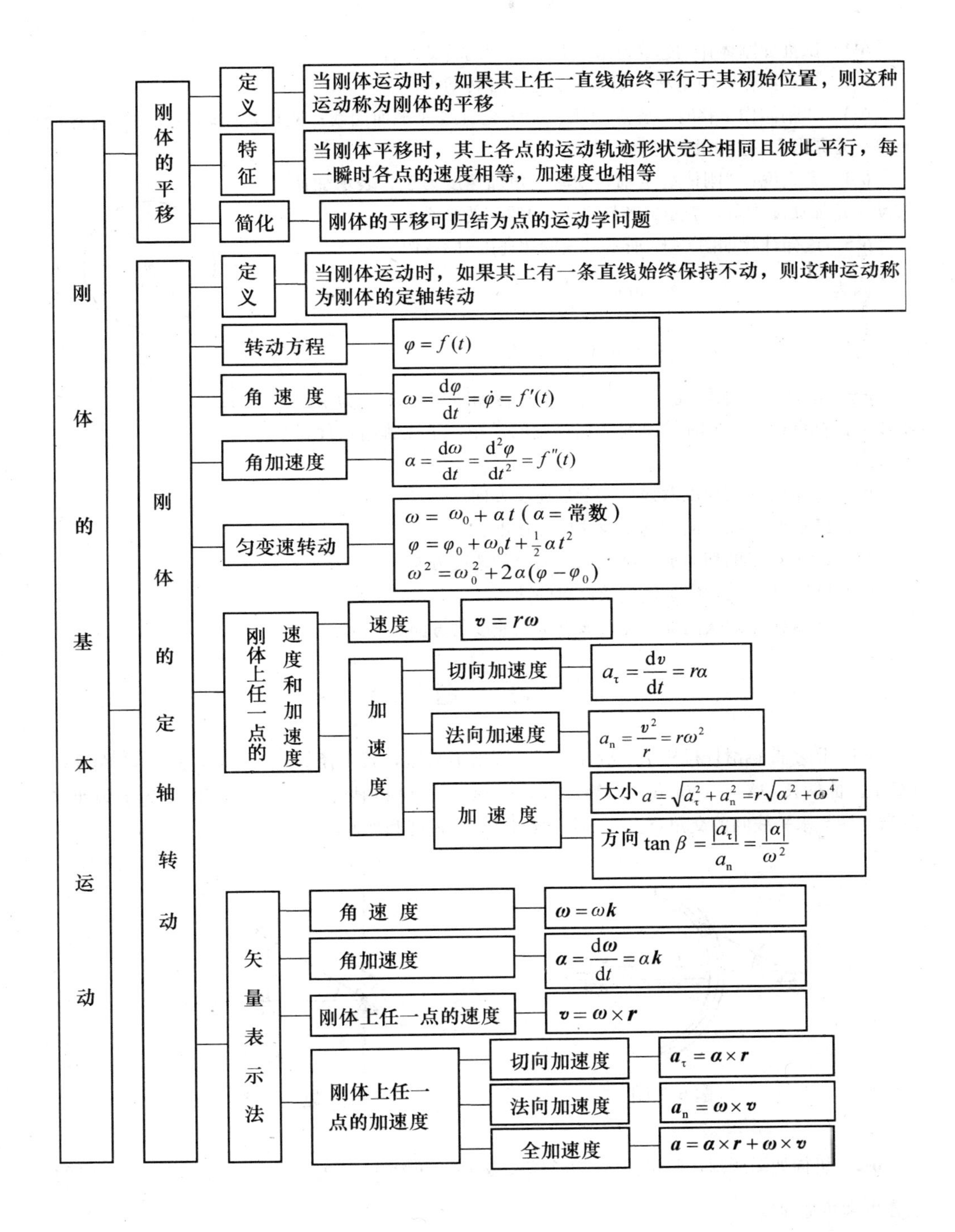
刚体的基本运动
刚体的平移
定义
当刚体运动时，如果其上任一直线始终平行于其初始位置，则这种运动称为刚体的平移
特征
当刚体平移时，其上各点的运动轨迹形状完全相同且彼此平行，每一瞬时各点的速度相等，加速度也相等
简化
刚体的平移可归结为点的运动学问题
刚体的定轴转动
定义
当刚体运动时，如果其上有一条直线始终保持不动，则这种运动称为刚体的定轴转动
转动方程
$\varphi = f(t)$
角速度
$\omega = \frac{d\varphi}{dt} = \dot{\varphi} = f'(t)$
角加速度
$\alpha = \frac{d\omega}{dt} = \frac{d^2\varphi}{dt^2} = f''(t)$
匀变速转动
$\omega = \omega_0 + \alpha t$ ($\alpha =$ 常数)
$\varphi = \varphi_0 + \omega_0 t + \frac{1}{2}\alpha t^2$
$\omega^2 = \omega_0^2 + 2\alpha(\varphi - \varphi_0)$
刚体上任一点的速度和加速度
速度
$\boldsymbol{v} = r\omega$
加速度
切向加速度
$a_\tau = \frac{dv}{dt} = r\alpha$
法向加速度
$a_n = \frac{v^2}{r} = r\omega^2$
加速度
大小 $a = \sqrt{a_\tau^2 + a_n^2} = r\sqrt{\alpha^2 + \omega^4}$
方向 $\tan\beta = \frac{|a_\tau|}{a_n} = \frac{|\alpha|}{\omega^2}$
矢量表示法
角速度
$\boldsymbol{\omega} = \omega \boldsymbol{k}$
角加速度
$\boldsymbol{\alpha} = \frac{d\boldsymbol{\omega}}{dt} = \alpha \boldsymbol{k}$
刚体上任一点的速度
$\boldsymbol{v} = \boldsymbol{\omega} \times \boldsymbol{r}$
刚体上任一点的加速度
切向加速度
$\boldsymbol{a}_\tau = \boldsymbol{\alpha} \times \boldsymbol{r}$
法向加速度
$\boldsymbol{a}_n = \boldsymbol{\omega} \times \boldsymbol{v}$
全加速度
$\boldsymbol{a} = \boldsymbol{\alpha} \times \boldsymbol{r} + \boldsymbol{\omega} \times \boldsymbol{v}$

思 考 题

6-1 试推导刚体作匀速转动和匀加速转动的转动方程。

6-2 各点都作圆周运动的刚体一定是定轴转动吗？

6-3 “刚体作平移时，各点的轨迹一定是直线或平面曲线；刚体绕定轴转动时，各点的轨迹一定是圆”。这种说法对吗？

6-4 有人说：“刚体绕定轴转动时，角加速度为正，表示加速转动；角加速度为负，表示减速转动”。对吗？为什么？

6-5 这样计算如图 6-12 所示鼓轮的角速度对不对？

因为
$$\tan\varphi=\frac{x}{R}$$

所以
$$\omega=\frac{\mathrm{d}\varphi}{\mathrm{d}t}=\frac{\mathrm{d}}{\mathrm{d}t}\left(\arctan\frac{x}{R}\right)$$

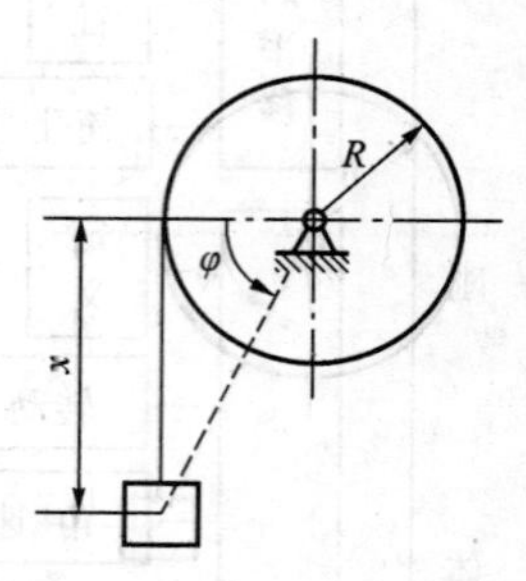

图 6-12

6-6 刚体作定轴转动，其上某点 A 到转轴距离为 R 。为求出刚体上任意点在某一瞬时的速度和加速度的大小，下述哪组条件是充分的？

(1) 已知点 A 的速度及该点的全加速度方向。

(2) 已知点 A 的切向加速度及法向加速度。

(3) 已知点 A 的切向加速度及该点的全加速度方向。

(4) 已知点 A 的切向加速度及该点的速度。

(5) 已知点 A 的法向加速度及该点全加速度的方向。

习 题

6-1 图示曲柄滑杆机构中，滑杆上有一圆弧形滑道，其半径 R=100mm，圆心 O_1 在导杆 BC 上。曲柄长 OA = 100mm，以等角速度 ω=4rad/s 绕 O 轴转动。求导杆 BC 的运动规律以及当曲柄与水平线间的交角 φ 为 30°时，导杆 BC 的速度和加速度。

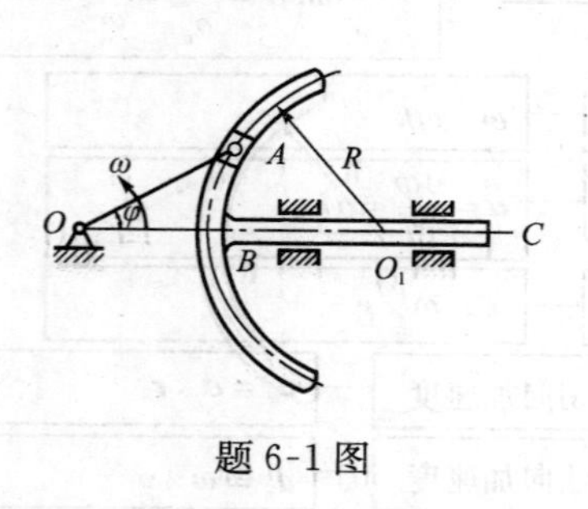

题 6-1 图

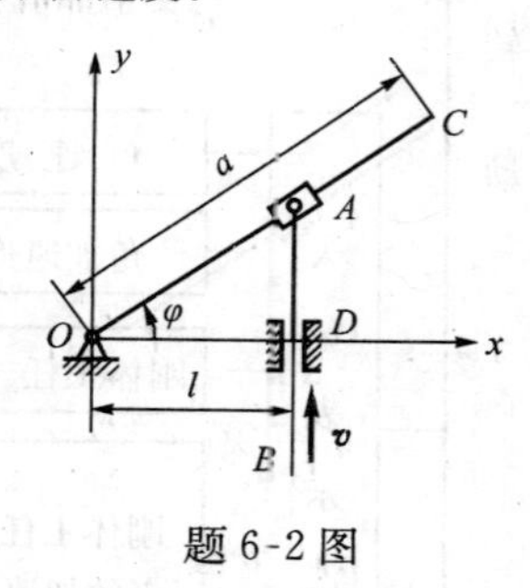

题 6-2 图

6-2 机构如图所示，假定杆 AB 以匀速 v 运动，开始时 φ=0。求当 $\varphi=\frac{\pi}{4}$时，摇杆 OC 的角速度和角加速度。

6-3 如图所示，曲柄 CB 以等角速度 ω_0 绕 C 轴转动，其转动方程为 $\varphi=\omega_0 t$。滑动 B 带动摇杆 OA 绕轴 O 转动。设 $OC=h$，$CB=r$。求摇杆的转动方程。

6-4 如图所示，纸盘由厚度为 a 的纸条卷成，令纸盘的中心不动，而以匀速 v 拉纸条。求纸盘的角加速度（以半径 r 的函数表示）。

6-5 半径 $R=100\text{mm}$ 的圆盘绕其圆心转动，图示瞬时，点 A 的速度为$\boldsymbol{v}_A=200\boldsymbol{j}$ mm/s，点 B 的切向加速度 $a_B^\tau=150\boldsymbol{i}$ mm/s^2。求角速度 $\boldsymbol{\omega}$ 和角加速度 $\boldsymbol{\alpha}$，并进一步写出点 C 的加速度的矢量表达式。

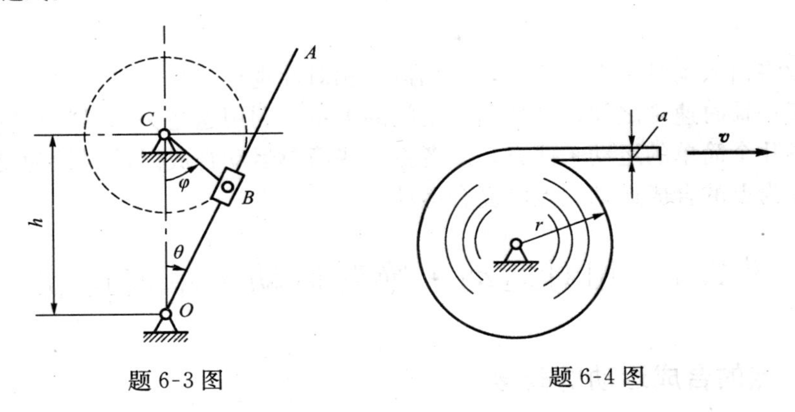

题 6-3 图　　题 6-4 图

6-6 如图所示，摩擦传动机构的主动轴 I 的转速为 $n=600\text{r/min}$。轴 I 的轮盘与轴 II 的轮盘接触，接触点按箭头 A 所示的方向移动。距离 d 的变化规律为 $d=100-5t$，其中 d 以“mm”计，t 以“s”计。已知 $r=50\text{mm}$，$R=150\text{mm}$。求：(1) 以距离 d 表示轴 II 的角加速度；(2) 当 $d=r$ 时，轮 B 边缘上一点的全加速度。

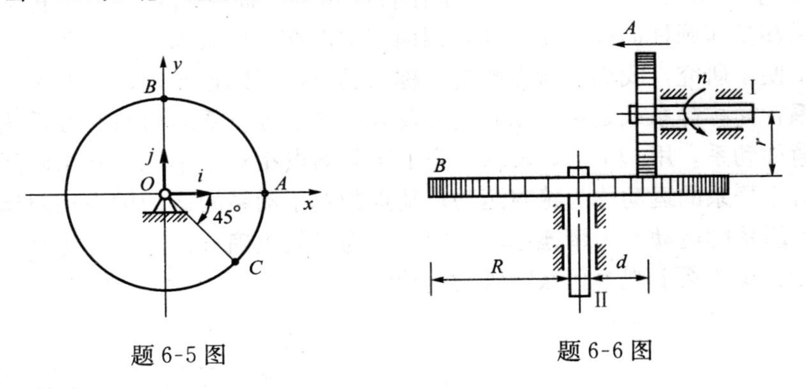

题 6-5 图　　题 6-6 图

第 7 章 点的合成运动

本章将引入动参考系的概念，应用运动相对性观点建立动点相对不同参考系运动中某一瞬时速度之间以及加速度之间的关系。利用这些关系可将点的复杂运动分解成几个简单的运动来研究，或者将一些简单运动合成以求得较为复杂的运动。可称为点的合成运动或点的复合运动。

§7.1 相对运动·绝对运动·牵连运动

一、点的合成运动的概念

在不同的参考系中观察同一物体的运动，其结果通常是不相同的。例如无风时，站在与地面相连的参考系上看到的雨滴是铅垂下落的；而站在与行驶的车辆相连的参考系上看到的雨滴则是倾斜的。又如图 7-1 中车床车削螺纹时，车刀刀尖 M 相对于与车床床身相连的参考系作直线运动，而它相对于与旋转工件相连的参考系却是作圆柱面螺旋线运动，因而刀尖能在工件表面上车出螺纹。

为了便于研究，我们把所考察的点称为动点，把固连于地球上的参考系称为**静坐标系**，简称静系或定系，用 $Oxyz$ 表示。把相对静系运动的参考系称为**动坐标系**，简称动系，用 $O'x'y'z'$ 表示。为了区分动点相对于不同坐标系的运动，把动点相对于静系的运动称为**绝对运动**；动点相对于动系的运动称为**相对运动**；动系相对于静系的运动称为**牵连运动**。因此，为了能正确分析这三种运动，必须明确：在什么参考系上观察什么物体的运动？

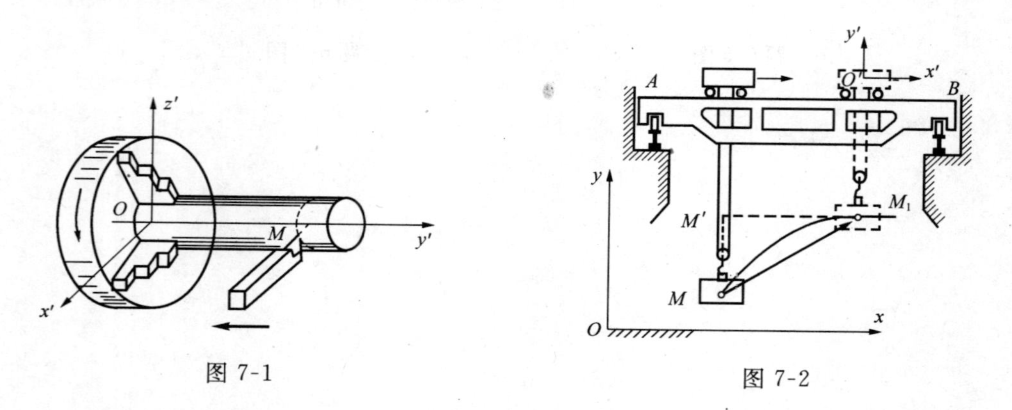

图 7-1　　图 7-2

图 7-2 所示为桥式起重机，亦称行车。当起吊重物时，横梁 AB 在图示位置保持不动，而卷扬小车在横梁上作水平直线运动，并同时将吊钩上的重物 M 向上提升，从而将重物运送到位置 M_1 处。若取重物 M 为研究的动点，将动系 $O'x'y'$ 固连于卷扬小车上，静系 Oxy 固连于地面上，站在与地面固连的静系上观察

到动点 M 的绝对运动是点 M 在铅垂平面内作曲线运动；站在与小车固连的动系上与小车一起运动，观察到动点 M 的相对运动是点 M 作向上的铅垂直线运动；站在静系上观察到动系的牵连运动是小车作水平向右的直线平移。显然，如果动系不运动，则动点相对于动系的运动就等于它相对于静系运动；如果动点相对于动系没有运动，则它将随动系一起相对静系运动。因此在上例中，动点对静系的平面曲线运动可看成是相对于动系的铅垂直线运动和同动系一起的水平直线平移的合成运动。

需要指出的是，绝对运动和相对运动都是指动点运动，它可能作直线运动，也可能作曲线运动；而牵连运动则是指与动系固连的刚体的运动，它可能作平移，也可能绕定轴转动或作其他较复杂的运动。

在点的合成运动中，动点相对于动系运动的速度和加速度，称为动点的**相对速度**和**相对加速度**，用 $\boldsymbol{v}_r$ 和 $\boldsymbol{a}_r$ 表示。动点相对于定系运动的速度和加速度，称为动点的**绝对速度**和**绝对加速度**，用 $\boldsymbol{v}_a$ 和 $\boldsymbol{a}_a$ 表示。需要特别注意动点的牵连速度和牵连加速度的概念。因为动系的运动是刚体运动，所以动系上各点的运动一般是不相同的，而与动点的牵连运动直接相关的是动系上与动点重合的那一点的运动。同时，注意到随着动点的运动，它与动系上的重合点也在变化，因此我们定义：在某瞬时，动系上与动点相重合的那一点（又称牵连点）的速度和加速度，称为动点在该瞬时的**牵连速度**和**牵连加速度**，用 $\boldsymbol{v}_e$ 和 $\boldsymbol{a}_e$ 表示。例如，在图 7-3 中，滑块 M 在转动着的圆盘上沿直槽由 O 向外滑动。选静系 Oxy 固结在地面上，动坐标轴 Ox' 沿直槽，固结在圆盘上。滑块 M（动点）的相对轨迹为沿 x' 轴的直线，绝对轨迹如图中虚曲线所示。在 t_1 瞬时，滑块 M 位于圆盘上的 A 点，它的牵连速度 $\boldsymbol{v}_e$ 和牵连加速度 $\boldsymbol{a}_e$ 等于该瞬时 A 点的速度和加速度。设此时圆盘的角速度为 ω_1，角加速度为 α_1，则 $v_e = OA \cdot \omega_1$，$a_e^\tau = OA \cdot \alpha_1$，$a_e^n = OA \cdot \omega_1^2$。$\boldsymbol{v}_e$，$\boldsymbol{a}_e^\tau$ 及 $\boldsymbol{a}_e^n$ 的方向分别如图 7-3 所示。在 t_2 瞬时，滑块 M 在圆盘上的 B 点，它的牵连速度和牵连加速度则等于该瞬时 B 点的速度和加速度（请读者自行标出）。

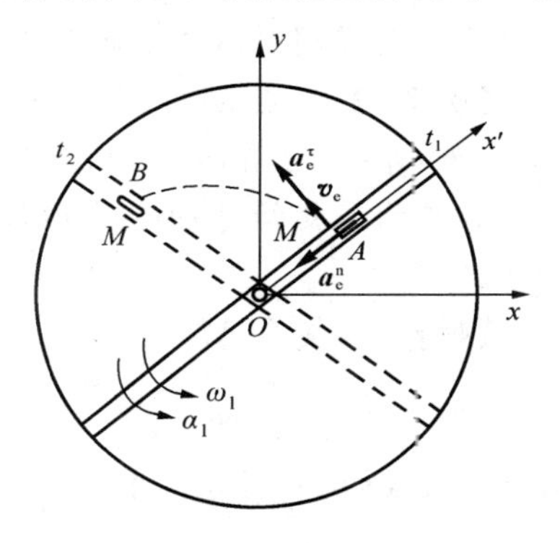

图 7-3

二、点的绝对运动方程和相对运动方程

动点的绝对运动方程和相对运动方程之间的关系，可以通过下面一个特例来进行了解。设动点 M 在图 7-4 所示的平面中运动，若取 Oxy 为静系，$O'x'y'$ 为动系，则动点运动时，其绝对运动方程为

$$x = x(t), \quad y = y(t)$$

其相对运动的运动方程为

$$x' = x'(t), \quad y' = y'(t)$$

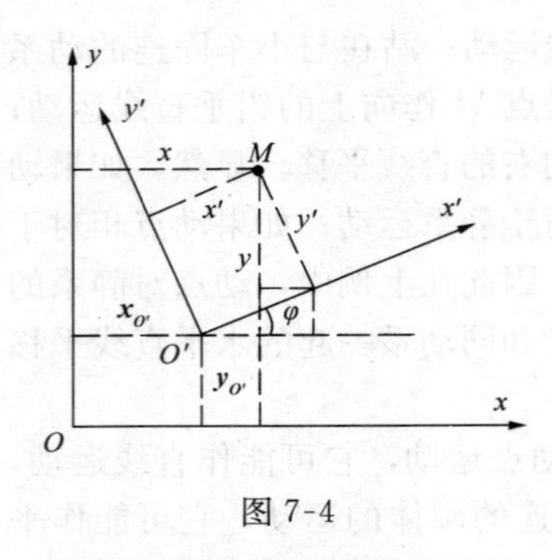

图 7-4

而动系相对静系的位置，可由动系原点 O' 的两个坐标 $x_O{}'$，$y_O{}'$ 和动坐标轴 $O'x'$ 或（$O'y'$）的转角 φ 来确定。显然，它们都是 t 的单值连续函数，故可表示为

$$\left.\begin{aligned} x_O{}' &= x_O{}'(t) \\ y_O{}' &= y_O{}'(t) \\ \varphi &= \varphi(t) \end{aligned}\right\}$$

这组方程表示了动系的运动，所以称为牵连运动方程。

现应用坐标变换关系可得

$$\left.\begin{aligned} x &= x_O{}' + x'\cos\varphi - y'\sin\varphi \\ y &= y_O{}' + x'\sin\varphi + y'\cos\varphi \end{aligned}\right\} \tag{7-1}$$

式（7-1）表明：利用坐标变换公式就可以通过牵连运动方程来建立绝对运动方程和相对运动方程之间的关系。

从绝对运动方程中或相对运动方程中消去时间 t，就可以得到动点的绝对运动轨迹方程或相对运动轨迹方程。

【例 7-1】 点 M 相对于动系 $Ox'y'$ 沿半径 r 的圆周以速度 $\boldsymbol{v}$ 作匀速圆周运动（圆心为 O_1），动系 $Ox'y'$ 相对于定系 Oxy 以匀角速度 ω 绕点 O 作定轴转动，如图 7-5 所示。初始时 $Ox'y'$ 与 Oxy 重合，点 M 与点 O 重合。求点 M 的绝对运动方程。

【解】 连接 O_1M，由图 7-5 可知

$$\psi = \frac{vt}{r}$$

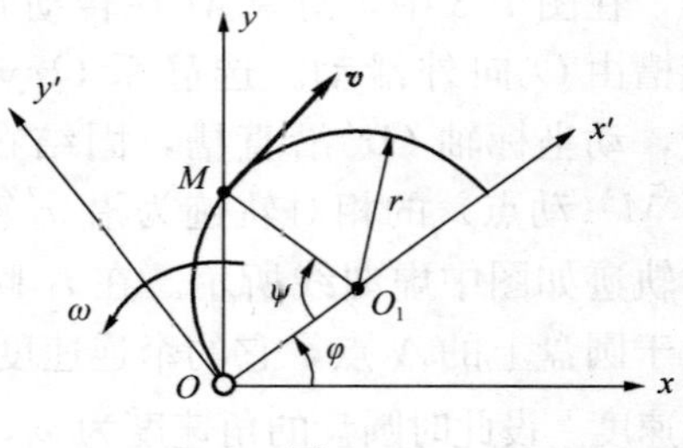

于是得点 M 的相对运动方程为

$$x' = OO_1 - O_1M\cos\psi = r\left(1-\cos\frac{vt}{r}\right)$$

$$y' = O_1M\sin\psi = r\sin\frac{vt}{r}$$

图 7-5

牵连运动方程为

$$x_{o'} = x_o = 0, \quad y_{o'} = y_o = 0, \quad \varphi = \omega t$$

利用坐标变换关系式（7-1），得点 M 的绝对运动方程为

$$x = r\left(1-\cos\frac{vt}{r}\right)\cos\omega t - r\sin\frac{vt}{r}\sin\omega t$$

$$y = r\left(1-\cos\frac{vt}{r}\right)\sin\omega t - r\sin\frac{vt}{r}\cos\omega t$$

§7.2 点的速度合成定理

现在研究动点的相对速度、牵连速度和绝对速度三者之间的关系。

设有一动点相对于动坐标系运动，相对轨迹为曲线 AB；同时曲线 AB 又随同动坐标系一起相对于静坐标系 $Oxyz$ 运动，如图 7-6（a）所示（动坐标系未画

出)。曲线 AB 随同动系的运动是牵连运动。设在瞬时 t,动点在位置 M,与曲线 AB(即动坐标系)上的点 E 重合。经过一段时间 Δt 后,曲线 AB 随同动系运动到另一位置(设以 $A'B'$ 表示),动坐标系上的点 E 沿 $\overset{\frown}{MM_1}$ 运动到 M_1,同时,动点沿相对轨迹由点 E_1 运动到 M'(与曲线 $A'B'$ 上的点 E' 重合)。动点相对于静系

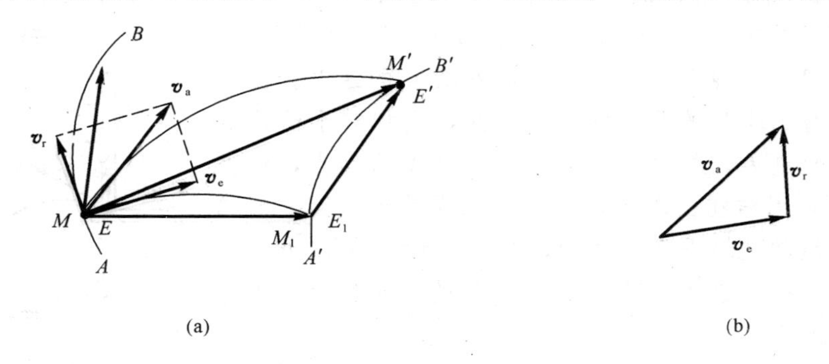

图 7-6

运动的绝对轨迹为 $\overset{\frown}{MM'}$。作矢量 $\boldsymbol{MM'}$、$\boldsymbol{MM_1}$ 和 $\boldsymbol{M_1M'}$。矢量 $\boldsymbol{MM'}$ 代表动点的绝对位移。矢量 $\boldsymbol{MM_1}$ 是在瞬时 t 动坐标系上与动点相重合的一点在 Δt 时间内的位移,称为牵连位移。矢量 $\boldsymbol{M_1M'}$ 则代表相对位移。由图中矢量关系可得

$$\boldsymbol{MM'}=\boldsymbol{MM_1}+\boldsymbol{M_1M'}$$

将上式各项同除以 Δt,并取 $\Delta t\to 0$ 时的极限,得

$$\lim_{\Delta t\to 0}\frac{\boldsymbol{MM'}}{\Delta t}=\lim_{\Delta t\to 0}\frac{\boldsymbol{MM_1}}{\Delta t}+\lim_{\Delta t\to 0}\frac{\boldsymbol{M_1M'}}{\Delta t}$$

矢量 $\lim\limits_{\Delta t\to 0}\dfrac{\boldsymbol{MM'}}{\Delta t}$ 就是动点在瞬时 t 的绝对速度 $\boldsymbol{v}_a$,它沿动点的绝对轨迹 $\overset{\frown}{MM'}$ 在 M 点的切线方向。矢量 $\lim\limits_{\Delta t\to 0}\dfrac{\boldsymbol{MM_1}}{\Delta t}$ 是在瞬时 t 动坐标系上与动点相重合的一点的速度,即动点在瞬时 t 的牵连速度 $\boldsymbol{v}_e$,它沿曲线 $\overset{\frown}{MM_1}$ 在 M 的切线方向。矢量 $\lim\limits_{\Delta t\to 0}\dfrac{\boldsymbol{M_1M'}}{\Delta t}$ 则是动点在瞬时 t 的相对速度 $\boldsymbol{v}_r$。因 $\Delta t\to 0$ 时曲线 $A'B'$ 与曲线 AB 重合、M_1 点与 M 点重合,所以 $\boldsymbol{v}_r$ 的方向沿曲线 AB 在 M 点的切线方向。于是便得到

$$\boldsymbol{v}_a=\boldsymbol{v}_e+\boldsymbol{v}_r \tag{7-2}$$

上式表明:**在任一瞬时,动点的绝对速度等于牵连速度与相对速度的矢量和。**这种关系称为**点的速度合成定理。**

需要指出的是,在上述定理推导过程中,对动坐标系的运动未作任何限制,因此该定理适用于牵连运动是任何运动的情况,即动系可作平移、转动或其他任何较复杂的运动。

在应用速度合成定理解决具体问题时,应该注意:

1. 选取动点和动坐标系。正确选取动点和动系是求解点的复合运动的关键,其原则如下:(1)动点与动系不能选在同一物体上;(2)动点的相对轨迹应清晰、明确,易于判断。

2. 对于三种运动及三种速度的分析。

3. 根据速度合成定理并结合各种速度的已知条件先作出速度矢量图，然后利用三角关系或矢量投影定理求解未知量。

【例 7-2】 图 7-7 中，偏心圆凸轮的偏距 $OC=e$，半径 $r=\sqrt{3}e$，设凸轮以匀角速 ω_0 绕 O 轴转动，试求 OC 与 CA 垂直的瞬时，杆 AB 的速度。

【解】 显然，凸轮为定轴转动，AB 杆为直线平移。只要求出 A 点的速度就可知道 AB 杆各点的速度。由于 A 点始终与 AB 杆的凸轮接触，因此，它相对于凸轮的相对运动轨迹为已知的圆。选 AB 杆的 A 为动点，动坐标系 $O'x'y'$ 固结在凸轮上，静坐标系固结于地面。则 A 点的绝对运动是铅垂直线运动；相对运动是以 C 为圆心的圆周运动；牵连运动是凸轮绕 O 轴的定轴转动，A 点速度如图所示。

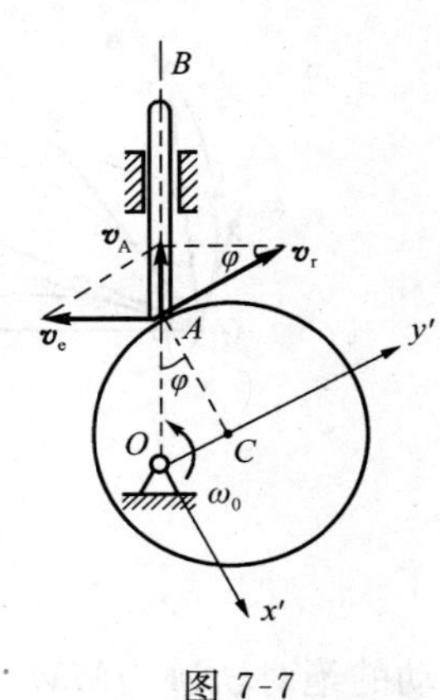

图 7-7

已知：$v_e=OA\cdot\omega_0=2e\omega_0$，在式（7-2）中，$\boldsymbol{v}_e$ 的大小、方向和 $\boldsymbol{v}_a$，$\boldsymbol{v}_r$ 的方向已知，因而可求出 $\boldsymbol{v}_a$，$\boldsymbol{v}_r$ 的大小。$\boldsymbol{v}_e$，$\boldsymbol{v}_a$，$\boldsymbol{v}_r$ 满足矢量平行四边形法则。

在图 7-7 中，由几何关系，得

$$\tan\varphi=\frac{OC}{AC}=\frac{v_a}{v_e}$$

其中 $OC=e$，$AC=r=\sqrt{3}e$，于是

$$v_a=\frac{2}{\sqrt{3}}e\omega_0$$

这就是 AB 杆在此瞬时的速度大小，它的方向竖直向上。

本题中，选择 AB 杆的 A 点为动点，动坐标系与凸轮固结。因此，三种运动，特别是相对运动轨迹十分明显、简单，使问题得以顺利解决。反之，若选凸轮上的点（例如与 A 重合之点）为动点，而动坐标系与 AB 固结，这样，相对运动轨迹不仅难以确定，而且其曲率半径未知。这将导致求解（特别是求加速度）复杂化。

【例 7-3】 小球在玻璃管中运动，$OM=bt$，玻璃管以角速度 ω 绕 O 轴转动。试选取动点和动坐标系，分析三种运动及三种速度，并求小球的绝对运动方程。

【解】 取玻璃管中的小球 M 为动点，动坐标系 $O'x'y'$ 与玻璃管固结，则

绝对运动：M 点作阿基米德螺旋线运动；

相对运动：M 点相对玻璃管作直线运动；

牵连运动：动坐标系（玻璃管）绕 O 点定轴转动。

绝对运动方程：$\begin{cases}x=bt\cos\omega t\\ y=bt\sin\omega t\end{cases}$

M 点的轨迹和速度矢量关系图见图 7-8。

【例 7-4】 曲柄滑道机构，如图 7-9 所示，由柄 OA 以角速度 ω 作定轴转动，通过滑块 A 带动 $BDCE$ 杆作往复直线运动，试确定动点、动系，分析三种运动及三种速度。

【解】　滑块上铰接点 A 为动点（不能选 DE 杆上 A 点），动系固定在 BDE 杆上，则

绝对运动：A 点圆周运动；

相对运动：沿 ED 杆直线运动；

牵连运动：BDE 杆直线平移。

速度矢量关系图见图 7-9。

【例 7-5】　如图 7-10 所示的曲柄滑杆机构，曲柄 OA 以匀角速度 ω 绕 O 轴转动，推动滑杆 BC 上下往复运动，试确定动点、动系，分析三种运动及三种速度。

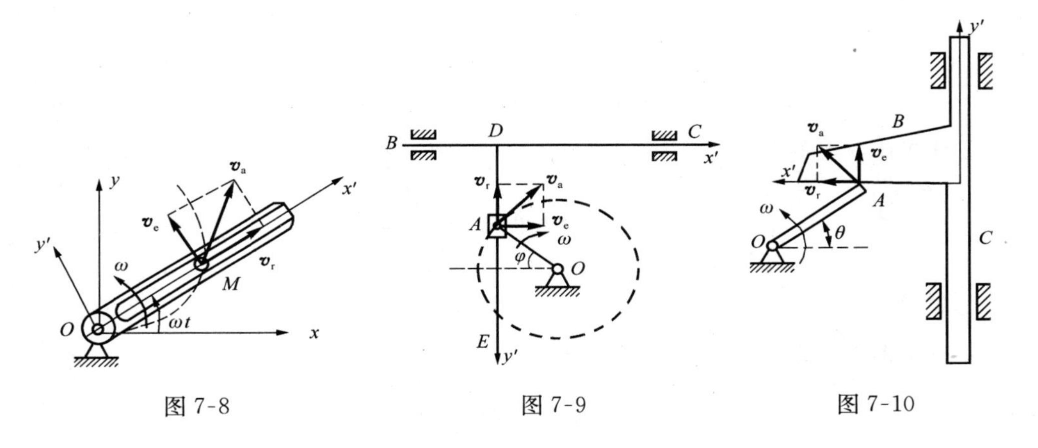

图 7-8　　图 7-9　　图 7-10

【解】　取曲柄端点 A 点为动点（不能选滑杆 BC 上 A 点），动系固定在滑杆 BC 上，则

绝对运动：A 点圆周运动；

相对运动：A 点相对滑杆 BC 的直线运动；

牵连运动：滑杆 BC 直线平移。速度矢图如图 7-10 所示。

通过以上几个例题，关于动点的选择我们可以这样说：遇到滑块选铰链，两物接触找尖端。动系则固连于与之相接触的另一物体，其目的就是使相对运动的轨迹清晰，以便进一步作速度和加速度分析。

【例 7-6】　刨床的急回机构如图 7-11 所示。曲柄 OA 的一端 A 与滑块用铰链连接。当曲柄 OA 以匀角速度 ω 绕固定轴 O 转动时，滑块在摇杆 O_1B 上滑动，并带动摇杆 O_1B 绕固定轴 O_1 摆动。设曲柄长 $OA=r$，两轴间距离 $OO_1=l$，求当曲柄在水平位置时摇杆的角速度 ω_1。

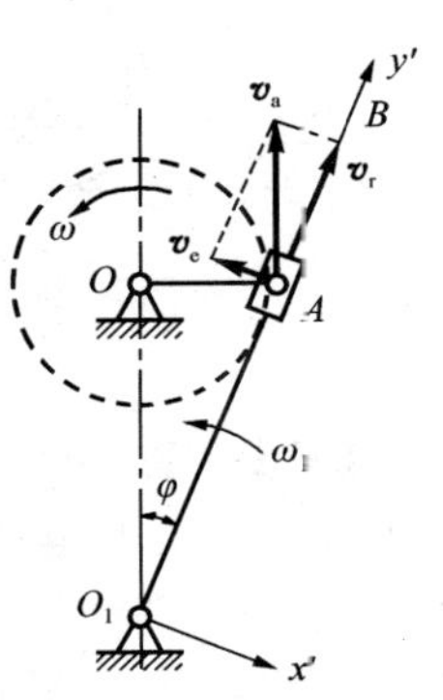

图 7-11

【解】　在本题中应选取曲柄端点 A 作为研究的动点，把动参考系 $O_1x'y'$ 固定在摇杆 O_1B 上，并与 O_1B 一起绕 O_1 轴摆动。

点 A 的绝对运动是以点 O 为圆心的圆周运动，相对运动是沿 O_1B 方向的直线运动，而牵连运动则是摇杆绕 O_1 轴

的摆动。

于是，绝对速度$\boldsymbol{v}_a$的大小和方向都是已知的，它的大小等于$r\omega$，方向与曲柄OA垂直；相对速度$\boldsymbol{v}_r$的方向垂直于O_1B，也是已知的。共计有四个要素已知。由于$\boldsymbol{v}_a$的大小和方向都已知，因此，这是一个速度分解的问题。

根据速度合成定理，作出速度平行四边形，如图7-11所示。由其中的直角三角形可求得

$$v_e = v_a \sin\varphi$$

又$\sin\varphi = \dfrac{r}{\sqrt{l^2+r^2}}$，且$v_a = r\omega$，所以

$$v_e = \frac{r^2\omega}{\sqrt{l^2+r^2}}$$

设摇杆在此瞬时的角速度为ω_1，则

$$v_e = O_1A \cdot \omega_1 = \frac{r^2\omega}{\sqrt{l^2+r^2}}$$

其中$O_1A = \sqrt{l^2+r^2}$

由此得出此瞬时摇杆的角速度为

$$\omega_1 = \frac{r^2\omega}{l^2+r^2}$$

方向如图。

【例7-7】 传送带输送矿砂，如图7-12所示。已知矿砂下落速度$v_1 = 4\text{m/s}$，传送带B的水平传动速度$v_2 = 3\text{m/s}$，求此时矿砂相对于传送带B的速度。

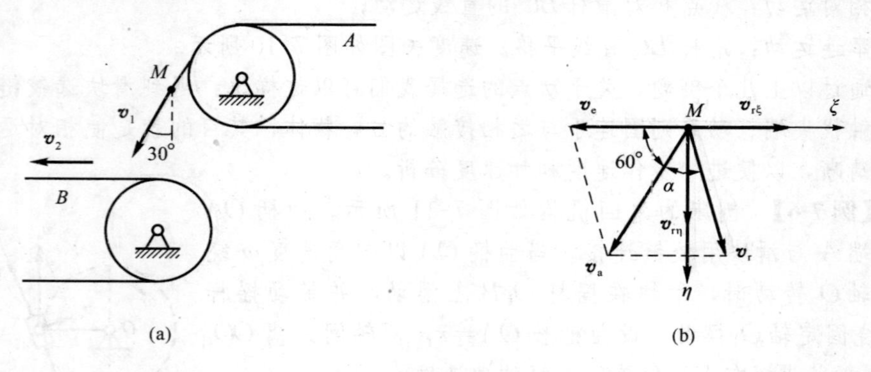

图7-12

【解】 取矿砂粒M点为动点，动系与传送带B固结，把平移动系扩展为无限大，由于其上各点速度都相同且等于v_2。于是，动点M的牵连速度就等于v_2。绝对运动是矿砂M点的直线运动，绝对速度$v_a = v_1$。牵连运动是传送带B水平向左平移，动点M的牵连速度$v_e = v_2$。

由速度合成定理知，三种速度形成平行四边形，绝对速度必须是对角线，因此作出的速度平行四边形如图7-12（b）所示。根据几何关系求得

$$v_r=\sqrt{v_a^2+v_e^2-2v_a v_e\cos60^\circ}=3.6\text{m/s}$$

$$\frac{v_e}{\sin\beta}=\frac{v_r}{\sin60^\circ}\qquad \beta=46^\circ12'$$

【另解】 利用矢量投影定理。建立 ξ 和 η 轴，如图 7-12（b）所示，把矢量方程 $\boldsymbol{v}_a=\boldsymbol{v}_e+\boldsymbol{v}_r$ 分别向 ξ 轴和 η 轴投影

$$\xi:\ -v_a\cos60^\circ=-v_e+v_{r\xi}$$

$$v_{r\xi}=v_e-v_a\cos60^\circ=1\text{m/s}$$

$$\eta:\ v_a\sin60^\circ=v_{r\eta}$$

$$v_{r\eta}=3.6\text{m/s}$$

$$v_r=\sqrt{v_{r\eta}^2+v_{r\xi}^2}=3.6\text{m/s}$$

总结以上各例题的解题步骤如下：

1. 选取动点、动坐标系和定坐标系。所选的坐标系应能将动点的运动分解成为相对运动和牵连运动。因此，动点和动坐标系不能选在同一个物体上；一般应使相对运动易于看清。

2. 分析三种运动和三种速度。相对运动是怎样的一种运动（直线运动、圆周运动或其他某种曲线运动）？牵连运动是怎样的一种运动（平移、转动或其他某一种刚体运动）？绝对运动是怎样的一种运动（直线运动、圆周运动或其他某一种曲线运动）？各种运动的速度都有大小和方向两个要素，只有已知四个要素时才能画出速度平行四边形。

3. 应用速度合成定理，作出速度平行四边形。必须注意，作图时要使绝对速度成为平行四边形的对角线。

4. 利用速度平行四边形中的几何关系解出未知数。

§7.3 牵连运动为平移时点的加速度合成定理

我们知道，点的速度合成定理对于任何形式的牵连运动都是适用的。但是加速度问题则比较复杂，对于不同形式的牵连运动，会得到不同的结论。这一节先讨论牵连运动为平移时，点的加速度合成问题。

设动点 M 相对于动系 $O'x'y'z'$ 运动，相对轨迹为曲线 AB（图 7-13），而动系相对于静系 $Oxyz$ 作平移。现在求动点在任一瞬时的绝对加速度。

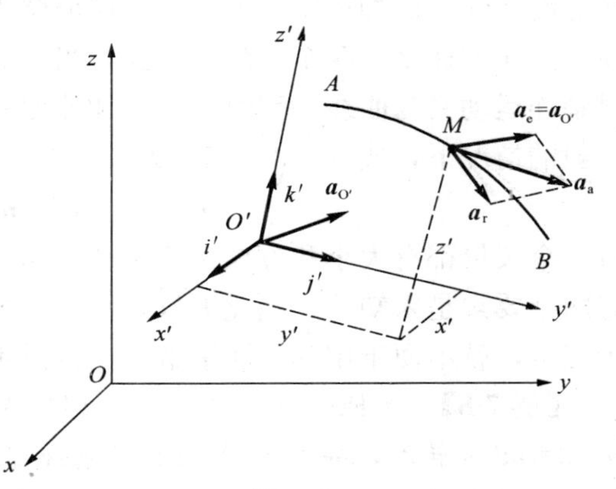

图 7-13

动点的相对速度 v_r 沿动系 $O'x'y'z'$ 三个轴分解的公式为

$$\boldsymbol{v}_r=\frac{\mathrm{d}x'}{\mathrm{d}t}\boldsymbol{i}'+\frac{\mathrm{d}y'}{\mathrm{d}t}\boldsymbol{j}'+\frac{\mathrm{d}z'}{\mathrm{d}t}\boldsymbol{k}'\quad\text{(a)}$$

其中 $O'x'y'z'$ 为动点在动系中的坐标，$\boldsymbol{i}'$，$\boldsymbol{j}'$，$\boldsymbol{k}'$ 为沿动系三个轴正向

的单位矢量。

动点的相对加速度$\boldsymbol{a}_r$沿动系三个轴分解的公式则为

$$\boldsymbol{a}_r=\frac{d^2x'}{dt^2}\boldsymbol{i}'+\frac{d^2y'}{dt^2}\boldsymbol{j}'+\frac{d^2z'}{dt^2}\boldsymbol{k}' \tag{b}$$

由于动系作平移，在任一瞬时，动系上所有各点的速度都与原点O'的速度$\boldsymbol{v}_{O'}$相同。因此，动点的牵连速度$\boldsymbol{v}_e$也就等于$\boldsymbol{v}_{O'}$，即

$$\boldsymbol{v}_e=\boldsymbol{v}_{O'} \tag{c}$$

将式（a），式（c）代入式（7-2），得动点的绝对速度为

$$\boldsymbol{v}_a=\boldsymbol{v}_e+\boldsymbol{v}_r=\boldsymbol{v}_{O'}+\frac{dx'}{dt}\boldsymbol{i}'+\frac{dy'}{dt}\boldsymbol{j}'+\frac{dz'}{dt}\boldsymbol{k}' \tag{d}$$

动点的绝对加速度$\boldsymbol{a}_a=\dfrac{d\boldsymbol{v}_a}{dt}$。由于动系作平移，单位矢量$\boldsymbol{i}'$，$\boldsymbol{j}'$，$\boldsymbol{k}'$方向不变，是常矢量，对时间$t$的导数为零，于是

$$\boldsymbol{a}_a=\frac{d\boldsymbol{v}_a}{dt}=\frac{d\boldsymbol{v}_{O'}}{dt}+\frac{d^2x'}{dt^2}\boldsymbol{i}'+\frac{d^2y'}{dt^2}\boldsymbol{j}'+\frac{d^2z'}{dt^2}\boldsymbol{k}' \tag{e}$$

其中$\dfrac{d\boldsymbol{v}_{O'}}{dt}=\boldsymbol{a}_{O'}$，是动系原点$O'$的加速度。因动系作平移，动系上所有各点的加速度都等于$\boldsymbol{a}_{O'}$，因而动点的牵连加速度$\boldsymbol{a}_e$等于$\boldsymbol{a}_{O'}$，即

$$\frac{d\boldsymbol{v}_{O'}}{dt}=\boldsymbol{a}_{O'}=\boldsymbol{a}_e \tag{f}$$

又由式（b）知，式（e）中的后三项等于动点的相对加速度，于是

$$\boldsymbol{a}_a=\boldsymbol{a}_e+\boldsymbol{a}_r \tag{7-3}$$

上式表示：**当牵连运动为平移时，在任一瞬时，动点的绝对加速度等于动点的牵连加速度与相对加速度的矢量和。这就是牵连运动为平移时点的加速度合成定理。**

应用此定理解题的步骤基本与上节相同。即首先要选取动点、动系；然后进行三种运动分析，必要时进行三种速度分析；再分析三种加速度；最后根据式（7-3）求解某些未知要素，其中要特别注意三种加速度的分析。因为速度一定沿轨迹的切线，而加速度一般情况下应分解为沿轨迹切线（切向加速度）和沿主法线（法向加速度）两个分量。因此，当绝对轨迹为曲线，相对轨迹也为曲线，同时牵连运动又为曲线平移时，三种加速度一般都将各分解为两个分量。所以在最一般的情况下，式（7-3）将成为

$$\boldsymbol{a}_a^\tau+\boldsymbol{a}_a^n=\boldsymbol{a}_e^\tau+\boldsymbol{a}_e^n+\boldsymbol{a}_r^\tau+\boldsymbol{a}_r^n$$

每一个矢量都有大小和方向两个要素，故上式总共包含有12个要素，其中若仅有两个要素是未知的，则此矢量式可解。再者，如果上式中各分矢量总的个数多于三个，就不便于用几何法求解，而宜采用解析法。

【例 7-8】 曲柄滑道机构（图 7-14）中的曲柄OA，长$r=300$mm，以匀角速$\omega=2\pi$rad/s 转动，并通过A端的滑块A带动滑道BC沿x轴往复运动。求当OA与x轴的夹角$\varphi=40°$时，滑道BC的加速度。

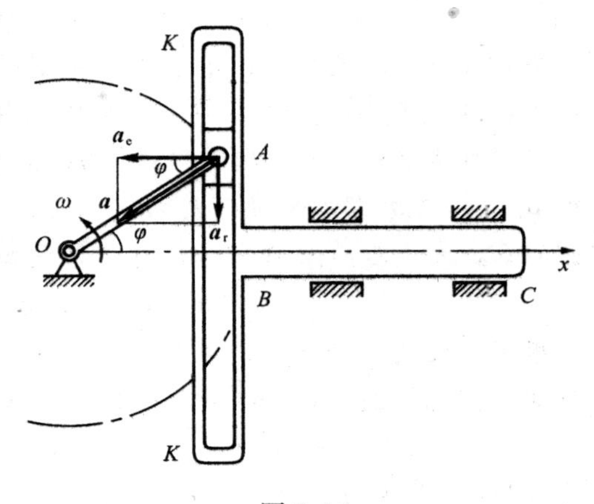

图 7-14

【解】 滑道 BC 由滑块 A 带动沿 x 轴作平移，只要求出滑道与 A 相重合的一点的加速度便知道滑道的加速度。选取滑块为动点，将动系固结在滑道上。于是，A 点沿滑道 KK 的直线运动为相对运动。滑道的平移为牵连运动，而 A 点随同 OA 转动所作的圆周运动为绝对运动。

由已知，A 点的绝对加速度 $\boldsymbol{a}_a$ 的大小为

$$a_a = OA\omega^2 = r\omega^2$$

$\boldsymbol{a}_a$ 的方向由 A 指向 O，A 点的牵连加速度 $\boldsymbol{a}_e$ 的方位与 x 轴平行，大小是要求的；A 点的相对加速度 $\boldsymbol{a}_r$ 的方位沿滑道 KK 的中心线，大小是未知的。

由于牵连运动为平移，应用公式 $\boldsymbol{a}_a = \boldsymbol{a}_e + \boldsymbol{a}_r$。由图 7-14 可见

$$a_e = a_a\cos\varphi = r\omega^2\cos\varphi = 300\times(2\pi)^2\cos 40° = 9070\text{mm/s}^2$$

这就是所要求的滑道 BC 的加速度。

（请考虑：在本题可否取滑道上与 A 相重合的一点为动点，而将动系固结在曲柄 OA 上?）

【例 7-9】 凸轮顶杆机构如图 7-15（a）所示，已知凸轮半径 R，向右平移的速度 v_0 和加速度 a_0，试求顶杆 AB 的速度和加速度。

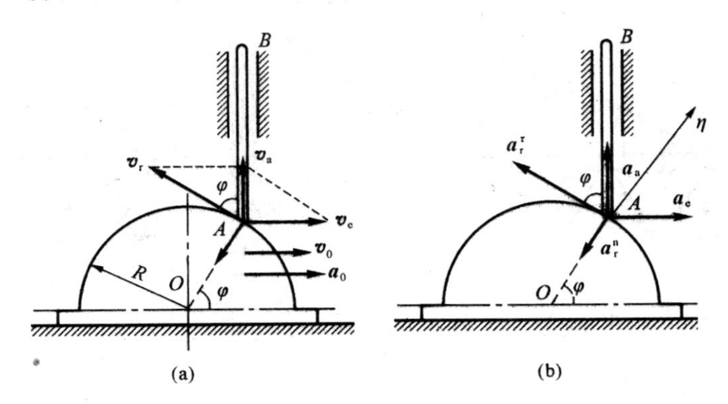

图 7-15

【解】 动点：AB 杆上点 A；动系：固连于凸轮上。

绝对运动：点 A 铅垂向上直线运动；

相对运动：点 A 沿凸轮轮缘作圆周运动；

牵连运动：动系（凸轮）向右作水平直线平移。

进行三种速度分析，作出动点 A 的速度平行四边形，如图 7-15（a）所示其中 $\boldsymbol{v}_e = \boldsymbol{v}_0$，由几何关系可得

$$v_r = v_0/\sin\varphi$$

顶杆 AB 的速度

$$v_a = v_0 \cot \varphi$$

进行三种加速度分析，由于绝对运动为直线，绝对加速度的方位已知，设指向向上，其大小待求。由于动系作直线平移且加速度已知，故牵连加速度 $\boldsymbol{a}_e = \boldsymbol{a}_0$。而相对轨迹为凸轮轮廓线（半圆），故相对加速度应用两个分量来表示，即 $\boldsymbol{a}_r^\tau$ 和 $\boldsymbol{a}_r^n$。其中 $\boldsymbol{a}_r^\tau$ 沿相对轨迹的切向，大小是未知的；$\boldsymbol{a}_r^n$ 沿轨迹的主法线，且指向圆心 O，大小为动点 A 的加速度矢量图如图 7-15（b）所示，$a_r^n = v_r^2/R$

$$\boldsymbol{a}_a = \boldsymbol{a}_e + \boldsymbol{a}_r = \boldsymbol{a}_e + \boldsymbol{a}_r^\tau + \boldsymbol{a}_r^n$$

根据加速度合成定理，式中只有两个未知要素，故可解。为了求 $\boldsymbol{a}_a$ 的大小和方向，可选垂直于 $\boldsymbol{a}_r^\tau$ 的投影轴 η，将上式向该轴投影，得

$$a_a \sin \varphi = a_e \cos\varphi - a_r^n$$

于是，顶杆 AB 的加速度

$$a_a = a_0 \cot \varphi - v_0^2 \csc^3\varphi / R$$

【例 7-10】 图 7-16（a）所示平面机构中，曲柄 $OA = r$，以匀角速度 ω_o 转动。套筒 A 可沿 BC 杆滑动。已知 $BC = DE$，且 $BD = CE = l$。求图示位置时，杆 BD 的角速度和角加速度。

【解】 由于 $DBCE$ 为平行四边形，因而杆 BC 作曲线平移。以套筒 A 为动点，绝对速度 $v_a = r\omega_o$。以杆 BC 为动系，牵连速度 v_e 等于点 B 速度 v_B。其速度合成关系如图 7-16（a）所示。

由图示几何关系解出

$$v_e = v_r = v_a = r\omega_o$$

因而杆 BD 的角速度 ω 方向如图，大小为

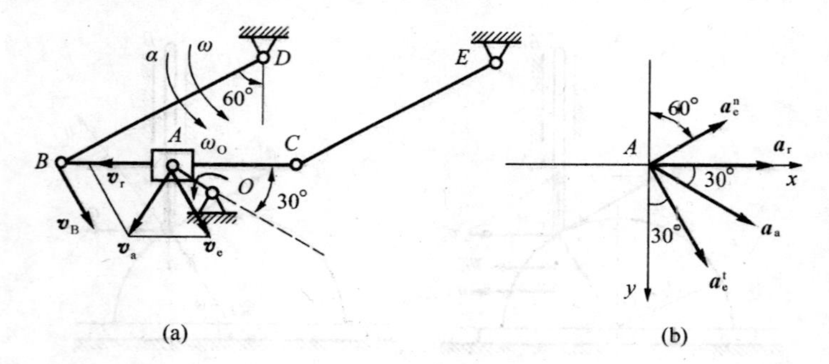

图 7-16

$$\omega = \frac{v_B}{l} = \frac{v_e}{l} = \frac{r\omega_o}{l} \tag{a}$$

动系 BC 为曲线平移，故牵连加速度与点 B 加速度相同，应分解为 $\boldsymbol{a}_e^\tau$ 和 $\boldsymbol{a}_e^n$ 两项。由加速度合成定理，有

$$\boldsymbol{a}_a = \boldsymbol{a}_e + \boldsymbol{a}_r = \boldsymbol{a}_e^\tau + \boldsymbol{a}_e^n + \boldsymbol{a}_r \tag{b}$$

其中

$$a_a = \omega_o^2 r, \qquad a_e^n = \omega^2 l = \frac{\omega_o^2 r^2}{l}$$

而 $\boldsymbol{a}_e^\tau$ 和 $\boldsymbol{a}_r$ 为未知量，暂设 $\boldsymbol{a}_e^\tau$ 和 $\boldsymbol{a}_r$ 的指向如图 7-16（b）。

将式（b）两端向 y 轴投影，得

$$a_a \sin 30° = a_e^\tau \cos 30° - a_e^n \sin 30°$$

解出

$$a_e^\tau = \frac{(a_a + a_e^n)\ \sin 30°}{\cos 30°} = \frac{\sqrt{3}\omega_O^2 r\ (l+r)}{3l}$$

解得 a_e^τ 为正，表明所设 a_e^τ 指向正确。

动系平移，点 B 的加速度等于牵连加速度，因而杆 BD 的角加速度方向如图，值为

$$\alpha = \frac{a_e^\tau}{l} = \frac{\sqrt{3}\omega_O^2 r\ (l+r)}{3l^2}$$

§7.4　牵连运动为定轴转动时点的加速度合成定理·科氏加速度

当牵连运动为转动时，点的加速度合成定理与动系为平移的情况是不相同的。以下先用简例作形象的说明。

设有一圆盘以匀角速 ω 绕垂直于盘面的 O 轴转动，动点 M 在圆盘上半径为 r 的圆槽内顺 ω 转向以匀速 v_r 相对于圆盘运动，如图 7-17。试求 M 点的绝对加速度。

取动系固结于圆盘。由所给的条件可见，点的相对轨迹和绝对轨迹均是以 O 为圆心、r 为半径的同一个圆。在任一瞬时，M 点的牵连速度 v_e 的大小 $v_e = r\omega$，方向与 v_r 相同。于是，M 点的绝对速度 v_a 的大小 $v_a = v_e + v_r = r\omega + v_r$，是一个常量。由此可见，$M$ 点的绝对运动是匀速圆周运动。因此，M 点是绝对加速度 $\boldsymbol{a}_a$ 的大小是

$$a_a = \frac{v_a^2}{r} = \frac{(r\omega + v_r)^2}{r} = r\omega^2 + 2\omega v_r + \frac{v_r^2}{r}$$

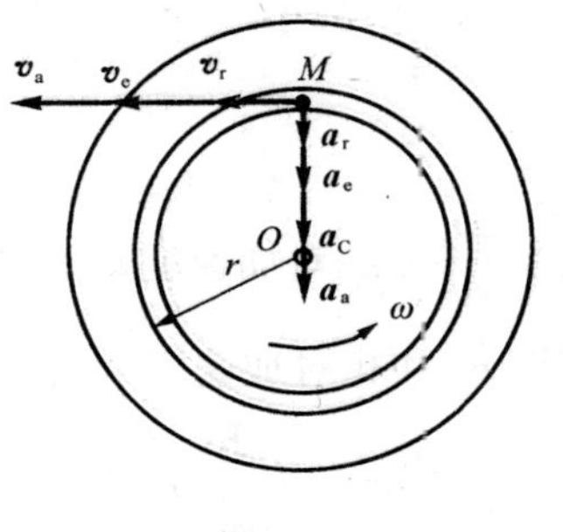

图 7-17

绝对加速度 $\boldsymbol{a}_a$ 的方向由 M 指向圆心 O。上式右边第一项 $r\omega^2$ 和第三项 $\frac{v_r^2}{r}$ 分别是 M 点的牵连加速度 $\boldsymbol{a}_e$ 和相对加速度 $\boldsymbol{a}_r$ 的大小（$\boldsymbol{a}_e$ 和 $\boldsymbol{a}_r$ 的方向也都是由 M 指向 O）。可见，这种情况下，$\boldsymbol{a}_a \neq \boldsymbol{a}_e + \boldsymbol{a}_r$，而还要附加一项加速度 $2\omega v_r$。这项附加的加速度称为**科氏加速度**，记为 $\boldsymbol{a}_C$，$\boldsymbol{a}_C$ 的大小为：$a_C = 2\omega v_r = 2\,|\boldsymbol{\omega} \times \boldsymbol{v}_r|$，而方向也是沿半径指向圆心 O，即与矢量积 $\boldsymbol{\omega} \times \boldsymbol{v}_r$ 的方向相同。这个例子说明，牵连运动为定轴转动时点的加速度合成结果与牵连运动为平移时的情况是不同的。

下面将就一般情况推导牵连运动为定轴转动时点的加速度合成定理。

为便于推导，先分析动坐标系为定轴转动时，其单位矢量 $\boldsymbol{i}'$、$\boldsymbol{j}'$、$\boldsymbol{k}'$ 对时间的导数。

设动坐标系 $O'x'y'z'$ 以角速度 ω_e 绕定轴转动，角速度矢为 $\boldsymbol{\omega}_e$。不失一般性，可把定轴取为静坐标系的 z 轴，如图 7-18 所示。

先分析 $\boldsymbol{k}'$ 对时间的导数。设 $\boldsymbol{k}'$ 的矢端点 A 的矢径为 $\boldsymbol{r}_A$，则点 A 的速度既等于矢径 $\boldsymbol{r}_A$ 对时间的一阶导数，又可用角速度矢 $\boldsymbol{\omega}_e$ 和矢径 $\boldsymbol{r}_A$ 的矢积表示，即

$$\boldsymbol{v}_A=\frac{\mathrm{d}\boldsymbol{r}_A}{\mathrm{d}t}=\boldsymbol{\omega}_e\times\boldsymbol{r}_A$$

由图 7-18，有

$$\boldsymbol{r}_A=\boldsymbol{r}_{O'}+\boldsymbol{k}'$$

其中 $\boldsymbol{r}_{O'}$ 为动系原点 O' 的矢径，将上式代入前式，得

$$\frac{\mathrm{d}\boldsymbol{r}_{O'}}{\mathrm{d}t}+\frac{\mathrm{d}\boldsymbol{k}'}{\mathrm{d}t}=\boldsymbol{\omega}_e\times(\boldsymbol{r}_{O'}+\boldsymbol{k}')$$

由于动系原点 O' 的速度为

$$\boldsymbol{v}_{O'}=\frac{\mathrm{d}\boldsymbol{r}_{O'}}{\mathrm{d}t}=\boldsymbol{\omega}_e\times\boldsymbol{r}_{O'}$$

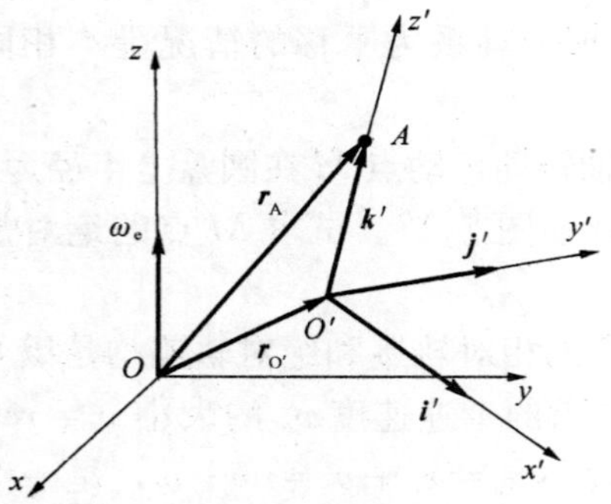

代入前式，得

$$\frac{\mathrm{d}\boldsymbol{k}'}{\mathrm{d}t}=\boldsymbol{\omega}_e\times\boldsymbol{k}'$$

$\boldsymbol{i}'$、$\boldsymbol{j}'$ 的导数与上式相似，合写为：

$$\frac{\mathrm{d}\boldsymbol{i}'}{\mathrm{d}t}=\boldsymbol{\omega}_e\times\boldsymbol{i}'$$

$$\frac{\mathrm{d}\boldsymbol{j}'}{\mathrm{d}t}=\boldsymbol{\omega}_e\times\boldsymbol{j}' \tag{a}$$

$$\frac{\mathrm{d}\boldsymbol{k}'}{\mathrm{d}t}=\boldsymbol{\omega}_e\times\boldsymbol{k}'$$

图 7-18

动系无论作何种运动，点的速度合成定理及其对时间的一阶导数都是成立的，即

$$\frac{\mathrm{d}\boldsymbol{v}_a}{\mathrm{d}t}=\frac{\mathrm{d}\boldsymbol{v}_e}{\mathrm{d}t}+\frac{\mathrm{d}\boldsymbol{v}_r}{\mathrm{d}t} \tag{b}$$

其中 $\frac{\mathrm{d}\boldsymbol{v}_a}{\mathrm{d}t}$ 为绝对加速度 $\boldsymbol{a}_a$。然而当动坐标系为转动时，上式后两项不再是牵连加速度 $\boldsymbol{a}_e$ 和相对加速度 $\boldsymbol{a}_r$ 了。

先看后一项 $\frac{\mathrm{d}\boldsymbol{v}_r}{\mathrm{d}t}$，将§7.3 中式（a）对时间取一次导数，即

$$\frac{\mathrm{d}\boldsymbol{v}_r}{\mathrm{d}t}=\frac{\mathrm{d}}{\mathrm{d}t}\left(\frac{\mathrm{d}x'}{\mathrm{d}t}\boldsymbol{i}'+\frac{\mathrm{d}y'}{\mathrm{d}t}\boldsymbol{j}'+\frac{\mathrm{d}z'}{\mathrm{d}t}\boldsymbol{k}'\right)$$

由于动系转动，单位矢量 $\boldsymbol{i}'$、$\boldsymbol{j}'$、$\boldsymbol{k}'$ 大小虽不改变，但方向有变化，故上式对时间的导数应为

$$\frac{\mathrm{d}\boldsymbol{v}_r}{\mathrm{d}t}=\frac{\mathrm{d}^2x'}{\mathrm{d}t^2}\boldsymbol{i}'+\frac{\mathrm{d}^2y'}{\mathrm{d}t^2}\boldsymbol{j}'+\frac{\mathrm{d}^2z'}{\mathrm{d}t^2}\boldsymbol{k}'$$

$$+\frac{dx'}{dt}\frac{d\boldsymbol{i}'}{dt}+\frac{dy'}{dt}\frac{d\boldsymbol{j}'}{dt}+\frac{dz'}{dt}\frac{d\boldsymbol{k}'}{dt}$$

上式前三项为相对加速度，是在动系内观察，$\boldsymbol{i}'$，$\boldsymbol{j}'$，$\boldsymbol{k}'$大小方向都不变时相对速度对时间的一次导数，可称为局部导数。为区别于$\frac{d\boldsymbol{v}_r}{dt}$，局部导数记为$\frac{\tilde{d}\boldsymbol{v}_r}{dt}$。再将式（a）代入上式后三项，可得

$$\frac{d\boldsymbol{v}_r}{dt}=\frac{\tilde{d}\boldsymbol{v}_r}{dt}+\frac{dx'}{dt}(\boldsymbol{\omega}_e\times\boldsymbol{i}')+\frac{dy'}{dt}(\boldsymbol{\omega}_e\times\boldsymbol{j}')+\frac{dz'}{dt}(\boldsymbol{\omega}_e\times\boldsymbol{k}')$$

相对速度的局部导数$\frac{\tilde{d}\boldsymbol{v}_r}{dt}$就是相对加速度$\boldsymbol{a}_r$。将上式后三项中$\boldsymbol{\omega}_e$提出括号之外，有

$$\frac{d\boldsymbol{v}_r}{dt}=\frac{\tilde{d}\boldsymbol{v}_r}{dt}+\boldsymbol{\omega}_e\times\left(\frac{dx'}{dt}\boldsymbol{i}'+\frac{dy'}{dt}\boldsymbol{j}'+\frac{dz'}{dt}\boldsymbol{k}'\right)$$
$$=\boldsymbol{a}_r+\boldsymbol{\omega}_e\times\boldsymbol{v}_r \tag{c}$$

可见，动系转动时，相对速度的导数$\frac{d\boldsymbol{v}_r}{dt}$不等于相对加速度$\boldsymbol{a}_r$，有一个与牵连角速度$\boldsymbol{\omega}_e$和相对速度$\boldsymbol{v}_r$有关的附加项$\boldsymbol{\omega}_e\times\boldsymbol{v}_r$。

再看式（b）右端的前一项$\frac{d\boldsymbol{v}_e}{dt}$。牵连速度$\boldsymbol{v}_e$为动系上与动点相重合一点的速度。

设动点M的矢径为$\boldsymbol{r}$，如图7-19所示。当动系绕z轴以角速度$\boldsymbol{\omega}_e$转动时，牵连速度为

$$\boldsymbol{v}_e=\boldsymbol{\omega}_e\times\boldsymbol{r}$$

上式对时间取一次导数，得

$$\frac{d\boldsymbol{v}_e}{dt}=\frac{d\boldsymbol{\omega}_e}{dt}\times\boldsymbol{r}+\boldsymbol{\omega}_e\times\frac{d\boldsymbol{r}}{dt}$$

式中$\frac{d\boldsymbol{\omega}_e}{dt}=\boldsymbol{\alpha}_e$，为动系绕$z$轴转动的角加速度。动系上不断与动点$M$重合一点的矢径$\boldsymbol{r}$的一阶导数$\frac{d\boldsymbol{r}}{dt}$为绝对速度，

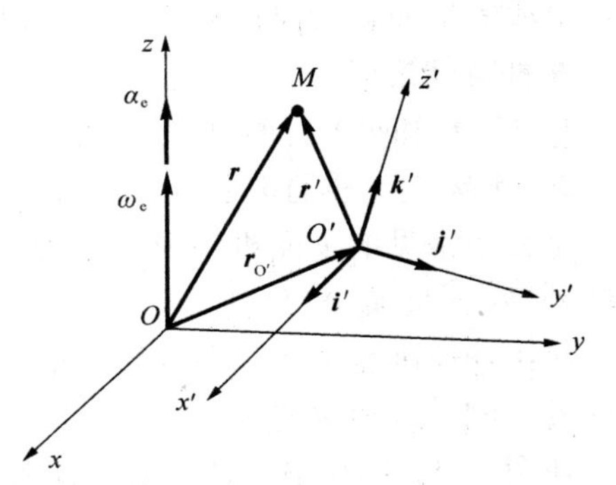

图 7-19

即$\frac{d\boldsymbol{r}}{dt}=\boldsymbol{v}_a=\boldsymbol{v}_e+\boldsymbol{v}_r$，代入上式，有

$$\frac{d\boldsymbol{v}_e}{dt}=\boldsymbol{\alpha}_e\times\boldsymbol{r}+\boldsymbol{\omega}_e\times（\boldsymbol{v}_e+\boldsymbol{v}_r）$$

其中$\boldsymbol{\alpha}_e\times\boldsymbol{r}+\boldsymbol{\omega}_e\times\boldsymbol{v}_e=\boldsymbol{a}_e$，为动系转动时动系上与动点$M$重合点的加速度，即牵连加速度。于是得

$$\frac{d\boldsymbol{v}_e}{dt}=\boldsymbol{a}_e+\boldsymbol{\omega}_e\times\boldsymbol{v}_r \tag{d}$$

可见，动系转动时，牵连速度的导数$\frac{d\boldsymbol{v}_e}{dt}$又不等于牵连加速度$\boldsymbol{a}_e$，而多出一个与式（c）中相同的附加项$\boldsymbol{\omega}_e \times \boldsymbol{v}_r$。

将式（c）和式（d）代入式（b），得

$$\boldsymbol{a}_a = \boldsymbol{a}_e + \boldsymbol{a}_r + 2\boldsymbol{\omega}_e \times \boldsymbol{v}_r$$

令

$$\boldsymbol{a}_C = 2\boldsymbol{\omega}_e \times \boldsymbol{v}_r \tag{7-4}$$

$\boldsymbol{a}_C$称为科氏加速度，等于动系角速度矢与点的相对速度矢的矢积的两倍。于是，有

$$\boldsymbol{a}_a = \boldsymbol{a}_e + \boldsymbol{a}_r + \boldsymbol{a}_C \tag{7-5}$$

上式表示**牵连运动为转动时点的加速度合成定理：当动系为定轴转动时，在任一瞬时动点的绝对加速度等于动点的牵连加速度、相对加速度与科氏加速度三者的矢量和。**

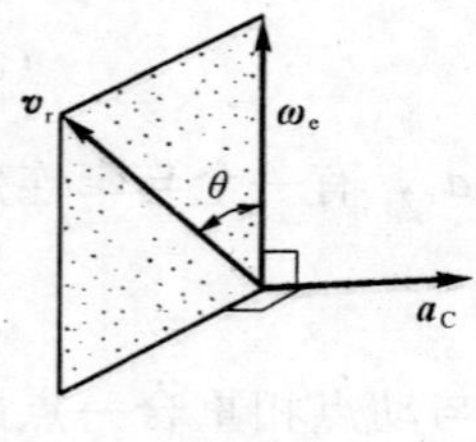

图 7-20

可以证明，当牵连运动为任意运动时式（7-5）都成立，它是点的加速度合成定理的普遍形式。当牵连运动为平动时，可认为$\boldsymbol{\omega}_e=0$，因此$\boldsymbol{a}_C=0$，一般式（7-5）退化为特殊式（7-3）。

根据矢量运算规则，$\boldsymbol{a}_C$的大小为

$$a_C = 2\omega_e v_r \sin\theta$$

其中θ为$\boldsymbol{\omega}_e$与$\boldsymbol{v}_r$两矢量间的最小夹角。矢量$\boldsymbol{a}_C$垂直于$\boldsymbol{\omega}_e$和$\boldsymbol{v}_r$组成的平面，指向按右手法则确定，见图 7-20。

两种特殊情况：

1. 当$\boldsymbol{\omega}_e$和$\boldsymbol{v}_r$平行时（$\theta=0°$或$180°$），$a_C=0$；
2. 当$\boldsymbol{\omega}_e$与$\boldsymbol{v}_r$垂直时，$a_C=2\omega_e v_r$。

工程中常见的平面机构中，$\boldsymbol{\omega}_e$是与$\boldsymbol{v}_r$垂直的，此时$a_C=2\omega_e v_r$；且$\boldsymbol{v}_r$按$\boldsymbol{\omega}_e$转向转动90°就是$\boldsymbol{a}_C$的方向。

科氏加速度是由于动系为转动时，牵连运动与相对运动相互影响而产生的。现通过一例给以形象的说明。

在图 7-21（a）中，动点沿直杆AB运动，而杆又绕A轴匀速转动。设动系固结在杆AB上。在瞬时t，动点在M处，它的相对速度和牵连速度分别为$\boldsymbol{v}_r$和$\boldsymbol{v}_e$。经过时间间隔Δt，杆转到位置AB'，动点移动到M_3，这时它的相对速度为$\boldsymbol{v}'_r$，牵连速度为$\boldsymbol{v}'_e$。

如果杆AB不转动，则$t+\Delta t$时刻动点的相对速度是图中的$\boldsymbol{v}_{r2}$；由于牵连运动是转动，使$t+\Delta t$时刻动点的相对速度的方向又发生变化，变为图中的$\boldsymbol{v}'_r$。相对加速度是在动系AB上观察的，只反映出由$\boldsymbol{v}_r$到$\boldsymbol{v}_{r2}$的速度变化，而由$\boldsymbol{v}_{r2}$变为$\boldsymbol{v}'_r$，则反映为科氏加速度的一部分（见图 7-21b）。

如果没有相对运动，则$t+\Delta t$时刻点M移动M_1，牵连速度应为图中的$\boldsymbol{v}_{M1}$；由于有相对运动，使$t+\Delta t$时刻的牵连速度不同$\boldsymbol{v}_{M1}$而变为图中的$\boldsymbol{v}'_e$。牵连加速度是动系上M点的加速度，只反映出由$\boldsymbol{v}_e$到$\boldsymbol{v}_{M1}$的速度变化，而由$\boldsymbol{v}_{M1}$变为$\boldsymbol{v}'_e$，

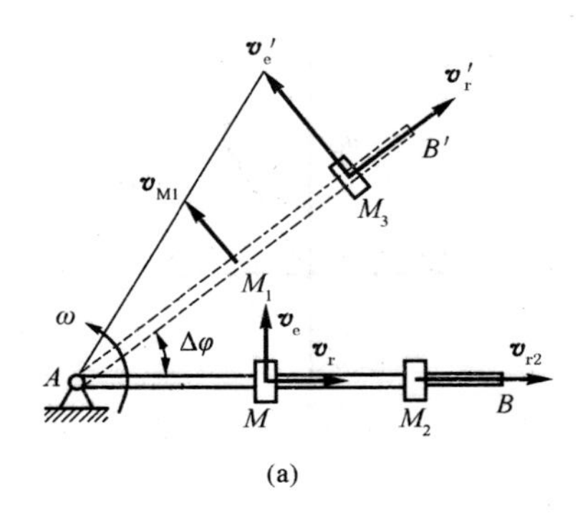

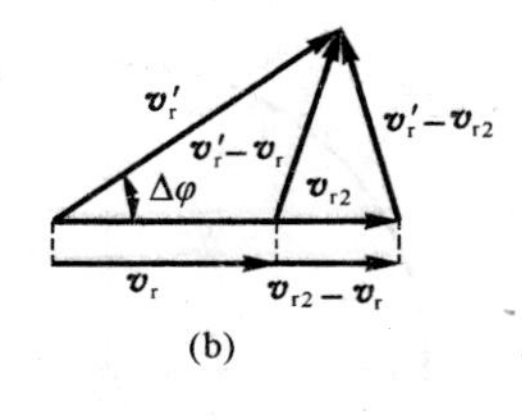

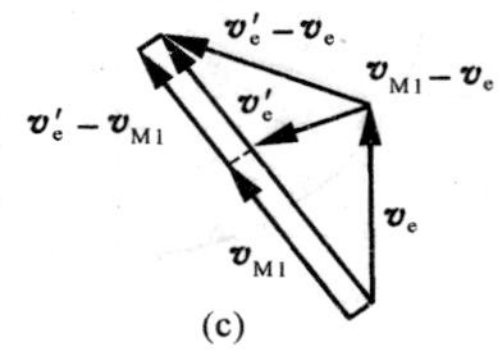

图 7-21

则反映为科氏加速度的另一部分（见图 7-21c）。

上面的分析表明（见图 7-21）

$$\boldsymbol{a}_{\mathrm{e}}=\lim_{\Delta t\to 0}\frac{\boldsymbol{v}_{\mathrm{M1}}-\boldsymbol{v}_{\mathrm{e}}}{\Delta t},\qquad \frac{\mathrm{d}\boldsymbol{v}_{\mathrm{e}}}{\mathrm{d}t}=\lim_{\Delta t\to 0}\frac{\boldsymbol{v}'_{\mathrm{e}}-\boldsymbol{v}_{\mathrm{e}}}{\Delta t}$$

$$\boldsymbol{a}_{\mathrm{r}}=\lim_{\Delta t\to 0}\frac{\boldsymbol{v}_{\mathrm{r2}}-\boldsymbol{v}_{\mathrm{r}}}{\Delta t},\qquad \frac{\mathrm{d}\boldsymbol{v}_{\mathrm{r}}}{\mathrm{d}t}=\lim_{\Delta t\to 0}\frac{\boldsymbol{v}'_{\mathrm{r}}-\boldsymbol{v}_{\mathrm{r}}}{\Delta t}$$

科氏加速度 $\boldsymbol{a}_{\mathrm{C}}$，正是由此产生。下面两个等式读者可自行证明：

$$\frac{\mathrm{d}\boldsymbol{v}_{\mathrm{r}}}{\mathrm{d}t}=\boldsymbol{a}_{\mathrm{r}}+\boldsymbol{\omega}_{\mathrm{e}}\times\boldsymbol{v}_{\mathrm{r}},\qquad \frac{\mathrm{d}\boldsymbol{v}_{\mathrm{e}}}{\mathrm{d}t}=\boldsymbol{a}_{\mathrm{e}}+\boldsymbol{\omega}_{\mathrm{e}}\times\boldsymbol{v}_{\mathrm{r}}$$

科氏加速度是 1832 年由科利奥里发现的，因而命名为科利奥里加速度，简称科氏加速度。科氏加速度在自然现象中是有所表现的。

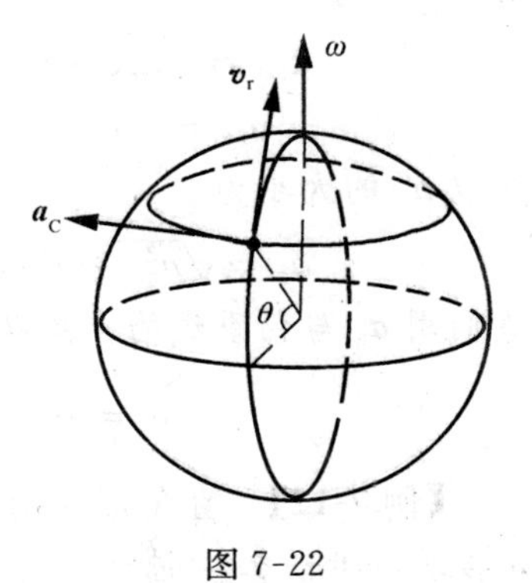

图 7-22

地球绕地轴转动，地球上物体相对于地球运动，这都是牵连运动为转动的合成运动。地球自转角速度很小，一般情况下其自转的影响可略去不计；但是在某些情况下，却必须予以考虑。

例如，在北半球，河水向北流动时，河水的科氏加速度 a_{C} 向西，即指向左侧，如图 7-22 所示。由动力学可知，有向左的加速度，河水必受有右岸对水的向左作用力。根据作用与反作用定律，河水必对右岸有反作用力。北半球的江河，其右岸都受有较明显的冲刷，这是地理学中的一项规律。

【例 7-11】 一圆盘以匀角速度 $\omega=1.5\mathrm{rad/s}$ 绕垂直于圆盘平面的轴 O 转动，圆盘上开有一直滑槽，滑槽距轴 O 为 $e=6\mathrm{cm}$，一动点 A 在滑槽内运动。当 $\varphi=60°$时，其速度为 $v_{\mathrm{r}}=5\mathrm{cm/s}$，加速度为 $a_{\mathrm{r}}=10\mathrm{cm/s^2}$，方向如图 7-23（ε）所示。试求此瞬时动点 A 的绝对加速度。

【解】 题中已取动点为 A，则动系必为圆盘。动点的绝对运动未知，为平面曲线运动；动系作定轴转动；动点相对动系的运动也已知。因此直接作加速度合成矢量图（图 7-23b）。又因为动系作定轴转动，所以动点的绝对加速度应为

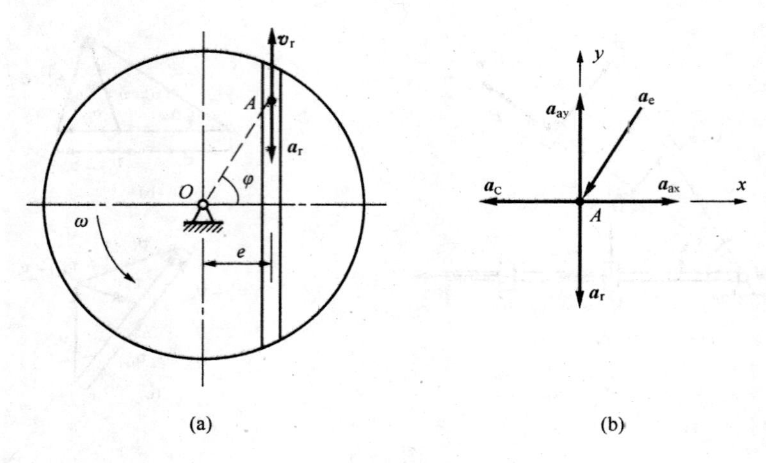

图 7-23

$\boldsymbol{a}_a=\boldsymbol{a}_e+\boldsymbol{a}_r+\boldsymbol{a}_c$，式中

$$a_e=a_e^n=\omega_e^2\cdot\overline{OA}=\omega^2\frac{e}{\sin\varphi}=1.5^2\times\frac{6}{\sin 60^\circ}=27\text{cm/s}^2$$

方向如图。又因$\boldsymbol{v}_r$在圆盘的转动平面上，即$\boldsymbol{\omega}_e=\boldsymbol{\omega}$，$\boldsymbol{\omega}\perp\boldsymbol{v}_r$，所以科氏加速度$\boldsymbol{a}_C$的大小为

$$a_C=2\omega_e v_r=2\times1.5\times5=15\text{cm/s}^2$$

将$\boldsymbol{v}_r$顺着$\boldsymbol{\omega}_e$的转向转过90°即得$\boldsymbol{a}_C$的方向（图 7-23b）。

现用解析法求$\boldsymbol{a}_a$，将加速度矢量方程分别投影到水平（x轴）和铅直轴（y轴）上，得

$$a_{ax}=-a_e\cos\varphi-a_C=-27\times\cos60^\circ-15=-28.5\text{cm/s}^2$$

$$a_{ay}=-a_e\sin\varphi-a_r=-27\sin 60^\circ-10=33.4\text{cm/s}^2$$

所以$\boldsymbol{a}_a$的大小为

$$a_a=\sqrt{a_{ax}^2+a_{ay}^2}=\sqrt{(-28.5)^2+(-33.4)^2}=43.9\text{cm/s}^2$$

方向用$\boldsymbol{a}_a$与铅垂线的夹角θ表示为

$$\theta=\arctan\left|\frac{a_{ax}}{a_{ay}}\right|=\arctan\frac{28.5}{33.4}=40^\circ28'$$

【例 7-12】 直角形曲柄OBC绕垂直于图面的轴O在一定范围内以匀角速度ω转动，带动套在固定直杆OA上的小环M沿直杆滑动。已知：$OB=100$mm，$\omega=0.5$rad/s。试求当$\varphi=60^\circ$时，小环M的速度和加速度。

【解】 取小环M为动点，动系连于直角形杆OBC，定系连于固定直杆OA，则动点M的绝对运动是沿OA杆的直线运动，动点M的相对运动是沿直角形杆BC的运动；牵连运动是直角形杆绕轴O的转动。

(1) 求小环M的速度

由上面的分析而知，动点M的牵连速度

$$v_e=OM\omega=\frac{OB}{\cos\varphi}\omega=\frac{0.10}{\cos 60^\circ}\times0.5=0.10\text{m/s}$$

方向垂直于OM。

动点 M 的相对速度$\boldsymbol{v}_r$沿 MC 方向；绝对速度$\boldsymbol{v}_a$沿 MA 方向，两者的大小皆待求。根据点的速度合成定理

$$\boldsymbol{v}_a = \boldsymbol{v}_e + \boldsymbol{v}_r$$

作速度平行四边形如图 7-24（a）所示。由图中的几何关系得

$$v_r = \frac{v_e}{\cos\varphi} = \frac{0.10}{\cos 60^\circ} = 0.20\text{m/s}$$

$$v_a = v_e \tan\varphi = 0.10\tan 60^\circ = 0.173\text{m/s}$$

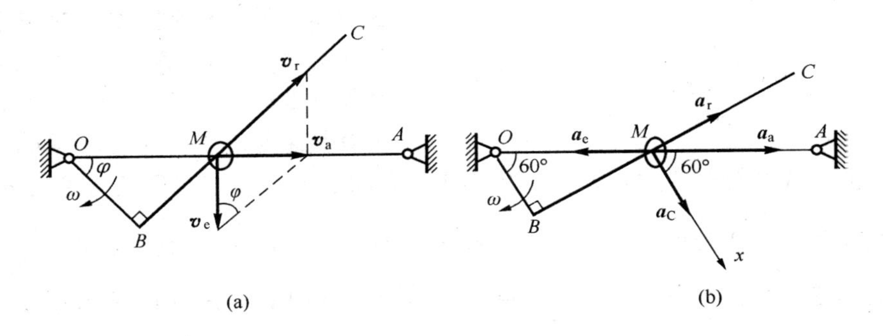

图 7-24

故当 $\varphi=60^\circ$时，小环 M 的速度 $v_M=v_a=0.173\text{m/s}$，方向沿 MA。

（2）求小环 M 的加速度

由牵连运动为转动时点的加速度合成定理

$$\boldsymbol{a}_a = \boldsymbol{a}_e + \boldsymbol{a}_r + \boldsymbol{a}_C$$

在 $\varphi=60^\circ$时，动点 M 的牵连加速度

$$a_e = a_e^n = OM \quad \omega^2 = \frac{0.10}{\cos 60^\circ} \times 0.5^2 = 0.05\text{m/s}^2$$

方向由 M 指向点 O。动点 M 的相对加速度 a_r 沿 MC 方向，绝对加速度 a_a 沿 MA 方向，两者的大小皆待求。科氏加速度

$$a_C = 2\omega v_r \sin 90^\circ = 2 \times 0.5 \times 0.2 = 0.20\text{m/s}^2$$

方向垂直于$\boldsymbol{v}_r$。各加速度矢量如图 7-24（b）所示。将加速度矢量方程投影到轴 x 上，得

$$a_a \cos 60^\circ = a_C - a_e \cos 60^\circ$$

可解得

$$a_a = \frac{a_C - a_e\cos 60^\circ}{\cos 60^\circ} = \frac{0.20 - 0.05\cos 60^\circ}{\cos 60^\circ} = 0.35\text{m/s}^2$$

故当 $\varphi=60^\circ$时，小环 M 的加速度 $a_M=a_a=0.35\text{m/s}^2$，方向沿 MA。

【例 7-13】 汽阀凸轮机构如图 7-25（a）所示。顶杆 AB 的端点 A 由弹簧压紧在凸轮表面上，当凸轮绕轴 O 转动时，推动顶杆沿铅垂导槽上下平移。设凸轮以匀角速度 ω 转动，已知在图示位置，$OA=r$，凸轮轮廓曲线在点 A 处的法线 An 与 AO 的夹角为 θ，曲率半径为 ρ。试求该瞬时顶杆 AB 的加速度。

【解】 取顶杆的端点 A 为动点；动系 $Ox'y'$固连于凸轮。

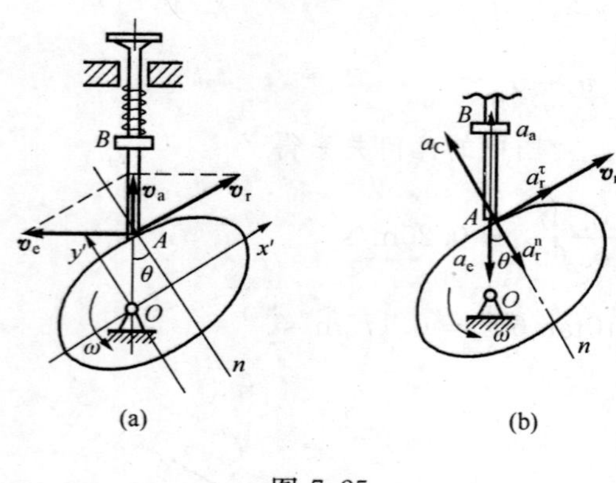

图 7-25

绝对运动是点 A 沿铅垂导槽的直线运动。相对运动是点 A 沿凸轮轮廓作曲线运动，凸轮轮廓曲线是动点的相对轨迹。牵连运动是凸轮绕定轴 O 的转动。

由加速度合成定理

$$\boldsymbol{a}_a = \boldsymbol{a}_e + \boldsymbol{a}_r + \boldsymbol{a}_C$$

在图示位置，动点 A 的绝对速度$\boldsymbol{v}_a$和绝对加速度 $\boldsymbol{a}_a$ 都沿铅垂方向，大小皆待求；动点 A 的相对速度$\boldsymbol{v}_r$和相对加速度的切向分量 $\boldsymbol{a}_r^\tau$ 都沿凸轮轮廓线在点 A 处的切线方向，两者的大小皆待求；相对加速度的法向分量 $\boldsymbol{a}_r^n$ 沿凸轮轮廓线在点 A 处的法线方向，并指向其曲率中心，而其大小为 $a_r^n=\dfrac{v_r^2}{\rho}$；动点 A 的牵连速度$\boldsymbol{v}_e$的方向垂直于 OA，大小为 $v_e=OA\omega=r\omega$，牵连加速度的大小为

$$a_e = a_e^n = r\omega^2$$

方向沿 AO 并指向点 O；科氏加速度为

$$a_C = 2\omega v_r \sin 90° = 2\omega v_r$$

方向垂直于$\boldsymbol{v}_r$，指向由 ω 的转向确定，显然 $\boldsymbol{a}_C$ 与 $\boldsymbol{a}_r^n$ 的指向相反。各速度和加速度矢量分别如图 7-25 (a)，(b) 所示。

为了求出 $\boldsymbol{a}_r^n$ 和 $\boldsymbol{a}_C$ 的大小，需先求出相对速度$\boldsymbol{v}_r$，根据速度合成定理$\boldsymbol{v}_a=\boldsymbol{v}_e+\boldsymbol{v}_r$，由几何关系得

$$v_r=\frac{v_e}{\cos\theta}=\frac{r\omega}{\cos\theta}$$

从而求得

$$a_r^n=\frac{v_r^2}{\rho}=\frac{r^2\omega^2}{\rho\cos^2\theta}$$

$$a_C = 2\omega v_r = 2r\omega^2/\cos\theta$$

将各加速度按矢量式投影到轴 An 上，得

$$-a_a\cos\theta = a_e\cos\theta + a_r^n - a_C$$

可解得

$$a_a = -\frac{1}{\cos\theta}\left(r\omega^2\cos\theta+\frac{r^2\omega^2}{\rho\cos^2\theta}-2r\omega^2/\cos\theta\right)$$

$$=\frac{r\omega^2}{\cos^2\theta}\left(\cos^3\theta+\frac{r}{\rho}-2\cos\theta\right)$$

因顶杆 AB 沿竖直导槽作平移，故在图示瞬时，顶杆 AB 的加速度

$$a_{AB}=a_a=-\frac{r\omega^2}{\cos^3\theta}\left(\cos^3\theta+\frac{r}{\rho}-2\cos\theta\right)$$

在设计顶杆 AB 的压紧弹簧时，必须考虑其加速度。

【例 7-14】 空气压缩机的工作轮以角速度 ω 绕垂直于图面的 O 轴匀速转动，空气以相对速度 $\boldsymbol{v}_r$ 沿弯曲的叶片匀速流动，如图 7-26 所示。如曲线 AB 在点 C 的曲率半径为 ρ，通过点 C 的法线与半径间所夹的角为 φ，$CO=r$，求气体微团在点 C 的绝对加速度 $\boldsymbol{a}_a$。

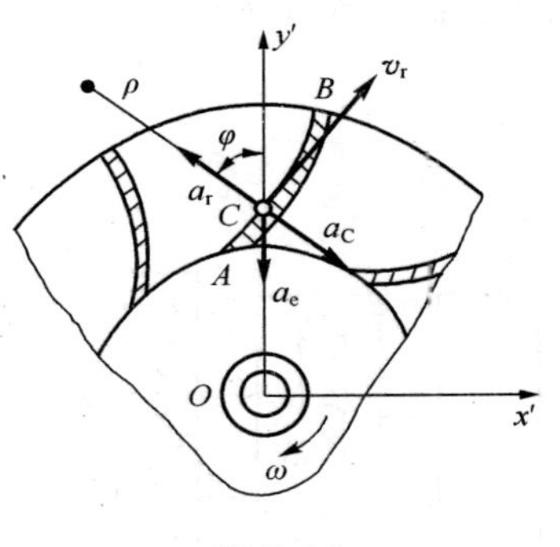

图 7-26

【解】 取气体微团为动点，动参考系固定在工作轮上，定参考系固定于地面。因动参考系作转动，故气体微团在点 C 的绝对加速度为相对、牵连和科氏加速度三项的合成。现分别求这三项加速度：

$\boldsymbol{a}_e$：等于动参考系上的点 C 的加速度。因工作轮匀速转动，故只有向心加速度，即

$$a_e=\omega^2 r$$

方向如图所示。

$\boldsymbol{a}_r$：由于气体微团相对于叶片作匀速曲线运动，故只有法向加速度，即

$$a_r=\frac{v_r^2}{\rho}$$

方向如图所示。

$\boldsymbol{a}_C$：由

$$\boldsymbol{a}_C=2\boldsymbol{\omega}_e\times\boldsymbol{v}_r$$

可确定 $\boldsymbol{a}_C$ 在图示平面内，并与 $\boldsymbol{v}_r$ 垂直，指向如图所示。它的大小为

$$a_C=2\omega v_r\sin 90^\circ=2\omega v_r$$

为了便于求出绝对加速度 $\boldsymbol{a}_a$ 的大小，不妨先求出它在 Ox' 和 Oy' 轴上的投影值。根据合矢量投影定理，得

$$\begin{aligned}a_{ax'}&=a_{ex'}+a_{rx'}+a_{Cx'}\\&=0-\frac{v_r^2}{\rho}\sin\varphi+2\omega v_r\sin\varphi\\&=\left(2\omega v_r-\frac{v_r^2}{\rho}\right)\sin\varphi\end{aligned}$$

$$\begin{aligned}a_{ay'}&=a_{ey'}+a_{ry'}+a_{Cy'}\\&=-\omega^2 r+\frac{v_r^2}{\rho}\cos\varphi-2\omega v_r\cos\varphi\\&=\left(\frac{v_r^2}{\rho}-2\omega v_r\right)\cos\varphi-\omega^2 \mathrm{r}\end{aligned}$$

于是，绝对加速度的大小可按下式求得

$$a_a = \sqrt{a_{ax'}^2 + a_{ay'}^2}$$

$\boldsymbol{a}_a$的方向可由其方向余弦确定。

小　　结（知识结构图）

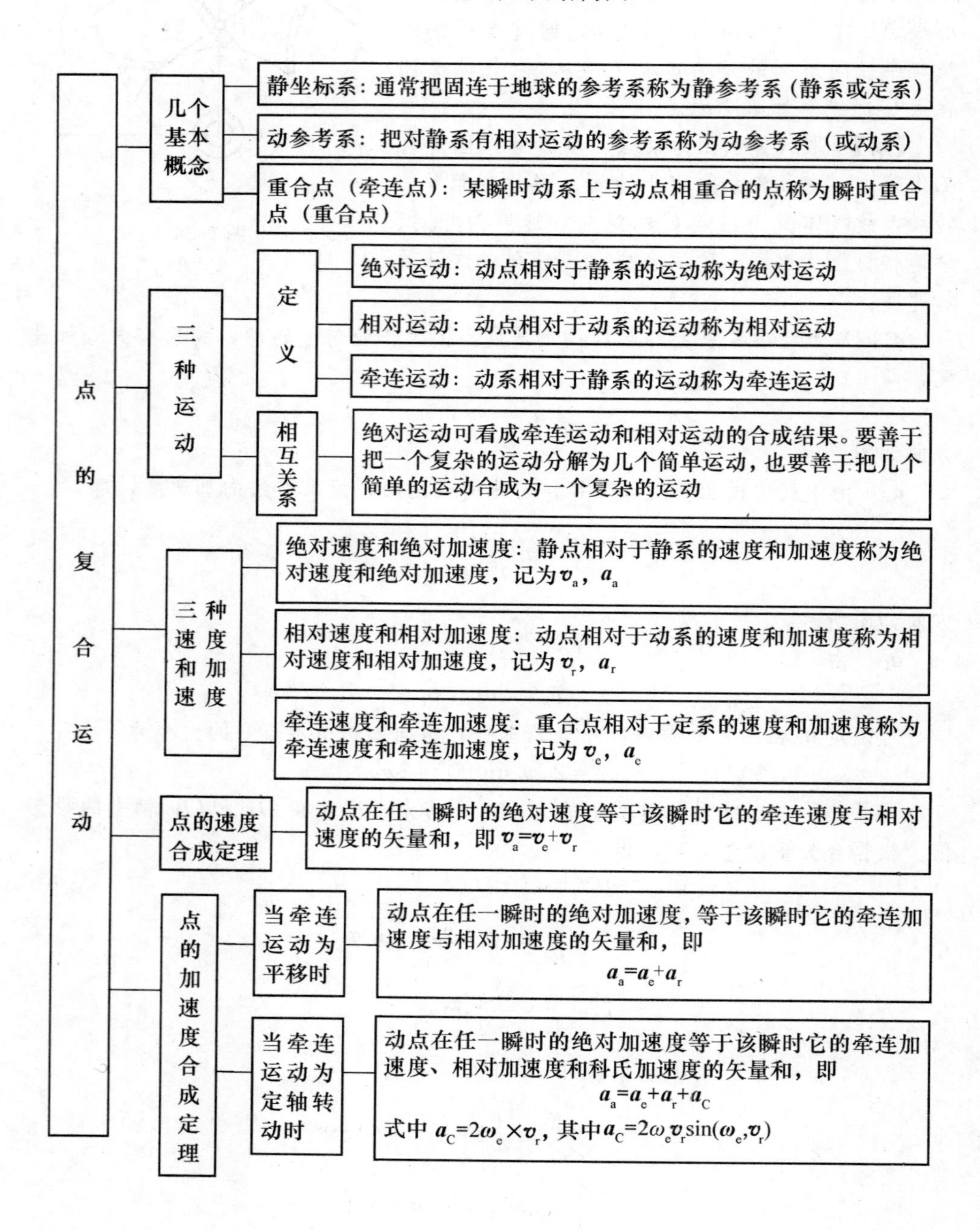

思　考　题

7-1　如何选取动点和动坐标系？在例 7-6 中以滑块 A 为动点。为什么不宜以曲柄 OA 为动坐标系？若以 O_1B 上的点 A 为动点，以曲柄 OA 为动坐标系，是否可求出 O_1B 的角速度、角加速度？

7-2　图 7-27 中的速度平行四边形有无错误？错在哪里？

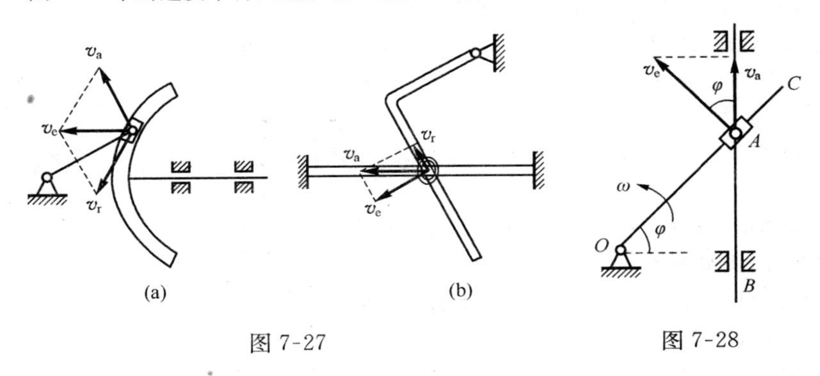

图 7-27　　图 7-28

7-3　如下计算对不对？错在哪里？

(a) 图 7-28 中取动点为滑块 A，动坐标系为杆 OC，则

$$v_e=\omega OA,\quad v_a=v_e\cos\varphi$$

(b) 图 7-29 中 $v_{BC}=v_e=v_a\cos 60°$，$v_a=\omega r$。因为，$\omega=$常量，所以，$v_{BC}=$常量，$a_{BC}=\frac{\mathrm{d}v_{BC}}{\mathrm{d}t}=0$

(c) 图 7-30 中为了求 a_a的大小，取加速度在 η 轴上的投影式：

$$a_a\cos\varphi-a_C=0$$

所以

$$a_a=\frac{a_C}{\cos\varphi}$$

7-4　点的速度合成定理$\boldsymbol{v}_a=\boldsymbol{v}_e+\boldsymbol{v}_r$对牵连运动是平移或转动都成立，将其两端对时间求导，得

$$\frac{\mathrm{d}\,\boldsymbol{v}_a}{\mathrm{d}t}=\frac{\mathrm{d}\,\boldsymbol{v}_e}{\mathrm{d}t}+\frac{\mathrm{d}\,\boldsymbol{v}_r}{\mathrm{d}t}$$

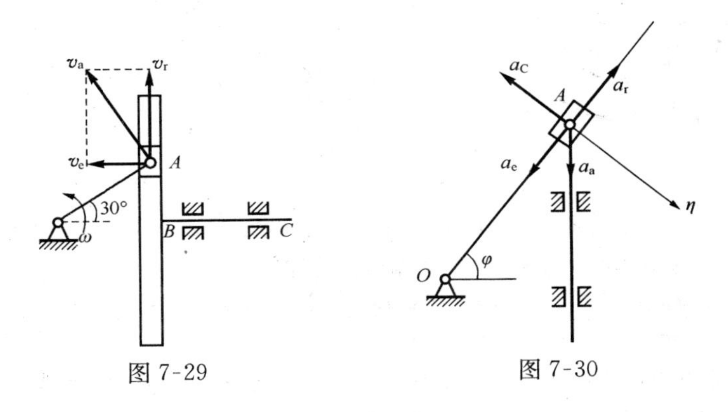

图 7-29　　图 7-30

从而有

$$\boldsymbol{a}_a=\boldsymbol{a}_e+\boldsymbol{a}_r$$

试指出上面的推导错在哪里?

7-5 如下计算对吗?

$$a_a^\tau=\frac{dv_a}{dt},\ a_a^n=\frac{v_a^2}{\rho_a},\ a_e^\tau=\frac{dv_e}{dt},\ a_e^n=\frac{v_e^2}{\rho_e},\ a_r^t=\frac{dv_r}{dt},\ a_r^n=\frac{v_r^2}{\rho_r}$$

式中 ρ_a、ρ_r 分别是绝对轨迹、相对轨迹上该处的曲率半径,ρ_e 为动参考系上与动点相重合的那一点的轨迹在重合位置的曲率半径。

7-6 图 7-31 中曲柄 OA 以匀角速度转动,图 7-31 (a)、(b) 两图中哪一种分析对?

(a) 以 OA 上的点 A 为动点,以 BC 为动坐标系;

(b) 以 BC 上的点 A 为动点,以 OA 为动坐标系。

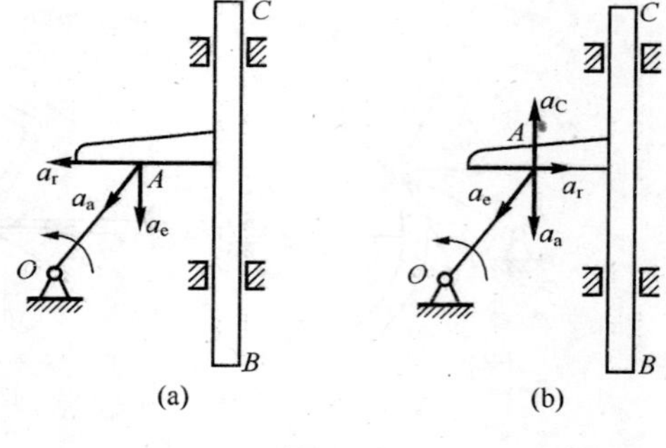

图 7-31

7-7 按点的合成运动理论导出速度合成定理及加速度合成定理时,定坐标系是固定不动的。如果定坐标系本身也在运动(平移或转动),对这类问题你该如何求解?

7-8 试引用点的合成运动的概念,证明在极坐标中点的加速度公式为:

$$a_\rho=\ddot{\rho}-\rho\dot{\varphi}^2 a_\varphi=\ddot{\varphi}+2\dot{\varphi}\dot{\rho}$$

其中 ρ 和 φ 是用极坐标表示的点的运动方程,$\boldsymbol{a}_\rho$ 和 $\boldsymbol{a}_\varphi$ 是点的加速度沿径向和其垂直方向的投影。

习 题

7-1 水流在水轮机工作轮入口处的绝对速度 $v_a=15\text{m/s}$,并与直径呈 60°角,如图所示。工作轮的外缘半径 $R=2\text{m}$,转速 $n=30\text{r/min}$。为避免水流与工作轮叶片相冲击,叶片应恰当地安装,以使水流对工作轮的相对速度与叶片相切。求在工作轮外缘处水流对工作轮的相对速度的大小和方向。

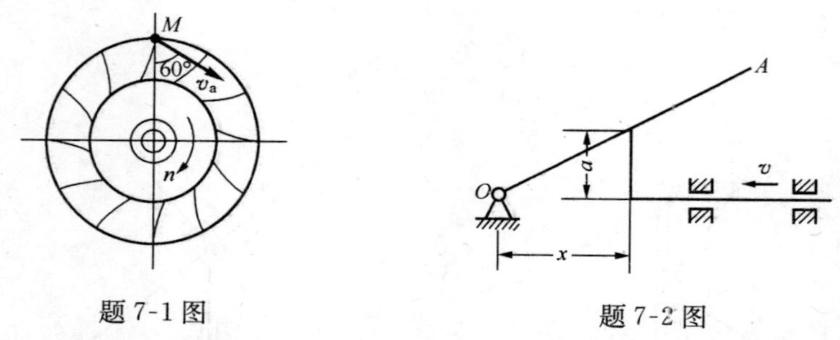

题 7-1 图　　　　题 7-2 图

7-2 杆 OA 长 l,由推杆推动而在图面内绕点 O 转动,如图所示。假定推杆的速度为 v,其弯头高为 a。求杆端 A 的速度的大小(表示为 x 的函数)。

7-3 车床主轴的转速 $n=30\text{r/min}$,工件的直径 $d=40\text{mm}$,如图所示。如车刀横向走刀速度为 $v=10\text{mm/s}$,求车刀对工件的相对速度。

7-4 图示曲柄滑道机构中,曲柄长 $OA=r$,并以等角速度 ω 绕 O 轴转动。装在水平杆上的滑槽 DE 与水平线呈 60°角。求当曲柄与水平线的交角分别为 $\varphi=0°$,30°,60°时,杆 BC 的速度。

7-5 如图所示，摇杆机构的滑杆 AB 以等速 v 向上运动，初瞬时摇杆 OC 水平。摇杆长 $OC=a$，距离 $OD=l$。求当 $\varphi=\frac{\pi}{4}$ 时点 C 的速度的大小。

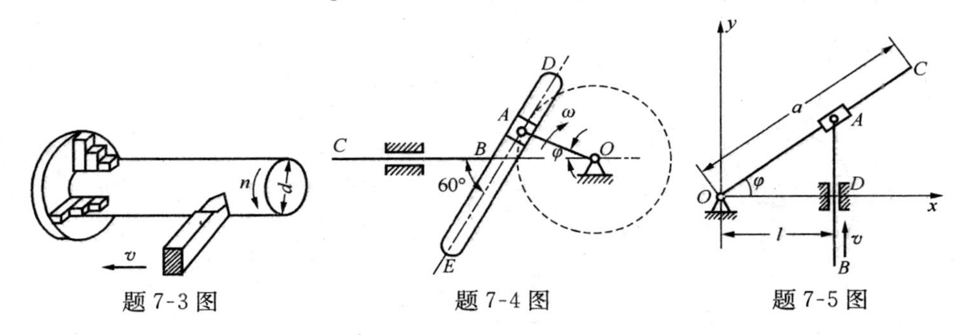

题 7-3 图　　题 7-4 图　　题 7-5 图

7-6 在题 7-6 图（a）和（b）所示的两种机构中，已知 $O_1O_2=a=200\text{mm}$，$\omega_1=3\text{rad/s}$。求图示位置时杆 O_2A 的角速度。

7-7 平底顶杆凸轮机构如图所示，顶杆 AB 可沿导槽上下移动，偏心圆盘绕轴 O 转动，轴 O 位于顶杆轴线上。工作时顶杆的平底始终接触凸轮表面。该凸轮半径为 R，偏心距离 $OC=e$，凸轮绕轴 O 转动的角速度为 ω，OC 与水平线成夹角 φ。求当 $\varphi=0°$时，顶杆的速度。

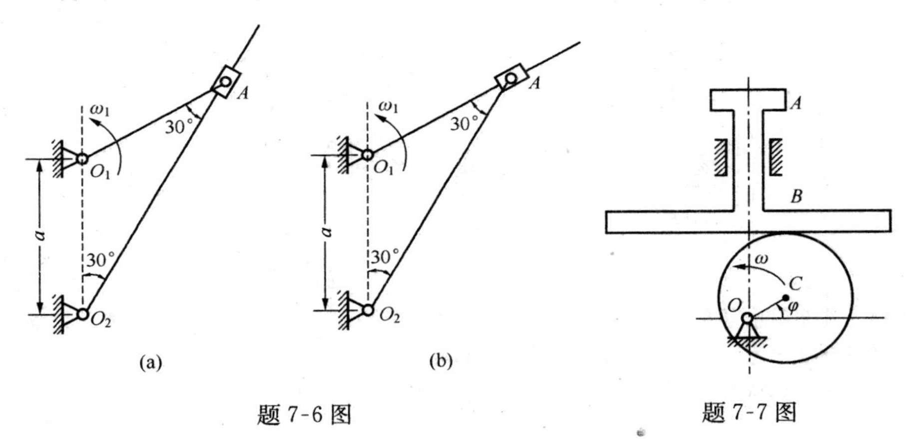

题 7-6 图　　题 7-7 图

7-8 直线 AB 以大小为 v_1 的速度沿垂直于 AB 的方向向上移动；直线 CD 以大小为 v_2 的速度沿垂直于 CD 的方向向左上方移动，如图所示。如两直线间的交角为 θ，求两直线交点 M 的速度。

7-9 图示两盘匀速转动的角速度分别为 $\omega_1=1\text{rad/s}$，$\omega_2=2\text{rad/s}$，两盘半径均为 $R=50\text{mm}$，两盘转轴距离 $l=250\text{mm}$。图示瞬时，两盘位于同一平面内。求此时盘 2 上的点 A 相对于盘 1 的速度和加速度。

7-10 图示铰接四边形机构中，$O_1A=O_2B=100\text{mm}$，又 $O_1O_2=AB$，杆 O_1A 以等角速度 $\omega=2\text{rad/s}$ 绕轴 O_1 转动。杆 AB 上有一套筒 C，此套筒与杆 CD 相铰接。机构的各部件都在同一铅直面内。求当 $\varphi=60°$时，杆 CD 的速度和加速度。

7-11 剪切金属板的“飞剪机”机构如图。工作

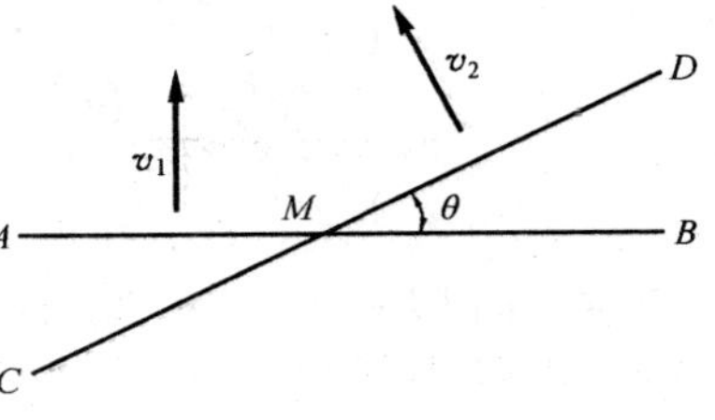

题 7-8 图

台 AB 的移动规律是 $s=0.2\sin\frac{\pi}{6}t$，滑动 C 带动上刀片 E 沿导柱运动以切断工件 D，下刀片 F 固定在工作台上。设曲柄 $OC=0.6\text{m}$，$t=1\text{s}$ 时，$\varphi=60°$。求该瞬时刀片 E 相对于工作台运动的速度和加速度，并求曲柄 OC 转动的角速度及角加速度。

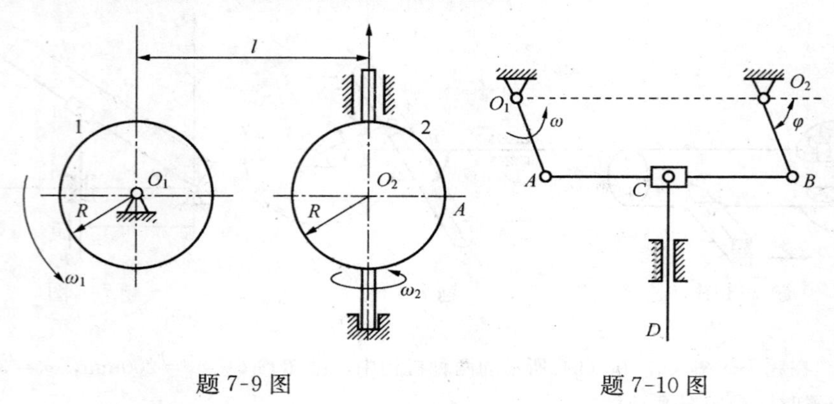

题 7-9 图　　　　题 7-10 图

7-12　如图所示，曲柄 OA 长 0.4m，以等角速度 $\omega=0.5\text{rad/s}$ 绕 O 轴逆时针转向转动。由于曲柄的 A 端推动水平板 B，而使滑杆 C 沿铅直方向上升。求当曲柄与水平线间的夹角 $\theta=30°$ 时，滑杆 C 的速度和加速度。

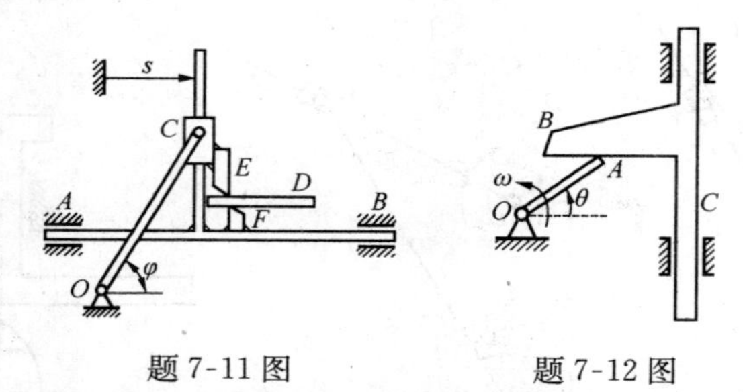

题 7-11 图　　　　题 7-12 图

7-13　小车沿水平方向向右作加速运动，其加速度 $a=0.493\text{m/s}$。在小车上有一轮绕 O 轴转动，转动的规律为 $\varphi=t^2$（t 以秒（s）计，φ 以弧度（rad）计）。当 $t=1\text{s}$ 时，轮缘上点 A 的位置如图所示。如轮的半径 $r=0.2\text{m}$，求此时点 A 的绝对加速度。

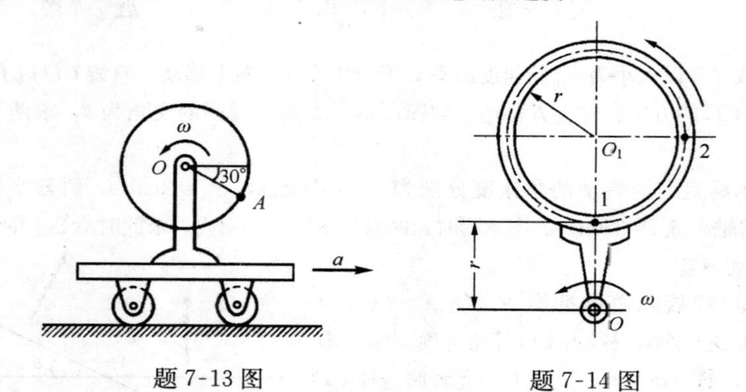

题 7-13 图　　　　题 7-14 图

7-14　如图所示，半径为 r 的圆环内充满液体，液体按箭头方向以相对速度 v 在环内作匀速运动。如圆环以等角速度 ω 绕 O 轴转动，求在圆环内点 1 和 2 处液体的绝对加速度的大小。

7-15　图示偏心轮摇杆机构中，摇杆 O_1A 借助弹簧压在半径为 R 的偏心轮 C 上。偏心轮 C 绕轴 O 往复摆动，从而带动摇杆绕轴 O_1 摆动。设 $OC\perp OO_1$ 时，轮 C 的角速度为 ω，角加速度为零，$\theta=60°$。求此时摇杆 O_1A 的角速度 ω_1 和角加速度 α_1。

7-16　牛头刨床机构如图所示。已知 $O_1A=200\text{mm}$，与角速度 $\omega_1=2\text{rad/s}$，角加速度 $a=0$。求图示位置滑杆 CD 的速度和加速度。

7-17　如图所示，点 M 以不变的相对速度 $\boldsymbol{v}_r$ 沿圆锥体的母线向下运动。此圆锥体以角速度 ω 绕 OA 轴作匀速转动。如 $\angle MOA=\theta$，且当 $t=0$ 时点在 M_0 处，此时距离 $OM_0=b$。求在 t 秒时，点 M 的绝对加速度的大小。

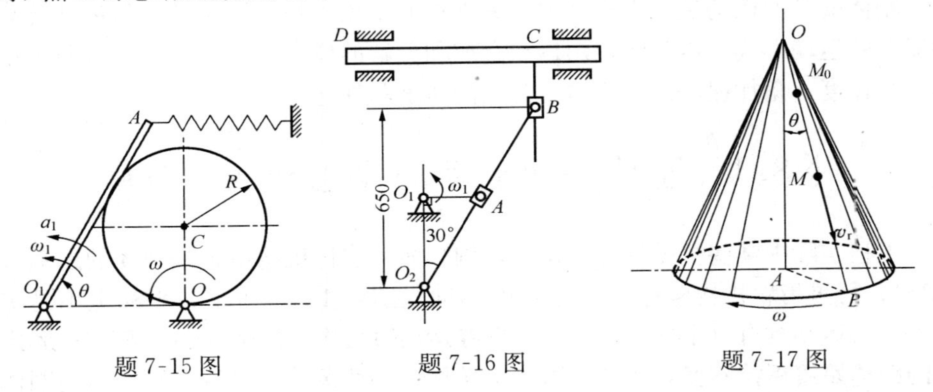

题 7-15 图　　题 7-16 图　　题 7-17 图

第 8 章　刚体的平面运动

刚体的平面运动是工程实际中较为常见的运动，是一种比平移和定轴转动更为复杂的运动形式。本章将应用运动合成和分解的概念和方法，分析平面运动刚体的角速度，角加速度以及刚体上各点的速度和加速度。

§8.1　刚体平面运动的概念和运动分解

工程实际中某些机械构件的运动，例如曲柄连杆机构中连杆 AB 的运动（图 8-1a）；行星齿轮机构中行星齿轮 B 的运动（图 8-1b），既不是平移也不是定轴转动，其运动具有一个共同的特点：即**在运动过程中，刚体内各点至某一固定平面的距离始终保持不变**，刚体的这种运动称为**平面运动**。可见，平面运动刚体内各点都在平行于某一固定平面的平面内运动。

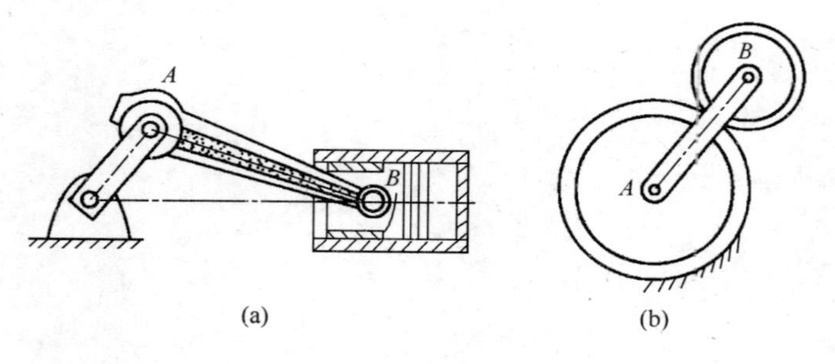

图 8-1

设有一刚体 T 作平面运动，体内每一点都在平行于固定平面 P 的平面内运动，如图 8-2 所示。另取一个与平面 P 平行的固定平面 N，它与刚体 T 相交截出一**平面图形** S。当刚体运动时，平面图形 S 将始终保持在平面 N 内，而刚体内与 S 垂直的任一条直线 $A'AA''$则作平移。于是，只要知道 $A'AA''$与 S 的交点 A 的运动，便可知道 $A'AA''$线上所有各点的运动。也就是说，只要知道平面图形 S 内各点的运动，就可以知道整个刚体的运动。由此可见，**刚体的平面运动可以简化为平面图形在固定平面内的运动来研究。**以后将以平面图形 S 的运动来代表刚体的平面运动。

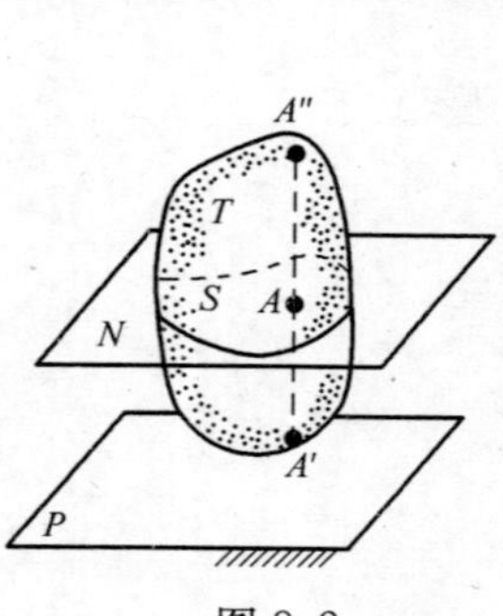

图 8-2

为了描述平面图形 S 在固定平面 N 内的运动，在该平面内取静坐标系 Oxy，如图8-3所示。在图形 S 上任取一点 O'，并任取一线段 $O'M$。由于 S 内各点相对于 $O'M$ 的位置是一定的，只要确定了 $O'M$ 的位置，S 的位置也就确定了。而 $O'M$ 的位置可用 O'点的坐标（$x_{O'}$，$y_{O'}$）及 $O'M$ 与 x 轴的夹角 φ 来确定。当 S 运动时，$x_{O'}$，$y_{O'}$及 φ 都随时

间而改变，都是时间 t 的单值函数，可表示为

$$x_{O'}=f_1(t),y_{O'}=f_2(t),\varphi=f_3(t) \quad (8\text{-}1)$$

式（8-1）为平面图形 S 的运动方程，也就是**刚体平面运动的运动方程**。若已知方程式（8-1），则图形在任意瞬时的位置也就完全确定了。

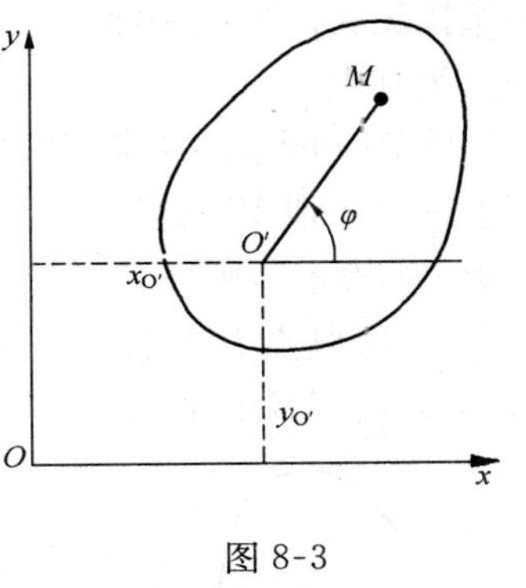

图 8-3

当平面图形 S 在 Oxy 平面运动时，由式（8-1）可知，若 φ 保持不变，则线段 $O'M$ 的方向始终保持不变，图形在平面内作平移；若 $x_{O'}$ 和 $y_{O'}$ 保持不变，即 O' 点不动，则刚体绕 O' 点作定轴转动；这是图形运动的两种特殊情形。而一般情况是 $x_{O'}$、$y_{O'}$ 和 φ 都随时间而变，可见平面图形在其平面内的运动可看成是平移和转动的合成运动。

点的合成运动可以分解成牵连运动和相对运动，那么平面运动如何分析呢？当然，我们需要利用上一章所学的知识。

考虑一个车轮的运动，如图 8-4 所示，在车厢上固定动参考系 $O'x'y'$，其原点 O' 固结于轮心，于是车轮运动可分解为：牵连运动为随车厢的平动和相对运动为绕原点 O' 的转动。对任何平面图形的运动，都可以按照上述方法来分解，在平面图形上任取一点 O'，称为基点，固连动坐标系 $O'x'y'$，令两轴的方向在运动中始终保持不变，$O'x'/\!/Ox$，$O'y'/\!/Oy$，动坐标系随点 O' 作平移，如图 8-5 所示。于是平面图形在其自身平面内的运动可看成随基点的平移和绕基点的转动这两部分运动的合成。实际求解问题常选取刚体内运动轨迹已知的点为基点。有时可选为基点的点不止一个，如图 8-7 中曲柄连杆机构，点 A 和点 B 都可以被选为基点，但 A 点作圆周运动，B 点作直线运动。因此选择不同的基点，动系的运动是不同的。由此我们可以得出结论：**牵连运动的速度和加速度与基点的选择有关。**

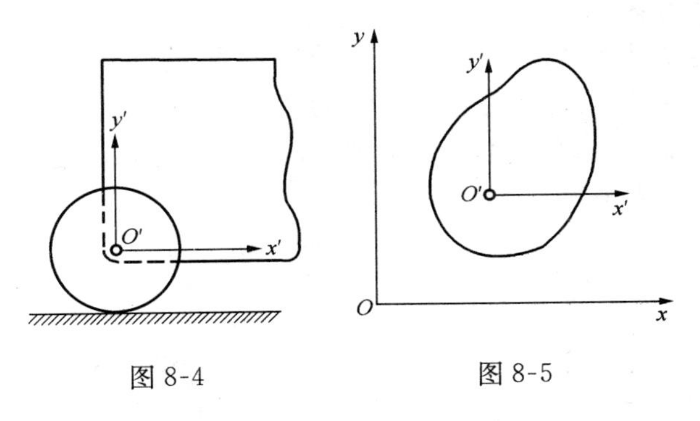

图 8-4　　图 8-5

对于平面图形的相对转动，结论与上述不同，例如图 8-6（a）中，平面图形上 AB 线，当图形运动到图 8-6（b）位置时，直线 AB 绕基点 A 顺时针转过角 φ，绕基点 B 顺时针转过 φ_1，显然 φ 与 φ_1 大小相等，转向相同，即 $\varphi=\varphi_1$。由于同一时间间隔中图形绕任一点的转角相同，所以选不同的基点其角速度、角加速度也必然相同。于是得出结论：**平面图形绕基点转动的角速度和角加速度与基点**

的选择无关。所以平面图形的角速度和角加速度无须标明是绕哪一点转动或选哪一点为基点。

图 8-7 所示的曲柄连杆机构中，曲柄 OA 为定轴转动，滑块 B 为直线平移，而连杆 AB 则作平面运动。如以 B 为基点，即在滑块 B 上建立一个平移参考系，以 $Bx'y'$表示，则杆 AB 的平面运动可分解为随同基点 B 的直线平移和在动系 $Bx'y'$内绕基点 B 的转动。同样，还可以 A 为基点，在点 A 建立一个平移参考系 $Ax''y''$，杆 AB 的平面运动又可分解为随同基点 A 的平移和绕基点 A 的转动。

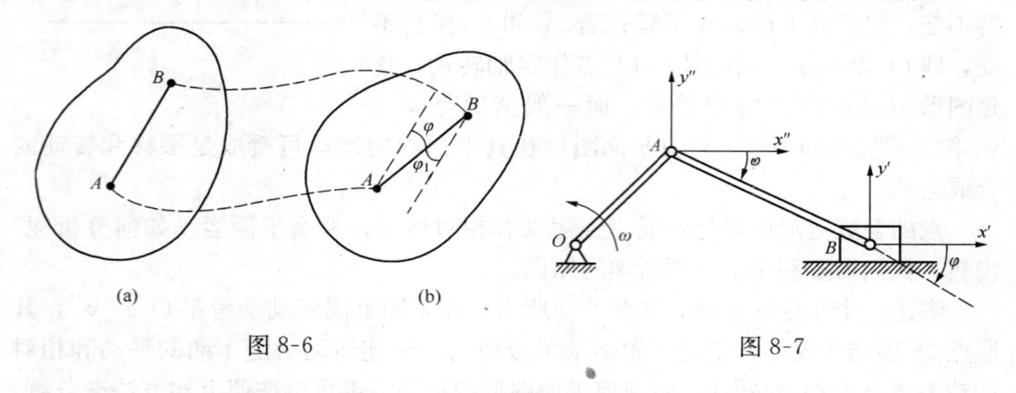

图 8-6　　图 8-7

§8.2　平面图形上各点的速度分析

本节将研究平面图形 S 上各点的速度以及它们之间的关系。介绍速度分析的三种方法，即基点法、速度投影法和速度瞬心法。

一、基点法

由前一节分析可知，任何平面图形的运动可分解为两个运动：(1) 牵连运动，即随同基点 O'的平移；(2) 相对运动，即绕基点 O'的转动。于是，平面图形内任一点 M 的运动也是两个运动的合成，因此可用速度合成定理来求它的速度，这种方法称为**基点法。**

因为牵连运动是平移，所以点 M 的牵连速度等于基点的速度 $v_O{}'$，如图 8-8 所示。又因为点 M 的相对运动是以点 O'为圆心的圆周运动，所以点 M 的相对速度就是平面图形绕点 O'转动时点 M 的速度，以 $v_{MO'}$ 表示，它垂直于 $O'M$ 而朝向图形的转动方向，大小为

$$v_{MO'}=O'M\cdot\omega$$

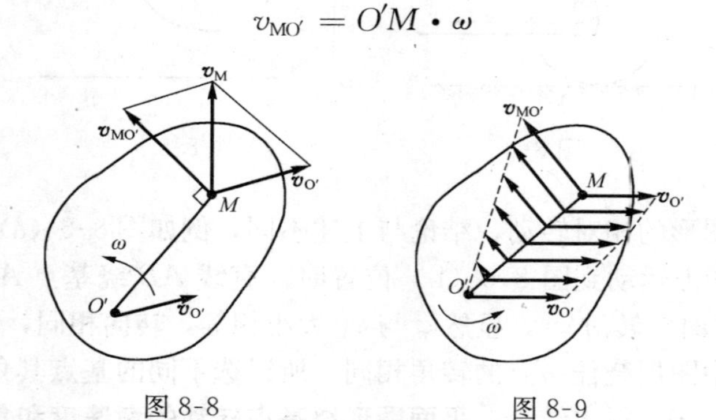

图 8-8　　图 8-9

式中 ω 是平面图形角速度的绝对值（以下同）。以速度 $v_{O'}$ 和 $v_{MO'}$ 为边作平行四边形，于是，点 M 的绝对速度就由这个平行四边形的对角线确定，即

$$\boldsymbol{v}_M = \boldsymbol{v}_{O'} + \boldsymbol{v}_{MO'} \tag{8-2}$$

上式是平面图形内任意点 M 的速度分解式。根据此式，可作出平面图形内直线 $O'M$ 上各点速度的分布图，如图 8-9 所示。

于是得结论：**平面图形内任一点的速度等于基点的速度与该点随图形绕基点转动速度的矢量和。**

根据这个结论，平面图形内任意两点 A 和 B 的速度 $\boldsymbol{v}_A$ 和 $\boldsymbol{v}_B$ 必存在一定的关系。如果选取点 A 为基点，以 $\boldsymbol{v}_{BA}$ 表示点 B 相对点 A 的相对速度，根据上述结论，得

$$\boldsymbol{v}_B = \boldsymbol{v}_A + \boldsymbol{v}_{BA} \tag{8-3}$$

式中相对速度 $\boldsymbol{v}_{BA}$ 的大小为

$$v_{BA} = AB \cdot \omega$$

它的方向垂直于 AB，且朝向平面图形转动的一方。

在解题时，我们常用式（8-3）。与前一章的分析相同，在这里 $\boldsymbol{v}_A$，$\boldsymbol{v}_B$ 和 $\boldsymbol{v}_{BA}$ 各有大小和方向两个要素，共计六个要素，要使问题可解，一般应有四个要素是已知的。在平面图形的运动中，点的相对速度 $\boldsymbol{v}_{BA}$ 的方向总是已知的，它垂直于线段 AB。于是，只需知道任何其他三个要素，便可作出速度平行四边形。

【例 8-1】 曲柄连杆机构如图 8-10（a）所示，$OA=r$，$AB=\sqrt{3}r$。如曲柄 OA 以匀角速度 ω 转动，求当 $\varphi=60°$，$0°$ 和 $90°$ 时点 B 的速度。

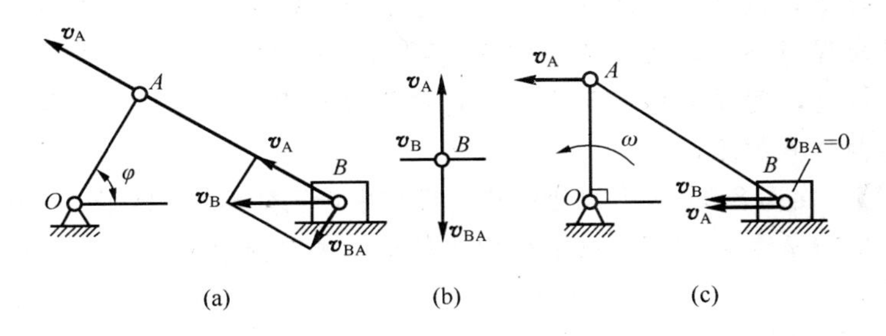

图 8-10

【解】 连杆 AB 作平面运动，以点 A 为基点，点 B 的速度为

$$\boldsymbol{v}_B = \boldsymbol{v}_A + \boldsymbol{v}_{BA}$$

其中 $v_A=\omega r$，方向与 OA 垂直，v_B 沿 OB 方向，v_{BA} 与 AB 垂直。上式中四个要素是已知的，可以作出其速度平行四边形。

当 $\varphi=60°$ 时，由于 $AB=\sqrt{3}OA$，OA 恰与 AB 垂直，其速度平行四边形如图 8-10（a）所示，解出

$$v_B = v_A/\cos 30° = \frac{2\sqrt{3}}{3}\omega r$$

当 $\varphi=0°$ 时，v_A 与 v_{BA} 均垂直于 OB，也垂直于 v_B，按速度平行四边形合成法则，应有 $v_B=0$（图 8-10b）。

当 $\varphi=90°$ 时，v_A 与 v_B 方向一致，而 v_{BA} 又垂直于 AB，其速度平行四边形应为一直线段，如图 8-10（c）所示，显然有

$$v_B=v_A=\omega r$$

而 $v_{BA}=0$。此时杆 AB 的角速度为零，A，B 两点的速度大小与方向都相同，连杆 AB 具有平移刚体的特征。但杆 AB 只在此瞬时有 $v_B=v_A$，其他时刻则不然，因而称此时的连杆作**瞬时平移**。

二、速度投影法

根据式（8-3）容易导出**速度投影定理：同一平面图形上任意两点的速度在这两点连线上的投影相等。**

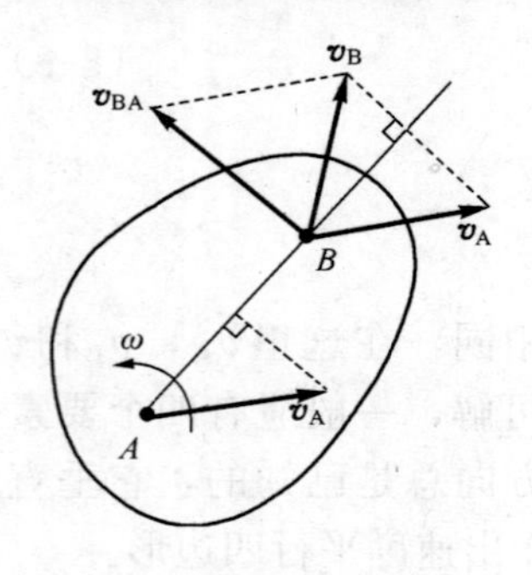

图 8-11

证明：在图形上任取两点 A 和 B，它们的速度分别为$\boldsymbol{v}_A$和$\boldsymbol{v}_B$，如图 8-11 所示，则两点的速度必须符合如下关系：

$$\boldsymbol{v}_B=\boldsymbol{v}_A+\boldsymbol{v}_{BA}$$

将上式两端投影到直线 AB 上，并分别用 $(\boldsymbol{v}_B)_{AB}$，$[\boldsymbol{v}_A]_{AB}$，$[\boldsymbol{v}_{BA}]_{AB}$ 表示$\boldsymbol{v}_B$，$\boldsymbol{v}_A$，$\boldsymbol{v}_{EA}$ 在线段 AB 上的投影，由于$\boldsymbol{v}_{BA}$垂直于线段 AB，因此 $[\boldsymbol{v}_{BA}]_{AB}=0$。于是得到

$$[\boldsymbol{v}_B]_{AB}=[\boldsymbol{v}_A]_{AB} \tag{8-4}$$

这就证明了上述定理。

这个定理也可以由下面的理由来说明：因为 A 和 B 是刚体上的两点，它们之间的距离应保持不变，所以两点的速度在 AB 方向的分量必须相同。否则，线段 AB 不是伸长，便要缩短。因此，这定理不仅适用于刚体作平面运动，也适合于刚体作其他任意的运动。

【例 8-2】 在图 8-12 所示的曲柄连杆机构中，已知曲柄 OA 长 0.2m，连杆 AB 长 1m，OA 以匀角速度 $\omega=10$rad/s 绕 O 点转动。求在图示位置滑块 B 的速度及 AB 杆的角速度。

【解】 AB 杆作平面运动，现要求杆上一点 B 的速度，可以用上面讲过两种方法：

（1）利用基点法

AB 杆上的 A 点也是曲柄 OA 上的一点，由 OA 的转动可以求出 A 点速度$\boldsymbol{v}_A$的大小为

$$v_A=OA\cdot\omega=(0.2\times10)\text{m/s}=2\text{m/s}$$

$\boldsymbol{v}_A$的方向垂直于 OA，指向与 ω 转向一致。$\boldsymbol{v}_A$既已知，可选 A 点为基点，用式（8-3）来求 B 点的速度

$$\boldsymbol{v}_B=\boldsymbol{v}_A+\boldsymbol{v}_{BA}$$

现已知$\boldsymbol{v}_B$沿水平方向，而$\boldsymbol{v}_{BA}$垂直于 AB，在 B 点处按上式作速度平行四边形。由图 8-12 可知

$$v_B=\frac{v_A}{\cos 45°}=\frac{2}{0.707}=2.83\text{m/s}$$

指向左边。

由图 8-12 还可知

$v_{BA}=v_B\sin 45°=2.83\times0.707=2m/s$

从而可求出杆 AB 的角速度

$$\omega_{AB}=\frac{v_{BA}}{AB}=\frac{2}{1}=2rad/s$$

转向是顺时针方向的。

(2) 利用速度投影法

按式 (8-4) 有

$$[\boldsymbol{v}_B]_{AB}=[\boldsymbol{v}_A]_{AB}$$

即 $v_B\cos 45°=v_A$

于是，$v_B=\dfrac{v_A}{\cos 45°}=\dfrac{2}{0.707}=2.83m/s$

与 (1) 中所得结果完全相同。

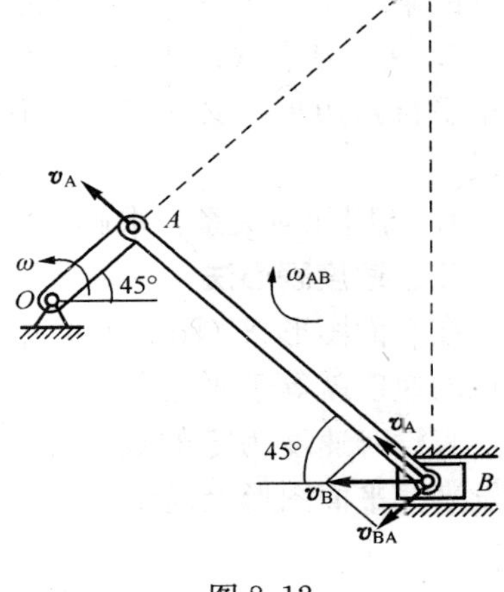

图 8-12

【例 8-3】 图 8-13 所示的平面机构中，曲柄 OA 长 100mm，以角速度 $\omega=$ 2rad/s 转动。连杆 AB 带动摇杆 CD，并拖动轮 E 沿水平面滚动。已知 $CD=3CB$，图示位置时 A，B，E 三点恰在一水平线上，且 $CD\perp ED$。求此瞬时点 E 的速度。

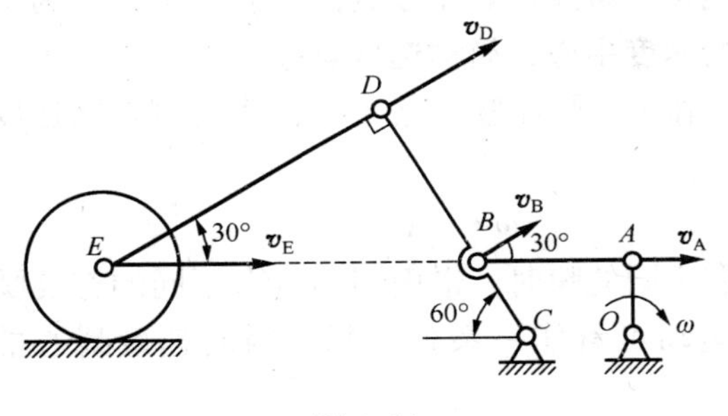

图 8-13

【解】 $v_A=\omega\cdot OA$
$=2rad/s\times100mm$
$=0.2m/s$

由速度投影定理，杆 AB 上点 A，B 的速度在 AB 连线上投影相等，即

$$v_B\cos 30°=v_A$$

解出

$$v_B=0.2309\ m/s$$

摇杆 CD 绕点 C 转动，有

$$v_D=\frac{v_B}{CB}\cdot CD=3v_B=0.6928\ m/s$$

轮 E 沿水平面滚动，轮心 E 的速度方向为水平，由速度投影定理，D，E 两点的速度关系为

$$v_E\cos 30°=v_D$$

解出

$$v_E=0.8m/s$$

应用基点法和投影法分析速度的步骤如下：

1. 先分析机构中各物体的运动，判定哪些物体作平移，哪些物体作转动，哪些物体作平面运动。

2. 研究作平面运动的物体上哪一点的速度大小和方向是已知的，哪一点的速度的某一要素（一般是速度方向）是已知的。

3. 选定基点（设为 A），而另一点（设为 B）可应用公式$\boldsymbol{v}_B=\boldsymbol{v}_A+\boldsymbol{v}_{BA}$，作速度平行四边形。必须注意，作图时要使$\boldsymbol{v}_B$(绝对速度）成为平行四边形的对角线。

4. 利用几何关系，求解速度平行四边形中的未知量。

三、速度瞬心法

在平面图形 S（图 8-14）中若存在速度为零的点，并以此点为基点，则所研究点的速度就等于研究点相对于该基点的速度。

有没有速度为零的点存在？能不能很方便地找到这个点？我们从式（8-3）出发来找平面图形上速度为零的点。现令 B 点为速度等于零的点，即

$$\boldsymbol{v}_B=\boldsymbol{v}_A+\boldsymbol{v}_{BA}=0$$

从上式可以看出，$\boldsymbol{v}_A$与$\boldsymbol{v}_{BA}$两个矢量和为零，则两个矢量必须等值反向；又因为 $v_{AB}=\omega\cdot AB$，所以可以推断，速度为零的点在通过 A 点，并与$\boldsymbol{v}_A$垂直的连线上，其位置为$AB=\frac{v_A}{\omega}$，如图 8-14 所示。

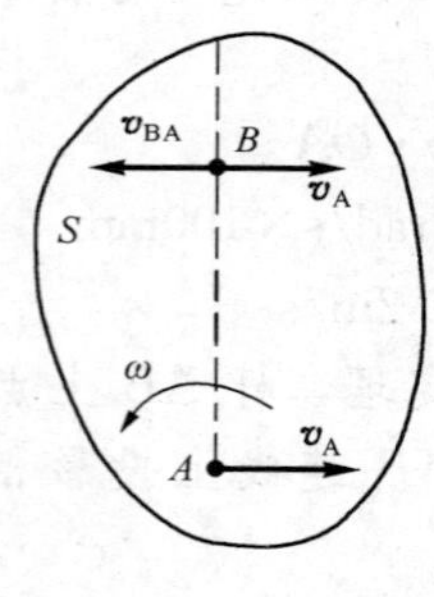

图 8-14

由此可见，**一般情况下，在平面图形或其延伸部分中，每一瞬时都唯一地存在着速度等于零的点。**我们称该点为平面图形在此瞬时的**速度中心**，简称**速度瞬心。**

将速度瞬心记作 C，则任意一点（以点 A 为例）的速度就可以表示为

$$v_A=\omega\cdot CA$$

必须指出，在不同的瞬时，平面图形具有不同的速度瞬心，而刚体平面运动可看作一系列绕每一瞬时速度瞬心的转动。

利用速度瞬心求解平面图形上任一点速度的方法，称为**速度瞬心法**。应用此法的关键是如何正确确定速度瞬心的位置。按不同的已知运动条件确定速度瞬心位置的方法有以下几种：

1. 已知某瞬时平面运动刚体上两点 A 和 B 的速度方位，且当它们互不平行时，$\boldsymbol{v}_A$与$\boldsymbol{v}_B$垂线的交点则为该刚体的速度瞬心，如图 8-15 所示。

2. 若当平面图形上两点 A，B 速度方位互相平行时，且均垂直于 AB 的连线则有：

(1) 两速度指向相同，但速度大小不等，如图 8-16（a）所示，根据 AB 延长线上各点的速度呈线形分布，故此速度瞬心必位于 AB 延长线于$\boldsymbol{v}_A$，$\boldsymbol{v}_B$两速度矢的终端连线交点 C 上。

(2) 两速度指向相反，如图 8-16（b）所示，速度瞬心必位于 A，B 两点之间，故 AB 连线与$\boldsymbol{v}_A$，$\boldsymbol{v}_B$两速度的矢的终端连线的交点即为速度瞬心 C。

3. 若平面图形上两点 A，B 速度方位平行，但两速度不垂直于 AB 连线，

如图 8-17 所示，则速度瞬心必然在无穷远处，因而图形的角速度为零、各点的速度均相等。这种情况称之为**瞬时平移**。应当注意，瞬时平移是平面运动中的一种特殊形式，虽此瞬时各点速度相等，但各点的加速度并不相等，据此可以断定在下一瞬时各点的速度也必定不再相同，这是瞬时平移与平移的根本差别。

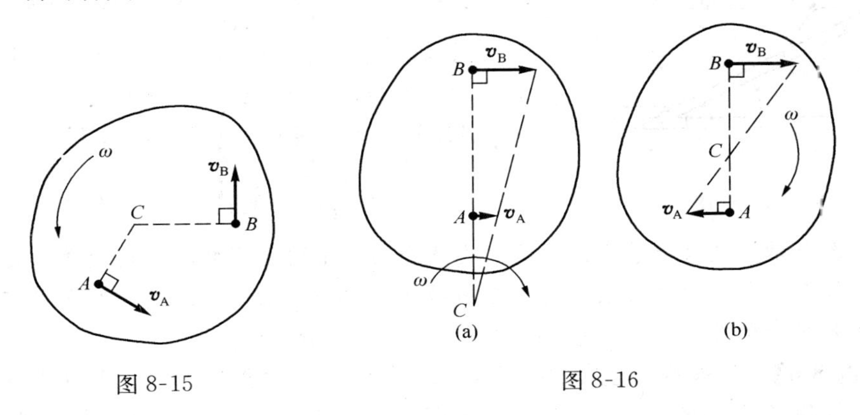

图 8-15　　图 8-16

4. 沿某一固定平面作只滚动不滑动运动的物体（又称作**纯滚动**），如图8-18所示，则每一瞬时图形上与固定面的接触点 C 即为该物体的速度瞬心。

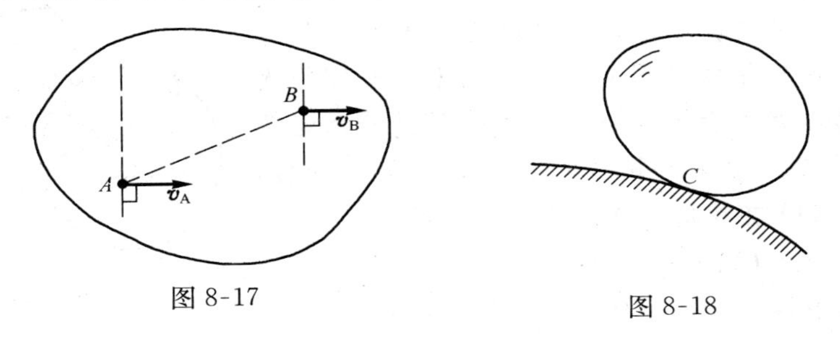

图 8-17　　图 8-18

【例 8-4】 椭圆规尺的 A 端以速度 $\boldsymbol{v}_A$ 沿 x 轴的负向运动，如图 8-19 所示，$AB=l$。求 B 端的速度以及尺 AB 的角速度。

【解】 分别作 A 和 B 两点速度的垂线，两条直线的交点 C 就是图形 AB 的速度瞬心，如图 8-19 所示。于是图形的角速度为

$$\omega=\frac{v_A}{AC}=\frac{v_A}{l\sin\varphi}$$

点 B 的速度为

$$v_B=BC\cdot\omega=\frac{BC}{AC}v_A=v_A\cot\varphi\ \varphi$$

用瞬心法也可以求图形内任一点的速度。例如杆 AB 中点 D 的速度为

$$v_D=DC\cdot\omega=\frac{l}{2}\cdot\frac{v_A}{l\sin\varphi}=\frac{v_A}{2\sin\varphi}$$

它的方向垂直于 DC，且朝向图形转动的一方。

【例 8-5】 用瞬心法解例 8-2。

【解】 过 A 点和 B 点分别作 $AC\perp\boldsymbol{v}_A$ 和 $BC\perp\boldsymbol{v}_B$，AC 和 BC 的交点 C 就是

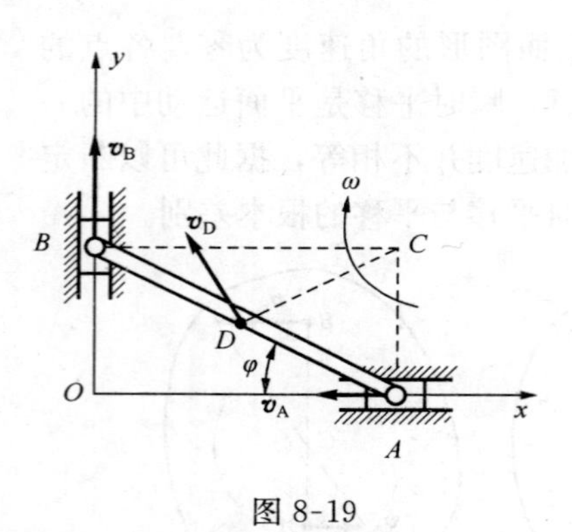

图 8-19

AB 杆在图 8-12 所示瞬时的速度瞬心。因为

$$\frac{v_B}{BC}=\frac{v_A}{AC}$$

所以 $v_B=\frac{BC}{AC}v_A=\frac{1}{\cos 45°}v_A=2.83\text{m/s}$

根据$\boldsymbol{v}_A$的方向可以确定 AB 杆绕 C 点的转动是顺时针转向，所以$\boldsymbol{v}_B$的指向向上。

AB 杆的角速度 ω_{AB} 可以确定如下

$$\omega_{AB}=\frac{v_A}{CA}=\frac{v_A}{AB}=\frac{2}{1}=2\text{rad/s}$$

转向如图所示。结果与前面的一致，说明平面图形的角速度与基点选择无关。

比较例 8-2 的两种解法，可见在所给的条件下，求$\boldsymbol{v}_B$用速度投影关系较为方便。但若同时要求 ω_{AB}，则使用速度瞬心法比较简捷。

【例 8-6】 外啮合行星机构如图 8-20 所示。已知固定齿轮 I 的半径为 R_1，动齿轮Ⅱ的半径为 R_2，曲柄 OA 的角速度为 ω_0，试求图示瞬时齿轮Ⅱ轮缘上 B，D 两点的速度。

【解】 机构中的曲柄 OA 作定轴转动，动齿轮Ⅱ作平面运动。可用瞬心法求 B 和 D 点的速度。

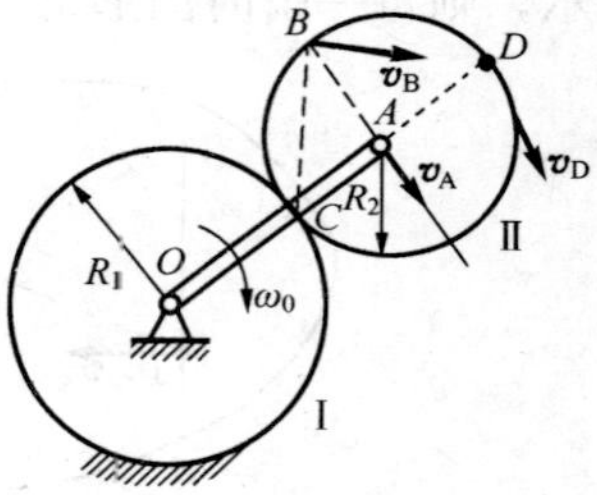

因为动齿轮Ⅱ的节圆沿固定齿轮Ⅰ的节圆作无滑动的滚动，故两齿轮节圆的接触点 C 就是动齿轮Ⅱ的速度瞬心。动齿轮Ⅱ和曲柄 OA 在 A 处铰接，轮Ⅱ和曲柄 OA 在铰接处 A 具有相同的速度。

图 8-20

$$v_A=OA\cdot\omega_0=(R_1+R_2)\ \omega_0$$

依据速度瞬心法，轮Ⅱ的角速度 ω 等于

$$\omega=v_A/AC=(R_1+R_2)\ \omega_0/R_2$$

由 C 点的位置与$\boldsymbol{v}_A$的方向可判定 ω 是顺时针转向。

同理可分别求出点 B 和点 D 的速度

$$v_B=BC\cdot\omega=\sqrt{2}R_2\times(R_1+R_2)\ \omega_0/R_2=\sqrt{2}\ (R_1+R_2)\ \omega_0$$

$$v_D=DC\cdot\omega=2R_2\times(R_1+R_2)\ \omega_0/R_2=2\ (R_1+R_2)\ \omega_0$$

$\boldsymbol{v}_B$和$\boldsymbol{v}_D$的方向如图 8-20 所示。

【例 8-7】 机构如图 8-21 (a) 所示，滑块 A 以速度$\boldsymbol{v}_A$沿水平直槽向左运动，并通过连杆 AB 带动半径为 r 的轮 B 沿半径 R 的固定圆弧轨道作无滑动的滚动。滑块 A 离圆弧轨道中心 O 的距离为 l，试求当 OB 连线竖直，并通过圆弧轨道最低点时，连杆 AB 的角速度及轮 B 边缘上 M_1，M_2，M_3 各点的速度。

【解】 连杆 AB 和轮 B 均作平面运动。首先用速度瞬心法求连杆 AB 在图示瞬时的角速度 ω_{AB}。为此，先要找出连杆 AB 在此瞬时的速度瞬心。因轮 B 沿固定圆弧做无滑动地滚动，其与圆弧表面的接触点 C 即是轮 B 的速度瞬心。故得轮心 B 的速度$\boldsymbol{v}_B$平行于$\boldsymbol{v}_A$，且不垂直于 AB 的连线，因而此瞬时，连杆 AB 作瞬时平移，其角速度

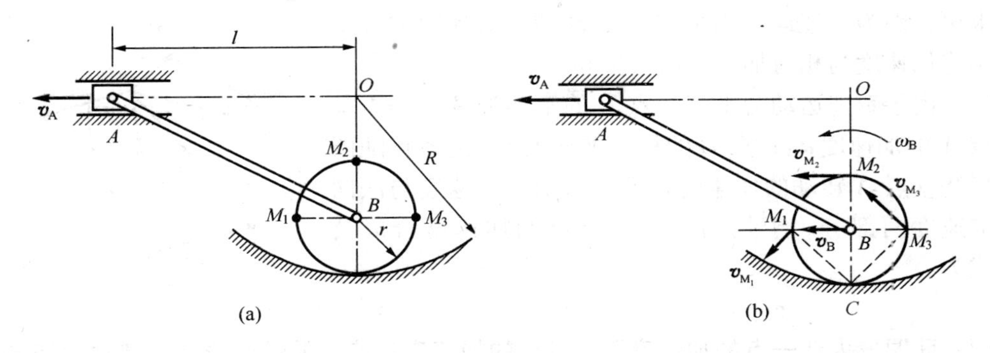

图 8-21

$$\omega_{AB}=0$$

且连杆上各点的速度均相等，即

$$v_A=v_B$$

其次求轮 B 上 M_1，M_2，M_3 各点的速度。应用速度瞬心法，可求得轮 B 的角速度大小为

$$\omega_B=\frac{v_B}{r}$$

转向由 $\boldsymbol{v}_B$ 的指向决定。

当求得轮 B 的角速度 ω_B 后，轮上任一点的速度就可很方便地确定。因为轮 B 上各点的速度等于绕速度瞬心 C 转动的速度，由图示几何关系可知

$$v_{M_1}=\omega_B\cdot\overline{CM_1}=\omega_B\cdot\sqrt{2}r=\sqrt{2}v_A$$

$$v_{M_2}=2v_B=2v_A$$

$$v_{M_3}=\omega_B\cdot\overline{CM_3}=\omega_B\cdot\sqrt{2}r=\sqrt{2}v_A$$

各点的速度方向如图 8-21（b）所示。

由以上各例可以看出，用瞬心法解题，其步骤与基点法类似。前两步完全相同，只是第三步要根据已知条件，求出图形的速度瞬心的位置和平面图形转动的角速度，最后求出各点的速度。

如果需要研究由几个图形组成的平面机构，则可依次对每一图形按上述步骤进行，直到求出所需的全部未知量为止。应该注意，每一个平面图形有它自己的速度瞬心和角速度，因此，每确定出一个速度瞬心和角速度，应明确标出它是哪一个图形的速度瞬心和角速度，决不可混淆。

§8.3 平面图形上各点的加速度分析

现在讨论平面图形内各点的加速度。

根据§8.1 所述，如图 8-22 所示平面图形 S 的运动可分解为两部分：（1）随同基点 A 的平移（牵连运动）；（2）绕基点 A 的转动（相对运动）。于是，平面图形内任一点 B 的运动也由两个运动合成，它的加速度可以用加速度合成定理

求出。因为牵连运动为平移，点 B 的绝对加速度等于牵连加速度与相对加速度的矢量和。

由于牵连运动为平移，点 B 的牵连加速度等于基点 A 的加速度 $\boldsymbol{a}_A$；点 B 的相对加速度 $\boldsymbol{a}_{BA}$ 是该点随图形绕基点 A 转动的加速度，可分为切向加速度与法向加速度两部分。于是用基点法求点的加速度合成公式为

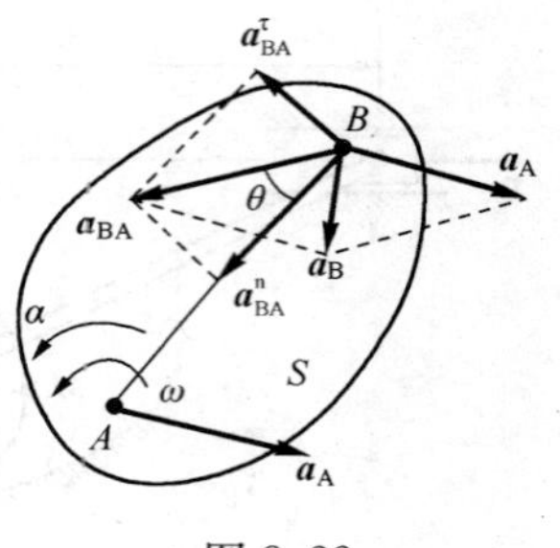

图 8-22

$$\boldsymbol{a}_B = \boldsymbol{a}_A + \boldsymbol{a}_{BA}^{\tau} + \boldsymbol{a}_{BA}^{n} \tag{8-5}$$

即平面图形内任一点的加速度等于基点的加速度与该点随图形绕基点转动的切向加速度和法向加速度的矢量和。

式（8-5）中，$\boldsymbol{a}_{BA}^{\tau}$ 为点 B 绕基点 A 转动的切向加速度，方向与 AB 垂直，大小为

$$a_{BA}^{\tau} = AB \cdot \alpha$$

α 为平面图形的角加速度。$\boldsymbol{a}_{BA}^{n}$ 为点 B 绕基点 A 转动的法向加速度，指向基点 A，大小为

$$a_{BA}^{n} = AB \cdot \omega^2$$

ω 为平面图形的角速度。

式（8-5）为平面内的矢量等式，通常可向两个相交的坐标轴投影，得到两个代数方程，用以求解两个未知量。

【例 8-8】 如图 8-23 所示，在椭圆规的机构中，曲柄 OD 以匀角速度 ω 绕 O 轴转动，$OD=AD=BD=l$，求当 $\varphi=60°$ 时，尺 AB 的角加速度和点 A 的加速度。

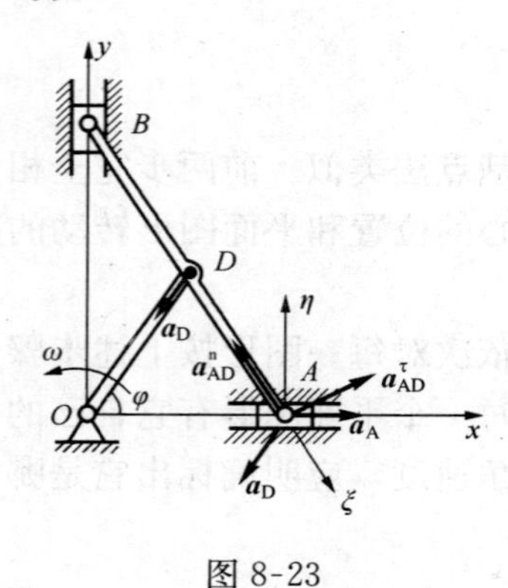

图 8-23

【解】 先分析机构各部分的运动；曲柄 OD 绕 O 轴转动，规尺 AB 作平面运动。

取规尺 AB 上的点 D 为基点，其基点 D 的加速度为

$$a_D = l\omega^2$$

它的方向沿 OD 指向点 O。

则点 A 的加速度为

$$\boldsymbol{a}_A = \boldsymbol{a}_D + \boldsymbol{a}_{AD}^{\tau} + \boldsymbol{a}_{AD}^{n}$$

其中 $\boldsymbol{a}_D$ 的大小和方向以及 $\boldsymbol{a}_{AD}^{n}$ 的方向和大小都是已知的。因为点 A 作直线运动，可设 $\boldsymbol{a}_A$ 的方向如图所示；$\boldsymbol{a}_{AD}^{\tau}$ 垂直于 AD，其方向暂设如图。$\boldsymbol{a}_{AD}^{n}$ 沿 AD 指向点 D，它的大小为

$$a_{AD}^{n} = \omega_{AB}^2 \cdot AD$$

其中 ω_{AB} 为规尺 AB 的角速度，可用基点法或瞬心法求得

$$\omega_{AB} = \omega$$

则

$$a_{AD}^{n} = \omega^2 \cdot AD = l\omega^2$$

现在求两个未知量：$\boldsymbol{a}_A$ 和 $\boldsymbol{a}_{AD}^{\tau}$ 的大小。取 ξ 轴垂直于 $\boldsymbol{a}_{AD}^{\tau}$，取 η 轴垂直于 $\boldsymbol{a}_A$，η 和 ξ 的正方向如图所示。将 $\boldsymbol{a}_A$ 的矢量合成式分别在 ξ 和 η 轴上投影，得

$$a_A\cos\varphi=a_D\cos(\pi-2\varphi)-a_{AD}^n$$

$$0=-a_D\sin\varphi+a_{AD}^{\tau}\cos\varphi+a_{AD}^n\sin\varphi$$

解得

$$a_A=\frac{a_D\cos(\pi-2\varphi)-a_{AD}^n}{\cos\varphi}=\frac{\omega^2 l\cos 60^\circ-\omega^2 l}{\cos 60^\circ}=-l\omega^2$$

$$a_{AD}^{\tau}=\frac{a_D\sin\varphi-a_{AD}^n\sin\varphi}{\cos\varphi}=\frac{(\omega^2 l-\omega^2 l)\sin\varphi}{\cos\varphi}=0$$

于是有

$$a_{AB}=\frac{a_{AD}^{\tau}}{AD}=0$$

由于 $\boldsymbol{a}_A$ 为负值，故 $\boldsymbol{a}_A$ 的实际方向与原假设的方向相反。

【例 8-9】 车轮沿直线滚动。已知车轮半径为 R，中心 O 的速度为 v_O，加速度为 a_O。设车轮与地面接触无相对滑动。求车轮上速度瞬心的加速度。

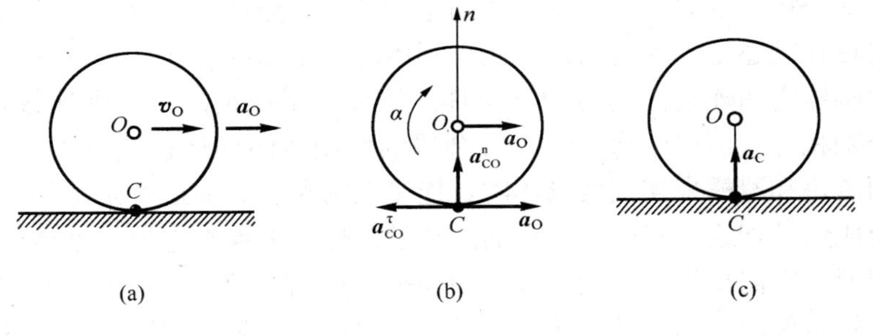

图 8-24

【解】 车轮只滚不滑时，角速度可按下式计算：

$$\omega=\frac{v_O}{R}$$

车轮的角加速度 α 等于角速度对时间的一阶导数。上式对任何瞬时均成立，故可对时间求导，得

$$\alpha=\frac{\mathrm{d}\omega}{\mathrm{d}t}=\frac{\mathrm{d}}{\mathrm{d}t}\left(\frac{v_O}{R}\right)$$

因为 R 是常值，于是有

$$\alpha=\frac{a_O}{R}$$

车轮作平面运动。取中心 O 为基点，按照式 (8-5) 求点 C 的加速度

$$\boldsymbol{a}_C=\boldsymbol{a}_O+\boldsymbol{a}_{CO}^{\tau}+\boldsymbol{a}_{CO}^n$$

式中

$$a_{CO}^{\tau}=Ra=a_O \qquad a_{CO}^n=R\omega^2=\frac{v_O^2}{R}$$

它们的方向如图 8-24 (b) 所示。

由于 a_O 与 a_{CO}^{τ}的大小相等，方向相反，于是有

$$a_O = a_{CO}^n$$

由此可知，速度瞬心 C 的加速度不等于零。当车轮在地面上只滚不滑时，速度瞬心 C 的加速度指向轮心 O，如图 8-24（c）所示。

由以上各例可见，用基点法求平面图形上点的加速度的步骤与用基点法求点的速度的步骤相同。但由于在公式 $\boldsymbol{a}_B = \boldsymbol{a}_A + \boldsymbol{a}_{BA}^\tau + \boldsymbol{a}_{BA}^n$ 中有八个要素，所以必须已知其中六个，问题才是可解的。

§8.4 运动学综合应用举例

到目前为止，已分别论述了点的运动学、点的合成运动、刚体的平移、刚体定轴转动和刚体的平面运动等方面的运动学知识。在工程实际中，往往需要应用这些理论结合平面运动机构进行运动分析。同平面的几个刚体按照确定的方式相互联系，各刚体之间有一定的相对运动的装置称为**平面机构**。平面机构能够传递、转移运动或实现某种特定的运动，因而在工程中有着广泛的应用。对平面机构进行运动分析，首先要依据各刚体的运动特征，分辨它们各自作什么运动，是平移、定轴转动还是平面运动。其次，刚体之间是靠约束连接来传递运动，这就需要建立刚体之间连接点的运动学条件。例如，用铰链连接，则连接点的速度、加速度分别相等。值得注意的是经常会遇到两刚体间的连接点有相对运动情况。例如，用滑块和滑槽来连接两刚体时，连接点的速度、加速度是不相等的，需要用点的合成运动理论去建立连接点的运动学条件。如果被连接的刚体中有作平面运动的情形，则需要综合应用合成运动和平面运动的理论去求解。在求解时，应从具备已知条件的刚体开始，然后通过建立的运动学条件过渡到相邻的刚体，最终解出全部未知量。现举例说明如下。

【例 8-10】 在图 8-25 所示的曲柄导杆机构中，曲柄 OA 长 120mm，在图示位置 $\angle AOB = 90°$ 时，曲柄的角速度 $\omega = 4\text{rad/s}$，角加速度 $a = 2\text{rad/s}^2$，$OB = 160\text{mm}$。试求此时导杆相对套筒 B 的加速度。

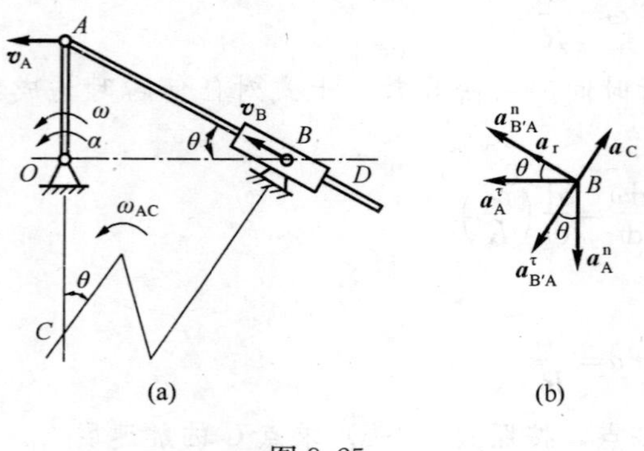

图 8-25

【解】 若以套筒销 B 为动点，将动坐标系固结在 AD 杆上，这就是牵连运动为平面运动的点的合成运动问题。

（1）速度分析。根据速度合成定理有

$$\boldsymbol{v}_a = \boldsymbol{v}_B = \boldsymbol{v}_r + \boldsymbol{v}_e$$

按题意式中 $\boldsymbol{v}_B = 0$，故有 $\boldsymbol{v}_r = -\boldsymbol{v}_e$。据此可见矢量 $\boldsymbol{v}_e$ 的方位与 $\boldsymbol{v}_r$ 相同，而指向相反。根据有关定义，动点 B 的牵连速度实际上是此时动坐标系 AD 杆上与之相重合点 B' 的速度。由此通过平面运动刚体 AD 上 A、B 两点的速度方向可确定其速度瞬心 C，如图 8-25（a）所示，并用瞬心法求得

$$\omega_{AD}=\frac{v_A}{CA}=\frac{OA\omega}{OA+OB\cot\theta}=\frac{120\times4}{120+160\times\frac{160}{120}}=1.44\text{rad/s}\ (\text{逆时针})$$

$$v_{B'}\ (=v_e)\ =CB\omega_{AD}=\frac{OB}{\sin\theta}\omega_{AD}$$

$$=\frac{160}{120/\sqrt{120^2+160^2}}\times1.44=384\text{mm/s}$$

所以
$$v_r=-v_e=-84\text{mm/s}$$

负号表明$\boldsymbol{v}_r$的指向与$\boldsymbol{v}_e$相反。

(2) 加速度分析。牵连运动为平面运动的加速度合成公式为

$$\boldsymbol{a}_a=\boldsymbol{a}_e+\boldsymbol{a}_r+\boldsymbol{a}_C$$

式中$a_a=a_B=0$；a_r方向沿AD，大小待定；$\boldsymbol{a}_C=2\boldsymbol{\omega}_{AD}\times\boldsymbol{v}_r$大小、方向均已知。图8-25 (b)中，有

$$\boldsymbol{a}_e=\boldsymbol{a}_{B'}$$

而B'为导杆AD上的一点，以A为基点，根据基点法有

$$\boldsymbol{a}_{B'}=\boldsymbol{a}_A^\tau+\boldsymbol{a}_A^n+\boldsymbol{a}_{B'A}^n+\boldsymbol{a}_{B'A}^\tau$$

式中$\boldsymbol{a}_A^\tau$和$\boldsymbol{a}_A^n$大小、方向均已知；$a_{B'A}^n=AB'\omega_{AD}^2$，方向沿$AB$指向$A$；$\boldsymbol{a}_{B'A}^\tau$方向垂直于$AB$，大小待定。将上式代入前式得

$$\boldsymbol{a}_A^\tau+\boldsymbol{a}_A^n+\boldsymbol{a}_{B'A}^n+\boldsymbol{a}_{B'A}^\tau+\boldsymbol{a}_r+\boldsymbol{a}_C=0$$

式中仅$\boldsymbol{a}_{B'A}^\tau$和$\boldsymbol{a}_r$两个矢量的大小未知。为消去未知量$\boldsymbol{a}_{B'A}^\tau$，将该式向$AB$方向投影，得

$$a_r=a_A^n\sin\theta-a_A^\tau\cos\theta-a_{BA}^n$$
$$=1920\frac{120}{\sqrt{120^2+160^2}}-240\frac{160}{\sqrt{120^2+160^2}}-\sqrt{120^2+160^2}\times1.44^2$$
$$=545.3\text{mm/s}^2$$

【例 8-11】 在图8-26 (a) 所示平面机构中，杆AD在导轨中以匀速v平动，通过铰链A带动杆AB沿导套O运动，导套O可绕O轴转动。导套O与杆AC距离为l，图示瞬时杆AB与杆AC夹角$\varphi=60°$，求此瞬时杆AB的角速度及角加速度。

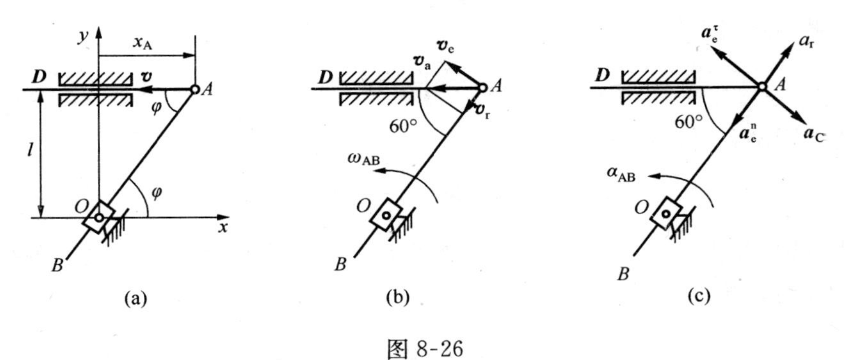

图 8-26

【解】 本题可以用两种方法求解。

方法 1

以 A 为动点，动坐标系固结在导套 O 上，牵连运动为绕 O 的转动。点 A 的绝对运动为以匀速 v 沿 AC 方向的直线运动，各速度矢如图 8-26（b）所示。$\boldsymbol{v}_a=\boldsymbol{v}$，由

$$\boldsymbol{v}_a=\boldsymbol{v}_e+\boldsymbol{v}_r$$

可得

$$v_e=v_a\sin 60°=\frac{\sqrt{3}}{2}v$$

$$v_r=v_a\cos 60°=\frac{v}{2}$$

由于杆 AB 在导套 O 中滑动，因此杆 AB 与导套 O 具有相同的角速度及角加速度。其角速度

$$\omega_{AB}=\frac{v_e}{AO}=\frac{3v}{4l}$$

由于点 A 为匀速直线运动，故绝对加速度为零。又因点 A 的相对运动为沿导套 O 的直线运动，因此 a_r 沿杆 AB 方向，故有

$$0=\boldsymbol{a}_e^\tau+\boldsymbol{a}_e^n+\boldsymbol{a}_r+\boldsymbol{a}_C \tag{a}$$

式中

$$\boldsymbol{a}_C=2\boldsymbol{\omega}_e\times\boldsymbol{v}_r,\quad \omega_e=\omega_{AB}$$

其方向如图 8-26（c）所示，大小为

$$a_C=2\omega_e v_r=\frac{3v^2}{4l}$$

$\boldsymbol{a}_e^\tau$、$\boldsymbol{a}_e^n$ 及 $\boldsymbol{a}_r$ 的方向如图 8-26（c）所示。

$$a_e^\tau=a_C$$

$$\alpha_{AB}=\frac{a_e^\tau}{AO}=\frac{3\sqrt{3}v^2}{8l^2}$$

方向逆时针。

方法 2

以点 O 为坐标原点，建立如图 8-26（a）所示的直角坐标系。由图可知

$$x_A=l\cot\varphi$$

将其两端对时间求导，并注意到 $x_A=-v$，得

$$\dot{\varphi}=\frac{v}{l}\sin^2\varphi \tag{b}$$

将其两端再对时间求导，得

$$\ddot{\varphi}=\frac{v\dot{\varphi}}{l}\sin 2\varphi=\frac{v^2}{l^2}\sin^2\varphi\sin 2\varphi \tag{c}$$

式（b）及式（c）为杆 AB 的角速度 $\dot{\varphi}$ 及角加速度 $\ddot{\varphi}$ 与角 φ 之间的关系式。当 $\varphi=60°$ 时，得

$$\omega_{AB}=\dot{\varphi}=\frac{3v}{4l}$$

$$\alpha_{AB}=\ddot{\varphi}=\frac{3\sqrt{3}v^2}{8l^2}$$

两种解法结果相同。

要点及讨论

(1) 根据机构特点，恰当地建立定轴转动动坐标系，将平面运动分解为定轴转动和平移，并按点的合成运动方法解题，这样对某些机构的运动分析就变得较为简捷。

(2) 在本题中，若欲求图示瞬时杆 AB 上与套筒 O 点相重合之 O' 点的轨迹曲率半径则应如何求解？

(3) 在此题中，杆 AB 作平面运动，AB 上与 O 相重合的一点的速度应沿杆 AB 方向。因此，也可应用瞬心法求解杆 AB 的角速度。然而，再用平面运动基点法求解杆 AB 的角加速度就不如前两种方法方便了。

【例 8-12】 平面机构如图 8-27 (a) 所示，杆 AB 的 A 端用销钉 A 与轮铰接，B 端插入绕轴 O_1 转动的套筒中，轮沿直线作纯滚动。已知轮 O 的半径为 r，轮心 O 的速度为 $\boldsymbol{v}_O$，加速度为 $\boldsymbol{a}_O$。试求当 $\varphi=45°$ 时杆 AB 的角速度和角加速度。

【解】 轮 O 作平面运动，由已知条件用平面运动的方法可求出点 A 的速度和加速度。杆 AB 与套筒 O_1 有相对滑动，可用点的合成运动方法求出杆 AB 的角速度和角加速度。

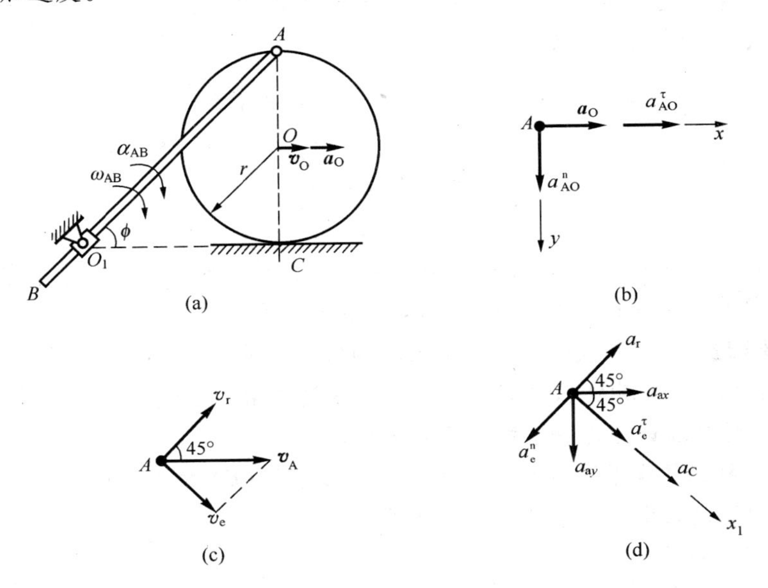

图 8-27

(1) 求点 A 的速度和加速度

研究轮 O 的平面运动，此瞬时其速度瞬心为点 C，轮 O 的角速度

$$\omega=v_O/r$$

其转向为顺时针。点 A 的速度大小为

$$v_A=2r\cdot\omega=2v_O$$

其方向水平向右。

以点 O 为基点，研究点 A 的加速度：

$$\boldsymbol{a}_{A}=\boldsymbol{a}_{O}+\boldsymbol{a}_{AO}^{\tau}+\boldsymbol{a}_{AO}^{n} \tag{a}$$

式中 $\boldsymbol{a}_O$ 的大小和方向均已知；$a_{AO}^{n}=r\omega^2=v_O^2/r$，方向由点 A 指向点 O；$a_{AO}^{\tau}=r\alpha=r\cdot a_O/r=a_O$，方向水平向右，只有 $\boldsymbol{a}_A$ 的大小和方向这两个未知因素，可以求解。画出点 A 的加速度矢量图，如图 8-27 (b)所示，将式 (a) 分别向轴 x 和轴 y 投影可得

$$a_{Ax}=a_O+a_{AO}^{\tau}=2a_O$$

$$a_{Ay}=a_{AO}^{n}=v_O^2/r$$

(2) 求杆 AB 的角速度和角加速度

取点 A 为动点，动系固连在套筒 O_1 上。动点 A 的绝对运动为平面曲线运动，相对绝对运动为平面曲线运动；相对运动为沿杆 AB 作直线运动；牵连运动为套筒扩大部分上点 A 的重合点绕点 O_1 作圆周运动。

由速度合成定理和牵连运动为转动的加速度合成定理得

$$\boldsymbol{v}_a=\boldsymbol{v}_e+\boldsymbol{v}_r \quad \boldsymbol{a}_a=\boldsymbol{a}_A=\boldsymbol{a}_e^{\tau}+\boldsymbol{a}_e^{n}+\boldsymbol{a}_r+\boldsymbol{a}_c \tag{b}$$

式中 $v_a=v_A=2v_O$，方向水平向右；$v_e=AO_1\cdot\omega_{AB}=2\sqrt{2}r\omega_{AB}$，大小待求，方向垂直于杆 AB；v_r 方向沿杆 AB；$a_C=2\omega_{AB}\cdot v_r=\sqrt{2}v_O^2/r$，方向垂直于杆 AB；共两个未知因素，可以求解。画点 A 的加速度矢量图，如图 8-27d 所示，为避开 $\boldsymbol{a}_r$，将式 (b) 向轴 x_1 投影得

$$2a_O\cos 45°+\frac{v_O^2}{r}\cos 45°=2\sqrt{2}ra_{AB}+\sqrt{2}v_O^2/r$$

解得

$$\alpha_{AB}=\frac{2ra_O-v_O^2}{4r^2}$$

其转向与 a_e^{τ} 方向一致，为顺时针转向。具体计算时，若代入已知数据求出 a_{AB} 为正，则为顺时针转向；若求出 α_{AB} 为负，则为逆时针转向。

【例 8-13】 平面机构中，杆 AB 上的销钉 E 可在杆 OD 的槽内滑动，如图 8-28 (a) 所示。已知滑块 A 的速度为 $\boldsymbol{v}$，加速度为 $\boldsymbol{a}$，方向均水平向左。试求杆 OD 在图示铅垂位置时的角速度和角加速度。

【解】 杆 AB 作平面运动，其上的销钉 E 在杆 OD 的槽内有相对滑动。需要综合应用平面运动和点的合成运动理论求解。

(1) 速度分析

杆 AB 作平面运动，点 C 为速度瞬心，杆 AB 的角速度为

$$\omega_{AB}=\frac{v}{CA}=\frac{v}{2l\cot 30°}=\frac{v}{2l}\tan 30°=\frac{\sqrt{3}v}{6l}$$

转向为顺时针

点 E 的速度大小为

$$v_E=CE\cdot\omega_{AB}=\frac{l}{\sin 30°}\cdot\frac{\sqrt{3}v}{6l}=\frac{\sqrt{3}}{3}v$$

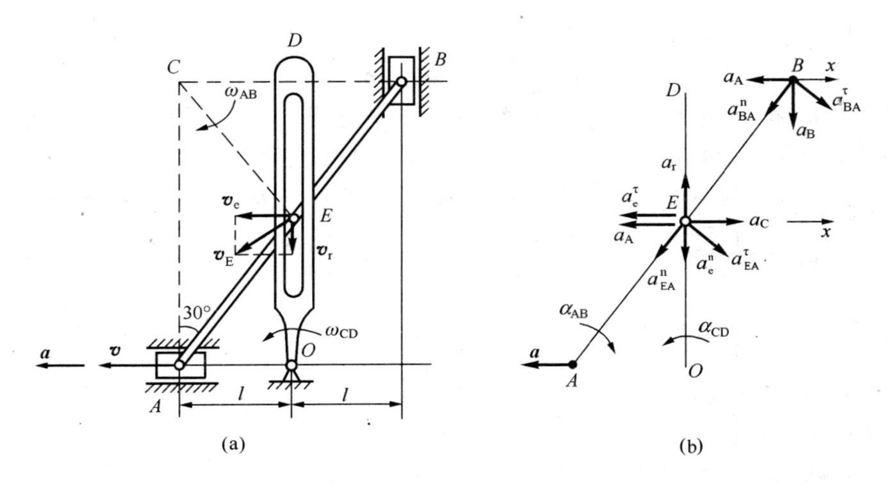

图 8-28

取销钉 E 为动点，动系固连在杆 OD 上。

由点 E 的速度合成定理得

$$\boldsymbol{v}_{E}=\boldsymbol{v}_{a}=\boldsymbol{v}_{e}+\boldsymbol{v}_{r}$$

式中只有$\boldsymbol{v}_e$和$\boldsymbol{v}_r$的大小这两个未知因素，可以求解。画点 E 的速度矢量如图 8-28（a）所示，由图中的几何关系可得

$$v_{e}=v_{E}\cos 30°=\frac{v}{2}，\ v_{r}=v_{E}\sin 30°=\frac{\sqrt{3}}{6}v$$

$$\omega_{OD}=\frac{v_{e}}{l\cot 30°}=\frac{\sqrt{3}v}{6l}$$

转向与$\boldsymbol{v}_e$方向一致，为逆时针转向。

（2）加速度分析

以杆 AB 上的点 A 为基点，研究点 B 的加速度，由式（8-5）得

$$\boldsymbol{a}_{B}=\boldsymbol{a}_{A}+\boldsymbol{a}_{BA}^{\tau}+\boldsymbol{a}_{BA}^{n} \tag{a}$$

式中只有 $\boldsymbol{a}_B$ 和 a_{BA}^{τ}的大小两个未知因素，可以求解。画点 B 的中速度矢量如图 8-28（b）所示。为避开 $\boldsymbol{a}_B$，将式（a）向水平轴 x 投影得

$$0=-a+AB\cdot\alpha_{AB}\cos 30°-AB\cdot\omega_{AB}^{2}\sin 30°$$

$$\alpha_{AB}=\frac{1}{4l\cos 30°}\left(a+4l\cdot\frac{v^{2}}{4l^{2}}\tan^{2}30^{o}\cdot\sin 30°\right)$$

$$=\frac{\sqrt{3}a}{6l}+\frac{\sqrt{3}v^{2}}{36l^{2}}$$

取销钉 E 为动点，动系固连在杆 CD 上。

由点的加速度合成定理，点 E 的加速度

$$\boldsymbol{a}_{E}=\boldsymbol{a}_{a}=\boldsymbol{a}_{e}^{\tau}+\boldsymbol{a}_{e}^{n}+\boldsymbol{a}_{r}+\boldsymbol{a}_{C} \tag{b}$$

式中，共有 $\boldsymbol{a}_e^{\tau}$ 和 $\boldsymbol{a}_r$ 的大小以及 $\boldsymbol{a}_E$ 的大小和方向四个未知因素，无法立即求解。

再以杆 AB 上的点 A 为基点，研究点 E 的加速度，由式（8-5）得

$$\boldsymbol{a}_{E}=\boldsymbol{a}_{A}+\boldsymbol{a}_{EA}^{\tau}+\boldsymbol{a}_{EA}^{n} \tag{c}$$

将式 (b) 代入式 (c)，可得

$$\boldsymbol{a}_{A}+\boldsymbol{a}_{EA}^{\tau}+\boldsymbol{a}_{EA}^{n}=\boldsymbol{a}_{e}^{\tau}+\boldsymbol{a}_{e}^{n}+\boldsymbol{a}_{r}+\boldsymbol{a}_{C} \tag{d}$$

式中只有 $\boldsymbol{a}_{e}^{\tau}$ 和 $\boldsymbol{a}_{r}$ 的大小这两个未知因素，可以求解。画点 E 的加速度矢量如图8-28 (b) 所示。为避开 $\boldsymbol{a}_{r}$，将式 (d) 向水平轴 x 投影得

$$-a+AE\cdot a_{AB}\cos 30°-AE\cdot \omega_{AB}^{2}\sin 30°=-OE\cdot a_{OD}+2\omega_{OD}v_{r}$$

$$a_{OD}=\frac{1}{\sqrt{3}l}\left[2\times\frac{\sqrt{3}v}{6l}\times\frac{\sqrt{3}}{6}v+a-2l\left(\frac{\sqrt{3}a}{6l}\times\frac{\sqrt{3}v^{2}}{36l^{2}}\right)\times\frac{\sqrt{3}}{2}+2l\left(\frac{\sqrt{3}v}{6l}\right)^{2}\times\frac{1}{2}\right]$$

$$=\frac{\sqrt{3}a}{6l}+\frac{\sqrt{3}v^{2}}{18l^{2}}$$

转向与 $\boldsymbol{a}_{e}^{\tau}$ 方向一致，为逆时针转向。

在上例中，由于销钉 E 的加速度合成定理式 (b) 中未知因素较多，不能直接求解，故又研究杆 AB 的平面运动，得到以点 A 为基点的销钉 E 的加速度矢量方程式 (c)，两式联立得到式 (d)，使其只含两个未知因素，再用投影法求出解答。这种迂回求解的方法，在较复杂的运动学综合题的求解过程中常常用到。

小　　结 (知识结构图)

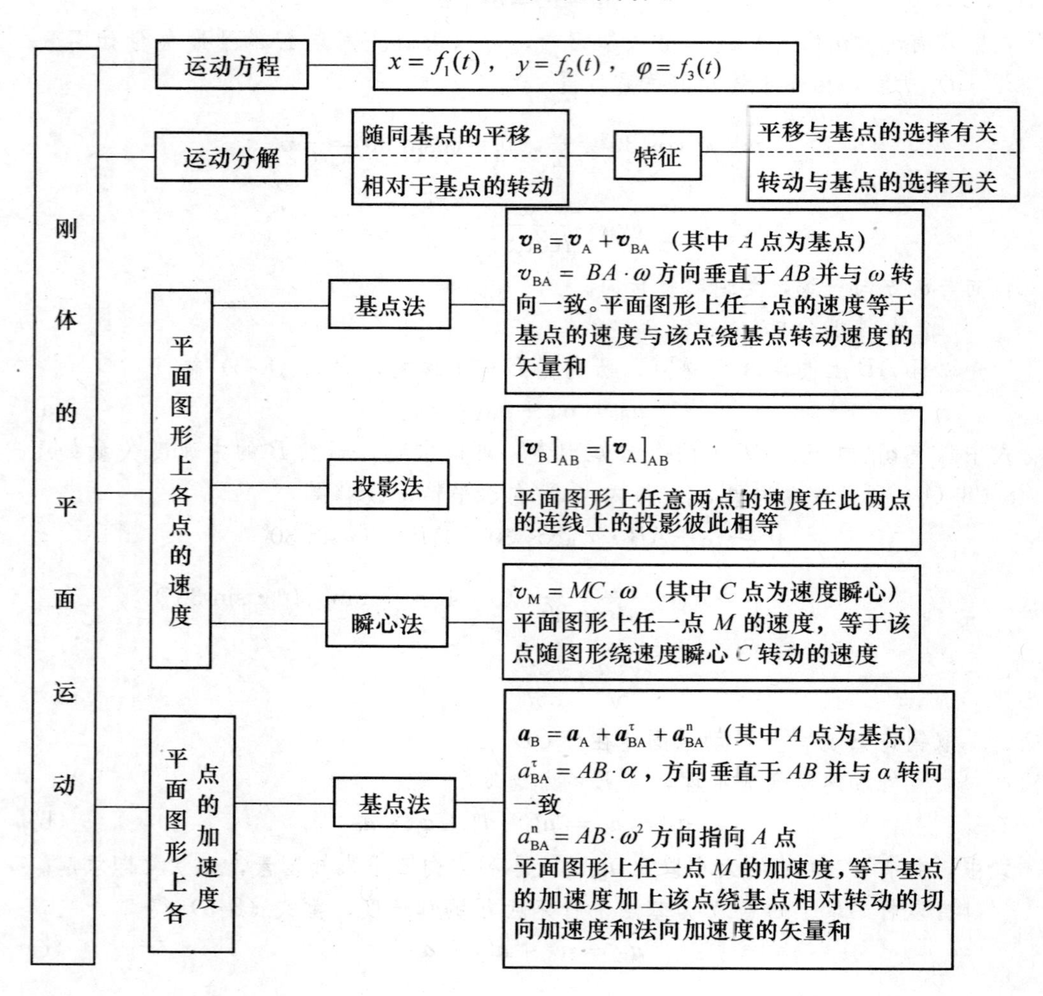

思 考 题

8-1 试判别图 8-29 所示机构的各部分作什么运动。

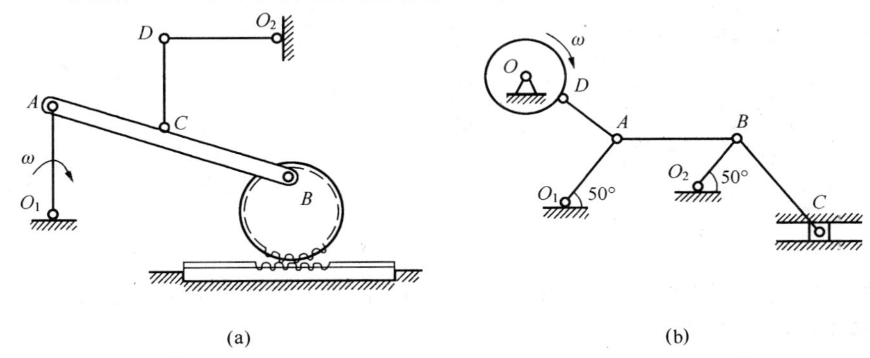

图 8-29

8-2 如图 8-30 所示，已知 $v_A=\omega\ O_1A$，方向如图；v_D 垂直于 O_2D。于是可确定速度瞬心 C 的位置，求得：

$$v_D=\frac{v_A}{AC}CD，\omega_2=\frac{v_D}{O_2D}=\frac{v_A}{AC}\cdot\frac{CD}{O_2D}$$

这样做对吗？为什么？

8-3 如图 8-31 所示，O_1A 杆的角速度为 ω_1，板 ABC 和杆 O_1A 铰接。问图中 O_1A 和 AC 上各点的速度分布规律对不对？

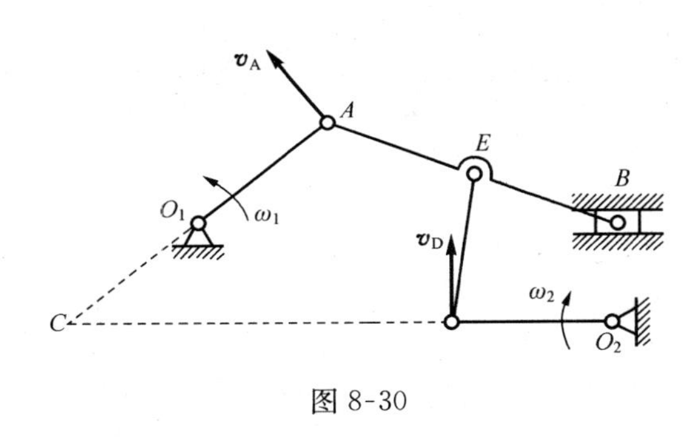

图 8-30

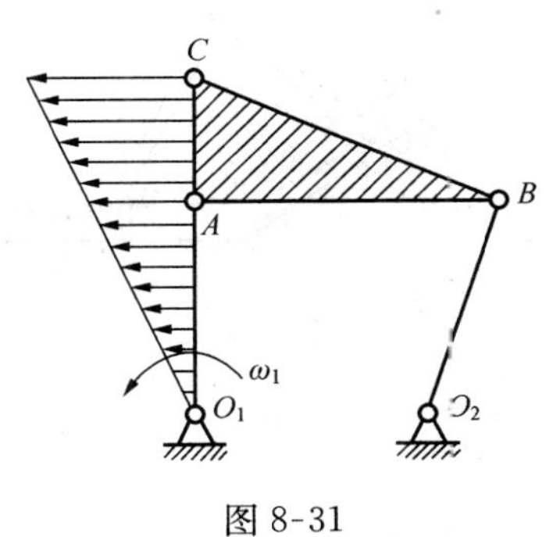

图 8-31

8-4 杆 AB 作平面运动，图示瞬时 A，B 两点速度 $\boldsymbol{v}_A$，$\boldsymbol{v}_B$ 的大小、方向均为已知，C、D 两点分别是 $\boldsymbol{v}_A$，$\boldsymbol{v}_B$ 的矢端，如图 8-32 所示。试问

(1) 杆 AB 上各点速度矢的端点是否都在直线 CD 上？

(2) 对杆 AB 上任意一点 E，设其速度矢端为 H，那么点 H 在什么位置？

(3) 设杆 AB 为无限长，它与 CD 的延长线交于点 P。试判断下述说法是否正确：

(a) 点 P 的瞬时速度为零。

(b) 点 P 的瞬时速度必不为零，其速度矢端必在直线 AB 上。

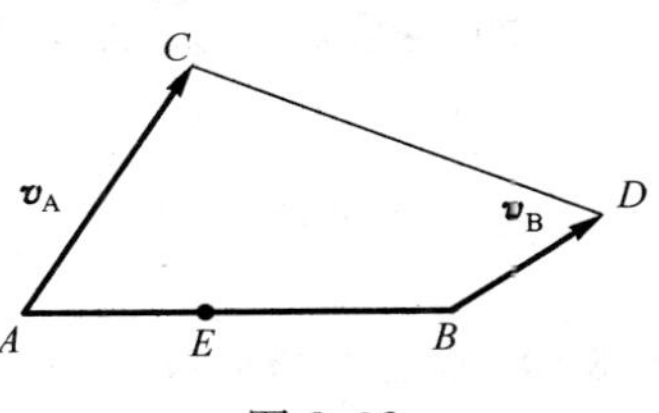

图 8-32

(c) 点 P 的瞬时速度必不为零，其速度矢端必在 CD 的延长线上。

8-5 在图 8-33 所示瞬时，已知 O_1A 瘙綊 O_2B，问 ω_1 与 ω_2，a_1 与 a_2 是否相等？

8-6 如图 8-34 所示，平面图形上两点 A、B 的速度方向可能是这样的吗？为什么？

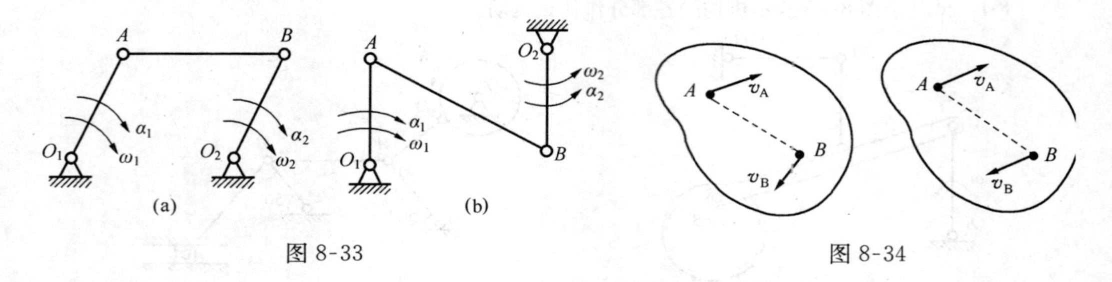

图 8-33　　　　图 8-34

8-7 图 8-35 所示两机构，根据 A，B 两点的速度 $\boldsymbol{v}_A$，$\boldsymbol{v}_B$ 的方位可以定出作平面运动的构件的速度瞬心 C 之位置如图，对吗？

8-8 图 8-36 所示两个相同的绕线盘，用同一速度 $\boldsymbol{v}$ 拉动，设两轮在水平上只滚不滑，问哪种情况滚得快？

8-9 图 8-37 (a)，(b) 各表示一四连杆机构。在图 8-37 (a) 中 $O_1A=O_2B$，$AB=O_1O_2$；在图 8-37 (b) 中 $O_1A \neq O_2B$。若图 8-37 (a)，(b) 中 O_1A 的以匀角速度 ω_0 转动，则 O_2B 也都以匀角速度转动。对吗？

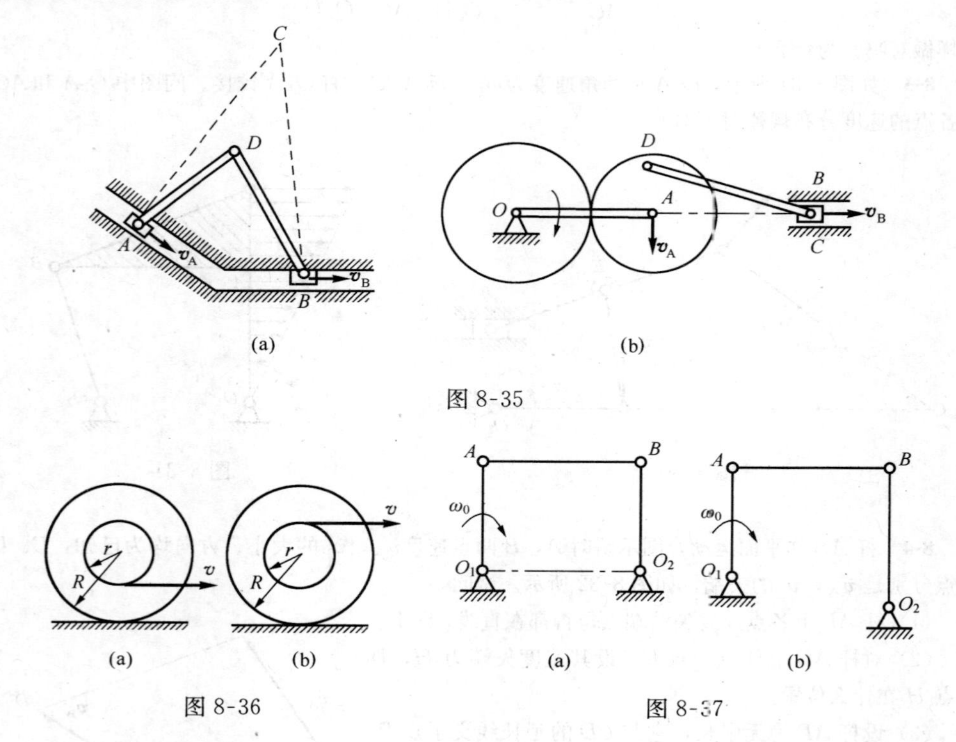

图 8-35

图 8-36　　　　图 8-37

8-10 如图 8-38 所示，车轮沿曲面滚动。已知轮心 O 在某一瞬时的速度 v_0 和加速度 a_0。问车轮的角加速度是否等于 $a_O\cos\beta/R$？速度瞬心 C 的加速度大小和方向如何确定？

8-11 试证：当 $\omega=0$ 时，平面图形上两点的加速度在此两点连线上的投影相等。

8-12 如图 8-39 所示各平面图形均作平面运动，问图示各种运动状态是否可能？

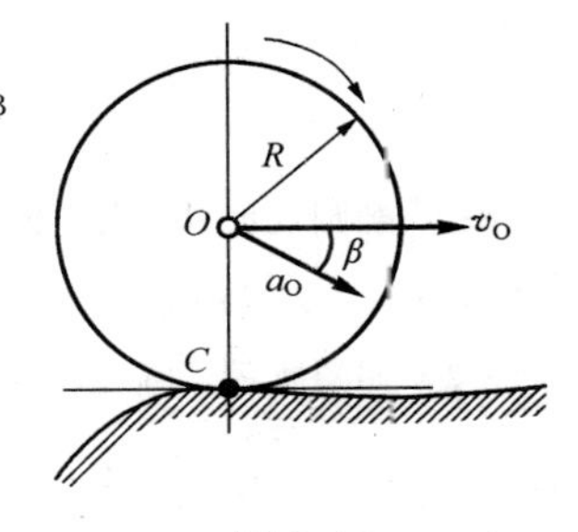

图 8-38

图 8-39（a）中，$\boldsymbol{a}_A$ 与 $\boldsymbol{a}_B$ 平行，且 $\boldsymbol{a}_A=-\boldsymbol{a}_B$。

图 8-39（b）中，$\boldsymbol{a}_A$ 与 $\boldsymbol{a}_B$ 都与 A，B 连线垂直，且 $\boldsymbol{a}_A$、$\boldsymbol{a}_B$ 反向。

图 8-39（c）中，$\boldsymbol{a}_A$ 沿 AB 连线，$\boldsymbol{a}_B$ 都与 AB 连线垂直。

图 8-39（d）中，$\boldsymbol{a}_A$，$\boldsymbol{a}_B$ 都沿 A，B 连线，且 $\boldsymbol{a}_B>\boldsymbol{a}_A$。

图 8-39（e）中，$\boldsymbol{a}_A$，$\boldsymbol{a}_B$ 都沿 A，B 连线，且 $\boldsymbol{a}_A>\boldsymbol{a}_B$。

图 8-39（f）中，$\boldsymbol{a}_A$ 沿 A，B 连线方向。

图 8-39（g）中，$\boldsymbol{a}_A$，$\boldsymbol{a}_B$ 都与 AC 连线垂直。且 $\boldsymbol{a}_B>\boldsymbol{a}_A$。

图 8-39（h）中，$AB\perp AC$，$\boldsymbol{a}_A$ 沿 AB 线，$\boldsymbol{a}_B$ 在 AB 线上的投影于 $\boldsymbol{a}_A$ 相等。

图 8-39（i）中，$\boldsymbol{a}_A$ 与 $\boldsymbol{a}_B$ 平行且相等，即 $\boldsymbol{a}_A=\boldsymbol{a}_B$。

图 8-39（j）中，$\boldsymbol{a}_A$、$\boldsymbol{a}_B$ 都与 AB 垂直，且$\boldsymbol{v}_A$、$\boldsymbol{v}_B$在 AB 连线上的投影相等。

图 8-39（k）中，$\boldsymbol{v}_A$与$\boldsymbol{v}_B$平行且相等，$\boldsymbol{a}_B$ 与 AB 垂直，$\boldsymbol{a}_A$ 与$\boldsymbol{v}_A$共线。

图 8-39（l）中，矢量$\overrightarrow{BC}$与$\overrightarrow{AD}$在 AB 线上的投影相等，$\overrightarrow{BC}$在 AB 线上。$\boldsymbol{a}_B=\boldsymbol{v}_B=\overrightarrow{BC}$，$\boldsymbol{a}_A=\boldsymbol{v}_A=\overrightarrow{AD}$。

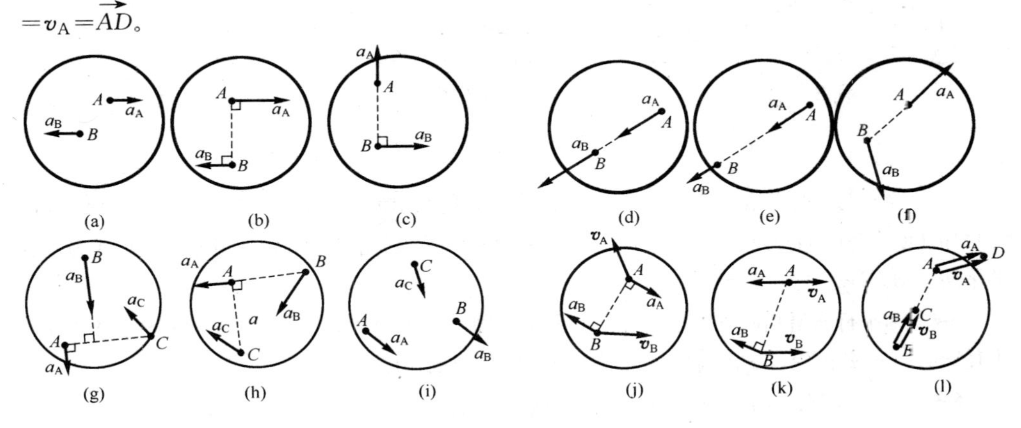

图 8-39

8-13 图 8-40 所示各平面机构中，各部分尺寸及图示瞬时的位置已知。凡图上标出的角速度或速度皆为已知，且皆为常量。欲求出各图中点 C 的速度和加速度，采用什么方法最好？说出解题的步骤及所用公式。

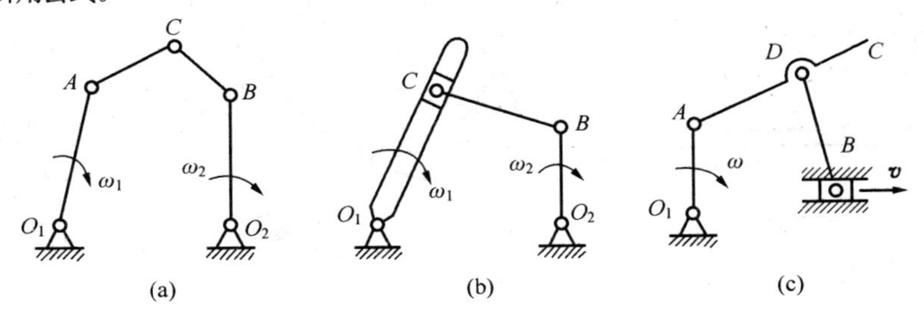

图 8-40

8-14 平面图形在其平面内运动，某瞬时其上有两点的加速度矢相同。试判断下述说法是否正确：

（1）其上各点速度在该瞬时一定都相等。

（2）其上各点加速度在该瞬时一定都相等。

习　题

8-1　椭圆规尺 AB 由曲柄 OC 带动，曲柄以角速度 ω_O 绕 O 轴匀速转动，如图所示。如 $OC=BC=AC=r$，并取 C 为基点，求椭圆规尺 AB 的平面运动方程。

8-2　如图所示，圆柱 A 缠以细绳，绳的 B 端固定在天花板上。圆柱自静止落下，其轴心的速度为 $v=\frac{2}{3}\sqrt{3gh}$，其中 g 为常量，h 为圆柱轴心到初始位置的距离。如圆柱半径为 r，求圆柱的平面运动方程。

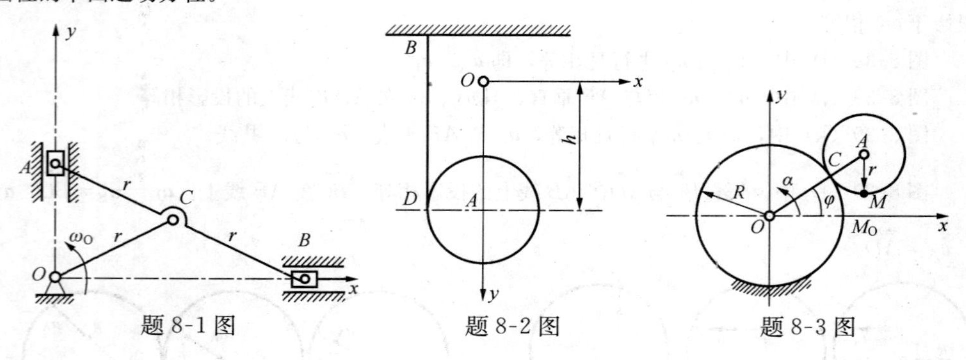

题 8-1 图　　题 8-2 图　　题 8-3 图

8-3　半径为 r 的齿轮由曲柄 OA 带动，沿半径 R 的固定齿轮滚动，如图所示。如曲柄 OA 以等角加速度 α 绕 O 轴转动，当运动开始时，角速度 $\omega_O=0$，转角 $\varphi=0$。求动齿轮以中心 A 为基点的平面运动方程。

8-4　两平行条沿相同方向运动，速度大小不同：$v_1=6\text{m/s}$，$v_2=2\text{m/s}$。齿条之间夹有一半径 $r=0.5\text{m}$ 的齿轮，试求齿轮的角速度及其中心 O 的速度。

8-5　两刚体 M、N 用铰 C 连接，作平面运动。已知 $AC=BC=600\text{mm}$，在图示位置 $v_A=200\text{mm/s}$，$v_B=100\text{mm/s}$，方向如图示，试求 C 点的速度的。

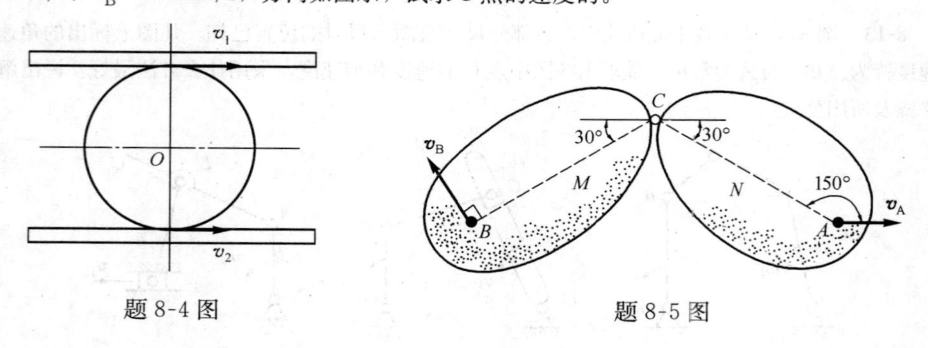

题 8-4 图　　题 8-5 图

8-6　图示一曲柄机构，曲柄 OA 可绕 O 轴转动，带动杆 AC 在套管 B 内滑动，套管 B 及与其刚接的 BD 杆又可绕通过 B 铰而与图所在平面垂直的轴运动。已知：$OA=BD=300\text{mm}$，$OB=400\text{mm}$，当 OA 转至铅直位置时，其角速度 $\omega_0=2\text{rad/s}$，试求 D 点的速度。

8-7　图示一传动机构，当 OA 往复摇摆时可使圆轮绕 O_1 轴转动。设 $OA=150\text{mm}$，$O_1B=100\text{mm}$ 在图示位置，$\omega=2\text{rad/s}$，试求圆轮转动的角速度。

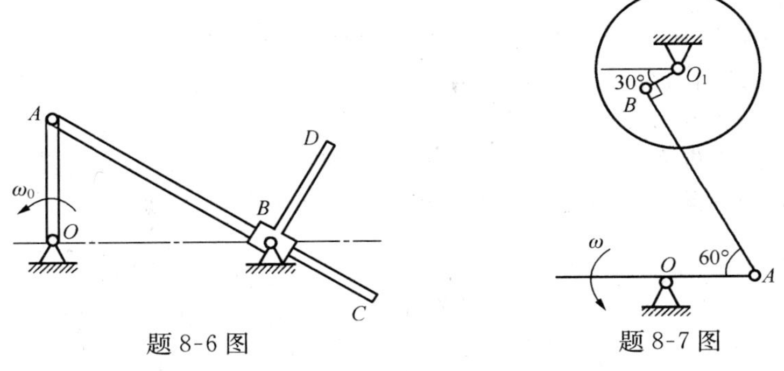

题 8-6 图　　　题 8-7 图

8-8 机构在图示位置时，曲柄 $O'A$ 垂直于 AB，AB 平行于 $O'O$，试求 A、D 两点速度之间的关系，已知 $CD=400$mm，$BC=BO$。

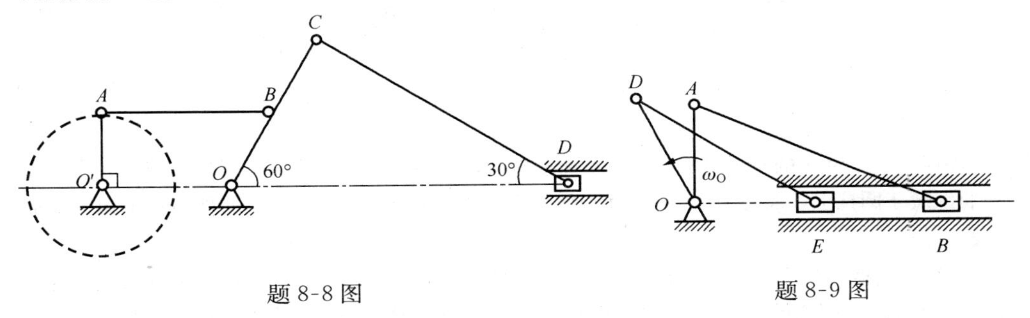

题 8-8 图　　　题 8-9 图

8-9 图示双曲柄连杆机构的滑块 B 和 E 用杆 BE 连接。主动曲柄 OA 和从动曲柄 OD 都绕 O 轴转动。主动曲柄 OA 以等角速度 $\omega_O=12$rad/s 转动。已知机构的尺寸为：$OA=0.1$m，$OD=0.12$m，$AB=0.26$m，$BE=0.12$m，$DE=0.12\sqrt{3}$m。求当曲柄 OA 垂直于滑块的导轨方向时，从动曲柄 OD 和连杆 DE 的角速度。

8-10 图示机构中，已知：$OA=0.1$m，$BD=0.1$m，$DE=0.1$m，$EF=0.1\sqrt{3}$m；曲柄 OA 的角速度 $\omega=4$rad/s。在图示位置时，曲柄 OA 与水平线 OB 垂直；且 B，D 和 F 在同一铅直线上，又 DE 垂直于 EF。求杆 EF 的角速度和点 F 的速度。

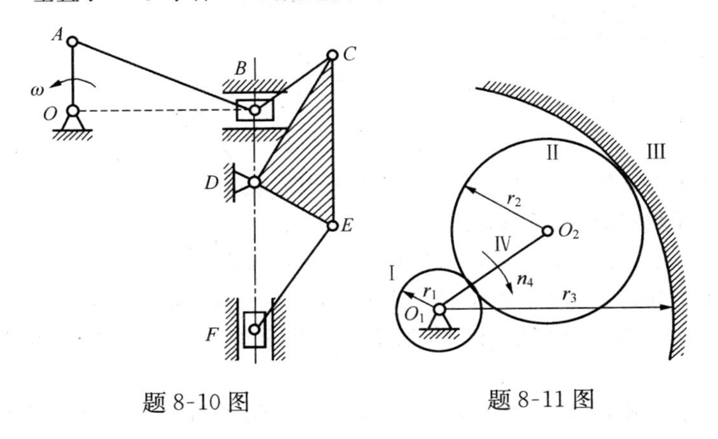

题 8-10 图　　　题 8-11 图

8-11 使砂轮高速转动的装置如图所示。杆 O_1O_2 绕 O_1 轴转动，转速为 n_4。O_2 处用铰链连接一半径为 r_2 的活动齿轮Ⅱ，杆 O_1O_2 转动时轮Ⅱ在半径为 r_3 的固定内齿轮上滚动，并使半径为 r_1 的轮Ⅰ绕 O_1 轴转动。轮Ⅰ上装有砂轮，随同轮Ⅰ高速转动。已知 $\frac{r_3}{r_1}=11$，$n_4=900$r/min，求砂轮的转速。

8-12 图示蒸汽机传动机构中，已知：活塞的速度为 v；$O_1A_1=a_1$，$O_2A_2=a_2$，$CB_1=b_1$，$CB_2=b_2$；齿轮半径分别为 r_1 和 r_2；且有 $a_1b_2r_2\neq a_2b_1r_1$。当杆 EC 水平，杆 B_1B_2 铅直，A_1，A_2 和 O_1，O_2 都在同一条铅直线上时，求齿轮 O_1 的角速度。

8-13 齿轮Ⅰ在齿轮Ⅱ内滚动，其半径分别为 r 和 $R=2r$。曲柄 OO_1 绕 O 轴以等角速度 ω_0 转动，并带动行星齿轮Ⅰ。求该瞬时轮Ⅰ上瞬时速度中心 C 的加速度。

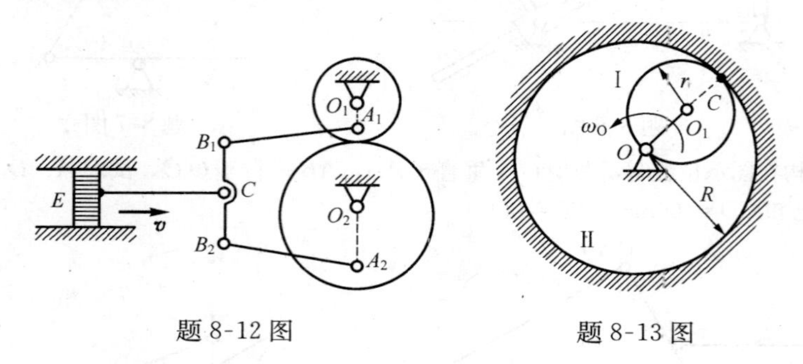

题 8-12 图　　　　题 8-13 图

8-14 半径为 R 的轮子沿水平面滚动而不滑动，如图所示。在轮上有圆柱部分，其半径不 r，将线绕于圆柱上，线的 B 端以速度 $\boldsymbol{v}$ 和加速度 $\boldsymbol{a}$ 沿水平方向运动。求轮的轴心 O 的速度和加速度。

8-15 曲柄 OA 以恒定的角速度 $\omega=2\text{rad/s}$ 绕轴 O 转动，并借助连杆 AB 驱动半径为 r 的轮子在半径为 R 的圆弧槽中作无滑动的滚动。设 $OA=AB=R=2r=1\text{m}$，求图示瞬时点 B 和点 C 的速度与加速度。

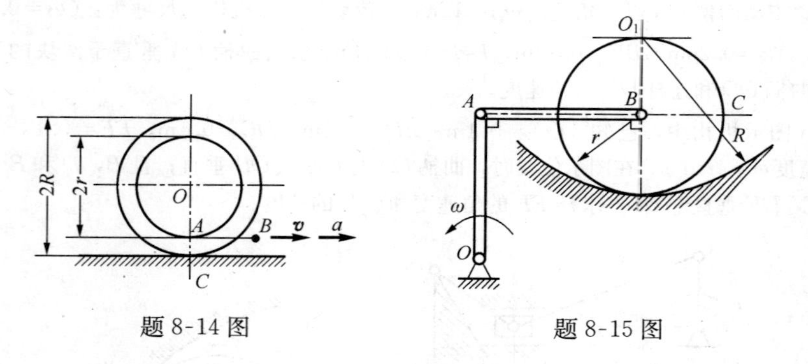

题 8-14 图　　　　题 8-15 图

8-16 在图示机构中，曲柄 OA 长为 r，绕 O 轴以等角速度 ω_0 转动，$AB=6r$，$BC=3\sqrt{3}r$。求图示位置时，滑块 C 的速度和加速度。

8-17 图示塔轮 1 半径为 $r=0.1\text{m}$ 和 $R=0.2\text{m}$，绕轴 O 转动的规律是 $\varphi=t^2-3t$ rad，并通过不可伸长的绳子卷动动滑轮 2，滑轮 2 的半径为 $r_2=0.15\text{m}$。设绳子与各轮之间无相对滑动，求 $t=1\text{s}$ 时，轮 2 的角速度和角加速度；并求该瞬时水平直径上 C，D，E 各点的速度和加速度。

8-18 图示直角刚性杆，$AC=CB=0.5\text{m}$。设在图示瞬时，两端滑块水平与铅垂轴的加速度如图，大小分别为 $a_A=1\text{m/s}^2$，$a_B=3\text{m/s}^2$。求这时直角杆的角速度和角加速度。

8-19 图示曲柄连杆机构带动摇杆 O_1C 绕 O_1 轴摆动。在连 AB 上装有两个滑块，滑块 B 在水平槽内滑动，而滑块 D 则在摇杆 O_1C 的槽内滑动。已知：曲柄长 $OA=50\text{mm}$，绕 O 轴转动的匀角速度 $\omega=10\text{rad/s}$。在图示位置时，曲柄与水平线间呈 $90°$ 角，$\angle OAB=60°$，摇杆与水平线间呈 60°角，距离 $O_1D=70\text{mm}$。求摇杆的角速度和角加速度。

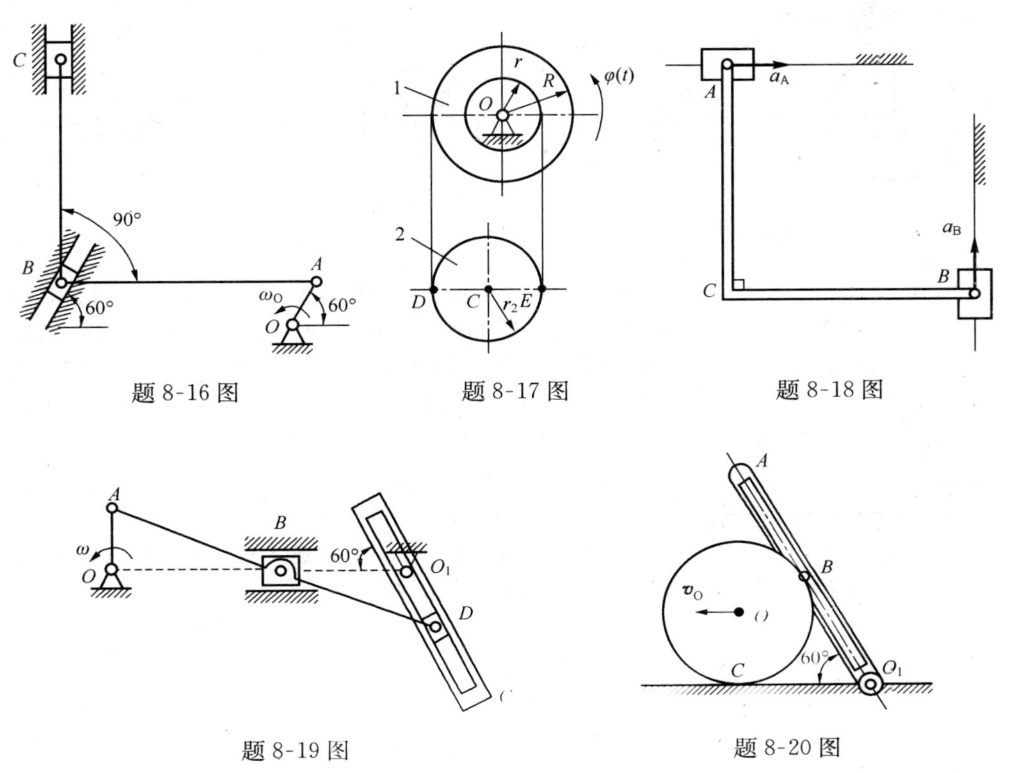

题 8-16 图　　题 8-17 图　　题 8-18 图

题 8-19 图　　题 8-20 图

8-20 如图所示，轮 O 在水平面上滚动而不滑动，轮心以匀速 $v_O=0.2\text{m/s}$ 运动。轮缘上固连销钉 B，此销钉在摇杆 O_1A 的槽内滑动，并带动摇杆绕 O_1 轴转动。已知，：轮的半径 $R=0.5\text{m}$，在图示位置时，AO_1 是轮的切线，摇杆与水平面间的交角为 60°。求摇杆在该瞬时的角速度和角加速度。

8-21 轻型杠杆式推钢机，曲柄 OA 借连杆 AB 带动摇杆 O_1B 绕 O_1 轴摆，杆 EC 以铰链与滑块 C 相连，滑块 C 可沿杆 O_1B 滑动；摇杆摆动时带动杆 EC 推动钢材，如图所示。已知 $OA=r$，$AB=\sqrt{3}r$，$O_1B=\frac{2}{3}l$（$r=0.2\text{m}$，$l=1\text{m}$），$\omega_{OA}=\frac{1}{2}\text{rad/s}$，$a_{OA}=0$。在图示位置时，$BC=\frac{4}{3}l$。求：

（1）滑块 C 的绝对速度和相对于摇杆 O_1B 的速度；

（2）滑块 C 的绝对加速度和相对于 O_1B 的加速度。

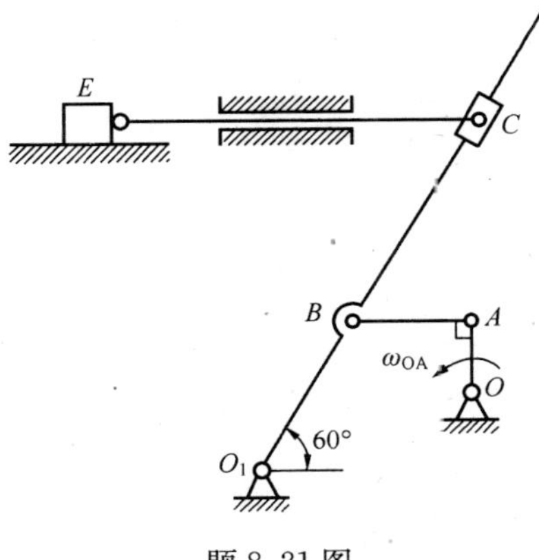

题 8-21 图

8-22 图示行星齿轮传动机构中，曲柄 OA 以匀角速度 ω_O 绕 O 轴转动，使与齿轮 A 固结在一起的杆 BD 运动。杆 BE 与 BD 在点 B 铰接，并且杆 BE 在运动时始终通过固定铰支的套筒 C。如定齿轮的半径为 $2r$，动齿轮半径为 r，且 $AB=\sqrt{5}r$。图示瞬时，曲柄 OA 在铅直位置，BDA 在水平位置，杆 BE 与水平线间呈角 $\varphi=45°$。求此时杆 BE 上与 C 相重合一点的速度和加速度。

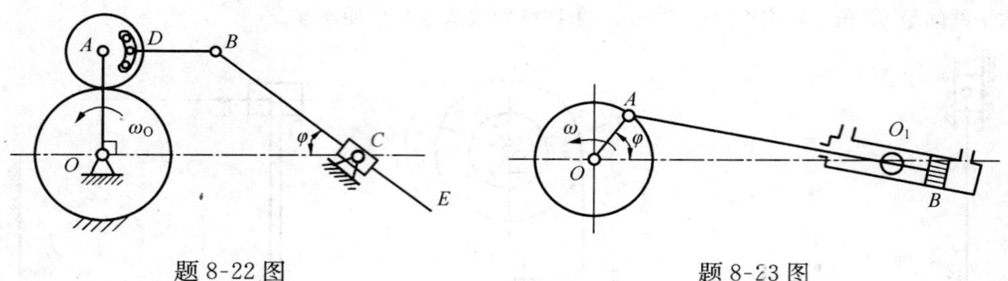

题 8-22 图　　　　　　　　　　题 8-23 图

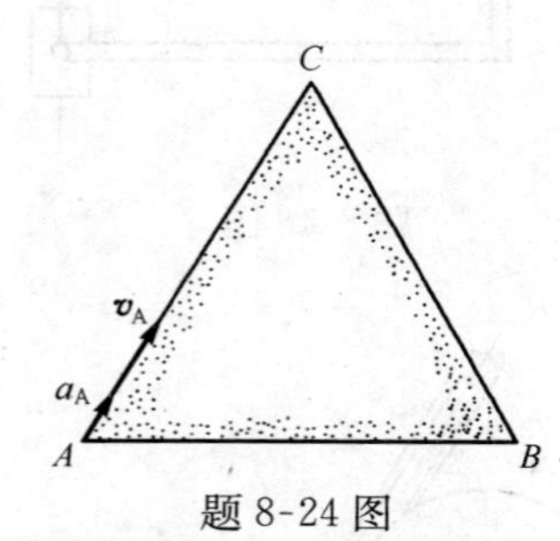

题 8-24 图

8-23 在图示摆动汽缸式蒸汽机中，曲柄 $OA=0.12$m，绕 O 轴匀速转动，其角速度为 $\omega=5$rad/s。汽缸绕 O_1 轴摆动，连杆 AB 端部的活塞 B 在汽缸内滑动。已知：距离 $OO_1=0.6$m，连杆 $AB=0.6$m。求当曲柄在 $\varphi=0°$，45°，90°三个位置时活塞的速度。

8-24 等边三角板 ABC，边长 $l=40$mm，在其所在平面内运动。已知某瞬时 A 点的速度 $v_A=800$mm/s，加速度 $a_A=3200$cm/s^2，方向均沿 AC，B 点的速度大小 $v_B=400$mm/s，加速度大小 $a_B=800$cm/s^2。试求该瞬时 C 点的速度及加速度。

第三篇　动　力　学

动力学是研究物体的机械运动与作用力之间的关系。在静力学中，只研究了作用于物体上的力系的简化和平衡问题，而没有讨论物体在不平衡力系的作用下将如何运动。在运动学中，仅从几何方面来描述物体的运动，而未涉及产生物体运动的原因——力与惯性。在动力学中，不仅要分析物体的运动，而且还要分析产生运动的物体所受的力，把运动和力二者结合起来，从而建立物体机械运动的普遍规律。

随着科学技术的发展，在工程实际问题中涉及的动力学问题越来越多。在机械工程、土建、水利工程中，高速转动机械的动力学行为分析、系统的运动稳定性判断、结构的动载荷响应及抗震设计等；在航天技术中，火箭、人造卫星的发射与运行都与动力学知识有关。如今，动力学的研究内容已经渗透到其他领域，形成了一些新的边缘学科，例如运动力学、生物力学、爆炸力学、电磁流体力学等。因此掌握动力学基本理论，对于解决工程实际问题具有十分重要的意义。

以牛顿运动定律为基础的动力学称为**牛顿力学**或**经典力学**。牛顿定律是以实验为根据的，它仅适用于**惯性参考系**。在一般工程技术问题中，把固连于地球的参考系作为惯性参考系，可以得到相当精确的结果。在以后的叙述中，如无特别说明，均取固定在地球表面的坐标系为惯性参考系。

根据所研究问题的性质，在动力学中可将研究对象抽象为两种力学模型：**质点**和**质点系**。**质点是指具有一定质量而几何形状和尺寸大小可以忽略不计的物体**。例如，研究人造地球卫星的运行轨道时，卫星的形状和大小对所研究的问题没有什么影响，可将卫星抽象为一个质量集中在质心的质点。如果物体的形状和大小在所研究的问题中不可忽略，则物体应抽象为质点系。**质点系是指有限或无限个相互间有联系的质点所组成的系统**。常见的质点系有固体、流体、由几个物体组成的机构以及太阳系等。**刚体是质点系的一种特殊情形，其中任意两个质点间的距离保持不变，又称为不变质点系**。

动力学可分为**质点动力学**和**质点系动力学**，前者是后者的基础。

第9章 质点动力学的基本方程

本章首先介绍作为动力学理论基础的动力学基本定律，然后根据动力学基本方程建立质点运动微分方程，以解决质点动力学的两类基本问题。

§9.1 动力学基本定律

质点动力学的基础是牛顿关于运动的三个基本定律，称**牛顿三定律**，也称为**动力学基本定律**，它是牛顿（公元1642～1727年）在总结伽利略、开普勒等人的研究成果基础上提出来的。

第一定律（惯性定律）

不受力作用的质点，将保持静止或作匀速直线运动。不受力作用的质点（包括受平衡力系作用的质点），不是处于静止状态，就是保持其原有的速度（包括大小和方向）不变，这种性质称为**惯性**。所以第一定律又称惯性定律。这个定律首先说明了任何质点具有惯性，其次说明了任何质点的运动状态的改变，必定是受到其他物体的作用。这种机械作用就是力。

第二定律（力与加速度之间的关系的定律）

牛顿第二定律可表述为：**质点的动量对于时间的一次导数等于作用在质点上力**，即

$$\frac{\mathrm{d}}{\mathrm{d}t}(m\boldsymbol{v}) = \boldsymbol{F} \tag{9-1}$$

式中，$m\boldsymbol{v}$ 为质点的质量与其速度的乘积，即动量，$\boldsymbol{F}$ 为质点所受的力。在经典力学中，质点的质量是守恒的，式（9-1）可写为

$$m\boldsymbol{a} = \boldsymbol{F} \tag{9-2}$$

即：**质点的质量与加速度的乘积，等于作用在质点上力的大小，加速度的方向与力的方向相同**。

式（9-2）是第二定律的数学表达，它是**质点动力学的基本方程**，建立了质点的加速度、质量与作用力之间的定量关系。当质点同时受到多个力作用时，式（9-2）中的 $\boldsymbol{F}$ 为这多个力的合力。

由第二定律可知，在相同的力的作用下，质量愈大的质点加速度愈小，或者说，质点的质量愈大，保持惯性运动的能力愈强。因此，**质量是物体惯性的度量**。

在地球表面，任何物体都受到重力 $\boldsymbol{G}$ 的作用。在重力作用下得到的加速度称为**重力加速度**，用 $\boldsymbol{g}$ 表示。根据第二定律，有

$$\boldsymbol{G} = m\boldsymbol{g} \text{ 或 } \boldsymbol{g} = \frac{\boldsymbol{G}}{m} \tag{9-3}$$

物体的质量是不变的，但在地面上各处的重力加速度的值 g 却略有不同，即物体的重量在地面上各处稍有差异。根据国际计量委员会规定的标准，重力加速度的数值为 9.80665m/s²，一般取 9.8 m/s²。

在国际单位制中，质量、长度和时间的单位是基本单位，分别为：千克（kg）、米（m）和秒（s）；力的单位是导出单位。由式（9-2）可导出力的单位是千克·米/秒²（kg·m/s²），称为牛顿（N）。

$$1\text{N} = 1\ \text{kg} \cdot \text{m/s}^2$$

第三定律（作用与反作用定律）

两个物体间的作用力与反作用力总是大小相等，方向相反，沿着同一直线，且同时分别作用在这两个物体上。这个定律在静力学中学过，它不仅适用于平衡的物体，也适用于任何运动的物体。

牛顿第一、第二定律阐明了作用于质点的力与质点运动状态变化的关系，第三定律阐明两物体相互作用的关系。

§9.2 质点的运动微分方程

为了求出质点的运动过程，根据不同的问题，可将质点动力学基本方程表示为不同形式的微分方程，以便应用。

一、矢量形式的质点运动微分方程

设一质量为 m 的质点 $M(x,y,z)$，在诸力 $\boldsymbol{F}_1$，$\boldsymbol{F}_2$，…，$\boldsymbol{F}_n$ 的作用下沿曲线运动，它的加速度为 $\boldsymbol{a}$，取直角坐标系 $Oxyz$，质点 $M(x,y,z)$ 的矢径为 $\boldsymbol{r}$，如图 9-1 所示。动力学基本方程为

$$m\boldsymbol{a} = \sum_{i=1}^{n} \boldsymbol{F}_i \qquad (9\text{-}4)$$

由运动学知识可知

$$\boldsymbol{a} = \frac{\mathrm{d}^2\boldsymbol{r}}{\mathrm{d}t^2}$$

图 9-1

将上式代入式（9-4）可得

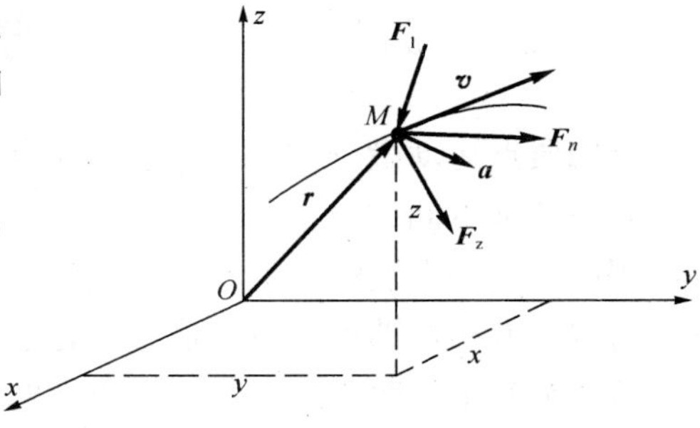

$$m\frac{\mathrm{d}^2\boldsymbol{r}}{\mathrm{d}t^2} = \sum_{i=1}^{n} \boldsymbol{F}_i \qquad (9\text{-}5)$$

这就是**矢量形式的质点运动微分方程**。式中 $\sum\limits_{i=1}^{n}\boldsymbol{F}_i$ 为作用在质点上诸力 $\boldsymbol{F}_1$，$\boldsymbol{F}_2$，…，$\boldsymbol{F}_n$ 的合力。

二、直角坐标形式的质点运动微分方程

在计算实际问题时，需要应用式（9-5）的投影形式。若将式（9-5）投影在直角坐标轴上，可得

$$m\frac{\mathrm{d}^2x}{\mathrm{d}t^2}=\sum_{i=1}^{n}F_{xi},\ m\frac{\mathrm{d}^2y}{\mathrm{d}t^2}=\sum_{i=1}^{n}F_{yi},\ m\frac{\mathrm{d}^2z}{\mathrm{d}t^2}=\sum_{i=1}^{n}F_{zi} \quad (9\text{-}6)$$

这就是**直角坐标形式的质点运动微分方程**。式中 x，y，z 为矢径 $\boldsymbol{r}$ 在直角坐标轴上的投影，F_{xi}，F_{yi}，F_{zi} 为作用在质点上的力 $\boldsymbol{F}_i$ 在直角坐标轴上的投影。

三、自然坐标形式的质点运动微分方程

如果质点 M 的运动轨迹已知，由点的运动学可知，点的全加速度 $\boldsymbol{a}$ 在切线与主法线构成的密切面内，点的加速度在副法线上的投影等于零，即

$$\boldsymbol{a}=a_{\tau}\boldsymbol{\tau}+a_{\mathrm{n}}\boldsymbol{n}$$

$$\boldsymbol{a}_{\mathrm{b}}=0$$

式中，$\boldsymbol{\tau}$ 和 $\boldsymbol{n}$ 为沿轨迹切线和主法线的单位矢量，如图 9-2 所示。

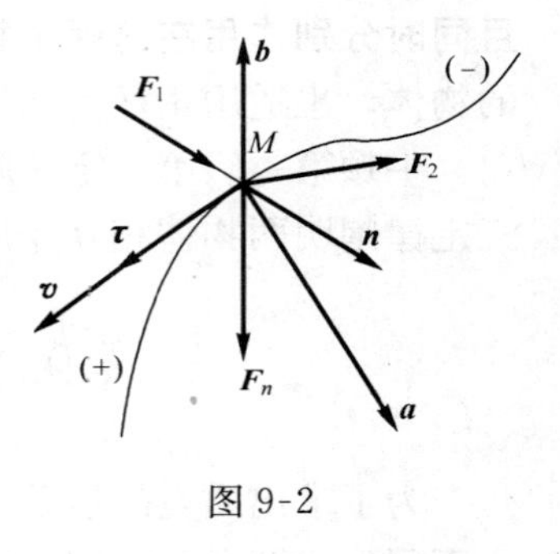

图 9-2

已知 $a_{\tau}=\frac{\mathrm{d}v}{\mathrm{d}t}=\frac{\mathrm{d}^2s}{\mathrm{d}t^2}$，$a_{\mathrm{n}}=\frac{v^2}{\rho}$，式中，$\rho$ 为轨迹的曲率半径。于是，质点运动微分方程在自然轴系上的投影式为：

$$m\frac{\mathrm{d}^2s}{\mathrm{d}t^2}=\sum_{i=1}^{n}F_{\tau i},m\frac{v^2}{\rho}=\sum_{i=1}^{n}F_{\mathrm{n}i},0=\sum_{i=1}^{n}F_{\mathrm{b}i} \quad (9\text{-}7)$$

这就是**自然坐标形式的质点运动微分方程**。式中，$F_{\tau i}$，$F_{\mathrm{n}i}$ 和 $F_{\mathrm{b}i}$ 分别是作用于质点的各力在切线、主法线和副法线上的投影。

§9.3 质点动力学的两类基本问题

应用质点运动微分方程可以求解**质点动力学的两类基本问题**。

第一类基本问题：已知质点的运动，求作用于质点的力。这类问题比较简单，例如，已知质点的运动方程或速度方程，通过微分运算即得加速度，代入质点运动微分方程，即可求解。这类问题求解可归结为微分问题。

第二类基本问题：已知作用于质点的力，求质点的运动。如要求的运动是质点的加速度，那么，这时也是属于解代数方程的简单问题；如果要求的运动是质点的速度或运动方程，那么，面临的就是求微分方程的解。这时往往需要积分和确定积分常数。积分常数通常由质点运动的初始条件，即运动开始时质点的位置和速度来确定。

必须指出，在工程实际中所遇到的动力学问题，有时并不能把这两类问题截然分开，而是这两类问题的综合。

下面举例说明质点动力学两类基本问题的求解方法和解题步骤。

【例 9-1】 曲柄连杆机构如图 9-3 (a) 所示。曲柄 OA 以匀角速度 ω 转动，$OA=r$，$AB=l$，当 $\lambda=r/l$ 比较小时，以 O 为坐标原点，滑块 B 的运动方程可近似写为

$$x = l\left(1-\frac{\lambda^2}{4}\right)+r\left(\cos\omega t+\frac{\lambda}{4}\cos 2\omega t\right)$$

如滑块的质量为 m，忽略摩擦及连杆 AB 的质量，试求当 $\varphi=\omega t=0$ 和 $\frac{\pi}{2}$ 时，连杆 AB 所受的力。

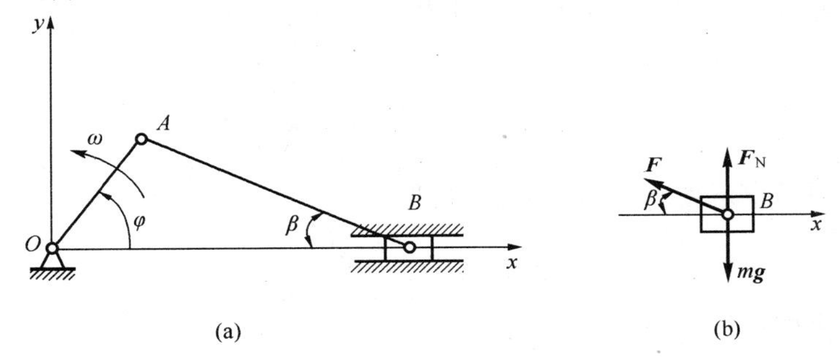

图 9-3

【解】　以滑块 B 为研究对象，当 $\varphi=\omega t$ 时，受力如图 9-3（b）所示。由于不计连杆质量，连杆应受平衡力系作用，AB 为二力杆，它对滑块 B 的力 $\boldsymbol{F}$ 沿 AB 方向。写出滑块沿 x 轴的运动微分方程：

$$ma_x = -F\cos\beta$$

由题设的运动方程，可以求得

$$a_x = \frac{\mathrm{d}^2x}{\mathrm{d}t^2} = -r\omega^2\ (\cos\omega t+\lambda\cos 2\omega t)$$

$\omega t=0$ 时，$a_x=-r\omega^2\ (1+\lambda)$，且 $\beta=0$，得

$$F = mr\omega^2(1+\lambda)$$

AB 杆受拉力。

$\omega t=\frac{\pi}{2}$ 时，$a_x=r\omega^2\lambda$，而 $\cos\beta=\sqrt{l^2-r^2}/l$，则有

$$mr\omega^2\lambda = -F\sqrt{l^2-r^2}/l$$

得

$$F = -mr^2\omega^2/\sqrt{l^2-r^2}$$

AB 杆受压力。

上例属于动力学第一类基本问题。

【例 9-2】　质量为 m 的质点带有电荷 e，以速度 $\boldsymbol{v}_0$ 进入强度按 $E=A\cos kt$ 变化的均匀电场中，初速度方向与电场强度垂直，如图 9-4 所示。质点在电场中受力 $\boldsymbol{F}=-e\boldsymbol{E}$ 作用。已知常数 Ak，忽略质点的重力，试求质点的运动轨迹。

【解】　取质点的初始位置 O 为坐标原点，取 x，y 轴如图 9-4 所示，而 z 轴与 x，y 轴垂直。因为力和初速度在 z 轴上的投影均等于零，质点的轨迹必定在 Oxy 平面内。写出质点运动微分方程在 x 轴和 y 轴上的投影式

$$m\frac{\mathrm{d}^2x}{\mathrm{d}t^2} = m\frac{\mathrm{d}v_x}{\mathrm{d}t} = 0,\quad m\frac{\mathrm{d}^2y}{\mathrm{d}t^2} = m\frac{\mathrm{d}v_y}{dt} = -eA\cos kt \tag{a}$$

按题意，$t=0$ 时，$v_x=v_0$，$v_y=0$，以此为下限，式（a）的定积分为

$$\int_{v_0}^{v_x}\mathrm{d}v_x = 0,\quad \int_{v_0}^{v_y}\mathrm{d}v_y = -\frac{eA}{m}\int_0^t\cos kt\,\mathrm{d}t$$

解得

$$v_x = \frac{dx}{dt} = v_0, \quad v_y = \frac{dy}{dt} = -\frac{eA}{mk}\sin kt$$

以上两式以 $t=0$ 时 $x=y=0$ 为下限，做定积分

$$\int_0^x dx = \int_0^t v_0 dt, \quad \int_0^y dy = -\frac{eA}{mk}\int_0^t \sin kt\, dt \tag{b}$$

得质点运动方程

$$x = v_0 t, \quad y = \frac{eA}{mk^2}(\cos kt - 1) \tag{c}$$

从以上两式中消去时间 t，得轨迹方程

$$y = \frac{eA}{mk^2}\left[\cos\left(\frac{k}{v_0}x\right) - 1\right]$$

轨迹为余弦曲线，如图 9-4 所示。

如果质点的初始速度为 $v_0=0$，则此质点的运动方程式（c）应该为 $x=0$，而 y 式不变，这是一个直线运动。可见，在同样的运动微分方程之下，不同的运动初始条件将产生完全不同的运动。

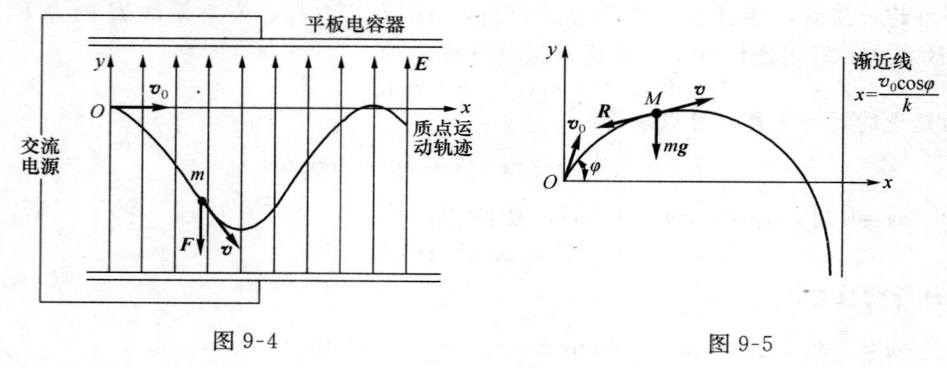

图 9-4 图 9-5

【例 9-3】 图 9-5 所示质量为 m 的质点 M 自 O 点抛出，其初速度 $\boldsymbol{v}_0$ 与水平线的夹角为 φ，设空气阻力 $\boldsymbol{R}$ 的大小为 mkv（k 为一常数），方向与质点 M 的速度 $\boldsymbol{v}$ 方向相反。求该质点 M 的运动方程。

【解】 本题属质点动力学的第二类问题，力是速度 $\boldsymbol{v}$ 的函数。过 O 点作 Oxy 坐标如图。运用质点运动微分方程的直角坐标形式

$$m\frac{d^2x}{dt^2} = -mkv_x, \quad m\frac{d^2y}{dt^2} = -mg - mkv_y$$

即

$$\frac{dv_x}{dt} = -kv_x \tag{a}$$

$$\frac{dv_y}{dt} = -g - kv_y \tag{b}$$

初瞬时 $t=0$ 时，质点的起始位置坐标为 $x_0=0$，$y_0=0$，而初速度在 x，y 轴投影分别为

$$v_{0x} = v_0\cos\varphi, \quad v_{0y} = v_0\sin\varphi$$

积分式（a），式（b）得

$$\int_{v_0\cos\varphi}^{v_x}\frac{\mathrm{d}v_x}{v_x}=-\int_0^t k\mathrm{d}t,\quad v_x=(v_0\cos\varphi)\mathrm{e}^{-kt} \tag{c}$$

$$\int_{v_0\sin\varphi}^{v_y}\frac{k\mathrm{d}v_y}{g+kv_y}=-\int_0^t k\mathrm{d}t,\quad v_y=\left(v_0\sin\varphi+\frac{g}{k}\right)\mathrm{e}^{-kt}-\frac{g}{k} \tag{d}$$

再积分一次，得 $\int_0^x \mathrm{d}x=\int_0^t(v_0\cos\varphi)\mathrm{e}^{-kt}\mathrm{d}t$

$$\int_0^y \mathrm{d}y=\int_0^t\left[(v_0\sin\varphi+\frac{g}{k})\mathrm{e}^{-kt}-\frac{g}{k}\right]\mathrm{d}t$$

求得

$$x=\frac{v_0\cos\varphi}{k}(1-\mathrm{e}^{-kt}) \tag{e}$$

$$y=\left(\frac{v_0\sin\varphi}{k}+\frac{g}{k^2}\right)(1-\mathrm{e}^{-kt})-\frac{g}{k}t \tag{f}$$

这就是所求的质点运动方程。从式（e），式（f）中消去 t，得轨迹方程为

$$y=\left(\tan\varphi+\frac{g}{kv_0\cos\varphi}\right)x+\frac{g}{k^2}\ln\left(1-\frac{k}{v_0\cos\varphi}\right)$$

其轨迹曲线如图 9-5。由式（e），式（f），式（c），式（d）可见，当 $t\to\infty$ 时，$x\to\frac{v_0\cos\varphi}{k}$，$y\to-\infty$，$v_x\to 0$，$v_y\to-\frac{g}{k}=v_y^*$，$v_y^*$ 称为极限速度，这时质点 M 以均速 v_y^*，铅垂下降。

上两例为质点动力学的第二类基本问题。求解过程一般需要积分，还要分析题意，合理应用运动初始条件确定积分常数，使问题得到确定的解。当质点受力复杂，特别是几个质点相互作用时，质点的运动微分方程难以积分求得解析解。使用计算机，选用适当的计算程序，逐步积分，可求其数值近似解。

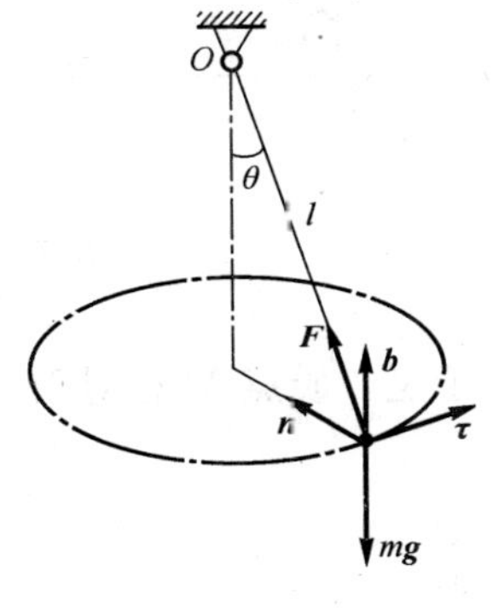

图 9-6

下面举例说明混合问题的求解方法。

【例 9-4】 一圆锥摆，如图 9-6 所示。质量 $m=0.1\text{kg}$ 的小球系于长 $l=0.3\text{m}$ 的绳上，绳的另一端系在固定点 O，并与铅直线呈 $\theta=60°$ 角。如小球在水平面内作匀速圆周运动，求小球的速度 $\boldsymbol{v}$ 与绳的张力 $\boldsymbol{F}$ 的大小。

【解】 以小球为研究的质点，作用于质点的力有重力 $m\boldsymbol{g}$ 和绳的拉力 $\boldsymbol{F}$。选取在自然轴上投影的运动微分方程，得

$$m\frac{v^2}{\rho}=F\sin\theta,0=F\cos\theta-mg$$

因 $\rho=l\sin\theta$，于是解得

$$F=\frac{mg}{\cos\theta}=\frac{0.1\times 9.8}{\frac{1}{2}}=1.96N$$

$$v=\sqrt{\frac{Fl\sin^2\theta}{m}}=\sqrt{\frac{1.96\times 0.3\times\left(\frac{\sqrt{3}}{2}\right)^2}{0.1}}=2.1\text{ m/s}$$

绳的张力与拉力 $\boldsymbol{F}$ 的大小相等。

此例表明：对某些混合问题，向自然轴系投影，可使动力学两类基本问题分开求解。

通过以上例题的分析，可将各类问题的解题步骤归纳如下：

1. 确定研究对象。

2. 受力分析。分析质点在任意瞬时的受力情况并作出质点的受力图。

3. 运动分析。根据质点的运动情况，选择适当的坐标系，分析质点的轨迹、速度、加速度等运动要素。

4. 建立质点的运动微分方程，求解未知量。

*§9.4 质点在非惯性坐标系中的运动

如前所述，牛顿运动定律只适用于惯性坐标系，那么，在非惯性坐标系中（例如在加速运动着的飞机中运动的质点），物体的运动规律又应该是怎样的呢？

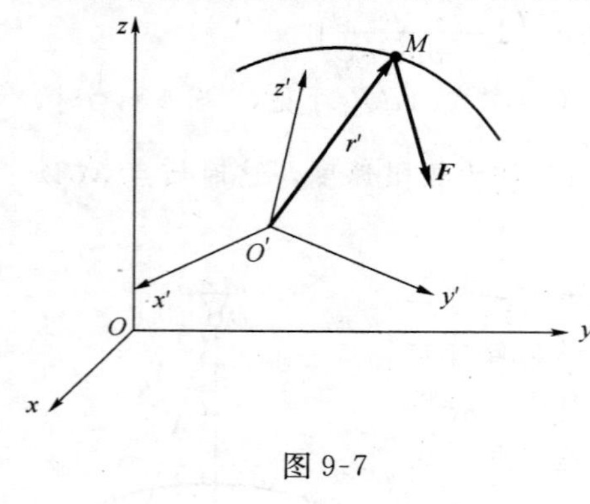

图 9-7

设质量为 m 的质点 M，在合力 $\boldsymbol{F}=\sum\boldsymbol{F}_i$ 的作用下相对于动坐标系 $O'x'y'z'$ 运动，而该动坐标系又相对于静坐标系（惯性坐标系）$Oxyz$ 运动，如图 9-7 所示，由运动学的加速度合成定理知

$$\boldsymbol{a}=\boldsymbol{a}_{\mathrm{r}}+\boldsymbol{a}_{\mathrm{e}}+\boldsymbol{a}_{\mathrm{C}}$$

其中 $\boldsymbol{a}$ 是 M 的绝对加速度，$\boldsymbol{a}_{\mathrm{r}}$，$\boldsymbol{a}_{\mathrm{e}}$，$\boldsymbol{a}_{\mathrm{C}}$ 分别为相对加速度、牵连加速度和科氏加速度。这样，牛顿第二定律可表示为

$$\boldsymbol{F}=m\boldsymbol{a}=m(\boldsymbol{a}_{\mathrm{r}}+\boldsymbol{a}_{\mathrm{e}}+\boldsymbol{a}_{\mathrm{C}})$$

于是，质点 M 相对于动坐标系 $O'x'y'z'$ 的运动规律为

$$m\boldsymbol{a}_{\mathrm{r}}=\boldsymbol{F}-m\boldsymbol{a}_{\mathrm{e}}-m\boldsymbol{a}_{\mathrm{C}}$$

令

$$\boldsymbol{F}_{\mathrm{Ie}}=-m\boldsymbol{a}_{\mathrm{e}},\ \boldsymbol{F}_{\mathrm{IC}}=-m\boldsymbol{a}_{\mathrm{C}}$$

则

$$m\boldsymbol{a}_{\mathrm{r}}=\boldsymbol{F}+\boldsymbol{F}_{\mathrm{Ie}}+\boldsymbol{F}_{\mathrm{IC}} \tag{9-8}$$

因为，$\boldsymbol{F}_{\mathrm{Ie}}$，$\boldsymbol{F}_{\mathrm{IC}}$ 都具有力的量纲，分别称为**牵连惯性力**和**科里奥利惯性力**（简称科氏惯性力）。

式（9-7）称为质点相对运动的动力学方程。将式（9-8）与式（9-2）比较可见：除了质点实际所受的力 $\boldsymbol{F}$ 之外，还要假想地加上牵连惯性力 $\boldsymbol{F}_{\mathrm{Ie}}$ 和科氏惯性力 $\boldsymbol{F}_{\mathrm{IC}}$。作了这样的修正以后，牛顿第二定律可推广应用于非惯性坐标系。式（9-8）表明，在非惯性坐标系中所观察到的质点的加速度，不仅仅决定于作用在质点上的力，而且与参考系本身的运动有关。

在解决实际问题时，可根据给定的条件，分别选用直角坐标、自然坐标或极坐标形式，即将式（9-8）投影到相应的轴上，再求积分。

式（9-8）是指动坐标系作任意运动时质点的相对运动动力学方程。当动坐标系的运动有所限定时，有如下几种特殊情况：

1. 动坐标系作平移时点的相对运动

当动坐标系 $O'x'y'z'$ 相对于静坐标系 $Oxyz$ 作平移时，科氏加速度 $\boldsymbol{a}_{\mathrm{C}}=0$，因而科氏惯性力 $\boldsymbol{F}_{\mathrm{IC}}=0$，式（9-8）成为

$$m\boldsymbol{a}_{\mathrm{r}} = \boldsymbol{F} + \boldsymbol{F}_{\mathrm{Ie}} \tag{9-9}$$

这表示：当动坐标系作平移时，除了实际作用于质点上的力之外，只需加上牵连惯性力，则质点相对运动中的动力学方程，与质点在绝对运动中的动力学方程具有相同的形式。

2. 动坐标系作匀速直线平移时质点的相对运动

当动坐标系作匀速直线平移时，牵连加速度 $\boldsymbol{a}_{\mathrm{e}}$ 和科氏加速度 $\boldsymbol{a}_{\mathrm{C}}$ 均等于零，所以 $\boldsymbol{F}_{\mathrm{Ie}}=0$，$\boldsymbol{F}_{\mathrm{IC}}=0$，于是有

$$m\boldsymbol{a}_{\mathrm{r}} = \boldsymbol{F} \tag{9-10}$$

可见，质点的相对运动动力学方程与绝对运动动力学方程完全相同。这就是说，质点在静坐标系中和在作匀速直线运动的坐标系中的运动规律是相同的。例如，在作匀速直线运动的车厢中向上抛出的物体，仍沿铅垂线下落，与在静止的车厢中的情况相同，不会因车厢的运动而偏斜。

因此，我们可以得出结论：**在一个系统内部所做的任何力学试验，都不能确定这一系统是静止的还是作匀速直线平移。这一结论称为古典力学的相对性原理，也称为伽利略、牛顿相对性原理。**

3. 质点的相对平衡与相对静止

当质点相对于动坐标系作匀速直线运动时，质点的相对加速度 $\boldsymbol{a}_{\mathrm{r}}=0$，于是由式(9-8)得

$$\boldsymbol{F} + \boldsymbol{F}_{\mathrm{Ie}} + \boldsymbol{F}_{\mathrm{IC}} = 0 \tag{9-11}$$

此时，我们称质点处于相对平衡状态。上式表明：**当质点处于相对平衡状态时，作用于质点上的力 $\boldsymbol{F}$ 与牵连惯性力 $\boldsymbol{F}_{\mathrm{Ie}}$ 及科氏力 $\boldsymbol{F}_{\mathrm{IC}}$ 成平衡。**

当质点相对于动坐标系静止不动，则不仅质点的相对加速度 $\boldsymbol{a}_{\mathrm{r}}$ 等于零，而且质点的相对速度 $\boldsymbol{v}_{\mathrm{r}}$ 也等于零，因此有 $\boldsymbol{F}_{\mathrm{IC}}=-m\boldsymbol{a}_{\mathrm{C}}=-2m\boldsymbol{\omega}\times\boldsymbol{v}_{\mathrm{r}}=0$，式(9-10)成为

$$\boldsymbol{F} + \boldsymbol{F}_{\mathrm{Ie}} = 0 \tag{9-12}$$

上式表明：当质点保持相对静止状态时，作用于质点上的力 $\boldsymbol{F}$ 与牵连惯性力 $\boldsymbol{F}_{\mathrm{Ie}}$ 成平衡。

【例 9-5】 水平圆盘如图 9-8 所示，以匀角速度 ω 绕 O 轴转动，盘上有一光滑直槽，离原点的距离为 h，试求槽中小球 M 的运动和槽对小球的作用力。

【解】 选定坐标系 Oxy，动坐标系 $O'x'y'$ 与圆盘固连，O' 与 O 点重合。实际上，槽中小球 M 的运动即为小球 M 相对于动系 $O'x'y'$ 的运动。

$$\boldsymbol{a}_{\mathrm{e}} = -\omega^2 x'\boldsymbol{i}' - \omega^2 h\boldsymbol{j}'$$

因此，牵连惯性力为：

$$\boldsymbol{F}_{\mathrm{Ie}} = m\omega^2 x'\boldsymbol{i}' + m\omega^2 h\boldsymbol{j}'$$

科氏惯性力为：

$$\boldsymbol{F}_{\mathrm{IC}} = -2m(\omega\boldsymbol{k}')\times(\dot{x}'\boldsymbol{i}') = -2m\omega\dot{x}'\boldsymbol{j}'$$

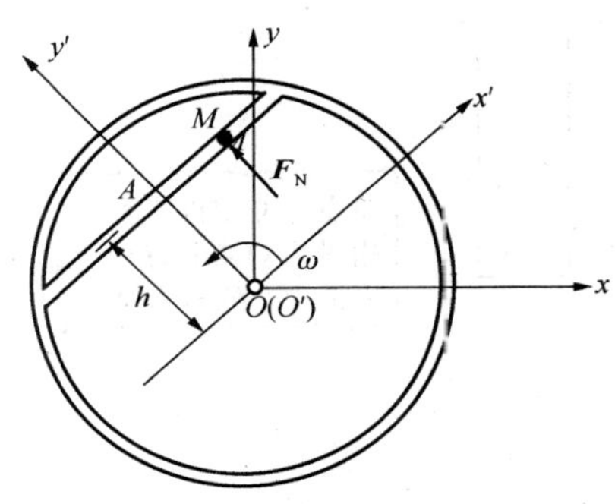

图 9-8

设槽对小球的作用力为：$\boldsymbol{F}_{\mathrm{N}}=F_{\mathrm{N}}\boldsymbol{j}'$。将质点相对运动动力学方程 (9-7) 在动坐标 x'、y'

轴方向投影，得 $$m\ddot{x}' = m\omega^2 x' \tag{a}$$

$$0 = m\omega^2 h - 2m\omega\dot{x}' + F_N \tag{b}$$

设 $t=0$ 时，$x'(0)=x'_0$，$\dot{x}'(0)=v'_0$，可得

$$x' = x'_0 \cosh \omega t + \frac{v'_0}{\omega}\sinh \omega t \tag{c}$$

$$F_N = -m\omega^2 h + 2m\omega^2 x'_0 \sinh\omega t + 2mv'_0\omega\cosh\omega t \tag{d}$$

从式(c)看，当 $x'_0=0$，$v'_0=0$ 时，则 $x'(t)\equiv 0$，即质点 M 停留在槽的中点 A 不动，这是一种相对平衡状态。但这种平衡是不稳定的，如有干扰，就有 $x'_0\neq 0$，$v'_0\neq 0$，于是当 $t\to\infty$ 时，质点 M 将无限远离这一平衡位置。

小　结（知识结构图）

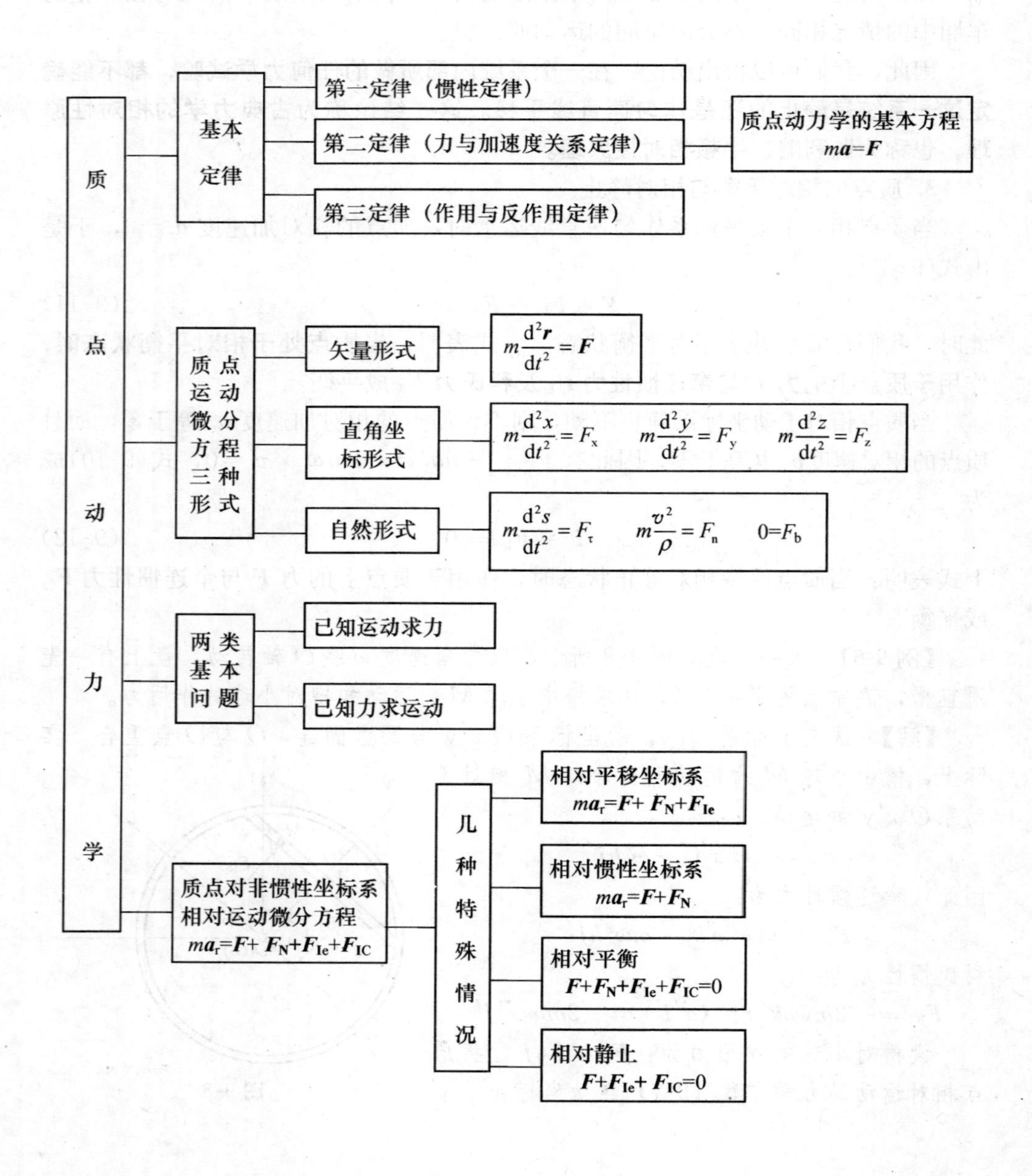

思　考　题

9-1　质点的速度越大，所受的力也就越大。这种说法是否正确，为什么？

9-2　在作匀速直线运动的火车车厢上，用细绳悬挂一小球，当火车的运动发生下列改变时，小球的位置将如何改变？

(1) 火车的速度增加；(2) 火车的速度减小；(3) 火车向左转弯。

9-3　三个质量相同的质点，在某瞬时的速度分别如图 9-9 所示，若对它们作用了大小、方向相同的力 $\boldsymbol{F}$，问质点的运动情况是否相同？

9-4　如图 9-10 所示，绳拉力 $F=2\mathrm{kN}$，物体Ⅱ重 1kN，物块Ⅰ重 2kN。若滑轮质量不计，问在图 9-10 (a)，(b) 两种情况下，重物Ⅱ的加速度是否相同？两根绳中的张力是否相同？

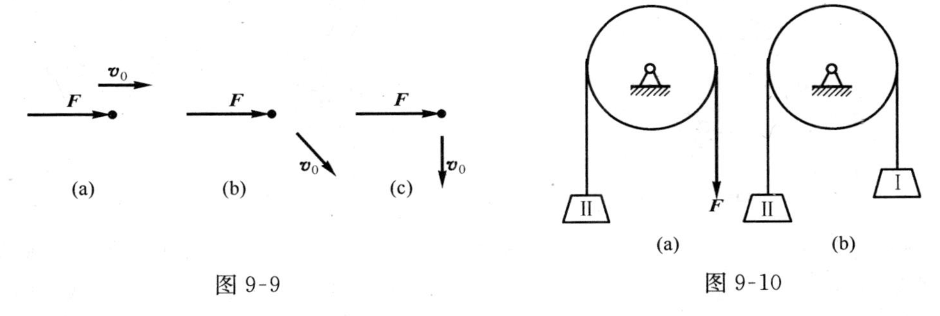

图 9-9　　图 9-10

9-5　质点在空间运动，已知作用力。为求质点的运动方程需要几个运动初始条件？若质点在平面内运动呢？若质点沿给定的轨道运动呢？

9-6　某人用枪瞄准了空中一悬挂的靶体。如在子弹射出的同时靶体开始自由下落，不计空气阻力，问子弹能否击中靶体？

习　　题

9-1　一质量为 m 的物体放在匀速转动的水平转台上，它与转轴的距离为 r，如图所示。设物体与转台表面的摩擦因数为 f，求当物体不致因转台旋转而滑出时，水平台的最大转速。

9-2　图示 A、B 两物体的质量分别为 m_1 与 m_2，二者间用一绳子连接，此绳跨过一滑轮，滑轮半径为 r。如在开始时，两物体的高度差为 h，而且 $m_1>m_2$，不计滑轮质量。求由静止释放后，两物体达到相同的高度时所需的时间。

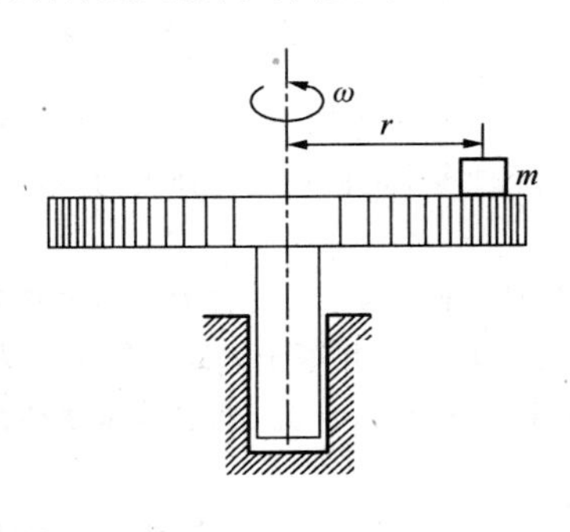

题 9-1 图

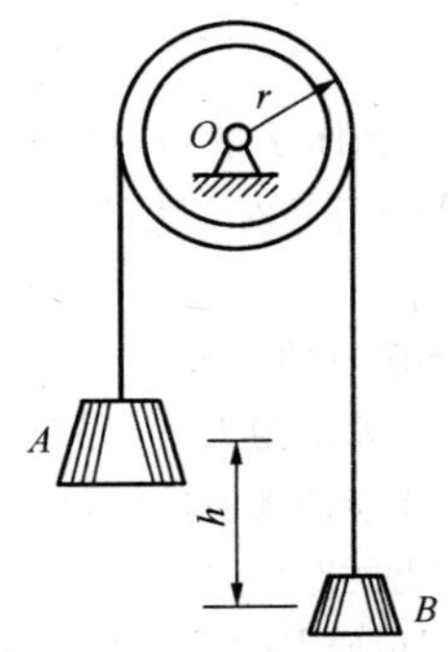

题 9-2 图

9-3 半径为R的偏心轮绕轴O以匀角速度ω转动，推动导板沿铅直轨道运动，如图所示。导板顶部放有一质量为m的物块A，设偏心距$OC=e$，开始时OC沿水平线。求：(1) 物块对导板的最大压力；(2) 使物块不离开导板的ω最大值。

9-4 在图示离心浇注装置中，电动机带动支承轮A、B作同向转动，管模放在两轮上靠摩擦传动而旋转。使铁水浇入后均匀地紧贴管模的内壁而自动成型，从而可得到质量密实的管形铸件。如已知管模内径$D=400$mm，试求管模的最低转速n。

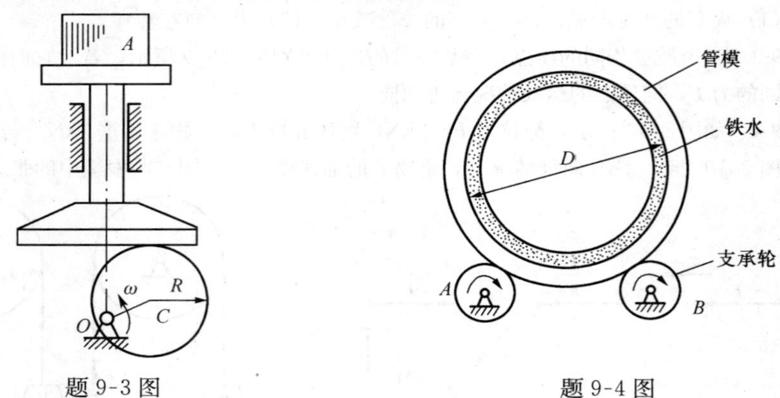

题 9-3 图　　　　题 9-4 图

9-5 图示套管A的质量为m，受绳子牵引沿铅直杆向上滑动。绳子的另一端绕过离心杆距离为l的滑车B而缠在鼓轮上。当鼓轮转动时，其边缘上各点的速度大小为v_0。求绳子拉力与距离x之间的关系。

9-6 铅垂发射的火箭由一雷达跟踪，如图所示。当$r=10\,000$m，$\theta=60°$，$\dot{\theta}=0.02$ rad/s且$\ddot{\theta}=0.003$rad/s^{2}时，火箭的质量为5000kg。求此时的喷射反推力$\boldsymbol{F}$。

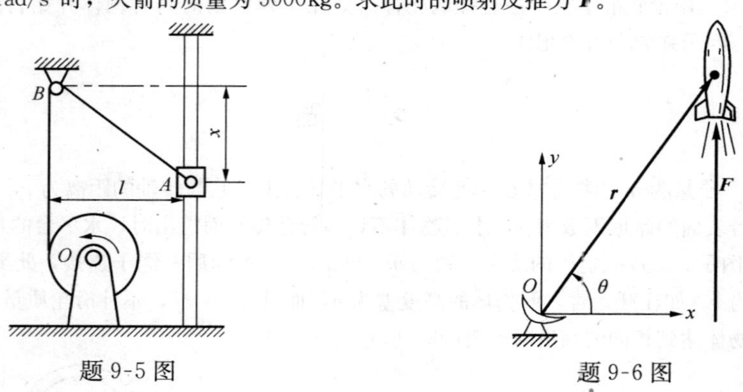

题 9-5 图　　　　题 9-6 图

9-7 一物体质量$m=10$kg，在变力$F=1000\ (1-t)$ N作用下运动。设物体初速度为$v_0=0.2$m/s，开始时，力的方向与速度方向相同。问经过多少时间后物体速度为零，此前走了多少路程？

9-8 不前进的潜水艇质量为m，受到较小的沉力P（重力与浮力的合力）向水底下潜。在沉力不大时，水的阻力$\boldsymbol{F}$可视为与下潜速度的一次方呈正比，并等于kAv。其中k为比例常数，A为潜水艇的水平投影面积，v为下潜速度。如当$t=0$时，$v=0$。求下潜速度和在时间T内潜水艇下潜的路程S。

9-9 图示质点的质量为m，受指向原点O的力$F=kr$作用，力与质点到点O的距离呈正比。如初瞬时质点的坐标为$x=x_0$，$y=0$，而速度的分量为$v_x=0$，$v_y=v_0$。求质点的轨迹。

9-10 物体由高度h处以速度$\boldsymbol{v}_0$水平抛出，如图所示。空气阻力可视为与速度的一次方呈正比，即 $\boldsymbol{F}=-km\boldsymbol{v}$，其中 m 为物体的质量，$\boldsymbol{v}$ 为物体的速度，k 为常系数。求物体的运动方程和轨迹。

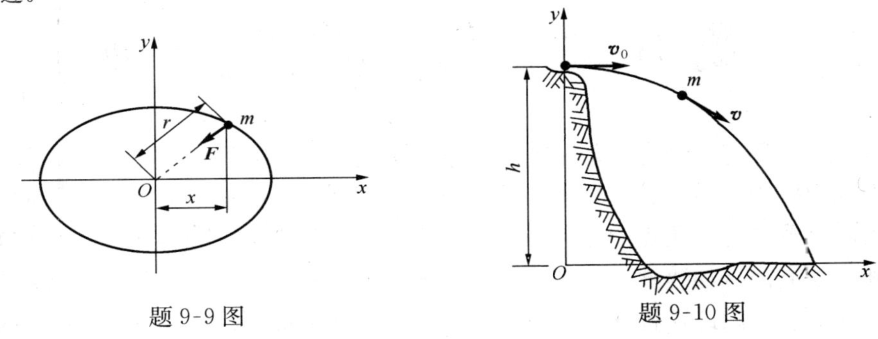

题 9-9 图　　题 9-10 图

9-11 图示一钢球置于倾角 $\theta=30°$的光滑斜面上 A 点，以水平初速度 $v_0=5\text{m/s}$ 射出，求钢球运动到斜面底部点 B 时所需时间 t 和距离 d。

* **9-12** $m=2\text{kg}$ 的质点 M 在图示水平面 Oxy 内运动，质点在某瞬时 t 的位置可由方程 $r=t^2-\frac{t^3}{3}$ 及 $\theta=2t^2$ 确定。其中 r 以米（m）记，t 以秒（s）计，θ 以弧度（rad）计，当（1）$t=0$ 及（2）$t=1\text{s}$ 时，分别求质点 M 上所受的径向分力和横向分力。

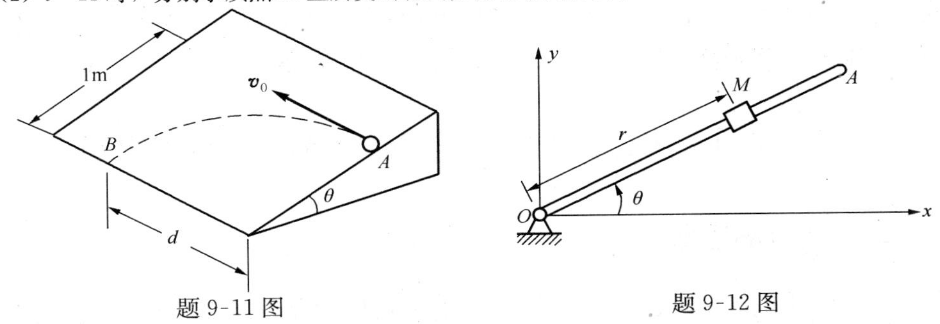

题 9-11 图　　题 9-12 图

* **9-13** 质量为 m 的小环 M 沿半径为 R 的光滑圆环运动。圆环在自身平面（水平面）内以匀角速度 ω 绕通过 O 点的铅垂轴转动。在初瞬时，小环 M 在 M_0 处（$\varphi_0=\pi/2$），且处于相对静止状态。求小环 M 对圆环径向压力的最大值。

* **9-14** 图示水平圆盘以匀角速度 ω 绕 O 轴转动。在圆盘上沿某直径有滑槽，一质量为 m 的质点 M 在光滑槽内运动。如质点在开始时离轴心的距离为 a，且无初速度。求质点的相对运动方程和槽的水平反力。

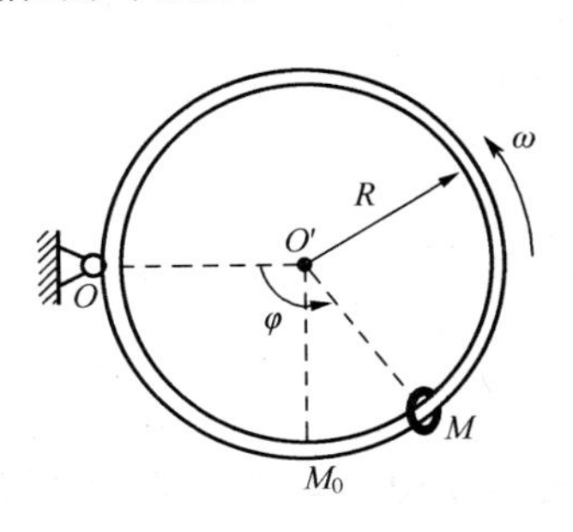

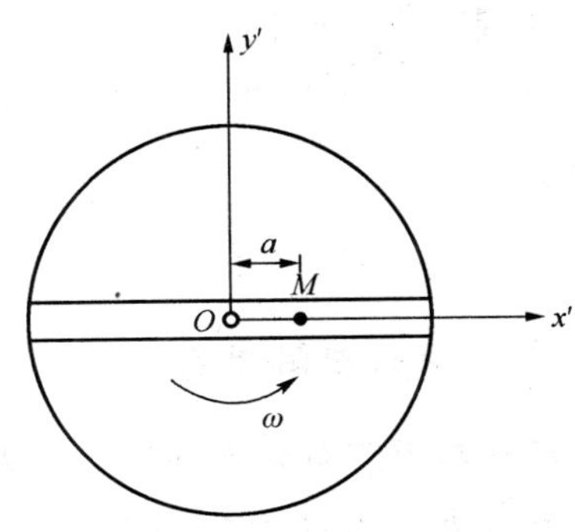

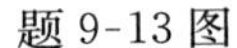

题 9-13 图　　题 9-14 图

第10章 动 量 定 理

上一章研究了动力学基本定律，它是解决动力学问题的基本方法。但是在许多实际问题中，由微分方程求积分有时会遇到困难。而质点系的动力学问题需要列出质点系中每一质点的运动微分方程，并根据约束情况确定各质点间相互作用力和运动方面（加速度、速度或位移）的关系，然后求解这些联立方程，其困难则更为显著。因此这种方法难以在工程问题中推广应用。实际上在许多工程问题中并不需要求出每个质点的运动规律，而是只需知道质点系整体的运动特征就够了。例如对于刚体，只需知道刚体质心的运动和绕质心的转动，就能确定刚体上任何点运动。本章将介绍解决质点系动力学问题的其他方法，即动力学普遍定理。动力学普遍定理包括动量定理、动量矩定理和动能定理。这些定理建立了表现运动特征的量（动量、动量矩、动能）和表现力作用效果的量（冲量、力矩、功）之间的关系。在应用普遍定理解决实际问题时，不但运算方法简便，而且还给出了明确的物理概念，便于更深入地了解机械运动的规律。

§10.1 质点和质点系的动量・力的冲量

一、质点的动量

一个物体机械运动的强弱，不仅取决于物体的速度，而且还取决于它的质量。例如，枪弹的质量很小，可是速度很大，所以能击穿钢板。又如轮船靠岸时，虽然速度已经很小，但质量很大，如果发生碰撞，仍可产生很大的冲击力。因此把质点的质量 m 和它的速度 $\boldsymbol{v}$ 的乘积 $m\boldsymbol{v}$ 作为质点机械运动强弱的一种度量，并称为**质点的动量。即质点的动量等于质点的质量与质点速度的乘积。质点的动量是矢量，其方向与质点速度的方向一致。**动量是一个瞬时值。

在国际单位制中，动量的单位是千克・米/秒（kg・m/s）。

将质点的动量 $m\boldsymbol{v}$ 投影到直角坐标轴上，便得到质点动量在直角坐标轴上的投影

$$mv_x = m\frac{\mathrm{d}x}{\mathrm{d}t}, \quad mv_y = m\frac{\mathrm{d}y}{\mathrm{d}t}, \quad mv_z = m\frac{\mathrm{d}z}{\mathrm{d}t}$$

二、质点系的动量

质点系中所有质点动量的矢量和（即质点系动量的主矢）称为质点系的动量。如以 $\boldsymbol{p}$ 表示质点系的动量，则

$$\boldsymbol{p} = \sum_{i=1}^{n} m_i \boldsymbol{v}_i \tag{10-1}$$

式中　n——质点系内的质点数；

m_i——第 i 个质点的质量；

$\boldsymbol{v}_i$——该质点的速度。

质点系的动量是矢量。

质点系的动量在直角坐标轴上的投影为

$$p_x = \Sigma m_i v_{ix}, p_y = \Sigma m_i v_{iy}, p_z = \Sigma m_i v_{iz} \quad (10\text{-}2)$$

三、力的冲量

物体在力的作用下引起的运动变化，不仅与力的大小和方向有关，还与力作用时间的长短有关。例如人力推动车厢沿铁轨运动，经过一段时间，可使车厢得到一定的速度；如改用机车牵引车厢，只需很短的时间便能达到同样的速度。所以，可用力与作用时间的乘积来表征力在某段时间间隔内作用的累积，并称为力的**冲量**。

如果力 $\boldsymbol{F}$ 是常力，作用时间为 t，该力在这段时间内的冲量用符号 $\boldsymbol{I}$ 表示，则有

$$\boldsymbol{I} = \boldsymbol{F}t \quad (10\text{-}3)$$

冲量是矢量，它的方向与常力的方向一致。在国际单位制中，冲量的单位是“N·s”。

在变力的情况下，可将力作用的时间间隔分成无数微小的时间间隔，在每个微小的时间间隔 $\mathrm{d}t$ 内，力 $\boldsymbol{F}$ 可视为常力，力在微小时间间隔 $\mathrm{d}t$ 内的冲量称为力的**元冲量**，即

$$\mathrm{d}\boldsymbol{I} = \boldsymbol{F}\mathrm{d}t$$

设力 $\boldsymbol{F}$ 作用的时间由 t_1 到 t_2，则变力 $\boldsymbol{F}$ 在时间间隔 $t_2 - t_1$ 内的冲量是矢量积分

$$\boldsymbol{I} = \int_{t_1}^{t_2} \boldsymbol{F}\mathrm{d}t \quad (10\text{-}4)$$

冲量在直坐标轴上的投影为

$$I_x = \int_{t_1}^{t_2} F_x \mathrm{d}t, I_y = \int_{t_1}^{t_2} F_y \mathrm{d}t, I_z = \int_{t_1}^{t_2} F_z \mathrm{d}t \quad (10\text{-}5)$$

式中　F_x，F_y，F_z——分别为力 $\boldsymbol{F}$ 在 x，y 和 z 轴上的投影。

需要指出：若作用在质点上有多个力时，则合力的冲量等于各分力的冲量的矢量和。

§10.2　动　量　定　理

一、质点的动量定理

设质量为 m 的质点在力 $\boldsymbol{F}$ 的作用下运动，其速度为 $\boldsymbol{v}$，由动力学基本方程，有

$$\frac{\mathrm{d}}{\mathrm{d}t}(m\boldsymbol{v}) = \boldsymbol{F} \quad (10\text{-}6)$$

即质点的动量对时间的导数等于作用在该质点上的力，这就是微分形式的质点的动量定理。

将式（10-6）改写成

$$d(m\boldsymbol{v}) = \boldsymbol{F}dt$$

然后将上式两边积分，时间 t 从 t_1 到 t_2，速度 $\boldsymbol{v}$ 从 $\boldsymbol{v}_1$ 到 $\boldsymbol{v}_2$，得

$$m\boldsymbol{v}_2 - m\boldsymbol{v}_1 = \int_{t_1}^{t_2} \boldsymbol{F}dt = \boldsymbol{I} \tag{10-7}$$

即在任一时间间隔内，质点动量的变化，等于作用于质点的力在同一时间内的冲量。这就是积分形式的质点的动量定理。也称为质点的冲量定理。

将式（10-7）投影在直角坐标轴上，则得

$$\left.\begin{aligned} mv_{2x} - mv_{1x} &= \int_{t_1}^{t_2} F_x dt = I_x \\ mv_{2y} - mv_{1y} &= \int_{t_1}^{t_2} F_y dt = I_y \\ mv_{2z} - mv_{1z} &= \int_{t_1}^{t_2} F_z dt = I_z \end{aligned}\right\} \tag{10-8}$$

这就是积分形式的质点动量定理的投影式。

【例 10-1】 滑块 C 的质量 $m=19.6$kg，在大小为 686N 的力 $\boldsymbol{F}$ 作用下沿着与水平面呈角 $\beta=30°$ 的导杆 AB 运动。已知：力 F 与导杆间的夹角 $\alpha=45°$，滑块与导杆间的动摩擦因数 $f'=0.2$，初始滑块处于静止。试求滑块的速度增大到 $v=$ 2m/s 所需的时间。

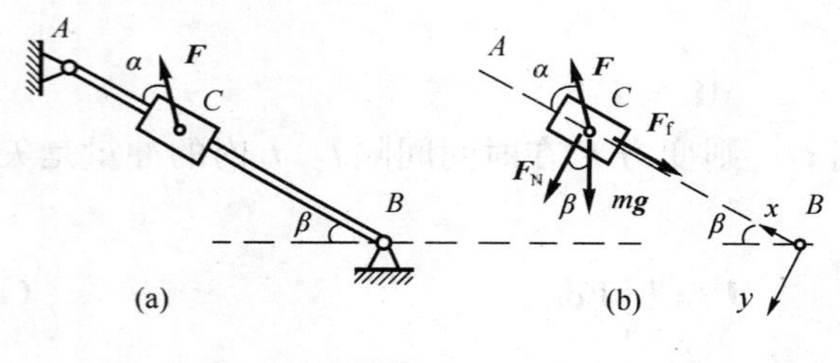

图 10-1

【解】 取滑块为研究对象，作用在滑块上的力有已知力 $\boldsymbol{F}$，重力 $m\boldsymbol{g}$ 和导杆对滑块的法向反力 $\boldsymbol{F}_N$ 及动滑动摩擦力 $\boldsymbol{F}_f$。

设坐标轴系如图 10-1（b）所示。滑块的初速度 $v_1=0$，经过时间 t 后的速度：$v_{2x}=v$，$v_{2y}=0$；由质点动量定理的投影形式可得

$$mv - 0 = \Sigma I_x = (F\cos\alpha - mg\sin\beta - F_f)t \tag{a}$$

$$0 = \Sigma I_y = (F_N - F\sin\alpha + mg\cos\beta)t \tag{b}$$

由式（b）求得

$$F_N = F\sin\alpha - mg\cos\beta$$

所以

$$F_f = f'F_N = f'(F\sin\alpha - mg\cos\beta)$$

将以上结果代入式（a），再代入已知数据得

$$t = \frac{mv}{F\cos\alpha - mg\sin\beta - f'(F\sin\alpha - mg\cos\beta)} = 0.12\text{s}$$

二、质点系的动量定理

设质点系由 n 个质点组成。质点系内各质点所受的力可分为内力和外力。质点系内各质点之间的相互作用力称为质点系的内力；质点系以外物体作用在质点系内质点上的力称为质点系的外力。若质点系中第 i 个质点的质量为 m_i，它在某瞬时的速度为 v_i，作用在该质点上的内力为 $\boldsymbol{F}_i^{(i)}$，外力为 $\boldsymbol{F}_i^{(e)}$。根据质点的动量定理有

$$\frac{\mathrm{d}}{\mathrm{d}t}(m_i\boldsymbol{v}_i)=\boldsymbol{F}_i^{(e)}+\boldsymbol{F}_i^{(i)}\qquad(i=1,2,\cdots,n)$$

对于质点系内每个质点都可写出这样一个方程，共有 n 个这样的方程。将 n 个方程两端分别相加，得

$$\sum_{i=1}^{n}\frac{\mathrm{d}}{\mathrm{d}t}(m_i\boldsymbol{v}_i)=\sum_{i=1}^{n}\boldsymbol{F}_i^{(e)}+\sum_{i=1}^{n}\boldsymbol{F}_i^{(i)}$$

改变求和与求导的次序，则得

$$\frac{\mathrm{d}}{\mathrm{d}t}\sum_{i=1}^{n}m_i\boldsymbol{v}_i=\sum_{i=1}^{n}\boldsymbol{F}_i^{(e)}+\sum_{i=1}^{n}\boldsymbol{F}_i^{(i)}\tag{10-9}$$

式中，$\sum_{i=1}^{n}m_i\boldsymbol{v}_i=\boldsymbol{p}$，为质点系的动量。因为质点系内质点相互作用的内力总是大小相等、方向相反地成对出现，相互抵消，故所有内力的矢量和（内力系的主矢）恒等于零，即

$$\sum_{i=1}^{n}\boldsymbol{F}_i^{(i)}=0$$

于是由式（10-9）可得

$$\frac{\mathrm{d}}{\mathrm{d}t}\boldsymbol{p}=\sum_{i=1}^{n}\boldsymbol{F}_i^{(e)}\tag{10-10}$$

式（10-10）表明：**质点系的动量对于时间的导数，等于作用在该质点系上所有外力的矢量和（即外力系的主矢）**，这就是**微分形式的质点系动量定理**。

将式（10-10）改写成下面的形式

$$\mathrm{d}\boldsymbol{p}=\sum_{i=1}^{n}\boldsymbol{F}_i^{(e)}\mathrm{d}t$$

并在时间间隔 t_2-t_1 内积分，得

$$\boldsymbol{p}_2-\boldsymbol{p}_1=\sum_{i=1}^{n}\int_{t_1}^{t_2}\boldsymbol{F}_i^{(e)}\cdot\mathrm{d}t=\sum_{i=1}^{n}\boldsymbol{I}_i^{(e)}\tag{10-11}$$

式中 $\boldsymbol{p}_1$，$\boldsymbol{p}_2$——分别表示质点系在瞬时 t_1 和 t_2 的动量。

式（10-11）表明：**在任一时间间隔内，质点系动量的改变量等于在这段时间内作用于质点系外力冲量的矢量和**，这就是**质点系动量定理的积分形式**，又称为**质点系的冲量定理**。

由质点系动量定理可见，质点系的内力不能改变质点系的动量。

动量定理是矢量式，在应用时应取投影形式，如式（10-10）和式（10-11）在直角坐标轴系的投影式为

$$\left.\begin{aligned}\frac{\mathrm{d}p_x}{\mathrm{d}t}&=\Sigma F_x^{(\mathrm{e})}\\\frac{\mathrm{d}p_y}{\mathrm{d}t}&=\Sigma F_y^{(\mathrm{e})}\\\frac{\mathrm{d}p_z}{\mathrm{d}t}&=\Sigma F_z^{(\mathrm{e})}\end{aligned}\right\}\tag{10-12}$$

和

$$\left.\begin{aligned}p_{2x}-p_{1x}&=\Sigma I_x^{(\mathrm{e})}\\p_{2y}-p_{1y}&=\Sigma I_y^{(\mathrm{e})}\\p_{2z}-p_{1z}&=\Sigma I_z^{(\mathrm{e})}\end{aligned}\right\}\tag{10-13}$$

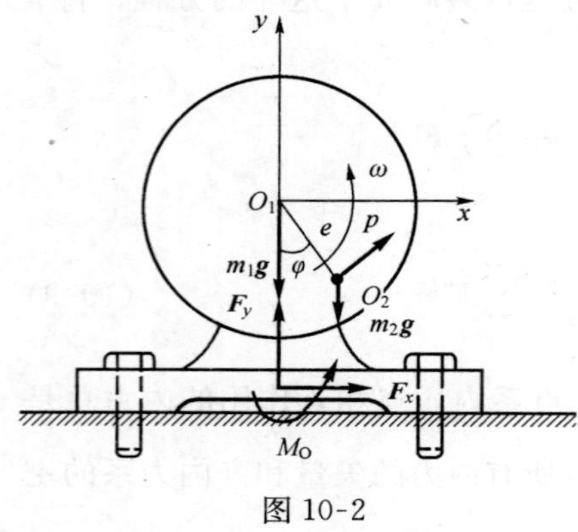

图 10-2

【例 10-2】 电动机的外壳固定在水平基础上，定子质量为 m_1，转子质量为 m_2，如图 10-2 所示。设定子的质心位于转轴的中心 O_1，但由于制造误差，转子的质心 O_2 到 O_1 的距离为 e。已知转子匀速转动，角速度为 ω。求基础的支座反力。

【解】 本题是已知转子的运动，求基础的支座反力，可用质点系动量定理求解。取电动机外壳与转子组成质点系，这样可不考虑使转子转动的内力；外力有重力 $m_1\boldsymbol{g}$，$m_2\boldsymbol{g}$，基础的反力 $\boldsymbol{F}_x$，$\boldsymbol{F}_y$和反力偶$\boldsymbol{M}_O$。机壳不动，质点系的动量就是转子的动量，由式（10-1），其大小为

$$p=m_2\omega e$$

方向如图所示。设 $t=0$ 时，O_1O_2 铅垂，有 $\varphi=\omega t$。由动量定理的投影式(10-12)，得

$$\frac{\mathrm{d}p_x}{\mathrm{d}t}=F_x$$

$$\frac{\mathrm{d}p_y}{\mathrm{d}t}=F_y-m_1g-m_2g$$

而

$$p_x=m_2\omega e\cos\omega t,\ p_y=m_2\omega e\sin\omega t$$

代入上式，解出基础的反力

$$F_x=-m_2\omega^2 e\sin\omega t$$

$$F_y=(m_1+m_2)g+m_2\omega^2 e\cos\omega t$$

电机不转时，基础只有向上的反力 $(m_1+m_2)\ g$，可称为**静反力**；电机转动时的基础反力可称为**动反力**。动反力与静反力的差值是由于系统运动而产生的，可称为**附加动反力**。此例中，由于转子偏心而引起的 x 方向附加动反力 $-m_2\omega^2 e\sin\omega t$ 和 y 方向附加动反力 $m_2\omega^2 e\cos\omega t$ 都是谐变力，将会引起电机和基础的振动。关于力偶 M_O，可利用后面章节中的知识进行求解。

【例 10-3】 动量定理在流体力学中有广泛的应用。例如，在水流流过弯管时，将对弯管产生压力。图 10-3 表示水流流经变截面弯管的示意图。设流体是

不可压缩的，流动是稳定的。求管壁的附加动约束力。

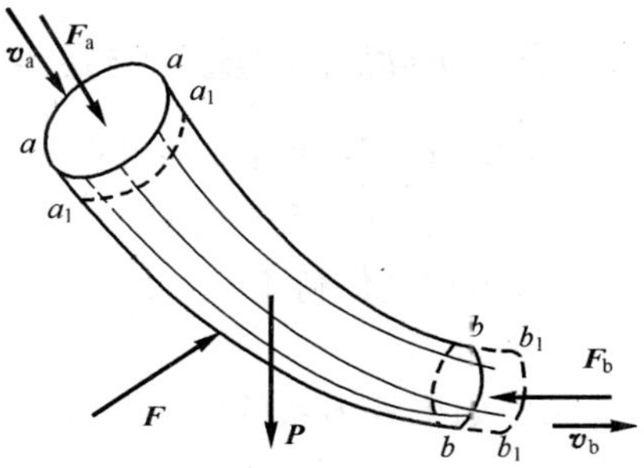

图 10-3

【解】 从管中取出所研究的两个截面 aa 与 bb 之间的流体作为质点系。经过时间 $\mathrm{d}t$，这一部分流体到两个截面 a_1a_1 与 b_1b_1 之间。令 $q\mathrm{v}$ 为流体在单位时间内流过截面的体积流量，ρ 为密度，则质点系在时间 $\mathrm{d}t$ 内流过截面的质量为：

$$\mathrm{d}m = q\mathrm{v}\rho\mathrm{d}t$$

在时间间隔 $\mathrm{d}t$ 内质点系动量的变化为

$$\boldsymbol{p} - \boldsymbol{p}_0 = \boldsymbol{p}_{\mathrm{a1b1}} - \boldsymbol{p}_{\mathrm{ab}} = (\boldsymbol{p}_{\mathrm{bb1}} + \boldsymbol{p}_{\mathrm{a1b}}) - (\boldsymbol{p}'_{\mathrm{a1b}} + \boldsymbol{p}_{\mathrm{aa1}})$$

因为管内流动是稳定的，有 $\boldsymbol{p}_{\mathrm{a1b}} = \boldsymbol{p}'_{\mathrm{a1b}}$，于是

$$\boldsymbol{p} - \boldsymbol{p}_0 = \boldsymbol{p}_{\mathrm{bb1}} - \boldsymbol{p}_{\mathrm{aa1}}$$

$\mathrm{d}t$ 为极小，可认为在截面 aa 与 a_1a_1 之间各质点的速度相同，设为 $\boldsymbol{v}_{\mathrm{a}}$，截面 b_1b_1 与 bb 之间各质点的速度相同，设为于是 $\boldsymbol{v}_{\mathrm{b}}$，于是得

$$\boldsymbol{p} - \boldsymbol{p}_0 = q\mathrm{v}\rho\mathrm{d}t(\boldsymbol{v}_{\mathrm{b}} - \boldsymbol{v}_{\mathrm{a}})$$

作用于质点系上的外力有：均匀分布于体积 $aabb$ 内的重力 $\boldsymbol{P}$，管壁对于此质点系的作用力 $\boldsymbol{F}$，以及两截面 aa 和 bb 上受到的相邻流体的压力 $\boldsymbol{F}_{\mathrm{a}}$ 和 $\boldsymbol{F}_{\mathrm{b}}$。

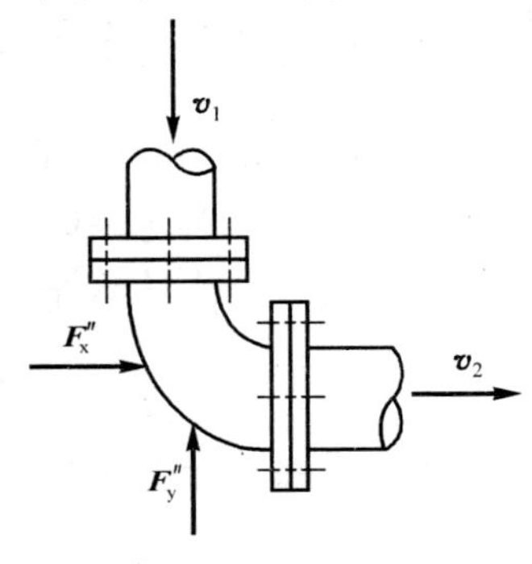

图 10-4

将动量定理应用于所研究的质点系，则有

$$q\mathrm{v}\rho\mathrm{d}t(\boldsymbol{v}_{\mathrm{b}} - \boldsymbol{v}_{\mathrm{a}}) = (\boldsymbol{P} + \boldsymbol{F}_{\mathrm{a}} + \boldsymbol{F}_{\mathrm{b}} + \boldsymbol{F})\mathrm{d}t$$

消去时间 $\mathrm{d}t$，得

$$q\mathrm{v}\rho(\boldsymbol{v}_{\mathrm{b}} - \boldsymbol{v}_{\mathrm{a}}) = \boldsymbol{P} + \boldsymbol{F}_{\mathrm{a}} + \boldsymbol{F}_{\mathrm{b}} + \boldsymbol{F}$$

若将管壁对于流体约束力 $\boldsymbol{F}$ 分为 $\boldsymbol{F}'$ 和 $\boldsymbol{F}''$ 两部分：$\boldsymbol{F}'$ 为与外力 $\boldsymbol{P}$，$\boldsymbol{F}_{\mathrm{a}}$ 和 $\boldsymbol{F}_{\mathrm{b}}$ 相平衡的管壁静约束力，$\boldsymbol{F}''$ 为由于流体的动量发生变化而产生的附加动约束力。则 F' 满足平衡方程

$$\boldsymbol{P} + \boldsymbol{F}_{\mathrm{a}} + \boldsymbol{F}_{\mathrm{b}} + \boldsymbol{F}' = 0$$

而附加动约束力由下式确定

$$\boldsymbol{F}'' = q\mathrm{v}\rho(\boldsymbol{v}_{\mathrm{b}} - \boldsymbol{v}_{\mathrm{a}})$$

设截面 aa 和 bb 的面积分别为 A_{a} 和 A_{b}，由不可压缩流体的连续性定律知

$$q\mathrm{v} = A_{\mathrm{a}}v_{\mathrm{a}} = A_{\mathrm{b}}v_{\mathrm{b}}$$

因此，只要知道流速和曲管的尺寸，即可求得附加动约束力。流体对管壁的附加动作用力大小等于此附加动约束力，但方向相反。

图 10-4 为一水平的等截面直角形弯管。当流体被迫改变流动方向时，对管壁施加有附加的作用力，它的大小等于管壁对流体作用的附加动约束力，即

$$F''_x = q\mathrm{v}\rho(v_2 - 0) = \rho A_2 v_2^2, \quad F''_y = q\mathrm{v}\rho(0 + v_1) = \rho A_1 v_1^2$$

由此可见，当流速很高或管子截面积很大时，附加动压力很大，在管子的弯头处应该安装支座。

三、质点系动量守恒定律

由质点系的动量定理可得到下列推论：

1. 如果质点系不受外力作用，或作用于质点系的外力的主矢恒等于零，则质点系的动量保持不变，即

$$\boldsymbol{p}_2 = \boldsymbol{p}_1 = \Sigma m_i \boldsymbol{v}_i = \text{常矢量}$$

2. 如果外力系的主矢虽不为零，但它在某一坐标轴上的投影的代数和恒等于零，则质点系的动量在该坐标轴上的投影保持不变。例如 $\Sigma F_{ix}^{(e)}=0$，则

$$p_{2x} = p_{1x} = \Sigma m_i v_{ix} = \text{常量}$$

以上结论称为**质点系动量守恒定律**。

应注意，内力虽不能改变质点系的动量，但是可改变质点系中各质点的动量。

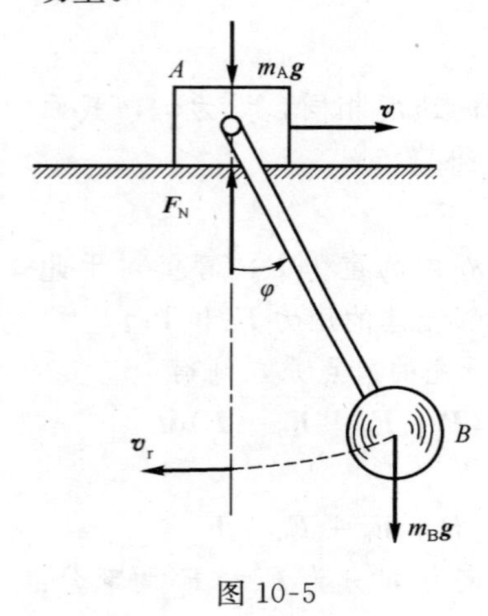

图 10-5

【例 10-4】 物块 A 可沿光滑水平面自由滑动，其质量为 m_A；小球 B 的质量为 m_B，以细杆与物块铰接，如图 10-5 所示。设杆长为 l，质量不计，初始时系统静止，并有初始摆角 φ_0；释放后，细杆近似以 $\varphi=\varphi_0\cos\omega t$ 规律摆动（ω 为已知常数）求物块 A 的最大速度。

【解】 取物块和小球为研究对象，此系统水平方向不受外力作用，则沿水平方向动量守恒。

细杆角速度为 $\dot{\varphi}=-\omega\varphi_0\sin\omega t$，当 $\sin\omega t=1$ 时，其绝对值最大，此时应有 $\cos\omega t=0$，即 $\varphi=0$。由此，当细杆铅垂时小球相对于物块有最大的水平速度，其值为

$$v_r = l\varphi_{\max} = l\omega\varphi_0$$

当此速度 v_r 向左时，物块应有向右的绝对速度，设为 $\boldsymbol{v}$，而小球向左的绝对速度值为 $v_a=v_r-v$。根据动量守恒条件，有

$$m_A v - m_B(v_r - v) = 0$$

解出物块的最大速度为

$$v = \frac{m_B v_r}{m_A + m_B} = \frac{m_B l\omega\varphi_0}{m_A + m_B}$$

当 $\sin\omega t=-1$ 时，也有 $\varphi=0$。此时物块有向左的最大速度 $\dfrac{m_B l\omega\varphi_0}{m_A+m_B}$。

§10.3 质心运动定理

一、质量中心

设质点系是由 n 个质点组成，其中第 i 个质点的质量为 m_i，其矢径为 $\boldsymbol{r}_i$，如图 10-6 所示。质点系的质量为各质点质量之和，即，$m=\Sigma m_i$，则由矢径

$$\boldsymbol{r}_C=\frac{\Sigma m_i\boldsymbol{r}_i}{\Sigma m_i}=\frac{\Sigma m_i\boldsymbol{r}_i}{m} \tag{10-14}$$

所确定的几何点 C 称为质点系的**质量中心**（简称**质心**）。将上式向直角坐标系三个轴上投影，可得质心的位置坐标为

$$\left.\begin{aligned}x_C&=\frac{\Sigma m_ix_i}{\Sigma m_i}=\frac{\Sigma m_ix_i}{m}\\ y_C&=\frac{\Sigma m_iy_i}{\Sigma m_i}=\frac{\Sigma m_iy_i}{m}\\ z_C&=\frac{\Sigma m_iz_i}{\Sigma m_i}=\frac{\Sigma m_iz_i}{m}\end{aligned}\right\} \tag{10-15}$$

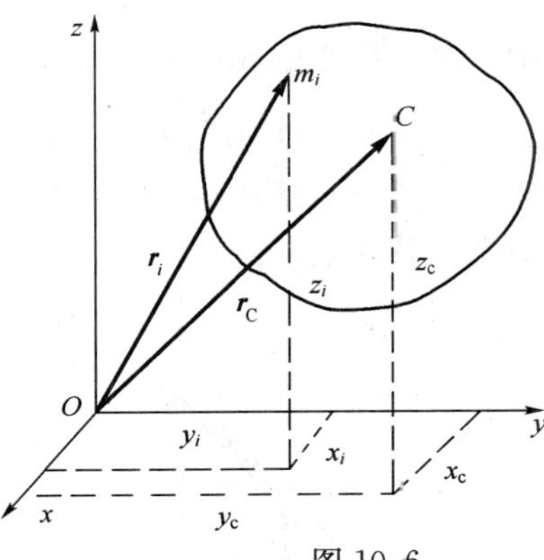

图 10-6

如果质点系在地球附近，将式（10-15）各式中，右边分子、分母同乘以重力加速度 g，则得

$$\left.\begin{aligned}x_C&=\frac{\Sigma m_igx_i}{mg}=\frac{\Sigma P_ix_i}{p}\\ y_C&=\frac{\Sigma m_igy_i}{mg}=\frac{\Sigma P_iy_i}{P}\\ z_C&=\frac{\Sigma m_igz_i}{mg}=\frac{\Sigma P_iz_i}{P}\end{aligned}\right\} \tag{10-16}$$

式（10-16）为确定重心位置的坐标公式。由此可知，在重力场中，质点系的质心与重心相重合，因此在重力场中，可用确定重心的方法。找到质心位置。

需要注意的是，质心和重心是两个不同的概念，重心是各质点重力合力的作用点，在重力场中谈重心才有意义。而质心是描述质量分布的一个几何点。质心完全决定于质点系各质点的质量大小及其位置的分布情况，而与所受的力无关。质心与重心相比，质心具有更广泛的意义。

当质点系运动时，它的质心一般地说也在空间运动。将式（10-14）的两边同乘以 m 后，再对时间 t 求导，则得

$$m\frac{\mathrm{d}\boldsymbol{r}_C}{\mathrm{d}t}=\Sigma m_i\frac{\mathrm{d}\boldsymbol{r}_i}{\mathrm{d}t}$$

由运动学知，$\boldsymbol{v}_C=\frac{\mathrm{d}\boldsymbol{r}_C}{\mathrm{d}t}$是质心的速度，$\boldsymbol{v}_i=\frac{\mathrm{d}\boldsymbol{r}_i}{\mathrm{d}t}$是第 i 个质点的速度，因此上式变成为

$$\boldsymbol{p}=\Sigma m_i\boldsymbol{v}_i=m\boldsymbol{v}_C \tag{10-17}$$

可见，**质点系的动量等于质点系的质量与质心速度的乘积。**

刚体是无限多个质点组成的不变质点系，质心是刚体内某一确定点。对于质量均匀分布的规则刚体，质心也就是几何中心，用式（10-17）计算刚体的动量是非常方便的。例如，长为 l、质量为 m 的均质细杆，在平面内绕 O 点转动，角速度为 ω，如图 10-7（a）所

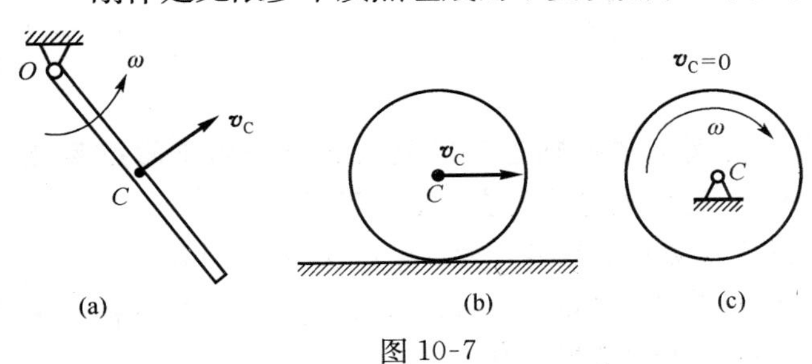

图 10-7

示。细杆质心的速度 $v_C=\frac{l}{2}\omega$，则细杆的动量为 mv_C，方向与 v_C 相同。又如图 10-7 (b)所示的均质滚轮，质量为 m，轮心速度为 v_C，则其动量为 mv_C。而如图 10-7(c)所示的绕中心转动的均质轮，无论有多大的角速度和质量，由于其质心不动，其动量总是零。

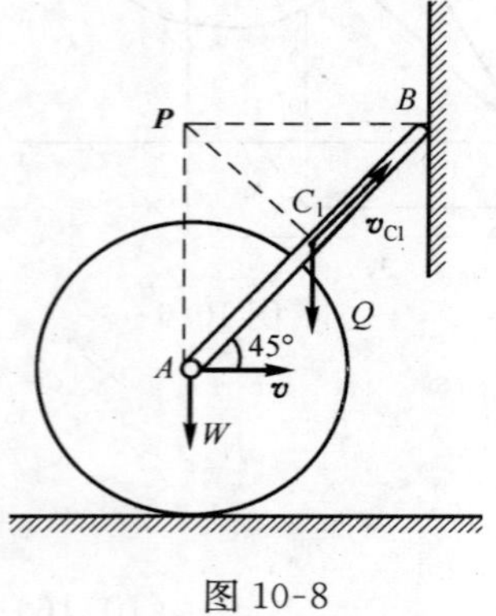

图 10-8

由此可见，质点系的动量，在一般情况下并不能完全反映质点系机械运动的强弱，而只能作为质点系随质心作平移时机械运动强弱的一种度量。

【例 10-5】 已知轮 A 重 W，匀质杆 AB 重 Q，杆长 l，图 10-8 所示位置时轮心 A 的速度为 v，AB 倾角为 45°。求此瞬时系统的动量。

【解】 P 为 AB 杆的瞬心，其角速度为 ω_{AB}，有

$$\omega_{AB}=\frac{v}{AP}=\frac{\sqrt{2}v}{l}$$

$$v_{C1}=PC_1\cdot\omega_{AB}=\frac{l}{2}\cdot\frac{\sqrt{2}v}{l}=\frac{\sqrt{2}}{2}v$$

$$p_x=\frac{W}{g}v+\frac{Q}{g}v_{C1}\cos45°=\frac{2W+Qv}{2g}$$

$$p_y=\frac{Q}{g}v_{C1}\sin45°=\frac{Q}{2g}v$$

$$\boldsymbol{p}=\frac{2W+Q}{2g}v\boldsymbol{i}+\frac{Q}{2g}v\boldsymbol{j}$$

二、质心运动定理

由于质点系的动量等于质点系的质量与质心速度的乘积，将质点系动量的表达式 $\boldsymbol{p}=m\boldsymbol{v}_C$代入质点系动量定理的微分形式（式 10-10）中，得

$$\frac{\mathrm{d}}{\mathrm{d}t}(m\boldsymbol{v}_C)=\sum_{i=1}^{n}\boldsymbol{F}_i^{(e)}$$

对于质量不变的质点系，上式可改写为：

$$m\frac{\mathrm{d}\boldsymbol{v}_C}{\mathrm{d}t}=\sum_{i=1}^{n}\boldsymbol{F}_i^{(e)}$$

或

$$m\boldsymbol{a}_C=\sum_{i=1}^{n}\boldsymbol{F}_i^{(e)} \tag{10-18}$$

式中 $\boldsymbol{a}_C$——质心的加速度。

式 (10-18) 表明：**质点系的质量与质心加速度的乘积等于作用于质点系外力的矢量和**（即等于外力的主矢)。这个结论称为**质心运动定理**。

形式上，质心运动定理与质点的动力学基本方程 $m\boldsymbol{a}=\Sigma\boldsymbol{F}$ 完全相似，因此质心运动定理也可叙述如下：质点系质心的运动，可以看成为一个质点的运动，设想此质点集中了整个质点系的质量及其所受的外力。

由质心运动定理可知，质点系的内力不影响质心的运动，只有外力才能改变质心的运动。质心运动定理是矢量式，应用时取投影形式。

质心运动定理在直角坐标轴上和在自然轴上的投影式分别为：

$$\left.\begin{aligned} ma_{Cx} &= \Sigma F_x^{(e)} \\ ma_{Cy} &= \Sigma F_y^{(e)} \\ ma_{Cz} &= \Sigma F_z^{(e)} \end{aligned}\right\} \tag{10-19}$$

和

$$\left.\begin{aligned} m\frac{v_C^2}{\rho} &= \Sigma F_n^{(e)} \\ m\frac{dv_C}{dt} &= \Sigma F_\tau^{(e)} \\ \Sigma F_b^{(e)} &= 0 \end{aligned}\right\} \tag{10-20}$$

因为质心运动定理中不包含质点系的内力，所以，如果已知质心的运动规律，可求出作用于质点系上的外力；如果已知作用于质点系上的外力和质心运动的初始条件，可以确定质心的运动规律。

下面应用质心运动定理对实例进行分析。

图 10-9 所示为一汽车向左加速行驶时的受力图，包括汽车重力 $\boldsymbol{P}$，两轮分别受到的地面约束反力 $\boldsymbol{F}_{N1}$ 和 $\boldsymbol{F}_{N2}$，滚动阻力偶 M_{f1}，M_{f2} 和空气阻力 $\boldsymbol{F}_r$。此外，对于后轮驱动的汽车，发动机汽缸内气体的爆炸力是汽车的内力，它通过传动机构作用在两后轮上按逆时针转向的内主动力偶 M，使后轮上与地面相接触的点产生向后滑动的趋势，这样，地面对后轮便作用有方向向前的摩擦力 $\boldsymbol{F}_1$。由于汽车的前轮是从动轮，在后轮上内主动力偶 M 的作用下，前轮上与地面相接触的点便产生向前的滑动趋势，因而前轮受到方向向后的摩擦力 $\boldsymbol{F}_2$。根据质心运动定理在 x 方向的投影式（10-19），有

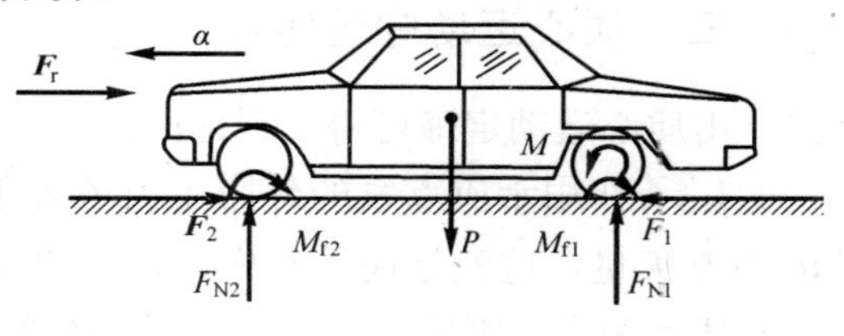

图 10-9

$$ma_C = F_1 - F_2 - F_r$$

式中 m，a_C——分别是汽车的质量和质心加速度。

该式表明，后轮上受到的摩擦力 $\boldsymbol{F}_1$ 即为汽车的驱动力。在汽车行驶时，只有 $\boldsymbol{F}_1 > \boldsymbol{F}_2 + \boldsymbol{F}_r$ 时，才能使其质心获得向前的加速度，从而使汽车向前加速行驶。

图 10-10 所示炮弹是有大小的物体，出口时绕自身对称轴高速旋转。如果忽略空气阻力，则炮弹质心的运动就是只受重力作用的抛物线运动；如果中途爆炸成许多碎片，碎片的运动各不相同，但全部碎片的质心仍然继续作抛物线运动，直到有一个碎片着地。

跳水运动员离开跳台后如图 10-11 所示，忽略空气阻力，其质心（由于人体各部分的相对运动，它不一定在人体上的固定位置处）作抛物线运动，运动员可

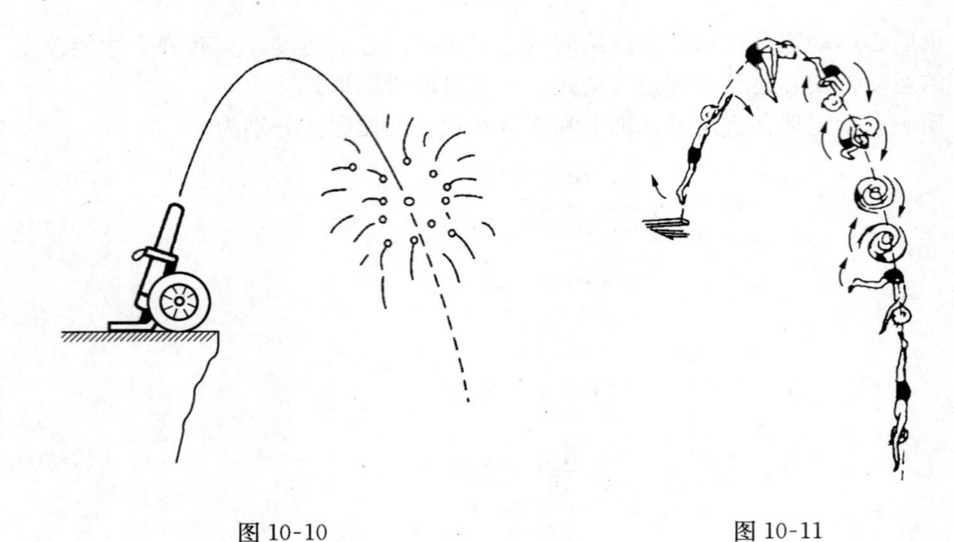

图 10-10　　图 10-11

以在空中作各种翻滚转体的花样动作，但都不能改变质心的抛物线运动规律；因为运动员施加的都是人体系统的内力，而系统内力是不能改变系统质心的运动的。

三、质心运动守恒定律

由质心运动定理可得下列推论：

1. 若作用于质点系的外力主矢恒等于零，则由式（10-18）得 $m\boldsymbol{a}_{\mathrm{C}}=0$，即 $\boldsymbol{v}_{\mathrm{C}}=$常矢量，这就是说质心作匀速直线运动；若初始时质心速度为零，则质心位置始终保持不变。

2. 若质点系所受外力的主矢不为零，但它在某坐标轴上投影的代数和恒等于零，例如 $\Sigma F_{xi}^{(\mathrm{e})}=0$，则由式（10-19）得 $ma_{\mathrm{C}x}=0$，即 $v_{\mathrm{C}x}=$常量。这就是说质心速度在 x 轴上投影保持不变；若初始时质心速度在该轴上投影等于零，则质心沿该轴的坐标保持不变。

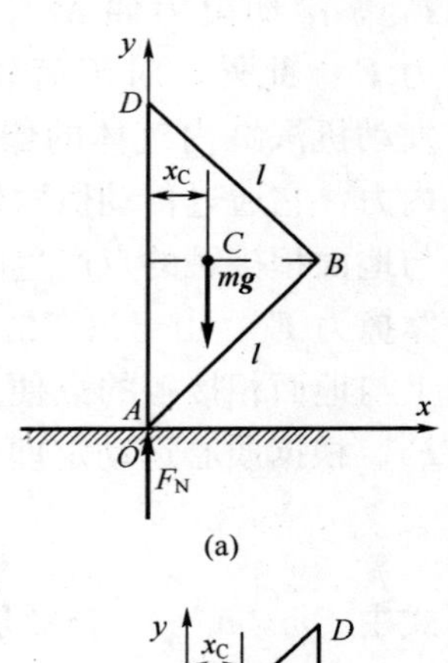

(a)

上述结论称为**质心运动守恒定律**。

【例 10-6】 直角等腰三角形均质板 ABD，直角边 AB 长为 l，在图 10-12（a）所示位置时，AD 边垂直于支承面。取静坐标系如图，若摩擦不计，试求三角形板在图示平面内由图 10-12（a）位置无初速倒下，AB 边与地面相碰时，点 A 距坐标原点的距离。

【解】 1. 取三角形板为研究对象。

2. 分析受力，画受力图，如图 10-12（a）所示。三角形板受重力和地面法向反力作用，水平方向不受外力，三角形板在 x 方向动量守恒。

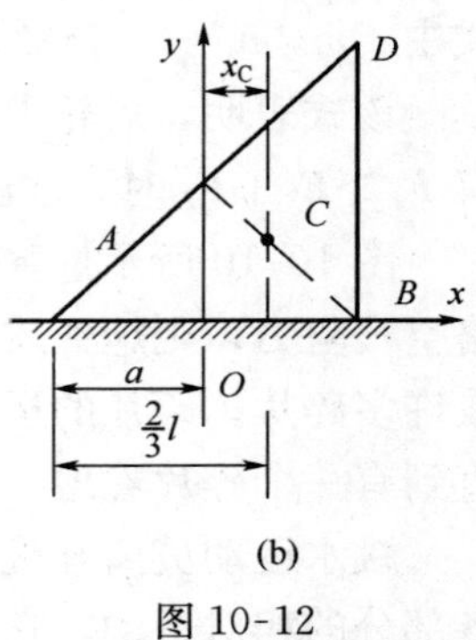

(b)

图 10-12

3. 分析运动。因为 $v_{cx0}=0$，质心的 x 坐标始终保持不变，所以，三角形板在倒下的过程中，质心的轨迹为铅垂直线。

4. 运用质心运动守恒定律求解。三角形板在 x 方向质心运动守恒，即 $x_C=$ 常数，由图可知

$$x_C=\frac{1}{3}\times\frac{\sqrt{2}}{2}l$$

AB 落地后，$a=\frac{2}{3}l-x_C=\frac{2}{3}l-\frac{\sqrt{2}}{6}l=\frac{l}{6}(4-\sqrt{2})$

注意：对于这类单个刚体初始静止，求其倾倒后某点位置的问题，不管刚体形状如何，其共性是：质心在水平方向位置不变，质心的轨迹是一铅垂直线，画出初始和终了两个状态刚体的位置，可很直观地看出其结果。

【例 10-7】 如图 10-13 所示，在静止的小船上，一人自船头走到船尾，设人质量为 m_2，船的质量为 m_1，船长 l，水的阻力不计。求船的水平位移。

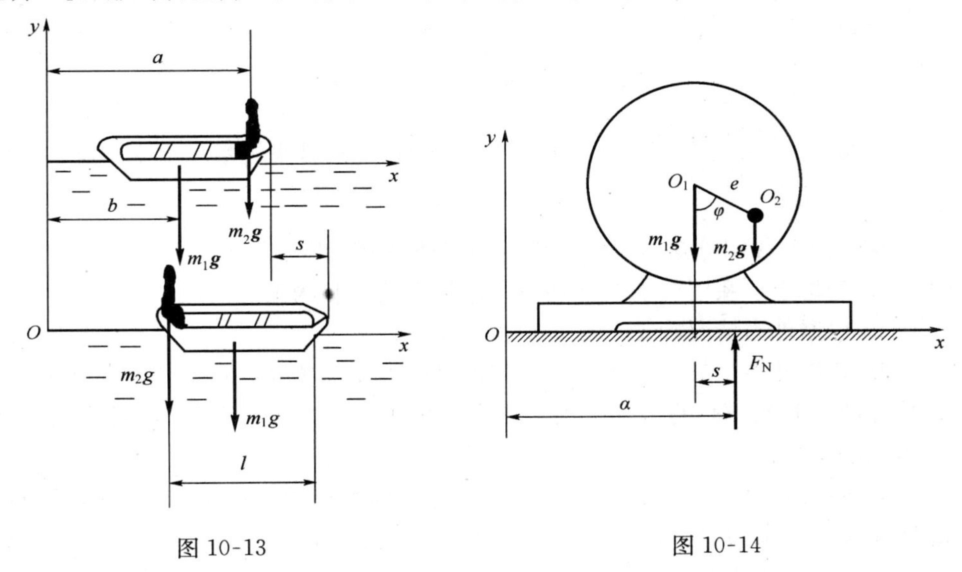

图 10-13　　　　图 10-14

【解】 取人与船组成质点系。因不计水的阻力，故外力在水平轴上的投影等于零，因此质心在水平轴上的坐标保持不变。取坐标轴如图所示。在人走动前，质心的坐标为

$$x_{C1}=\frac{m_2a+m_1b}{m_2+m_1}$$

人走到船尾时，船移动的距离为 s，则质心的坐标为

$$x_{C2}=\frac{m_2(a-l+s)+m_1(b+s)}{m_2+m_1}$$

由于质心在 x 轴上的坐标不变，即 $x_{C1}=x_{C2}$，解得

$$s=\frac{m_2l}{m_2+m_1}$$

【例 10-8】 如图 10-14 所示，设例 10-2 中的电动机没有螺栓固定，各处摩擦不计，初始时电动机静止，求转子以匀角速度 ω 转动时电动机外壳的运动。

【解】 电动机受到的作用力有外壳的重力，转子的重力和地面的法向反力。

因为电动机在水平方向没有受到外力，且初始为静止，因此系统质心的坐标 x_C 保持不变。取坐标轴如图所示。转子在静止时，设 $x_{C1}=a$。当转子转过角度 φ 时，定子应向左移动，设移动距离为 s，则质心坐标为

$$x_{C2}=\frac{m_1(a-s)+m_2(a+e\sin\varphi-s)}{m_1+m_2}$$

因为在水平方向质心守恒，所以有 $x_{C1}=x_{C2}$，解得

$$s=\frac{m_2}{m_1+m_2}e\sin\varphi$$

由此可见，当转子偏心的电动机未用螺栓固定时，将在水平面上作往复运动。顺便指出，支承面的法向反力的最小值已由例 10-2 求得，为

$$F_{y\min}=(m_1+m_2)g-m_2e\omega^2$$

当 $\omega>\sqrt{\dfrac{m_1+m_2}{m_2e}g}$ 时，有 $F_{y\min}<0$，如果电动机未用螺栓固定，将会离地跳起来。

综合以上各例可知，应用质心运动定理解题的步骤如下：

1. 分析质点系所受的全部外力，包括主动力和约束反力；

2. 根据外力情况确定质心运动是否守恒；

3. 如果外力主矢等于零，且在初始时质点系为静止，则质心坐标保持不变；计算在两个时刻质心的坐标（用各质点坐标表示），令其相等，即可求得所要求的质点的位移；

4. 如果外力主矢不等于零，计算质心坐标，求质心的加速度，然后应用质心运动定理求未知力，若质点系上作用的未知力在某一方向有两个以上，则应用质心运动定理只能求出它们在这个方向投影的代数和；

5. 在外力已知的条件下，欲求质心的运动规律，与求质点的运动规律相同。

小　　结（知识结构图）

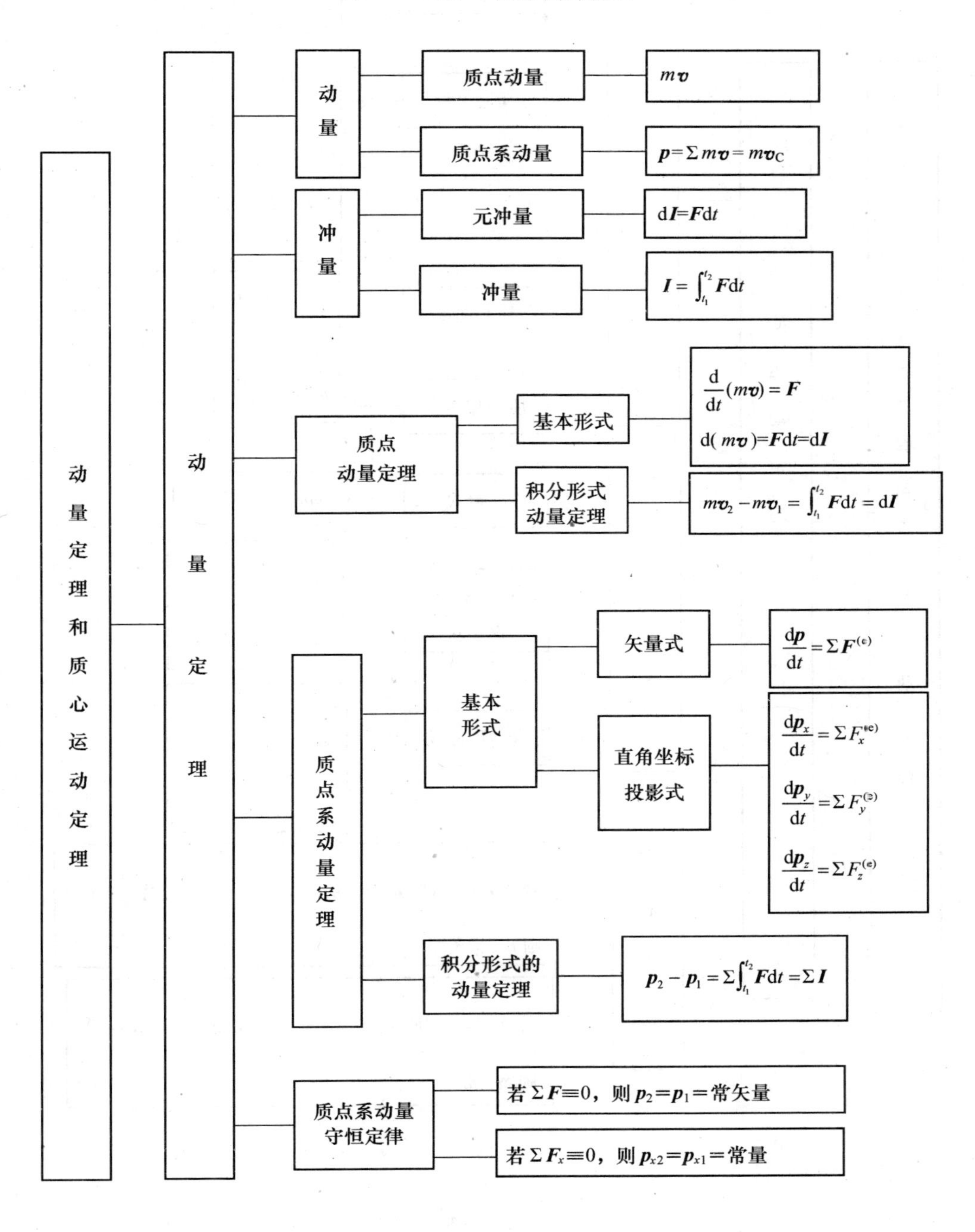

动量定理和质心运动定理
动量定理
动量
质点动量
$m\boldsymbol{v}$
质点系动量
$\boldsymbol{p}=\Sigma m\boldsymbol{v}=m\boldsymbol{v}_C$
冲量
元冲量
$\mathrm{d}\boldsymbol{I}=\boldsymbol{F}\mathrm{d}t$
冲量
$\boldsymbol{I}=\int_{t_1}^{t_2}\boldsymbol{F}\mathrm{d}t$
质点动量定理
基本形式
$\frac{\mathrm{d}}{\mathrm{d}t}(m\boldsymbol{v})=\boldsymbol{F}$
$\mathrm{d}(m\boldsymbol{v})=\boldsymbol{F}\mathrm{d}t=\mathrm{d}\boldsymbol{I}$
积分形式动量定理
$m\boldsymbol{v}_2-m\boldsymbol{v}_1=\int_{t_1}^{t_2}\boldsymbol{F}\mathrm{d}t=\mathrm{d}\boldsymbol{I}$
质点系动量定理
基本形式
矢量式
$\frac{\mathrm{d}\boldsymbol{p}}{\mathrm{d}t}=\Sigma\boldsymbol{F}^{(e)}$
直角坐标投影式
$\frac{\mathrm{d}p_x}{\mathrm{d}t}=\Sigma F_x^{(e)}$
$\frac{\mathrm{d}p_y}{\mathrm{d}t}=\Sigma F_y^{(e)}$
$\frac{\mathrm{d}p_z}{\mathrm{d}t}=\Sigma F_z^{(e)}$
积分形式的动量定理
$\boldsymbol{p}_2-\boldsymbol{p}_1=\Sigma\int_{t_1}^{t_2}\boldsymbol{F}\mathrm{d}t=\Sigma\boldsymbol{I}$
质点系动量守恒定律
若$\Sigma\boldsymbol{F}\equiv0$，则$\boldsymbol{p}_2=\boldsymbol{p}_1=$常矢量
若$\Sigma F_x\equiv0$，则$p_{x2}=p_{x1}=$常量

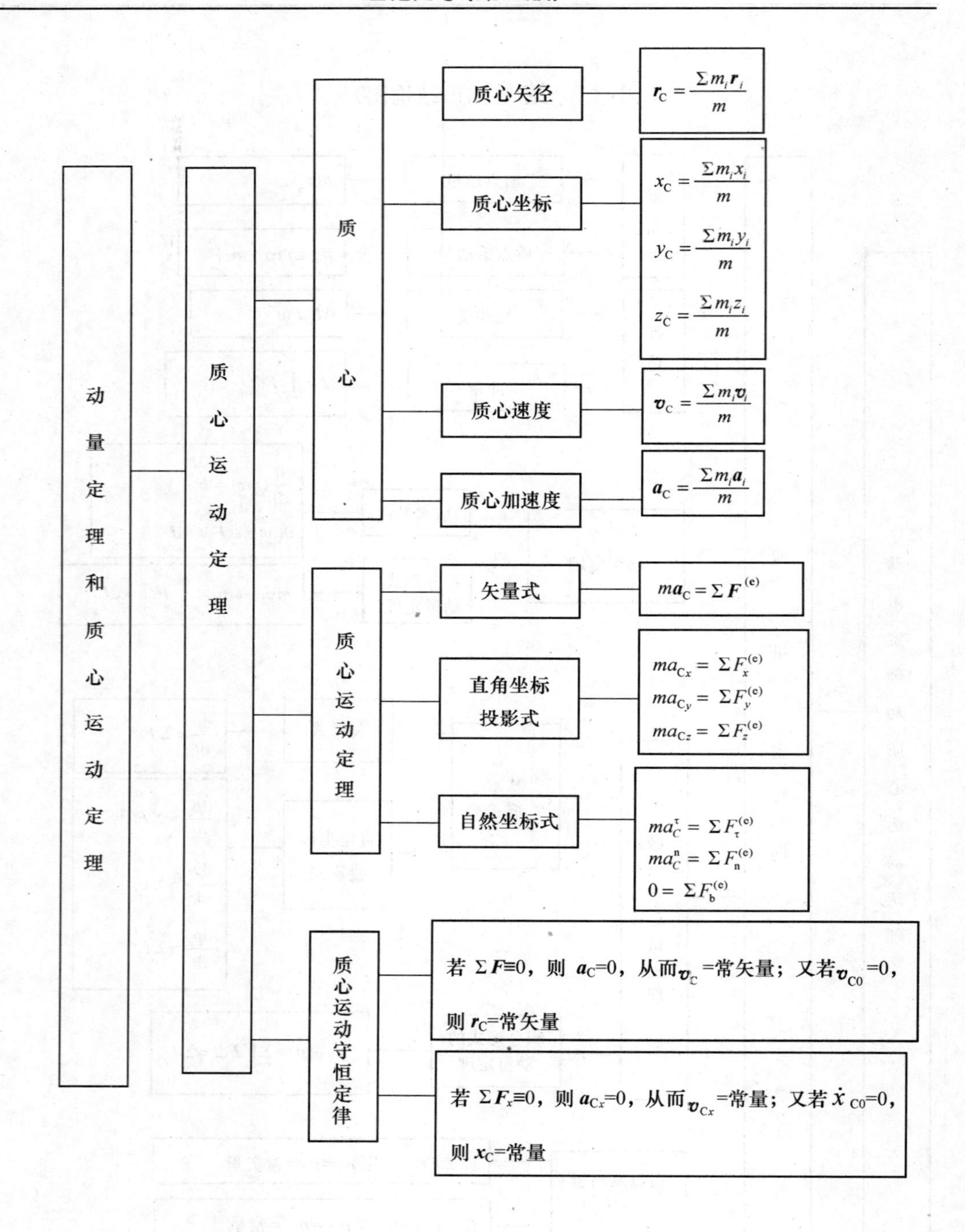

思 考 题

10-1 冲量是力对时间的积累效应，时间越长，变力的冲量值是否也越大？

10-2 已知质量为 m 的某质点在变力作用下经过 5s 的时间，速度由 $v_1=2i+3j+3k$ 变为 $v_2=4i+2j-4k$，试求变力的冲量。

10-3 炮弹飞出炮膛后，如无空气阻力，质心沿抛物线运动。炮弹爆炸后，质心运动规律不变。若有一块碎片落地，质心是否还沿原抛物线运动？为什么？

10-4 如图 10-15 所示三个相同的匀质圆盘放在光滑水平面上，在圆盘上分别作用水平力 $\boldsymbol{F}$、$\boldsymbol{F}'$和力偶矩为 M 的力偶，使圆盘同时由静止开始运动。设 $F=F'$，$M=Fr$，试问哪个圆盘的质心 C 运动得快，为什么？

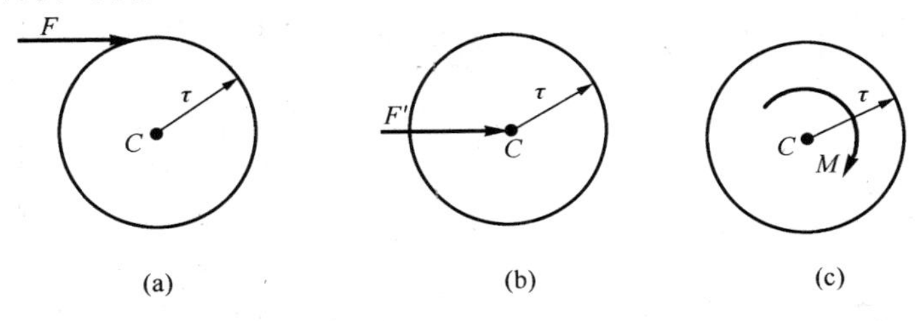

图 10-15

10-5 二物块 A 和 B，质量分别为 m_A 和 m_B，初始静止。如 A 沿斜面下滑的相对速度为 v_r，如图 10-16 所示。设 B 向左的速度为 v，根据动量守恒定律，有 $m_A v_r \cos\theta = m_B v$ 对吗？

10-6 如图 10-17 所示半圆柱质心为 C，放在水平面上。将其在图示位置无初速释放后，在下述两种情况下，质心将怎样运动？（1）圆柱与水平面间无摩擦。（2）圆柱与水平间有很大的摩擦系数。

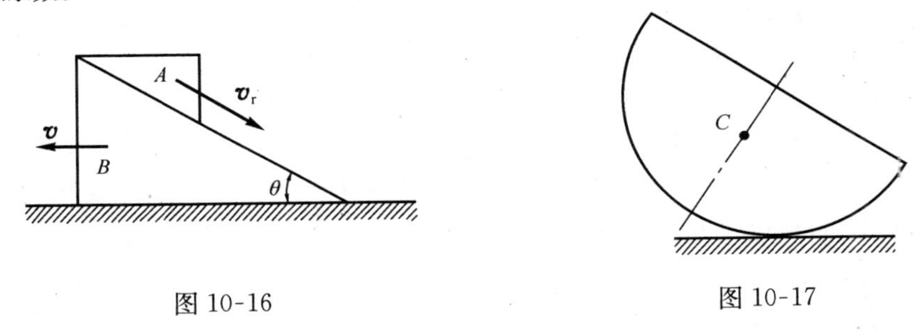

图 10-16　　图 10-17

习　题

10-1 汽车以 3km/h 的速度在平直道上行驶。设车轮在制动后立即停止转动。问车轮对地面的动滑动摩擦系数 f 应为多大方能使汽车在制动后 6s 停止。

10-2 求图示各均质物体的动量。设各物体质量皆为 m。

10-3 图示浮动起重机举起质量 $m_1=2000$kg 的重物。设起重机质量 $m_2=20000$kg，杆长 $OA=8$m；开始时杆与铅直位置呈 60°角，水的阻力和杆重均略去不计。当起重杆 OA 转到与铅直位置呈 30°角时，求起重机的位移。

10-4 三个重物的质量分别为 $m_1=20$kg，$m_2=15$kg，$m_3=10$kg，由一绕过两个定滑轮 M 和 N 的绳子相连接，如图所示。当重物 m_1 下降时，重物 m_2 在四棱柱 $ABCD$ 的上面向右移动，而重物 m_3 则沿侧面 AB 上升。四棱柱体的质量 $m=100$kg。如略去一切摩擦和滑轮、绳子的质量，求当物块 m_1 下降 1m 时，四棱柱体相对于地面的位移。

10-5 图示水平面上放一均质三棱柱 A，在其斜面上又放一均质三棱柱 B。两三棱柱的横截面均为直角三角形。三棱柱 A 的质量 m_A 为三棱 B 质量 m_B 的三倍，其尺寸如图示。设各处摩擦不计，初始时系统静止。求当三棱柱 B 沿三棱柱 A 滑下接触到水平面时，三棱柱 A 移动的距离。

10-6 椭圆摆由一滑块 A 与小球 B 所构成。滑块的质量为 m_1，可沿光滑水平面滑动；小

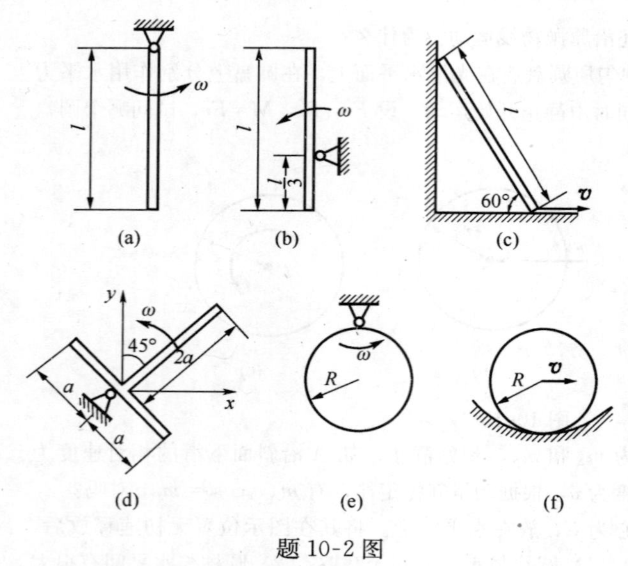

题 10-2 图

球的质量为 m_1，用长为 l 的杆 AB 与滑块相连。在运动的初瞬时，杆与铅垂线的偏角为 φ_0，且无初速地释放。不计杆的质量，求滑块 A 的位移，用偏角 φ 表示。

10-7 如图所示，均质杆 AB，长 l，直立在光滑的水平面上。求它从铅直位置无初速地倒下时，端点 A 相对图示坐标系的轨迹。

10-8 平台车质量 $m_1=500\text{kg}$，可沿水平轨道运动。平台车上站有一人，质量 $m_2=70\text{kg}$，车与人以共同速度 v_0 向右方运动。如人相对平台车以速度 $v_r=2\text{m/s}$ 向左方跳出，不计平台车水平方向的阻力及摩擦，问平台车增加的速度为多少?

10-9 在图示系统中，均质杆 OA，OB 与均质轮的质量均为 m，OA 杆的长度为 l_1，AB 杆的长度为 l_2，轮的半径为 R，轮沿水平面作纯滚动。在图示瞬时，OA 杆的角速度为 ω，求整个系统的动量。

10-10 在图示曲柄滑杆机构中，曲柄以等角速度 ω 绕 O 轴转动。开始时，曲柄 OA 水平向右。已知：曲柄的质量为 m_1，滑块 A 的质量为 m_2，滑杆的质量为 m_3，曲柄的质心在 OA 的中点，$OA=l$；滑杆的质心在点 C，而 $BC=\frac{l}{2}$。求：(1) 机构质量中心的运动方程；(2) 作用在点 O 的最大水平力。

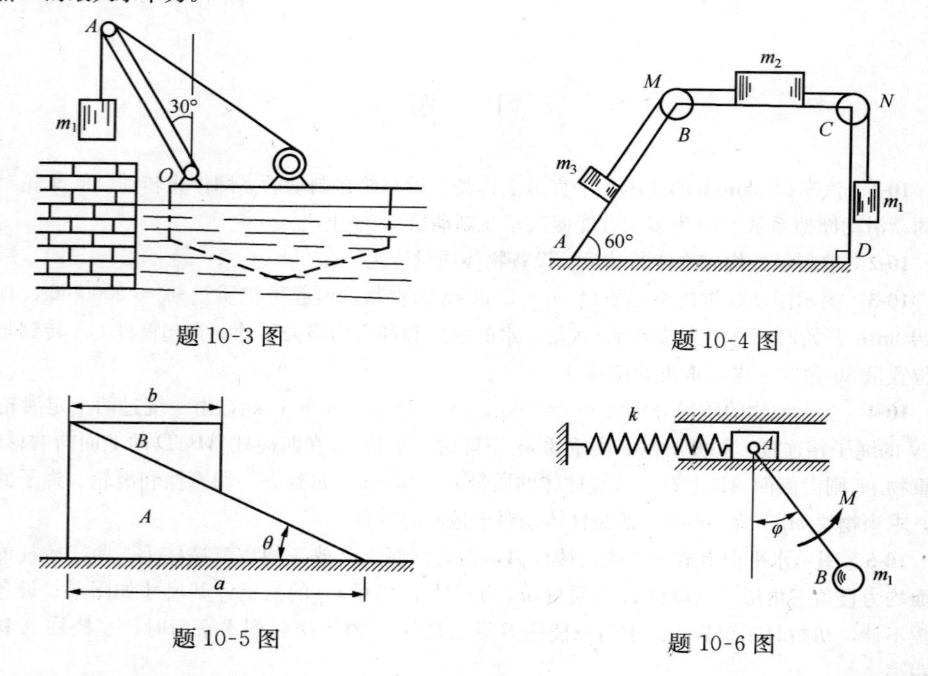

题 10-3 图

题 10-4 图

题 10-5 图

题 10-6 图

10-11 图示质量为 m，半径为 R 的均质半圆形板，受力偶 M 作用，在铅垂面内绕 O 轴转动，转动的角速度为ω，角加速度为α。C点为半圆板的质心，当OC与水平线成任意角φ时，求此瞬时轴O的约束反力$\left(OC=\frac{4R}{3\pi}\right)$。

10-12 重为P，长为$2l$的均质杆OA绕定轴O转动，设在图示瞬时的角速度为ω，角加速度为α，求此时轴O对杆的约束反力。

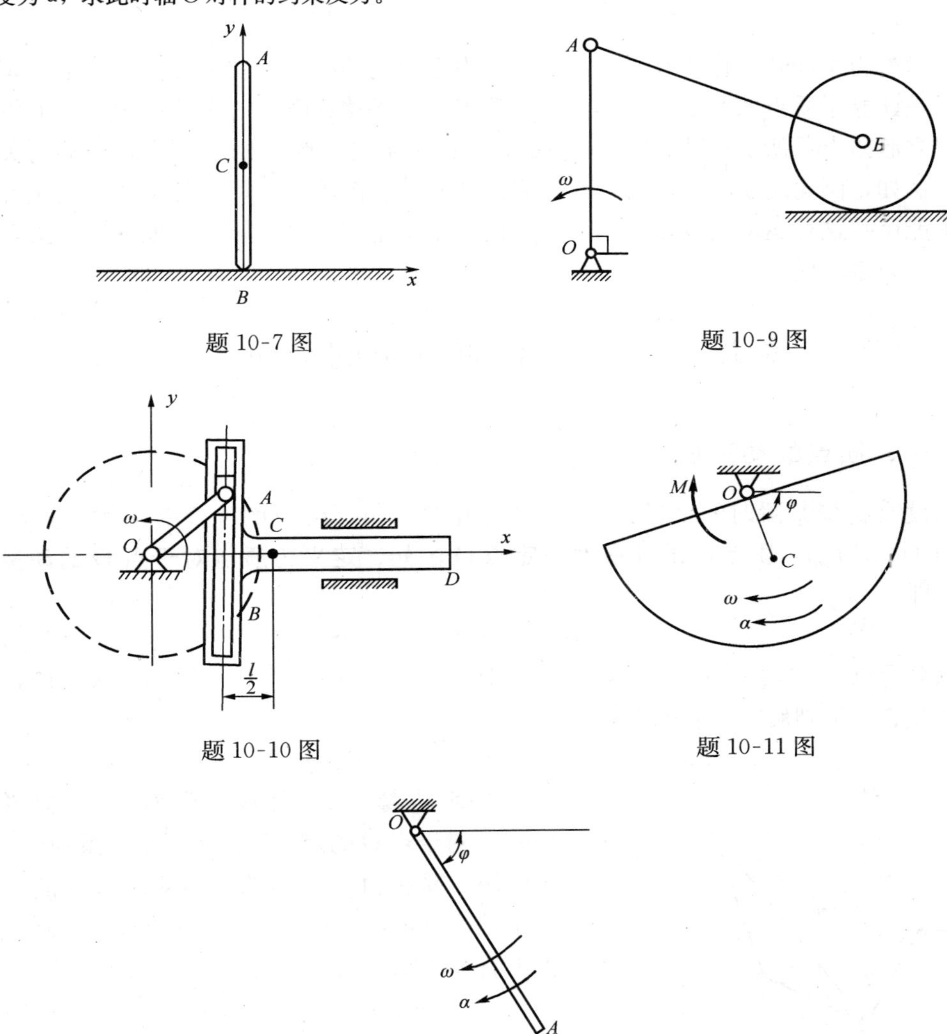

题 10-7 图

题 10-9 图

题 10-10 图

题 10-11 图

题 10-12 图

第11章 动量矩定理

由静力学而知，作用在质点系上的外力系简化的结果为主矢和主矩。动量定理只是建立了质点系所受外力的主矢与质点系的平移或随质心平移的关系，而没有建立起质点系所受外力的主矩与质点系的转动或质点系相对于质心运动的关系，例如，圆轮绕质心转动时，无论它怎样转动，圆轮的动量恒等于零，动量定理不能反映这种运动的规律。本章研究的动量矩定理，可以较方便地解决有关转动的动力学问题。

§11.1 质点和质点系的动量矩

一、质点的动量矩

设质点 Q 某瞬时的动量为 $m\boldsymbol{v}$，质点相对于固定点 O 的位置用矢径 $\boldsymbol{r}$ 表示，如图 11-1 所示。**质点 Q 的动量对于定点 O 的矩，定义为质点对于点 O 的动量矩**，即

$$M_O(m\boldsymbol{v})=\boldsymbol{r}\times m\boldsymbol{v} \tag{11-1}$$

质点对于点 O 的动量矩是矢量，它垂直于矢径 $\boldsymbol{r}$ 与 $m\boldsymbol{v}$ 所形成的平面，矢量的指向按照右手法则确定，它的大小为

$$|M_O(m\boldsymbol{v})|=mv\cdot r\sin\varphi=2\Delta OQA$$

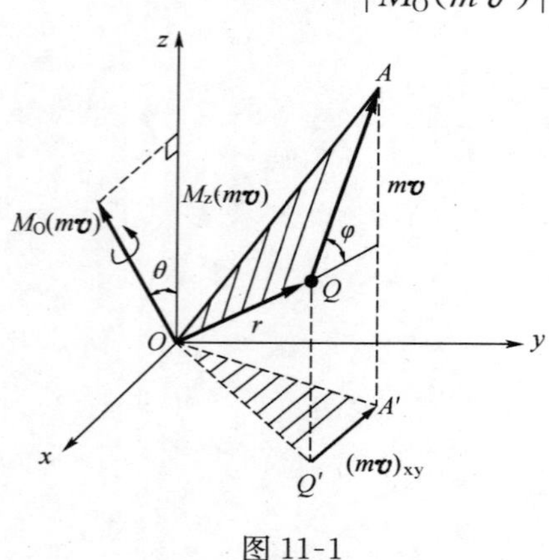

图 11-1

质点动量 $m\boldsymbol{v}$ 在 oxy 平面内的投影 $(m\boldsymbol{v})_{xy}$ 对于点 O 的矩，定义为质点动量对于 z 轴的矩，简称对于 z 轴的动量矩。对轴的动量矩是代数量，其正负号与力对轴之矩类似，可由右手法则来确定。由图 11-1 可见。

$$M_z(m\boldsymbol{v})=\pm 2\Delta OQ'A' \tag{11-2}$$

质点对点 O 的动量矩与对 z 轴的动量矩二者的关系，可仿照静力学中力对点的矩与力对通过该点的轴的矩之间的关系建立，即**质点对点 O 的动量矩矢在 z 轴上的投影，等于对 z 轴的动量矩**，即

$$[\boldsymbol{M}_O(m\boldsymbol{v})]_z=\boldsymbol{M}_z(m\boldsymbol{v}) \tag{11-3}$$

同理，可得

$$\left.\begin{aligned}M_x(m\boldsymbol{v})&=[\boldsymbol{M}_O(m\boldsymbol{v})]_x=m(yv_z-zv_y)\\M_y(m\boldsymbol{v})&=[\boldsymbol{M}_O(m\boldsymbol{v})]_y=m(zv_x-xv_z)\\M_z(m\boldsymbol{v})&=[\boldsymbol{M}_O(m\boldsymbol{v})]_z=m(xv_y-yv_x)\end{aligned}\right\} \tag{11-4}$$

由于质点的动量和空间位置均随时间变化，因此动量矩必然是瞬时量，它表示质点在某瞬时的运动特征。动量矩的物理意义是表征质点绕某定点（或定轴）机械运动强弱的一种度量。在国际单位制中，动量矩的单位是千克·米²/秒（kg·m²/s）或牛顿·米·秒（N·m·s）。

二、质点系的动量矩

质点系对某定点O的动量矩等于各质点对同一点O的动量矩的矢量和，或称为质点系动量对O点的主矩，即

$$\boldsymbol{L}_{\mathrm{O}}=\sum_{i=1}^{n}\boldsymbol{M}_{\mathrm{O}}(m_i\boldsymbol{v}_i)=\sum_{i=1}^{n}(\boldsymbol{r}_i\times m_i\boldsymbol{v}_i) \tag{11-5}$$

式中 $\boldsymbol{r}_i$——第 i 个质点自 O 点出发的矢径；

$m_i\boldsymbol{v}_i$——该质点的动量。

质点系对某定轴 z 的动量矩等于各质点对同一 z 轴动量矩的代数和，即

$$L_z=\sum_{i=1}^{n}M_z(m_i\boldsymbol{v}_i) \tag{11-6}$$

将式（11-4）用于质点系，可得

$$\left.\begin{aligned}L_x&=\sum_{i=1}^{n}m_i(y_iv_{iz}-z_iv_{iy})\\L_y&=\sum_{i=1}^{n}m_i(z_iv_{ix}-x_iv_{iz})\\L_z&=\sum_{i=1}^{n}m_i(x_iv_{iy}-y_iv_{ix})\end{aligned}\right\} \tag{11-7}$$

因 $[L_{\mathrm{O}}]_z=\sum_{i=1}^{n}[\boldsymbol{M}_{\mathrm{O}}(m_i\boldsymbol{v}_i)]_z$，将式（11-3）代入，并注意到式（11-6），得

$$[\boldsymbol{L}_{\mathrm{O}}]_z=L_z \tag{11-8}$$

即质点系对某定点 O 的动量矩矢在通过该点的 z 轴上的投影等于质点系对于该轴的动量矩。

可以根据式（11-5）和式（11-7）计算质点系对 O 点的动量矩或对某一轴的动量矩，但对于刚体这一特殊的质点系，根据其运动特性可使计算过程简化。

1. 平移刚体对 O 点的动量矩

设平移刚体的质量为 m，由于刚体上每个质点的速度均相等，$\boldsymbol{v}_i=\boldsymbol{v}_{\mathrm{C}}$，其速度用 $\boldsymbol{v}$ 表示，根据式（11-5）有

$$\begin{aligned}\boldsymbol{L}_{\mathrm{O}}&=\Sigma(\boldsymbol{r}_i\times m_i\boldsymbol{v}_i)=(\Sigma m_i\boldsymbol{r}_i)\times\boldsymbol{v}_{\mathrm{C}}\\&=m\boldsymbol{r}_{\mathrm{C}}\times\boldsymbol{v}_{\mathrm{C}}=\boldsymbol{r}_{\mathrm{C}}\times m\boldsymbol{v}_{\mathrm{C}}=\boldsymbol{r}_{\mathrm{C}}\times\boldsymbol{p}\end{aligned}$$

式中，$\boldsymbol{r}_{\mathrm{C}}$ 为平移刚体质心对定点 O 的矢径。可见，平移刚体对定点 O 的动量矩等于将刚体全部质量集中于质心的质点对 O 点的动量矩。同理可得平移刚体对固定轴的动量矩。即：计算平移刚体的动量矩时，可将刚体视为质点（全部质量集中于质心）。

2. 定轴转动刚体对转轴的动量矩

设刚体绕轴 z 转动，角速度为 ω；刚体上某质点的质量为 m_i，它到轴 z 的距

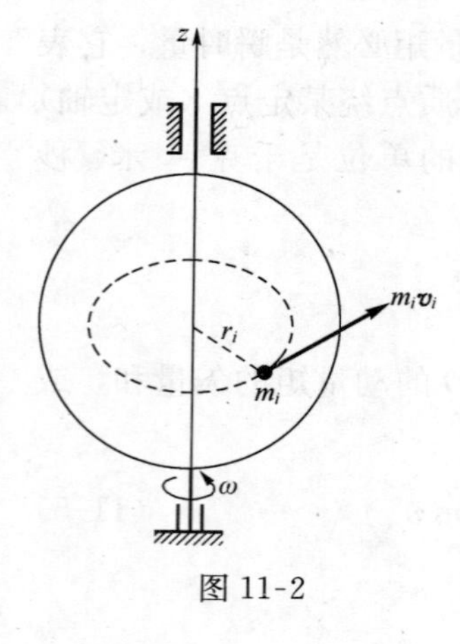

图 11-2

离为 r_i。如图 11-2 所示，由运动学可知，该点速度的大小 $v_i=\omega r_i$，则其动量大小 $m_i v_i=m_i r_i\omega$，所以

$$\begin{aligned}L_z&=\sum_{i=1}^{n}M_z(m_i\boldsymbol{v}_i)=\sum_{i=1}^{n}m_i v_i r_i\\&=\sum_{i=1}^{n}m_i\omega r_i r_i=\omega\sum_{i=1}^{n}m_i r_i^2=J_z\omega\end{aligned}\qquad(11\text{-}9)$$

式中，$\sum_{i=1}^{n}m_i r_i^2=J_z$ 称为刚体对轴 z 的**转动惯量**。

式 (11-9) 表明，**绕定轴转动刚体对其转轴的动量矩，等于刚体对转轴的转动惯量与角速度的乘积**。动量矩的方向和 ω 方向一致（与 ω 具有相同的正负号）。

§11.2 动 量 矩 定 理

一、质点的动量矩定理

设质点对定点 O 的动量矩为 $\boldsymbol{M}_O(m\boldsymbol{v})$，作用力 $\boldsymbol{F}$ 对同一点的矩为 $\boldsymbol{M}_O(\boldsymbol{F})$，如图 11-3 所示。为了寻找质点的动量矩与质点所受外力的关系，将式 (11-1) 对时间 t 求导，得

$$\frac{\mathrm{d}}{\mathrm{d}t}\boldsymbol{M}_O(m\boldsymbol{v})=\frac{\mathrm{d}}{\mathrm{d}t}(\boldsymbol{r}\times m\boldsymbol{v})=\frac{\mathrm{d}\boldsymbol{r}}{\mathrm{d}t}\times m\boldsymbol{v}+\boldsymbol{r}\times\frac{\mathrm{d}}{\mathrm{d}t}(m\boldsymbol{v})$$

根据质点动量定理 $\frac{\mathrm{d}}{\mathrm{d}t}(m\boldsymbol{v})=\boldsymbol{F}$，且 O 为定点，有 $\frac{\mathrm{d}\boldsymbol{r}}{\mathrm{d}t}=\boldsymbol{v}$，则上式可改写为

$$\frac{\mathrm{d}}{\mathrm{d}t}\boldsymbol{M}_O(m\boldsymbol{v})=\boldsymbol{v}\times m\boldsymbol{v}+\boldsymbol{r}\times\boldsymbol{F}$$

因为 $\boldsymbol{v}\times m\boldsymbol{v}=0$，而 $\boldsymbol{r}\times\boldsymbol{F}=\boldsymbol{M}_O(\boldsymbol{F})$ 为 $\boldsymbol{F}$ 力对 O 点之矩。于是得

$$\frac{\mathrm{d}}{\mathrm{d}t}\boldsymbol{M}_O(m\boldsymbol{v})=\boldsymbol{M}_O(\boldsymbol{F})\qquad(11\text{-}10)$$

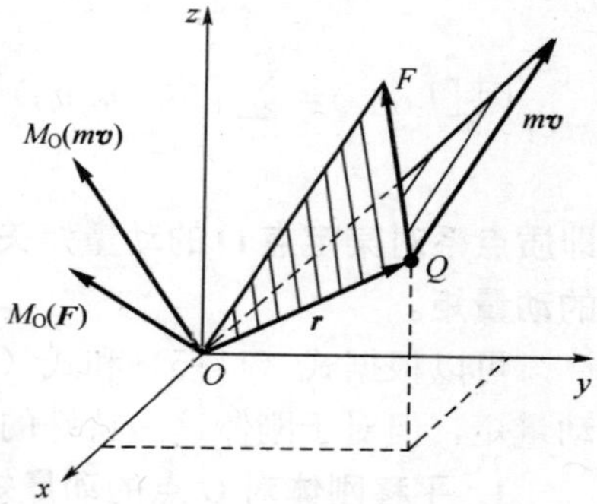

图 11-3

式 (11-10) 为**质点动量矩定理：质点对某定点的动量矩对时间的一阶导数，等于作用力对同一点的矩**。

取式 (11-10) 在直角坐标轴上的投影式，并将对点的动量矩与对轴的动量矩的关系式 (11-3) 代入，得

$$\left.\begin{aligned}\frac{\mathrm{d}}{\mathrm{d}t}M_x(m\boldsymbol{v})&=M_x(\boldsymbol{F})\\\frac{\mathrm{d}}{\mathrm{d}t}M_y(m\boldsymbol{v})&=M_y(\boldsymbol{F})\\\frac{\mathrm{d}}{\mathrm{d}t}M_z(m\boldsymbol{v})&=M_z(\boldsymbol{F})\end{aligned}\right\}\qquad(11\text{-}11)$$

即：**质点对某定轴的动量矩对时间的一阶导数，等于作用力对于同一轴的矩。**

二、质点动量矩守恒定律

如果作用于质点的力对于某定点 O 的矩恒等于零，则由式（11-1C）知，质点对该点的动量矩保持不变，即

$$\boldsymbol{M}_{\mathrm{O}}(m\boldsymbol{v}) = \text{常矢量}$$

如果作用于质点的力对于某定轴的矩恒等于零，则由式（11-11）知，质点对该轴的动量矩保持不变。例如 $M_z(\boldsymbol{F})=0$，则

$$M_z(m\boldsymbol{v}) = \text{常量}$$

以上结论称为**质点动量矩守恒定律。**

三、质点系的动量矩定理

设质点系内有 n 个质点，作用于每个质点的力分为内力 $\boldsymbol{F}_i^{(i)}$ 和外力 $\boldsymbol{F}_i^{(e)}$。根据质点的动量矩定理有

$$\frac{\mathrm{d}}{\mathrm{d}t}\boldsymbol{M}_{\mathrm{O}}(m_i\boldsymbol{v}_i) = \boldsymbol{M}_{\mathrm{O}}(\boldsymbol{F}_i^{(i)}) + \boldsymbol{M}_{\mathrm{O}}(\boldsymbol{F}_i^{(e)})$$

这样的方程共有 n 个，相加后得

$$\sum_{i=1}^{n}\frac{\mathrm{d}}{\mathrm{d}t}\boldsymbol{M}_{\mathrm{O}}(m_i\boldsymbol{v}_i) = \sum_{i=1}^{n}\boldsymbol{M}_{\mathrm{O}}(\boldsymbol{F}_i^{(i)}) + \sum_{i=1}^{n}\boldsymbol{M}_{\mathrm{O}}(\boldsymbol{F}_i^{(e)})$$

由于内力总是大小相等、方向相反地成对出现，故所有内力对 O 点的矩的矢量和（即内力对 O 点的主矩）恒等于零，因此上式右端的第一项

$$\sum_{i=1}^{n}\boldsymbol{M}_{\mathrm{O}}(\boldsymbol{F}_i^{(i)}) = 0$$

上式左端为

$$\sum_{i=1}^{n}\frac{\mathrm{d}}{\mathrm{d}t}M_{\mathrm{O}}(m_i\boldsymbol{v}_i) = \frac{\mathrm{d}}{\mathrm{d}t}\sum_{i=1}^{n}M_{\mathrm{O}}(m_i\boldsymbol{v}_i) = \frac{\mathrm{d}}{\mathrm{d}t}\boldsymbol{L}_{\mathrm{O}}$$

于是得

$$\frac{\mathrm{d}}{\mathrm{d}t}L_{\mathrm{O}} = \sum_{i=1}^{n}M_{\mathrm{O}}(\boldsymbol{F}_i^{(e)}) \tag{11-12}$$

式（11-12）为**质点系动量矩定理：质点系对于某定点 O 的动量矩对时间的导数，等于作用于质点系上所有外力对于同一点的矩的矢量和（外力对点 O 的主矩）。**

应用时，取投影式

$$\left.\begin{aligned}\frac{\mathrm{d}L_{\mathrm{x}}}{\mathrm{d}t} &= \sum_{i=1}^{n}M_{\mathrm{x}}(\boldsymbol{F}_i^{(e)})\\ \frac{\mathrm{d}L_{\mathrm{y}}}{\mathrm{d}t} &= \sum_{i=1}^{n}M_{\mathrm{y}}(\boldsymbol{F}_i^{(e)})\\ \frac{\mathrm{d}L_{\mathrm{z}}}{\mathrm{d}t} &= \sum_{i=1}^{n}M_{\mathrm{z}}(\boldsymbol{F}_i^{(e)})\end{aligned}\right\} \tag{11-13}$$

即：**质点系对于某定轴的动量矩对时间的导数，等于作用于质点系上所有外力对**

同一轴的矩的代数和。

必须指出，上述动量矩定理的表达式只适用于对固定点或固定轴。对于一般的动点和动轴，其动量矩定理具有较复杂的表达式。

四、质点系动量矩守恒定律

由质点系动量矩定理可知：质点系的内力不能改变质点系的动量矩，只有作用于质点系的外力才能使质点系的动量矩发生变化。

下面讨论两种特殊情况：

1. 在式（11-12）中，如外力系对定点 O 的主矩 $\sum_{i=1}^{n}\boldsymbol{M}_O(\boldsymbol{F}_i^{(e)})=0, \boldsymbol{L}_O=$ 常矢量。

2. 在式（11-13）中，若外力系对定轴 z 的主矩 $\Sigma M_z(\boldsymbol{F}_i^{(e)})=0$，则 $L_z=$ 常量。

可见，当外力对于某定点（或某定轴）的主矩（或力矩的代数和）等于零时，质点系对于该点（或该轴）的动量矩保持不变。这就是质点系动量矩守恒定律。

【例 11-1】 两个重物 M_1 和 M_2 重量为 G_1，G_2，分别挂在两条绳上，两绳又分别绕在半径为 r_1 和 r_2 的鼓轮的两个轮上。已知鼓轮对转轴 O 的转动惯量为 J，系统在重力作用下发生转动，求鼓轮的角加速度。

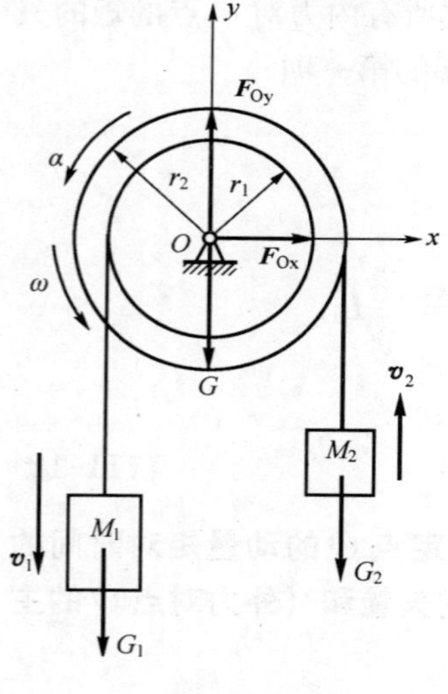

图 11-4

【解】 此题是已知主动力求角加速度问题，可用动量矩定理求解。

研究对象：由鼓轮和重物 M_1，M_2 所组成的系统。

受力分析：外力有重物的重力 G_1，G_2，鼓轮重力 G 和轴承反力 $\boldsymbol{F}_{Ox}$，$\boldsymbol{F}_{Oy}$，如图 11-4 所示。

运动分析：重物作平移，可作质点处理，鼓轮作定轴转动，设角速度为 ω，转向为逆时针，则有运动学关系

$v_1=r_1\omega$，$v_2=r_2\omega$，方向如图 11-4 所示。

以逆时针为正，系统对轴 O 的动量矩为

$$L_O=J\omega+\frac{G_1}{g}r_1v_1+\frac{G_2}{g}r_2v_2=\left[J+\frac{G_1}{g}r_1^2+\frac{G_2}{g}r_2^2\right]\omega$$

动量矩对时间的一阶导数为

$$\frac{\mathrm{d}L_O}{\mathrm{d}t}=\left(J+\frac{G_1}{g}r_1^2+\frac{G_2}{g}r_2^2\right)\alpha$$

外力对轴 O 之矩的代数和为

$$\Sigma M_O(\boldsymbol{F}^{(e)})=G_1r_1-G_2r_2$$

由动量矩定理 $\frac{\mathrm{d}L_O}{\mathrm{d}t}=\Sigma M_O(F^{(e)})$ 得

$$\left(J+\frac{G_1}{g}r_1^2+\frac{G_2}{g}r_2^2\right)\alpha=G_1r_1-G_2r_2$$

解之得鼓轮的角加速度为

$$\alpha=\frac{(G_1r_1-G_2r_2)g}{Jg+G_1r_1^2+G_2r_2^2}$$

显然当 $G_1r_1>G_2r_2$ 时，α 转向为逆时针，反之为顺时针。

注意：1. 平移刚体对固定点、固定轴之矩，等于刚体质心动量对该点或该轴之矩。

2. 动量矩的正向和力矩的正向要一致。动量矩的正、负号较易出错，要引起重视。

【例 11-2】 水平圆台可绕通过其中心 O 的竖直轴 z 转动（见图 11-5）。圆台半径为 R，质量为 m_1，可视为均质圆盘。质量为 m_2 的人以大小不变的相对速度 v_r 在圆台上行走，他到 z 轴的距离为 r 保持不变。设开始时圆台和人都是静止的，求人走动后圆台绕 z 轴转动的角速度 ω，不计轴承 A，B 的摩擦和空气阻力。

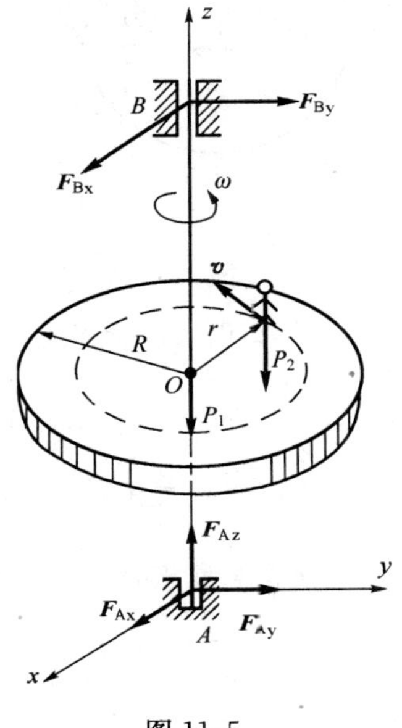

图 11-5

【解】 取人、圆台连同轴所组成的系统为研究对象。

圆台作定轴转动；人相对于圆台作圆周运动，相对速度为 v_r，人的绝对运动是圆周运动；设牵连速度 $v_e=r\omega$，方向与 v_r 相同，人的绝对速度 $v_a=r\omega+v_r$，方向也与 v_r 相同。

作用于系统的外力有重力 $\boldsymbol{P}_1$，$\boldsymbol{P}_2$ 和轴承反力 $\boldsymbol{F}_{Ax}$，$\boldsymbol{F}_{Ay}$，$\boldsymbol{F}_{Az}$，$\boldsymbol{F}_{Bx}$，$\boldsymbol{F}_{By}$，它们对 z 轴的力矩都恒等于零，即 $\Sigma M_z(\boldsymbol{F}^{(e)})=0$，而且系统由静止开始运动，故知系统在运动过程中，对 z 轴的动量矩始终保持为零。即

$$L_z=L_{z0}=0$$

$$L_z=J_z\omega+m_2v\cdot r=\left[\frac{1}{2}m_1R^2\right]\omega+m_2(v_r+r\omega)r=0$$

其中
$$J_z=\frac{1}{2}m_1R^2$$

解出
$$\omega=-\frac{2m_2v_rr}{m_1R^2+2m_2r^2}$$

式中负号表示 ω 的转向与图示相反。

【例 11-3】 如图 11-6 所示，飞轮在力矩 $M_0\cos\omega t$ 作用下绕铅垂轴转动，沿飞轮轮辐有两个质量均为 m 的重物，其作周期运动，初瞬时，$r=r_0$，问 r 应满足什么条件，才能使飞轮以匀角速度 ω 转动。

【解】 此系统由作定轴转动的轮子和轨迹为平面曲线的两质点组成，待求量为运动量 r。此系统上有外力偶作用，动量矩不守恒，应该用动量矩定理求解。

1. 取系统为研究对象。

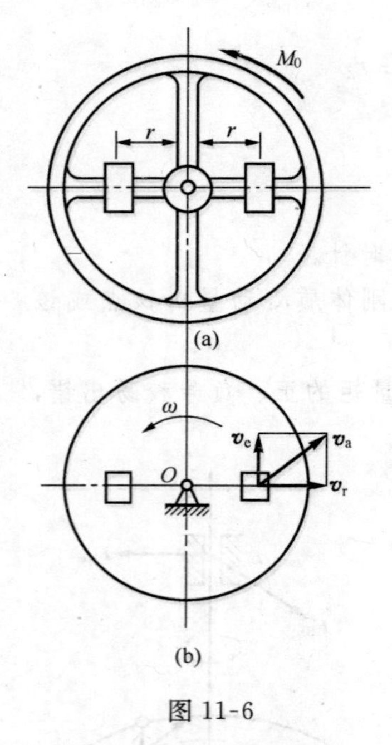

图 11-6

2. 分析受力，画受力图。系统所受的重力、支座反力对转轴无矩，外力偶 M 对轴有矩，如图 11-6 (a) 所示。

3. 分析运动。飞轮作定轴转动，两重物随飞轮转动，又相对于轮辐运动，视其为质点，它们的运动轨迹为平面曲线。

4. 应用质点系对轴的动量矩定理求解，有

$$\frac{dL_O}{dt}=\Sigma M_O(F_i^{(e)})$$

式中 $L_O=J_{轮}\,\omega+2M_0(m\boldsymbol{v}_a)$

取重物为动点，飞轮为动系

$$\boldsymbol{v}_a=\boldsymbol{v}_e+\boldsymbol{v}_r$$

因为 v_r过点 O

$$M_O(m\boldsymbol{v}_a)=M_O(m\boldsymbol{v}_e)$$

$$v_e=r\omega$$

$$L_O=J_{轮}\,\omega+2mr^2\omega$$

将 L_O代入动量矩定理表达式中

$$\frac{d}{dt}\left(J_{轮}\,\omega+2mr^2\omega\right)=M_0\cos\omega t$$

注意到 ω 为常量 $2m\omega\cdot 2r\dfrac{dr}{dt}=M_0\cos\omega t$

分离变量积分 $\displaystyle\int_{r_0}^{r}4m\omega r\,dr=\int_0^t M_0\cos\omega t\,dt$

$$2m\omega r^2\Big|_{r_0}^{r}=\frac{1}{\omega}M_0\sin\omega t\Big|_0^t$$

解得 $$r=\sqrt{r_0^2+\frac{M_0\sin\omega t}{2m\omega^2}}$$

【例 11-4】 如图 11-7 所示的水轮机转轮，每两叶片间的水流皆相同。在图面内的进口水的速度为$\boldsymbol{v}_1$，出口速度为$\boldsymbol{v}_2$，θ_1和 θ_2分别是为$\boldsymbol{v}_1$和$\boldsymbol{v}_2$与切线方向的夹角。如总的体积流量为 qv，求水流对转轮的转动力矩。

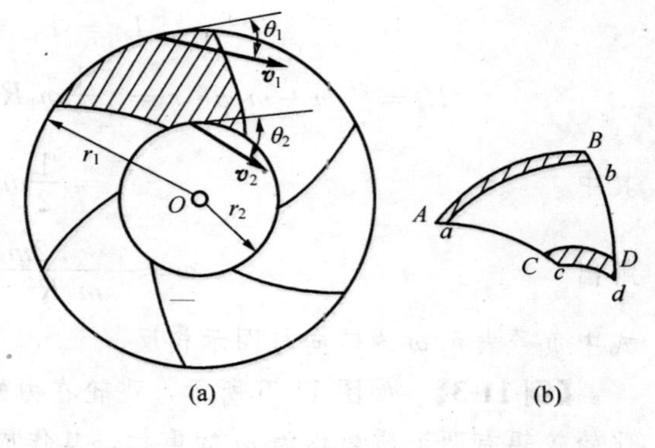

图 11-7

【解】 取两叶片间的水（图中阴影部分）为研究的质点系，经过 dt 时间，此部分水由图 11-7 (b) 中的 $ABCD$ 位置移到 $abcd$。设流动是稳定的，则其对转轴 O 的动量矩改变为

$$dL_O=L_{abcd}-L_{ABCD}=L_{CDcd}-L_{ABab}$$

如转轮有 n 个叶片，水的密度为 ρ 则有

$$L_{CDcd}=\frac{1}{n}q\text{v}\rho\text{d}tv_2r_2\cos\theta_2$$

$$L_{ABcd}=\frac{1}{n}q\text{v}\rho\text{d}tv_1r_1\cos\theta_1$$

由此，

$$\text{d}L_O=\frac{1}{n}q\text{v}\rho\text{d}t(v_2r_2\cos\theta_2-v_1r_1\cos\theta_1)$$

转轮有 n 个叶片，由动量矩定理，水流所受到对点 O 的总力矩为

$$M_O(\boldsymbol{F})=n\frac{\text{d}L_O}{\text{d}t}=q\text{v}\rho(v_2r_2\cos\theta_2-v_1r_1\cos\theta_1)$$

转轮所受的转动力矩 M 与 $M_O(\boldsymbol{F})$等值反向。

§11.3 刚体的定轴转动微分方程

现在把质点系动量矩定理应用于工程中常见的刚体绕定轴转动的情形。

设刚体上作用有主动力 $\boldsymbol{F}_1$，$\boldsymbol{F}_2$，…，$\boldsymbol{F}_n$和轴承约束反力$\boldsymbol{F}_A$，$\boldsymbol{F}_B$，如图 11-8 所示，这些力都是外力。已知刚体对 z 轴的转动惯量为 J_z，角速度为 ω，于是刚体对于 z 轴的动量矩为 $J_z\omega$。

如果不计轴承中的摩擦，则轴承约束反力对于 z 轴的力矩等于零，根据动量矩定理式（11-13）中的第三式，有

$$\frac{\text{d}L_z}{\text{d}t}=\frac{\text{d}}{\text{d}t}(J_z\omega)=J_z\frac{\text{d}\omega}{\text{d}t}=\sum_{i=1}^{n}M_z(\boldsymbol{F}_i) \quad (11\text{-}14\text{a})$$

考虑到$\alpha=\frac{\text{d}\omega}{\text{d}t}=\frac{\text{d}^2\varphi}{\text{d}t^2}$，则式（11-14a）可以写为

$$J_z\alpha=\sum_{i=1}^{n}M_z(\boldsymbol{F}_i) \quad (11\text{-}14\text{b})$$

或

$$J_z\frac{\text{d}^2\varphi}{\text{d}t^2}=\sum_{i=1}^{n}M_z(\boldsymbol{F}_i) \quad (11\text{-}14\text{c})$$

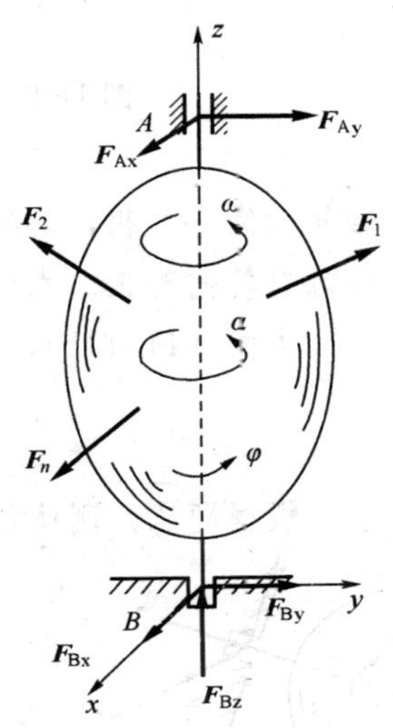

图 11-8

以上各式均称为**刚体的定轴转动微分方程，即刚体对定轴的转动惯量与角加速度的乘积，等于作用于刚体的外力对该轴的矩的代数和**。

由上可知：

1. 作用于刚体的外力对转轴的矩使刚体的转动状态发生变化；

2. 如果作用于刚体的外力对转轴的矩的代数和等于零，则刚体作匀速转动；如果主动力对转轴的矩的代数和为常量，则刚体作匀变速转动；

3. 在同一外力矩 M_z的作用下，刚体对转轴的转动惯量 J_z越大，则角加速度 α 就越小，反之亦然。这就是说，刚体转动惯量的大小表现了刚体转动状态改变的难易程度。因此说，**转动惯量是刚体转动时惯性的度量。**

若把刚体的转动微分方程与质点的运动微分方程相比较，即

$$J_z\frac{\mathrm{d}^2\varphi}{\mathrm{d}t^2}=\Sigma M_z(\boldsymbol{F})$$

与

$$m\frac{\mathrm{d}^2\boldsymbol{r}}{\mathrm{d}t^2}=\Sigma\boldsymbol{F}$$

显而易见，它们的形式是相似的，因此求解问题的方法与步骤也是相似的。

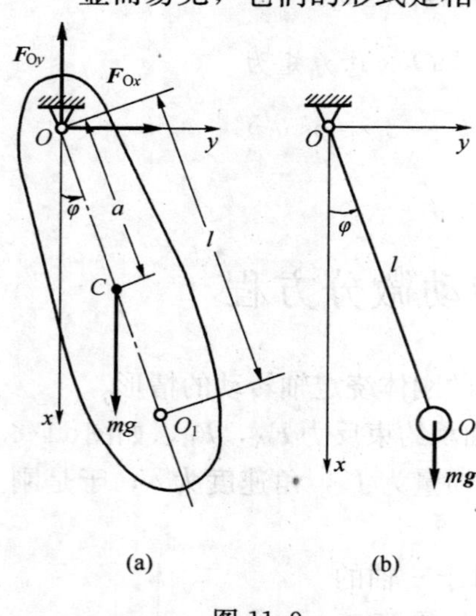

图 11-9

【例 11-5】 在重力作用下能绕固定轴摆动的物体称为复摆或物理摆，如图 11-9 所示。复摆的质心不在悬挂轴上。设摆的质量为 m，质心为 C，摆对悬挂轴 O 的转动惯量为 J_O，a 为质心到悬挂轴的距离。试求复摆作微小摆动时的周期。

【解】 作用于摆的外力有重力 $m\boldsymbol{g}$ 和轴承的约束反力 $\boldsymbol{F}_{Ox}$、$\boldsymbol{F}_{Oy}$，$\boldsymbol{F}_{Ox}$ 和 $\boldsymbol{F}_{Oy}$ 对轴 O 的矩恒为零。设 φ 角以逆时针方向为正。由于 $\dot{\varphi}=\frac{\mathrm{d}\varphi}{\mathrm{d}t}$，$\dot{\varphi}$ 的正方向为 φ 增加的方向，所以 $\dot{\varphi}$ 也以逆时针转向为正。此外，由于 $\ddot{\varphi}=\frac{\mathrm{d}\dot{\varphi}}{\mathrm{d}t}$，所以 $\ddot{\varphi}$ 仍以逆时针转向为正。这样，据刚体定轴转动微分方程，其等号两边应保持符号一致，力矩的正方向便随 $\dot{\varphi}$ 而确定为以逆时针转向为正。本例中重力对轴 O 之矩为顺时针方向，故为负。

由式（11-14b），复摆的转动微分方程为

$$J_O\frac{\mathrm{d}^2\varphi}{\mathrm{d}t^2}=-mga\sin\varphi \tag{a}$$

根据题意，刚体作微小摆动，有 $\sin\varphi\approx\varphi$，于是转动微分方程成为

$$J_O\frac{\mathrm{d}^2\varphi}{\mathrm{d}t^2}=-mga\varphi$$

$$\frac{\mathrm{d}^2\varphi}{\mathrm{d}t^2}+\frac{mga}{J_O}\varphi=0 \tag{b}$$

$$\ldots\sin\left(\sqrt{\frac{mga}{J_O}}t+\theta\right) \tag{c}$$

……由运动初始条件确定。可见，复摆的微

$$J_O = \frac{T^2 mga}{4\pi^2}$$

上式表明，如已知某物体的重量 mg 和重心到转轴的距离 a，测出物体绕转轴作微小摆动的周期 T，就可求出物体对于该轴的转动惯量。工程实际中常常利用这种办法来测定一些形状复杂的零件（如曲柄、连杆等）的摆动周期，以计算其转动惯量。我们已知质量为 m，长度为 l 的单摆的小摆动周期为

$$T = 2\pi\sqrt{\frac{l}{g}}$$

由式（b）和式（c）可以看出，复摆与单摆的转动微分方程类同，运动规律类似，故可以找到与复摆的摆动完全一样的等价单摆（图 11-9b）。在本例中，如令 $OO_1 = l = \frac{J_O}{ma}$，则复摆的周期可以用单摆的公式来计算，因此 l 称为复摆的简化摆长（或等价摆长）。O_1 点称为复摆的摆心，而 O 点则称为复摆的悬点。显然，悬点与摆心可以互换，而不改变复摆的周期。

【例 11-6】 均质细杆 AB 用固定铰支座 B 和弹簧刚度为 k 的弹簧支持，如图 11-10 所示。平衡时杆在水平位置。若杆的质量为 m，长为 L，对轴 B 的转动惯量为 J_B，求杆微摆动时的运动微分方程。

【解】 取 AB 杆为研究对象。AB 杆绕通过 B 点的轴作转动，设 AB 杆与水平线所夹的角为 φ（沿逆时针方向为正）。在静平衡位置时（见图 11-10b），设弹簧静伸长为 λ_s，则由 $\Sigma M_B(\boldsymbol{F})=0$，可得

$$k\lambda_s \cdot a = mg\frac{L}{2} \tag{a}$$

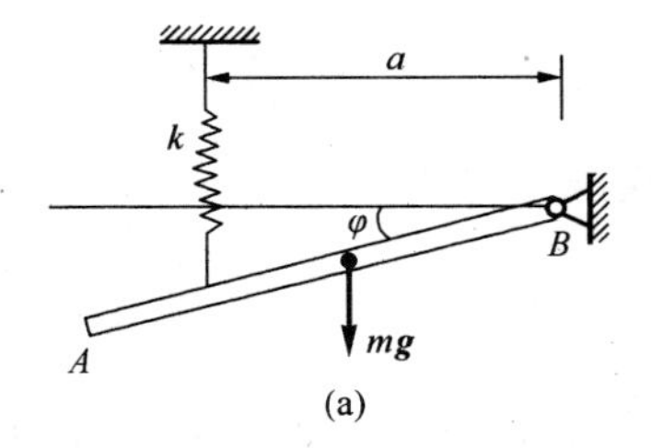

(a)

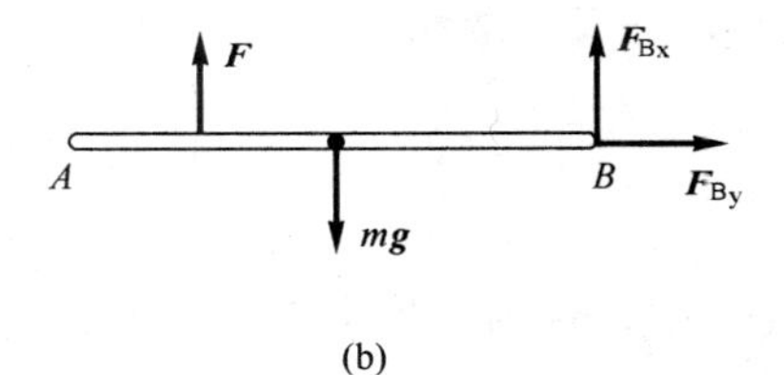

(b)

图 11-10

在运动过程中，杆 AB 受到重力 $m\boldsymbol{g}$，弹性力 $\boldsymbol{F}$ 和约束反力 $\boldsymbol{F}_{Bx}$，$\boldsymbol{F}_{By}$ 作用。由于杆作微摆动，因此弹性力 $\boldsymbol{F}$ 的大小可以近似表示为

$$F = k(\lambda_s + a\varphi)$$

由刚体定轴转动微分方程得

$$J_B\ddot{\varphi} = mg \cdot \frac{L}{2}\cos\varphi - F \cdot a = mg\frac{L}{2}\cos\varphi - ka(\lambda_s + a\varphi) \tag{b}$$

由于杆 AB 作微摆动 $\cos\varphi \approx 1$，并将式（a）代入式（b）整理后得

$$\ddot{\varphi} + \frac{ka^2}{J_B}\varphi = 0$$

上式就是杆 AB 微摆动的运动微分方程。

【例 11-7】 均质圆轮 A 重 W_1，半径为 r_1，以角速度 ω 绕杆 OA 的 A 端转

动，此时，将A轮放置在重W_2的另一均质圆轮B上，B轮的半径为r_2，如图11-11（a）所示。轮B原为静止，但可绕其中心轴自由转动。略去轴承的摩擦和杆OA的重量，并设两轮间的摩擦因数为f，问自轮A放在轮B上到两轮间没有相对滑动为止，经过了多少时间？

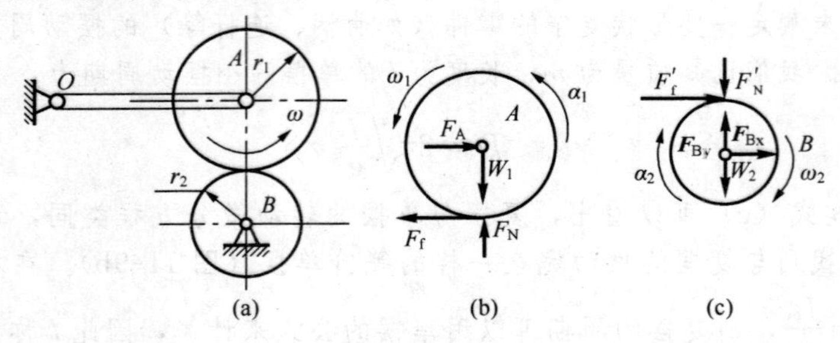

图 11-11

【解】 系统由两个作定轴转动的轮子和一根二力杆组成，待求量是两轮接触点速度相同所经过的时间。应分别取A，B轮为研究对象，以没有相对滑动为条件，求得对应的时间。

先取轮A为研究对象。分析受力，轮A受重力$\boldsymbol{W}_1$，二力杆约束反力$\boldsymbol{F}_{\mathrm{A}}$和$B$轮的正压力$\boldsymbol{F}_{\mathrm{N}}$及摩擦力$\boldsymbol{F}_{\mathrm{f}}$作用，其受力如图11-11（b）所示。设其$\alpha_1$转向为逆时针。应用刚体绕定轴转动微分方程求解，有

$$J_{\mathrm{A}}\alpha_1 = -F_{\mathrm{f}} \cdot r_1 \tag{a}$$

注意到 $F_{\mathrm{N}}=W_1$，再根据动滑动摩擦定律$F_{\mathrm{f}}=F_{\mathrm{N}}f$得

$$\frac{1}{2}m_1 r_1^2\,\frac{\mathrm{d}\omega_1}{\mathrm{d}t} = -W_1 f r_1$$

整理后，分离变量积分

$$\int_{\omega}^{\omega_1} r_1\,\mathrm{d}\omega_1 = \int_0^t -2fg\,\mathrm{d}t$$

解得

$$r_1\omega_1 = r_1\omega_1 - 2fgt \tag{b}$$

式（b）中，ω_1和t均未知。为求t，再研究轮B。

取B轮为研究对象。分析受力，轮B受轮A的反作用力F'_{N}，F'_{f}，重力W_2和B处支座反力F_{Bx}，F_{By}作用，其受力和ω_2，α_2转向如图11-11（c）所示。列出B轮的定轴转动微分方程为

$$-J_{\mathrm{B}}\alpha_2 = -F'_{\mathrm{f}} \cdot r_2$$

因为

$$F'_{\mathrm{f}} = F_{\mathrm{f}} = W_1 f$$

即

$$\frac{1}{2}m_2 r_2^2\,\frac{\mathrm{d}\omega_2}{\mathrm{d}t} = W_1 f r_2 \tag{c}$$

整理后，分离变量积分

$$\int_0^{\omega_2} \frac{W_2}{2g} r_2\,\mathrm{d}\omega_2 = \int_0^t W_1 f\,\mathrm{d}t$$

解得

$$r_2\omega_2 = 2g\,\frac{W_1 f t}{W_2} \tag{d}$$

式（d）中，又增加一个未知量ω_2。由运动学关系可知，当两轮无相对滑动时，应有$r_1\omega_1=r_2\omega_2$由上述关系，联立式（b）和式（d），可求得

$$t=\frac{W_2 r_1 \omega}{2gf(W_1+W_2)}$$

需要指出：

1. 凡是由绕不同的轴作定轴转动刚体组成的系统，应分别取各刚体为研究对象，列出其定轴转动微分方程。

2. 力矩、角加速度、角速度正向的规定是任意的，但一经确定，必须要一致。

3. 通常认为角加速度方向和取定的正向一致。取 A 为研究对象时，也可取顺时针为正，此时，ω_1，ω 为负，力矩为正，解得的结果相同。

§11.4 刚体对轴的转动惯量

如前所述刚体的转动惯量是刚体转动时惯性的度量，它等于刚体内各质点的质量与质点到轴的垂直距离平方的乘积之和，即

$$J_z=\sum_{i=1}^{n} m_i r_i^2$$

对于质量连续分布的刚体，上式可写成积分形式

$$J_z=\int r^2 \mathrm{d}m \tag{11-15}$$

由定义可知，转动惯量为一恒正标量，其值决定于转轴的位置、刚体的质量及其质量相对转轴的分布情况，而与运动状态无关。在国际单位制中转动惯量的单位是千克·米^2（$\mathrm{kg \cdot m^2}$）。

刚体的转动惯量原则上由式（11-15）计算得到，对于几何形状规则的均质刚体可以对式（11-15）直接积分，计算得刚体转动惯量；对于可划分为若干个几何形状规则的组合均质刚体，其转动惯量的计算可采用类似求重心的组合法来求得，这时要应用转动惯量的平行轴定理；对于形状复杂的或非均质的刚体，通常采用实验法进行测定。

一、简单几何形状的均质物体的转动惯量

1. 均质细直杆（图 11-12）**对于 z 轴的转动惯量**

设杆长为 l，单位长度的质量为 ρ_l，取杆上一微段 $\mathrm{d}x$，其质量为 $\mathrm{d}m=\rho_l \mathrm{d}x$，则此杆对于 z 轴的转动惯量为

$$J_z=\int_0^l (\rho_l \mathrm{d}x \cdot x^2)=\rho_l \cdot \frac{l^3}{3}$$

杆的质量 $m=\rho_l l$，于是

$$J_z=\frac{1}{3}ml^2 \tag{11-16}$$

2. 均质细圆环（图 11-13）**对于中心轴 z 的转动惯量**

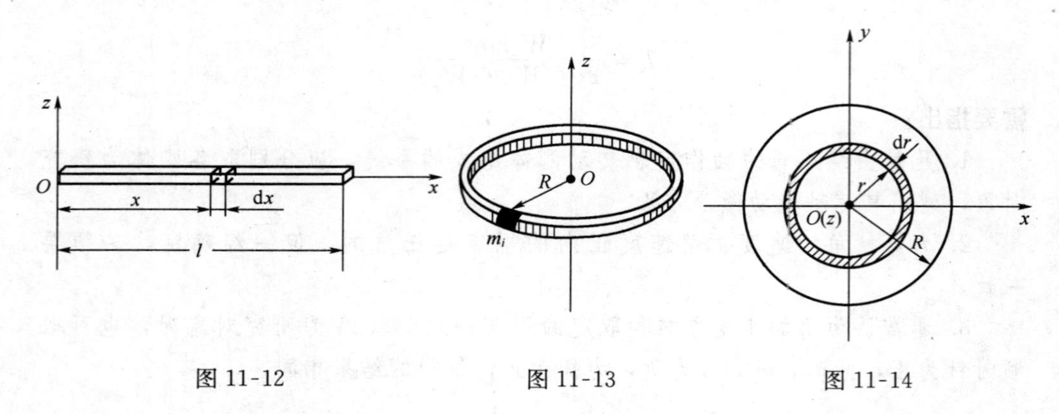

图 11-12 图 11-13 图 11-14

设圆环质量为 m，平均半径为 R。将圆环沿圆周分成许多微段，设每段的质量为 m_i，由于这些微段到中心轴的距离都等于平均半径 R，所以圆环对于垂直于板面的中心轴 z 的转动惯量为

$$J_z = \Sigma m_i R^2 = R^2 \Sigma m_i = mR^2 \tag{11-17}$$

3. 均质圆板（图 11-14）**对于垂直于板面过中心 O 的 z 轴的转动惯量**

设圆板的半径为 R，质量为 m。将圆板分为无数同心的细圆环，任一圆环的半径为 r，宽度为 $\mathrm{d}r$，则细圆环的质量为

$$\mathrm{d}m = 2\pi r\mathrm{d}r \cdot \rho_A$$

式中 $\rho_A = \dfrac{m}{\pi R^2}$，是均质圆板单位面积的质量。圆板对于中心轴 z 的转动惯量为

$$J_z = \int_0^R 2\pi\rho_A r\mathrm{d}r \cdot r^2 = 2\pi\rho_A \frac{R^4}{4}$$

或

$$J_z = \frac{1}{2}mR^2 \tag{11-18}$$

二、惯性半径（或回转半径）

对于均质物体，其转动惯量与质量的比值仅与物体的几何形状和尺寸有关，例如：

均质细直杆 $\dfrac{J_z}{m} = \dfrac{1}{3}l^2$

均质圆环 $\dfrac{J_z}{m} = R^2$

均质圆板 $\dfrac{J_z}{m} = \dfrac{1}{2}R^2$

由此可见，几何形状相同而材料不同（密度不同）的物体，上列比值是相同的。令

$$\rho_z = \sqrt{\frac{J_z}{m}} \tag{11-19}$$

并称之为刚体对 z 轴的**惯性半径**（或**回转半径**），则对于几何形状相同的均质物体，惯性半径是一样的。

对于不同材料的物体，若已知惯性半径 ρ_z，则物体的转动惯量可按下式计算：

$$J_z = m\rho_z^2 \tag{11-20}$$

即物体的转动惯量等于该物体的质量与惯性半径平方的乘积。

式（11-20）表明，如果把物体的质量全部集中于一点，并令该质点对于 z 轴的转动惯量等于物体的转动惯量，则质点到 z 轴的垂直距离就是惯性半径。在机械工程手册中，列出了简单几何形状或几何形状已标准化的零件的回转半径，以供工程技术人员查阅。

三、平行轴定理

定理：刚体对于任一轴的转动惯量，等于刚体对于通过质心、并与该轴平行的轴的转动惯量，加上刚体的质量与两轴间距离平方的乘积 ，即

$$J_z = J_{zC} + md^2 \tag{11-21}$$

证明 如图 11-15 所示，设点 C 为刚体的质心，刚体对于通过质心的 z_1 轴的转动惯量为 J_{zC}，刚体对于平行于该轴的另一轴 z 的转动惯量为 J_z，两轴间距离为 d。分别以 C、O 两点为原点，作直角坐标轴系 $Cx_1y_1z_1$ 和 $Oxyz$，由图易见

$$J_{zC} = \Sigma m_i r_1^2 = \Sigma m_i(x_1^2 + y_1^2)$$

$$J_z = \Sigma m_i r^2 = \Sigma m_i(x^2 + y^2)$$

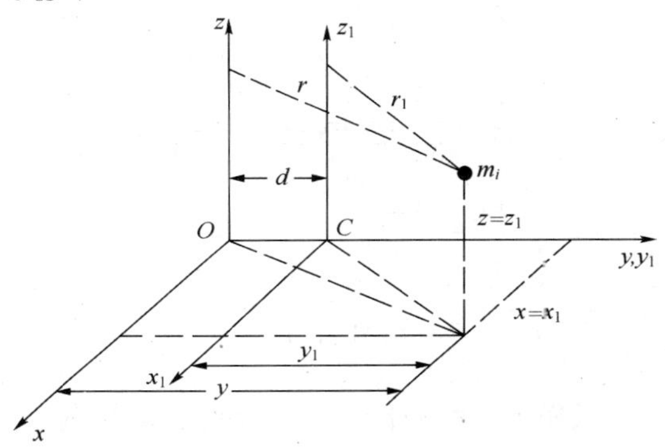

图 11-15

因为 $x=x_1$，$y=y_1+d$，于是

$$J_z = \Sigma m_i[x_1^2 + (y_1 + d)^2]$$

$$= \Sigma m_i(x_1^2 + y_1^2) + 2d\Sigma m_i y_1 + d^2\Sigma m_i$$

由质心坐标公式

$$y_C = \frac{\Sigma m_i y_i}{\Sigma m_i}$$

当坐标原点取在质心 C 时，$y_C=0$，故 $\Sigma m_i y_i=0$。

同时又有 $\Sigma m_i=m$，于是得

$$J_z = J_{zC} + md^2$$

定理证毕。

由平行轴定理可知，刚体对于所有相互平行轴的转动惯量，以对通过质心的轴的转动惯量为最小。而且刚体对于质心轴的转动惯量一经求得，对于与质心轴相平行的其他轴的转动惯量都可由式（11-21）算出。

【例 11-8】 质量为 m，长为 l 的均质细直杆如图 11-16 所示，求此杆对于垂直于杆轴且通过质心 C 的轴 z_C 的转动惯量。

【解】 由式（11-16）知，均质细直杆对于通过杆端点 A 且与杆垂直的 z 轴的转动惯量为

$$J_z = \frac{1}{3}ml^2$$

应用平行轴定理，对于z_C轴的转动惯量为

$$J_{zC} = J_z - m\left(\frac{l}{2}\right)^2 = \frac{1}{12}ml^2 \tag{11-22}$$

当物体由几个几何形状简单的物体组成时，计算整体（物体系）的转动惯量可先分别计算每一部分的转动惯量，然后再组合起来。如果物体有空心的部分，可把这部分质量视为负值处理。

【例 11-9】 钟摆简化为如图 11-17 所示。已知均质细杆和均质圆盘的质量分别为m_1和m_2，杆长为l，圆盘直径为d。求摆对于垂直于纸面且通过悬挂点O的水平轴的转动惯量。

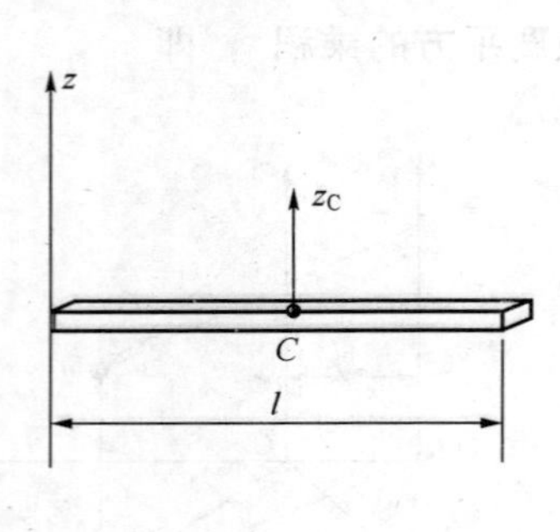

图 11-16

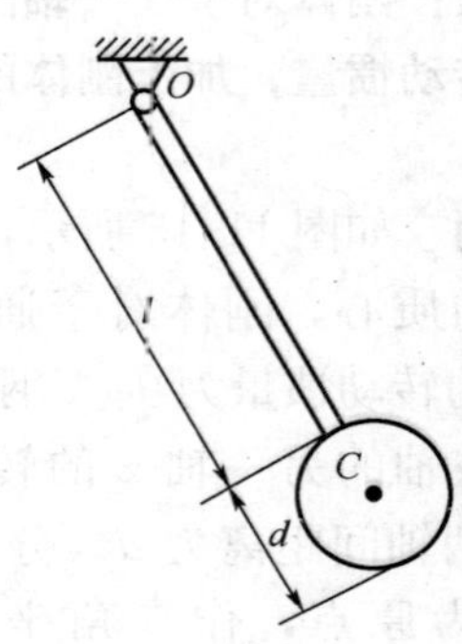

图 11-17

【解】 摆对于水平轴O的转动惯量

$$J_O = J_{O杆} + J_{O盘}$$

式中

$$J_{O杆} = \frac{1}{3}m_1 l^2$$

设J_C为圆盘对于中心C的转动惯量，则

$$J_{O盘} = J_C + m_2\left(l + \frac{d}{2}\right)^2$$

$$= \frac{1}{2}m_2\left(\frac{d}{2}\right)^2 + m_2\left(l + \frac{d}{2}\right)^2$$

$$= m_2\left(\frac{3}{8}d^2 + l^2 + ld\right)$$

于是得

$$J_O = \frac{1}{3}m_1 l^2 + m_2\left(\frac{3}{8}d^2 + l^2 + ld\right)$$

【例 11-10】 如图 11-18 所示，质量为m的均质空心圆柱体外径为R_1，内径为R_2，求对于中心轴z的转动惯量。

【解】 空心圆柱可看成由两个实心圆柱体组成，外圆柱体的转动惯量为J_1，

内圆柱体的转动惯量 J_2 取负值，即

$$J_z = J_1 - J_2$$

设 m_1、m_2 分别为外、内圆柱体的质量，则

$$J_1 = \frac{1}{2}m_1R_1^2,\quad J_2 = \frac{1}{2}m_2R_2^2$$

于是

$$J_z = \frac{1}{2}m_1R_1^2 - \frac{1}{2}m_2R_2^2$$

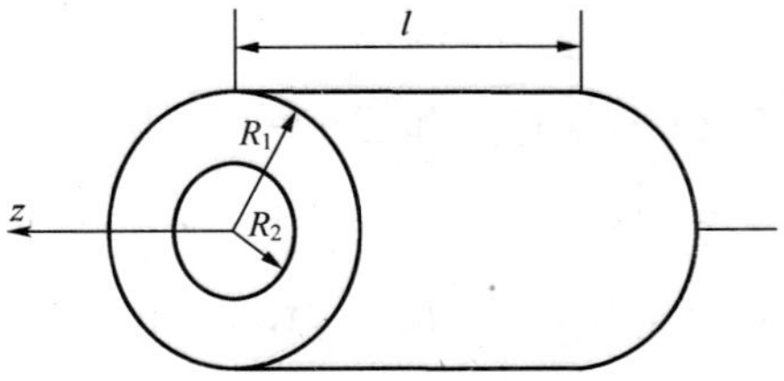

图 11-18

设单位体积的质量为 ρ，则

$$m_1 = \rho\pi R_1^2 l,\quad m_2 = \rho\pi R_2^2 l$$

代入前式，得

$$J_z = \frac{1}{2}\rho\pi l(R_1^4 - R_2^4) = \frac{1}{2}\rho\pi l(R_1^2 - R_2^2)(R_1^2 + R_2^2)$$

注意到 $\rho\pi l(R_1^2 - R_2^2) = m$，则得

$$J_z = \frac{1}{2}m(R_1^2 + R_2^2) \tag{11-23}$$

【例 11-11】 匀质细杆 OA 和 CB，质量分别为 m 和 $2m$，在点 A 将两杆焊接，并于图 11-19（a）所示位置从静止状态释放。试求释放瞬时 OA 的转动角加速度，并求出此时 O 处的约束反力。

【解】 OA、BC 联为一刚体，释放后，刚体作定轴转动，可用定轴转动微分方程求其角加速度，再用质心运动定理求力。

取系统为研究对象。系统受重力和 O 处约束反力作用，受力如图 11-19（b）所示。刚体作定轴运动，刚释放的瞬时，T 形杆的角速度 $\omega=0$，杆 OA、BC 的质心只有切向加速度。

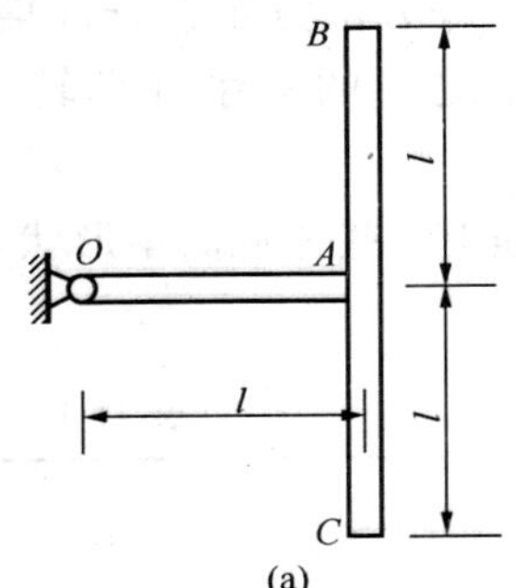

先求角加速度 α。由刚体绕定轴转动微分方程，有

$$J_O\alpha = \Sigma M_O(\boldsymbol{F})$$

根据式（11-16）和式（11-12）及转动惯量的平行轴定理，可得

$$J_O = J_{OA} + J_{BC}$$

$$= \frac{1}{3}ml^2 + \frac{1}{12}2m \cdot 4l^2 + 2m \cdot l^2 = 3ml^2$$

$$\Sigma M_O(\boldsymbol{F}) = W \cdot \frac{l}{2} + 2W \cdot l = \frac{5}{2}Wl$$

代入方程 $$3ml^2 \cdot \alpha = \frac{5}{2}mgl$$

得 $$\alpha = \frac{5g}{6l}$$

(b)

图 11-19

再求支座反力。由质心运动定理有

$$\Sigma m_i \boldsymbol{a}_i = \Sigma \boldsymbol{F}_i^{(e)}$$

取 Oxy 坐标系如图 11-19 (b) 所示，则

x 方向 $\qquad F_{Ox} = 0$

y 方向 $\qquad F_{Oy} - W - 2W = -ma_{C1}^{\tau} - 2ma_{C2}^{\tau}$

$$a_{C1}^{\tau} = \frac{l}{2}\alpha \quad a_{C2}^{\tau} = l\alpha$$

解得

$$F_{Oy} = 3\omega - m\frac{l}{2}\alpha - 2ml\alpha$$

$$= 3mg - \left(\frac{1}{2}ml + 2ml\right)\frac{5g}{6l} = \frac{11}{12}mg$$

需要指出：

1. 对单个作定轴转动的刚体，用定轴转动微分方程求角加速度最方便。

2. 系统从静止突然释放时，因速度量不可能突变，初瞬时速度量为零，这是这类问题的共性。

3. 求单个作定轴转动刚体所受的约束反力时，通常可以用定轴转动微分方程求角加速度，用质心运动定理求力。

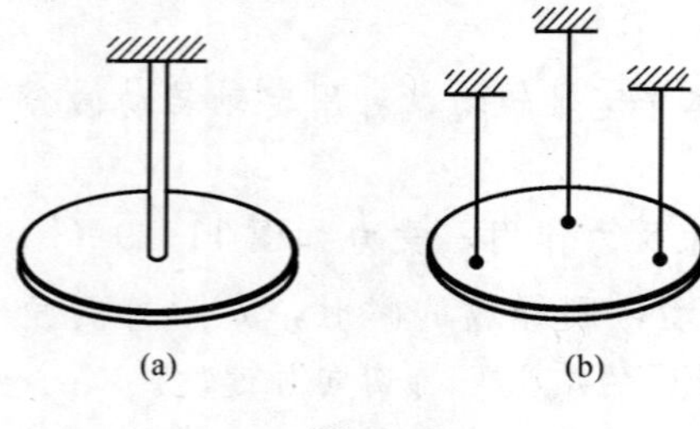

图 11-20

工程中，对于几何形状复杂的物体，常用实验方法测定其转动惯量。例如 11-5 中的复摆。又如，欲求圆轮对于中心轴的转动惯量，可用单轴扭振（图 11-20a）、三线悬挂扭振（图 11-20b）等方法测定扭振周期，根据周期与转动惯量之间的关系计算转动惯量。

表 11-1 列出工程中一些常见简单形状均质物体的转动惯量和惯性半径，可供查用。

均质物体的转动惯量 **表 11-1**

物体的形状	简图	转动惯量	惯性半径	体积
细直杆	z, z_C, O, C	$J_{zC} = \frac{m}{12}l^2$ $J_z = \frac{m}{3}l^2$	$\rho_{zC} = \frac{l}{2\sqrt{3}} = 0.289l$ $\rho_z = \frac{l}{\sqrt{3}} = 0.578l$	
薄壁圆筒	h, R, O, z, l	$J_z = mR^2$	$\rho_z = R$	$2\pi Rlh$

续表

物体的形状	简　　图	转动惯量	惯性半径	体积
圆柱	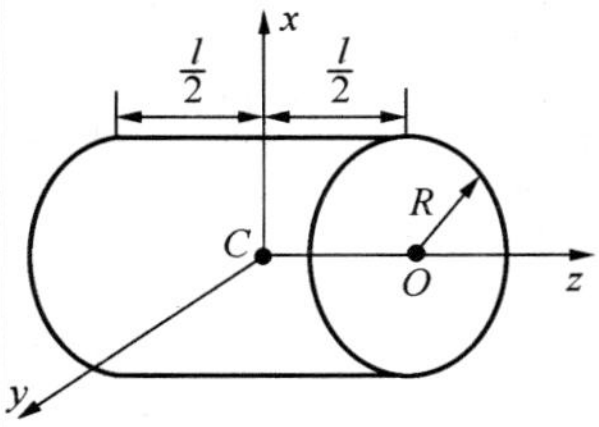	$J_z=\frac{1}{2}mR^2$ $J_x=J_y=\frac{m}{12}(3R^2+l^2)$	$\rho_z=\frac{R}{\sqrt{2}}=0.707R$ $\rho_x=\rho_y=\sqrt{\frac{1}{12}(3R^2+l^2)}$	$\pi R^2 l$
空心圆柱	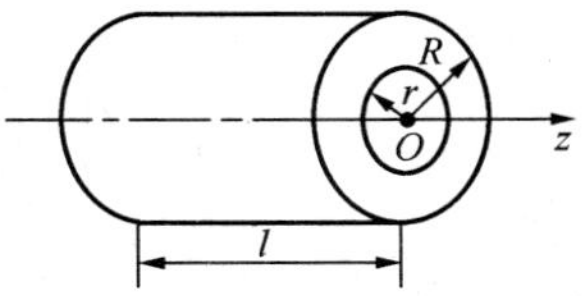	$J_z=\frac{m}{2}(R^2+r^2)$	$\rho_z=\sqrt{\frac{1}{2}(R^2+r^2)}$	$\pi(R^2-r^2)$
薄壁空心球	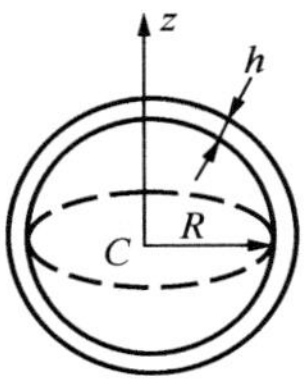	$J_z=\frac{2}{3}mR^2$	$\rho_z=\sqrt{\frac{2}{3}}R=0.816R$	$\frac{3}{2}\pi Rh$
实心球	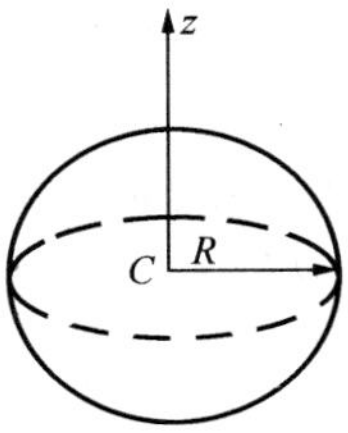	$J_z=\frac{2}{5}mR^2$	$\rho_z=\sqrt{\frac{2}{5}}R=0.632R$	$\frac{4}{3}\pi R^3$
圆锥体	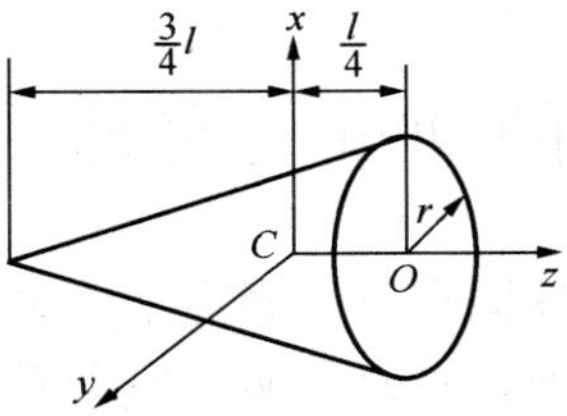	$J_z=\frac{3}{10}mr^2$ $J_x=J_y=\frac{3}{80}m(4r^2+l^2)$	$\rho_z=\sqrt{\frac{3}{10}}r=0.548r$ $\rho_x=\rho_y=\sqrt{\frac{3}{80}(4r^2+l^2)}$	$\frac{\pi}{3}r^2 l$
圆环	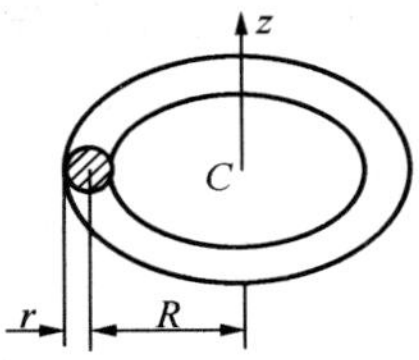	$J_z=m\left(R^2+\frac{3}{4}r^2\right)$	$\rho_z=\sqrt{R^2+\frac{3}{4}r^2}$	$2\pi^2 r^2 R$

续表

物体的形状	简　图	转动惯量	惯性半径	体积
椭圆形薄板	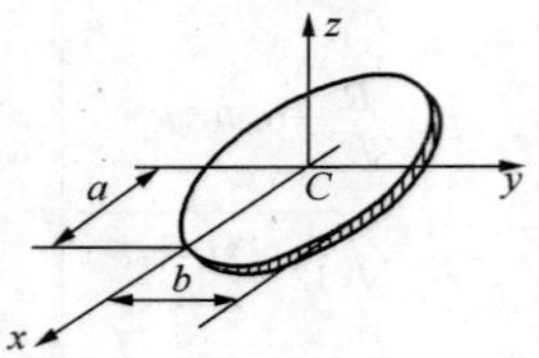	$J_z=\frac{m}{4}(a^2+b^2)$ $J_x=\frac{m}{4}a^2$ $J_y=\frac{m}{4}b^2$	$\rho_z=\frac{1}{2}\sqrt{a^2+b^2}$ $\rho_y=\frac{a}{2}$ $\rho_x=\frac{b}{2}$	πabh
立方体	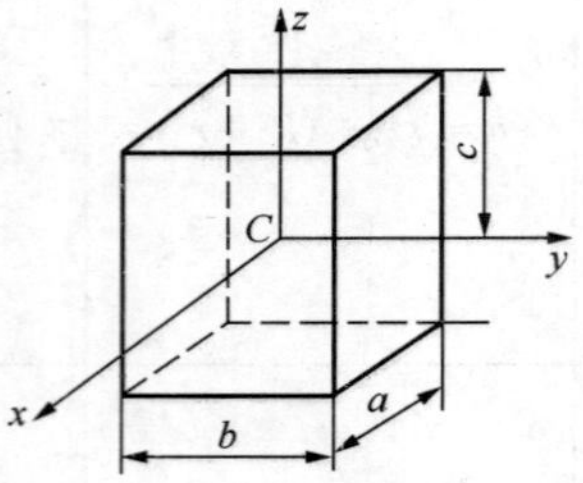	$J_z=\frac{m}{12}(a^2+b^2)$ $J_y=\frac{m}{12}(a^2+c^2)$ $J_x=\frac{m}{12}(b^2+c^2)$	$\rho_z=\sqrt{\frac{1}{12}(a^2+b^2)}$ $\rho_y=\sqrt{\frac{1}{12}(a^2+c^2)}$ $\rho_x=\sqrt{\frac{1}{12}(b^2+c^2)}$	abc
矩形薄板	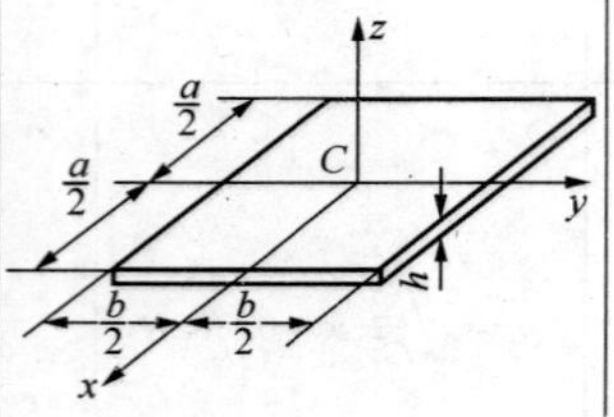	$J_z=\frac{m}{12}(a^2+b^2)$ $J_y=\frac{m}{12}a^2$ $J_x=\frac{m}{12}b^2$	$\rho_z=\sqrt{\frac{1}{12}(a^2+b^2)}$ $\rho_y=0.289a$ $\rho_x=0.289b$	abh

§11.5　质点系相对于质心的动量矩定理

前面阐述的动量矩定理只适用于惯性坐标系中的固定点或固定轴，对于一般的动点或动轴，动量矩定理具有更复杂的形式。然而，可以证明，质点系对质心的动量矩定理与质点系对固定点的动量矩定理有完全相同的形式。

如图 11-21 所示，O 为定点，C 为质点系的质心，质点系对于定点 O 的动量矩为

$$\boldsymbol{L}_{\mathrm{O}}=\Sigma \boldsymbol{M}_{\mathrm{O}}(m_i \boldsymbol{v}_i)=\Sigma \boldsymbol{r}_i \times m_i \boldsymbol{v}_i$$

对任一质点 m_i，由图可见

$$\boldsymbol{r}_i=\boldsymbol{r}_{\mathrm{C}}+\boldsymbol{r}'_i$$

于是

$$\boldsymbol{L}_O = \Sigma(\boldsymbol{r}_C + \boldsymbol{r}'_i) \times m_i \boldsymbol{v}_i$$
$$= \boldsymbol{r}_C \times \Sigma(m_i \boldsymbol{v}_i) + \Sigma \boldsymbol{r}'_i \times m_i \boldsymbol{v}_i$$

根据质点系动量计算公式（10-17），上式中

$$\Sigma m_i \boldsymbol{v}_i = m\boldsymbol{v}_C$$

其中 m 为质点系总质量，v_C为质心速度，于是得

$$\boldsymbol{L}_O = \boldsymbol{r}_C \times m\boldsymbol{v}_C + \boldsymbol{L}_C \qquad (11\text{-}24)$$

上式中

$$\boldsymbol{L}_C = \Sigma \boldsymbol{r}'_i \times m_i \boldsymbol{v}_i \qquad (11\text{-}25)$$

是质点系相对于质心的动量矩。

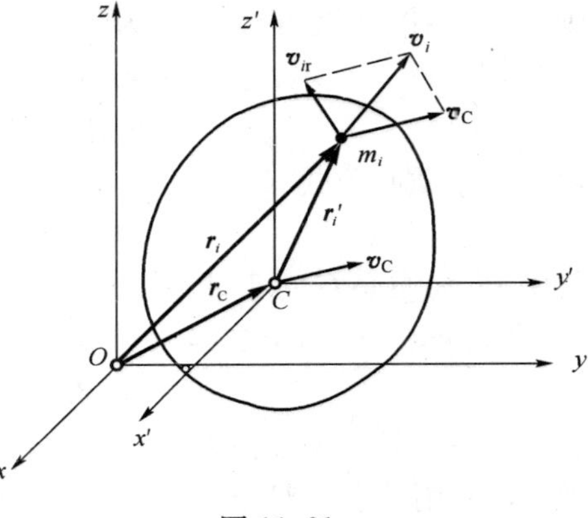

图 11-21

式（11-24）表明，质点系对任一定点 O 的动量矩等于集中于质心的系统动量 $m\boldsymbol{v}_C$对于 O 点的动量矩再加上此系统对于质心的动量矩$\boldsymbol{L}_C$（应为矢量和）。

质点系对于定点 O 的动量矩定理可写成

$$\frac{\mathrm{d}\boldsymbol{L}_O}{\mathrm{d}t} = \frac{\mathrm{d}}{\mathrm{d}t}(\boldsymbol{r}_C \times m\boldsymbol{v}_C + \boldsymbol{L}_C) = \sum_{i=1}^{n} \boldsymbol{r}_i \times \boldsymbol{F}_i^{(e)}$$

展开上式括弧，注意右端项中 $\boldsymbol{r}_i = \boldsymbol{r}_C + \boldsymbol{r}'_i$，于是上式化为：

$$\frac{d\boldsymbol{r}_C}{\mathrm{d}t} \times m\boldsymbol{v}_C + \boldsymbol{r}_C \times \frac{\mathrm{d}}{\mathrm{d}t} m\boldsymbol{v}_C + \frac{\mathrm{d}\boldsymbol{L}_C}{\mathrm{d}t}$$
$$= \sum_{i=1}^{n} \boldsymbol{r}_C \times \boldsymbol{F}_i^{(e)} + \sum_{i=1}^{n} \boldsymbol{r}'_i \times \boldsymbol{F}_i^{(e)}$$

因为

$$\frac{\mathrm{d}\boldsymbol{r}_C}{\mathrm{d}t} = \boldsymbol{v}_C, \frac{\mathrm{d}\boldsymbol{v}_C}{\mathrm{d}t} = \boldsymbol{a}_C$$
$$\boldsymbol{v}_C \times \boldsymbol{v}_C = 0,\ m\boldsymbol{a}_C = \Sigma \boldsymbol{F}_i^{(e)}$$

于是上式成为：

$$\frac{\mathrm{d}\boldsymbol{L}_C}{\mathrm{d}t} = \sum_{i=1}^{n} \boldsymbol{r}'_i \times \boldsymbol{F}_i^{(e)}$$
$$\frac{\mathrm{d}\boldsymbol{L}_C}{\mathrm{d}t} = \sum_{i=1}^{n} \boldsymbol{M}_C\ (\boldsymbol{F}_i^{(e)}) \qquad (11\text{-}26)$$

即质点系相对于质心的动量矩对时间的导数，等于作用于质点系的外力系对质心的主矩。这个结论称为**质点系相对于质心的动量矩定理**。该定理在形式上与质点系对于固定点的动量矩定理完全一样。

式（11-25）中的$\boldsymbol{v}_i$是质点对惯性坐标系的绝对速度。对于运动着的质心 C，用质点 m_i 的绝对速度$\boldsymbol{v}_i$来计算动量矩是不方便的。因此，通常引入固结于质心的平移参考系，用相对于此动参考系的相对速度计算质点系对于质心的动量矩。

如图 11-20 中的 $Cx'y'z'$为原点固结于质心的平移参考系，质点 m_i 对此动系的相对速度为 v_{ir}，绝对速度为$\boldsymbol{v}_i$，牵连速度就是质心的速度$\boldsymbol{v}_C$。由速度合成定理，有

$$\boldsymbol{v}_i = \boldsymbol{v}_C + \boldsymbol{v}_{ir}$$

则质点系对于质心的动量矩为

$$\begin{aligned} \boldsymbol{L}_C &= \Sigma \boldsymbol{r}'_i \times m_i(\boldsymbol{v}_C + \boldsymbol{v}_{ir}) \\ &= \Sigma m_i \boldsymbol{r}'_i \times \boldsymbol{v}_C + \Sigma \boldsymbol{r}'_i \times m_i \boldsymbol{v}_{ir} \end{aligned}$$

由质点系质心公式（10-14），有

$$\Sigma m_i \boldsymbol{r}'_i = m \boldsymbol{r}'_C$$

其中 $\boldsymbol{r}'_C$ 为质心 C 对于动系 $Cx'y'z'$ 的矢径。此处 C 为此动系的原点，显然 $\boldsymbol{r}'_C=0$，即 $\Sigma m_i \boldsymbol{r}'_i=0$，于是得

$$\boldsymbol{L}_C = \Sigma \boldsymbol{r}'_i \times m_i \boldsymbol{v}_{ir} \tag{11-27}$$

可见，计算质点系对于质心的动量矩时，用质点相对于惯性参考系的绝对速度$\boldsymbol{v}_i$，或用质点相对于固连在质心上的平移参考系的相对速度$\boldsymbol{v}_{ir}$，其结果都是一样的。将式（11-26）投影到随同质心 C 平移的坐标轴 x'，y'，z' 上，得到质点系相对于质心的动量矩定理的投影形式为

$$\begin{aligned} \frac{\mathrm{d}}{\mathrm{d}t} L_{Cx'} &= \Sigma M_{Cx'}(\boldsymbol{F}_i^{(e)}) \\ \frac{\mathrm{d}}{\mathrm{d}t} L_{Cy'} &= \Sigma M_{Cy'}(\boldsymbol{F}_i^{(e)}) \\ \frac{\mathrm{d}}{\mathrm{d}t} L_{Cz'} &= \Sigma M_{Cz'}(\boldsymbol{F}_i^{(e)}) \end{aligned} \tag{11-28}$$

由式(11-26)及式(11-28)可知：如果 $\Sigma \boldsymbol{M}_C(F_i^{(e)}) \equiv 0$（或 $\Sigma M_{Cx'}(F_i^{(e)}) \equiv 0$），则有 $\boldsymbol{L}_C \equiv$常矢量（或 $\boldsymbol{L}_{Cx'} \equiv$常量）。即**若质点系的外力对质心（或过质心的轴）之矩恒为零，则质点系对质心（或对过质心的轴）的动量矩守恒。**

可见，质点系相对于质心的运动只与外力有关而与内力无关。例如，当轮船或飞机转弯时，由于流体对舵的压力对质心产生力矩，使轮船或飞机相对于质心的动量矩发生变化，从而产生转弯的角速度。如果外力对质心的力矩为零，由式(11-24) 可知，相对于质心的动量矩是守恒的。例如，跳水运动员在离开跳板后，设空气阻力不计，则他在空中时除重力外并没有其他外力的作用，由于重力对质心的力矩为零，故相对于质心的动量矩是守恒的。当他离开跳板时，他的四肢伸直，其转动惯量较大。当他在空中时，把身体蜷缩起来，使转动惯量变小，于是得到较大的角速度，可以翻几个跟斗。这种增大角速度的办法，常应用在花样滑冰、芭蕾舞、体操表演和杂技表演中。

对于一般运动的质点系，各质点的运动可分解为随同其质心一起的牵连运动和相对固连在质心的平移参考系的相对运动。因此，应用式（11-27）计算质点系相对于质心的动量矩是更为方便的。特别是对于刚体，质心运动定理确立了外力与质心运动的关系；相对于质心的动量矩定理确立了外力与刚体在平移参考系内绕质心转动的关系；二者完全确定了刚体一般运动的动力学方程。下面只分析工程中常见的刚体平面运动问题。

§11.6 刚体的平面运动微分方程

设刚体有质量对称平面 S，此平面保持在某一固定平面内运动，作用于刚体

上的外力可简化为 S 平面内的一平面力系 $\boldsymbol{F}_1$，$\boldsymbol{F}_2\cdots$，$\boldsymbol{F}_n$。由运动学可知，平面运动刚体的位置，可由基点的位置与刚体绕基点的转角确定。基点可以任意选取。在动力学中，为应用质点系的质心运动定理和相对质心的动量矩定理来建立刚体平面运动的运动微分方程，把基点选在刚体的质心。

设 Oxy 为定参考系，刚体质心的坐标为 (x_C, y_C)，刚体绕质心的转角为 φ。刚体的位置可由 x_C，y_C 和 φ 确定。图 11-22 中所示。$Cx'y'$为固连于质心 C 的平移坐标系，刚体的平面运动可分解为随质心的平移和绕质心的转动两部分。刚体相对于质心的动量矩为 $L_C=J_C\dot{\varphi}$，其中 J_C 为刚体对通过质心 C 且与运动平面垂直的轴的转动惯量，$\dot{\varphi}=\omega$ 为角速度。应用质心运动定理和相对于质心的动量矩定理，可得

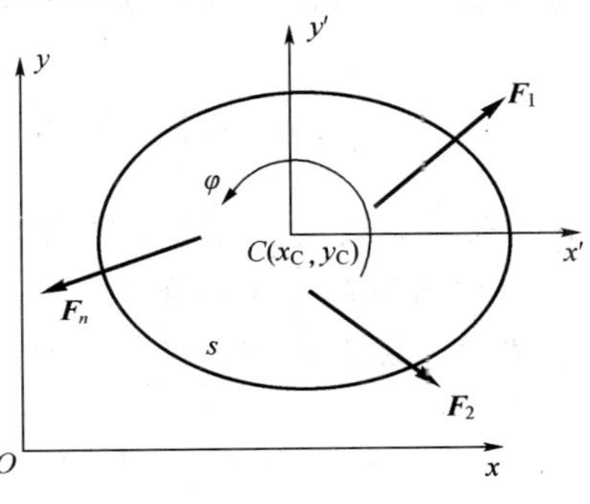

图 11-22

$$m\boldsymbol{a}_C=\Sigma\boldsymbol{F}^{(e)},\qquad \frac{d}{dt}(J_C\omega)=J_C\alpha=\Sigma M_C(\boldsymbol{F}^{(e)}) \tag{11-29}$$

其中 m 为刚体质量，$\boldsymbol{a}_C$ 为质心加速度，$\alpha=\dfrac{d\omega}{dt}$为刚体角加速度。上式也可写成

$$m\frac{d^2\boldsymbol{r}_C}{dt^2}=\Sigma\boldsymbol{F}^{(e)},\qquad J_C\frac{d^2\varphi}{dt^2}=\Sigma M_C(\boldsymbol{F}^{(e)}) \tag{11-30}$$

以上两式称为**刚体的平面运动微分方程**。应用时，前一式取其投影式。即

$$\left.\begin{aligned} ma_{Cx}&=m\ddot{x}_C=\sum_{i=1}^{n}F_{xi}^{(e)}\\ ma_{Cy}&=m\ddot{y}_C=\sum_{i=1}^{n}F_{yi}^{(e)}\\ J_C\alpha&=J_C\ddot{\varphi}=\sum_{i=1}^{n}M_C(F_i^{(e)})\end{aligned}\right\} \tag{11-31}$$

应用该方程可求解刚体平面运动动力学两类基本问题。

【例 11-12】 均质圆轮重 $\boldsymbol{P}$，半径为 R，沿倾角为 θ 的斜面滚下（图 11-23）。设轮与斜面间的摩擦因数为 f，试求轮心 C 的加速度及斜面对于轮子的约束力。

【解】 取坐标系如图 11-23 所示，并作受力图。考虑到 $\ddot{x}_C=a_C$，$\ddot{y}_C=0$，故轮子的运动微分方程为：

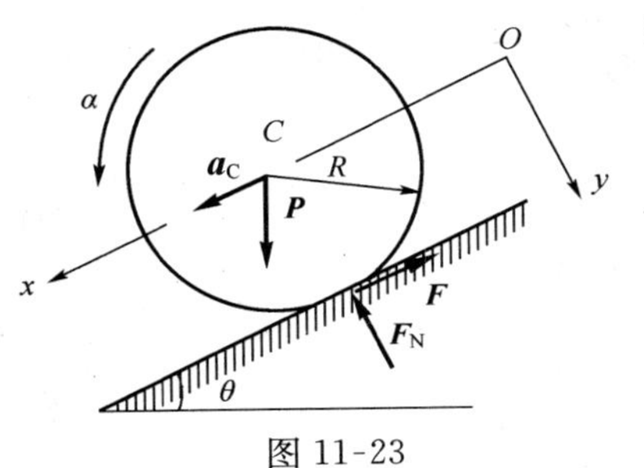

图 11-23

$$\frac{P}{g}a_C=P\sin\theta-F \tag{a}$$

$$0=P\cos\theta-F_N \tag{b}$$

$$J_C\alpha=FR \tag{c}$$

由方程（b）可得

$$F_N=P\cos\theta \tag{d}$$

而在其余两个方程 (a) 及 (c) 中，包含三个未知量 $\boldsymbol{a}_C$，α 及 $\boldsymbol{F}$，所以必须有一附加条件才能求解。下面分两种情况来讨论：

1. 假定轮子与斜面间无滑动，这时 $\boldsymbol{F}$ 是静摩擦力，大小、方向都未知，但考虑到 $a_C=R\alpha$，于是解式 (a)，式 (c)，并以 $J_C=\frac{PR^2}{2g}$ 代入，得

$$a_C=\frac{2}{3}g\sin\theta,\qquad \alpha=\frac{2g}{3R}\sin\theta,\qquad F=\frac{1}{3}P\sin\theta \tag{e}$$

F 为正值，表明其方向如图所设。

2. 假定轮子与斜面间有滑动，这时 $\boldsymbol{F}$ 是动摩擦力。因轮子与斜面接触点向下滑动，故 $\boldsymbol{F}$ 向上，应为 $F=fF_N$，于是解式 (a)，式 (c)，得

$$a_C=(\sin\theta-f\cos\theta)g,\qquad \alpha=\frac{2fg\cos\theta}{R},\qquad F=fP\cos\theta \tag{f}$$

轮子有无滑动，须视摩擦力 $\boldsymbol{F}$ 之值是否达到极限 fF_N。因为当轮子只滚动不滑动时，必须 $F<fF_N$，所以由式 (e) 得

$$\frac{1}{3}P\sin\theta<fP\cos\theta,\qquad 即\frac{1}{3}\tan\theta<f \tag{g}$$

满足式 (g)，表示摩擦力未达极限值，轮子只滚动不滑动，则解答式 (e) 适用；若 $\frac{1}{3}\tan\theta\geqslant f$，表示轮子既滚动又滑动，则解答式 (f) 适用。

【例 11-13】 均质圆轮半径 r，质量为 m，受到轻微扰动后，在半径为 R 的圆弧上往复滚动，如图 11-24 所示。设表面足够粗糙，使圆轮只滚动不滑动。求质心 C 的运动规律。

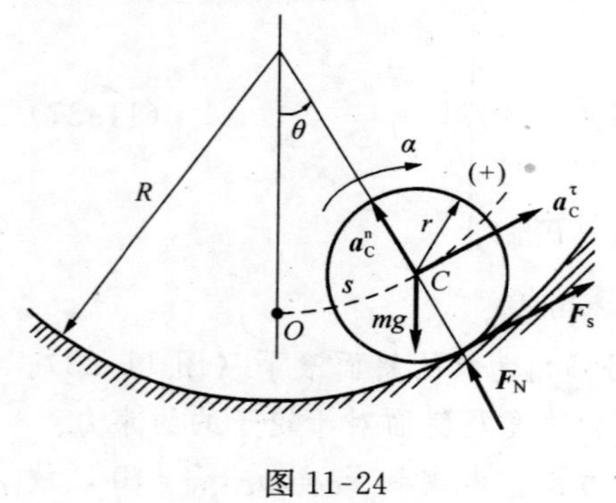

图 11-24

【解】 圆轮在固定曲面上作平面运动，受到的外力有重力 $m\boldsymbol{g}$，圆弧表面的法向反力 $\boldsymbol{F}_N$ 和摩擦力 $\boldsymbol{F}_s$。

设 θ 角以逆时针方向为正，取切线轴的正向如图，并设圆轮以顺时针转动为正，则图示瞬时刚体平面运动微分方程在自然轴上的投影式为

$$ma_C^{\tau}=F_s-mg\sin\theta \tag{a}$$

$$m\frac{v_C^2}{R-r}=F_N-mg\cos\theta \tag{b}$$

$$J_C\alpha=-F_s r \tag{c}$$

由运动学知，当圆轮只滚不滑时，角加速度的大小为

$$\alpha=\frac{a_C^{\tau}}{r} \tag{d}$$

取 s 为质心的弧坐标，由图 11-24 可知

$$s=(R-r)\theta$$

注意到 $a_C^{\tau}=\frac{d^2s}{dt^2}$，$J_C=\frac{1}{2}mr^2$，当 θ 很小时，$\sin\theta\approx\theta$，联立式（a），式（c）和式（d）可得

$$\frac{3}{2}\frac{d^2s}{dt^2}+\frac{g}{R-r}s=0$$

令 $\omega_n^2=\frac{2g}{3(R-r)}$，则上式成为

$$\frac{d^2s}{dt^2}+\omega_n^2s=0$$

此方程的解为

$$s=s_0\sin(\omega_nt+\beta)$$

式中 s_0 和 β 为两个常数，由运动起始条件确定。如 $t=0$ 时，$s=0$，初速度为 v_0，于是

$$0=s_0\sin\beta$$

$$v_0=s_0\omega_n\cos\beta$$

解得

$$\tan\beta=0,\qquad \beta=0^\circ$$

$$s_0=\frac{v_0}{\omega_n}=v_0\sqrt{\frac{3(R-r)}{2g}}$$

最后得

$$s_0=v_0\sqrt{\frac{3(R-r)}{2g}}\sin\left(\sqrt{\frac{2}{3}\frac{g}{(R-r)}}t\right)$$

这就是质心沿轨迹的运动方程。

由式（b）可求得圆轮在滚动时对地面的压力 F'_N

$$F'_N=F_N=m\frac{v_C^2}{R-r}+mg\cos\theta$$

式中右端第一项为附加动压力，其中

$$v_C=\frac{ds}{dt}=v_0\cos\left(\sqrt{\frac{2}{3}\frac{g}{R-r}}\cdot t\right)$$

【例 11-14】 图 11-25（a）所示均质杆 AB 重为 W，长为 l，以两根等长的绳子悬挂在水平位置，求在其中一根绳折断时，另一根绳的拉力。

【解】 折断一根绳后，杆 AB 作平面运动，可用刚体平面运动微分方程

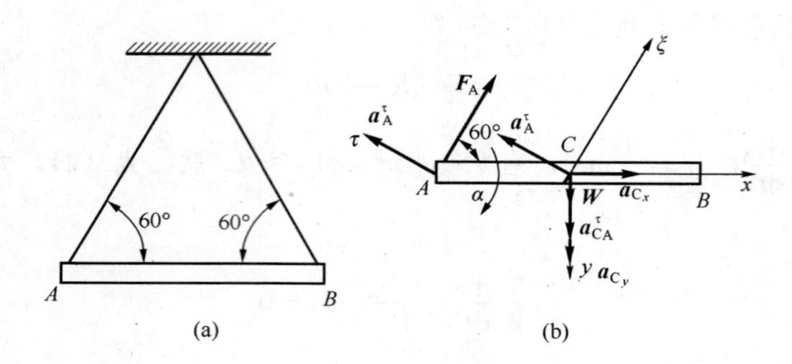

图 11-25

求解。

1. 取 AB 为研究对象。

2. 分析受力。受力图如图 11-25（b）所示。

3. 分析运动。绳折断后，AB 作平面运动。初瞬时，AB 上各点的速度为零。点 A 的轨迹为圆，其加速度 $\boldsymbol{a}_A^\tau$ 如图所示。

4. 取图示坐标，建立刚体平面运动微分方程。

$$ma_{Cx} = F_A\cos60° \tag{a}$$

$$ma_{Cy} = W - F_A\sin60° \tag{b}$$

$$J_C \cdot \alpha = F_A\sin 60° \times l/2 \tag{c}$$

以上三个等式中有 a_{Cx}，a_{Cy}，α，F_A 四个未知量，应设法再建立一方程。以下找 $\boldsymbol{a}_C$ 与 α 的关系。

取点 A 为基点　　　$\boldsymbol{a}_{Cx} + \boldsymbol{a}_{Cy} = \boldsymbol{a}_A + \boldsymbol{a}_{CA}$

因为此瞬时 AB 杆角速度 ω 为零，绕点 A 转动的加速度只有相对切向加速度 $\boldsymbol{a}_{CA}^\tau$ 一项，将矢量式向垂直于 a_A^τ 的 ξ 轴投影，得

$$a_{Cx}\cos60° - a_{Cy}\sin60° = -a_{CA}^\tau\cos30° = -\frac{l\alpha}{2}\times\frac{\sqrt{3}}{2} = -\frac{\sqrt{3}}{4}l\alpha \tag{d}$$

由以上 4 个方程，可解得

$$F_A = 0.27W$$

由计算结果可见，在折断绳子的瞬时，绳子的张力变小，而不是想像的那样变大。

注意：在用平面运动微分方程解题时，为建立足够数目的方程，常常会用到求平面图形上点的加速度的基点法。在取轴投影时，可将轴取作与不必求的未知量垂直，以简化解题过程。

小　　结（知识结构图）

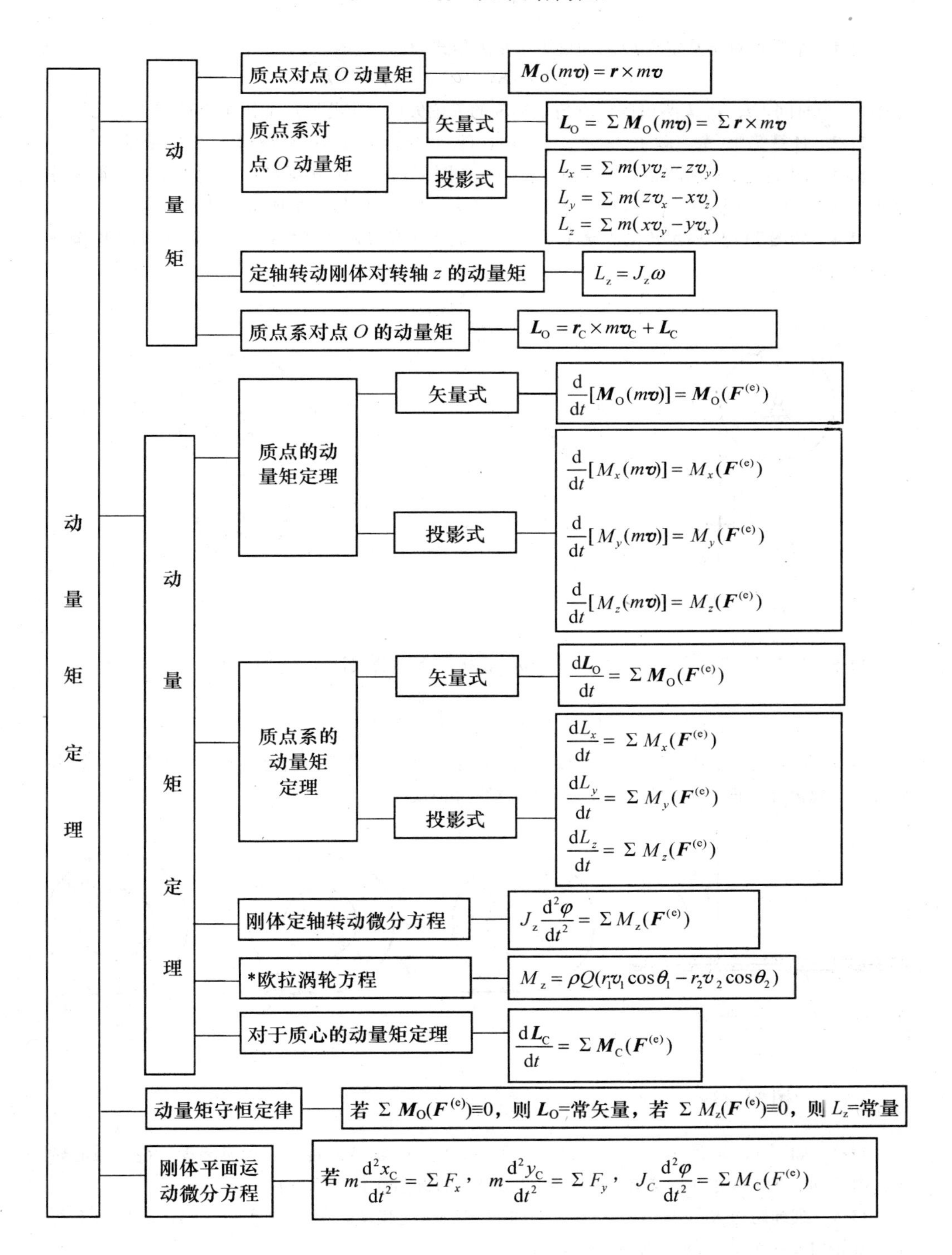
动量矩定理
动量矩
质点对点 O 动量矩
$M_O(mv)=r\times mv$
质点系对点 O 动量矩
矢量式
$L_O=\Sigma M_O(mv)=\Sigma r\times mv$
投影式
$L_x=\Sigma m(yv_z-zv_y)$
$L_y=\Sigma m(zv_x-xv_z)$
$L_z=\Sigma m(xv_y-yv_x)$
定轴转动刚体对转轴 z 的动量矩
$L_z=J_z\omega$
质点系对点 O 的动量矩
$L_O=r_C\times mv_C+L_C$
动量矩定理
质点的动量矩定理
矢量式
$\frac{d}{dt}[M_O(mv)]=M_O(F^{(e)})$
投影式
$\frac{d}{dt}[M_x(mv)]=M_x(F^{(e)})$
$\frac{d}{dt}[M_y(mv)]=M_y(F^{(e)})$
$\frac{d}{dt}[M_z(mv)]=M_z(F^{(e)})$
质点系的动量矩定理
矢量式
$\frac{dL_O}{dt}=\Sigma M_O(F^{(e)})$
投影式
$\frac{dL_x}{dt}=\Sigma M_x(F^{(e)})$
$\frac{dL_y}{dt}=\Sigma M_y(F^{(e)})$
$\frac{dL_z}{dt}=\Sigma M_z(F^{(e)})$
刚体定轴转动微分方程
$J_z\frac{d^2\varphi}{dt^2}=\Sigma M_z(F^{(e)})$
*欧拉涡轮方程
$M_z=\rho Q(r_1v_1\cos\theta_1-r_2v_2\cos\theta_2)$
对于质心的动量矩定理
$\frac{dL_C}{dt}=\Sigma M_C(F^{(e)})$
动量矩守恒定律
若 $\Sigma M_O(F^{(e)})\equiv0$，则 L_O=常矢量，若 $\Sigma M_z(F^{(e)})\equiv0$，则 L_z=常量
刚体平面运动微分方程
若 $m\frac{d^2x_C}{dt^2}=\Sigma F_x$，$m\frac{d^2y_C}{dt^2}=\Sigma F_y$，$J_C\frac{d^2\varphi}{dt^2}=\Sigma M_C(F^{(e)})$

思 考 题

11-1 某质点对于某定点 O 的动量矩矢量表达式为：

$$L_O = 6t^2\boldsymbol{i} + (8t^3+5)\boldsymbol{j} - (t-7)\boldsymbol{k}$$

式中，t 为时间，$\boldsymbol{i}$、$\boldsymbol{j}$、$\boldsymbol{k}$ 为沿固定直角坐标轴的单位矢量。求此质点上作用力对 O 点的力矩。

11-2 计算第 10 章习题 10-2 题中图（a），（b），（d），（e）各物体对其转轴的动量矩。

11-3 图 11-26 所示两轮的转动惯量相同。在图 11-26（a）中绳的一端挂一重物，重量等于 P。在图 11-26（b）中绳的一端受拉力 F，且 $F=P$。问两轮的角加速度是否相同？

11-4 如图 11-27 所示传动系统中 J_1、J_2 为轮Ⅰ、轮Ⅱ的转动惯量，轮Ⅰ的角加速度按下式计算对吗？

$$\alpha_1 = \frac{M_1}{J_1+J_2}$$

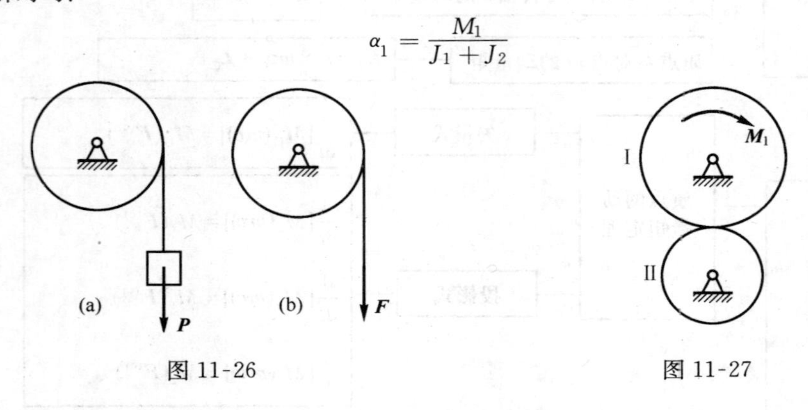

图 11-26　　　　图 11-27

11-5 如图 11-28 所示，已知 $J_z=\frac{1}{3}ml^2$，按照下列公式计算 $J_z{}'$ 对吗？

$$J_z{}' = J_z + m\left(\frac{2}{3}l\right)^2 = ml^2$$

11-6 质量为 m 的均质圆盘，平放在光滑的水平面上，其受力情况如图 11-29 所示。设开始时，圆盘静止，图中 $r=R/2$。试说明各圆盘将如何运动。

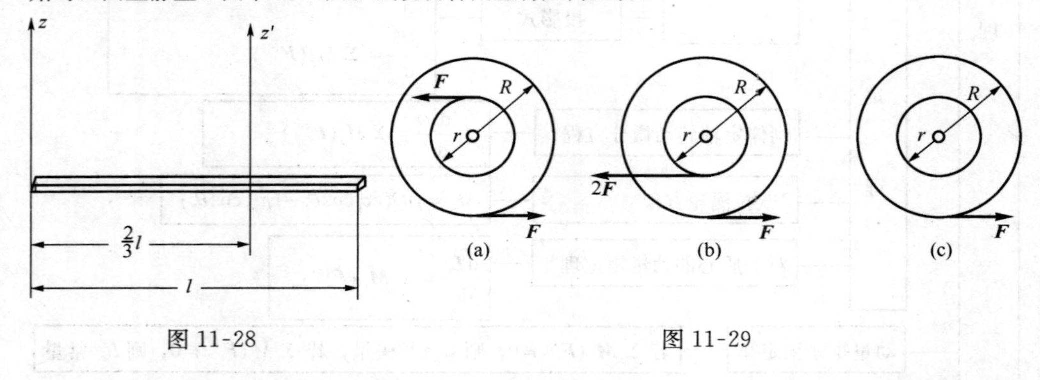

图 11-28　　　　图 11-29

11-7 如图 11-30 所示，在铅垂面内，杆 OA 可绕 O 轴自由转动，均质圆盘可绕其质心轴 A 自由转动。如 OA 水平时系统静止，问自由释放后圆盘作什么运动？

11-8 细绳跨过光滑的滑轮，一猴沿绳的一端向上爬动。另一端系一砝码，砝码与猴等重。开始时系统静止。问砝码将如何运动？

11-9 一半径为 R 的轮在水平面上只滚动而不滑动。如不计滚动摩阻，试问在下列情况下，轮心的加速度是否相等？接触面的摩擦力是否相同？

（1）在轮上作用一顺时针转向的力偶，力偶矩为 M；

（2）在轮心作用一水平向右的力 $\boldsymbol{F}$，$F=\dfrac{M}{R}$。

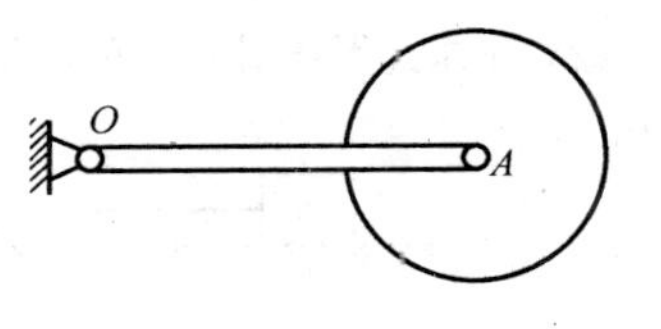

图 11-30

11-10　均质圆轮沿地面只滚不滑时，轮与地面接触点 P 为瞬心，此时恰有 $J_{P}\alpha=M_{P}$。式中 J_{P} 为轮对瞬心的转动惯量，α 为角加速度，M_{P} 为外力对瞬心的力矩。对一般平面运动刚体，上式对吗？用于此轮为什么能对？

11-11　图 11-31（a），（b）与（c）所示为用细绳以不同形式悬挂的匀质杆 AB。杆长均为 l，质量均为 m。若突然均将 B 端细绳剪断，试分析三种情形下 A 端的约束力。将三种情形作出解答后对结果加以分析比较，并总结质点系动量矩定理应用时的矩心选择问题。

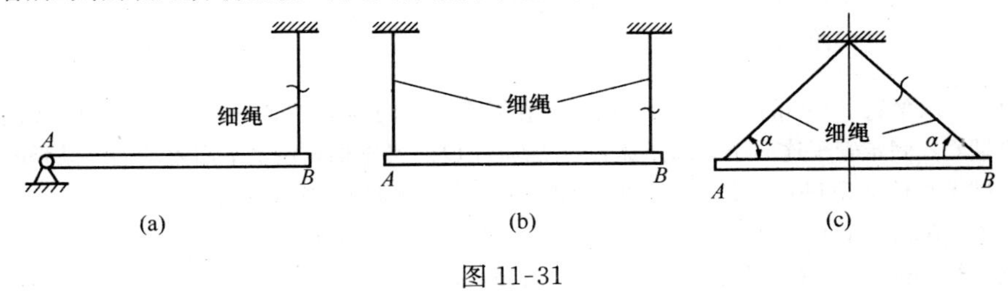

图 11-31

习　　题

11-1　质量为 m 的点在平面 Oxy 内运动，其运动方程为 $x=a\cos\omega t$，$y=b\sin2\omega t$，其中 a、b 和 ω 为常量。求质点对原点 O 的动量矩。

11-2　小球 M 系于线 MOA 的一端，此线穿过一铅直小管，如图所示。小球绕管轴沿半径 $MC=R$ 的圆周运动，每分钟 120 转。今将线段 AO 慢慢向下拉，使外面的线段缩短到 OM_1 的长度，此时小球沿半径 $C_1M_1=\dfrac{1}{2}R$ 的圆周运动。求小球沿此圆周每分钟的转数。

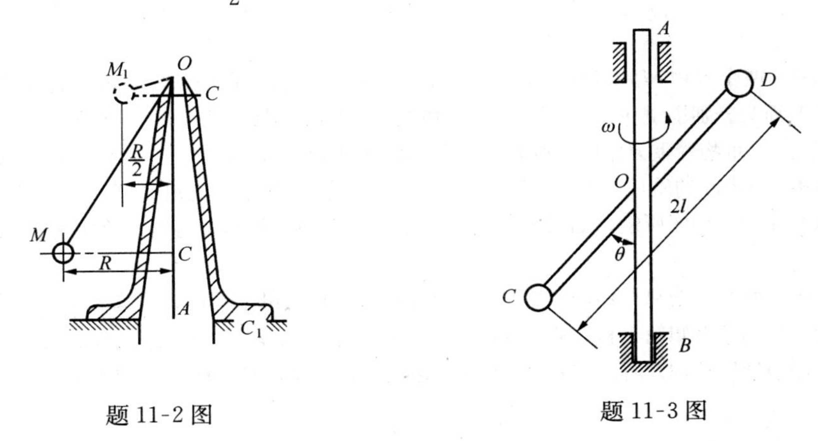

题 11-2 图　　　　题 11-3 图

11-3　两球 C 和 D 质量均为 m，用直杆连接，并将其中点 O 固结在铅直轴 AB 上，杆与轴的交角为 θ，如图所示。如此杆绕 AB 轴以角速度 ω 转动，求在下列情况下，质点系对 AB 轴的动量矩：

（1）杆重忽略不计；

（2）杆为均质杆，质量为 $2m$。

11-4　物块 A 和 B 各重 G_{A} 和 G_{B}，A 的速度为 v。重为 G 的滑轮可看成半径为 r 的均质圆

盘，试求此系统对 O 轴的动量矩。绳子的质量忽略不计。

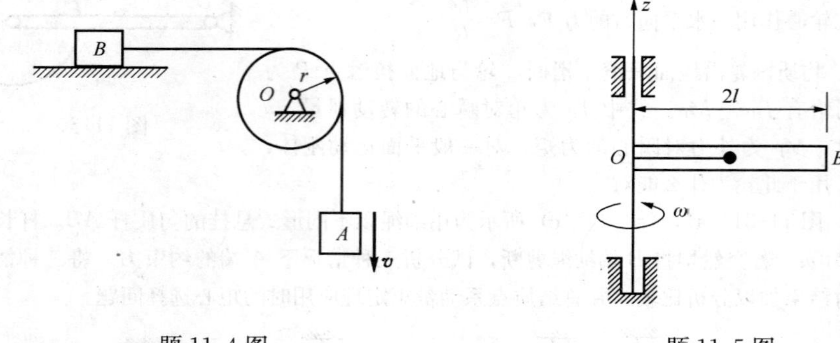

题 11-4 图　　　　题 11-5 图

11-5　水平管子 OB 的质量为 m，长 $2l$，在光滑管壁内的中点有一质量 m_1 的小球 A 用细线连于管端 O，假定管子连同小球以角速度 ω_0 绕通过 O 的铅垂轴 z 在水平面内转动，某瞬时切断细线。试求小球运动到外端 B 时管子的角速度 ω，管子近似为均质细杆。

11-6　在铅垂平面内有质量为 m 的细铁环和质量为 m 的均质圆盘，分别如图 (a)、(b) 所示，其半径都为 r。当 OC 为水平时，由静止释放，求各自的初始角加速及铰链 O 的反力。

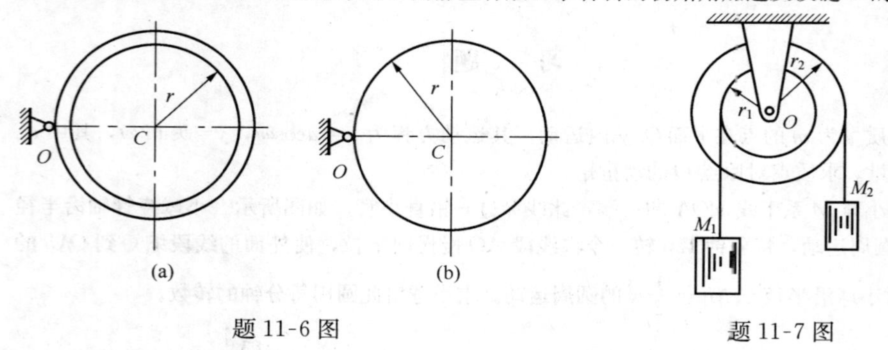

题 11-6 图　　　　题 11-7 图

11-7　两个重物 M_1 和 M_2 的质量各为 m_1 与 m_2，分别系在两条不计质量的绳上，如图所示。此两绳又分别围绕在半径为 r_1 和 r_2 的塔轮上。塔轮的质量为 m_3，质心为 O，对轴 O 的回转半径为 ρ。重物受重力作用而运动，求塔轮的角加速度 α。

11-8　杆 OA 的质量为 m，对质心 C 的回转半径 ρ_C，O 端为光滑铰链，A 端用绳索将杆悬挂于水平位置，如图所示，如果突然将绳剪断，求剪断时杆 OA 的角加速度和铰链 O 的约束反力。

11-9　图示 A 为离合器，开始时轮 2 静止，轮 1 具有角速度 ω_0。当离合器接合后，依靠摩擦使轮 2 启动。已知轮 1 和 2 的转动惯量分别为 J_1 和 J_2。求：(1) 当离合器接合后，两轮共同转动的角速度；(2) 若经过 t 秒两轮的转速相同，求离合器应有多大的摩擦力矩。

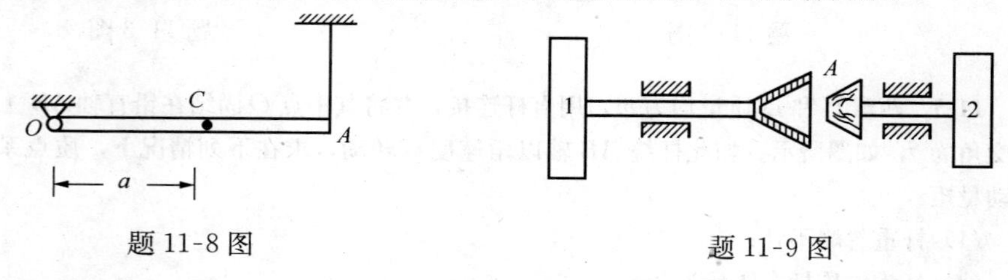

题 11-8 图　　　　题 11-9 图

11-10　图示均质杆 AB 长 l，质量为 m_1。杆的 B 端固连质量 m_2 的小球，其大小不计。杆

上点 D 连一弹簧，刚度系数为 k，使杆在水平位置保持平衡。设初始静止，求给小球 B 一个铅直向下的微小初位移 δ_0 后杆 AB 的运动规律和周期。

11-11　图示两轮的半径各为 R_1 和 R_2，其质量各为 m_1 和 m_2，两轮以胶带相连接，各绕两平行的固定轴转动。如在第一个带轮上作用矩为 M 的主动力偶，在第二个带轮上作用矩为 M' 的阻力偶。带轮可视为均质圆盘，胶带与轮间无滑动，胶带质量略去不计。求第一个带轮的角加速度。

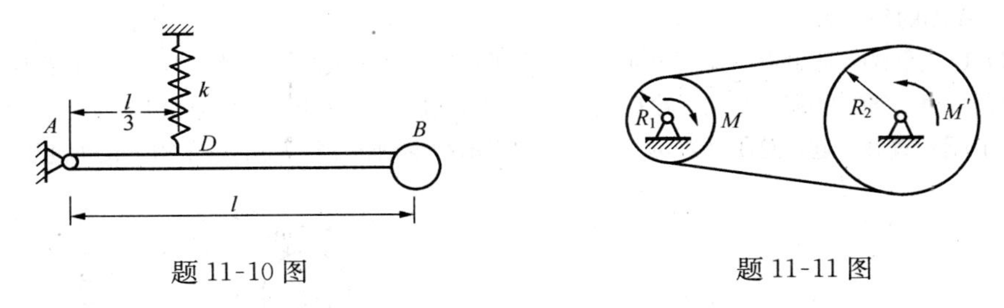

题 11-10 图　　题 11-11 图

11-12　图示连杆的质量为 m，质心在 C。若 $AC=a$，$BC=b$，连杆对 B 轴的转动惯量为 J_B。求连杆对 A 轴的转动惯量。

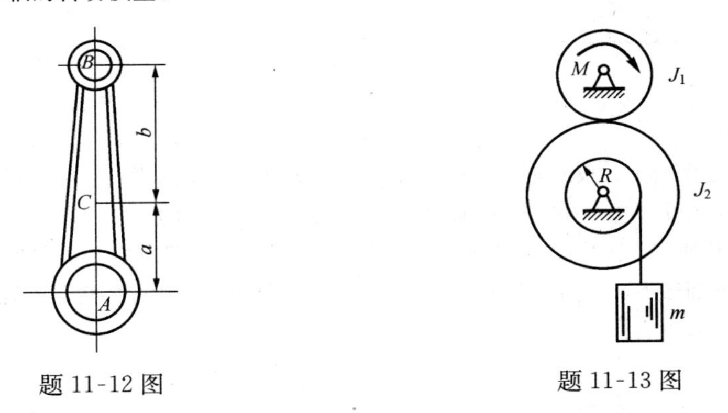

题 11-12 图　　题 11-13 图

11-13　图示电绞车提升一质量为 m 的物体，在其主动轴上作用有一矩为 M 的主动力偶。已知主动轴和从动轴连同安装在这两轴上的齿轮以及其他附属零件的转动惯量分别为 J_1 和 J_2；传动比 $z_2:z_1=i$；吊索缠绕在鼓轮上，此轮半径为 R。设轴承的摩擦和吊索的质量均略去不计，求重物的加速度。

11-14　均质圆柱体 A 的质量为 m，在外圆上绕以细绳，绳的一端 B 固定不动，如图所示。圆柱体因解开绳子而下降，其初速为零。求当圆柱体的轴心降落了高度 h 时轴心的速度和绳子的张力。

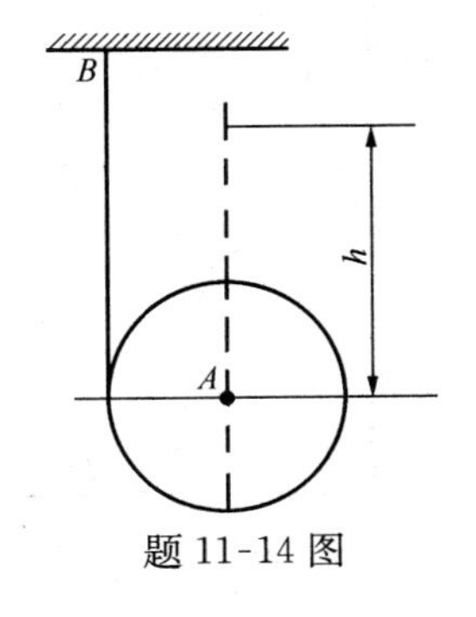

题 11-14 图

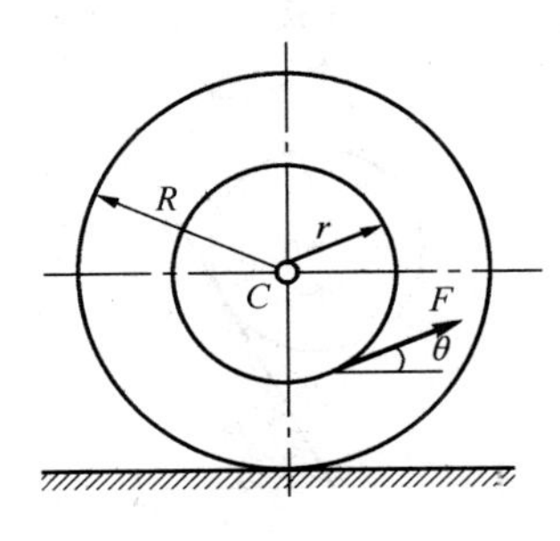

题 11-15 图

11-15 质量为 m 半径为 R 的均质滚子放在水平地面上，如图所示。绕在半径为 r 的鼓轮上的绳子受到常力 F 的作用，该力与水平线的夹角为 θ，滚子对中心轴的回转半径为 ρ。已知滚子与地面间的静摩擦因数为 f_s，试求鼓轮在地面上纯滚动时质心 C 的加速度以及保证纯滚动时静摩擦因数的最小值。

11-16 长为 l 质量为 m 的均质杆 AB，A 端放在光滑的水平地面上，B 端系在 BD 绳索上，如图所示。当绳索铅垂而杆静止时，杆与地面的夹角 $\varphi=45°$。现在绳索突然断掉，求刚断后的瞬时杆 A 端的约束力。

11-17 重物 A 质量为 m_1，系在绳子上，绳子跨过不计质量的固定滑轮 D，并绕在鼓轮 B 上，如图所示。由于重物下降，带动了轮 C，使它沿水平轨道滚动而不滑动。设鼓轮半径 r，轮 C 的半径为 R，两者固连在一起，总质量为 m_2，对于其水平轴 O 的回转半径为 ρ。求重物 A 的加速度。

题 11-16 图　　题 11-17 图

11-18 如图所示，板的质量为 m_1，受水平力 $\boldsymbol{F}$ 作用，沿水平面运动，板与平面间的动摩擦因数为 f。在板上放一质量为 m_2 的均质实心圆柱，此圆柱对板只滚不滑。求板的加速度。

11-19 均质实心圆柱体 A 和薄铁环 B 的质量均为 m，半径都等于 r，两者用杆 AB 铰接，无滑动地沿斜面滚下，斜面与水平面的夹角为 θ，如图所示。如杆的质量忽略不计，求杆 AB 的加速度和杆的内力。

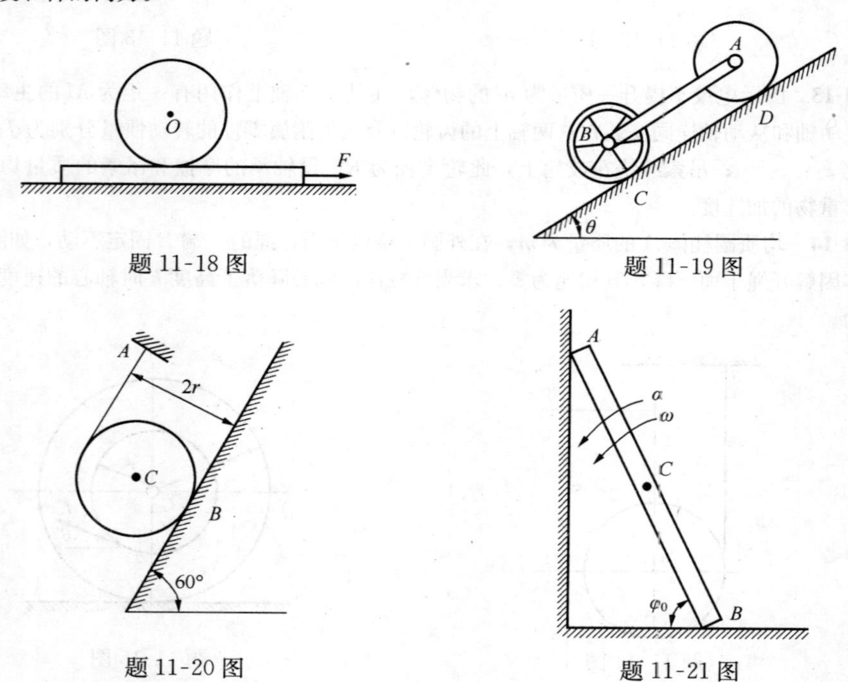

题 11-18 图　　题 11-19 图

题 11-20 图　　题 11-21 图

11-20 图示均质圆柱体的质量为 m，半径为 r，放在倾角为 60°的斜面上。一细绳缠绕在圆柱体上，其一端固定于点 A，此绳与点 A 相连部分与斜面平行。若圆柱体与斜面间的摩擦因数 $f=\frac{1}{3}$，求其中心沿斜面落下的加速度 a_C。

11-21 图示均质杆 AB 长为 l 放在铅直平面内，杆的一端 A 靠在光滑的铅直墙上，另一端 B 放在光滑的水平地板上，并与水平面呈 φ_0 角。此后，杆由静止状态倒下。求：(1) 杆在任意位置时的角加速度和角速度；(2) 当杆脱离墙时，此杆与水平面所夹的角。

第12章 动能定理

动量定理和动量矩定理表明质点和质点系的速度（大小和方向）的变化，与作用力及其作用时间的关系。但有些问题，要研究质点或质点系的速度（大小）的变化，与作用力及其运动路程的关系，而描述这种关系的是动能定理。

§12.1 力的功

由于研究问题的角度不同，对力的作用效应可采用不同的量度，如力的冲量是力对时间的累积效应的量度。力的功则是力在一段路程中对物体累积效应的量度。

一、常力在直线运动中的功

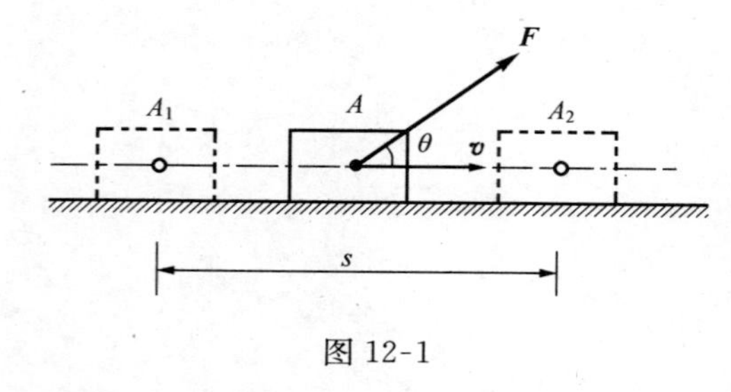

图 12-1

若物体 A 在常力 $\boldsymbol{F}$ 作用下沿直线移动一段路程 s，如图 12-1 所示，力 $\boldsymbol{F}$ 在这段路程内对物体作用所积累的效应用力的功量度，以 W 表示，即

$$W = F \cdot s\cos\theta = \boldsymbol{F} \cdot \boldsymbol{s} \quad (12\text{-}1)$$

式中，θ 为力 $\boldsymbol{F}$ 与直线位移方向之间的夹角，当 $\theta<\frac{\pi}{2}$ 时，力做正功；当 $\theta>\frac{\pi}{2}$ 时，力做负功；当 $\theta=\frac{\pi}{2}$ 时，力所做之功为零，即当力与位移垂直时，力不做功。由此可见功是代数量。式（12-1）表示，常力 $\boldsymbol{F}$ 在位移方向的投影 $F\cos\theta$ 与其路程 s 的乘积，称为 $\boldsymbol{F}$ 在路程 s 中所做的功。当位移用矢量表示时，功也可以表示为力与位移的点积。

在国际单位制中，功的单位是焦耳（J），1 焦耳（J）＝1 牛顿·米（N·m）。

二、变力在曲线运动中的功

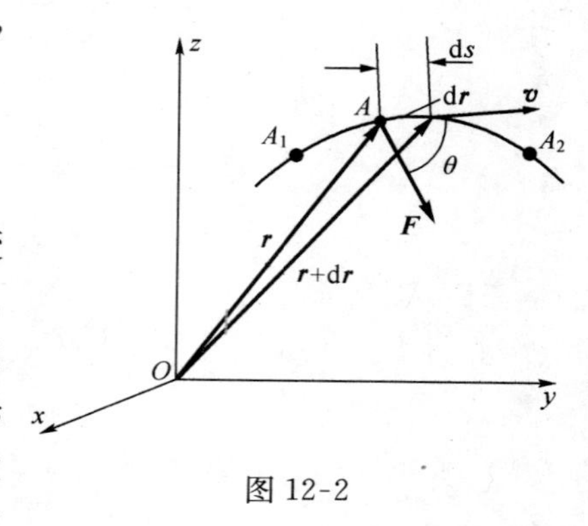

图 12-2

设质点 A 在变力 $\boldsymbol{F}$（其大小和方向均变化）作用下沿空间某曲线运动（图 12-2）。为计算变力在曲线路程 $\widehat{A_1A_2}$ 中的功，可将曲线 $\widehat{A_1A_2}$ 分成许多微段，在每个微段长度 ds（称元路程）中，将变力 $\boldsymbol{F}$ 看成为常力。微段看成为直线段，力 $\boldsymbol{F}$ 在元路程 ds 中的功称为**元功**，可表示为

$$\delta W^{❶} = F = \cos\theta \, \mathrm{d}s \tag{12-2}$$

其中 θ 为力 $\boldsymbol{F}$ 与速度 v 之间的夹角。与元路程 $\mathrm{d}s$ 对应的位移为 $\mathrm{d}\boldsymbol{r}$. 其大小 $|\mathrm{d}r|$ 可看成与元路程 $\mathrm{d}s$ 相等，因此式（12-2）可写为

$$\delta W = F\cos\theta \, |dr| = \boldsymbol{F} \cdot \mathrm{d}\boldsymbol{r} \tag{12-3}$$

写出 $\boldsymbol{F}$ 与 $\mathrm{d}\boldsymbol{r}$ 的解析表示式

$$\boldsymbol{F} = F_x\boldsymbol{i} + F_y\boldsymbol{j} + F_z\boldsymbol{k}$$

$$\mathrm{d}\boldsymbol{r} = \mathrm{d}x\boldsymbol{i} + \mathrm{d}y\boldsymbol{j} + \mathrm{d}z\boldsymbol{k}$$

代入式（12-3），可得

$$\delta W = F_x\mathrm{d}x + F_y\mathrm{d}y + F_z\mathrm{d}z \tag{12-4}$$

这就是**元功的解析表达式。**

变力 $\boldsymbol{F}$ 在有限曲线路程 $\widehat{A_1A_2}$ 中的功可通过积分来计算

$$W_{12} = \int_{A_1}^{A_2} (F_x\mathrm{d}x + F_y\mathrm{d}y + F_z\mathrm{d}z) \tag{12-5}$$

这是个线积分，但在某些情况下可化为普通定积分。

若质点 A 上同时作用有 n 个力 $\boldsymbol{F}_1$，$\boldsymbol{F}_2$，…，$\boldsymbol{F}_n$，其合力为 $\boldsymbol{F}_{\mathrm{R}}$，则通过合力投影定理很容易证明：**合力 $\boldsymbol{F}_{\mathrm{R}}$ 在任一路程上的功，等于各分力在同一路程中的功的代数和。**这就是合力之功定理，可表示为

$$W_{\mathrm{R}} = \Sigma W_{\mathrm{F}} \tag{12-6}$$

三、几种常见力的功

1. 重力的功

物体的重心 C 沿曲线由 A_1 运动到 A_2，计算其重力 $\boldsymbol{P}$ 在此路程中所做的功。

取坐标系 $Oxyz$（图 12-3），令轴 z 沿铅直方向，力 $\boldsymbol{P}$ 在直角坐标轴上的投影为

$$F_x = F_y = 0, F_z = -P$$

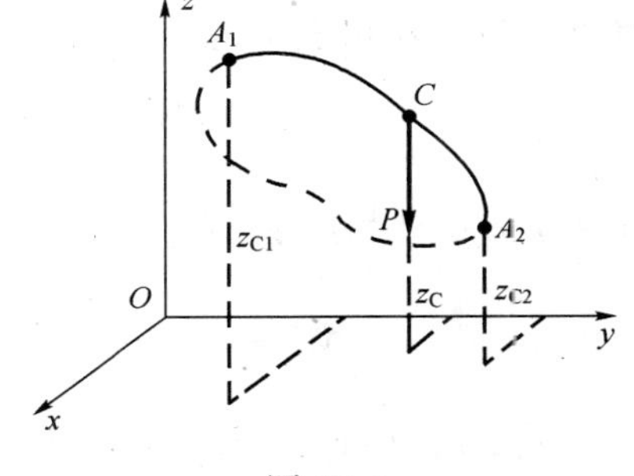

图 12-3

重力 $\boldsymbol{P}$ 的元功为

$$\delta W = -P dz_{\mathrm{C}}$$

在路程 $\widehat{A_1A_2}$ 上，重力的功为

$$W_{12} = \int_{Z_{C1}}^{Z_{C2}} (-P)\mathrm{d}z$$

$$= P(z_{C1} - z_{C2}) = Ph \tag{12-7}$$

式中，z_{C1}、z_{C2} 是重心 C 的起点和终点在轴 z 上的坐标。$h = z_{C1} - z_{C2}$ 是重心 C 下降的高度。可知物体重力的功等于物体的重量乘以重心下降的高度。重心下降时，功为正值；升高时，功为负值；重心高度不变，无论物体运动中经过了怎样的路径，重力的功等于零。由此可见，重力所做的功仅与重心高度变化有关，而与所经过的路径无关。

---

❶ δW 表示元功而不用 $\mathrm{d}W$，是因为在一般情况下元功并不都能表示为某函数的全微分。

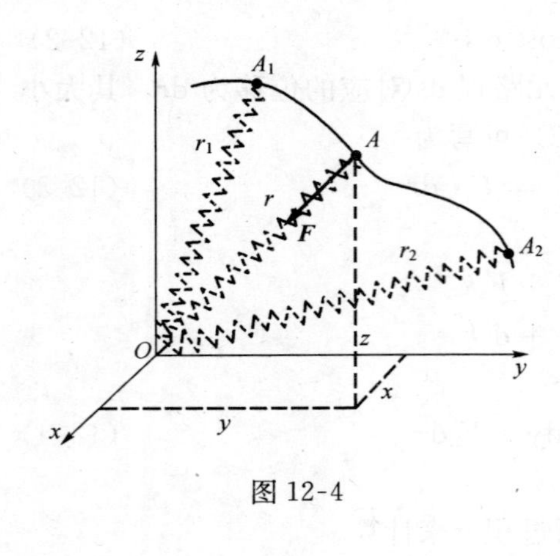

图 12-4

2. 弹性力的功

质点A系于弹簧一端，弹簧的另一端固定于O点（图 12-4），质点A沿空间某曲线由A_1点运动到A_2点，计算弹性力的功。

设弹簧未变形时原长为l_0，质点在A_1位置时弹簧的变形为δ_1，在A_2位置时变形为δ_2。质点A在任意位置上的矢径为r，在此位置上弹簧的变形$\delta=(r-l_0)$，在弹簧的弹性极限内，弹性力的大小与其变量δ呈正比，即

$$F=k\delta=k(r-l_0)$$

比例系数k是弹簧的刚度系数。在国际单位制中，k的单位为"N/m"或"N/mm"。弹性力$\boldsymbol{F}$的作用线总是与矢径$\boldsymbol{r}$共线，当$r-l_0$为正值时$\boldsymbol{F}$与$\boldsymbol{r}$指向相反，当$r-l_0$为负值时$\boldsymbol{F}$与$\boldsymbol{r}$指向相同。沿矢径$\boldsymbol{r}$方向的单位矢量表示为$\dfrac{\boldsymbol{r}}{r}$。弹性力$\boldsymbol{F}$可表示为

$$\boldsymbol{F}=-k(r-l_0)\left(\frac{\boldsymbol{r}}{r}\right)$$

弹性力的元功可表示为

$$\delta W=\boldsymbol{F}\cdot\mathrm{d}\boldsymbol{r}=-k(r-l_0)\left(\frac{\boldsymbol{r}\cdot\mathrm{d}\boldsymbol{r}}{r}\right)$$

由于$\boldsymbol{r}\cdot\mathrm{d}\boldsymbol{r}=\dfrac{1}{2}\mathrm{d}(\boldsymbol{r}\cdot\boldsymbol{r})=\dfrac{1}{2}\mathrm{d}(r^2)=r\mathrm{d}r$，则

$$\delta W=-k(r-l_0)\mathrm{d}r=-\frac{k}{2}\mathrm{d}(r-l_0)^2=-\frac{k}{2}\mathrm{d}(\delta^2)$$

质点由点A_1运动到A_2，弹性力的功为

$$W_{12}=\int_{\delta_1}^{\delta_2}\left(-\frac{k}{2}\right)\mathrm{d}(\delta^2)\ \text{或}\ W_{12}=\frac{k}{2}(\delta_1^2-\delta_2^2) \tag{12-8}$$

即弹性力的功等于弹簧在初始位置变形量的平方与终了位置变形量的平方之差与弹簧刚度系数乘积之半。可见，弹性力的功只与弹簧在初始和末了位置的变形量δ有关，而与力作用点A所经过的路径无关。当初变形大于末变形即$\delta_1>\delta_2$时，弹性力做正功；初变形小于末变形即$\delta_1<\delta_2$时，弹性力做负功。

3. 作用于定轴转动刚体的力及力偶的功

在绕z轴转动的刚体A点上作用一力$\boldsymbol{F}$（图 12-5）。试求刚体转动时力$\boldsymbol{F}$所作的功。

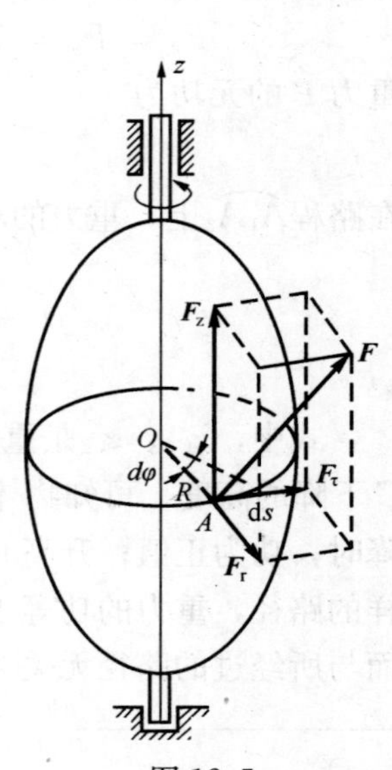

图 12-5

由刚体转动特点可知，A点的运动轨迹为圆周，因

此将力 $\boldsymbol{F}$ 沿点 A 位置的 τ，n，z 三个方向分解成相互垂直的分量，若刚体绕 z 轴转动一微小角度 $\mathrm{d}\varphi$，则 A 点有微小位移 $\mathrm{d}s=R\,\mathrm{d}\varphi$，其中 R 是 A 点到转动轴的直距离。

由于 $\boldsymbol{F}_r$，$\boldsymbol{F}_z$ 都垂直于 A 点运动路径，故不做功。因而只有切向力 $\boldsymbol{F}_\tau$ 做功，由式（12-3）得

$$\delta W = \boldsymbol{F}\cdot \mathrm{d}\boldsymbol{r} = F_\tau ds = F_\tau R\mathrm{d}\varphi$$

由静力学知识，$F_\tau R$ 是力 $\boldsymbol{F}_\tau$ 对于 z 轴的矩，也是力 $\boldsymbol{F}$ 对于 z 轴的矩 M_z（$\boldsymbol{F}$），于是

$$\delta W = M_z(\boldsymbol{F})\mathrm{d}\varphi$$

力 $\boldsymbol{F}$ 在刚体从角 φ_1 到 φ_2 转动过程中做的功为

$$W_{12} = \int_{\varphi_1}^{\varphi_2} M_z(\boldsymbol{F})\mathrm{d}\varphi \tag{12-9}$$

若 $M_z(\boldsymbol{F})$ ＝常量，可得

$$W_{12} = M_z(\boldsymbol{F})(\varphi_2-\varphi_1) = M_z(\boldsymbol{F})\varphi \tag{12-10}$$

由式（12-10）可见，当力矩 $M_z(\boldsymbol{F})$ 与刚体的转角 φ 方向一致时（正负号一致时），力 $\boldsymbol{F}$ 做正功，反之力 $\boldsymbol{F}$ 做负功。

如果作用在刚体上的是一力偶矩为 M 的力偶，而力偶的作用面垂于转轴 z，则由于此力偶对 z 轴之矩即为力偶矩 M，因此有

$$\delta W = M\mathrm{d}\varphi$$

$$W_{12} = \int_{\varphi_1}^{\varphi_2} M\mathrm{d}\varphi \tag{12-11}$$

当 M＝常量时，

$$W_{12} = M(\varphi_2-\varphi_1) = M\varphi \tag{12-12}$$

请读者思考：如力偶作用面与转轴不垂直，应如何计算力偶的功？

4. 摩擦力的功

（1）动滑动摩擦力的功

设物块在固定支承面上滑动（图 12-6a），其动滑动摩擦力为 $F_d=fF_N$，式中 f 为动摩擦系数，$\boldsymbol{F}_N$为法向约束力。当 $\boldsymbol{F}_d$不变时，物块滑行的路程为 s，摩擦力 $\boldsymbol{F}_d$做功为

$$W = -F_d s = -fF_N s \tag{12-13}$$

因为动滑动摩擦力 $\boldsymbol{F}_d$的方向总是与物块运动方向相反，所以 $\boldsymbol{F}_d$总是做负功。

（2）圆轮纯滚动时摩擦力和摩擦阻力偶的功

如图 12-6（b）所示半径为 R 的圆轮在主动力 $\boldsymbol{F}_T$作用下沿水平地面作纯滚

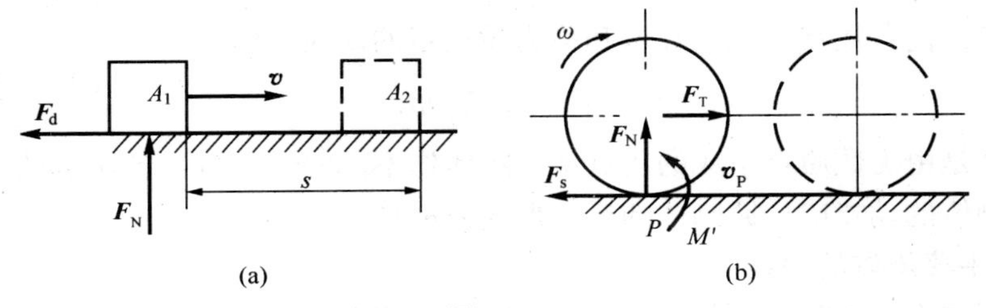

图 12-6

动，轮与支承面的接触点 P 即为车轮的速度瞬心，$v_P=0$，接触点则出现静滑动摩擦力 $\boldsymbol{F}_s$，$\boldsymbol{F}_s$的元功

$$\delta W = -F_s ds = -F_s v_P dt$$

式中 ds 为轮与支承面接触点之间的元路程。因$v_P=0$，故

$$\delta W = 0$$

表明作纯滚动的圆轮上的静滑动摩擦力不做功。

地面作用在轮上的滚动摩擦阻力偶做负功。设滚动摩擦阻力偶矩为 M'，则其元功为：

$$\delta W = -M' d\varphi \tag{12-14}$$

但当 M'很小时，滚动摩擦阻力偶的功可略去不计。

5. 作用在平面运动刚体上力系的功

平面运动刚体上力系的功，等于刚体上所受各力功的代数和。

平面运动刚体上力系的功，也等于力系向质心 C 简化所得的力与力偶所作功之和。

当刚体的质心 C 由 C_1 移到 C_2，同时刚体又由 φ_1 转到 φ_2 角度时，力系的功为

$$W_{12} = \int_{C_1}^{C_2} \boldsymbol{F}_R' \cdot d\boldsymbol{r}_C + \int_{\varphi_1}^{\varphi_2} M_C d\varphi$$

式中 $\boldsymbol{F}_R'$为力系的主矢，M_C为力系对质心 C 的主矩。(读者可自行推证)

§12.2 质点和质点系的动能

一、质点的动能

设质点的质量为 m，速度为 v，则质点的动能为

$$\frac{1}{2}mv^2$$

动能是标量，恒取正值。它是表征质点机械运动强弱的另一种度量。

在国际单位制中，动能的单位也是焦耳（J）或牛顿·米（N·m）

二、质点系的动能

质点系内各质点动能的算术和称为**质点系的动能**，即

$$T = \Sigma \frac{1}{2} m_i v_i^2$$

刚体是由无数质点组成的质点系。刚体作不同的运动时，各质点的速度分布不同，刚体的动能应按照刚体的运动形式来计算。

1. 平移刚体的动能

当刚体作平移时，同一瞬时刚体内各点的速度都相同，可以用质心速度v_C为

代表，于是得平移刚体的动能为

$$T=\Sigma\frac{1}{2}m_iv_i^2=\frac{1}{2}v_C^2\cdot\Sigma m_i=\frac{1}{2}mv_C^2 \tag{12-15}$$

式中 $m=\Sigma m_i$ 是刚体的质量。式（12-15）表明：**平移刚体的动能等于刚体质量与质心速度平方乘积的一半。**如果设想质心是一个质点，它的质量等于刚体的质量，则平移刚体的动能等于此质点的动能。

2. 定轴转动刚体的动能

设刚体绕固定轴 z 转动时，角速度为 ω，刚体上第 i 个质点的质量为 m_i，该点到转轴的距离 r_i，其速度大小为 $r_i\omega$，于是绕定轴转动刚体的动能为

$$T=\Sigma\frac{1}{2}m_iv_i^2=\Sigma\left(\frac{1}{2}m_ir_i^2\omega^2\right)=\frac{1}{2}\omega^2\cdot\Sigma m_ir_i^2=\frac{1}{2}J_z\omega^2 \tag{12-16}$$

式中 $\Sigma m_ir_i^2=J_z$，是刚体对于 z 轴的转动惯量。即**绕定轴转动的刚体的动能，等于刚体对于转轴的转动惯量与角速度平方乘积的一半。**

3. 平面运动刚体的动能

取刚体质心 C 所在的平面图形（见图 12-7）。设图形中的点 P 是某瞬时的速度瞬心，ω 是平面图形转动的角速度，平面图形的运动可视为绕通过速度瞬心 P 并与运动平面垂直的瞬时轴的瞬时转动，于是平面运动刚体的动能为

$$T=\frac{1}{2}J_P\omega^2$$

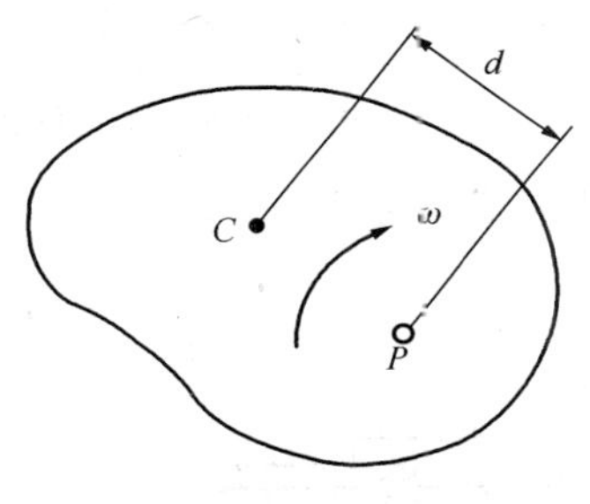

图 12-7

式中 J_P是刚体对于瞬时轴的转动惯量。因为在不同瞬时，刚体具有不同的速度瞬心，所以上式中 J_P不是常量。因此用上式计算动能在一般情况下是不方便的。

现在取通过刚体的质心 C 并与瞬心轴平行的轴（质心轴），设刚体对该轴的转动惯量为 J_C，根据转动惯量的平行轴定理，有

$$J_P=J_C+md^2$$

式中 m 为刚体的质量，$d=CP$。代入计算动能的公式中，得

$$T=\frac{1}{2}(J_C+md^2)\omega^2$$

$$=\frac{1}{2}J_C\omega^2+\frac{1}{2}m(d\cdot\omega)^2$$

因 $d\cdot\omega=v_C$，是质心 C 的速度，于是得

$$T=\frac{1}{2}mv_C^2+\frac{1}{2}J_C\omega^2 \tag{12-17}$$

即作平面运动的刚体的动能，等于随质心平移的动能与绕质心转动的动能之和。

【例 12-1】 计算图 12-8 所示系统的动能，设各物体均质，质量均为 m，$O_1A=O_2B=l$，$O_1O_2=AB$，O_1A 杆的角速度为 ω。

【解】 图示系统中，O_1A，O_2B 杆作定轴转动，角速度为 ω，AB 杆作平移，其质心 C 的速度等于点 A 的速度，$v_C=v_A=l\omega$，系统动能等于各物体动能之和，即

$$T=2\times\frac{1}{2}J_{O}\omega^{2}+\frac{1}{2}mv_{C}^{2}=\frac{1}{3}ml^{2}\omega^{2}+\frac{1}{2}ml^{2}\omega^{2}=\frac{5}{6}ml^{2}\omega^{2}$$

【例 12-2】 如图 12-9 所示，均质圆盘沿直线轨道作纯滚动。设圆盘重 G，半径 R，某瞬时其质心 C 的速度为 v_C，求圆盘的动能。

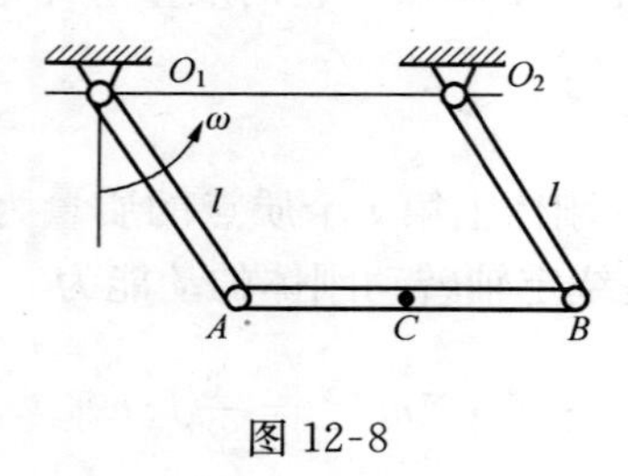

图 12-8

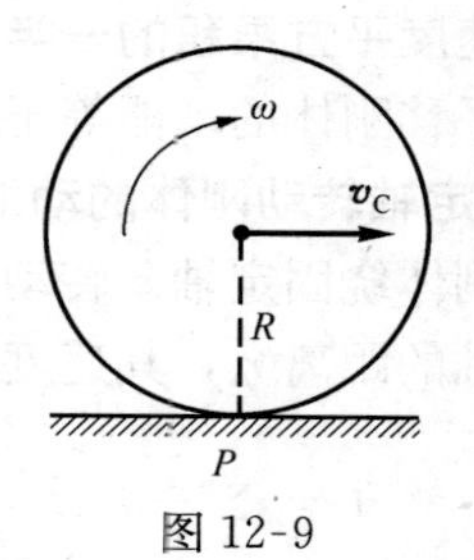

图 12-9

【解】 圆盘作平面运动，P 为速度瞬心，所以圆盘的角速度 $\omega=\frac{v_C}{R}$，由式 (12-17)，圆盘的动能为

$$T=\frac{1}{2}mv_{C}^{2}+\frac{1}{2}J_{C}\omega^{2}=\frac{1}{2}\frac{G}{g}v_{C}^{2}+\frac{1}{2}\left(\frac{1}{2}\frac{G}{g}R^{2}\right)\left(\frac{v_C}{R}\right)^{2}=\frac{3}{4}\frac{G}{g}v_{C}^{2}$$

也可直接写成

$$T=\frac{1}{2}J_{P}\omega^{2}=\frac{1}{2}\left(\frac{1}{2}\frac{G}{g}R^{2}+\frac{G}{g}R^{2}\right)\omega^{2}=\frac{3}{4}\frac{G}{g}v_{C}^{2}$$

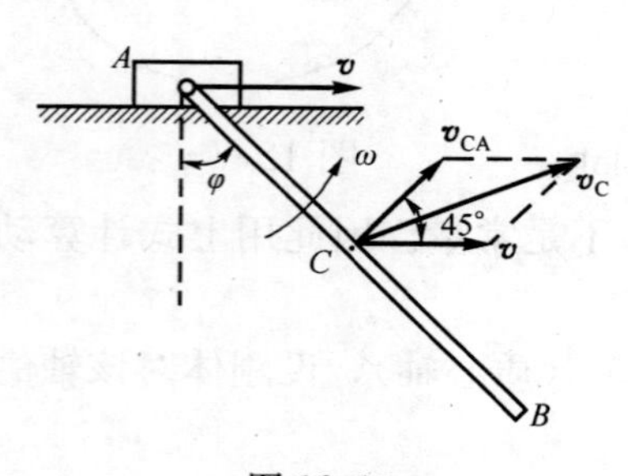

图 12-10

【例 12-3】 滑块 A 沿水平光滑面以匀速 v 向右运动，均质细直杆 AB 在 A 端与滑块铰接，并以角速度 ω 逆时针转动（见图 12-10)。已知杆的质量为 m，杆长为 l，$\varphi=45°$，求此时杆的动能。

【解】 杆 AB 作平面运动，其转动角速度已知，现只需求出其质心 C 的速度，便可用公式 (12-17) 计算出杆的动能。

由刚体平面运动求速度的基点法知

$$\boldsymbol{v}_{C}=\boldsymbol{v}_{A}+\boldsymbol{v}_{CA}$$

上式中 $v_{CA}=\frac{1}{2}l\omega$。由图 12-10 可得

$$\begin{aligned}v_{C}^{2}&=(v_{CA}\sin 45°)^{2}+(v+v_{CA}\cos 45°)^{2}\\&=v_{CA}^{2}+v^{2}+2vv_{CA}\cos45°\\&=\frac{1}{4}l^{2}\omega^{2}+v^{2}+\frac{\sqrt{2}}{2}l^{2}\omega v\end{aligned}$$

于是杆的动能为

$$\begin{aligned}T&=\frac{1}{2}mv_{C}^{2}+\frac{1}{2}J_{C}\omega^{2}=\frac{1}{2}m\left(\frac{1}{4}l^{2}\omega^{2}+v^{2}+\frac{\sqrt{2}}{2}l\omega v\right)+\frac{1}{2}\times\frac{1}{12}ml^{2}\omega^{2}\\&=\frac{1}{2}m\left(\frac{1}{3}l^{2}\omega^{2}+v^{2}+\frac{\sqrt{2}}{2}lv\omega\right)\end{aligned}$$

§12.3　动　能　定　理

一、质点的动能定理

质点的动能定理建立了质点的动能与作用力的功之间的关系。设质量为 m 的质点，在力 $\boldsymbol{F}$ 的作用下，沿曲线由点 A_1 运动到点 A_2，其速度由 v_1 变为 v_2。

取质点的运动微分方程的矢量形式

$$m\frac{\mathrm{d}\boldsymbol{v}}{\mathrm{d}t}=\boldsymbol{F}$$

在方程两边点乘 $\mathrm{d}\boldsymbol{r}$，得

$$m\frac{\mathrm{d}\boldsymbol{v}}{\mathrm{d}t}\cdot\mathrm{d}\boldsymbol{r}=\boldsymbol{F}\cdot\mathrm{d}\boldsymbol{r}$$

因 $\mathrm{d}\boldsymbol{r}=\boldsymbol{v}\mathrm{d}t$，于是上式可写成

$$m\boldsymbol{v}\cdot\mathrm{d}\boldsymbol{v}=\boldsymbol{F}\cdot\mathrm{d}\boldsymbol{r}$$

或

$$\mathrm{d}\left(\frac{1}{2}mv^2\right)=\delta W \tag{12-18}$$

式（12-18）称为**质点动能定理的微分形式，即质点动能的增量等于作用在质点上力的元功。**

积分上式，得

$$\int_{v_1}^{v_2}\mathrm{d}\left(\frac{1}{2}mv^2\right)=W_{12}$$

或

$$\frac{1}{2}mv_2^2-\frac{1}{2}mv_1^2=W_{12} \tag{12-19}$$

这就是**质点动能定理的积分形式，即在任一路程中质点动能的改变量，等于作用在质点的力在该路程中所做的功。**

由式（12-18）或式（12-19）可见，力作正功，质点动能增加；力做负功，质点的动能减小。

二、质点系的动能定理

设有 n 个质点组成的质点系，其中第 i 个质点的质量为 m_i，速度为 v_i，作用在该质点上的力为 $\boldsymbol{F}_i$。根据质点的动能定理的微分形式，有

$$\mathrm{d}\left(\frac{1}{2}m_iv_i^2\right)=\delta W_i$$

式中 δW_i 表示作用于这个质点的力所作的元功。

对于质点系可写出 n 个这样的方程，将这 n 个方程相加，得

$$\sum_{i=1}^{n}\mathrm{d}\left(\frac{1}{2}m_iv_i^2\right)=\sum_{i=1}^{n}\delta W_i$$

或

$$d\left[\Sigma\left(\frac{1}{2}m_iv_i^2\right)\right]=\Sigma\delta W_i$$

式中 $\Sigma\frac{1}{2}m_iv_i^2$ 是质点系的动能，以 T 表示。于是上式可写成

$$\mathrm{d}T=\Sigma\delta W_i \tag{12-20}$$

式（12-20）为**质点系动能定理的微分形式，即质点系动能的微分，等于作用在质点系上全部力所作的元功之和。**

设质点系从位置Ⅰ运动到位置Ⅱ，将式（12-20）积分，得

$$T_2-T_1=\Sigma W_{12} \tag{12-21}$$

式中 T_1 和 T_2 分别是质点系在位置Ⅰ和位置Ⅱ的动能。式（12-21）**为质点系动能定理的积分形式，即在某一段运动过程中，质点系动能的改变量等于作用在质点系上全部力在这段过程中所作功的代数和。**

需要说明：

1. 若将作用于质点系的力按主动力和约束反力分类，则式（12-21）可改写为

$$T_2-T_1=\Sigma W_{12}^{(F)}+\Sigma W_{12}^{(N)} \tag{12-22}$$

式中 $\Sigma W_{12}^{(F)}$ 和 $\Sigma W_{12}^{(N)}$ 分别表示主动力做功之和和约束反力做功之和。在理想约束条件下，质点系动能的改变只与主动力做功有关，式（12-20）中只需计算主动力所做的功。

对于光滑固定面约束，其约束力垂直于力作用点的位移，约束力不做功。又如光滑铰支座、固定端等约束，显然其约束力也不做功。**约束力做功等于零的约束称为理想约束。**

光滑铰链、刚性二力杆以及不可伸长的细绳等作为系统内的约束时，其中单个的约束力不一定不做功，但一对约束力做功之和等于零，也都是理想约束。如图 12-11（a）示的铰链，铰链处相互作用的约束力 $\boldsymbol{F}$ 和 $\boldsymbol{F}'$ 是等值反向的，它们在铰链中心的任何位移 $\mathrm{d}\boldsymbol{r}'$ 上做功之和都等于零。又如图 12-11（b）中，跨过光滑支持轮的细绳对系统中两个质点的拉力 $F_1=F_2$，如绳索不可伸长，则两端的位移 $\mathrm{d}\boldsymbol{r}_1$ 和 $\mathrm{d}\boldsymbol{r}_2$ 上沿绳索的投影必相等，因而两约束力 F_1 和 F_2 做功之和等于零。至于图 12-11（c）所示的二力杆对 A，B 两点的约束力，有 $F_1=F_2$，而两端位移沿 AB 连线的投影又是相等的，显然两约束力 F_1，F_2 做功之和也等于零。

一般情况下，滑动摩擦力与物体的相对位移反向，摩擦力做负功，不是理想约束，应用动能定理时要计入摩擦力的功。但当轮子在固定面上只滚不滑时，接触点为速度瞬心，滑动摩擦力作用点没动，此时的滑动摩擦力也不做功。因此，不计滚动摩阻时，纯滚动的接触点也是理想约束。

工程中很多约束可视为理想约束，此时未知的约束力并不做功，这对动能定理的应用是非常方便的。

2. 若将作用于质点系的力按外力和内力分类，则式（12-21）可改写为

$$T_2-T_1=\Sigma W_{12}^{(e)}+\Sigma W_{12}^{(i)} \tag{12-23}$$

式中 $\Sigma W_{12}^{(e)}$ 和 $\Sigma W_{12}^{(i)}$ 分别表示外力做功之和和内力做功之和。

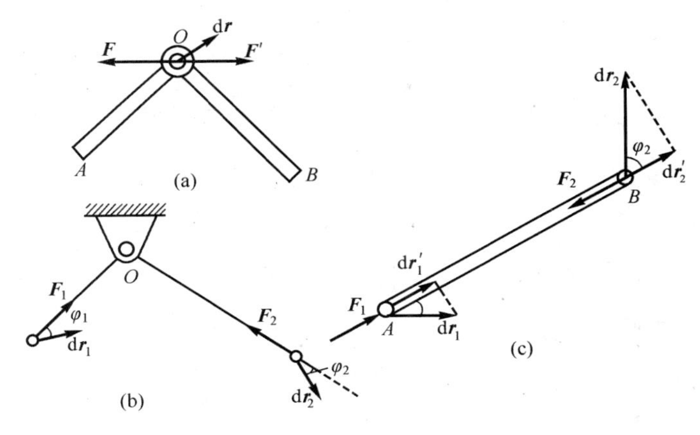

图 12-11

在通常情况下，虽然质点系的内力是成对出现的，但它们做功之和并不总是等于零。例如，由两个相互吸引的质点 M_1 和 M_2 组成的质点系，两质点相互作用的力 F_{12} 和 F_{21} 是一对内力，如图 12-12 所示。虽然内力的矢量和等于零，但是当两质点相互趋近或离开时，两力所作功的和都不等于零。又如，汽车发动机的气缸内膨胀的气体对活塞和气缸的作用力都是内力，但内力功的和不等于零，内力的功使汽车的动能增加。此外，如机器中轴与轴承之间的相互作用的摩擦力对于整个机器是内力，它们做负功，总和为负。应用动能定理时都要计入这些内力所作用的功。

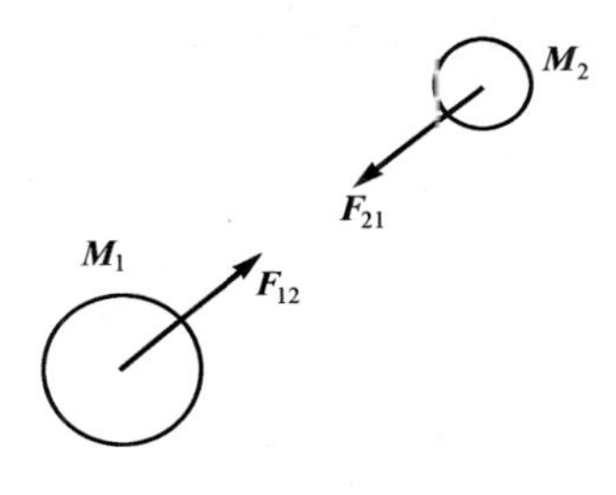

图 12-12

同时也应注意，在不少情况下，内力所作功的和等于零。例如，刚体内两质点相互作用的力是内力，两力大小相等、方向相反。因为刚体上任意两点之间的距离保持不变，沿这两点连线的位移必定相等，其中一力做正功，另一力做负功，这一对力所做功的和等于零。刚体内任一对内力所做的功的和都等于零。于是得结论：**刚体所有内力做功的和恒等于零。**因此，动能定理应用于刚体时，就不必考虑刚体内力的功。

不可伸长的柔绳、钢索等所有内力做功的和也等于零。

从以上分析可见，在应用质点系的动能定理时，要根据具体情况仔细分析所有的作用力，以确定它是否做功。应注意：理想约束的约束力不做功，而质点系的内力做功之和并不一定等于零。

应用动能定理不但可以求解作用于物体的主动力或物体所行的距离，而且可以求解物体运动的速度 v（或角速度 ω）和加速度 a（或角加速度 α）。

【例 12-4】 质量为 $m=1\text{kg}$ 的套筒 M 可沿固定光滑导杆运动。套筒上系一弹簧，如图 12-13 所示。设弹簧原长为 $r=0.2\text{m}$，弹簧刚度为 $k=200\text{N/m}$。当套筒在 A 点时其速度为 $v_A=1.5\text{m/s}$。求套筒滑到 B 点时的速度 v_B。

【解】 取套筒 M 为研究对象。套筒在重力 mg，弹性力 $\boldsymbol{F}$ 和约束力 $\boldsymbol{F}_N$ 作用下运动。约束反力 $\boldsymbol{F}_N$ 与运动方向垂直，故约束力 $\boldsymbol{F}_N$ 不做功。只有重力和弹性力

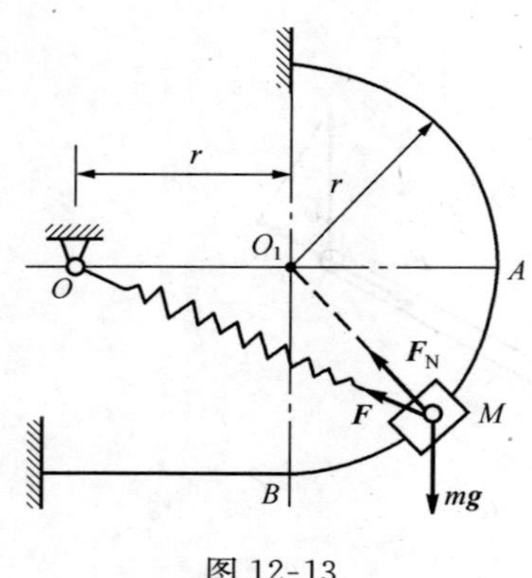

图 12-13

做功。

用动能定理有

$$\frac{1}{2}mv_B^2-\frac{1}{2}mv_A^2=W_{12} \quad (a)$$

$$W_{12}=mgr+\frac{1}{2}k\left[r^2-(\sqrt{2}r-r)^2\right] \quad (b)$$

$$=mgr+kr^2(\sqrt{2}-1)$$

将式(b)代入式(a),并将已知量代入后得

$$v_B=3.577\text{m/s}$$

【例 12-5】 杆 AB 长 l,重为 mg,在水平位置处由静止释放,如图 12-14(a)所示。试求杆 AB 到达铅垂位置时点 A 的速度和加速度。

【解】 分析杆的受力有重力 mg 和约束反力 $\boldsymbol{F}_{Bx}$、$\boldsymbol{F}_{By}$,做功的力为杆的重力。杆 AB 可作定轴转动。

由积分形式的动能定理

$$T_2-T_1=\Sigma W_{12}$$

$$T_2=\frac{1}{2}J_B\omega^2,\ T_1=0,\ \Sigma W_{12}=mg\cdot\frac{l}{2}$$

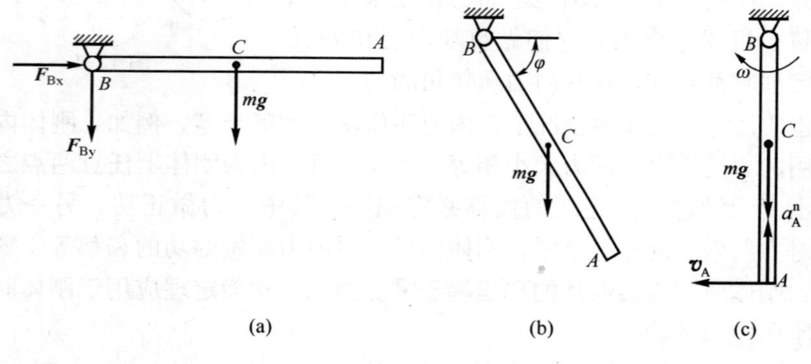

图 12-14

代入动能定理

$$\frac{1}{2}J_B\omega^2=mg\ \frac{l}{2}$$

$$\omega=\sqrt{\frac{mgl}{J_B}}=\sqrt{\frac{mgl}{\frac{1}{3}ml^2}}=\sqrt{\frac{3g}{l}}$$

$$v_A=\omega l=\sqrt{3gl}$$

求杆的角加速度,可用两种方法:

1. 在一般位置处列出动能定理表达式,通过求导得角加速度 α。一般位置处

$$\Sigma W_{12} = \frac{l}{2}mg\sin\varphi$$

代入动能定理表达式得

$$\frac{1}{2}J_B\omega^2 = mg \cdot \frac{l}{2}\sin\varphi$$

等号两边同时对时间求导

$$J_B\omega\alpha = \frac{1}{2}mgl\cos\varphi \cdot \omega$$

可得

$$\alpha = \frac{mgl\cos\varphi}{2J_B} = \frac{3g\cos\varphi}{2l}$$

当 $\varphi=90°$时，$\alpha=0$ 故 $a_A^\tau=0$，$a_A^n=l\omega^2=3g$

2. 用刚体绕定轴转动微分方程求角加速度 α。

$$J_B\alpha = \Sigma M_B(\boldsymbol{F})$$

在图 12-14（c）所示位置，有

$$J_B\alpha = 0,\ \alpha = 0$$

注意： 1. 用动能定理求加速度量时，必须写出一般位置处的动能定理表达式，再对等式进行求导运算。不可对某瞬时表达式求导。

2. 由此比较可知，对于单个绕定轴转动刚体，用刚体绕定轴转动微分方程求角加速度很方便。此题的最简解法为：①用动能定理求解角速度 ω；②用刚体绕定轴转动微分方程求角加速度 α。

【例 12-6】 卷扬机如图 12-15 所示。鼓轮 A 在常力偶矩 M 的作用下将圆柱 B 沿斜坡上拉。已知鼓轮的半径为 R_1，质量为 m_1，质量分布在轮缘上；均质圆柱体的半径为 R_2，质量为 m_2。设斜坡的倾角为 θ，圆柱体只滚不滑，系统从静止开始运动，求圆柱体中心 C 经过路程 s 时的速度。

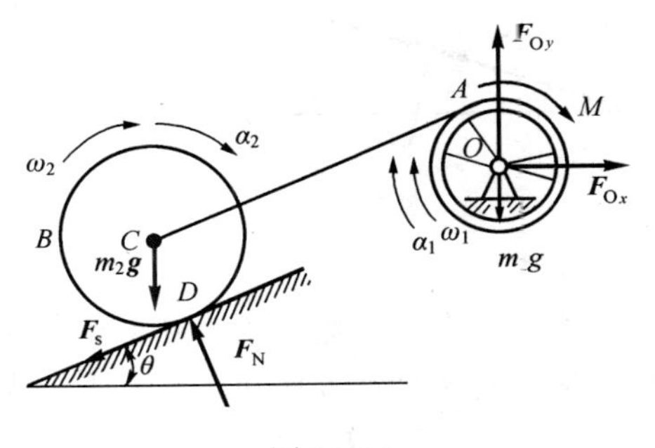

图 12-15

【解】 圆柱体和鼓轮一起组成质点系。作用于该质点系的外力有：重力 $m_1\boldsymbol{g}$ 和 $m_2\boldsymbol{g}$，外力偶矩 M，水平轴支反力 $\boldsymbol{F}_{Ox}$ 和 $\boldsymbol{F}_{Oy}$，斜面对圆柱体的作用力 $\boldsymbol{F}_N$ 和静摩擦力 $\boldsymbol{F}_s$。

应用动能定理进行求解。

先计算力的功。因为点 O 没有位移，力 $\boldsymbol{F}_{Ox}$，$\boldsymbol{F}_{Oy}$ 和 $m_1\boldsymbol{g}$ 所做的功等于零；圆柱体沿斜面只滚不滑，边缘上任一点与地面只作瞬时接触，因此作用于瞬心 D 的法向约束反力 $\boldsymbol{F}_N$ 和静摩擦力 $\boldsymbol{F}_s$ 不做功，此系统只受理想约束，且内力做功为零。主动力所做的功计算如下：

$$\Sigma W_{12} = M\varphi - m_2 g\sin\theta \cdot s$$

质点系的动能计算如下：

$$T_1 = 0,\ T_2 = \frac{1}{2}J_1\omega_1^2 + \frac{1}{2}m_2 v_C^2 + \frac{1}{2}J_C\omega_2^2$$

式中，J_1、J_C分别为鼓轮对于中心轴 O 和圆柱体对于过质心 C 的轴的转动惯量，即

$$J_1 = m_1 R_1^2, J_C = \frac{1}{2} m_2 R_2^2$$

ω_1、ω_2 分别为鼓轮和圆柱体的角速度，即

$$\omega_1 = \frac{v_C}{R_1}, \omega_2 = \frac{v_C}{R_2}$$

于是

$$T_2 = \frac{v_C^2}{4}(2m_1 + 3m_2)$$

由质点系的动能定理，并将动能和功的计算结果代入，得

$$\frac{v_C^2}{4}(2m_1 + 3m_2) - 0 = M\varphi - m_2 g \sin\theta \cdot s$$

以 $\varphi = \dfrac{s}{R_1}$ 代入，解得

$$v_C = 2\sqrt{\frac{(M - m_2 g R_1 \sin\theta)s}{R_1(2m_1 + 3m_2)}}$$

【例 12-7】 如图 12-16 所示均质圆盘 A 和滑块 B 质量均为 m，圆盘半径为 r，杆 BA 质量不计，平行于斜面，斜面倾角为 θ。已知斜面与滑块间摩擦系数为 f，圆盘在斜面上作无滑动的滚动，系统在斜面上无初速运动，求滑块 B 的加速度。

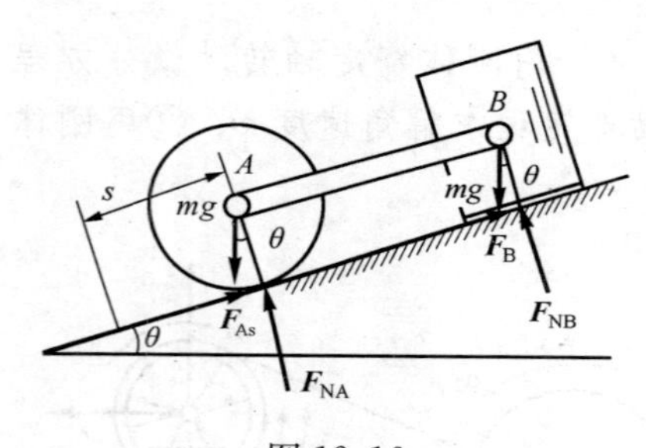

图 12-16

【解】 这是已知力求加速度的问题，应在一般位置上建立动能定理的方程，通过求导得到加速度。

选质点系为研究对象。受力图如图 12-16 所示，因为 A，B 两光滑铰链为理想约束，故约束反力做功之和为零。由于圆盘在固定斜面上无滑动地滚动（纯滚动），故静摩擦力 $\boldsymbol{F}_{As}$和法向反力 $\boldsymbol{F}_{NA}$，$\boldsymbol{F}_{NB}$均不做功。

假设圆盘中心沿斜面下移距离为 s（s 为变量），则重力和动摩擦力 $\boldsymbol{F}_B$的功为

$$\begin{aligned}\Sigma W &= 2mgs\sin\theta - F_B \cdot s \\ &= 2mgs\sin\theta - fmgs\cos\theta \\ &= mgs(2\sin\theta - f\cos\theta)\end{aligned}$$

初始时系统的动能 $T_0 = 0$，设下降 s 距离时，圆盘中心速度为 v_A，滑块速度为 v，圆盘转动角速度为 ω，由运动学知 $\omega = v_A / r$，$v_A = v$，圆盘作平面运动，滑块作平移。系统的动能为

$$\begin{aligned}T &= \frac{1}{2}mv^2 + \frac{1}{2}mv_A^2 + \frac{1}{2}J_A\omega^2 \\ &= 2 \times \frac{1}{2}mv^2 + \frac{1}{2} \times \left(\frac{1}{2}mr^2\right)\omega^2 \\ &= \frac{5}{4}mv^2\end{aligned}$$

由动能定理的积分形式

$$T - T_0 = \Sigma W$$

$$\frac{5}{4}mv^2 = mgs(2\sin\theta - f\cos\theta)$$

将上式两边对时间求一次导数，注意到 $v=\dot{s}$，$a=\dot{v}$，得

$$\frac{5}{2}mva = mgv(2\sin\theta - f\cos\theta)$$

于是解得

$$a = \left(\frac{4}{5}\sin\theta - \frac{2}{5}f\cos\theta\right)g$$

注意：系统下滑距离 s 是变量，代表一般位置，故建立的方程可求导。

【例 12-8】 如图 12-17（a）所示曲柄连杆机构，其中曲柄 $OA=AB=l$，在曲柄上作用一不变力偶矩 M。曲柄和连杆看成是均质的，重量均为 mg。开始时，曲柄静止在水平向右位置，设滑块质量不计，滑块与滑道间的动滑动摩擦力设为常值 F，求曲柄转过一周时的角速度。

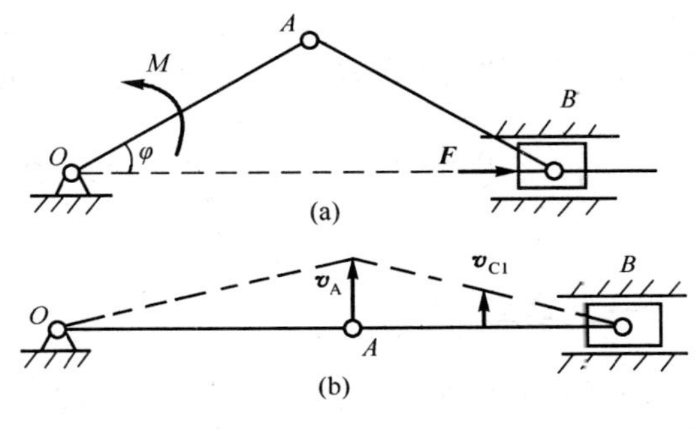

图 12-17

【解】 此系统由作定轴转动的杆 OA 和作平面运动的杆 AB 及滑块组成。待求量为运动量，可用动能定理求解。

取系统为研究对象，分析做功的力，作用于杆 OA 上的力偶 M 做正功，重力在整周运动中做功之和为零，B 块上的动滑动摩擦力 $\boldsymbol{F}$ 做负功。分析运动，杆 OA 绕 O 定轴转动，杆 AB 作平面运动，滑块 B 在槽中往复运动，初始时刻系统静止，OA 转一圈后，和初始位置重合，此时，点 B 为杆 AB 的速度瞬心。

由积分形式的动能定理，知

$$T_2 - T_1 = \Sigma W_{12}$$

式中　$T_1=0$，$T_2=\frac{1}{2}J_{\mathrm{O}}\omega^2+\frac{1}{2}J_{\mathrm{B}}\omega_{\mathrm{AB}}^2$

因为

$$v_{\mathrm{A}} = \omega l = \omega_{\mathrm{AB}} l$$

所以

$$\omega_{\mathrm{AB}} = \omega$$

又

$$J_{\mathrm{O}} = J_{\mathrm{B}} = \frac{1}{3}ml^2$$

$$\Sigma W_{12} = M\cdot 2\pi - F\cdot 4l$$

将以上各量代入动能定理中得

$$\frac{1}{6}ml^2\omega^2 = 2\pi M - 4Fl$$

$$\omega = \sqrt{(2\pi M - 4Fl)/\frac{1}{6}ml^2} = \sqrt{3(\pi M - 2Fl)/ml^2}$$

注意： 1. 本题是用动能定理求解的最典型问题，解这类问题时，应将两个状态系统所处的位置和图形画出来，以便于分析运动量。

2. 此题中，摩擦阻力做负功，从 B 的最右位置到达最左位置，做功为 $-2Fl$，从最左位置回到最右位置，做功仍为 $-2Fl$。即使 B 从一般位置开始运动，在曲柄 OA 的一整转中，摩擦力做功仍为 $-4Fl$。

综合以上各例，应用动能定理解题的步骤如下：

1. 选取某质点系（或质点）作为研究对象；
2. 选定应用动能定理的一段过程；
3. 分析质点系的运动，计算在选定的过程起点和终点的动能；
4. 分析作用于质点系的力，计算各力在选定过程中所做的功，并求它们的代数和；
5. 应用动能定理建立方程，求解未知量。

§12.4 功率、功率方程与机械效率

一、功率

在工程实际中，对一个机械系统上的作用力，不仅要计算其做的功，更有意义的是要知道力做功的快慢程度。力在单位时间内所做的功称为该力的**功率**，以 P 表示。

功率的数学表达式为

$$P=\frac{\delta W}{\mathrm{d}t}$$

因为 $\delta W=\boldsymbol{F}\cdot\mathrm{d}\boldsymbol{r}$，因此功率可写成

$$P=\boldsymbol{F}\cdot\frac{\mathrm{d}\boldsymbol{r}}{\mathrm{d}t}=\boldsymbol{F}\cdot\boldsymbol{v}=F_{\tau}v \tag{12-24}$$

式中，$\boldsymbol{v}$ 是力 $\boldsymbol{F}$ 作用点的速度。

由此可见，**功率等于切向力与力作用点速度的乘积。**

作用在转动刚体上的力的功率为

$$P=\frac{\delta W}{\mathrm{d}t}=M_z\frac{\mathrm{d}\varphi}{\mathrm{d}t}=M_z\,\omega \tag{12-25}$$

式中 M_z 是力对转轴 z 的矩，ω 是角速度。由此可知，**作用于转动刚体上的力的功率等于该力对转轴的矩与角速度的乘积。**

在国际单位制中，功率的单位为（W 瓦特）或（kW 千瓦）。

$$1\mathrm{W}=1\mathrm{J/s}=1\mathrm{N}\cdot\mathrm{m/s}$$

二、功率方程

取质点系动能定理的微分形式，两端除以 $\mathrm{d}t$，得

$$\frac{\mathrm{d}T}{\mathrm{d}t}=\sum_{i=1}^{n}\frac{\delta W_i}{\mathrm{d}t}=\sum_{i=1}^{n}P_i \tag{12-26}$$

上式称为**功率方程**，即**质点系动能对时间的一阶导数，等于作用于质点系的所有力的功率的代数和。**

功率方程常用来研究机器在工作时能量的变化和转化的问题。例如车床接上电源后，电场对电机转子作用的力作正功，使转子转动，电场力的功率称为**输入功率**。由于皮带传动、齿轮传动和轴承与轴之间都有摩擦，摩擦力做负功，使一部分机械能转化为热能；传动系统中的零件也会相互碰撞，也要损失一部分功率。这些功率都取负值，称为**无用功率**或**损耗功率**。车床切削工件时，切削阻力对夹持在车床主轴上的工件做负功，这是车床加工零件必须付出的功率，称为**有用功率**或**输出功率**。

每部机器的功率都可分为上述三部分。在一般情形下，式（12-26）可写成

$$\frac{\mathrm{d}T}{\mathrm{d}t}=P_{输入}-P_{有用}-P_{无用} \tag{12-27}$$

或

$$P_{输入}=P_{有用}+P_{无用}+\frac{\mathrm{d}T}{\mathrm{d}t} \tag{12-28}$$

即**系统的输入功率等于有用功率、无用功率和系统动能的变化率的和。**

三、机械效率

任何一部机器在工作时都需要从外界输入功率，同时由于一些机械能转化为热能、声能等，都将消耗一部分功率。在工程中，把有效功率（包括克服有用阻力的功率和使系统动能改变的功率）与输入功率的比值称为机器的**机械效率**，用η表示，即

$$\eta=\frac{有效功率}{输入功率} \tag{12-29}$$

其中有效功率$=P_{有用}+\frac{\mathrm{d}T}{\mathrm{d}t}$。由式（12-29）可知，机械效率$\eta$表明机器对输入功率的有效利用程度，它是评定机器性能好坏的指标之一。显然，一般情况下，$\eta<1$。

§12.5　机械能守恒定律

一、势力场·势能

若质点在某空间内任一位置都受有一定大小和方向的力的作用，则具有这样特性的空间称为**力场**。若质点在某一力场中运动时，力场对质点所做的功仅与质点的始末位置有关，而与质点运动的路径无关，则这样的力场称为**势力场**。势力场给质点的力称为**有势力**或**保守力**。例如，重力、万有引力和弹性力均属有势力，重力场和万有引力场等都是势力场。

下面介绍一个与势力场有密切关系的重要物理概念——**势能**。质点在势力场内从某一位置A移到选定的基点A_0的过程中有势力所做的功，称为质点在势力

场中 A 点的势能，可表示为

$$V=\int_{A}^{A_0}\boldsymbol{F}\cdot\mathrm{d}\boldsymbol{r}=-\int_{A_0}^{A}(F_x\mathrm{d}x+F_y\mathrm{d}y+F_z\mathrm{d}z)\tag{12-30}$$

显然，质点在 A_0 位置时的势能 $V_0=0$。A_0 是计算势能的零点，也称为**零势能点**。

势能是度量势力作功能力的物理量，它的单位与功及动能相同。势能的值是相对的，零点取得不同，V 的值也就不同。下面计算质点在几种常见势力场中的势能。

1. 在重力场中的势能

取零点 A_0 在 Oxy 水平面内，z 轴铅直向上，则重力的势能为

$$V=-\int_{z}^{0}P\,\mathrm{d}z=Pz\tag{12-31}$$

2. 在弹性力场中的势能

取弹簧无变形时端点的位置为零点 A_0，则弹性力的势能为

$$V=-\frac{k}{2}\int_{r-l_0}^{0}\mathrm{d}[(r-l_0)^2]=\frac{k}{2}(r-l_0)^2=\frac{k}{2}\delta^2\tag{12-32}$$

3. 在万有引力场中的势能

将零点 A_0 取在无穷远处，则万有引力的势能为

$$V=-\gamma Mm\int_{r}^{\infty}\frac{\mathrm{d}r}{r^2}=-\frac{\gamma Mm}{r}\tag{12-33}$$

式中，γ 是引力常数，r 是质点到引力中心的距离。

在一般情况下，质点或质点系的势能只是质点或质点系位置坐标的单值连续函数，这个函数称为**势能函数**，可表示为

$$V=V(x,y,z)$$

在势力场中势能相等的各点所组成的曲面称为**等势面**，可表示为

$$V=V(x,y,z)=C$$

每给出常量 C 的一定值，即得到一个等势面。$C=0$ 时的等势面称为**零势面**，在这个面上的势能都等于零。

由势能的定义知，当质点沿任一等势面运动时，有势力的功恒等于零，这就表明有势力的方向恒与等势面垂直。例如重力场的等势面是一个水平面，因为重力沿铅垂的方向，恒与等势面垂直，而且指向势能减小的一边。

为了进一步说明势力场的性质，取式（12-30）的微分

$$F_x\mathrm{d}x+F_y\mathrm{d}y+F_z\mathrm{d}z=-\mathrm{d}V$$

因为势能函数仅是坐标的函数，其全微分可写为

$$\mathrm{d}V=\frac{\partial V}{\partial x}\mathrm{d}x+\frac{\partial V}{\partial y}\mathrm{d}y+\frac{\partial V}{\partial z}\mathrm{d}z$$

将其代入上式后得

$$F_x\mathrm{d}x+F_y\mathrm{d}y+F_z\mathrm{d}z=-\frac{\partial V}{\partial x}\mathrm{d}x-\frac{\partial V}{\partial y}\mathrm{d}y-\frac{\partial V}{\partial z}\mathrm{d}z$$

比较等式的两边，得

$$F_x=-\frac{\partial V}{\partial x},F_y=-\frac{\partial V}{\partial y},F_z=-\frac{\partial V}{\partial z}\tag{12-34}$$

式（12-34）表明，有势力在各轴上的投影等于势能函数对于相应坐标的偏导数的负值。

二、机械能守恒定律

若质点系在势力场中运动，在任意两位置 1 和 2 的动能分别为 T_1 和 T_2，势能分别为 V_1 和 V_2。根据质点系动能定理的微分形式，有

$$\delta W = \mathrm{d}T = -\mathrm{d}V$$

所以

$$\mathrm{d}T + \mathrm{d}V = 0$$

$$\mathrm{d}(T + V) = 0$$

$$T + V = \text{const} \tag{12-35}$$

或表示为

$$T_1 + V_1 = T_2 + V_2$$

这一结论称为**机械能守恒定律**，可表述为：**质点系在势力场中运动时，动能与势能之和为常量**。因为势力场具有机械能守恒的特性，所以，势力场又称为**保守力场**，而有势力又称为保守力。

机械能守恒定律是普遍的能量守恒定律的一个特殊情况。它表明质点系在势力场中运动时，动能与势能可以相互转换，动能的减少（或增加），必然伴随着势能的增加（或减少），而且减少和增加的量相等，总的机械能保持不变，这样的系统称为**保守系统**。

【例 12-9】 均质圆柱 A 的重量为 $m_A g$，半径为 R，放在足够粗糙的水平面上，其轴心 O 处连接一弹簧常数为 k 的水平拉伸弹簧，弹簧的另一端固定在墙上。圆柱上绕有质量不计的细绳，绳子绕过一重量为 $m_B g$，半径为 r 的均质滑轮 B，其另一端悬挂一重量 $m_C g$ 的物块 C，使圆柱在地面上作纯滚动。若滑轮轴承的摩擦略去不计，整个系统从静止开始运动，起始时弹簧无变形，绳与滑轮间无相对滑动。试以物块的起始位置为 x 轴的原点（见图 12-18）建立物块的加速度 a 与位移 x 间的关系式。

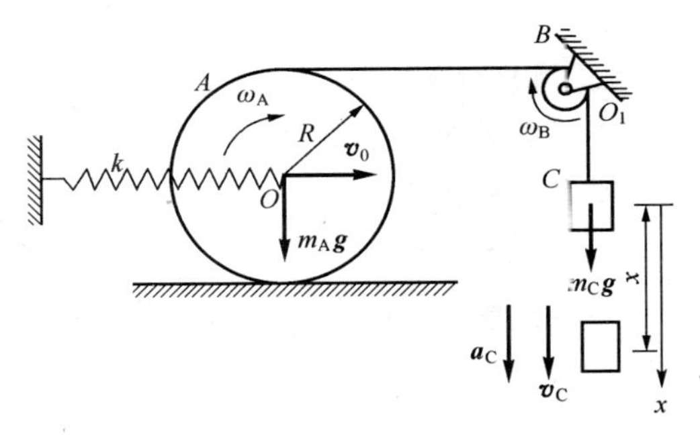

图 12-18

【解】 系统的待求量为运动量，可用动能定理求解，因该系统为保守系统，亦可用机械能守恒定律求解。

取系统为研究对象。分析做功的力：系统中做功的力为 C 块的重力和弹簧的弹性力 F。分析运动：C 块作直线运动，轮 B 绕轴 O_1 作定轴转动，轮 A 作平面运动，各物体的速度或角速度如图所示。

求解有以下两种方法：

1. 用动能定理求解

$$T_2 - T_1 = \Sigma W_{12}$$

式中 $T_1=0, T_2=\frac{1}{2}m_C v_C^2+\frac{1}{2}J_B\omega_B^2+\frac{1}{2}m_A v_O^2+\frac{1}{2}J_O\omega_A^2$

统一变量 $\omega_B=\frac{v_C}{r}, v_C=v_A=2v_O, v_O=\frac{v_C}{2}, \omega_A=\frac{v_O}{R}=\frac{v_C}{2R}$

所以 $T_2=\left(\frac{1}{2}m_C+\frac{1}{2}\cdot\frac{1}{2}m_B r^2\frac{1}{r^2}+\frac{1}{2}m_A\cdot\frac{1}{4}+\frac{1}{2}\cdot\frac{m_A}{2}R^2\frac{1}{4R^2}\right)v_C^2$

$=\frac{1}{2}\left(m_C+\frac{m_B}{2}+\frac{3}{8}m_A\right)v_C^2$

所有力的功 $\Sigma W_{12}=m_C gx+\frac{k}{2}(0-\delta^2)$

其中类比于 v_A 和 v_0 的关系 $\delta=\frac{x}{2}$

所以 $\Sigma W_{12}=m_C gx-\frac{k}{2}\cdot\frac{x^2}{4}=m_C gx-\frac{1}{8}kx^2$

代入动能定理后得

$$\frac{1}{2}\left(m_C+\frac{m_B}{2}+\frac{3}{8}m_A\right)v_C^2=m_C gx-\frac{1}{8}kx^2 \tag{a}$$

式(a)两边对时间 t 求导

$$\left(m_C+\frac{m_B}{2}+\frac{3}{8}m_A\right)v_C a_C=\left(m_C g-\frac{1}{4}kx\right)v_C$$

$$a_C=\frac{8\left(m_C g-\frac{1}{4}kx\right)}{(8m_C+4m_B+3m_A)}$$

2. 用机械能守恒定律求解

本系统机械能守恒 $T+V=$常数。取平衡位置处为重力零势能点，弹簧原长为弹性力零势能点。

初始位置时，$V_0=0$；$T_0=0$；$V_0+T_0=0$

任一位置时，$V=-m_C gx+\frac{k}{2}\delta^2=-m_C gx+\frac{1}{8}kx^2$

$$T=\frac{1}{2}m_C v_C^2+\frac{1}{2}J_B\omega_B^2+\frac{1}{2}m_A v_O^2+\frac{1}{2}J_O\omega_A^2$$
$$=\frac{1}{2}\left(m_C+\frac{m_B}{2}+\frac{3}{8}m_A\right)v_C^2$$

因为

$$T+V=T_0+V_0$$

所以

$$\frac{1}{2}\left(m_C+\frac{m_B}{2}+\frac{3}{8}m_A\right)v_C^2-m_C gx+\frac{1}{8}kx^2=0$$

$$\frac{1}{2}\left(m_C+\frac{m_B}{2}+\frac{3}{8}m_A\right)v_C^2=m_C gx-\frac{1}{8}kx^2 \tag{b}$$

式(a)和式(b)完全相同。

注意：当系统中做功的力全为保守力时，系统机械能守恒，此时可用机械能守恒定律解题。但一定要指明零势能点，否则讲势能无意义。

可用机械能守恒定律求解的题目一定可用动能定理求解。

§ 12.6 动力学普遍定理的综合应用

动力学普遍定理的综合应用有如下三个含意：(1) 根据各个定理的特点，弄清楚什么样的问题宜用什么定理求解；(2) 对某些质点系动力学问题常常需要应用几个定理联合求解；(3) 对同一问题可用不同的定理求解。

一、动力学普遍定理的特点

动力学普遍定理的特点见表 12-1。

动力学普遍定理的特点 **表 12-1**

动量定理、质心运动定理、动量矩定理	动 能 定 理
1. 只反映机械运动范围内的运动变化情况； 2. 包含时间因素，涉及时间的动力学问题可考虑用动量定理求解； 3. 为矢量形式，能反映运动的方向性。除了能求有关物理量的大小外，还能求出它们的方向； 4. 只与外力有关，而与内力无关； 5. 质心运动、动量或动量矩守恒的条件是外力系的主矢量或主矩为零	1. 反映了机械运动形式和其他运动形式之间运动转化的情况； 2. 包含路程因素，涉及路程的动力学问题可考虑用动能定理求解； 3. 为标量形式，反映不出运动的方向，只能用来求出有关物理量的大小； 4. 不仅与外力有关，有时也与内力有关； 5. 机械能守恒的条件是：质点系在势力场中运动

二、动力学普遍定理的综合应用

【例 12-10】 一重为 $\boldsymbol{P}$，半径为 R 的均质圆盘可绕通过圆盘边缘上一点且垂直于盘面的固定水平轴 O 转动，如图 12-19 所示。开始时直径 OA 处在水平位置，然后无初速地释放，圆盘绕轴 O 转下，求圆盘转过角 φ 时的角速度和角加速度，以及此时轴承 O 的约束反力。轴承中的摩擦忽略不计。

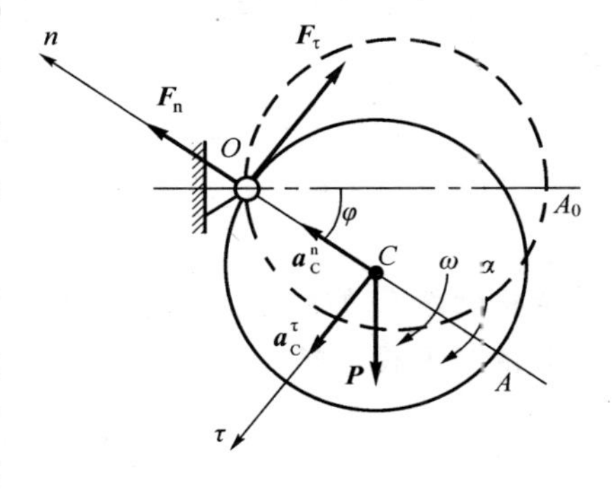

图 12-19

【解】 本题在已知作用于圆盘的主动力 P 的条件下既要求圆盘的运动，又要求圆盘所受到的轴承约束力。求约束力是属于动力学第一类基本问题，求运动是属于动力学第二类基本问题。所以本题是属于动力学的综合问题。下面只简单地介绍用普遍定理求解这类问题的一种思路和方法。

1. 先求圆盘转过 φ 角时的角速度和角加速度。这是已知力求运动的问题。可应用质点系的动能定理。

以圆盘为研究对象。作用于圆盘上的力有重力 P 和轴承 O 的约束反力。因为是理想约束，所以只有重力 P 做功，当圆盘的直径 OA 由水平位置转过 φ 角时，重力做功为

$$W_{12} = Ph = PR\sin\varphi$$

圆盘作定轴转动，初角速度为零，故圆盘的初动能为 $T_1=0$。当转过 φ 角时，设

其角速度为 ω，则此位置时圆盘的动能为

$$T_2=\frac{1}{2}J_O\omega^2$$

由转动惯量的平行轴定理，可得 $J_O=\frac{1}{2}\frac{P}{g}R^2+\frac{P}{g}R^2=\frac{3}{2}\frac{P}{g}R^2$ 故

$$T_2=\frac{1}{2}(\frac{3}{2}\frac{P}{g}R^2)\omega^2=\frac{3}{4}\frac{P}{g}R^2\omega^2$$

根据质点系的动能定理，有

$$\frac{3}{4}\frac{P}{g}R^2\omega^2-0=PR\sin\varphi \tag{a}$$

由此解得

$$\omega=\frac{2}{3}\sqrt{\frac{3g}{R}\sin\varphi}$$

把式 (a) 中的 ω 和 φ 看作变量，然后对时间求导，并注意到 $\omega=\frac{d\varphi}{dt}$，$\alpha=\frac{d\omega}{dt}$，得

$$\frac{3}{4}\frac{P}{g}R^2 2\omega\alpha=PR\cos\varphi\omega$$

所以

$$\alpha=\frac{2g}{3R}\cos\varphi$$

2. 求轴承 O 的约束反力，这是已知运动求力的问题。根据已知条件，可选用质心运动定理求解。

由于质心作圆周运动，其加速度有切向速度 a_C^τ 和法向速度 a_C^n 两个分量，如图所示，且

$$\left.\begin{aligned}a_C^\tau&=R\alpha=\frac{2}{3}g\cos\varphi\\a_C^n&=R\omega^2=\frac{4}{3}g\sin\varphi\end{aligned}\right\} \tag{b}$$

于是将轴承 O 的约束反力也分解为 F_τ 和 F_n 两个分量，并列出自然轴形式的质心运动微分方程，有

$$\left.\begin{aligned}\frac{P}{g}a_C^\tau&=\Sigma F_\tau^{(e)}=P\cos\varphi-F_\tau\\\frac{P}{g}a_C^n&=\Sigma F_n^{(e)}=P\sin\varphi+F_n\end{aligned}\right\} \tag{c}$$

将式 (b) 代入式 (c)，解得

$$F_\tau=P\cos\varphi-\frac{2}{3}P\cos\varphi=\frac{1}{3}P\cos\varphi$$

$$F_n=P\sin\varphi+\frac{4}{3}P\sin\varphi=\frac{7}{3}P\sin\varphi$$

【例 12-11】 均质细杆长为 l，质量为 m，静止直立于光滑水平面上。当杆受微小干扰而倒下时，求杆刚刚达到地面时的角速度和地面约束反力。

【解】 由于地面光滑，直杆沿水平方向不受力，倒下过程中质心将铅直下落。设杆端点 A 左滑于任一角度 θ，如图 12-20 (a) 所示，P 为杆的速度瞬心。由运动

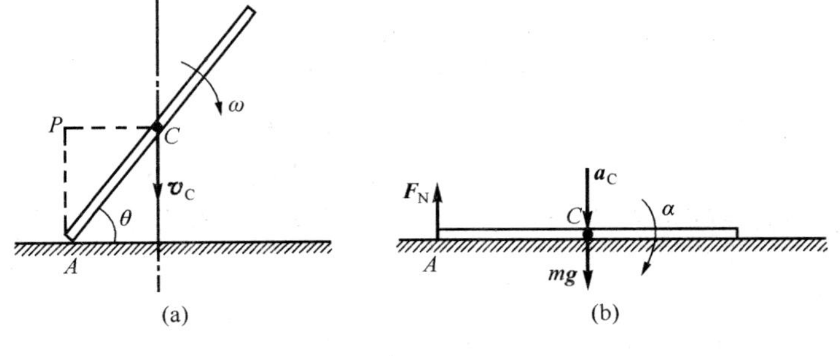

图 12-20

学知，杆的角速度

$$\omega=\frac{v_C}{CP}=\frac{2v_C}{l\cos\theta}$$

此时杆的动能为

$$T=\frac{1}{2}mv_C^2+\frac{1}{2}J_C\omega^2=\frac{1}{2}m\left(1+\frac{1}{3\cos^2\theta}\right)v_C^2$$

初始动能为零，此过程中只有重力做功，由动能定理

$$\frac{1}{2}m\left(1+\frac{1}{3\cos^2\theta}\right)v_C^2=mg\,\frac{l}{2}(1-\sin\theta)$$

当 $\theta=0$ 时解出

$$v_C=\frac{1}{2}\sqrt{3gl},\ \omega=\sqrt{\frac{3g}{l}}$$

杆刚达到地面时受力及速度如图 12-20（b）所示，由刚体平面运动微分方程，得

$$mg-F_N=ma_C \tag{a}$$

$$F_N\frac{1}{2}=J_C\alpha=\frac{ml^2}{12}\alpha \tag{b}$$

点 A 的加速度 a_A 为水平，由质心运动守恒，a_C 应为铅垂，由运动学知

$$\boldsymbol{a}_C=\boldsymbol{a}_A+\boldsymbol{a}_{CA}^n+\boldsymbol{a}_{CA}^\tau$$

沿铅垂方向投影，得

$$a_C=a_{CA}^\tau=\alpha\,\frac{l}{2} \tag{c}$$

式（a），式（b）及式（c）联立，解出

$$F_N=\frac{mg}{4}$$

由此例可见，求解动力学问题，常要按运动学知识分析速度、加速度之间关系；有时还要先判明是否属于动量或动量矩守恒情况。如果是守恒的，则要利用守恒条件给出的结果，才能进一步求解。

【例 12-12】 如图 12-21（a）所示，重为 P_1 长为 l 的匀质细杆 AB，用光滑铰链连接于重为 P_2 且可在水平光滑平面上移动的平车上。当杆处于铅垂位置时，系统处于静止状态。若杆因受扰动而无初速地倒下，试求杆与水平位置呈 θ 角时，杆的角速度。

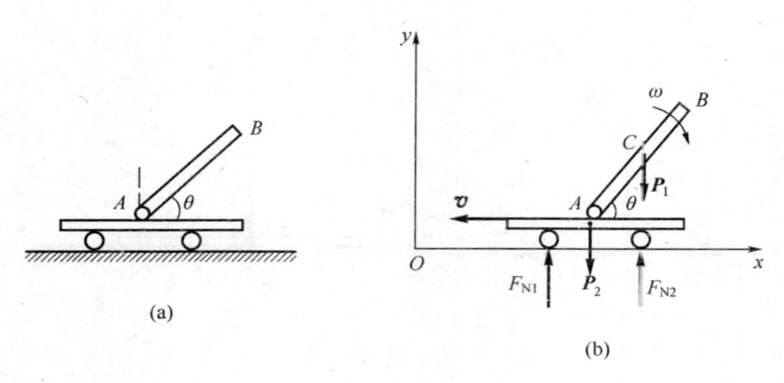

图 12-21

【解】 作用于系统的外力有重力 $\boldsymbol{P}_1$，$\boldsymbol{P}_2$，水平面的约束力 $\boldsymbol{F}_{N1}$，$\boldsymbol{F}_{N2}$，如图 12-21 (b)所示。由于 $\Sigma F_{ix}^{(e)}=0$，所以系统在 x 方向动量守恒。

开始时系统静止，$p_{0x}=0$。若设当杆与水平线呈 θ 角时，杆的角速度为 ω，车的速度为 v，水平向左，则

$$p_x=\frac{P_1}{g}\times\frac{l}{2}\omega\sin\theta-\frac{P_1}{g}v-\frac{P_2}{g}v$$

根据动量守恒定律 $p_x=p_{0x}$，得

$$P_1\times\frac{l}{2}\omega\sin\theta-(P_1+P_2)v=0 \tag{a}$$

上式中含有 v，ω 两个未知量，故还需再找一个方程才能求解。为此考虑应用动能定理。初瞬时系统的动能 $T_1=0$，杆倾角为 θ 时，系统的动能为

$$\begin{aligned}T_2&=\frac{1}{2}\frac{P_2}{g}v^2+\frac{1}{2}\frac{P_1}{g}\left[\left(\frac{l}{2}\omega\sin\theta-v\right)^2+\left(\frac{1}{2}\omega\cos\theta\right)^2\right]+\frac{1}{2}\left(\frac{1}{12}\frac{P_1}{g}l^2\right)\omega^2\\&=\frac{P_1+P_2}{2g}v^2+\frac{P_1}{6g}l^2\omega^2-\frac{P_1}{2g}l\omega v\sin\theta\end{aligned}$$

杆在倒至倾角为 θ 时，重力所做的功为

$$\Sigma W_{12}=P_1\times\frac{l}{2}(1-\sin\theta)$$

根据动能定理 $$T_2-T_1=\Sigma W_{12}$$

得 $$\frac{P_1+P_2}{2g}v^2+\frac{P_1}{6g}l^2\omega^2-\frac{P_1}{2g}l\omega v\sin\theta=P_1\ \frac{l}{2}(1-\sin\theta) \tag{b}$$

联立式 (a)，式 (b)，求得杆与水平位置呈 θ 角时的角速度

$$\omega=2\sqrt{\frac{3(1-\sin\theta)(P_1+P_2)g}{[4(P_1+P_2)-3P_1\sin^2\theta]l}}\qquad(\text{顺时针})$$

讨论： 1. 由于动量定理、质心运动定理以及相应的守恒定律均由牛顿定律推导而出，故定理中的运动量如质心的坐标、速度和加速度等，必须分别是相对于惯性参考系的坐标、绝对速度和绝对加速度。

2. 在求杆的动能时，应按杆作平面运动时的动能表达式将其写成“杆随质心 C 作平移的动能与绕质心 C 作转动的动能之和”，即

$$T_{AB}=\frac{1}{2}\frac{P_1}{g}v_C^2+\frac{1}{2}\left(\frac{1}{12}\frac{P_1}{g}l^2\right)\omega^2$$

而不能将杆的动能错写成“绕轴 A 转动的动能”即

$$T_{AB}=\frac{1}{2}J_A\omega^2=\frac{1}{2}\left(\frac{1}{3}\frac{P_1}{g}l^2\right)\omega^2$$

也不能错写成“杆随车上 A 点作平移的动能与绕 A 点转动的动能之和”，即

$$T_{AB}=\frac{1}{2}\frac{P_1}{g}v^2+\frac{1}{2}\left(\frac{1}{3}\frac{P_1}{g}l^2\right)\omega^2$$

【例 12-13】 匀质圆轮 A 和 B 重量均为 P，半径均为 r。物块 D 的重量也为 P。A，B，D 用轻绳相联系，如图 12-22（a）所示。轮 A 在倾角 $\theta=30°$ 的斜面上作纯滚动。轮 B 上作用有力偶矩为 M 的力偶，且 $\frac{3}{2}Pr>M>\frac{Pr}{2}$。不计圆轮 B 轴承处的摩擦。试求物块 D 的加速度 a_D；轮 A，B 之间的绳子拉力 F_T 和 B 处轴承的约束力 F_B。

【解】 1. 物块 D 的加速度 a_D。

先用质点系的动能定理求 D 块加速度，这是已知主动力求运动的问题。

取整体为研究对象。作用于此质点系上的有两轮和 D 块的重力，B 轮上力偶矩为 M 的力偶，斜面和轴承 B 的约束力。由于绳子的伸长和轴承 B 的摩擦忽略不计，轮 A 在斜面上作纯滚动，所以此质点系所受的约束为理想约束，在运动过程中只有力偶和 A 轮及 D 块重力做功。为了应用积分形式的动能定理，假设轮 A 的中心由静止开始沿斜面向下移动一段距离 s。轮 B 逆时针转过角 φ，且 $\varphi=s/r$，D 块也上升 s。则各力所作功的和为

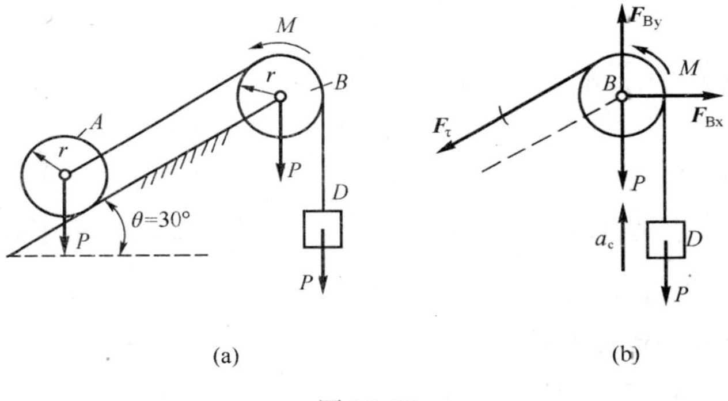

图 12-22

$$\Sigma W_{12}=-Ps+M\varphi+P\sin\theta\cdot s$$

系统由静止开始运动，所以其初动能为

$$T_1=0$$

设轮 A 的中心在下移距离 s 时的速度为 v_A，角速度为 ω_A，此时轮 B 的角速度为 ω_B，D 块的速度为 v_D，则此时质点系的动能为

$$T_2=\frac{1}{2}\frac{P}{g}v_D^2+\frac{1}{2}\left(\frac{1}{2}\frac{P}{g}r^2\right)\omega_B^2+\frac{1}{2}\frac{P}{g}v_A^2+\frac{1}{2}\left(\frac{1}{2}\frac{P}{g}r^2\right)\omega_A^2$$

因为 $s=r\varphi$，$v_D=\omega_B r=\omega_A r$，$v_A=v_D$，故

$$T_2=\frac{3}{2}\frac{P}{g}v_D^2$$

根据质点系的动能定理，有

$$\frac{3}{2}\frac{P}{g}v_D^2-0=\left(\frac{M}{r}-\frac{P}{2}\right)s \tag{a}$$

将此式对时间求一次导数

$$\frac{3}{2}\frac{P}{g}\cdot 2v_Da_D=\left(\frac{M}{r}-\frac{P}{2}\right)v_D$$

得

$$a_{\mathrm{D}}=\frac{\frac{M}{r}-\frac{P}{2}}{3P}g \tag{b}$$

可见，当$M>\frac{P\cdot r}{2}$时，物块D的加速度才能向下；否则，将向上。

2. 轮A、B之间的绳子拉力F_{T}

求绳子和轴承的约束力，这是已知运动求力的问题。可取轮B与块D为研究对象，其受力图如图12-22(b)所示，轮B具有角加速度$\alpha_{\mathrm{B}}=a_{\mathrm{D}}/r$，方向为逆时针，以$\alpha_{\mathrm{B}}$的方向为正方向，应用动量矩定理，对$B$点取矩，有

$$\frac{1}{2}\frac{P}{g}r^{2}\cdot\alpha_{\mathrm{B}}+\frac{P}{g}a_{\mathrm{C}}\cdot r=M-(P-F_{\mathrm{T}})r \tag{c}$$

因为$\alpha_{\mathrm{B}}=a_{\mathrm{D}}/r$，故有

$$\frac{3}{2}\frac{P}{g}a_{\mathrm{D}}=\frac{M}{r}-P+F_{\mathrm{T}} \tag{d}$$

将式(b)代入式(d)后，得

$$F_{\mathrm{T}}=\frac{1}{2}\left(\frac{3}{2}P-\frac{M}{r}\right) \tag{e}$$

可见，当$M<\frac{3}{2}Pr$时，$F_{\mathrm{T}}>0$，即绳索受拉力；而当$M\geqslant\frac{3}{2}Pr$时，因绳索不能承受压缩力(对应于大于号)或绳索松软(对应于等号)，故系统将进行$F_{\mathrm{T}}=0$的另一种形式的运动。

3. 轴承B处的约束力

对如图12-22(b)所示系统应用质心运动定理，有

$$\left.\begin{aligned}0&=F_{\mathrm{B}x}-F_{\mathrm{T}}\cos\theta\\ \frac{P}{g}a_{\mathrm{D}}&=F_{\mathrm{B}y}-2P-F_{\mathrm{T}}\sin\theta\end{aligned}\right\} \tag{f}$$

于是，得

$$F_{\mathrm{B}x}=F_{\mathrm{T}}\cos\theta=\frac{1}{2}\left(\frac{3}{2}P-\frac{M}{r}\right)\cos\theta$$

$$\begin{aligned}F_{\mathrm{B}y}&=\frac{P}{g}a_{\mathrm{D}}+2P+F_{\mathrm{T}}\sin\theta=\frac{M}{r}\left(\frac{1}{3}-\frac{1}{2}\sin\theta\right)+P\left(\frac{11}{6}+\frac{3}{4}\sin\theta\right)\\&=\frac{1}{12}\left(\frac{53P}{2}+\frac{M}{r}\right)\end{aligned}$$

请读者思考：为求轮A，B之间的绳索拉力F_{T}，还可以采用什么方法？

【例12-14】 重$P=150\mathrm{N}$的均质轮与重$W=60\mathrm{N}$、长$l=24\mathrm{cm}$的均质杆AB在B处铰接。由图12-23(a)所示位置($\varphi=30°$)无初速释放，试求系统通过最低位置时B点的速度及在初瞬时支座A的反力。

【解】 AB杆作定轴转动，选φ为转动的坐标，并设均质轮相对B点的转动坐标为θ。

本题单用动能定理无法求解，还须有其他定理作补充。

先取B轮研究，分析受力如图12-23(b)所示，由对其质心B的动量矩定理得

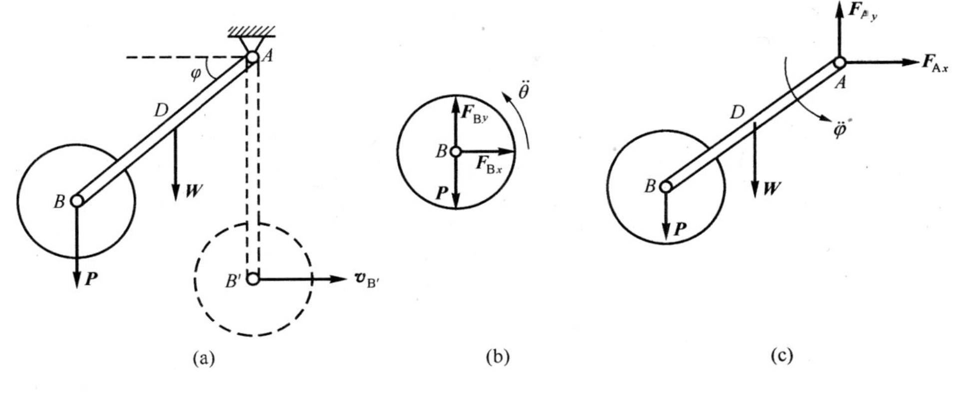

图 12-23

$$J_B\ddot{\theta}=0\text{，即 }\ddot{\theta}=0\text{，}\dot{\theta}=\text{const}$$

又由初始条件，$\dot{\theta}_0=0$，得 $\dot{\theta}=0$，$\theta=\text{const}$，故 B 轮作平移。由此，对系统运用动能定理，有

$$T_2-T_1=\Sigma W_{12}$$

$$\frac{1}{2}J_A\dot{\varphi}^2+\frac{1}{2}\frac{P}{g}v_{B'}^2-0=W\frac{l}{2}(1-\sin\varphi_0)+Pl(1-\sin\varphi_0)$$

其中 $J_A=\dfrac{1}{3}\dfrac{W}{g}l^2$，$\dot{\varphi}=\dfrac{v_{B'}}{l}$ 整理后得

$$v_{B'}=\sqrt{\frac{3(W+2P)l(1-\sin\varphi_0)}{W+2P}g}=1.578\text{m/s}$$

要求初瞬时支座 A 处的反力，首先须求出该瞬时的加速度量。因 B 轮作平移，系统对 A 点运用动量矩定理，有

$$\frac{\mathrm{d}L_A}{\mathrm{d}t}=\Sigma M_A(F_i^{(e)})$$

$$\frac{\mathrm{d}}{\mathrm{d}t}\left[J_A\dot{\varphi}+\frac{P}{g}v_{B'}l\right]=W\frac{l}{2}\cos\varphi_0+Pl\cos\varphi_0$$

其中 $v_B=\dot{\varphi}l$，代入得

$$\ddot{\varphi}=\frac{3(W+2P)}{2(W+3P)}\frac{g}{l}\cos\varphi_0=37.443\text{rad/s}^2$$

求支座 A 处的反力，对系统运用质心运动定理

$$\Sigma m_i\boldsymbol{a}_{Ci}=\boldsymbol{F}_R$$

有
$$\frac{W}{g}\boldsymbol{a}_D+\frac{P}{g}\boldsymbol{a}_B=\boldsymbol{P}+\boldsymbol{W}+\boldsymbol{F}_{Ax}+\boldsymbol{F}_{Ay}$$

分别向 x、y 轴投影，有

$$\frac{W}{g}\frac{l}{2}\ddot{\varphi}\sin\varphi_0+\frac{P}{g}l\ddot{\varphi}\sin\varphi_0=F_{Ax}$$

得
$$F_{Ax}=\left(\frac{W}{2}+P\right)\frac{l\ddot{\varphi}}{g}\sin\varphi_0=82.53\text{N}$$

$$\frac{W}{g}\cdot\frac{l}{2}\cos\varphi_0+\frac{P}{g}l\ddot{\varphi}\cos\varphi_0=W+P+F_{Ay}$$

得
$$F_{Ay}=W+P-\left(\frac{W}{2}+P\right)\frac{l\ddot{\varphi}}{g}\cos\varphi_0=67.06\text{N}$$

小　　结（知识结构图）

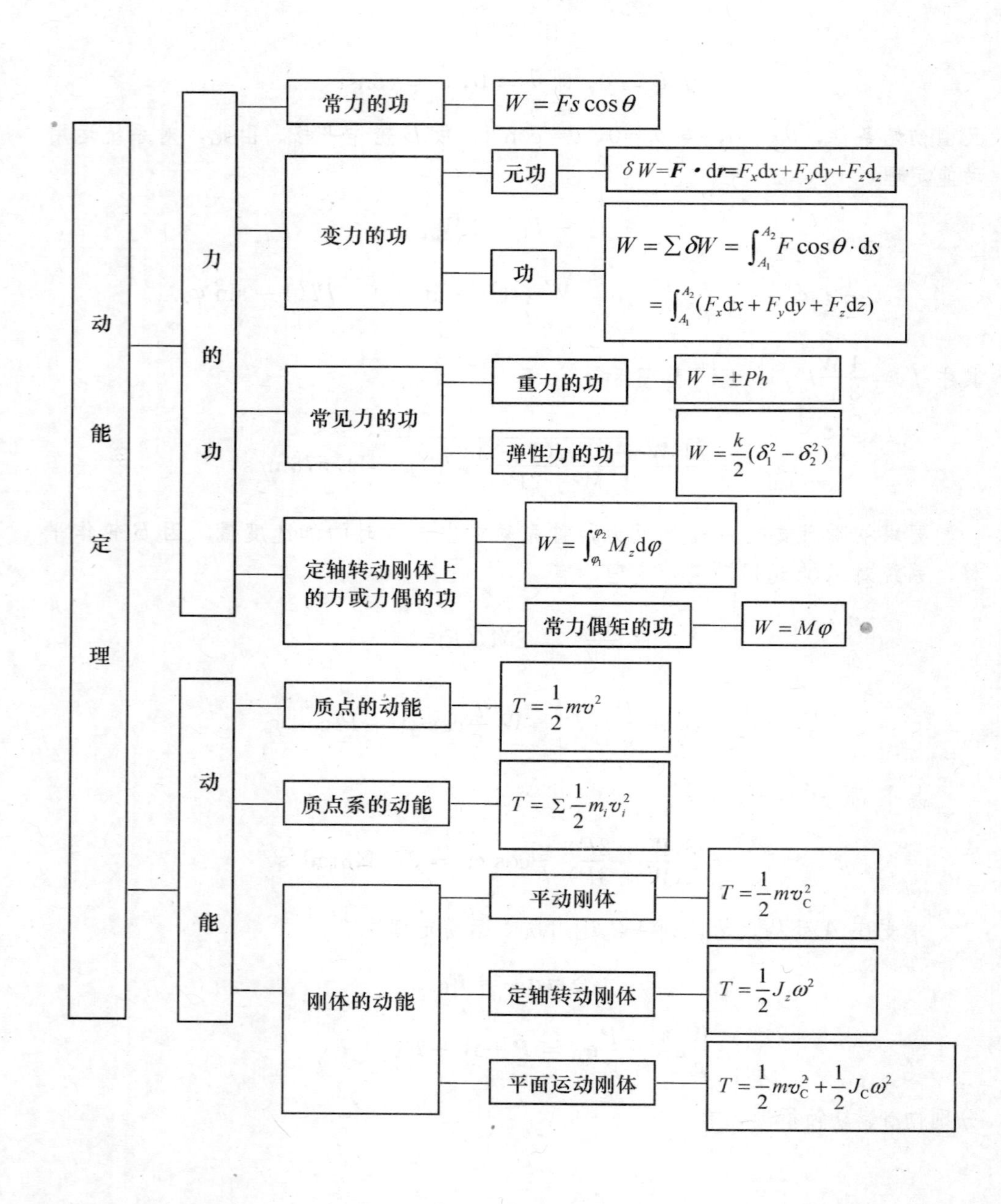

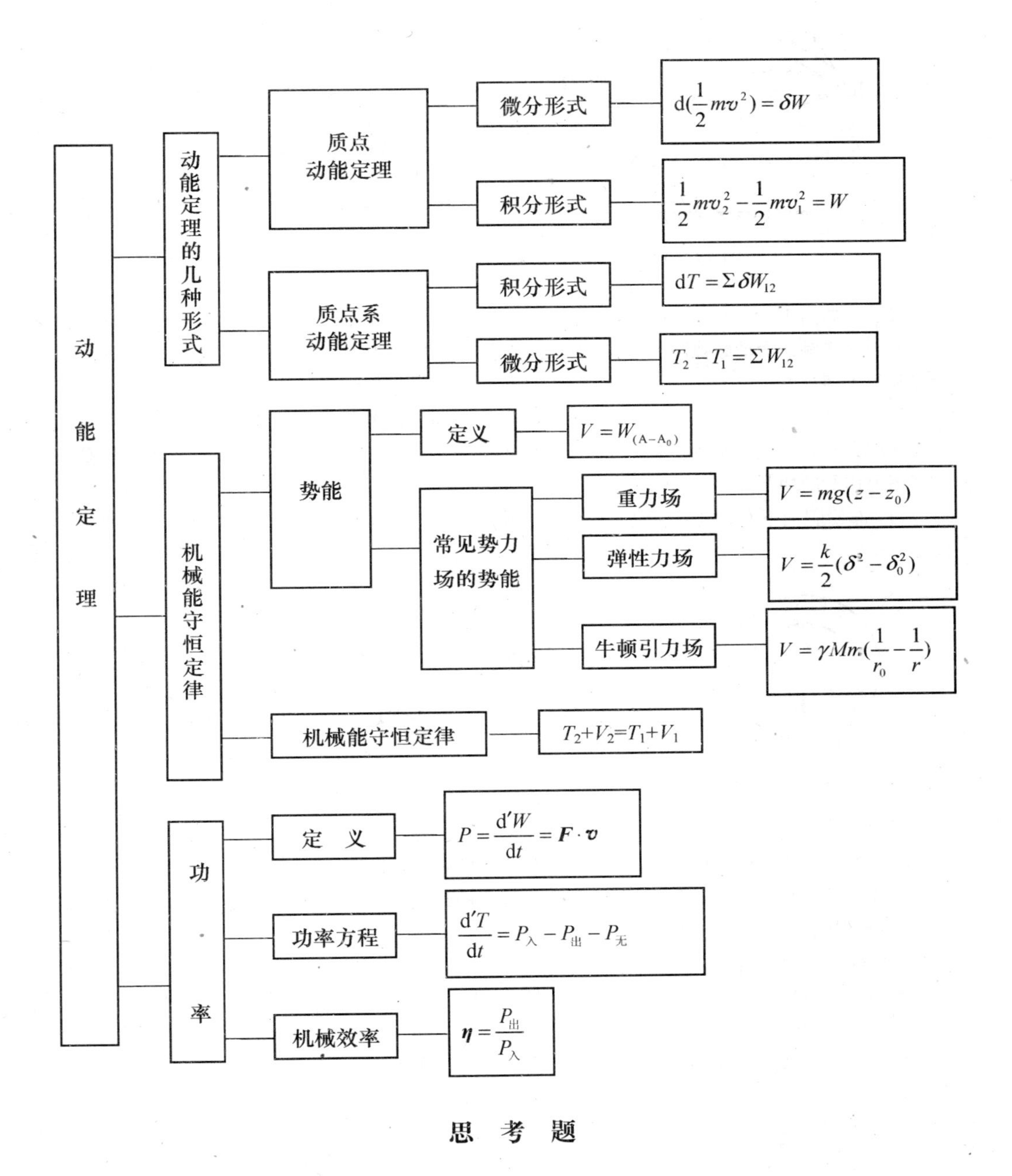

思 考 题

12-1 摩擦力在什么情况下做功？能否说摩擦力永做负功，为什么？试举例说明之。

12-2 三个质量相同的质点，同时由点 A 以大小相同的初速 v_0 抛出，但其方向各不相同，如图12-24所示。如不计空气阻力，这三个质点落到水平面 H-H 时，三者的速度大小是否相等？三者重力的功是否相等？三者重力的冲量是否相等？

12-3 均质圆轮无初速度地沿斜面纯滚动，轮心降落同样高度而达水平面，如图 12-25 所示。忽略滚动摩阻和空气阻力，问到达水平面时，轮心的速度 v 与圆轮半径大小是否有关？当轮半径趋于零时，与质点滑下结果是否一致？轮半径趋于零，还能只滚不滑吗？

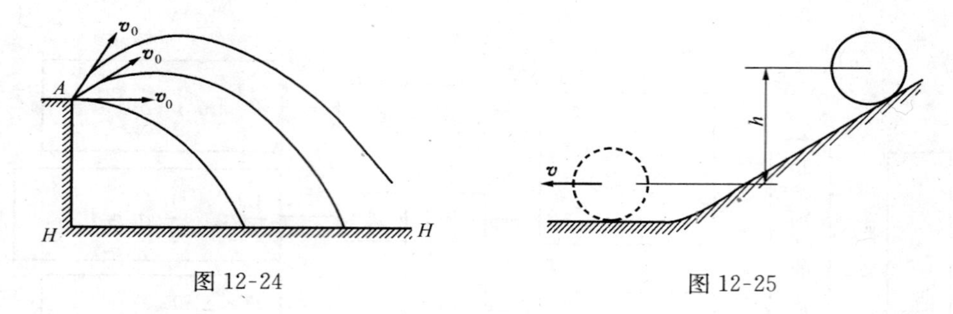

图 12-24　　图 12-25

12-4　如图 12-26 所示，圆轮在力偶矩为 M 的常力偶作用下，沿直线轨道作无滑动的滚动，和地面接触处滑动摩擦因数为 f_s。圆轮重为 mg，半径为 R，试问圆轮转过一圈，外力做功之和等于多少？

12-5　已知斜面倾角 θ，物体质量 m，物体与斜面之间的静摩擦因数 f_s，动摩擦因数 f。当物体的质心 C 运动距离为 s 时，在图 12-27（a)、(b)、(c）所示各种情况中，求物体所受滑动摩擦力作所的功 W。

(1）C 沿斜面下滑；(2）轮沿斜面作纯滚动；(3）轮上绕有不可伸长的细绳，且绳的直线段平行于斜面。

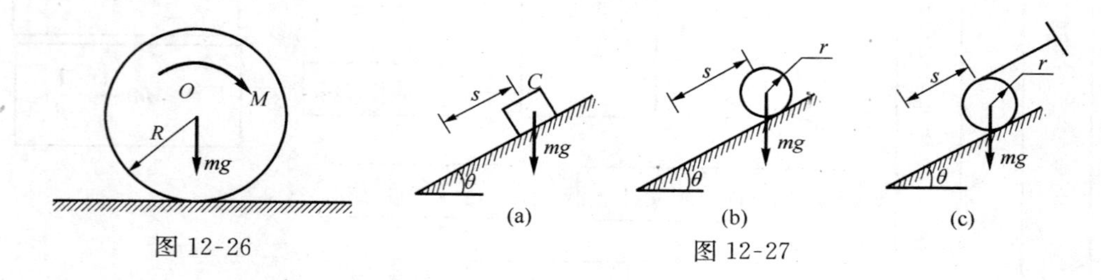

图 12-26　　图 12-27

12-6　设作用于质点系的外力主矢量和主矩都等于零，试问：

(1）系统的动能有无变化？(2）系统的质心速度有无变化？

12-7　甲、乙两人重量相同，沿绕过无重滑轮的细绳，由静止起同时向上爬升，如图 12-28 所示。如甲比乙更努力上爬，问：

(1）谁先到达上端？

(2）谁的动能大？

(3）谁做的功多？

(4）如何对甲、乙两人分别应用动能定理？

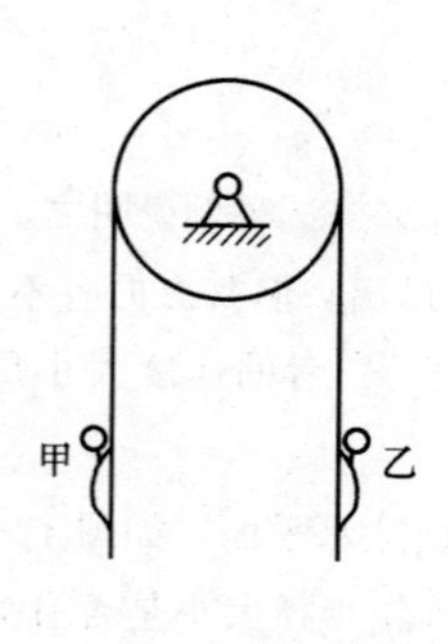

图 12-28

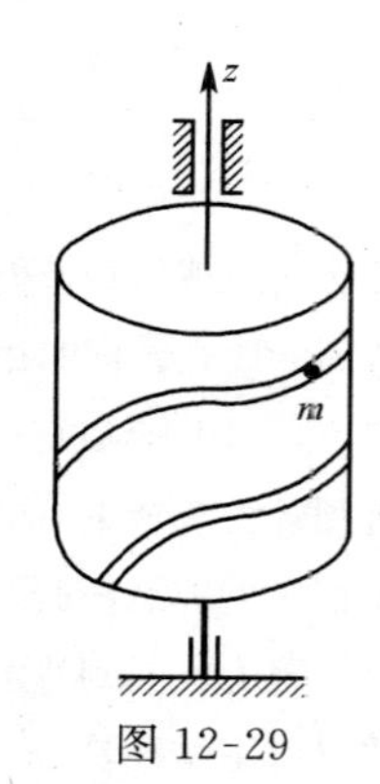

图 12-29

12-8　两个均质圆盘，质量相同，半径不同，静止平放于光滑水平面上。如在此二盘上同时作用有相同的力偶，在下述情况下比较圆盘的动量、动量矩和动能的大小。

（1）经过同样的时间间隔；（2）转过同样的角度。

12-9　如图 12-29 所示，一均质圆柱体可绕 z 轴转动，其表面刻有光滑螺旋槽，一质量为 m 的小球沿槽无初速滑下，不计轴承摩擦，试问：

（1）系统的动量是否守恒？

（2）系统对 z 轴的动量矩是否守恒？

（3）系统的机械能是否守恒？

习　　题

12-1　图示弹簧原长 $l=100\text{mm}$，刚性系数 $k=4.9\text{kN/m}$，一端固定在点 O，此点在半径为 $R=100\text{mm}$ 的圆周上，如弹簧的另一端由点 B 拉至点 A 和由点 A 拉至点 D，$AC\perp BC$，OA 和 BD 为直径。分别计算弹簧力所做的功。

12-2　自动弹射器如图放置，弹簧在未受力时的长度为 200mm，恰好等于筒长。欲使弹簧改变 10mm，需力 2N。如弹簧被压缩到 100mm，然后让质量为 30g 的小球自弹射器中射出。求小球离开弹射器筒口时的速度。

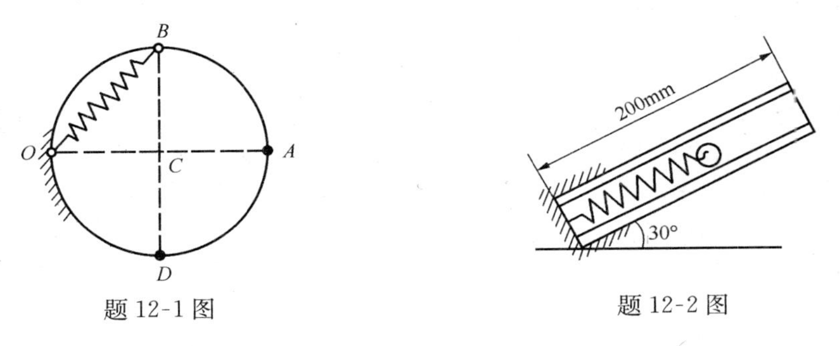

题 12-1 图　　　　题 12-2 图

12-3　求习题 10-2 中各图的动能。

12-4　如图所示，匀质杆 ACB 长 $2l$，重 W，在其质心 C 处连接刚度系数为 k 的弹簧。弹簧的另一端固定在地面的点 D 上，弹簧原长为 l。杆在铅垂位置受到微小扰动后，倒落至水平位置。试求杆倒落至水平位置时的角速度。

12-5　长为 l、质量为 m 的均质杆 OA 以球铰链 O 固定，并以等角速度 ω 绕铅直线转动，如图所示。如杆与铅直线的交角为 θ，求杆的动能。

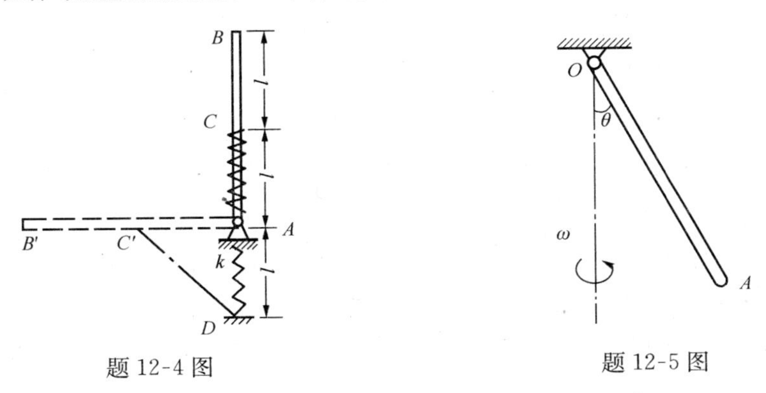

题 12-4 图　　　　题 12-5 图

12-6 图示机构在铅直面内，均质杆 AB 重 100N，长 20cm，其杆端分别沿两槽运动。A 端一刚度系数为 $k=20\text{N/cm}$ 的弹簧相连，杆与水平线的夹角为 θ，当 $\theta=0^{\circ}$ 时弹簧为原长，滑块不计质量。(1) 杆在 $\theta=0^{\circ}$ 处无初速地释放，求弹簧最大的伸长；(2) 如果将杆拉至 $\theta=60^{\circ}$ 处无初速地释放，求杆在 $\theta=30^{\circ}$ 处的角速度。

12-7 在图示滑轮组中悬轮组中悬挂两个重物，其中 M_1 的质量为 m_1，M_2 的质量为 m_2。定滑轮 O_1 的半径为 r_1，质量为 m_3；动滑轮 O_2 的半径为 r_2，质量为 m_4。两轮都视为均质圆盘。如绳重和摩擦略去不计，并设 $m_2>2m_1-m_4$。求重物 M_2 由静止下降距离 h 时的速度。

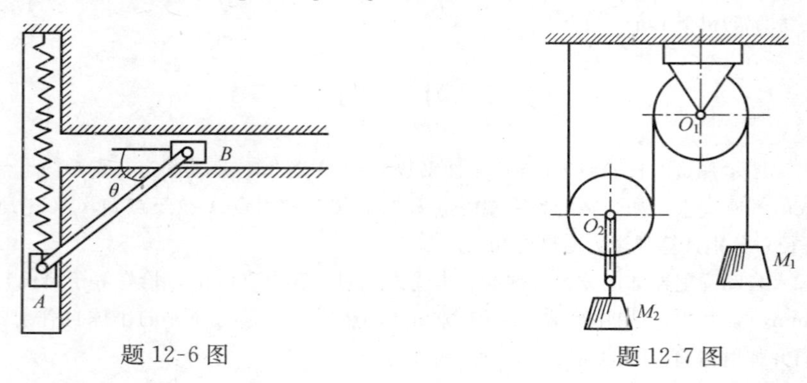

题 12-6 图　　题 12-7 图

12-8 两均质杆 AC 和 BC 的质量均为 m，长均为 l，在点 C 由铰链相连接，放在光滑的水平面上，如图所示。由于 A 和 B 端的滑动，杆系在其铅直面内落下。点 C 的初始高度为 h，开始时杆系静止，求铰链 C 与地面相碰时的速度。

12-9 均质连杆 AB 质量为 4kg，长 $l=600\text{mm}$。均质圆盘质量为 6kg，半径 $r=100\text{mm}$。弹簧刚度为 $k=2\text{N/mm}$，不计套筒 A 及弹簧的质量。如连杆在图示位置被无初速释放后，A 端沿光滑杆滑下，圆盘作纯滚动。求：(1) 当 AB 达水平位置而接触弹簧时，圆盘与连杆的角速度；(2) 弹簧的最大压缩量 δ。

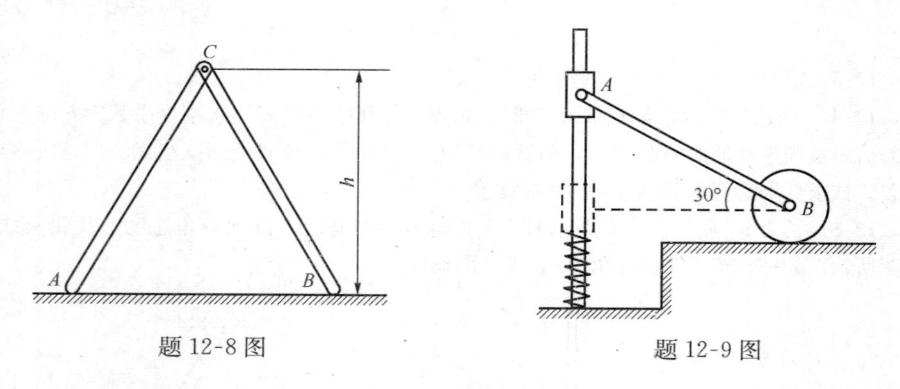

题 12-8 图　　题 12-9 图

12-10 图示正弦机构，位于铅垂面内，其中均质曲柄 OA 长为 l，质量为 m_1，受力偶矩 M 为常数的力偶作用而绕 O 点转动，并以滑块带动框架沿水平方向运动。框架质量为 m_2，滑块 A 的质量不计，框架与滑道间的动滑动摩擦力设为常值 F，不计其他各处的摩擦。当曲柄与水平线夹角为 φ_0 时，系统由静止开始运动，求曲柄转过一周时的角速度。

12-11 力偶矩 M 为常量，作用在绞车的鼓轮上，使轮转动，如图所示。轮的半径为 r，质量为 m_1。缠绕在鼓轮上的绳子系一质量为 m_2 的重物，使其沿倾角为 θ 的斜面上升。重物与斜面间的滑动摩擦系数为 f，绳子质量不计，鼓轮可视为均质圆柱。在开始时，此系统处于静止。求鼓轮转过 φ 角时的角速度和角加速度。

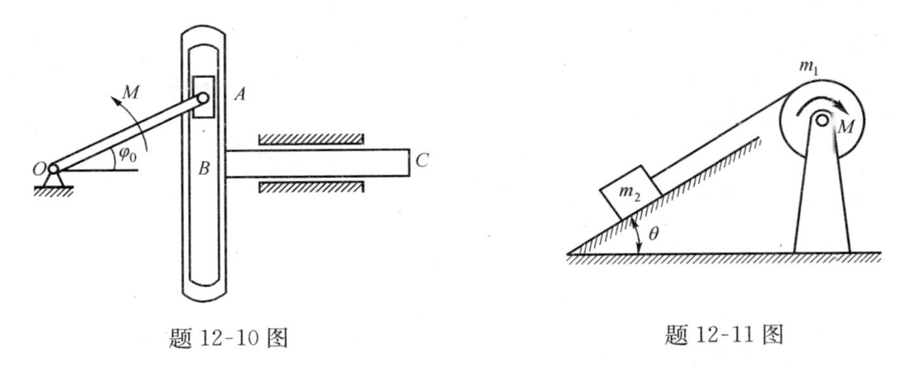

题 12-10 图　　　　题 12-11 图

12-12　周转齿轮传动机构放在水平面内，如图所示。已知动齿轮半径为 r，质量为 m_1，可看成为均质圆盘；曲柄 OA，质量为 m_2，可看成为均质杆；定齿轮半径 R。在曲柄上作用一不变的力偶，其矩为 M，使此机构由静止开始运动。求曲柄转过 φ 角后的角速度和角加速度。

12-13　图示机构中，直杆 AB 质量为 m，楔块 C 质量为 m_C，倾角为 θ。当 AB 杆铅垂下降时，推动楔块水平运动，不计各处摩擦，求楔块 C 与 AB 杆的加速度。

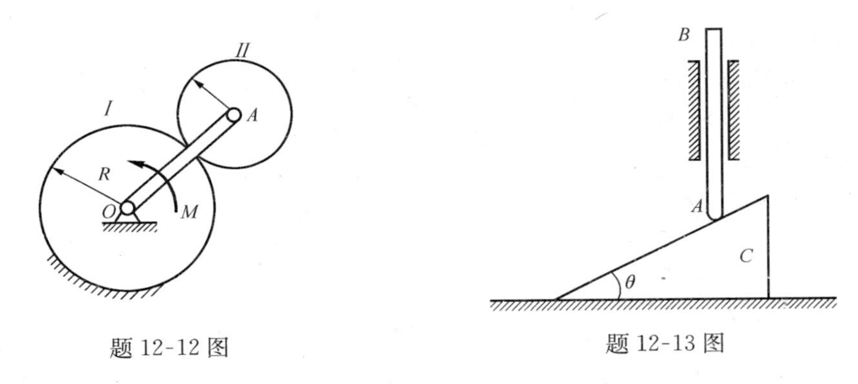

题 12-12 图　　　　题 12-13 图

12-14　椭圆规位于水平面内，由曲柄 OC 带动规尺 AB 运动，如图所示。曲柄和椭圆规尺都是均质杆，质量分别为 m_1 和 $2m_1$，$OC=AC=l$，滑块 A 和 B 的质量均为 m_2。如作用在曲柄上的力偶矩为 M，且 M 为常数。设 $\varphi=0$ 时系统静止，忽略摩擦，求曲柄的角速度和角加速度（以转角 φ 的函数表示）。

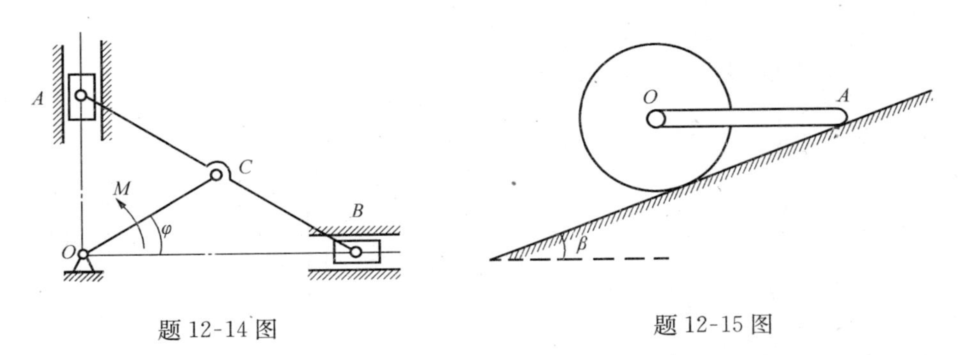

题 12-14 图　　　　题 12-15 图

12-15　图示重为 P，半径为 r 的均质圆柱形滚子，由静止沿与水平面呈 β 角的斜面作纯滚动，铰接于滚子轴心 O 的重量为 Q 的光滑杆 OA 随之一起运动，求滚子轴心 O 的加速度。

12-16　图示铅直平面内的均质细杆 AC 和 BC 重量都为 W，长度都为 l，由光滑铰链 C 相连接，AC 杆 A 端用光滑铰链固定，BC 杆 B 端置于光滑水平面上。今在两杆中点连接一根弹性系数为 k 的弹簧，当 $\theta=60°$时弹簧为原长，若系统从该位置无初速释放，求 $\theta=30°$时，两杆的角速度。

12-17 图示均质杆 AB，BC 的质量都为 m，长度都为 l，均质圆盘的中心为 C，其质量也为 m，半径为 r。它们在铅垂面内以光滑圆柱铰链相互连接，圆盘可沿水平地面作纯滚动。当 $\theta=60°$时，系统无初速释放，求 AB 杆在 $\theta=0°$时的角速度。

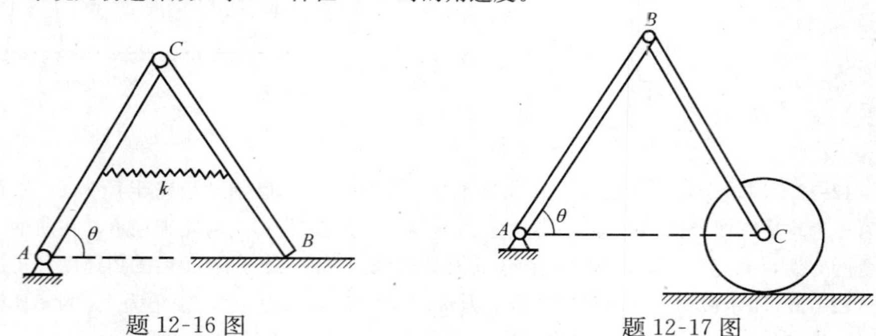

题 12-16 图　　题 12-17 图

12-18 如图所示，放置于倾角为 β 的固定斜面上的质量为 m、半径为 r 的均质圆盘，其中心 A 系有一根一端固定并与斜面平行的弹簧，同时与一根绕在质量为 m、半径为 r 的鼓轮 B 上的张紧绳子相连。今在鼓轮上作用一常力偶矩 M，使系统由静止开始运动，且斜面足够粗糙，圆盘沿斜面上作纯滚动。已知鼓轮对轮心 B 的回转半径为 $r/2$，弹簧的弹性系数为 k，且初始时弹簧为原长。若不计弹簧、绳子的质量及轴承 B 处摩擦，求鼓轮转过 $\pi/2$ 时，圆盘的角速度和角加速度的大小。

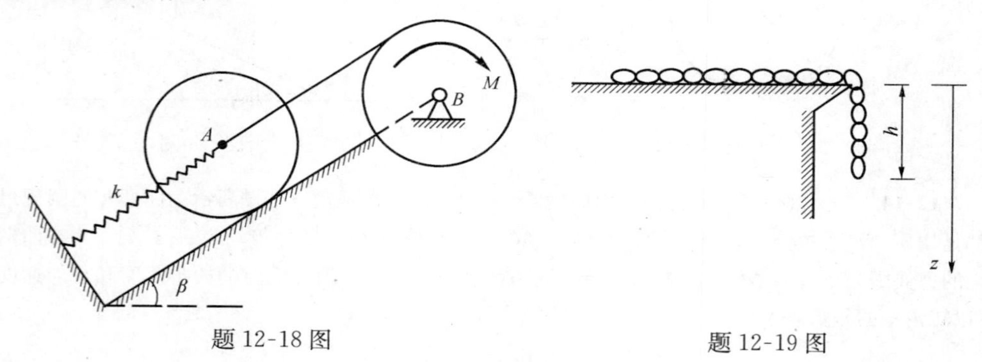

题 12-18 图　　题 12-19 图

12-19 图示铁链长 l，放在光滑桌面上，由桌边垂下一段长度为 h，设铁链由静止开始下滑，求铁链全部离开桌面时的速度。

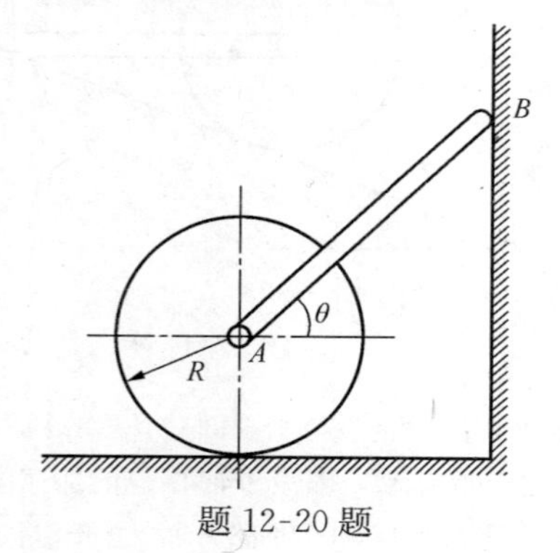

题 12-20 题

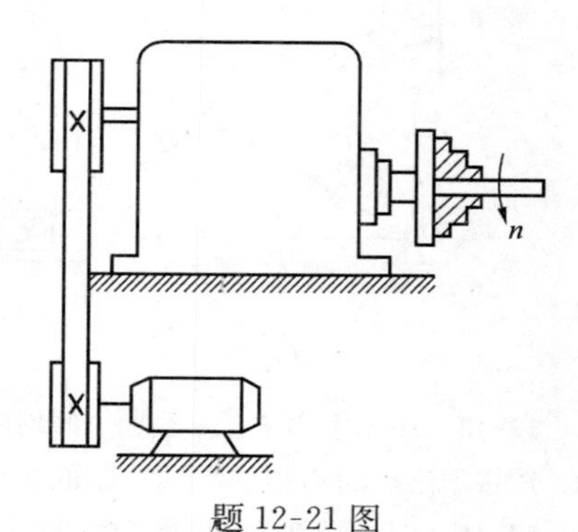

题 12-21 图

12-20　均质细杆 AB 长 l，质量为 m_1，上端 B 靠在光滑的墙上，下端 A 以铰链与均质圆柱的中心相连。圆柱质量为 m_2，半径为 R，放在粗糙水平面上，自图示位置由静止开始滚动而不滑动，杆与水平线的交角 $\theta=45°$。求点 A 在初瞬时的加速度。

12-21　图示车床切削直径 D=48mm 的工件，主切削力 F=7.84kN。若主轴转速 n=240r/min，电动机转速为 1420r/min，主传动系统的总效率 η=0.75。求车床主轴、电动机主轴分别受的力矩和电动机的功率。

综合应用习题

综-1　A 物质量为 m_1，沿楔状物 D 的斜面下降，同时借绕过滑车 C 的绳使质量 m_2 的物体 B 上升，如图所示。斜面与水平呈 θ 角，滑轮和绳的质量和一切摩擦均略去不计。求楔状物 D 作用于地板凸出部分 E 的水平压力。

综-2　如图所示，一物体的质量为 m_1，可绕水平轴 O 转动，其重心 C 到 O 的距离为 a，物体对通过其重心 C 的水平轴的回转半径等于 ρ。起初物体离开平衡位置的偏角为 φ_0，然后无初速地释放。试求转动轴的反作用力的两个分力 $\boldsymbol{F}_1$ 和 $\boldsymbol{F}_2$；其中 $\boldsymbol{F}_1$ 的方向沿 OC 线，而 F_2 则与它垂直（用 OC 与铅直线的夹角 φ 表示 $\boldsymbol{F}_1$ 和 $\boldsymbol{F}_2$ 的值）。

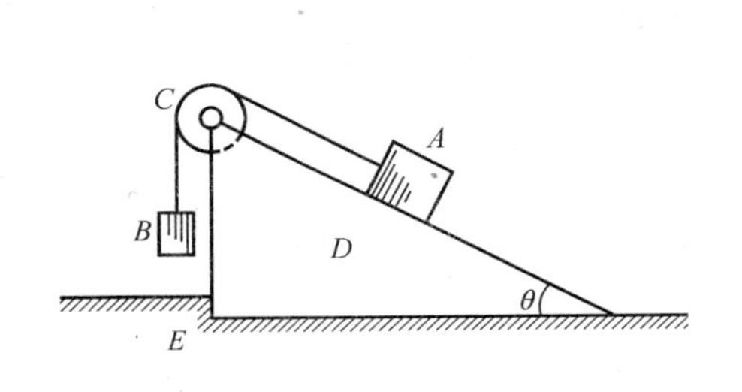

题综-1 图

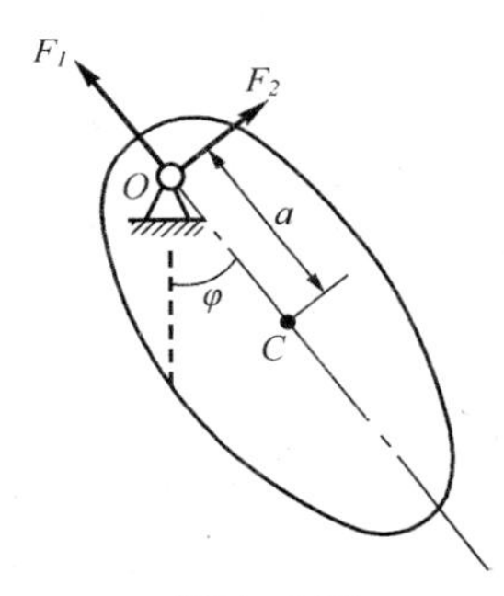

题综-2 图

综-3　在图示机构中，沿斜面纯滚动的圆柱体 O' 和鼓轮 O 为均质物体，质量均为 m，半径均为 R。绳子不能伸缩，其质量略去不计。粗糙斜面的倾角为 θ，不计滚动摩擦。如在鼓轮上作用一常力偶 M。求：(1) 鼓轮的角加速度；(2) 轴承 O 的水平反力。

综-4　图示圆环以角速度 ω 绕铅直轴 AC 自由转动。此圆环半径为 R，对轴的转动惯量为 J。在圆环中的点 A 放一质量为 m 的小球。设由于微小的干扰小球离开点 A。圆环中的摩擦忽略不计，试求当小球到达点 B 和点 C 时，圆环的角速度和小球的速度。

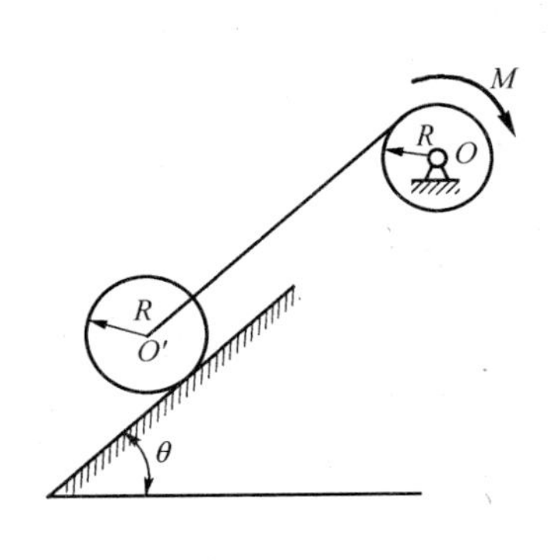

题综-3 图

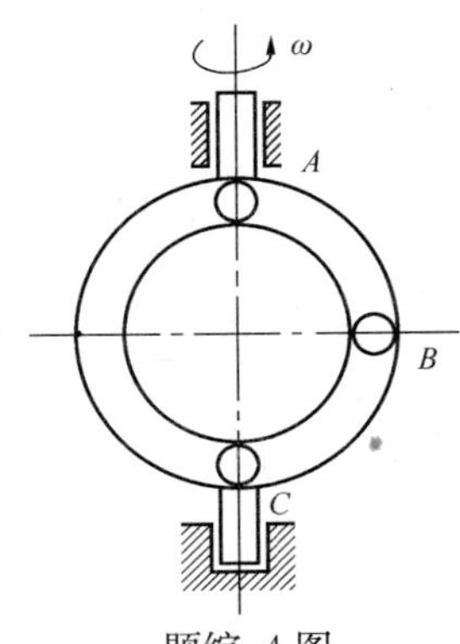

题综-4 图

综-5 图示弹簧两端各系以重物 A 和 B，放在光滑的水平面上，其中重物 A 的质量为 m_1，重物 B 的质量为 m_2，弹簧的原长为 l_0，刚性系数为 k。若将弹簧拉长到 l 然后无初速地释放，问当弹簧回到原长时，重物 A 和 B 的速度各为多少？

综-6 图示三棱柱 A 沿三棱柱 B 的光滑斜面滑动，A 和 B 的质量各为 m_1 与 m_2，三棱柱的斜面与水平面呈 θ 角。如开始时物系静止，忽略摩擦，求运动时三棱柱 B 的加速度。

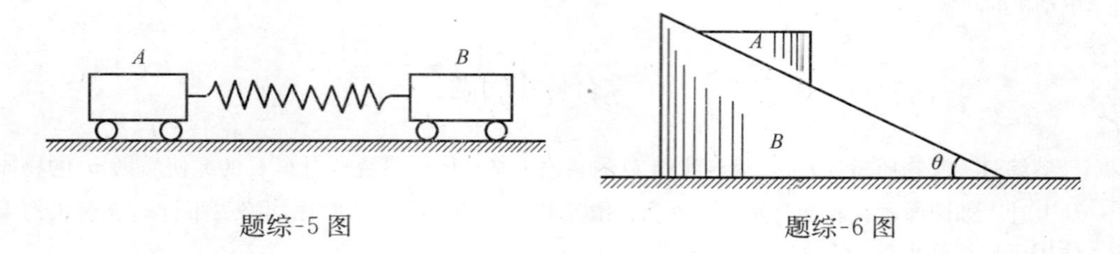

题综-5 图　　题综-6 图

综-7 如图所示，均质细杆 AB 长 l，质量为 m，由直立位置开始滑动，上端 A 沿墙壁向下滑，下端 B 沿地板向右滑，不计摩擦。求细杆在任一位置 φ 时的角速度 ω、角加速度 α 和 A、B 处的反力。

综-8 图示重物 A 的质量为 m，当其下降时，借无重且不可伸长的绳使滚子 C 沿水平轨道滚动而不滑动。绳子跨过定滑轮 D 并绕在滑轮 B 上。滑轮 B 与滚子 C 固结为一体。已知滑轮 B 的半径为 R，滚子 C 的半径为 r，二者总质量为 m'，其对与图面垂直的轴 O 的回转半径为 ρ。试求重物 A 的加速度和作用在轮上的摩擦力。

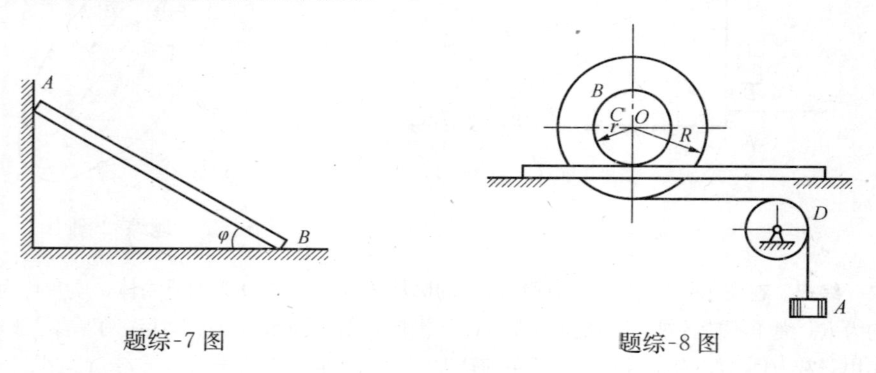

题综-7 图　　题综-8 图

综-9 图示机构中，物块 A、B 的质量均为 m，两均质圆轮 C、D 的质量均为 $2m$，半径均为 R。轮 C 铰接于无重悬臂梁 CK 上，D 为动滑轮，梁的长度为 $3R$，绳与轮间无滑动，系统由静止开始运动。求：(1) A 物块上升的加速度；(2) HE 段绳的拉力；(3) 固定端 K 处的约束力。

综-10 图示三棱柱体 ABC 的质量为 m_1，放在光滑的水平面上，可以无摩擦地滑动。质量为 m_2 的均质圆柱体 O 由静止沿斜面 AB 向下纯滚动，如斜面的倾角为 θ。求三棱柱体的加速度。

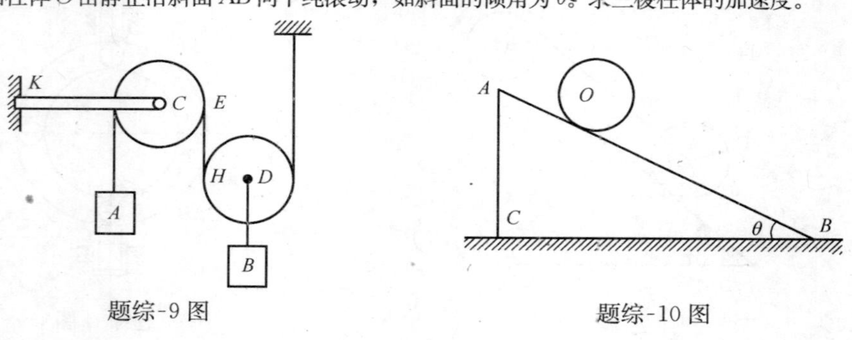

题综-9 图　　题综-10 图

第13章　达朗贝尔原理

前面介绍了动力学普遍定理，它提供了解决动力学问题的有效方法．本章将要介绍的达朗贝尔原理提供了求解动力学问题的另一种方法，其特点是：引入惯性力的概念，用静力学中解决平衡问题的方法来解决动力学中非平衡的问题，因此又将这种方法叫做**动静法**。它在工程技术中有着广泛的应用，特别适用于求动约束力以及研究机械构件的动载荷等问题。

§13.1　达朗贝尔原理

在达朗贝尔原理中，惯性力是一个重要的概念，因此，首先介绍惯性力的概念及其计算方法。

一、惯性力

在水平直线光滑轨道上推质量为 m 的小车（图 13-1a），设手作用于小车上的水平力为 $\boldsymbol{F}$（图 13-1b），小车将获得水平加速度 $\boldsymbol{a}$，由动力学第二定律，有 $\boldsymbol{F}=m\boldsymbol{a}$。同时，由于小车具有保持其运动状态不变的惯性，因此小车将给予手一个反作用力 $\boldsymbol{F}'$。根据作用力与反作用力，有

$$\boldsymbol{F}'=-\boldsymbol{F}=-m\boldsymbol{a}$$

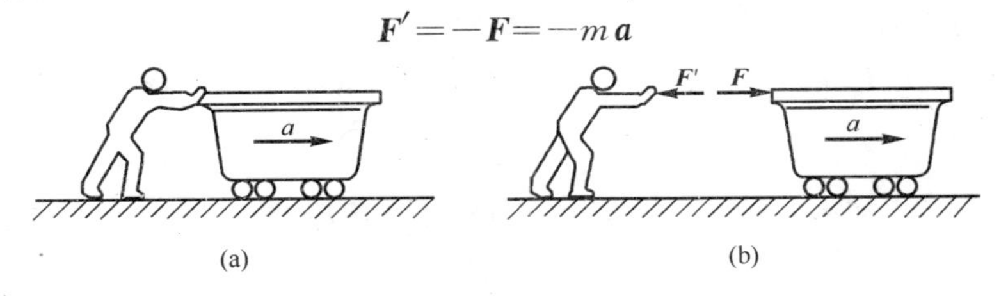

图 13-1

系在绳子的一端质量为 m 的小球，在光滑水平面内作匀速圆周运动（图 13-2a），小球速度的大小为 v，圆周的半径为 R，小球所受绳子的拉力为 $\boldsymbol{F}$（图 13-2b），即小球的向心力，它使小球产生加速度即向心加速度 $\boldsymbol{a}_n$，其大小为 $a_n=\dfrac{v^2}{R}$，因此有 $\boldsymbol{F}=m\boldsymbol{a}_n$。由于小球的惯性，小球将给予绳子一个反作用力 $\boldsymbol{F}''$，即小球的离心力，它等于

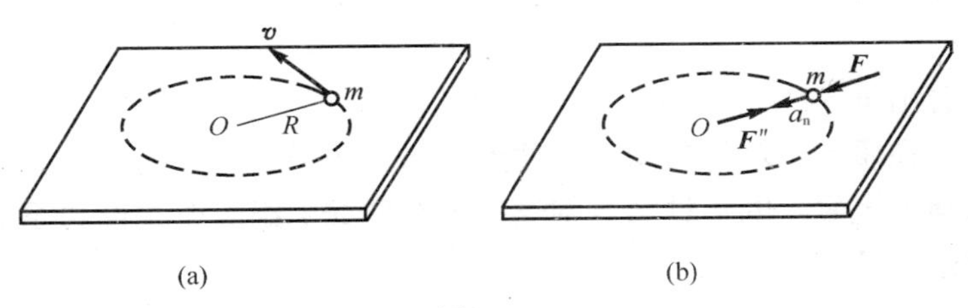

图 13-2

$$\boldsymbol{F}''=-\boldsymbol{F}=-m\boldsymbol{a}_n$$

由以上二例可见，质点受力改变运动状态时，由于质点的惯性，质点将给予施力物体一个反作用力，这个作用力称为**质点的惯性力**，用 $\boldsymbol{F}_I$ 表示。**质点惯性力的大小等于质点的质量与加速度的乘积，方向与质点加速度方向相反**，即有

$$\boldsymbol{F}_I=-m\boldsymbol{a}_n \tag{13-1}$$

值得指出的是，质点的惯性力是质点对改变其运动状态的一种反抗，它并不作用于质点上，而是作用在使质点改变运动状态的施力物体上。在以上两例中，惯性力分别作用在手和绳子上。式（13-1）可向固定直角坐标系或自然轴系投影。

惯性力在直角坐标轴上的投影为

$$\left.\begin{aligned} F_{Ix}&=-ma_x=-m\frac{d^2x}{dt^2}\\ F_{Iy}&=-ma_y=-m\frac{d^2y}{dt^2}\\ F_{Iz}&=-ma_z=-m\frac{d^2z}{dt^2}\end{aligned}\right\} \tag{13-2}$$

惯性力在自然坐标轴上的投影为

$$\left.\begin{aligned} F_I^{\tau}&=-ma_{\tau}=-m\frac{dv}{dt}\\ F_I^{n}&=-ma_n=-m\frac{v^2}{\rho}\end{aligned}\right\} \tag{13-3}$$

$$F_I^{b}=-ma_b=0$$

这就是说，质点惯性力也可分解为沿轨迹的切线和法线的两个分力：**切向惯性力 $\boldsymbol{F}_I^{\tau}$ 和法向惯性力 $\boldsymbol{F}_I^{n}$**，它们的方向分别与切向加速度 $\boldsymbol{a}_{\tau}$ 和法向加速度 $\boldsymbol{a}_n$ 相反。法向惯性力 $\boldsymbol{F}_I^{n}$ 的方向总是背离轨迹的曲率中心，故又称**离心惯性力**（简称**离心力**）。

二、质点的达朗贝尔原理

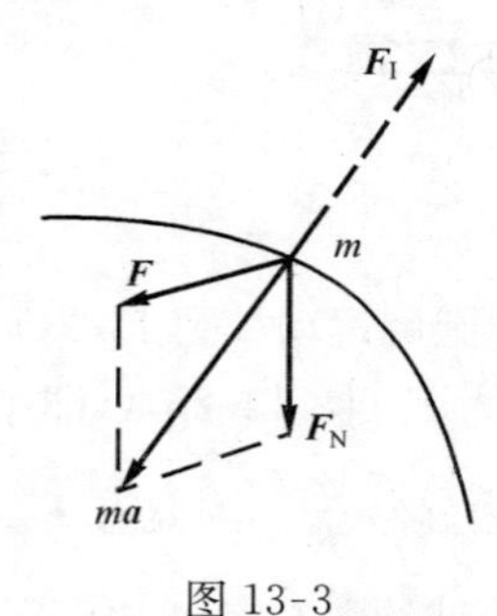

图 13-3

设质量为 m 的非自由质点在主动力 $\boldsymbol{F}$ 和约束力 $\boldsymbol{F}_N$ 的作用下运动。其加速度为 $\boldsymbol{a}$，如图 13-3 所示。根据牛顿第二定律，有

$$m\boldsymbol{a}=\boldsymbol{F}+\boldsymbol{F}_N$$

若将上式左端 $m\boldsymbol{a}$ 移到等号右端，可写为

$$\boldsymbol{F}+\boldsymbol{F}_N+(-m\boldsymbol{a})=0 \tag{13-4}$$

$-m\boldsymbol{a}$ 即为质点的惯性力。用 F_I 表示，于是式（13-4）可表示为

$$\boldsymbol{F}+\boldsymbol{F}_N+\boldsymbol{F}_I=0 \tag{13-5}$$

由上式可以看出 $\boldsymbol{F}$、$\boldsymbol{F}_N$、$\boldsymbol{F}_I$ 构成一平衡力系，式（13-5）在形式上是一个平衡方程，它表明：**在质点运动的每瞬时，质点上除了作用有真实的主动力和约束反力外，再假想地加上质点的惯性力，则这些力在形式上组成一平衡力系。这就是质点的达朗贝尔原理。**

应该注意：(1) 惯性力只是虚加在质点上的力，而不是真正作用在该质点的

力。(2) 因为质点并没有真正受到惯性力的作用，故达朗贝尔原理的“平衡力系”实际上是不存在的，只是在质点上虚加上惯性力后，可借用静力学的理论和方法求解动力学的非平衡问题。动力学方程写成平衡方程的形式，方程在形式上的这种变换，给解决某些动力学问题带来许多方便，这正是达朗贝尔原理的优势所在。

【例 13-1】 一圆锥摆，如图 13-4 所示。质量 $m=0.1$kg 的小球系于长 $l=0.3$m 的绳上，绳的另一端系在固定点 O，并与铅直线呈 $\theta=60°$角。如小球在水平面内作匀速圆周运动，求小球的速度 v 与绳子的张力 $\boldsymbol{F}_{\mathrm{T}}$的大小。

【解】 视小球为质点，其受重力（主动力）$m\boldsymbol{g}$ 与绳拉力（约束力）$\boldsymbol{F}_{\mathrm{T}}$作用。质点作匀速圆周运动，只有法向加速度，故虚加上法向惯性力 $\boldsymbol{F}_{\mathrm{I}}^{\mathrm{n}}$，如图 13-4 所示，小球法向惯性力的大小为

$$F_{\mathrm{I}}^{\mathrm{n}}=ma_{\mathrm{n}}=m\frac{v^2}{l\sin\theta}$$

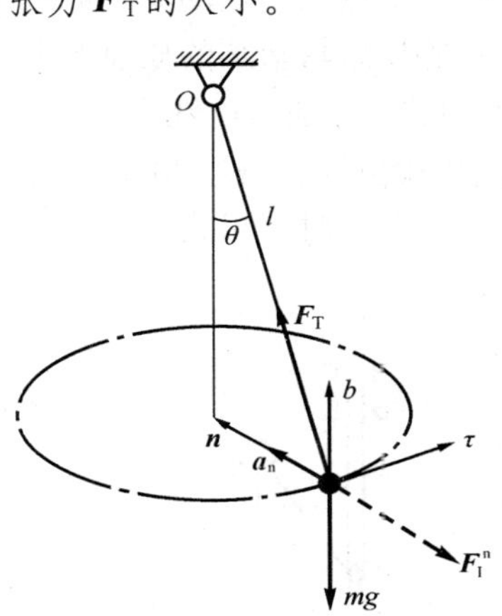

图 13-4

根据质点的达朗贝尔原理，这三力在形式上组成平衡力系，即

$$m\boldsymbol{g}+\boldsymbol{F}_{\mathrm{T}}+\boldsymbol{F}_{\mathrm{I}}^{\mathrm{n}}=0$$

取上式在图示自然轴上的投影式，有

$$\Sigma F_{\mathrm{b}}=0,\ F_{\mathrm{T}}\cos\theta-mg=0$$

$$\Sigma F_{\mathrm{n}}=0,\ F_{\mathrm{T}}\sin\theta-F_{\mathrm{I}}^{\mathrm{n}}=0$$

解得

$$F_{\mathrm{T}}=\frac{mg}{\cos\theta}=1.96N,\ v=\sqrt{\frac{F_{\mathrm{T}}l\sin^2\theta}{m}}=2.1\mathrm{m/s}$$

从上述例题可见，用达朗贝尔原理（动静法）解题的程序大致分为四步：1. 取研究对象；2. 受力分析，画受力图；3. 运动分析，加惯性力；4. 列平衡方程并求解。

三、质点系的达朗贝尔原理

现将质点的达朗贝尔原理直接推广到质点系。

设质点系由 n 个质点组成，其中质量为 m_i的质点在主动力 $\boldsymbol{F}_i$和约束力 $\boldsymbol{F}_{\mathrm{N}i}$的作用下运动。其加速度为 $\boldsymbol{a}_i$，对该质点假想地加上它的惯性力 $\boldsymbol{F}_{\mathrm{I}i}=-m_i\boldsymbol{a}_i$，根据质点的达朗贝尔原理，有

$$\boldsymbol{F}_i+\boldsymbol{F}_{\mathrm{N}i}+\boldsymbol{F}_{\mathrm{I}i}=0\quad(i=1,2,\cdots,n)\tag{13-6}$$

式 (13-6) 表明，每一个质点所受的主动力、约束反力与虚加的惯性力构成一平衡的汇交力系。对整个质点系来说，共有 n 个这样的平衡力系，它们综合在一起仍构成一个平衡力系。因此，**在质点系运动的每瞬时，作用于质点系的主动力系，约束反力系和虚加的质点系的惯性力系构成一形式上的平衡力系。这就是质点系的达朗贝尔原理。**由静力学知，空间任意力系平衡的充分必要条件是力系的主矢 $\boldsymbol{F}_{\mathrm{R}}$和对于任一点的主矩 $\boldsymbol{M}_{\mathrm{O}}$同时为零，则得

$$\sum_{i=1}^{n}\boldsymbol{F}_i+\sum_{i=1}^{n}\boldsymbol{F}_{\mathrm{N}i}+\sum_{i=1}^{n}\boldsymbol{F}_{\mathrm{I}i}=0\tag{13-7}$$

$$\sum_{i=1}^{n} \boldsymbol{M}_{\mathrm{O}}(\boldsymbol{F}_i) + \sum_{i=1}^{n} \boldsymbol{M}_{\mathrm{O}}(\boldsymbol{F}_{\mathrm{N}i}) + \sum_{i=1}^{n} \boldsymbol{M}_{\mathrm{O}}(\boldsymbol{F}_{\mathrm{I}i}) = 0 \tag{13-8}$$

如果将作用于质点系上的所有力按内力和外力分类，并注意到内力的主矢和对于任意点的主矩恒为零，即 $\Sigma \boldsymbol{F}_i^{(i)}=0$ 和 $\Sigma \boldsymbol{M}_{\mathrm{O}}(\boldsymbol{F}_i^{(i)})=0$，则以上两式可写为

$$\sum_{i=1}^{n} \boldsymbol{F}_i^{(\mathrm{e})} + \sum_{i=1}^{n} \boldsymbol{F}_{\mathrm{I}i} = 0 \tag{13-9}$$

$$\sum_{i=1}^{n} \boldsymbol{M}_{\mathrm{O}}(\boldsymbol{F}_i^{(\mathrm{e})}) + \sum_{i=1}^{n} \boldsymbol{M}_{\mathrm{O}}(\boldsymbol{F}_{\mathrm{I}i}) = 0 \tag{13-10}$$

由此，质点系的达朗贝尔原理又可叙述为：**在质点系运动的任一瞬时，作用于质点系的外力与虚加的质点系的惯性力系在形式上构成一平衡力系。**上式中 $\Sigma \boldsymbol{F}_{\mathrm{I}i}$ 和 $\Sigma \boldsymbol{M}_{\mathrm{O}}(\boldsymbol{F}_{\mathrm{I}i})$ 分别为惯性力系的主矢和主矩。在应用质点系的达朗贝尔原理求解动力学问题时，一般采用投影形式的平衡方程，如果选取直角坐标系，当力系是平面任意力系时，可得三个平衡方程；当力系是空间任意力系时，可得六个平衡方程。

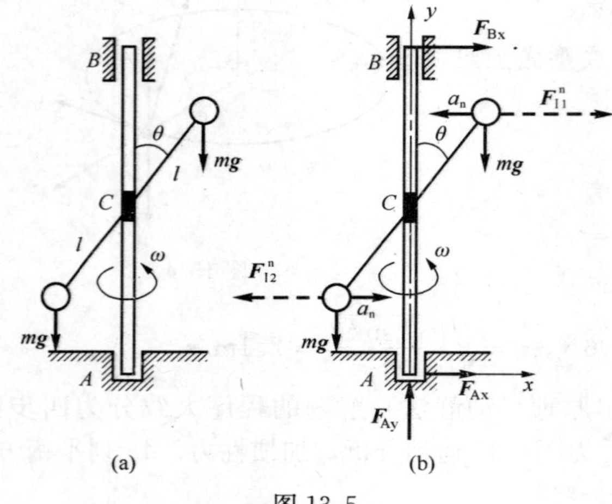

图 13-5

【例 13-2】 两个质量均为 m 的小球由长为 $2l$ 的细杆连接，其中 C 点焊接在铅垂轴 AB 的中点，并以等角速度 ω 绕轴 AB 转动（图 13-5a）。已知 $\overline{AB}=h$，细杆与转轴的夹角为 θ，不计杆件的质量。试求系统运动到图示位置时，轴承 A 和 B 的约束力。

【解】 取两个小球、细杆和转轴为研究对象，将两个小球视为质点，它们绕轴 AB 作匀速圆周运动。其法向加速度指向转轴。由于不计杆件质量，所研究对象的受力如图 13-5（b）所示。其中两个小球的法向惯性力的大小为

$$F_{\mathrm{I1}}^{\mathrm{n}} = F_{\mathrm{I2}}^{\mathrm{n}} = ml\omega^2 \sin\theta$$

作用于研究对象上的力构成平面力系。应用质点系的达朗贝尔原理，有

$$\Sigma F_x = 0,\ F_{\mathrm{A}x} + F_{\mathrm{B}x} + F_{\mathrm{I1}}^{\mathrm{n}} - F_{\mathrm{I2}}^{\mathrm{n}} = 0$$

$$\Sigma F_y = 0,\ F_{\mathrm{A}y} - 2mg = 0$$

$$\Sigma M_{\mathrm{A}}(\boldsymbol{F}) = 0,\ -F_{\mathrm{B}x}h + mgl\sin\theta - mgl\sin\theta + \left(\frac{h}{2} - l\cos\theta\right)F_{\mathrm{I2}}^{\mathrm{n}} - \left(\frac{h}{2} + l\cos\theta\right)F_{\mathrm{I1}}^{\mathrm{n}} = 0$$

由上式解出轴承 A 和 B 的约束力为

$$F_{\mathrm{A}y} = 2mg$$

$$F_{\mathrm{A}x} = -F_{\mathrm{B}x} = \frac{ml^2\omega^2 \sin 2\theta}{h}$$

从本例题可以看出，轴承的部分约束力是由于物体运动引起的。这种由于物体运动而引起的约束力，称为**附加动反力**，作用于物体上的主动力引起的轴承约

束力，称为**静反力**。在实际工程中，高速转动机械中轴承的附加动反力会引起机械的振动，有时会引起机械的非正常运转，因此如何有效地抑制和消除转动机械中的附加动反力，往往是人们普遍关心的问题。

【例 13-3】 均质细杆 AB，长 $l=2.4\text{m}$，质量 $m=20\text{kg}$，A 端铰接在铅垂轴 DE 上，B 端用水平绳索 BC 拉住，以匀角速度 $\omega=15\text{rad/s}$ 转动，如图 13-6（a）所示。设 $\beta=60°$，试求绳 BC 的拉力和铰 A 的约束反力。

【解】 1. 确定研究对象

以 AB 杆为研究对象。

2. 受力分析

AB 杆受重力 $m\boldsymbol{g}$，铰 A 的约束反力 $\boldsymbol{F}_{Ax}$，$\boldsymbol{F}_{Ay}$ 和绳子的拉力 $\boldsymbol{F}_{T}$。当 AB 杆转到纸平面时，受力如图 13-6（b）所示。

3. 运动分析

AB 杆以匀角速度 ω 绕 y 轴转动，其上各点均作圆周运动。其切向加速度为零，法向加速度 $a_n=x\omega^2$（x 为 AB 杆上任一点到转轴的距离）。

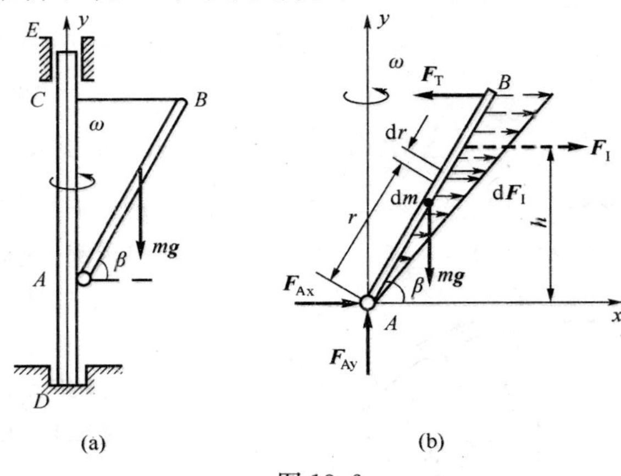

图 13-6

4. 加惯性力

当 AB 杆以匀角速度 ω 绕 y 轴转动时，其惯性力分布于杆上每一部分，组成平行力系，虚加在 AB 杆上，如图 13-6（b）所示。

为求 AB 杆的惯性力的合力大小及其作用线的位置，在杆上离 A 端的距离为 r 处取长 $\mathrm{d}r$ 的微段，该微段的质量为

$$\mathrm{d}m=\frac{m}{l}\mathrm{d}r$$

该微段的惯性力

$$\mathrm{d}F_{\mathrm{I}}=\mathrm{d}m\cdot r\cos\beta\cdot\omega^2=\frac{m}{l}\omega^2\cos\beta\cdot r\mathrm{d}r$$

AB 杆的惯性力的合力的大小为

$$F_{\mathrm{I}}=\int\mathrm{d}F_{\mathrm{I}}=\int_0^l\frac{m}{l}\omega^2\cos\beta\cdot r\mathrm{d}r=\frac{1}{2}ml\omega^2\cos\beta$$

$$=\frac{1}{2}\times20\times2.4\times15^2\times\cos60°=2700\text{N}$$

惯性力 $\boldsymbol{F}_{\mathrm{I}}$ 作用线的位置，可用合力矩定理来确定。设 $\boldsymbol{F}_{\mathrm{I}}$ 与 A 点的垂直距离为 h，则

$$F_{\mathrm{I}}\cdot h=\int\mathrm{d}F_{\mathrm{I}}\cdot r\sin\beta=\int_0^l\frac{m}{l}\omega^2\cos\beta r\,\mathrm{d}r\cdot r\sin\beta$$

$$=\frac{m}{l}\omega^2\sin\beta\cos\beta\int_0^l r^2\,\mathrm{d}r=\frac{m}{3}l^2\omega^2\sin\beta\cos\beta$$

所以

$$h=\frac{\frac{m}{3}l^2\omega^2\sin\beta\cos\beta}{\frac{m}{2}l\,\omega^2\cos\beta}=\frac{2}{3}l\sin\beta=\frac{2}{3}\times 2.4\cdot\sin 60^\circ=1.386\text{m}$$

5. 列方程、求解。

由质点系的达朗贝尔原理，力 mg、$\boldsymbol{F}_{Ax}$、$\boldsymbol{F}_{Ay}$、$\boldsymbol{F}_T$和 $\boldsymbol{F}_I$构成平面任意力系，可建立三个平衡方程，即

$$\Sigma F_x=0,\ F_{Ax}-F_T+F_I=0$$

$$\Sigma F_y=0,\ F_{Ay}-mg=0$$

$$\Sigma M_A(\boldsymbol{F})=0\ ,\ F_T l\sin\beta-F_I h-mg\ \frac{1}{2}\cos\beta=0$$

解之得 $\qquad F_{Ax}=-843\text{N},F_{Ay}=196\text{N},F_T=1857\text{N}=1.857\text{kN}$

【例 13-4】 飞轮质量为 m，半径为 R，以匀角速度 ω 绕定轴转动，设轮辐质量不计，质量均布在较薄的轮缘上，不考虑重力的影响，求轮缘横截面的张力。

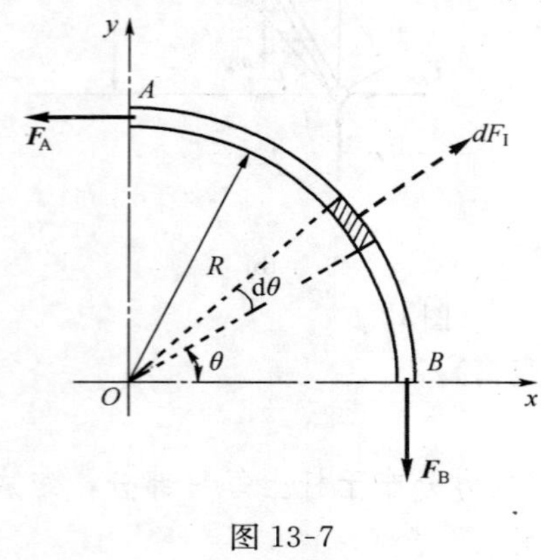

图 13-7

【解】 由于对称，取四分之一轮缘为研究对象，如图 13-7 所示，取微小弧段，每段加惯性力 $dF_I=dm\cdot a_n$，大小为

$$dF_I=dm\cdot a_n=\frac{m}{2\pi R}R\,d\theta\cdot R\omega^2$$

方向沿半径离开轴心。整个轮缘上都分布着这样的惯性力。

由动静法，这四分之一轮缘上分布的惯性力与截面上张力 $\boldsymbol{F}_A$和 $\boldsymbol{F}_B$组成平衡力系。

列平衡方程

$$\Sigma F_x=0,\int_0^{\frac{\pi}{2}}dF_I\cos\theta-F_A=0$$

$$\Sigma F_y=0,\int_0^{\frac{\pi}{2}}dF_I\sin\theta-F_B=0$$

解得

$$F_A=\int_0^{\frac{\pi}{2}}\frac{m}{2\pi}R\omega^2\cos\theta d\theta=\frac{mR\omega^2}{2\pi},F_B=\int_0^{\frac{\pi}{2}}\frac{m}{2\pi}R\omega^2\sin\theta d\theta=\frac{mR\omega^2}{2\pi}$$

由于对称，任一横截面张力相同。

§ 13.2 刚体惯性力系的简化

应用达朗贝尔原理求解刚体动力学问题时，需要对刚体内每个质点加上各自的惯性力，这些惯性力组成一惯性力系。若惯性力系直接参与运算，显然极不方便。如果采用静力学中力系简化的方法先将刚体的惯性力系加以简化，求出惯性力系对简化中心的主矢和主矩，对于解题就方便得多。下面分别对刚体作平移、

绕定轴转动和平面运动时的惯性力系进行简化。

一、刚体作平移

当刚体平移时，每瞬时刚体内各质点的加速度相同，都等于刚体质心的加速度 $\boldsymbol{a}_C$，即 $\boldsymbol{a}_i=\boldsymbol{a}_C$。将平移刚体内各质点都加上惯性力，任一质点的惯性为 $\boldsymbol{F}_{Ii}=-m_i\boldsymbol{a}_i=-m_i\boldsymbol{a}_C$。各质点惯性力的方向相同，组成一个同向的空间平行力系，选刚体质心 C 为简化中心，惯性力系的主矢为

$$\boldsymbol{F}_{IR}=\Sigma\boldsymbol{F}_{Ii}=\Sigma(-m_i\boldsymbol{a}_i)=-\boldsymbol{a}_C\Sigma m_i$$

设刚体质量为 $m=\Sigma m_i$，则

$$\boldsymbol{F}_{IR}=-m\,\boldsymbol{a}_C$$

惯性力系对于质心 C 的主矩由图 13-8 为

$$\boldsymbol{M}_{IC}=\Sigma\boldsymbol{r}_i\times\boldsymbol{F}_{Ii}=\Sigma\boldsymbol{r}_i\times(-m_i\boldsymbol{a}_i)$$
$$=-(\Sigma m_i\boldsymbol{r}_i)\times\boldsymbol{a}_C=-m\boldsymbol{r}_C\times\boldsymbol{a}_C$$

式中，$\boldsymbol{r}_C$ 为质心 C 到简化中心的矢径，且因质心 C 与简化中心重合，则 $\boldsymbol{r}_C=0$，有

$$\boldsymbol{M}_{IC}=0 \tag{13-11}$$

于是得结论：**平移刚体的惯性力系向质心简化的结果，是通过质心的一合力，其大小等于刚体的质量与质心加速度的乘积，合力的方向与质心加速度方向相反。**

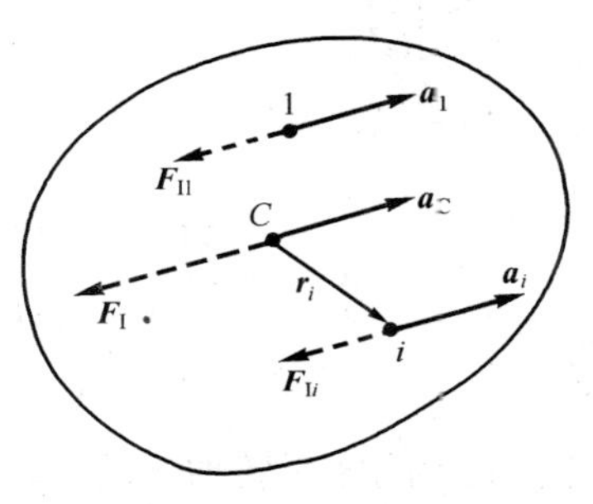

图 13-8

二、刚体绕定轴转动（转轴垂直于质量对称平面）

这里仅限于研究刚体具有垂直于转轴 z 的质量对称平面 S 的情况。在刚体上任取平行于 z 轴的直线 $A_iA'_i$，如图 13-9（a）所示。显然，当刚体绕 z 轴转动时，直线 $A_iA'_i$ 上各质点的加速度相同，其各质点的惯性力可以合成一个作用在该直线与平面 S 的交点 m_i 上的力 $\boldsymbol{F}_{Ii}$ 为

$$\boldsymbol{F}_{Ii}=-m_i\boldsymbol{a}_i$$

其中 m_i 为直线 $A_iA'_i$ 上所有质点的质量之和，$\boldsymbol{a}_i$ 为 m_i 点的加速度，这样可将刚体上各质点惯性力组成的原空间惯性力系简化在对称平面 S 内的平面任意力系如图 13-9（b）所示。选转轴 z 与对称平面 S 的交点 O（即转动中心）为简化中心。

将平面 S 内的平面任意力系向该平面与转轴交点 O 简化，得惯性力系主矢 $\boldsymbol{F}_{IR}$ 为

$$\boldsymbol{F}_{IR}=\Sigma\boldsymbol{F}_{Ii}=\Sigma(-m_i\boldsymbol{a}_i)=-m\boldsymbol{a}_C \tag{13-12}$$

由于 $\boldsymbol{a}_C=\boldsymbol{a}_C^\tau+\boldsymbol{a}_C^n$，其中 m 为刚体的质量，$\boldsymbol{a}_C$ 为其质心的加速度，于是

$$\boldsymbol{F}_{IR}=-m\boldsymbol{a}_C=-m(\boldsymbol{a}_C^\tau+\boldsymbol{a}_C^n)=-(m\boldsymbol{a}_C^\tau+m\boldsymbol{a}_C^n)=-(\boldsymbol{F}_I^\tau+\boldsymbol{F}_I^n)$$

由运动学知：一般描述刚体转动时，刚体内各点的加速度可分解为切向加速度和法向加速度，故任一质点的惯性力也分解为切向惯性力 $\boldsymbol{F}_{Ii}^\tau$ 和法向惯性力 $\boldsymbol{F}_{Ii}^n$（见图 13-9b），其中各点法向惯性力均通过轴心 O，对轴心 O 之矩均为零，注意到切向惯性力大小为 $F_{Ii}^\tau=m_ia_i^\tau=m_i\alpha r_i$，故惯性力系向 O 点简化的主矩 M_{IO} 为

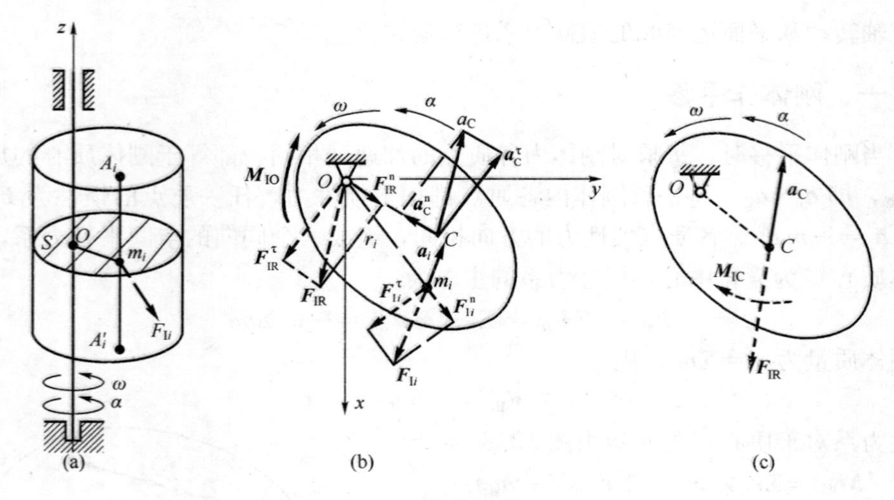

图 13-9

$$M_{IO}=\Sigma M_O(\boldsymbol{F}_{Ii})=\Sigma M_O(\boldsymbol{F}_{Ii}^\tau)+\Sigma M_O(\boldsymbol{F}_{Ii}^n)$$
$$=\Sigma M_O(\boldsymbol{F}_{Ii}^\tau)=-\Sigma m_i a r_i=-\alpha\Sigma m_i r_i^2$$

即

$$M_{IO}=-J_z\alpha$$

式中 J_z 为刚体对转轴 z 的转动惯量，负号表示惯性力偶 M_{IO} 的转向与角加速度 α 的转向相反。

于是可得结论：**转轴垂直于质量对称面的定轴转动刚体的惯性力系，向转轴 O 简化结果为在对称面内的一个力和一个力偶。这个力的大小等于刚体质量与质心加速度的乘积，其方向与质心加速度方向相反，作用线通过转轴；这个力偶的矩大小等于刚体对转轴的转动惯量与角加速度的乘积，其转向与角加速度转向相反。**

在对称平面内的惯性力系也可以向对称平面内任一点简化，例如向质心 C 简化（见图 13-9c）。与静力学平面力系简化一样，主矢与简化中心无关，因此惯性力系向质心简化所得的力通过质心 C，其大小方向不变，仍为

$$\boldsymbol{F}_{IR}=-\Sigma m_i\boldsymbol{a}_i=-m\boldsymbol{a}_C$$

惯性力系向质心 C 简化所得的力偶之矩 M_{IC} 也就等于向转轴 O 简化所得的力 $\boldsymbol{F}_{IR}$ 和力偶 M_{IO} 对质心 C 之矩的代数和。以 α 方向为正，由图 13-9（b）可见

$$M_{IC}=F_{IR}^\tau\cdot OC-J_z\alpha=ma_C^\tau\cdot OC-J_z\alpha$$
$$=m\alpha\cdot OC^2-J_z\alpha=(m\cdot OC^2-J_z)\alpha$$

由转动惯量的平行轴定理，有 $J_z=J_C+m\cdot OC^2$，于是得

$$M_{IC}=-J_C\alpha$$

其中 J_C 为刚体对通过质心 C 且与转轴 z 平行的轴的转动惯量，负号表示 M_{IC} 的转向与 α 相反。可见，惯性力系简化的主矩与简化中心有关。

以下讨论几种特殊情况：

1. 刚体作匀角速转动且转轴不通过质心 C（图 13-10a），这时因角加速度 $\alpha=0$，故 $M_{IO}=-J_z\alpha=0$，因而惯性力系合成结果为一作用于 O 点的惯性力 F_I^n，大小等于 $me\omega^2$，方向由 O 指向 C。

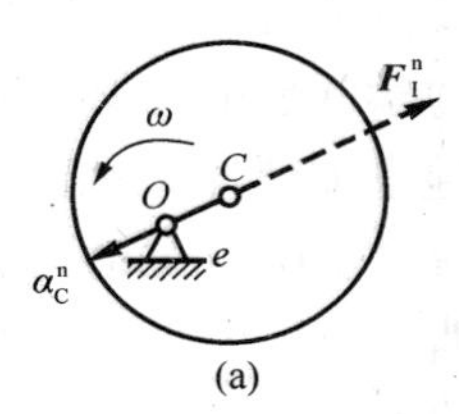

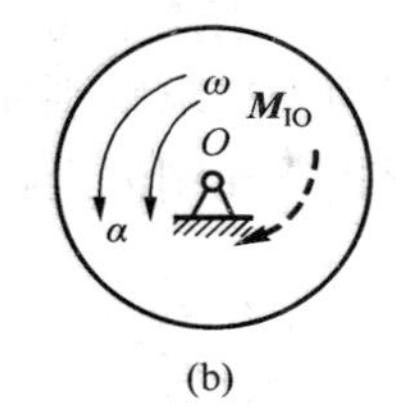

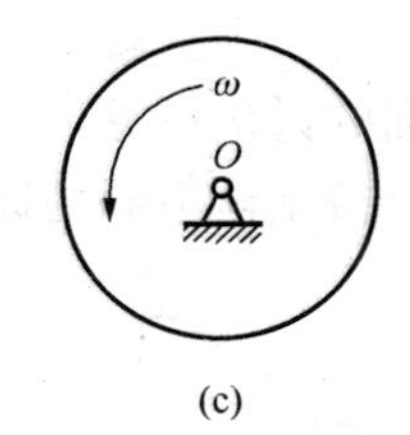

图 13-10

2. 转轴通过质心 C 且 $\alpha\neq0$（图 13-10b），由于 $a_C=0$，故简化结果只是一个惯性力偶 M_{IO}，其矩的大小等于 $J_C\alpha$，转向与角加速度相反，J_C为刚体对于通过质心并垂直于对称面的转轴的转动惯量。

3. 刚体作匀速转动且转轴通过质心 C（图 13-10c），此时 $a_C=0$，$\alpha=0$，则惯性力系的主矢与主矩同时为零。

必须指出，例 13-3 中，杆 AB 虽然也是作定轴转动，但转轴 z 不垂直于杆的质量对称面，所以上面的分析不适用于例 13-3 中的 AB 杆。但由力系简化的理论可知，一个力系只要有合力，此合力一定等于力系的主矢。所以 AB 杆的惯性力系的合力 $\boldsymbol{F}_I=-m\boldsymbol{a}_C$，但合力的作用线不过杆 AB 的质心。

三、刚体作平面运动

在这里仅讨论刚体具有质量对称平面，而且在平行于此平面内作平面运动的情况。与定轴转动的处理方法一样，可将刚体的惯性力系简化为在质量对称面内的平面力系。又由于平面运动可分解为随质心 C 的平移和绕质心 C 的转动两部分，所以惯性力系也可分解为相应的两部分：刚体随质心 C 平移的惯性力系和刚体绕质心 C 转动的惯性力系。随质心平移部分的惯性力系可简化为一力，即惯性力系的主矢为

$$\boldsymbol{F}_{IR}=-m\boldsymbol{a}_C \tag{13-13}$$

绕通过质心的轴转动部分的惯性力系又可简化为一力偶，其矩即为惯性力系对质心的主矩，即

$$M_{IC}=-J_C\alpha \tag{13-14}$$

式中 J_C是刚体对于通过质心 C 并垂直于质量对称平面的轴的转动惯量；α 是刚体转动的角加速度，负号表示惯性力系的主矩的转向与角加速度转向相反。

于是得结论：**具有质量对称平面且平行于此平面运动的刚体，惯性力系向其质心简化的结果为在对称平面内的一个力和一个力偶。这个力通过质心，其大小等于刚体质量与质心加速度的乘积，方向与质心加速度方向相反；这个力偶的矩大小等于刚体对质心 C 轴的转动惯量与角加速度的乘积，其转向与角加速度的转向相反**，如图 13-11 所示。

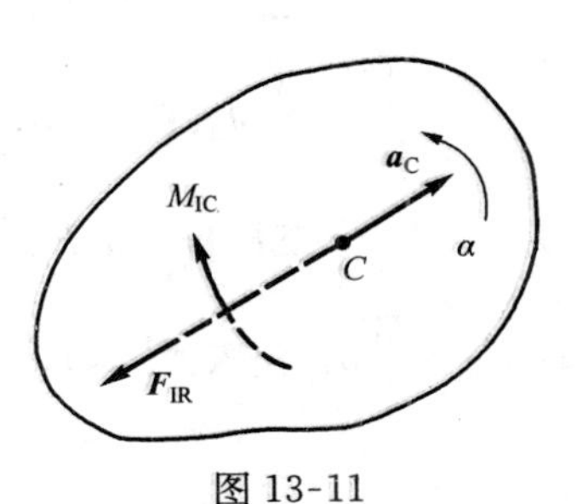

图 13-11

对于平面运动刚体，根据式（13-13）和式（13-14）应用动静法时，若取质心 C 为矩心，则得

到的平衡方程实际上就是前面讲过的刚体平面运动微分方程。

由上面的讨论可见，在应用动静法求解刚体动力学问题时，必须首先分析刚体的运动，按刚体不同的运动形式，在刚体上正确地虚加惯性力和惯性力偶，然后建立所有主动力、约束力和惯性力系的平衡方程。动静法的优点在于列形式上的平衡方程时，力矩方程的矩心可以任意选取，不一定必须取质心 C。

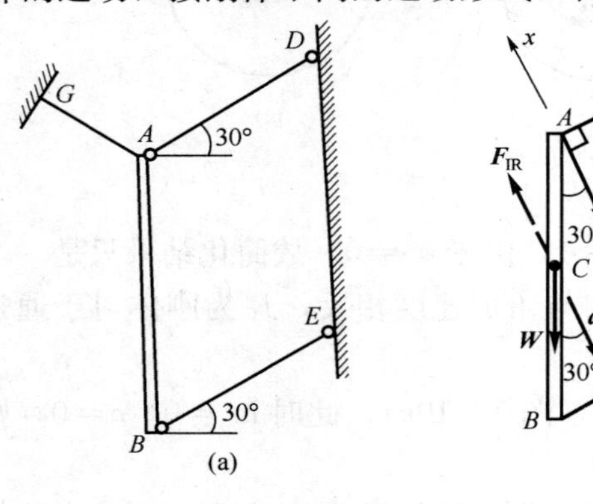

图 13-12

【例 13-5】 重 $W=200\text{N}$ 的均质杆 AB，与两根等长细杆 AD 和 BE 铰接，D，E 为铰链支座，且 $\overline{AB}=\overline{DE}$，如图 13-12（a）所示。不计细杆 AD 和 BE 的质量，试求当绳 AG 被剪断的瞬时杆 AB 的加速度以及此时杆 AD 和 BE 的内力。

【解】 1. 取均质杆 AB 为研究对象，其重量为 $W=200\text{N}$。

2. 分析受力。杆 AB 所受的真实力有主动力 $\boldsymbol{W}$，杆 AD，BE 的约束力 $\boldsymbol{F}_{AD}$，$\boldsymbol{F}_{BE}$。因不计细杆 AD，BE 的质量，所以 $\boldsymbol{F}_{AD}$，$\boldsymbol{F}_{BE}$ 均沿各自杆件的中心线。

3. 分析运动并虚加惯性力。根据题意，$ABED$ 为一平行四边形，当绳 AG 被剪断后，杆 AB 作平移。故有 $\boldsymbol{a}_C=\boldsymbol{a}_A=\boldsymbol{a}_A^\tau+\boldsymbol{a}_A^n$，式中 $a_A^n=AD\cdot\omega_{AD}^2$；当绳 AG 被剪断的瞬时，系统中所有构件的速度量都等于零，细杆 AD 的角速度 ω_{AD} 也等于零，所以 $\boldsymbol{a}_C=\boldsymbol{a}_A^\tau$，由此确定了杆 AB 中质心 C 的加速度 $\boldsymbol{a}_C$ 的方向。

由平移刚体惯性力系的简化结果知，杆 AB 的惯性力 $\boldsymbol{F}_{IR}$ 的大小为

$$F_{IR}=\frac{W}{g}a_C$$

方向与 $\boldsymbol{a}_C$ 的方向相反，作用线过其质心 C，如图 13-12（b）所示。

4. 根据达朗贝尔原理，列出形式上的平衡方程并求解。

作用在杆 AB 上的真实力与虚加的惯性力组成一平面任意力系，可列三个独立的平衡方程，解出三个未知量 F_{AD}，F_{BE} 和 F_{IR}。

建立图示投影轴 x，y，由达朗贝尔原理，有

$$\Sigma F_x=0,\ F_{IR}-W\cos 30^\circ=0 \tag{a}$$

$$\Sigma M_B(\boldsymbol{F})=0,\ F_{IR}\cos 60^\circ\cdot\frac{AB}{2}-F_{AD}\cos 30^\circ\cdot AB=0 \tag{b}$$

$$\Sigma F_y=0,\ F_{AD}+F_{BE}-W\cos 60^\circ=0 \tag{c}$$

将 $F_{IR}=\dfrac{W}{g}a_C$ 代入式（a），解得

$$a_C=g\cos 30^\circ\text{m/s}^2=8.49\text{m/s}^2$$

由式（b）解出

$$F_{AD}=\frac{1}{2\sqrt{3}}F_{IR}=\frac{W}{2\sqrt{3}g}a_C=\frac{200}{2\sqrt{3}\times 9.8}\times 8.49\text{N}=50\text{N}$$

代入式（c），得

$$F_{BE}=W\cos 60^\circ-F_{AD}=50\text{N}$$

说明：1. 两根细杆 AD 及 BE 均受拉。

2. 平移刚体惯性力系的合力 $\boldsymbol{F}_{IR}$ 的作用线应通过该刚体的质心 C，方向与点 C 加速度 a_C 的方向相反。

3. 图 13-12（b）中 x，y 两轴都是投影轴。选择图示方向建立投影轴的目的，是为了尽可能地减少投影方程中未知量的数目，使后面的计算得到简化。

【例 13-6】 嵌入墙内的悬臂梁的端点 B 装有重为 Q，半径为 R 的均质鼓轮。有主动力矩 M 作用于鼓轮，以提升重 P 的重物 C。设 $AB=l$，梁和绳的重量都略去不计，求固定端 A 处的约束反力。

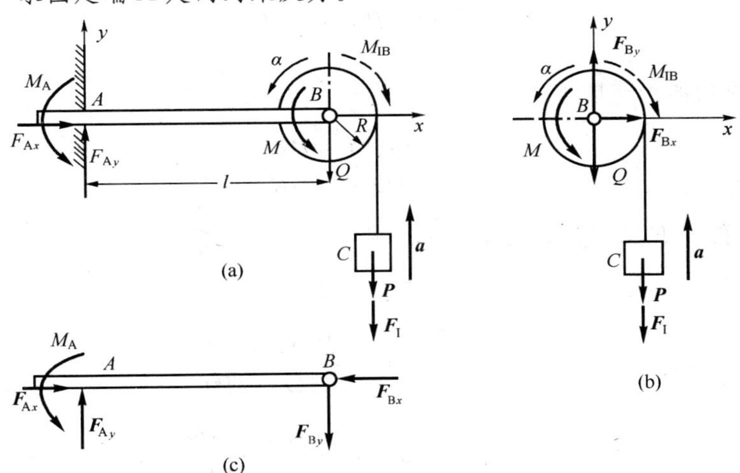

图 13-13

【解】 取整体为研究对象，其上作用有重力 P，Q，主动力矩 M，固定端的约束反力 $\boldsymbol{F}_{Ax}$，$\boldsymbol{F}_{Ay}$ 及约束反力偶 M_A。重物作平移，设加速度为 a，方向向上，故在质心加向下的惯性力，其大小 $F_I=\dfrac{P}{g}a$；鼓轮作定轴转动，角加速度为 α，转向为逆时针，因鼓轮质心不动，故惯性力系的主矢为零，只需加一惯性力偶，力偶矩大小为 $M_{IB}=J_B\alpha=\dfrac{Q}{2g}R^2\alpha$，转向为顺时针；梁不动，惯性力为零。

根据达朗贝尔原理，作用在整体上的重力，主动力矩和支座反力及虚加的惯性力和惯性力偶矩组成平衡的平面任意力系。可列出平衡方程为

$$\Sigma F_x=0，F_{Ax}=0$$

$$\Sigma F_y=0，F_{Ay}-Q-P-F_I=0$$

$$\Sigma M_A(F)=0,\ M_A-Ql-(P+F_I)(l+R)+M-M_{IB}=0$$

由此可得

$$F_{Ax}=0$$

$$F_{Ay}=Q+P+F_I=Q+P+\frac{Q}{g}a$$

$$M_A=Ql+\left(P+\frac{P}{g}a\right)(l+R)-M+\frac{Q}{g}R^2\alpha$$

为求 F_{Ay}，M_A之值，必先计算重物的加速度 a，故再选取鼓轮和重物作为研究对象。其受力如图 13-13（b）所示。由方程 $\Sigma M_B(\boldsymbol{F})=0$，得

$$M-M_{IB}-PR-F_IR=0 \tag{a}$$

因为 $a=R\alpha$，于是（a）式可变为

$$M-\frac{QR}{2g}a-PR-\frac{P}{g}aR=0$$

由此得到重物的加速度为：

$$a=\frac{2g(M-PR)}{(Q+2P)R} \tag{b}$$

将（b）式代入 F_{Ay}，M_A的表达式中，则得

$$F_{Ax}=0$$

$$F_{Ay}=P+Q+\frac{2P(M-PR)}{R(Q+2P)}$$

$$M_A=(P+Q)l+\frac{2Pl(M-PR)}{R(Q+2P)}$$

这个问题还可以先取鼓轮和重物为研究对象，其受力如图 13-13（b）所示。列平衡方程如下

$$\left.\begin{aligned}&\Sigma F_x=0,\ F_{Bx}=0\\&\Sigma F_y=0,\ F_{By}-Q-P-F_I=0\\&\Sigma M_B(\boldsymbol{F})=0,\ M_A-M_{IB}-(P+F_I)R=0\end{aligned}\right\} \tag{c}$$

再取梁 AB 为研究对象，受力图见图 13-13（c）。其平衡方程式为

$$\left.\begin{aligned}&\Sigma F_x=0,\ F_{Ax}-F'_{Bx}=0\\&\Sigma F_y=0,\ F_{Ay}-F'_{By}=0\\&\Sigma M_A(\boldsymbol{F})=0,\ M_A-F'_{By}l=0\end{aligned}\right\}$$

(d)

联立解方程组（c），（d），并考虑到 $F'_{Bx}=F_{Bx}$，$F'_{By}=F_{By}$，$a=R\alpha$，所得结果与前面相同。

以上是用动静法解题的两种方案，由读者比较哪一方案更为简便。由此可知，在解题前，预先观察分析，选择适当的研究对象，颇为重要。

由例题可见，应用动静法求解动力学问题的步骤与求解静力学平衡问题相似，只是在分析研究对象受力时，应虚加上惯性力；对于刚体，则应按其运动形式的不同，加上惯性力系简化结果的主矢和主矩。惯性力系的主矢应加在简化中心。注意受力图上相应的惯性力方向和惯性力偶转向分别与 a_C 和 α 的方向相反，在列投影或力矩方程后进行求解计算时，只需代入其大小，而不能再加负号了。

【例 13-7】 滚子半径为 R，质量为 m，质心在其对称中心 C 点，如图 13-14（a）所示，在滚子的鼓轮上缠绕细绳，已知水平力 $\boldsymbol{F}$ 沿着细绳作用，使滚子在粗糙水平面上作无滑动的滚动。鼓轮的半径为 r，滚子对质心轴的回转半径为 ρ。试求滚子质心的加速度 $\boldsymbol{a}_C$ 和滚子所受的摩擦力 $\boldsymbol{F}_s$。

【解】 以滚子为研究对象，作用于滚子上的外力有重力 $\boldsymbol{P}$（$P=mg$），水平拉力 $\boldsymbol{F}$，地面的法向反力 $\boldsymbol{F}_N$ 和静滑动摩擦力 $\boldsymbol{F}_s$，如图 13-14（b）所示。

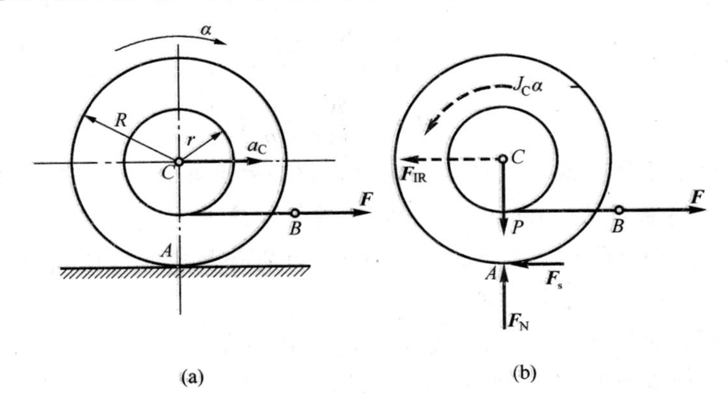

图 13-14

为了应用动静法求解，还要在滚子上虚加其惯性力系。设滚子的质心加速度为 $\boldsymbol{a}_C$，角加速度为 α，方向如图 13-14（a）所示。由无滑动的滚动的运动学条件有

$$a_C = R\alpha \tag{a}$$

于是，滚子的惯性力的大小为 $F_{IR}=ma_C$，方向与质心加速度 $\boldsymbol{a}_C$ 的方向相反，加在 C 点；惯性力偶的矩为 $M_{IC}=J_C\alpha$，转向与角加速度 α 的转向相反。

对于图 13-14（b）所示的平面力系，列出平衡方程，即

$$\Sigma M_A(\boldsymbol{F})=0,\ F_{IR}\cdot R+M_{IC}-F(R-r)=0$$

$$ma_C\cdot R+J_C\alpha-F(R-r)=0$$

将（a）式和 $J_C=m\rho^2$ 代入上式，解得

$$a=\frac{F(R-r)}{m(R^2+\rho^2)}$$

质心加速度

$$a_C=R\alpha=\frac{FR(R-r)}{m(R^2+\rho^2)} \tag{b}$$

$$\Sigma F_x=0,\ F-F_s-ma_C=0$$

将式（b）的 a_C 值代入，求出摩擦力的值为

$$F_s=F-ma_C=F\frac{Rr+\rho^2}{R^2+\rho^2} \tag{c}$$

讨论：为了保证滚子与地面间不发生滑动，必须有足够大的摩擦。设静摩擦因数为 f_s，则无滑动的条件为

$$F_s\leqslant f_sF_N$$

列出第三个平衡方程 $\Sigma F_y=0$，即可求得 $F_N=mg$。连同式（c）的 F_s 值代入以上条件，可得

$$F\frac{Rr+\rho^2}{R^2+\rho^2}\leqslant f_smg$$

即

$$f_s=\frac{F}{mg}\left(\frac{Rr+\rho^2}{R^2+\rho^2}\right) \tag{d}$$

$$F\leqslant f_smg\left(\frac{R^2+\rho^2}{Rr+\rho^2}\right) \tag{e}$$

这就是说，为了不发生滑动，在 F 一定时，f_s 必须足够大；在 f_s 一定时，F 不能过大。如果上述条件式（d）或式（e）不满足，滚子与地面间将发生滑动。这时，摩擦力大小为 fF_N（f 是动摩擦因数），而质心加速度的值 a_C 和角加速度 α 应作为两个独立的未知量来求解。

【例 13-8】 重为 W_1 的均质圆柱滚子，由静止沿与水平呈 θ 角的斜面作无滑动的滚动，带动重为 W_2 的均质杆 OA 运动，杆 OA 与斜面的夹角也等于 θ，如图 13-15（a）所示。不计 A 端的摩擦，试求（1）滚子质心 O 的加速度；（2）杆 OA 的 A 端对斜面的压力。

【解】 1. 取整体为研究对象

分析受力，作用于整体的真实力有自身的重力 W_1 和 W_2；斜面对滚子的反力 F_{NB}，F_s 及对杆的反力 F_{NA}，如图 13-15（b）所示。

分析运动并虚加惯性力，滚子作平面运动，杆 OA 作平移。设滚子的半径为 r，其质心 O 的加速度为 $\boldsymbol{a}_O$，则其角加速度为 $\alpha=\frac{a_O}{r}$；杆 OA 平移的加速度也为 $\boldsymbol{a}_O$。

滚子的惯性力系向其质心 O 简化，主矢的大小为 $F_{IO}=\frac{W_1}{g}a_O$，主矩的大小为

$M_{IO}=J_O\alpha=\dfrac{W_1r^2}{2g}\alpha$；杆 OA 的惯性力系向其质心 C 简化，合力大小为 $F_{IC}=\dfrac{W_2}{g}a_O$。方向或转向如图 13-15（b）所示。

沿斜面设投影轴 x，列平衡方程有

$$\Sigma F_x=0,\ (W_1+W_2)\sin\theta-F_{IO}-F_{IC}-F_s=0$$

即

$$(W_1+W_2)\sin\theta-\frac{W_1}{g}a_O-\frac{W_2}{g}a_O-F_s=0 \tag{a}$$

2. 取滚子为研究对象

分析受力，受有的真实力及虚加的惯性力如图 13-15（c）所示。

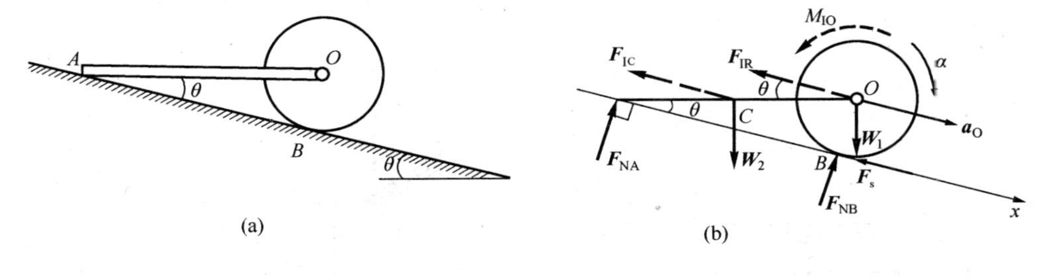

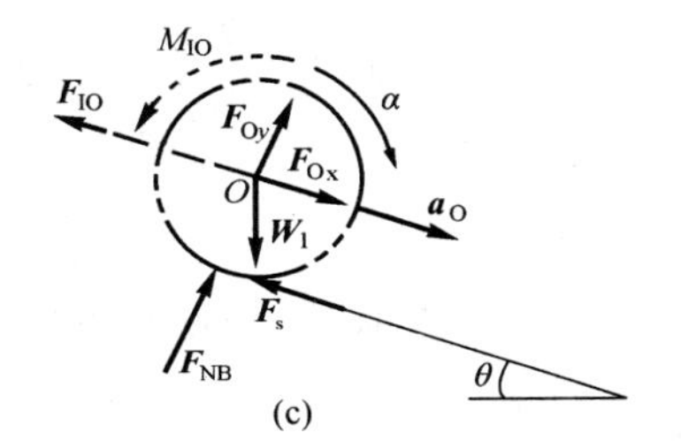

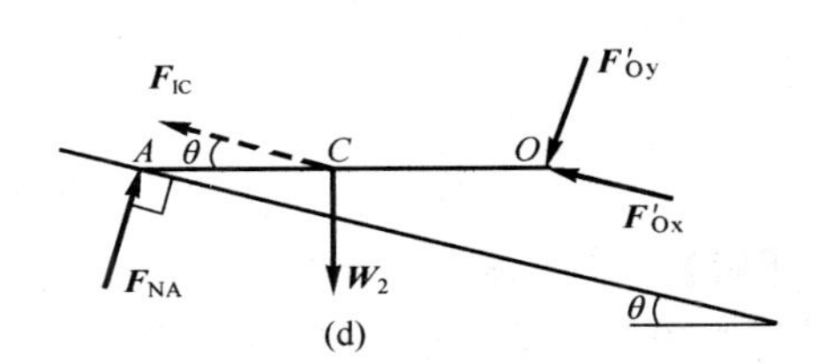

图 13-15

由达朗贝尔原理，列平衡方程有

$$\Sigma M_O(\boldsymbol{F})=0,\ M_{IO}-F_s\cdot r=0$$

即

$$\frac{W_1r^2}{2g}\alpha-F_s\cdot r=0 \tag{b}$$

联立式（a）和式（b），求得滚子质心 O 的加速度为

$$a_O=\frac{2(W_1+W_2)\sin\theta}{3W_1+2W_2}g$$

3. 最后求杆 OA 的 A 端对斜面的压力

杆 OA 的真实受力有自身重力 $\boldsymbol{W}_2$，斜面的反力 $\boldsymbol{F}_{NA}$ 及滚子对杆端 O 的反力 $\boldsymbol{F}'_{Ox}$，$\boldsymbol{F}'_{Oy}$；虚加的惯性力系的合力为 $F_{IC}=\dfrac{W_2}{g}a_O$，如图 13-15（d）所示。

列平衡方程

$$\Sigma M_O(\boldsymbol{F})=0,\ W_2\cdot\frac{AO}{2}-F_{IC}\sin\theta\cdot\frac{AO}{2}-F_{NA}\cos\theta\cdot AO=0$$

将 $a_O=\dfrac{2\ (W_1+W_2)\ \sin\theta}{3W_1+2W_2}g$ 代入上式，解得

$$F_{NA}=\frac{W_2}{\cos\theta}\left(\frac{1}{2}-\frac{W_1+W_2}{3W_1+2W_2}\sin^2\theta\right)$$

根据作用与反作用定律，杆端 A 对斜面的压力大小为 $F'_{NA}=F_{NA}$。

注意：与求解静力学中的平衡问题一样，用动静法求解物体系统的动力学问题时，也存在有如何选取研究对象的问题。如本题取整体为研究对象时，未知量共有四个（即 F_{NA}、F_{NB}、F_s 及 a_o），而独立的平衡方程却只有三个，为使问题可解，故又选取了滚子进行分析研究，从而解出了 a_o。

【例 13-9】 均质细杆重 W，长 l，在水平位置用铰链支座和铅垂绳 BD 连接，如图 13-16 (a) 所示。如绳 BD 突然断去，求杆到达与水平位置呈角 φ 时 A 处的反力。

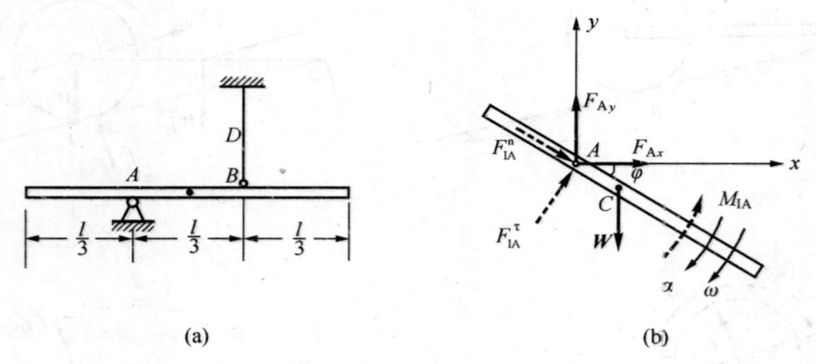

图 13-16

【解】 以细杆为研究对象，作用于杆上的力有：重力 $\boldsymbol{W}$，支座 A 的铅垂反力 $\boldsymbol{F}_{Ay}$和水平反力 $\boldsymbol{F}_{Ax}$（图 13-16b）。

在绳 BD 突然断去的瞬时，杆开始绕 A 轴转动。当杆到达与水平位置呈角 φ 时，它的角速度 ω 可应用动能定理求得，即

$$\frac{1}{2}J_A\omega^2-0=W\frac{l}{6}\sin\varphi \tag{a}$$

而杆对通过 A 点垂直于图示平面的轴的转动惯量为

$$J_A=\frac{1}{12}ml^2+m\left(\frac{l}{6}\right)^2=\frac{1}{9}\frac{W}{g}l^2 \tag{b}$$

将式 (b) 代入式 (a) 得

$$\frac{Wl^2}{18g}\omega^2=W\frac{l}{6}\sin\varphi$$

故

$$\omega=\sqrt{\frac{3g\sin\varphi}{l}} \tag{c}$$

如以 α 表示杆到达与水平位置呈角 φ 时的角加速度，则质心 C 的切向加速度 $a_C^\tau=\frac{l}{6}\alpha$，而法向加速度 $a_C^n=\frac{l}{6}\omega^2=\frac{g\sin\varphi}{2}$。

杆的惯性力系向 A 点简化的主矢为

$$\boldsymbol{F}_{IA}=\boldsymbol{F}_{IA}^n+\boldsymbol{F}_{IA}^\tau$$

式中，法向惯性力 $\boldsymbol{F}_{IA}^n$的大小 $F_{IA}^n=\frac{W}{g}a_C^n=\frac{W}{2}\sin\varphi$，方向与 $\boldsymbol{a}_C^n$ 相反；$\boldsymbol{F}_{IA}^\tau$的大小为

$F_{IA}^{\tau}=\frac{W}{g}a_C^{\tau}=\frac{Wl}{6g}\alpha$，方向与 $\boldsymbol{a}_C^{\tau}$ 相反。

杆的惯性力系对 A 点的主矩为 $M_{IA}=-J_A\alpha$，主矩的大小为 $M_{IA}=J_A\alpha$，转向与 α 相反。

假想地加上杆的惯性力系的主矢和主矩，如图 13-16（b）所示，即可应用动静法列出平衡方程：

$$\Sigma M_A(\boldsymbol{F})=0, -W\frac{l}{6}\cos\varphi+J_A\alpha=0$$

将式（b）代入得

$$\alpha=\frac{3g\cos\varphi}{2l} \tag{d}$$

$$\Sigma F_x=0, F_{Ax}+F_{IA}^{n}\cos\varphi+F_{IA}^{\tau}\sin\varphi=0 \tag{e}$$

$$\Sigma F_y=0, F_{Ay}-F_{IA}^{n}\sin\varphi+F_{IA}^{\tau}\cos\varphi-W=0 \tag{f}$$

将 F_{IA}^{n} 和 F_{IA}^{τ} 的值代入式（e），式（f），并注意式（d），解得

$$F_{Ax}=-\frac{3}{4}W\sin\varphi\cos\varphi$$

$$F_{Ay}=W+\frac{W}{4}(2-3\cos^2\varphi)$$

说明：本例题使用动能定理与达朗贝尔原理相结合，较简捷地解决了 A 处约束反力的问题。动能定理与达朗贝尔原理的综合应用也适用于例 13-8，求滚子质心 O 的加速度时可以取整体研究应用动能定理。写出系统在任一瞬时的动能和从开始到任一位置重力的功求导后，即得 a_O；然后再取 OA 杆研究，应用达朗贝尔原理即可求得 A 端反力。需要指出的是，应用动能定理时，不能计入惯性力和惯性力偶的功。

§13.3　绕定轴转动刚体的动反力

作定轴转动的刚体，如果其重心不在转轴上，将引起轴承的附加动反力。如刚体转速颇高，附加动反力可达到十分巨大的数值，造成各种严重的后果。下面通过例题来说明。

【例 13-10】 转子的质量 $m=20\text{kg}$，水平的转轴垂直于转子的对称面，转子的重心偏离转轴，偏心距 $e=0.1\text{mm}$，如图 13-17 所示。若转子作匀速转动，转速 $n=12000\text{r/min}$。试求轴承 A，B 的动反力。

【解】 应用动静法求解。以整个转子为研究对象。它受到的外力有重力 $\boldsymbol{P}$，轴承反力 $\boldsymbol{F}_{NA}$，$\boldsymbol{F}_{NB}$，再向转子的转动中心 O 虚加离心惯性力 $\boldsymbol{F}_I$，其大小为

$$F_I=me\omega^2$$

则力 $\boldsymbol{P}$，$\boldsymbol{F}_{NA}$，$\boldsymbol{F}_{NB}$ 和 $\boldsymbol{F}_I$ 形式上组成一平衡力系。

为了讨论方便，将反力分成两部分来计算。

1. 静反力。本题中静载荷为重力 $\boldsymbol{P}$，两轴承的静反力为

$$F'_{NA}=F'_{NB}=\frac{P}{2}=\frac{(20\times9.8067)}{2}=98.07\text{N}$$

静反力 F'_{NA}，F'_{NB}方向始终铅直向上。

2. 附加动反力。惯性力 $\boldsymbol{F}_I$所引起的轴承的附加动反力分别记作 $\boldsymbol{F}''_{NA}$，$\boldsymbol{F}''_{NB}$，显然有

$$F''_{NA}=F''_{NB}=\frac{1}{2}F_I=\frac{1}{2}me\omega^2$$

$$=\frac{1}{2}\times 20\times\frac{0.1}{1000}\times\left(12000\times\frac{\pi}{30}\right)^2=1579\text{N}$$

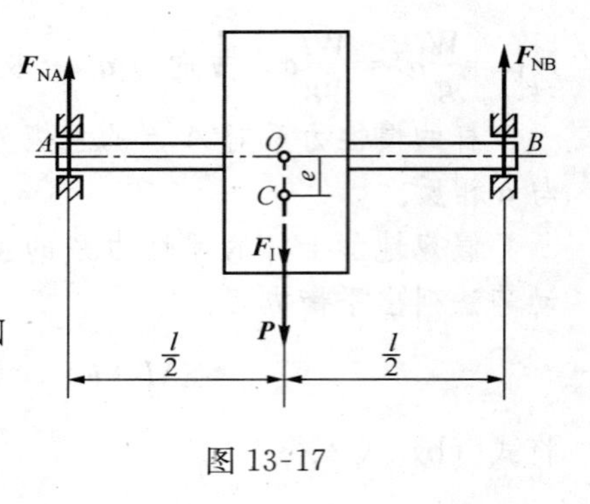

图 13-17

与静反力不同，附加动反力 $\boldsymbol{F}''_{NA}$和 $\boldsymbol{F}''_{NB}$的方向随着惯性力 $\boldsymbol{F}_I$ 的方向而变化，即随着转子转动。

把静反力与附加动反力合成，就得到动反力。在一般的瞬时，$\boldsymbol{F}'_{NA}$与 $\boldsymbol{F}''_{NA}$（$\boldsymbol{F}'_{NB}$与 $\boldsymbol{F}''_{NB}$）不一定共线，两者应采用矢量法合成。当附加动反力转动到与静反力同向或反向的瞬时，动反力取最大值或最小值，即

$$F_{NAmax}=F_{NBmax}=1579+98=1677\text{N}$$

$$F_{NAmin}=F_{NBmin}=1579-98=1481\text{N}$$

从以上分析可知，在高速转动时，由于离心惯性力与角速度的平方呈正比，即使转子的偏心距很小，也会引起相当巨大的轴承附加动反力。如在上例中，附加动反力高达静反力的 16 倍左右。附加动反力将使轴承加速磨损发热，激起机器和基础的振动，造成许多不良后果，严重时甚至招致破坏。所以对于高速转动的转子，如何消除附加动反力是个重要问题。为消除附加动反力，首先应消除转动刚体的偏心现象。无偏心（即重心在转轴上）的刚体转动时，其惯性力主矢 $\boldsymbol{F}_I=0$。无偏心的刚体，若仅受重力作用，则不论刚体转到什么位置，它都能静止，这种情形称为**静平衡**。在设计高速转动的零部件时，应使其重心在转轴上。但是，即使如此，由于材料的不均匀性以及制造、装配等方面的误差，转动的零部件在实际工作时仍不可避免地会有一些偏心。这时可用试验法寻找重心所在转动半径的方位，然后在偏心一侧除去一些材料（减少重量）或在相对一侧添加一些材料（增加重量），使得偏心距降低到允许范围之内。

那么，静平衡的刚体在转动时是否不再引起附加动反力了呢？还不一定，例如，如图 13-18（a）所示，设想由两个质量相同的质点组成的刚体，两质点在通过转轴的同一平面内，且离开转轴的距离相等。这一刚体的重心 C 确在转轴上。然而在刚体作匀速转动时，虚加的两个离心惯性力的主矢虽然为零，主矩却不为零。这两个离心惯性力组成一个力偶，该力偶位于通过转轴的平面内，同样可引起附加动反力。图 13-18（b）的情况与图 13-18（a）相似，曲轴是静平衡的，其重心 C 在转轴上，但两个曲拐的离心惯性力合成为一力偶。一根静平衡的刚杆，但与其转轴不垂直，如图 13-18（c）所示，则在每一质点上的虚加的离心惯性力也合成为一力偶。参照图 13-18（c）的情形，可以想到即使是静平衡的圆盘（如机器中的飞轮、齿轮），如果圆盘平面不是精确地垂直于转轴，则其离心惯性力系也将合成为一力偶。如图 13-18（d）所示为一轴向尺寸较大的长转子，设其中有两个横截面有偏心重量：在 C_1 点的重量 P_1 和在 C_2 点的重量 P_2，且

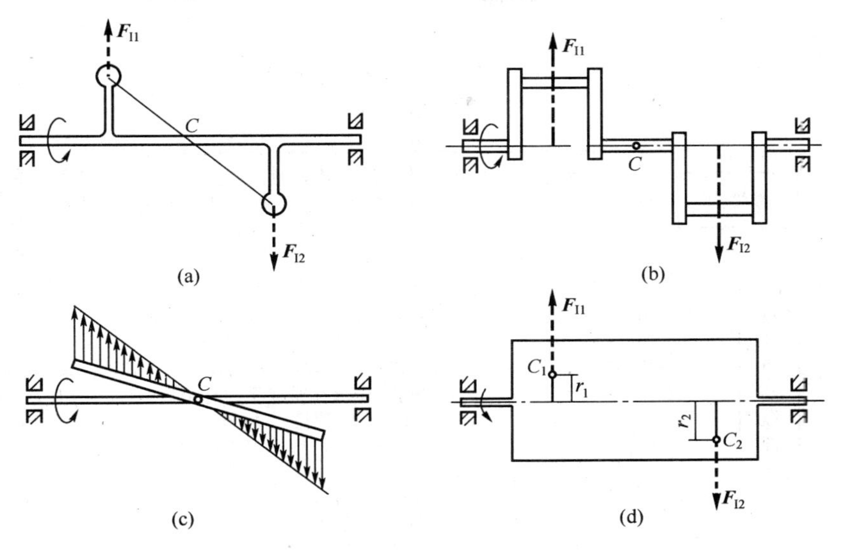

图 13-18

$P_1r_1=P_2r_2$，C_1和C_2在过转轴的同一纵向平面内。显然，转子的重心仍在转轴上，但这两个偏心重量的离心惯性力 $\boldsymbol{F}_{I1}$和 $\boldsymbol{F}_{I2}$却组成一力偶。对于长转子，这个力偶的臂较长，因而力偶矩也较大。由此可见，为了消除附加动反力，除了要求静平衡，即要求刚体的惯性力系的主矢等于零以外，还应要求惯性力系在通过转轴的平面内的惯性力偶矩也等于零。如果达到这个要求，则当刚体作匀速转动时，其惯性力系自相平衡，这种现象称为**动平衡**。刚体的动平衡可以通过在刚体内任意两个横截面中的适当位置上减去（或添加）一定的重量来实现，这需要在专门的动平衡机上进行。有关静平衡和动平衡的试验方法和进一步的内容，请读者参阅相关参考书。

小　　结（知识结构图）

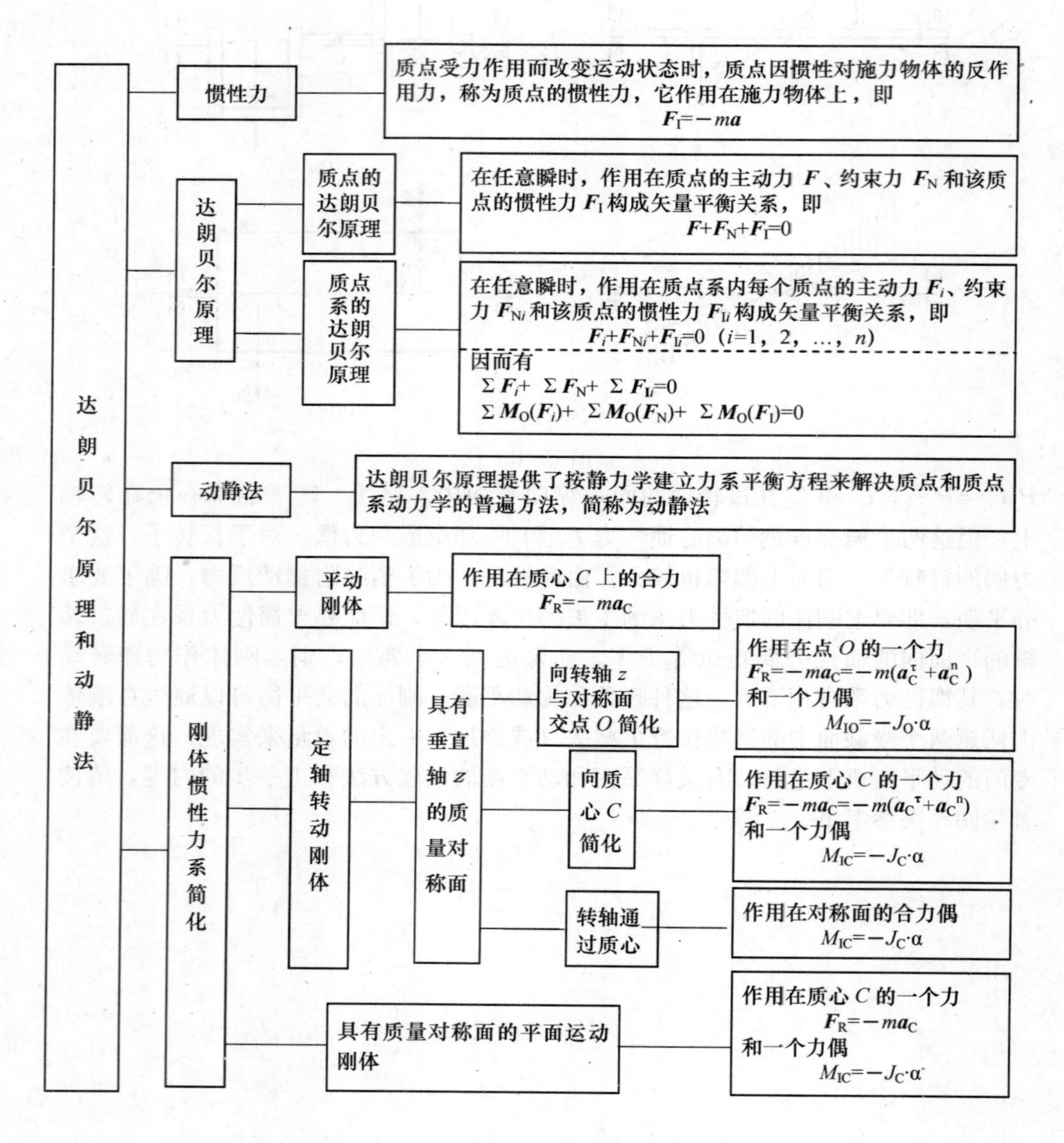

思　考　题

13-1　设质点在空中运动时，只受到重力作用，问在下列三种情况下，质点惯性力的大小和方向：(1) 质点作自由落体运动；(2) 质点被垂直上抛；(3) 质点沿抛物线运动。

13-2　一列火车在启动过程中，哪一节车厢的挂钩受力最大，为什么？

13-3　应用动静法解题时，是否凡是运动着的质点都应加惯性力？凡是惯性力不为零的质点都具有速度？

13-4　如图 13-19 所示，滑轮的转动惯量为 J_O，重物质量为 m，拉力为 $\boldsymbol{F}$，绳与轮间不打滑。试求下述两种情况下，轮两边绳的拉力：

（1）重物以等速度 v 上升和下降；

（2）重物以加速度 a 上升和下降。

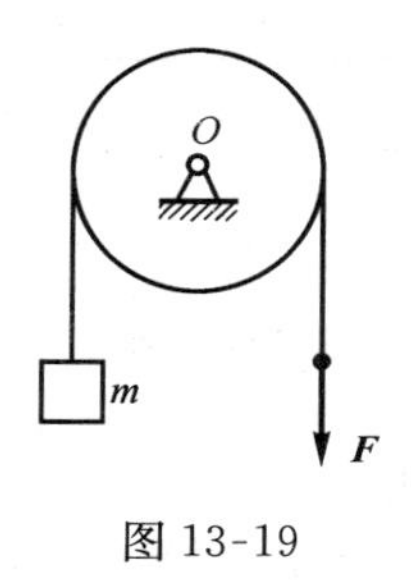

图 13-19

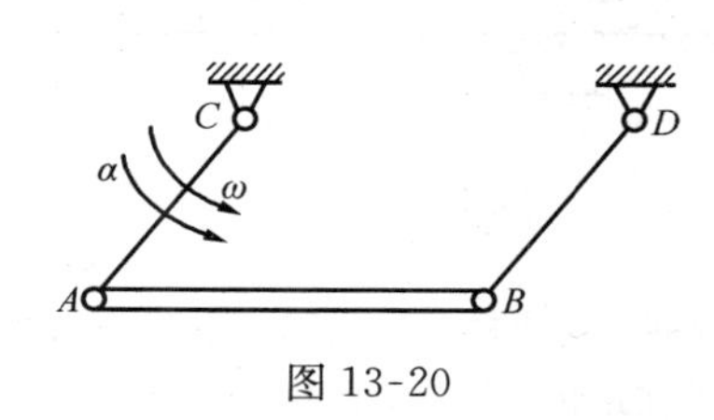

图 13-20

13-5 在如图 13-20 所示的平面机构中，$AC/\!/BD$，且 $AC=BD=d$，均质杆 AB 的质量为 m，长为 l。AB 杆惯性力系简化结果是什么？

13-6 均质杆绕其端点在平面内转动，将杆的惯性力系向此端点简化或向杆中心简化，其结果有什么不同？二者间又有什么联系？此惯性力系能否简化为一合力？

13-7 如图 13-21 所示，质量为 m 的小环 M 以匀速 v 沿杆 OA 滑动，同时杆 OA 绕轴 O 作定轴转动。图示瞬时转动的角速度为 ω，角加速度为 α，设 $OM=r$。试分析该瞬时小环 M 的惯性力，写出惯性力各分量的大小并在图上标出其方向。

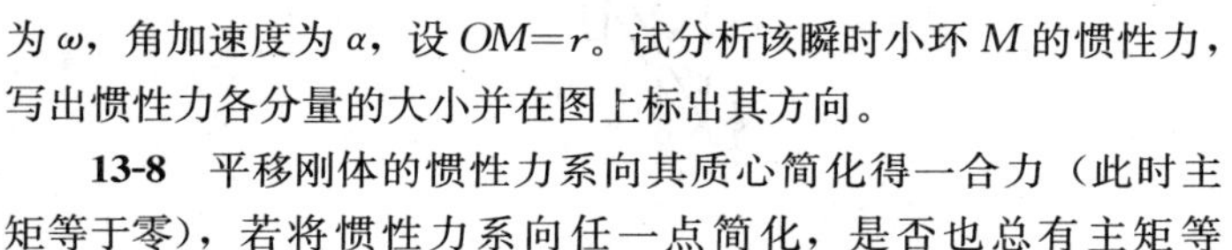

13-8 平移刚体的惯性力系向其质心简化得一合力（此时主矩等于零），若将惯性力系向任一点简化，是否也总有主矩等于零？

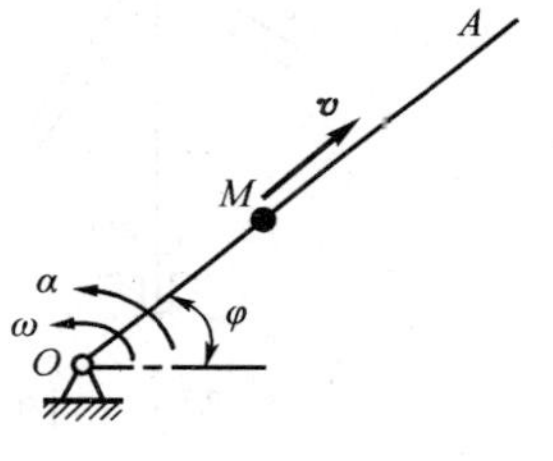

图 13-21

13-9 只要惯性力系的主矢等于零，则定轴转动的刚体就不会在轴承处引起附加动反力，这种判断是否正确？

13-10 如图 13-22 所示，不计质量的轴上用不计质量的细杆固连着几个质量均等于 m 的小球，当轴以匀角速度 ω 转动时，图示各情况中哪些满足动平衡？哪些只满足静平衡？

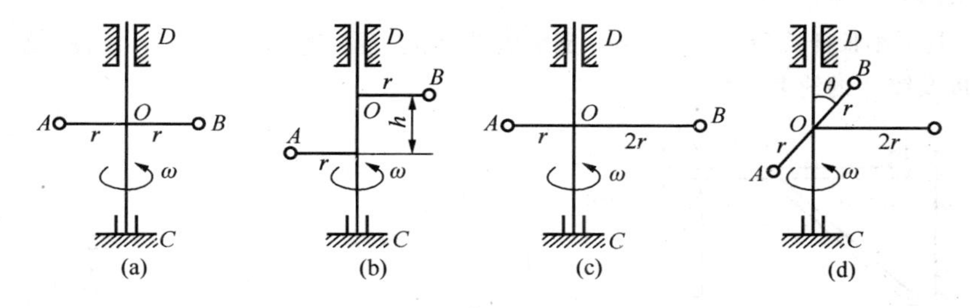

图 13-22

习 题

13-1 图示汽车总质量为 m，以加速度 a 作水平直线运动。汽车质心 G 离地面的高度为 h，汽车的前后轴到通过质心垂线的距离分别等于 c 和 b。求（1）其前后轮的正压力；（2）汽车应如何行驶方能使前后轮的压力相等。

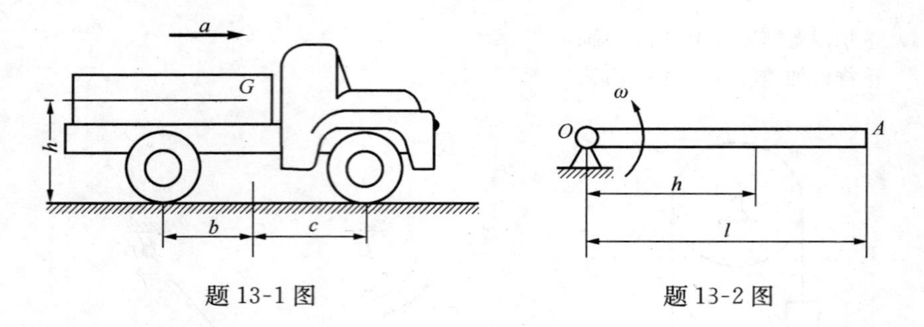

题 13-1 图　　　　题 13-2 图

13-2　一等截面均质杆 OA，长 l，质量为 m，在水平面内以匀角速度 ω 绕铅直轴 O 转动，如图所示。试求在距转动轴 h 处断面上的轴向力，并分析在哪个截面上的轴向力最大?

13-3　两细长的均质直杆互呈直角地固结在一起，其顶点 O 与铅直轴以铰链相连，此轴以等角速度 ω 转动，如图所示。求长为 a 的杆离铅直线的偏角 φ 与 ω 间的关系。

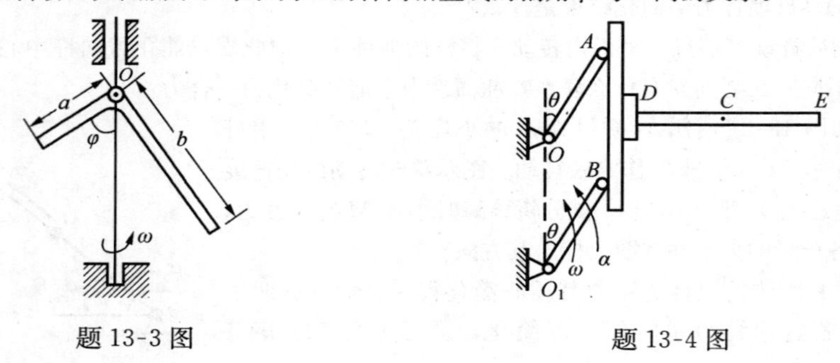

题 13-3 图　　　　题 13-4 图

13-4　由长 $r=0.6\text{m}$ 的两平行曲柄 OA 和 O_1B 连接的连杆 AB 上，焊接一水平匀质梁 DE。已知该梁的质量 $m=30\text{kg}$，长度 $l=1.2\text{m}$，在夹角 $\theta=30°$ 的瞬时，曲柄的角速度 $\omega=6\text{rad/s}$，角加速度 $\alpha=10\text{rad/s}^2$，转向如图 13-4 所示。试求该瞬时梁上 D 处的约束反力。

13-5　两物体 M_1 与 M_2 的质量各为 m_1 与 m_2，用一可略去自重又不可伸长的绳子相连接，并跨过一动滑轮 B，AB、DC 杆铰接如图所示。略去各杆及滑轮 B 的质量，已知 $AC=l_1$，$AB=l_2$，$\angle ACD=\theta$，试求 CD 杆所受的力。

13-6　均质细长杆长 $2l$，质量为 m，支承如图所示。现将绳子突然割断，求杆开始运动时的角加速度及铰 A 的约束反力。

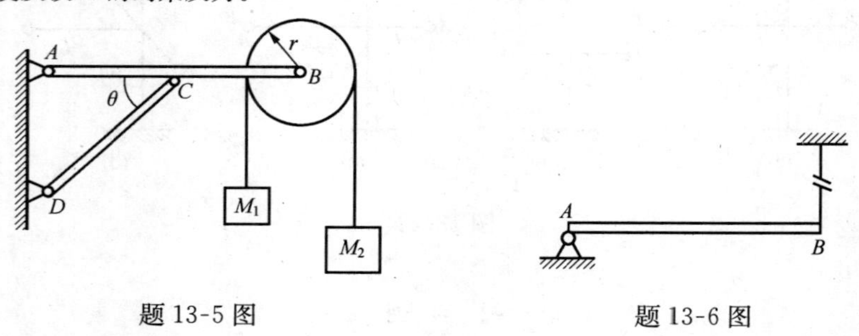

题 13-5 图　　　　题 13-6 图

13-7　图示长方形的均质平板，质量为 27kg，由两个销 A 和 B 悬挂。如果突然撤去销 B，求在撤去销 B 的瞬时平板的角加速度和销 A 的约束反力。

13-8　如图所示，轮轴对轴 O 的转动惯量为 J。在轮轴上系有两个物体，质量各为 m_1 和 m_2。若此轮轴依顺时针转向转动，试求转轴的角加速度 α，并求轴承 O 的附加动反力。

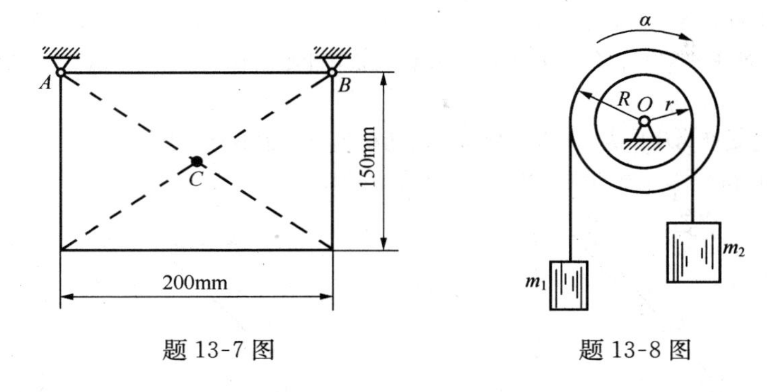

题 13-7 图　　　　题 13-8 图

13-9　图示曲柄 OA 质量为 m_1，长为 r，以等角速度 ω 绕水平的 O 轴反时针方向转动。曲柄的 A 端推动水平板 B，使质量为 m_2 的滑杆 C 沿铅直方向运动。忽略摩擦，求当曲柄与水平方向夹角为 30°时的力偶矩 M 及轴承 O 的反力。

13-10　质量为 m，长为 $2r$ 的均质杆 AB 的一端 A 焊接于质量为 m，半径为 r 的均质圆盘边缘上，圆盘可绕光滑水平轴 O 转动，若在图示瞬间圆盘的角速度为 ω，求该瞬时圆盘的角加速度及 AB 杆在焊接处的约束反力。

13-11　半径为 r，质量为 m 的均质圆盘在一半径为 R 的固定凸轮上作纯滚动，其角速度、角加速度分别为 ω，α，转向如图所示，求圆盘的惯性力系分别向其质心 C 和速度瞬心 P 的简化结果。

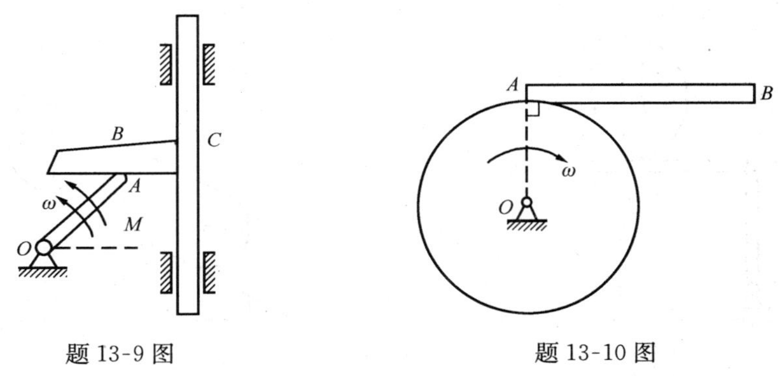

题 13-9 图　　　　题 13-10 图

13-12　圆柱形滚子质量为 20kg，其上绕有细绳，绳沿水平方向拉出，跨过无重滑轮 B 系有质量为 10kg 的重物 A，如图所示。如滚子水平面只滚不滑，求滚子中心 C 的加速度。

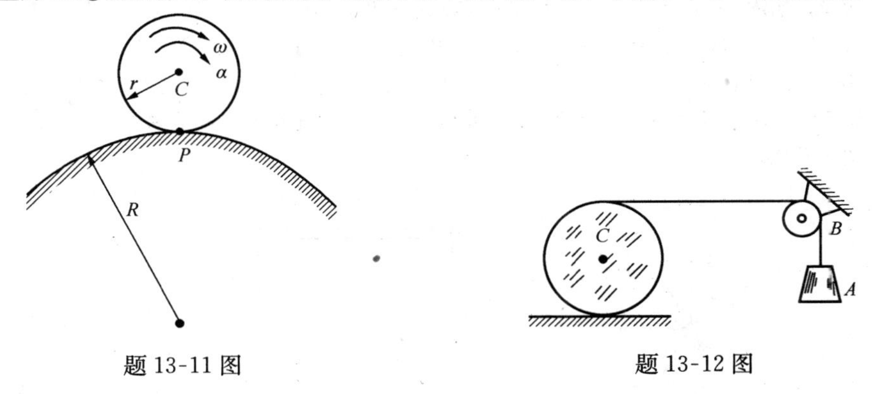

题 13-11 图　　　　题 13-12 图

13-13　质量 $m=50$kg，长 $l=2.5$m 的均质细杆 AB，一端 A 放在光滑的水平面上，另一端

B 由长 $b=1\text{m}$ 的细绳系在固定点 D，D 点距离地面离 $h=2\text{m}$，且 ABD 在同一铅垂面内，如图所示。当细绳处于水平时，杆由静止开始落下。试求此瞬时杆 AB 的角加速度、绳子的拉力和地面的约束力。

13-14 均质杆 AB 长为 l，质量为 m，用两根等长的柔绳悬挂如图。求 OA 绳突然被剪断，杆开始运动的瞬时，OB 绳的张力和杆 AB 的角加速度。

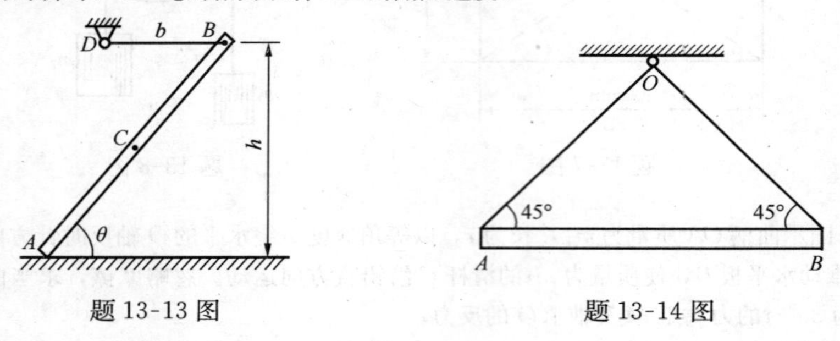

题 13-13 图　　　　题 13-14 图

13-15 一半径为 R 的均质圆盘，重为 P，在一已知力偶矩 M 的作用下在图示刚架上作纯滚动。如不计刚架自重，求圆盘滚动至刚架中点的一瞬间，A 与 B 两支座的约束反力。

13-16 滚轮 C 和鼓轮 D 用一根不可伸长的柔绳缠绕连接，两轮均可视为匀质圆盘，其质量均为 m，半径为 R。滚轮 C 沿倾角为 θ 的斜面作纯滚动，绳子的伸出段与斜面平行。假设绳子和铅直杆 AB 的质量以及铰链 A 处的摩擦均忽略不计，AB 杆长 l，若在鼓轮 D 上作用一常力偶，其矩为 M，试求：(1) 滚轮中心 O 的加速度和绳子的拉力；(2) AB 杆固定端 B 处的约束反力。

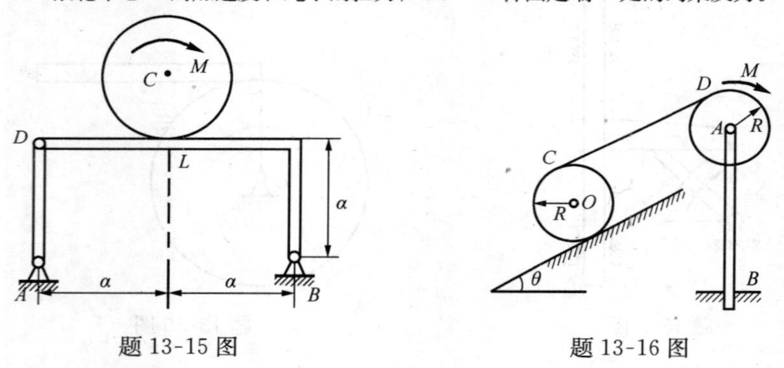

题 13-15 图　　　　题 13-16 图

13-17 重量为 P，半径为 R 的匀质圆盘可绕垂直于盘面的水平轴 O 转动，O 轴正好通过圆盘的边缘，如图 13-17 所示。圆盘从半径 CO 处于铅直的位置 1（图中虚线所示）无初速地转下，求当圆盘转到 CO 成为水平的位置 2（图中实线所示）时 O 轴的动反力。

13-18 长为 L，质量为 m 的均质杆 AB 和 BD 用铰链连接，并用固定铰支座 A 支持，如图所示。设系统只能在铅垂平面内运动。试求系统在图示位置无初速释放的瞬时，两杆的角加速度和 A 处的反力。

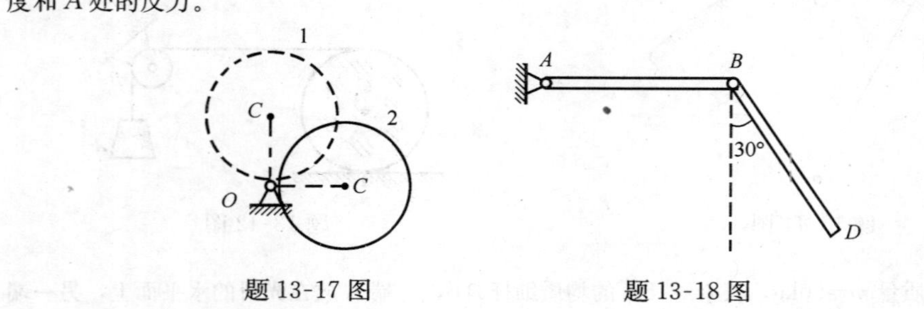

题 13-17 图　　　　题 13-18 图

第14章 虚位移原理

第一篇的静力学又称为**几何静力学**。几何静力学是从力系的概念出发研究平衡问题，它以静力学公理为基础，通过研究力系的等效条件和力系的几何性质，建立了刚体在力系作用下平衡的必要和充分条件。对于任意非自由质点系来说，仅是必要条件而不是充分条件。

本章阐述的虚位移原理，又称为**分析静力学**，是从位移和功的概念出发研究力学系统的平衡，它给出了任意质点系平衡的必要和充分条件，是静力学的普遍原理。其应用可以使不需要求的未知约束反力在方程中不出现，从而使复杂系统平衡问题的求解过程得以简化。

将解决平衡问题的虚位移原理放在动力学中讲授，一方面是由于要用到功的概念与计算；另一方面，可以将虚位移原理与达朗贝尔原理相结合，推导出动力学普遍方程，作为解决复杂系统动力学问题的最普遍方法。以此为基础，形成和发展了**分析动力学**。在第15章将对分析动力学作初步的介绍。

为了阐明虚位移原理，需先对约束的运动学性质加以说明。

§14.1 约束和约束方程

一、约束和约束方程

在几何静力学中，曾介绍过约束的概念，就是事先对物体的运动所加的限制条件称为约束，约束对被约束体的作用表现为约束力。现在从运动学方面来看约束的作用。约束的概念可进一步叙述为**事先对质点或质点系的位置或速度所加的限制条件**，这些限制条件可以通过质点或质点系中各质点的坐标或速度的数学方程来表示，就称为**约束方程**。例如，球摆中质点 M 到固定中心点 O 的距离等于摆长 l，点 M 的位置限制在以 O 为中心、l 为半径的球面上，如图14-1（a）所示。在以点 O 为原点的直角坐标系 $Oxyz$ 中，摆的约束方程为

$$x^2+y^2+z^2=l^2 \tag{a}$$

又如在图14-1（b）所示的平面曲柄连杆机构中，销 A 限制在以 O 为中心，r 为半径的圆周上运动，滑块 B 限制在水平滑道中运动，A、B 两点间的距离等于 l。在图示坐标系中，机构的约束方程为

$$\left.\begin{array}{l} x_A^2+y_A^2=r^2,(x_B-x_A)^2+(y_B-y_A)^2=l^2 \\ y_B=0 \end{array}\right\} \tag{b}$$

如图14-1（c）所示，车轮沿直线轨道作纯滚动时，车轮轮心 C 限制在距离地面为 R 的直线上运动，车轮与地面接触点 P 的速度为零，在图示坐标系中，轮的约束方程为

$$y_C = R \quad \text{(c)}$$

$$\dot{x}_C - R\dot{\varphi} = 0 \quad \text{(d)}$$

方程（d）可以积分为

$$x_C - R\varphi = 0 \quad \text{(e)}$$

如图 14-1（d）所示为摆长 l 随时间变化的单摆，图中重物 M 由一根穿过固定圆环 O 的细绳系住，设摆长在开始的时候为 l_0，然后以不变的速度 v 拉动细绳的另一端，在图示坐标系中，单摆的约束方程为

$$x^2 + y^2 = (l_0 - vt)^2 \quad \text{(f)}$$

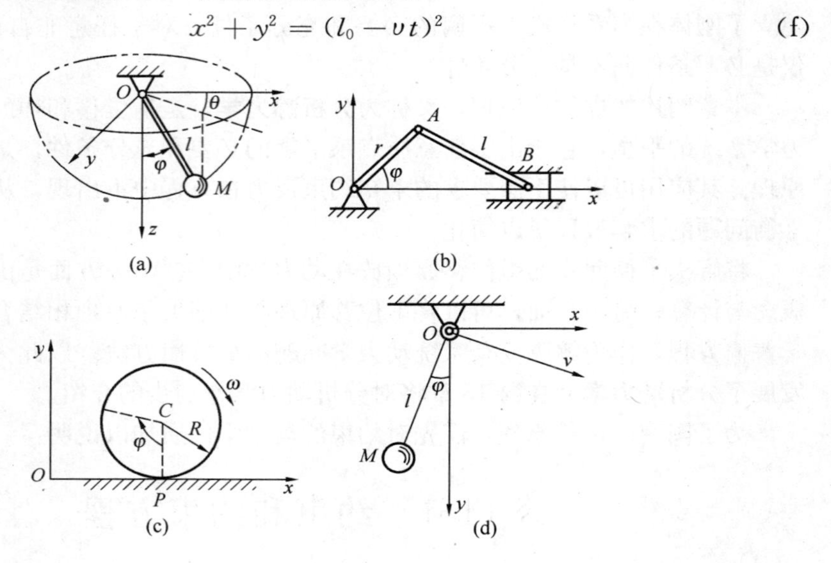

图 14-1

在上述实例的约束方程中，有的只含有质点的坐标，而有的还含有坐标的导数和时间 t 等，不同的约束方程反映了约束的不同性质，现将约束从不同角度加以分类。

二、约束的分类

1. 完整约束和非完整约束

若约束方程中不包含坐标对时间的导数，或者说，约束只限制质点系中各质点的几何位置，而不限制速度，这种约束称为**几何约束**。若约束方程中还包含有坐标对时间的导数，或者约束还限制各质点的速度，这种约束称为**运动约束**。如上述方程中，方程（d）表示的就是运动约束，其余的均为几何约束。而方程（d）通过积分可变为几何约束（如方程 e），但有的运动约束方程是不可积分的。将几何约束和可积分的运动约束统称为**完整约束**，不可积分的运动约束称为**非完整约束**。有关非完整约束的例子，请参阅相关的分析力学教程。

2. 定常约束和非定常约束

若约束方程中不显含时间 t，这种约束称为**定常约束或稳定约束**。若约束方程中含时间 t，这种约束称为**非定常约束或非稳定约束**。在上述方程中，方程（f）表示的就是非定常约束，其余的均为定常约束。

3. 双面约束和单面约束

约束在两个方向都能起限制运动的作用，称为**双面约束**。若约束只在一个方向起作用，另一方向能松弛或消失，称为**单面约束**。如图 14-1（a）中的球摆，小球 M 若被一刚性杆约束，小球只能在球面上运动，刚性杆为一双面约束，约束方程为式（a）。若小球 M 被一柔性绳约束，小球不仅能在球面上运动，而且可以在球面内的空间运动，这时柔性绳约束就为单面约束，约束方程为

$$x^2+y^2+z^2\leqslant l^2$$

可见单面约束方程用不等式表示，而双面约束方程则用等式表示。

以下仅限于研究完整的、定常的双面约束，这种约束方程的一般形式为

$$f(x_1,y_1,z_1,\cdots,x_n,y_n,z_n)=0 \tag{14-1}$$

§14.2 自由度和广义坐标

设由 n 个质点组成的质点系，在直角坐标系中，确定每个质点的位置需用 3 个坐标，确定 n 个质点的位置共需 $3n$ 个坐标。对于自由质点系来说，这 $3n$ 个坐标都是独立的；对于非自由质点系来说，如果质点系受到 s 个完整约束，则 $3n$ 个坐标需满足 s 个约束方程，只需 $3n-s$ 个坐标是独立的，而其余 s 个坐标则是这些独立坐标的给定函数。由此可知，要确定非自由质点系的位置不需要 $3n$ 个坐标，只需要确定任意 $k=3n-s$ 个坐标就够了。**确定具有完整约束质点系的位置的独立坐标的个数称为质点系的自由度数**。如图 14-1（a）中的球摆，三个坐标 x、y、z 要满足一个约束方程式（a），有两个独立的坐标，此球摆具有两个自由度。又如，图 14-1（b）中的平面曲柄连杆机构中，四个坐标 x_A、y_A 和 x_B、y_B，要满足三个约束方程式（b），只有一个独立坐标，故此系统只有一个自由度。

在一般情形下，用直角坐标表示非自由质点系的位置并不总是很方便的，可以选择任意变量来表示质点系的位置。用来**确定质点或质点系位置的独立变量**，称为**广义坐标**。如图 14-1（a）中的球摆，可以选球坐标中的角 θ 和 φ 为两个广义坐标，则能方便并且唯一地确定质点 M 的位置，此时质点 M 的直角坐标可表示为 θ 和 φ 的单值连续函数

$$x=l\sin\varphi\cos\theta,\quad y=l\sin\varphi\sin\theta,\quad z=l\cos\varphi$$

又如图 14-1（b）中的平面曲柄连杆机构，如选曲柄 OA 对轴 x 的转角 φ 为广义坐标，也能方便并且唯一地确定质点系的位置。各质点的直角坐标可表示为 φ 的单值连续函数

$$x_A=r\cos\varphi,\quad y_A=r\sin\varphi$$

$$x_B=r\cos\varphi+\sqrt{l^2-r^2\sin^2\varphi},\quad y_B=0$$

由此看来，**在完整约束的情形下，质点系的广义坐标的数目等于自由度数**。质点系各质点的直角坐标也可表示成广义坐标的单值连续函数。设由 n 个质点组成的一非自由质点系，受到 s 个完整、双面和定常约束，有 $k=3n-s$ 个自由度，选 k 个广义坐标 q_1，q_2，…，q_k 确定质点系的位置。质点系中任一质点 m_i 的矢

径和直角坐标与广义坐标的函数关系，一般可表示为

$$\boldsymbol{r}_i = \boldsymbol{r}_i(q_1, q_2, \cdots, q_k) \quad (i = 1, 2, \cdots, n) \tag{14-2a}$$

和

$$\left.\begin{aligned} x_i &= x_i(q_1, q_2, \cdots, q_k) \\ y_i &= y_i(q_1, q_2, \cdots, q_k) \\ z_i &= z_i(q_1, q_2, \cdots, q_k) \end{aligned}\right\} \quad (i = 1, 2, \cdots, n) \tag{14-2b}$$

该方程隐含了约束条件。

§14.3 虚 位 移

非自由质点系内各质点受到约束的限制，只有某些位移是约束所允许的，其余位移则被约束所阻止。**某瞬时，质点或质点系在约束所允许的条件下，可能实现的任何无限小的位移，称为该质点或质点系的虚位移**，又称**可能位移**。例如受固定面约束的质点沿固定面向任意方向的无限小位移，都是该质点的虚位移。由于虚位移是无限小的，可以将这些位移看作是在该点的固定面的切平面内任意方向的位移，如图 14-2 所示。

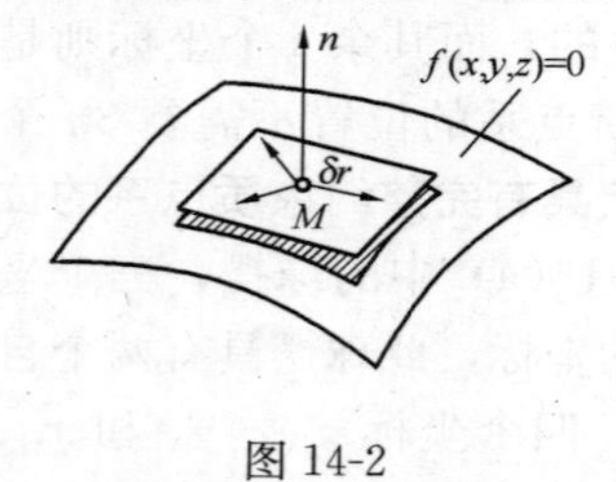

图 14-2

虚位移与实位移是有区别的。实位移是在一定主动力作用、一定起始条件下和一定的时间间隔 dt 内发生的位移，其方向是唯一的；而虚位移则不涉及有无主动力，也与起始条件无关，是假想发生、而实际并未发生的位移。它不需经历时间过程，其方向至少有两组，甚至无穷多组。虚位移与实位移的联系是二者都要符合约束条件，在完整约束下，实位移处于虚位移中的必要充分条件是约束方程中不显含时间 t。虚位移用变分符号"δ"表示，如 δr、δx、δy、δz、$\delta \varphi$ 等，虚位移可以是线位移，也可以是角位移。

由于非自由质点系内各质点之间有约束联系，因此各质点的虚位移之间有一定的关系，其中独立的虚位移个数等于质点系的自由度数。下面介绍分析质点系虚位移的两种方法。

一、几何法

由于虚位移是无限小位移，在实际应用时，可选在可能发生的速度方向上分析，故可以用运动学中求各质点的速度之间的关系来分析各质点虚位移之间的关系。此方法又称虚速度法或类比速度法。

二、解析法

由式 (14-2) 知，质点系中各质点的坐标可表示为广义坐标的函数，质点系的任意虚位移可用广义坐标的 k 个独立变分 δq_1，δq_2，…，δq_k 表示。各质点的虚位移 δr_i 和 δx_i，δy_i，δz_i 可由对式 (14-2) 求变分得到，即

$$\delta r_i = \sum_{j=1}^{k} \frac{\partial r_i}{\partial q_j}\delta q_j \qquad (i=1,2,\cdots,n) \tag{14-3a}$$

$$\begin{aligned}
\delta x_i &= \frac{\partial x_i}{\partial q_1}\delta q_1 + \frac{\partial x_i}{\partial q_2}\delta q_2 + \cdots \frac{\partial x_i}{\partial q_k}\delta q_k = \sum_{j=1}^{k}\frac{\partial x_i}{\partial q_j}\delta q_j \\
\delta y_i &= \frac{\partial y_i}{\partial q_1}\delta q_1 + \frac{\partial y_i}{\partial q_2}\delta q_2 + \cdots + \frac{\partial y_i}{\partial q_k}\delta q_k = \sum_{j=1}^{k}\frac{\partial y_i}{\partial q_j}\delta q_j \quad (i=1,2,\cdots,n) \\
\delta z_i &= \frac{\partial z_i}{\partial q_1}\delta q_1 + \frac{\partial z_i}{\partial q_2}\delta q_2 + \cdots + \frac{\partial z_i}{\partial q_k}\delta q_k = \sum_{j=1}^{k}\frac{\partial z_i}{\partial q_j}\delta q_j
\end{aligned} \tag{14-3b}$$

此方法又称变分法。

【例 14-1】 试分析平面曲柄连杆机构在图 14-3 所示位置时，A，B 两点虚位移之间的关系。设 $OA=r$，$AB=l$。

【解】 此系统有一个自由度，独立的虚位移只有一个，故 A，B 两点之间的虚位移存在一定的关系。

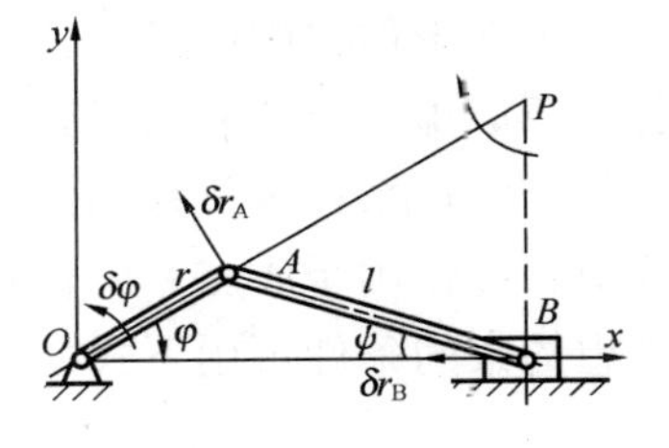

图 14-3

1. 几何法

因为 OA 杆的可能运动为定轴转动，当 OA 杆绕 O 轴转动时，A 点的速度垂直于 OA 杆，B 点的速度沿水平方向，故 A 点的虚位移垂直于 OA 杆，B 点的虚位移沿水平方向，如图 14-3 所示。因为 AB 杆的可能运动为平面运动；A，B 两点间的速度关系可用速度投影定理、瞬心法和基点法求解，A，B 两点间虚位移也可用类似的方法求解。

若用投影法，将 A，B 两点的虚位移向 A，B 连线投影，有

$$\delta r_A \cos[90° - (\varphi+\psi)] = \delta r_B \cos\psi, \qquad \delta r_B = \frac{\sin(\varphi+\psi)}{\cos\psi}\delta r_A$$

若用瞬心法，有

$$\frac{\delta r_A}{\delta r_B} = \frac{AP}{BP} = \frac{\sin(90° - \psi)}{\sin(\varphi+\psi)}, \qquad \delta r_B = \frac{\sin(\varphi+\psi)}{\cos\psi}\delta r_A$$

2. 解析法

建立图示直角坐标系，选 OA 杆与 x 轴的夹角 φ 为广义坐标，将 A，B 两点的直角坐标表示成广义坐标 φ 的函数，有

$$x_A = r\cos\varphi, \qquad y_A = r\sin\varphi$$

$$x_B = r\cos\varphi + \sqrt{l^2 - r^2\sin^2\varphi}, \qquad y_B = 0$$

将上述各式对广义坐标 φ 求变分，得各点虚位移在相应坐标轴上的投影为

$$\delta x_A = -r\sin\varphi\,\delta\varphi, \qquad \delta y_A = r\cos\varphi\,\delta\varphi$$

$$\delta x_B = -r\sin\varphi\,\delta\varphi - \frac{1}{2}\frac{2r^2\sin\varphi\cos\varphi}{\sqrt{l^2 - r^2\sin^2\varphi}}\delta\varphi = -r\left(\sin\varphi + \frac{l\sin\psi\cos\varphi}{l\cos\psi}\right)\delta\varphi$$

$$= -r\frac{\sin(\varphi+\psi)}{\cos\psi}\delta\varphi$$

$$\delta y_B = 0$$

而 $\delta r_A = \sqrt{\delta x_A^2 + \delta y_A^2} = r\delta\varphi$，

$$故有\ \delta r_B = \delta x_B - \frac{\sin(\varphi+\psi)}{\cos\psi}\delta r_A$$

式中，负号表示当 $\psi < \frac{\pi}{2}, \varphi+\psi < \pi, \delta\varphi > 0$ 时，δr_B 沿 x 轴负向，与几何法所得结果相同。由上述计算可以看出，在定常约束的情况下，求变分的方法与求微分相似。

§14.4 虚位移原理

一、虚功·理想约束

力在虚位移中所做的功称为**虚功**。因为虚位移与时间、运动都无关，不能积分，所以虚功只有元功形式。

若质点系在虚位移的过程中约束力的虚功之和等于零，则这种约束称为**理想约束**。如作用于质点系中任一质点 m_i 的约束力 $\boldsymbol{F}_{Ni}$，该质点的虚位移为 δr_i，则理想约束的条件可用下式来表示

$$\Sigma \boldsymbol{F}_{Ni} \cdot \delta \boldsymbol{r}_i = 0 \tag{14-4}$$

一般地说，凡是没有摩擦的约束都属于这类约束。关于理想约束的实例，已在§12.3节中叙述过了，这里不再重复。

二、虚位移原理

虚位移原理又称虚功原理，可表述为：**具有双面、理想约束的质点系，在给定位置平衡的必要与充分条件是：作用于质点系的所有主动力在任意虚位移中所作的虚功之和为零**。即

$$\sum_{i=1}^{n} \boldsymbol{F}_i \cdot \delta \boldsymbol{r}_i = 0 \tag{14-5}$$

式中 $\boldsymbol{F}_i$ 为作用于质点系中任一质点 m_i 上的主动力，$\delta \boldsymbol{r}_i$ 为力 $\boldsymbol{F}_i$ 作用点的任一虚位移。用 δW_{Fi} 代表作用在质点 m_i 上的主动力 $\boldsymbol{F}_i$ 的虚功，由于 $\delta W_{Fi} = \boldsymbol{F}_i \cdot \delta \boldsymbol{r}_i$，则上式可以写为

$$\Sigma \delta W_{Fi} = 0 \tag{14-6}$$

式（14-5）和式（14-6）又称为**虚功方程**。

式（14-5）也可写成解析表达式，即

$$\sum_{i=1}^{n} (F_{ix}\delta x_i + F_{iy}\delta y_i + F_{iz}\delta z_i) = 0 \tag{14-7}$$

式中，F_{ix}、F_{iy}、F_{iz} 是作用于质点 m_i 的主动力 $\boldsymbol{F}_i$ 在 x，y，z 轴上的投影；δx_i，δy_i，δz_i 为虚位移 $\delta \boldsymbol{r}_i$ 在 x，y，z 轴上的投影。此方程又称为**静力学普遍方程**。

在虚位移原理的方程中都不包括约束力，因此在理想约束条件下，应用虚位移原理处理静力学问题时只需考虑主动力，不必考虑约束力，这样在处理刚体数

目多但自由度少的系统的平衡问题时，非常方便。当所遇到的约束不是理想约束而具有摩擦时，只要把摩擦力当作主动力看待，考虑到摩擦力所作的虚功，虚位移原理仍可应用。

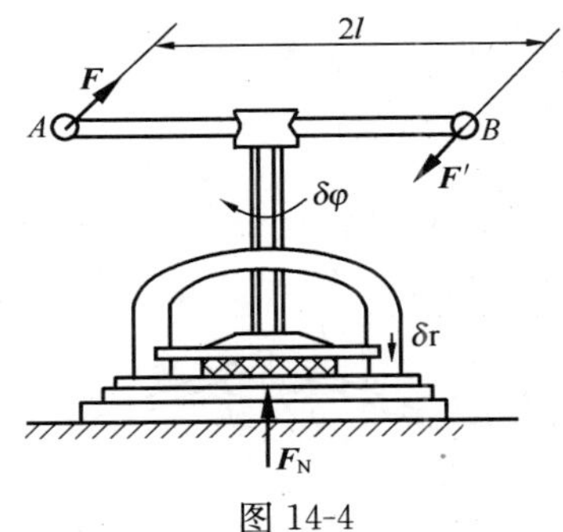

图 14-4

【例 14-2】 如图 14-4 所示，在螺旋压榨机的手柄 AB 上作用一在水平面内的力偶（$\boldsymbol{F}$，$\boldsymbol{F}'$），其力偶矩等于 $2Fl$，设螺杆的螺距为 h，求平衡时作用于被压榨物体上的压力。

【解】 1. 研究螺旋压榨机，此为一个自由度系统。

2. 分析主动力，若忽略螺杆和螺母间的摩擦，作用于系统上的主动力为力偶（$\boldsymbol{F}$，$\boldsymbol{F}'$）和被压物体对压板的阻力 $\boldsymbol{F}_N$。

3. 分析虚位移，给系统以虚位移，将手柄按螺纹方向转过极小转角 $\delta\varphi$，于是螺杆和压板得到向下的位移 δr。由机构的传动关系可知，对于单头螺纹，当手柄 AB 转动一周时，螺杆上升和下降一个螺距 h，故有

$$\frac{\delta\varphi}{\delta r}=\frac{2\pi}{h}$$

4. 列出虚功方程，计算所有主动力在虚位移中所作虚功的和，有

$$\Sigma\delta W_{Fi}=0,\text{即}\ \Sigma\boldsymbol{F}_i\cdot\delta\boldsymbol{r}_i=0\ ,2Fl\delta\varphi-F_N\delta r=0$$

将虚位移 δr 与 $\delta\varphi$ 的关系代入虚功方程，得

$$\left(2Fl-\frac{F_N h}{2\pi}\right)\delta\varphi=0$$

因 $\delta\varphi$ 是任意的，故解得

$$F_N=F\frac{4\pi l}{h}$$

【例 14-3】 图 14-5 所示两长度均为 l 的杆 AB 和 BC 在 B 点用铰链连接，又在杆的 D 和 E 两点连一弹簧，弹簧的刚性系数为 k，当距离 AC 等于 a 时，弹簧拉力为零。如在 C 点作用一水平力 F，杆系处于平衡，试求距离 AC 之值。设 $BD=BE=b$，杆重不计。

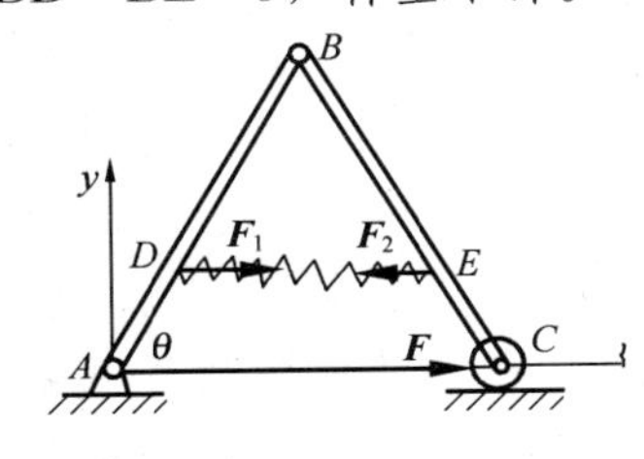

图 14-5

【解】 1. 研究整体，此为一个自由度的系统。

2. 分析主动力，作用在系统上的主动力有 $\boldsymbol{F}$ 和弹性力 $\boldsymbol{F}_1$、$\boldsymbol{F}_2$。在图示位置时，弹性力的大小为

$$F_1=F_2=k\frac{b}{l}(x_C-a) \tag{a}$$

3. 用解析法计算各力作用点的虚位移。选 θ 角为广义坐标，各作用点的有关直角坐标为

$$x_D=(l-b)\cos\theta,\qquad x_E=l\cos\theta+b\cos\theta,\qquad x_C=2l\cos\theta$$

各点虚位移在坐标轴上的投影为

$$\left.\begin{array}{ll}\delta x_D=-(l-b)\sin\theta\delta\theta, & \delta x_E=-(l+b)\sin\theta\delta\theta\\ \delta x_C=-2l\sin\theta\delta\theta & \end{array}\right\} \tag{b}$$

4. 应用虚位移原理求解，列出虚功方程

$$\Sigma(F_{ix}\delta_{xi}+F_{iy}\delta_{yi}+F_{iz}\delta_{zi})=0$$

$$F_1[-(l-b)\sin\theta\delta\theta]-F_2[-(l+b)\sin\theta\delta\theta]+F(-2l\sin\theta\delta\theta)=0$$

将式（a），式（b）代入上式，并注意到$\delta\theta$是广义坐标的独立变分，故解得

$$AC=x_C=a+\frac{F}{k}\left(\frac{l}{b}\right)^2$$

【例 14-4】 图 14-6 是操纵气门的杠杆系统，已知$OA/OB=1/3$，求此系统在图示位置平衡时主动力$\boldsymbol{F}_1$和$\boldsymbol{F}_2$的关系。

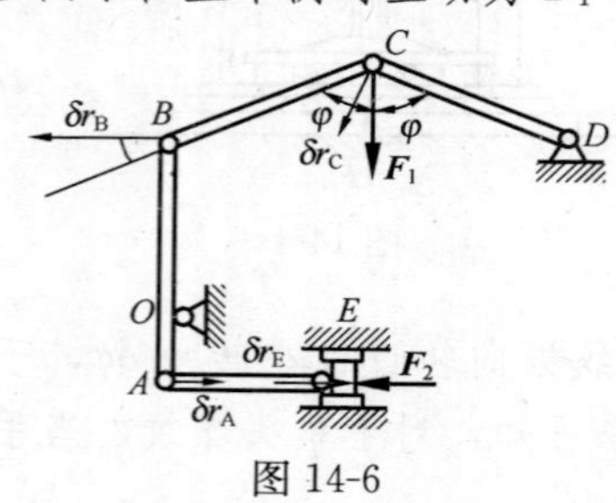

图 14-6

【解】 1. 研究杠杆系统，此系统只有一个自由度。

2. 分析主动力，作用在系统上的主动力只有$\boldsymbol{F}_1$和$\boldsymbol{F}_2$。

3. 分析虚位移，任给系统一组虚位移，如图 14-6 所示，通过 A，B 两点的虚位移，分析主动力作用点 C，E 两点虚位移之间的关系。

BC 杆只能作平面运动，有

$$\delta r_C\cos(2\varphi-90^\circ)=\delta r_B\sin\varphi \tag{a}$$

AE 杆在图示位置只能作瞬时平移，有

$$\delta r_E=\delta r_A \tag{b}$$

$$\frac{\delta r_A}{\delta r_B}=\frac{OA}{OB}=\frac{1}{3} \tag{c}$$

由式（a），式（b），式（c）有

$$\frac{\delta r_E}{\delta r_C}=\frac{\delta r_A}{\delta r_B}\frac{\sin2\varphi}{\sin\varphi}=\frac{2}{3}\cos\varphi \tag{d}$$

4. 用虚位移原理求解，列出虚功方程：

$$\Sigma\boldsymbol{F}_i\cdot\delta\boldsymbol{r}_i=0,F_1\delta r_C\cos(90^\circ-\varphi)-F_2\delta r_E=0$$

将式（d）代入上式，解得

$$\frac{F_1}{F_2}=\frac{2}{3}\cot\varphi$$

前面例题主要是几何可变即具有自由度的刚体系统的平衡问题。通过上述例题的求解过程可以看到，虚位移原理在处理系统平衡时不是孤立地、静止地研究平衡这一特定状态，而是“改变”这一状态，从改变中认识平衡的规律。下面用虚位移原理求几何形状不变即自由度等于零的刚体系统的约束力问题。因为几何形状不变的刚体系统不可能有虚位移，因此，必须将它转化为几何形状可变系统，使系统具有自由度。方法是解除某一约束而代之以相应的约束反力，并将此约束反力看成为主动力。

【例 14-5】 图 14-7（a）所示为连续梁。载荷$F_1=800\text{N}$，$F_2=600\text{N}$，$F_3=1000\text{N}$，尺寸$l_1=2\text{m}$，$l_2=3\text{m}$。试求固定端 A 处的约束反力。

【解】 1. 求固定端 A 的约束反力偶M_A。

解除固定端的转动约束，而代以约束反力偶M_A，并视之为主动力，如图 14-

7（b）所示。这样，连续梁变成具有一个自由度的杆系结构。设杆系的虚位移用广义坐标的独立变分 $\delta\varphi$ 表示，由图 14-7（b）知，各力作用点的虚位移为

$$\left.\begin{aligned}\delta y_1 &= l_1\delta\varphi = 2\delta\varphi \\ \delta y_2 &= \frac{l_1}{l_2}\delta y_B = \frac{2}{3}\cdot 4\delta\varphi = \frac{8}{3}\delta\varphi \\ \delta y_3 &= \frac{2l_1}{l_2}\delta\varphi\cdot\frac{l_1}{2l_1}\cdot l_1 = -\frac{4}{3}\delta\varphi\end{aligned}\right\}\text{(a)}$$

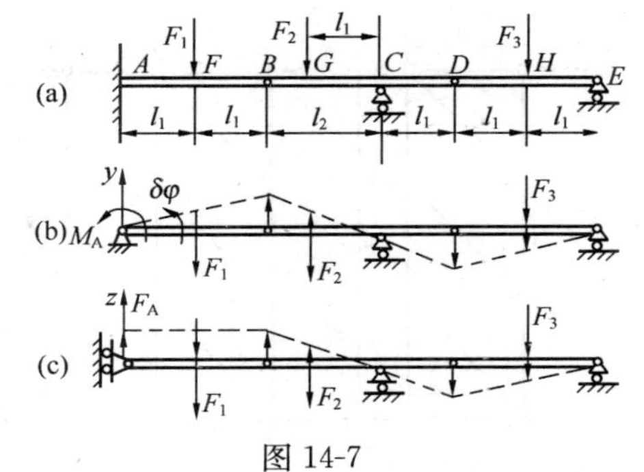

图 14-7

由虚位移原理，列出虚功方程

$$\Sigma(F_{ix}\delta x_i + F_{iy}\delta y_i + F_{iz}\delta z_i) = 0$$

$$M_A\delta_\varphi - F_1\delta y_1 - F_2\delta y_2 - F_3\delta y_3 = 0$$

将式（a）代入上式，并注意到 $\delta\varphi$ 的独立性，得

$$M_A = 2F_1 + \frac{8}{3}F_2 - \frac{4}{3}F_3 = 1867\text{N}\cdot\text{m}$$

2. 求固定端 A 的约束反力 $\boldsymbol{F}_A$。

解除固定端铅垂方向约束，而代以铅直约束力 $\boldsymbol{F}_A$，并视之为主动力，如图 14-7（c）所示。这时，杆 AB 只能沿铅直方向平移。设杆系的虚位移用广义坐标的独立变分 δz_A 表示，则各力作用点的虚位移为

$$\left.\begin{aligned}\delta z_1 &= \delta z_B = \delta z_A \\ \delta z_2 &= \frac{l_1}{l_2}\delta z_B = \frac{2}{3}\delta z_A \\ \delta z_3 &= -\delta z_A\frac{l_1}{l_2}\cdot\frac{l_1}{2l_1} = -\frac{1}{3}\delta z_A\end{aligned}\right\}\quad\text{(b)}$$

由虚位移原理，列出虚功方程

$$\Sigma(F_{ix}\delta x_i + F_{iy}\delta y_i + F_{iz}\delta z_i) = 0$$

$$F_A\delta z_A - F_1\delta z_1 - F_2\delta z_2 - F_3\delta z_3 = 0$$

将式（b）代入上式，并注意到 δz_A 的独立性，得

$$F_A = F_1 + \frac{2}{3}F_2 - \frac{1}{3}F_3 = 867\text{N}$$

能否将上述两个步骤合并，把固定端 A 的约束完全解除求出 M_A、$\boldsymbol{F}_A$？请读者思考。

【例 14-6】 桁架结构及所受荷载如图 14-8（a）所示。若已知水平载荷 $\boldsymbol{F}_P$，试求 1、2 两杆的内力。

【解】 本例是桁架结构，自由度为零。对于这种无自由度的系统，为应用虚位移原理必须用解除约束原理。

所谓解除约束原理，是指若将非自由质点系的约束解除，并代之以相应的约束力，则解除约束后的系统与原系统等效。

为求杆 1 内力，将杆 1 除去，并代之以相应的内力 $\boldsymbol{F}_{T1}$，$\boldsymbol{F}'_{T1}$，如图 14-8（b）所示。这样，原结构 $A_1A_2A_3A$ 部分即成为可绕点 A 作定轴转动的机构。令

加力点 A_2 处有位于结构平面内、垂直于直线 A_2A 的虚位移 $\delta \boldsymbol{r}_{\mathrm{P}}$，则 $\boldsymbol{F}_{\mathrm{T1}}$ 作用点的虚位移为

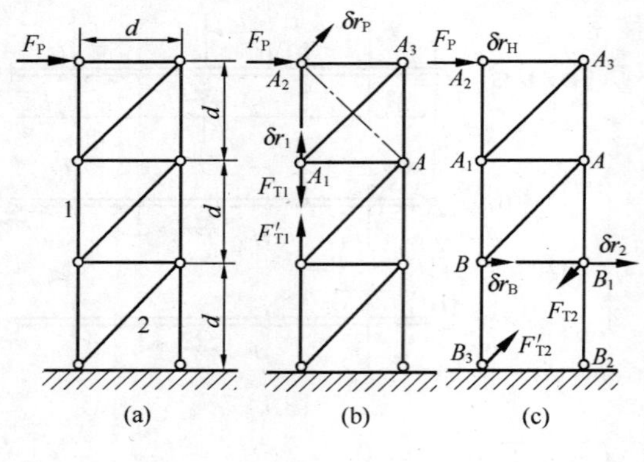

图 14-8

$$\delta r_1 = \delta r_P \cos 45° \quad \text{(a)}$$

根据虚位移原理，用几何法写出如图 14-8（b）所示系统的虚功关系

$$F_{\mathrm{P}} \delta r_{\mathrm{P}} \cos 45° - F_{\mathrm{T1}} \delta r_1 = 0 \quad \text{(b)}$$

考虑到式（a），得

$$F_{\mathrm{T1}} = F_{\mathrm{P}}(\text{拉})$$

为求杆 2 内力，同样要将杆 2 解除，并代之以相应的内力 $\boldsymbol{F}_{\mathrm{T2}}$，$\boldsymbol{F}'_{\mathrm{T2}}$，如图 14-8（c）。这样，原结构的 $BB_1B_2B_3$ 部分变成了平行四连杆机构，而 $A_1A_2A_3AB_1B$ 部分将作平移。若令 $\boldsymbol{F}_{\mathrm{P}}$ 的加力点有一水平方向虚位移 $\delta \boldsymbol{r}_{\mathrm{H}}$，则有

$$\delta r_{\mathrm{B}} = \delta r_2 = \delta r_{\mathrm{H}} \quad \text{(c)}$$

用虚位移原理几何法写出图 14-8（c）所示系统的虚功方程

$$F_{\mathrm{P}} \delta r_{\mathrm{H}} - F_{\mathrm{T2}} \cos 45° \delta r_2 = 0 \quad \text{(d)}$$

将式（c）代入，得

$$F_{\mathrm{T2}} = \sqrt{2} F_{\mathrm{P}}(\text{拉})$$

小结：应用虚位移原理求结构的内、外约束反力时，由于系统无自由度，因而无法给出符合约束的虚位移。为此，可应用解除约束原理，根据不同要求，将结构化为机构求解。

【例 14-7】 如图 14-9 所示为平面双摆，均质杆 OA 与 AB 用铰链 A 连接。二杆长度分别为 l_1 与 l_2，重量分别为 $\boldsymbol{W}_1$ 与 $\boldsymbol{W}_2$。若杆端 B 承受水平力 $\boldsymbol{F}$，试求平衡位置 φ 与 β 角。

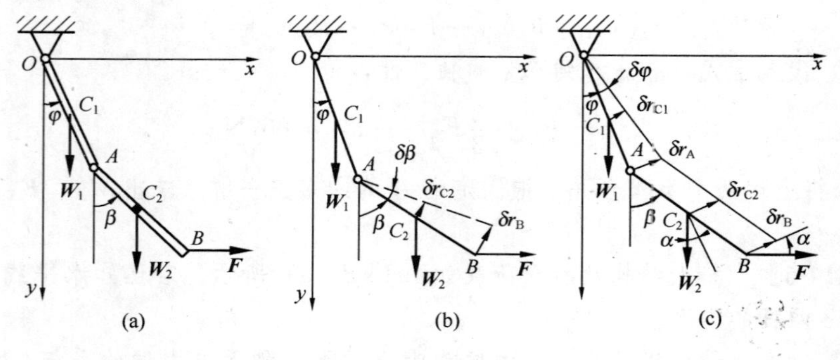

图 14-9

【解】 双摆有两个自由度，选取广义坐标 $q_1=\varphi$，$q_2=\beta$。

用几何法求解，先取 $\delta\varphi=0$，$\delta\beta\neq 0$，如图 14-9（b）所示，根据虚位移原理，虚功方程式为

$$-W_2 \delta r_{C2} \sin\beta + F \delta r_{\mathrm{B}} \cos\beta = 0 \quad \text{(a)}$$

其中

$$\delta r_{C2}=\frac{l_2}{2}\delta\beta,\delta r_B=l_2\delta\beta \tag{b}$$

将式（b）代入式（a），得

$$\left(-W_2\frac{l_2}{2}\sin\beta+Fl_2\cos\beta\right)\delta\beta=0$$

因为 $\delta\beta\neq0$，得

$$-\frac{W_2}{2}\sin\beta+F\cos\beta=0,\beta=\arctan\frac{2F}{W_2} \tag{c}$$

再取 $\delta\varphi\neq0$，$\delta\beta=0$，如图 14-9（c）所示，注意此情形下，杆 OA 为虚定轴转动，而杆 AB 作虚平移。由虚位移原理有

$$-W_1\delta r_{C1}\sin\varphi-W_2\delta r_{C2}\sin\varphi+F\delta r_B\cos\varphi=0 \tag{d}$$

其中

$$\delta r_B=\delta r_{C2}=2\delta r_{C1}=2\times\frac{l_1}{2}\delta\varphi \tag{e}$$

将式（e）代入式（d），得

$$\left(-\frac{W_1}{2}\sin\varphi-W_2\sin\varphi+F\cos\varphi\right)\delta\varphi=0$$

由于 $\delta\varphi\neq0$，得

$$-\frac{1}{2}W_1\sin\varphi-W_2\sin\varphi+F\cos\varphi=0,\varphi=\operatorname{arccot}\frac{\frac{W_1}{2}+W_2}{F}$$

【例 14-8】 如图 14-10 所示为三铰拱支架，试求在载荷 $\boldsymbol{F}_1$ 和 $\boldsymbol{F}_2$ 的作用下，固定铰支座 B 的约束反力。

【解】 1. 求固定铰支座 B 的水平约束反力 $\boldsymbol{F}_{Bx}$ 解除固定铰支座 B 的水平约束，而代以水平约束反力 $\boldsymbol{F}_{Bx}$，并视之为主动力，如图 14-10（b）所示。这时三铰拱变为具有一个自由度的系统，设系统的虚位移用广义坐标的独立变分 $\delta\varphi$ 表示，由图 14-10（b）可知

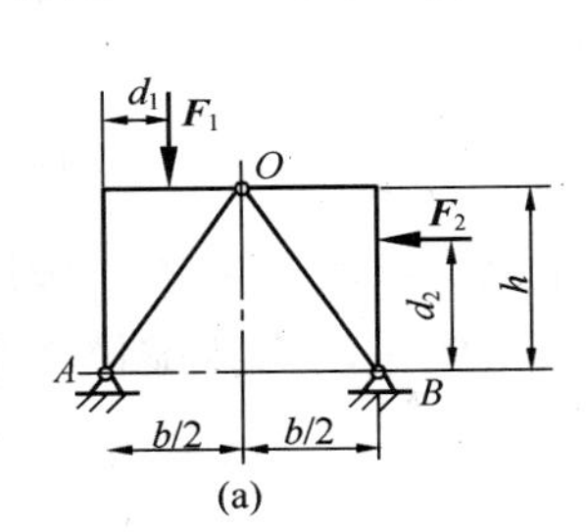

(a)

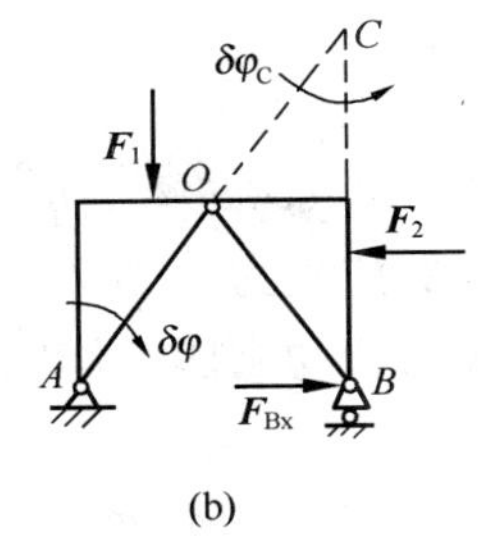

(b)

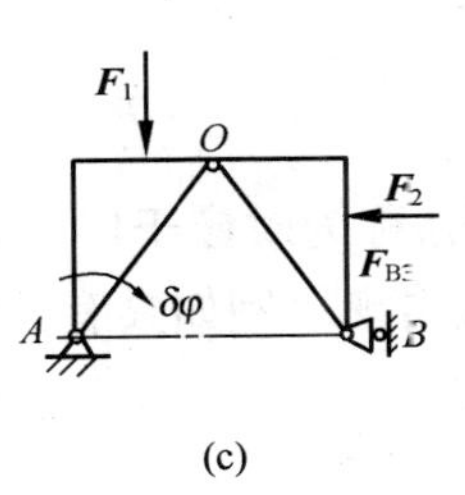

(c)

图 14-10

$$\delta\varphi_C=\delta\varphi \tag{a}$$

由虚位移原理，列出虚功方程式

$$\Sigma\boldsymbol{F}_i\cdot\delta\boldsymbol{r}_i=0,\quad M_A(\boldsymbol{F}_1)\delta\varphi+M_C(\boldsymbol{F}_2)\delta\varphi_C+M_C(\boldsymbol{F}_{Bx})\delta\varphi_C=0$$

即

$$F_1 d_1 \delta\varphi - F_2(2h - d_2)\delta\varphi_C + F_{Bx} \cdot 2h\delta\varphi_C = 0$$

将式(a)代入上式，并注意到 $\delta\varphi$ 的独立性，得

$$F_{Bx} = \frac{1}{2h}[F_2(2h - d_2) - F_1 d_1]$$

2. 求固定铰支座 B 的铅垂约束反力 $\boldsymbol{F}_{By}$

解除固定铰支座 B 的铅垂约束，而代以铅垂约束反力 $\boldsymbol{F}_{By}$，并视之为主动力，如图 14-10（c）所示。仍以广义坐标的独立变分 $\delta\varphi$ 表示系统的虚位移，由图 14-10（c）可知 BO 半拱的速度瞬心在点 A，于是由虚位移原理 $\Sigma \boldsymbol{F}_i \cdot \delta \boldsymbol{r}_i = 0$，有

$$M_A(\boldsymbol{F}_1)\delta\varphi + M_A(\boldsymbol{F}_2)\delta\varphi + M_A(\boldsymbol{F}_{By})\delta\varphi = 0$$

即

$$F_1 d_1 \delta\varphi - F_2 d_2 \delta\varphi - F_{By} b\delta\varphi = 0$$

由于 $\delta\varphi$ 是独立的，得

$$F_{By} = \frac{1}{b}(F_1 d_1 - F_2 d_2)$$

§14.5 以广义坐标表示的质点系的平衡条件

用广义坐标的变分式（14-3a）表示质点系的虚位移时，虚位移原理式（14-5）可表示为

$$\sum_{i=1}^{n} \boldsymbol{F}_i \cdot \delta \boldsymbol{r}_i = \sum_{i=1}^{n} \boldsymbol{F}_i \cdot \left(\sum_{j=1}^{k} \frac{\partial \boldsymbol{r}_i}{\partial q_j} \delta q_j\right) = 0$$

交换求和顺序，有

$$\sum_{i=1}^{n} \boldsymbol{F}_i \cdot \delta \boldsymbol{r}_i = \sum_{j=1}^{k} \left(\sum_{i=1}^{n} \boldsymbol{F}_i \cdot \frac{\partial \boldsymbol{r}_i}{\partial q_j}\right) \delta q_j = 0 \tag{a}$$

若令

$$F_{Qj} = \sum_{i=1}^{n} \boldsymbol{F}_i \cdot \frac{\partial \boldsymbol{r}_i}{\partial q_j} \tag{14-8a}$$

或

$$F_{Qj} = \sum_{i=1}^{n} \left(F_{ix} \frac{\partial x_i}{\partial q_j} + F_{iy} \frac{\partial y_i}{\partial q_j} + F_{iz} \frac{\partial z_i}{\partial q_j}\right) \tag{14-8b}$$

式中 F_{Qj} 称为**对应于广义坐标 q_j 的广义力**。广义力与主动力有关，但不一定以力的形式出现。例如具有固定轴 z 的转动刚体，作用于其上的主动力在虚位移中的元功为

$$\delta W = M_z \delta\varphi$$

此时对应于广义坐标 φ 的广义力 $F_{Q\varphi}$ 是主动力系对 z 轴的主矩 M_z，广义力是力矩。因此广义力的量纲由它所对应的广义坐标而定。当 q_j 是线位移时，F_{Qj} 的量纲是力的量纲，当 q_j 是角位移时，F_{Qj} 的量纲是力矩的量纲。

引入广义力符号后，式（a）可写为

$$\sum_{j=1}^{k} F_{Qj} \delta q_j = 0 \tag{14-9}$$

对于完整约束系统，广义坐标的变分 δq_j（$j=1, 2, \cdots, k$）是独立的，于是有

$$F_{Qj} = 0,(j = 1,2,\cdots,k) \tag{14-10}$$

此式表明：**具有完整、双面和理想约束的质点系，在给定位置平衡的必要和充分条件是对应于每个广义坐标的广义力等于零。**这是一组平衡方程，方程的数目与广义坐标的数目一致，因此也与自由度数相同。

如果主动力 $\boldsymbol{F}_i$（$i=1, 2, \cdots, n$）均为有势力，由第 12 章的§12.5 节可知，处于势力场中的质点系存在势能函数

$$V = V(x,y,z)$$

根据式（12-34）有势力与势能函数存在关系

$$F_x =-\frac{\partial V}{\partial x},F_y =-\frac{\partial V}{\partial y},F_z =-\frac{\partial V}{\partial z}$$

可以将势能函数 V 视为广义坐标的复合函数，将式（12-34）代入式（14-8b），有

$$F_{Qj} =-\sum_{i=1}^{n}\left(\frac{\partial V}{\partial x_i}\frac{\partial x_i}{\partial q_j}+\frac{\partial V}{\partial y_i}\frac{\partial y_i}{\partial q_j}+\frac{\partial V}{\partial x_i}\frac{\partial z_i}{\partial q_j}\right)$$

即

$$F_{Qj} =-\frac{\partial V}{\partial q_i}(j = 1,2,\cdots,k) \tag{14-11}$$

此式表明：**广义有势力等于势能函数对相应的广义坐标的偏导数的负值。**由此可得，在主动力都为有势力的情形下，质点系的平衡条件为

$$\frac{\partial V}{\partial q_j} = 0(j = 1,2,\cdots,k) \tag{14-12}$$

即在势力场中，具有理想约束的质点系的平衡条件是势能对于每个广义坐标的偏导数分别等于零。

下面介绍求解广义力的几种方法。

1. 解析法

先计算主动力系在直角坐标轴上的投影，再将主动力系各力 $\boldsymbol{F}_i$ 的作用点坐标 x_i，y_i，z_i（$i=1, 2, \cdots, n$）写成广义坐标 q_j（$j=1, 2, \cdots, k$）的函数，并求偏导数，然后利用式（14-8b）求解。

2. 几何法

给质点系一组特殊的虚位移，即令 $\delta q_1 \neq 0$，$\delta q_2 = \cdots = \delta q_k = 0$，这样可以把 k 个自由度问题变为一个自由度问题来看待，用几何法求出主动力系在这一组特殊的虚位移中的虚功之和 $\Sigma \delta W_{i1}$，又由式（14-9）可知此时 $\Sigma \delta W_{i1} = F_{Q1}\delta q_1$，由此求得

$$F_{Q1} = \frac{\Sigma \delta W_{i1}}{\delta q_1} \tag{14-13}$$

同理可求得 F_{Q2}，F_{Q3}，…，F_{Qk}。

3. 其他方法

若主动力均是有势力，先写出力系的势能函数 V，并把它表示成广义坐标的函数，然后利用式（14-11）计算。

【例 14-9】 如图 14-11 所示，平面双摆由均质杆 OA 和 AB 用铰链 A 连接，铰链 O 固定，两杆的长度分别为 l_1 和 l_2，重量分别为 $\boldsymbol{P}_1$和 $\boldsymbol{P}_2$，在杆 AB 的 B 端受一水平力 F 作用，试求系统平衡时两杆与铅直线所成的夹角 φ 和 β。

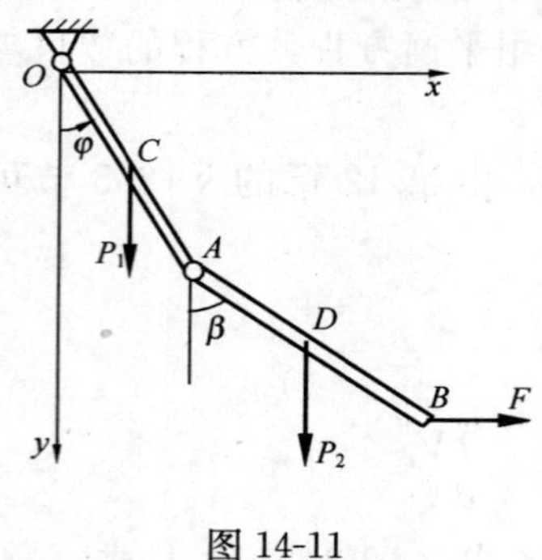

图 14-11

【解】 此系统有两个自由度，选广义坐标为 φ 和 β。

1. 用解析法求解

建立图示直角坐标系，各主动力 P_1，P_2 和 $\boldsymbol{F}$ 在直角坐标轴上的投影分别为

$$F_{1x}=0,\quad F_{1y}=P_1$$
$$F_{2x}=0,\quad F_{2y}=P_2$$
$$F_{3x}=F,\quad F_{3y}=0$$

将各力作用点的坐标表示为广义坐标的函数，并对广义坐标求偏导数

$$y_C=\frac{l_1}{2}\cos\varphi,\qquad \frac{\partial y_C}{\partial\varphi}=-\frac{l_1}{2}\sin\varphi,\qquad \frac{\partial y_C}{\partial\beta}=0$$

$$y_D=l_1\cos\varphi+\frac{l_2}{2}\cos\beta,\qquad \frac{\partial y_D}{\partial\varphi}=-l_1\sin\varphi,\qquad \frac{\partial y_D}{\partial\beta}=-\frac{l_2}{2}\sin\beta$$

$$y_B=l_1\sin\varphi+l_2\sin\beta,\qquad \frac{\partial y_B}{\partial\varphi}=-l_1\cos\varphi,\qquad \frac{\partial x_B}{\partial\beta}=-l_2\cos\beta$$

由式（14-8b）求广义力

$$F_{Q\varphi}=\Sigma\left(F_{ix}\frac{\partial x_i}{\partial\varphi}+F_{iy}\frac{\partial y_i}{\partial\varphi}+F_{iz}\frac{\partial z_i}{\partial\varphi}\right)$$
$$=-P_1\frac{l_1}{2}\sin\varphi-P_2l_1\sin\varphi+Fl_1\cos\varphi$$

$$F_{Q\beta}=\Sigma\left(F_{ix}\frac{\partial x_i}{\partial\beta}+F_{iy}\frac{\partial y_i}{\partial\beta}+F_{iz}\frac{\partial z_i}{\partial\beta}\right)$$
$$=P_1\cdot 0-P_2\frac{l_2}{2}\sin\beta+Fl_2\cos\beta$$

由 $F_{Q\varphi}=0$，求得

$$\tan\varphi=\frac{2F}{P_1+2P_2},\qquad \varphi=\arctan\frac{2F}{P_1+2P_2}$$

由 $F_{Q\beta}=0$，求得

$$\tan\beta=\frac{2F}{P_2},\qquad \beta=\arctan\frac{2F}{P_2}$$

2. 利用式（14-11）求解

作用于质点系的主动力均为有势力，以 x 轴和 y 轴所在水平面和铅垂面分别作为有势力 $\boldsymbol{P}_1$，$\boldsymbol{P}_2$ 和 $\boldsymbol{F}$ 的零势面，则有

$$V=-P_1\frac{l_1}{2}\cos\varphi-P_2\left(l_1\cos\varphi+\frac{l_2}{2}\cos\beta\right)-F(l_1\sin\varphi+l_2\sin\beta)$$

$$F_{Q\varphi}=-\frac{\partial V}{\partial\varphi}=-P_1\frac{l_1}{2}\sin\varphi-P_2l_1\sin\varphi+Fl_1\cos\varphi$$

$$F_{Q\beta}=-\frac{\partial V}{\partial \beta}=-P_2\frac{l_2}{2}\sin\beta+F_2 l_1\cos\beta$$

由 $F_{Q\varphi}=0$ 和 $F_{Q\beta}=0$，可以得到与解法 1 相同的结果。

【例 14-10】 如图 14-12 所示，重物 A 和 B 分别连接在细绳两端，重物 A 放在粗糙的水平面上，重物 B 绕过滑轮 E 铅直悬挂。在动滑轮 H 的轴心上挂一重物 C，设重物 A 重 $2P$，重物 B 重 $\boldsymbol{P}$，试求平衡时重物 C 的重量 $\boldsymbol{P}_C$ 以及重物 A 与水平面间的滑动摩擦系数。

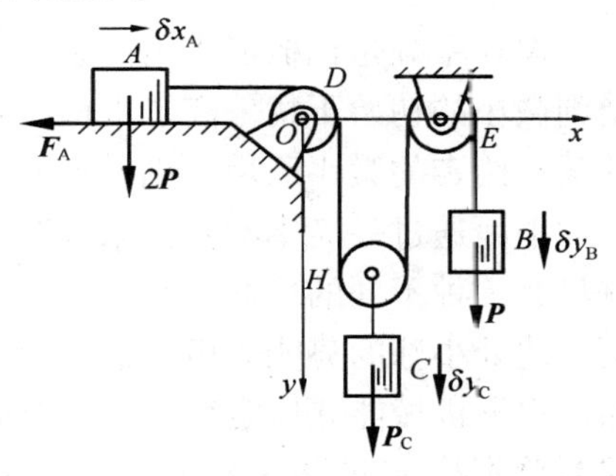

图 14-12

【解】 此系统有两个自由度，选重物 A 向右的水平坐标 x_A 和重物 B 向下的铅直坐标 y_B 为广义坐标，则对应的虚位移为 δx_A 和 δy_B。用几何法求解。

先令 $\delta x_A\neq0$，方向水平向右，$\delta y_B=0$，此时重物 C 的虚位移 $\delta y_C=\frac{1}{2}\delta x_A$，方向向下。除重力外，重物 A 与台面间的摩擦力 $\boldsymbol{F}_A$，也应视为主动力，作用于质点系的主动力系在这一组特殊的虚位移中的虚功之和为

$$\begin{aligned}\Sigma\delta W_{i1}&=-F_A\delta x_A+P_C\delta y_C\\&=\left(-F_A+\frac{1}{2}P_C\right)\delta x_A\end{aligned}$$

对应于广义坐标 x_A 的广义力为

$$F_{Q1}=\frac{\Sigma\delta W_{i1}}{\delta x_A}=-F_A+\frac{1}{2}P_C$$

再令 $\delta x_A=0$，$\delta y_B\neq0$，方向向下，此时重物 C 的虚位移为 $\delta y_C=\frac{1}{2}\delta y_B$。作用于质点系的主动力系在这一组特殊的虚位移中的虚功之和为

$$\Sigma\delta W_{i2}=P_C\delta y_C+P\delta y_B=\left(-\frac{1}{2}P_C+P\right)\delta y_B$$

对应于广义坐标 y_B 的广义力为

$$F_{Q2}=\frac{\Sigma\delta W_{i2}}{\delta y_B}=-\frac{1}{2}P_C+P$$

由 $F_{Q2}=0$，求得

$$P_C=2P$$

由 $F_{Q1}=0$，求得

$$F_A=\frac{1}{2}P_C=P$$

因此平衡时，要求物块与台面间静摩擦系数

$$f_s\geqslant\frac{F_A}{2P}=0.5$$

* §14.6 保守系统平衡位置的稳定性

保守系统是机械能守恒的系统。若保守系统在某一位置处于平衡，当质点系受到微小的初始干扰偏离了平衡位置以后，质点系的运动总不超过平衡位置邻近的某一给定的微小区域，则质点系的平衡是稳定的，否则，是不稳定的。

下面通过一简单的实例来说明平衡的稳定性，例如图 14-13 所示的三个小球就具有三种不同的平衡状态。图 14-13（a）所示小球在一凹曲面的最低点上平衡，此处小球的势能为极小值，当小球受到微小干扰偏离平衡位置后，其势能增加，根据机械能守恒定律，其动能必减小。因此，只要初始干扰充分小，小球的偏离总不会超过某一给定的微小区域。由此可知，这种平衡是稳定的。对图 14-13（b)的情形，小球位于一凸曲面上的顶点平衡，小球的势能具有极大值。如小球受到微小干扰偏离平衡位置后，势能减小，根据机械能守恒定律，其动能必增加。动能增大的结果必导致小球的偏离不断增大。因此，不管起始干扰如何小，小球离开平衡位置后，再不会回到原平衡位置上，这种平衡是不稳定的。至于图 14-13（c）所示的一种特殊情形，小球位于一平面上，无论在什么位置，小球重心位置不变，势能为一常数，小球在任何位置均能平衡，称为**随遇平衡**，随遇平衡是不稳定平衡的一种特殊情形。

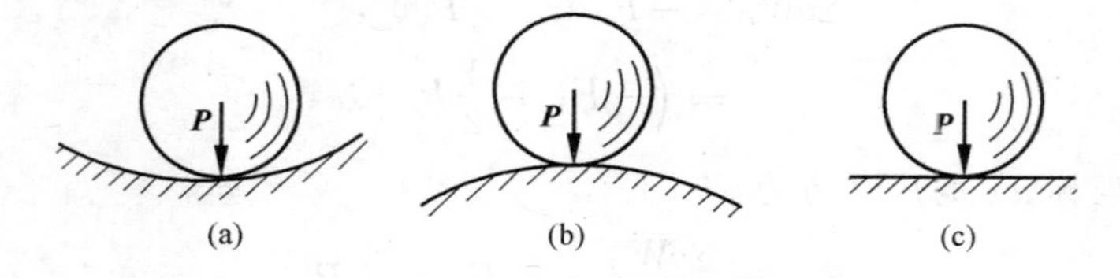

图 14-13

对于一个自由度的保守系统，设 q 为广义坐标，系统的势能可表示为

$$V = V(q)$$

由式（14-11）而知，平衡时势能具有极值，即

$$\frac{\mathrm{d}V}{\mathrm{d}q} = 0$$

由上式求出平衡位置 $q=q_0$，然后再判断平衡的稳定性。

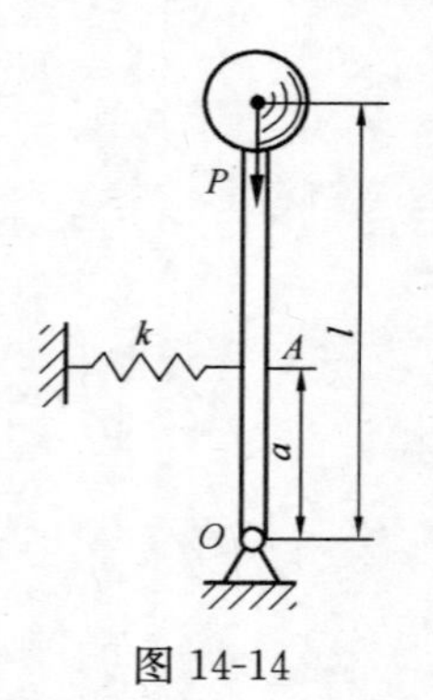

图 14-14

若
$$\left(\frac{\mathrm{d}^2V}{\mathrm{d}q^2}\right)_{q=q_0} > 0 \tag{14-14}$$

说明质点系在该平衡位置具有势能极小值，该平衡是稳定的。

若
$$\left(\frac{\mathrm{d}^2V}{\mathrm{d}q^2}\right)_{q=q_0} < 0 \tag{14-15}$$

在该平衡位置具有势能极大值，则平衡是不稳定的。

式（14-14）是一个自由度系统平衡的稳定性判据。对于多自由度系统平衡的稳定性判据可参阅其他书籍。

【例 14-11】 如图 14-14 所示倒置摆，摆锤重量为 $\boldsymbol{P}$，

摆杆的长度为 l，在摆杆上的点 A 连有一刚度为 k 的水平弹簧，摆在铅直位置时弹簧未变形。设 $OA=a$，摆杆重量不计，试确定摆杆的平衡位置及稳定平衡时所应满足的条件。

【解】　此系统为一个自由度系统，选择摆角 φ 为广义坐标，摆的铅直位置为摆锤重力势能和弹簧弹性力势能的零点。则对任一摆角 φ，系统的总势能等于摆锤的重力势能和弹簧的弹性力势能之和，当 $|\varphi|\ll 1$ 时，有

$$V=-Pl(1-\cos\varphi)+\frac{1}{2}ka^2\varphi^2=-2Pl\sin^2\frac{\varphi}{2}+\frac{1}{2}ka^2\varphi^2$$

由 $\sin\frac{\varphi}{2}\approx\frac{\varphi}{2}$，上述势能表达式可以写成

$$V=\frac{1}{2}(ka^2-Pl)\varphi^2$$

将势能 V 对 φ 求一阶导数，有

$$\frac{\mathrm{d}V}{\mathrm{d}\varphi}=(ka^2-Pl)\varphi$$

由 $\frac{\mathrm{d}V}{\mathrm{d}\varphi}=0$，得到系统的平衡位置为 $\varphi=0$，为判别系统是否处于稳定平衡，将势能 V 对 φ 求二阶导数，得

$$\frac{\mathrm{d}^2V}{\mathrm{d}\varphi^2}=ka^2-Pl$$

对于稳定平衡，要求 $\frac{\mathrm{d}^2V}{\mathrm{d}\varphi^2}>0$，即

$$ka^2-Pl>0$$

或

$$a>\sqrt{\frac{Pl}{k}}$$

小　结（知识结构图）

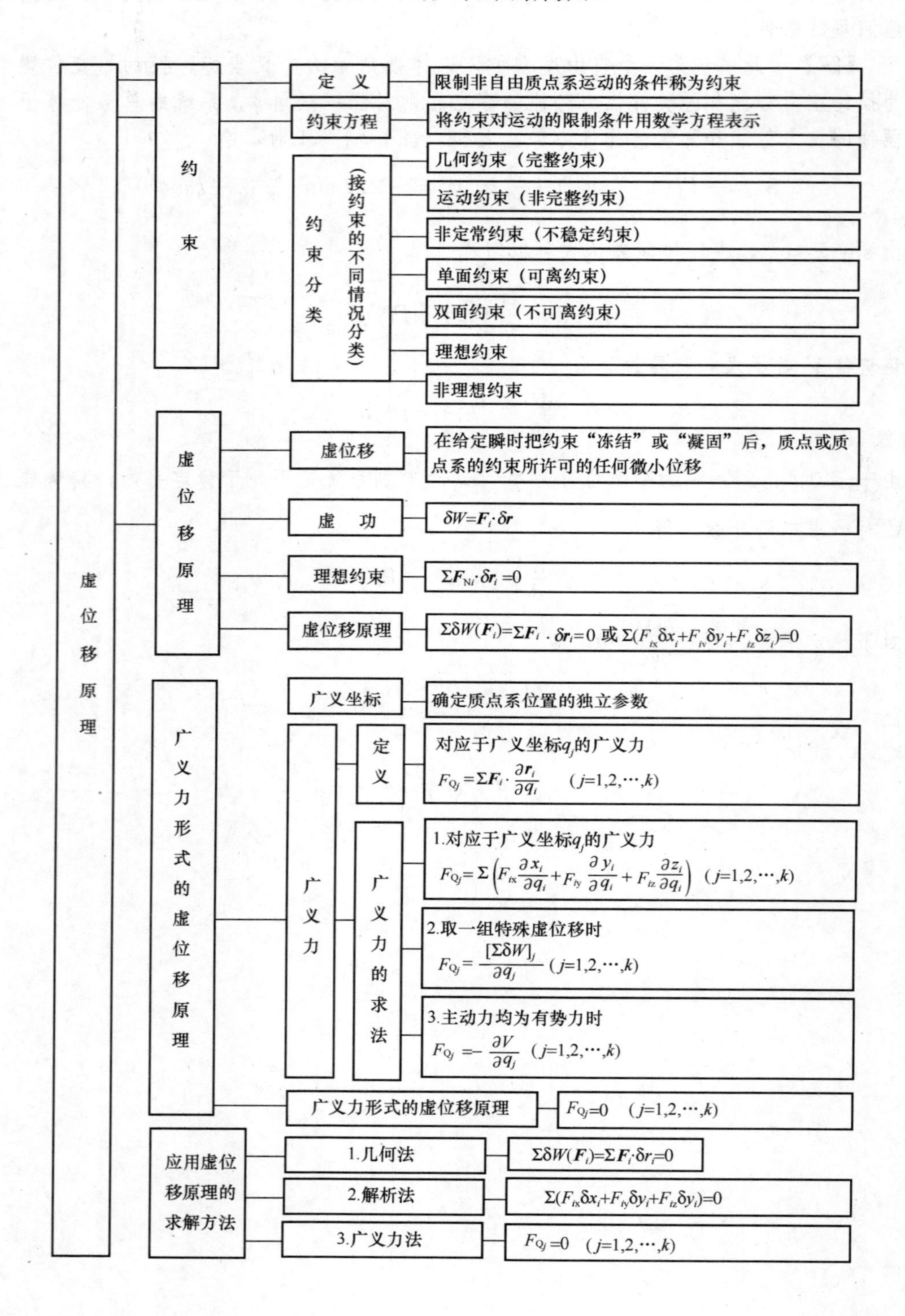

虚位移原理
约束
定义
限制非自由质点系运动的条件称为约束
约束方程
将约束对运动的限制条件用数学方程表示
约束分类
（按约束的不同情况分类）
几何约束（完整约束）
运动约束（非完整约束）
非定常约束（不稳定约束）
单面约束（可离约束）
双面约束（不可离约束）
理想约束
非理想约束
虚位移原理
虚位移
在给定瞬时把约束“冻结”或“凝固”后，质点或质点系的约束所许可的任何微小位移
虚功
$\delta W=\boldsymbol{F}_i\cdot\delta\boldsymbol{r}$
理想约束
$\Sigma\boldsymbol{F}_{Ni}\cdot\delta\boldsymbol{r}_i=0$
虚位移原理
$\Sigma\delta W(\boldsymbol{F}_i)=\Sigma\boldsymbol{F}_i\cdot\delta\boldsymbol{r}_i=0$ 或 $\Sigma(F_{ix}\delta x_i+F_{iy}\delta y_i+F_{iz}\delta z_i)=0$
广义力形式的虚位移原理
广义坐标
确定质点系位置的独立参数
广义力
定义
对应于广义坐标q_j的广义力
$F_{Qj}=\Sigma\boldsymbol{F}_i\cdot\dfrac{\partial\boldsymbol{r}_i}{\partial q_i}\quad(j=1,2,\cdots,k)$
广义力的求法
1.对应于广义坐标q_j的广义力
$F_{Qj}=\Sigma\left(F_{ix}\dfrac{\partial x_i}{\partial q_i}+F_{iy}\dfrac{\partial y_i}{\partial q_i}+F_{iz}\dfrac{\partial z_i}{\partial q_i}\right)\quad(j=1,2,\cdots,k)$
2.取一组特殊虚位移时
$F_{Qj}=\dfrac{[\Sigma\delta W]_j}{\partial q_j}\quad(j=1,2,\cdots,k)$
3.主动力均为有势力时
$F_{Qj}=-\dfrac{\partial V}{\partial q_j}\quad(j=1,2,\cdots,k)$
广义力形式的虚位移原理
$F_{Qj}=0\quad(j=1,2,\cdots,k)$
应用虚位移原理的求解方法
1.几何法
$\Sigma\delta W(\boldsymbol{F}_i)=\Sigma\boldsymbol{F}_i\cdot\delta\boldsymbol{r}_i=0$
2.解析法
$\Sigma(F_{ix}\delta x_i+F_{iy}\delta y_i+F_{iz}\delta y_i)=0$
3.广义力法
$F_{Qj}=0\quad(j=1,2,\cdots,k)$

思　考　题

14-1　用力系平衡条件能求解的问题，是否都可以用虚位移原理求解？反之如何？如何理解虚位移原理是静力学普遍方程？

14-2　应用虚位移原理求解的条件是什么？能否用虚位移原理求超静定结构中多余约束力？为什么？

14-3　物体 A 在重力、摩擦力和弹性力作用下平衡，设给物体 A 一个水平向右的虚位移 $\delta\mathbf{r}$（如图 14-15 所示），问：弹性力的虚功是否等于 $\frac{k}{2}[(l_1-l_0)^2-(l_2-l_0)^2]$？为什么？摩擦力的虚功是正还是负？

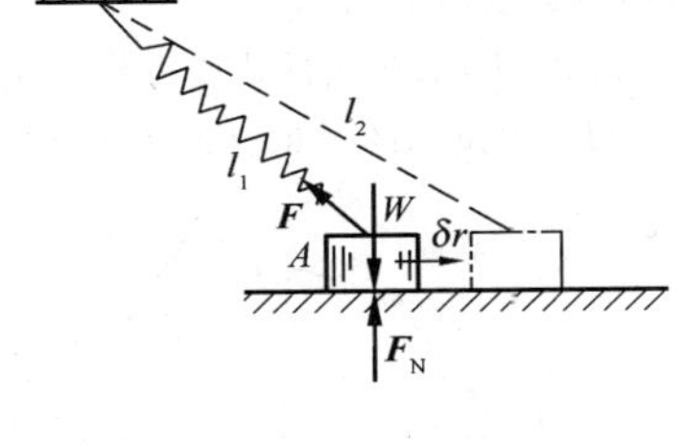

图 14-15

14-4　试判断图 14-16 所示各图的虚位移是否正确，若有错请改正。

14-5　如图 14-17 所示曲柄滑块机构，现对该机构中的点 A、B 给出 4 组不同的虚位移。请判断哪些是正确的，哪些是错误的？为什么？

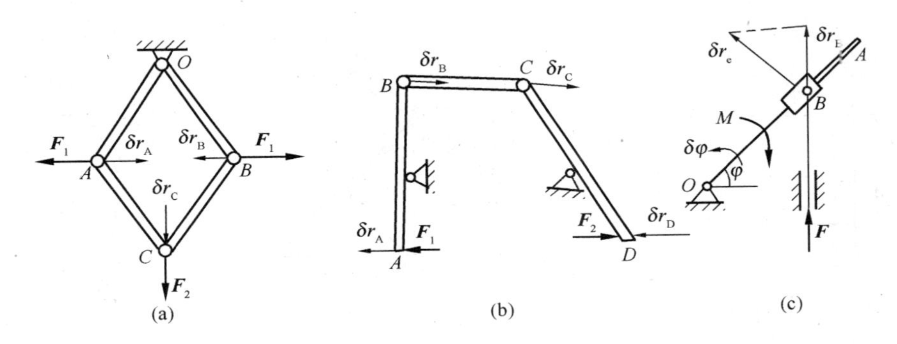

图 14-16

14-6　放置在固定半圆柱面上的相同半径的均质半圆柱体和均质半圆柱薄壳，如图 14-18 所示。试分析哪一个能稳定地保持在图示位置。

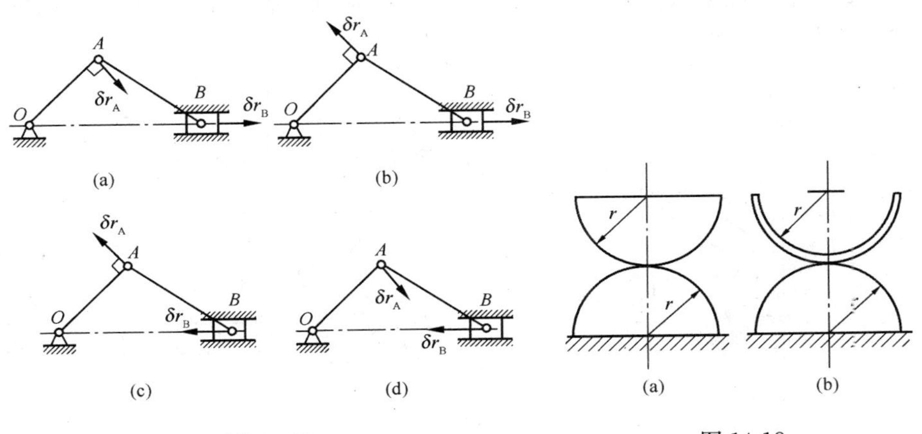

图 14-17　　　　图 14-18

习　题

14-1　确定下列图示系统的自由度。

14-2　画出下列各系统在图示位置时 B，C，D 三点的虚位移，并找出该三点的虚位移与 A 点虚位移之间的关系。

14-3　图示在曲柄式压榨机的销钉 B 上作用水平力 F_1，此力位于平面 ABC 内。作用线平分$\angle ABC$。设 $AB=BC$、$\angle ABC=2\theta$，各处摩擦及杆重不计，求对物体的压力。

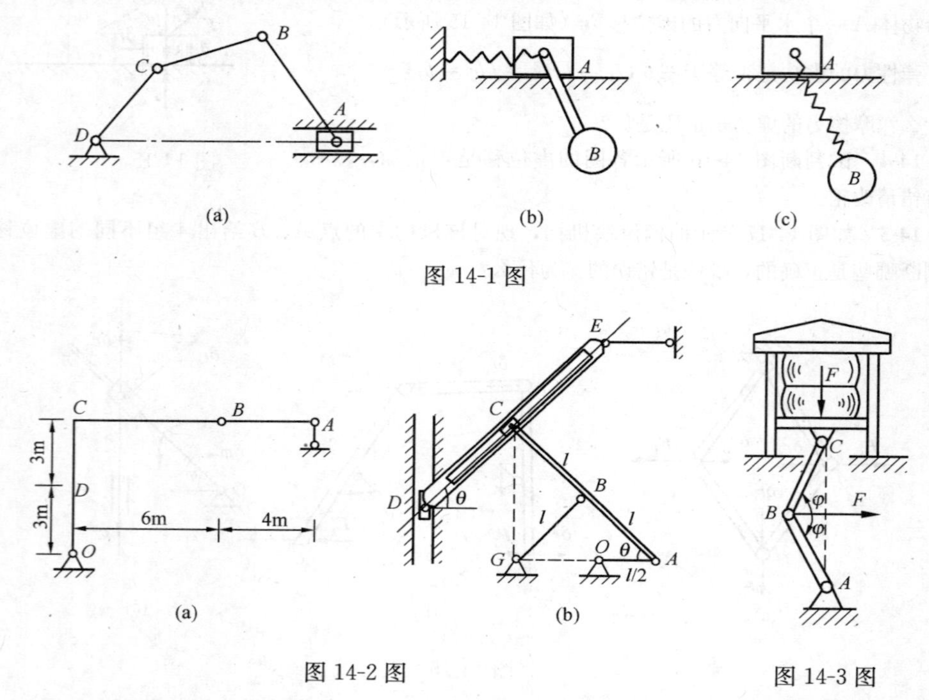

图 14-1 图

图 14-2 图　　图 14-3 图

14-4　在图示机构中，当曲柄 OC 绕轴 O 摆动时，滑块 A 沿曲柄滑动，从而带动杆 AB 在铅直槽内移动，不计各构件自重与各处摩擦。求机构平衡时 $\boldsymbol{F}_C$ 与 $\boldsymbol{F}_P$ 的关系。

14-5　借滑轮机构将两物体 A 和 B 悬挂如图所示。如绳和滑轮重量不计，当两物体平衡时，求重量 P_A 与 P_B 的关系。

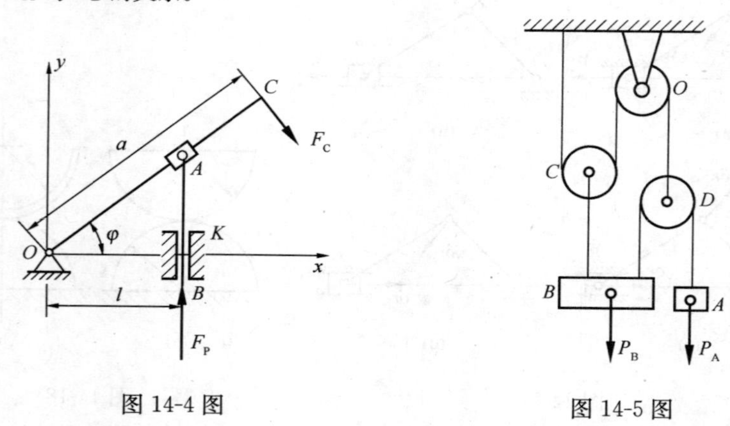

图 14-4 图　　图 14-5 图

14-6　用虚位移原理求图示桁架中杆 3 的内力。

14-7　在螺旋压榨机手轮上作用矩为 M 的力偶，手轮装在螺杆上，螺杆两端有螺距为 h 的相反螺纹，螺杆上套有两螺母，螺母与菱形杆框连接如图所示，求当菱形的顶角为 2θ 时，压榨机对物体的压力。

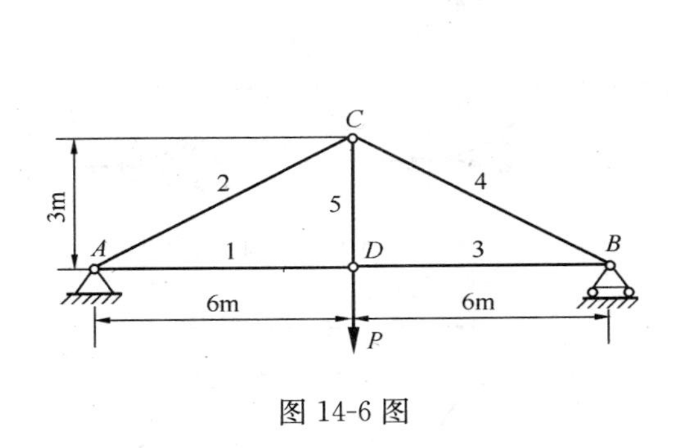

图 14-6 图

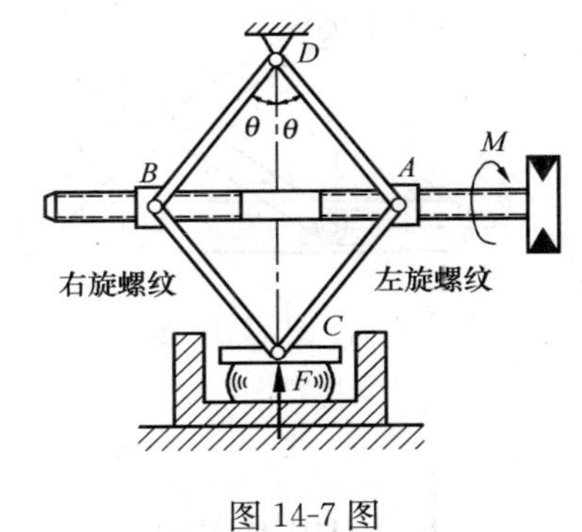

图 14-7 图

14-8　在图示机构中，当曲柄 OA 上作用一力偶，其矩为 M，另在滑块 D 上作用水平力 $\boldsymbol{F}$。机构尺寸如图所示，不计各构件自重与各处摩擦。求当机构平衡时，力 $\boldsymbol{F}$ 与力偶矩 M 的关系。

14-9　图示滑套 D 套在光滑直杆 AB 上，并带动杆 CD 在铅直滑道上滑动。已知 $\theta=0$ 时弹簧等于原长，弹簧刚性系数为 $k=5\text{kN/m}$，求在任意位置平衡时，应加多大的力偶矩 M?

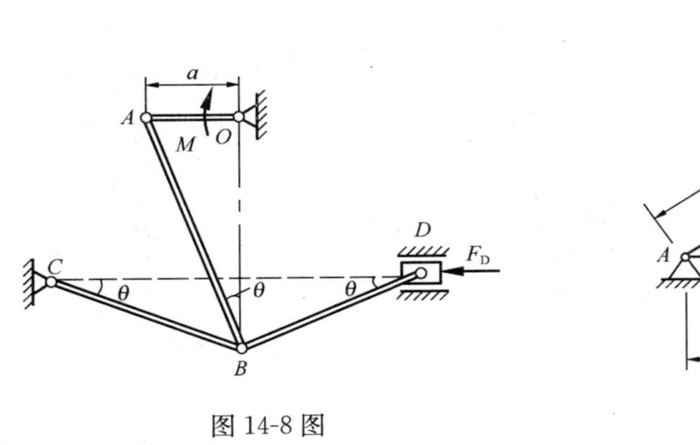

图 14-8 图

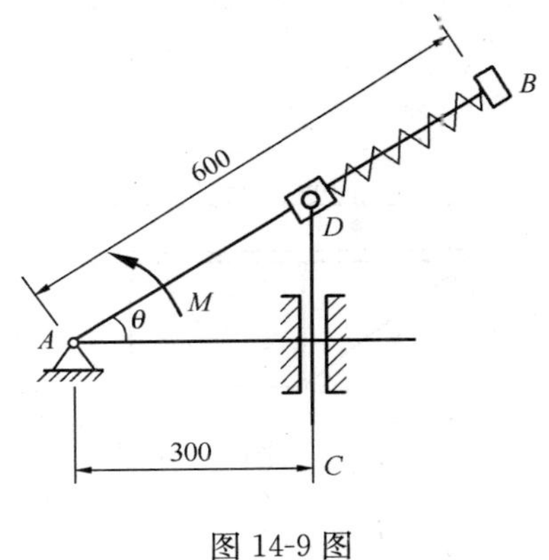

图 14-9 图

14-10　在图示机构的 A 点上作用水平为 F_2，在 G 点作用铅直力 F_1 以维持机构平衡，求 F_2 之值。图中 $AC=BC=EC=DC=GE=GD=1\text{m}$，杆重不计。

14-11　半径为 R 的滚子放在粗糙水平面上，连杆 AB 的两端分别与轮缘上的点 A 和滑块 B 铰接。现在滚子上施加矩为 M 的力偶，在滑块上施加力 $\boldsymbol{F}$，使系统与图示位置处于平衡。设力 $\boldsymbol{F}$ 为已知。忽略滚动摩阻，不计滑块和各铰链处的摩擦，不计 AB 杆为滑块 B 的重量，滚子有足够大的重量 P。求力偶矩 M 以及滚子与地面间的摩擦力 $\boldsymbol{F}_s$。

14-12　组合梁由铰链 C 连接 AC 和 CE 而成，载荷分布如图所示。已知跨度 $l=8\text{m}$，$F=4900\text{N}$，均布力 $q=2450\text{N/m}$、力偶矩 $M=4900\text{N}\cdot\text{m}$。求支座反力。

14-13　试用虚位移原理求图示桁架中 1、2 两杆件的内力。

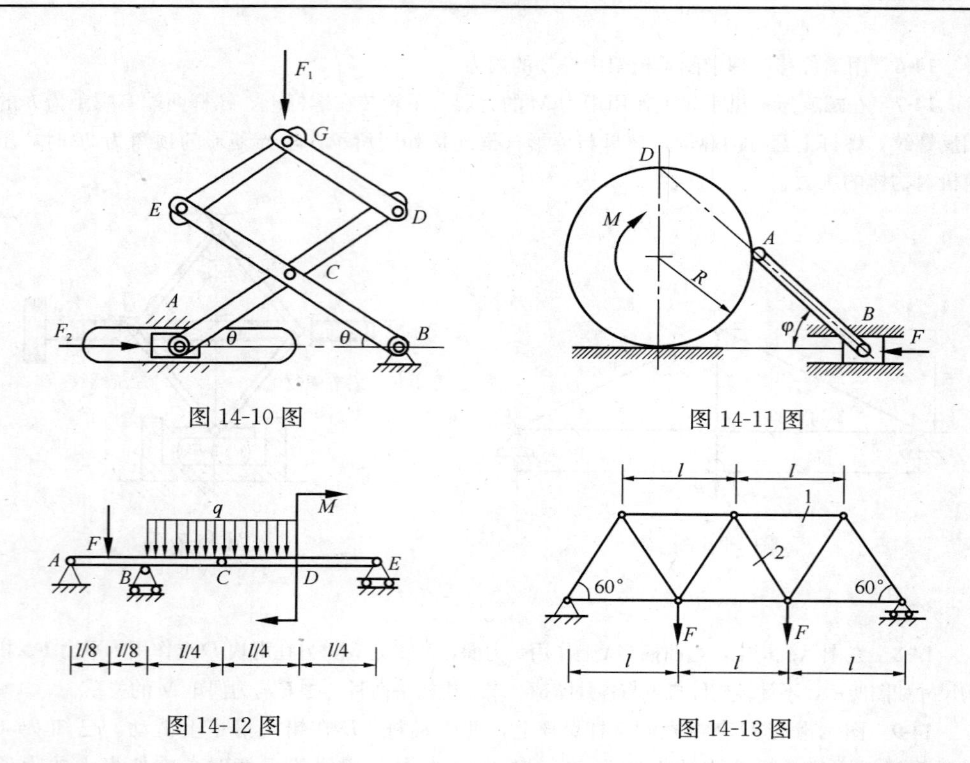

图 14-10 图

图 14-11 图

图 14-12 图

图 14-13 图

14-14 如图所示为一组合结构，已知 $F_1=4\text{kN}$、$F_2=5\text{kN}$，试用静力平衡方程和虚位移原理两种方法求杆 1 的内力。

14-15 不计各杆自重，求固定端 A 的约束力。

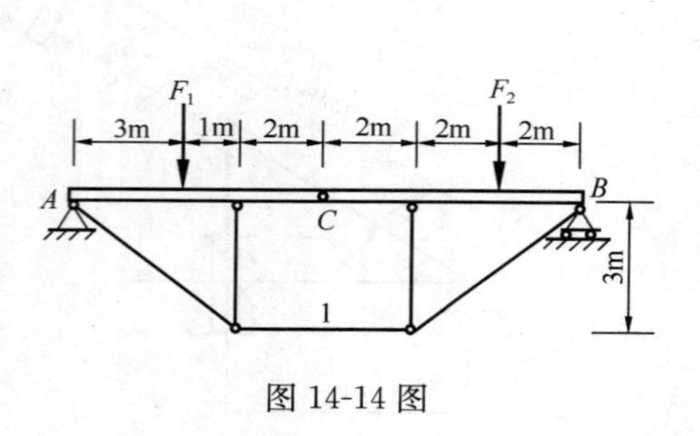

图 14-14 图

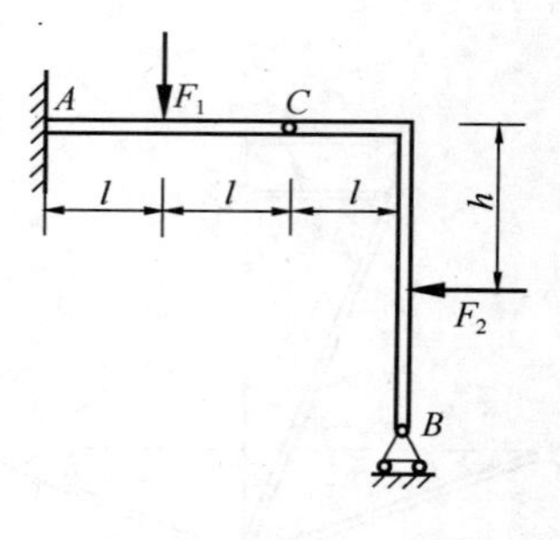

图 14-15 图

第15章　拉格朗日方程

在第13章达朗贝尔原理中引入惯性力的概念，采用静力学中求解平衡问题的方法来处理动力学问题；在第14章虚位移原理中建立了虚位移和虚功的概念，来求解静力学中的平衡问题。本章则将虚位移原理与达朗贝尔原理结合起来，得到解决质点系动力学问题的普遍方程，即动力学普遍方程，也称为达朗贝尔-拉格朗日方程，以及由之推演得到的具有重要理论价值和应用意义的拉格朗日方程。它们是解决质点系动力学问题的最普遍的方程，是分析动力学的基础。在动力学普遍方程中，系统的运动是用直角坐标来描述的，而拉格朗日方程则是用广义坐标表示的系统的运动微分方程。对于解决复杂的非自由质点系的动力学问题，拉格朗日方程显得尤其简便。

§15.1　动力学普遍方程

设由 n 个质点组成的质点系，其中第 i 个质点的质量为 m_i，其上作用的主动力为 $\boldsymbol{F}_i$，约束力为 $\boldsymbol{F}_{Ni}$。如果假想地加上该质点的惯性力 $\boldsymbol{F}_{Ii}=-m_i\boldsymbol{a}_i$，则根据达朗伯原理，$\boldsymbol{F}_i$，$\boldsymbol{F}_{Ni}$，$\boldsymbol{F}_{Ii}$（$i=1$，2，…，$n$）应组成平衡力系，即

$$\boldsymbol{F}_i+\boldsymbol{F}_{Ni}+\boldsymbol{F}_{Ii}=0\ (i=1,2,\cdots,n) \tag{a}$$

若给质点系内各质点以任一组虚位移 $\delta\boldsymbol{r}_i$（$i=1$，2，…，n），则虚功总和为

$$\sum_{i=1}^{n}(\boldsymbol{F}_i+\boldsymbol{F}_{Ni}+\boldsymbol{F}_{Ii})\cdot\delta\boldsymbol{r}_i=0 \tag{b}$$

如果质点系具有理想约束，有

$$\sum_{i=1}^{n}\boldsymbol{F}_{Ni}\cdot\delta\boldsymbol{r}_i=0 \tag{c}$$

于是式（b）就可写为

$$\sum_{i=1}^{n}(\boldsymbol{F}_i+\boldsymbol{F}_{Ii})\cdot\delta\boldsymbol{r}_i=0 \tag{15-1a}$$

若将 $\boldsymbol{F}_{Ii}=-m_i\boldsymbol{a}_i=-m_i\ddot{\boldsymbol{r}}_i$ 代入上式，有

$$\sum_{i=1}^{n}(\boldsymbol{F}_i-m_i\ddot{\boldsymbol{r}}_i)\cdot\delta\boldsymbol{r}_i=0 \tag{15-1b}$$

此式表明：**具有双面、理想约束的质点系运动时，任一瞬时作用于质点系上的主动力和惯性力在质点系的任何虚位移中的虚功之和等于零。式（15-1）称为动力学普遍方程**，或达朗贝尔-拉格朗日方程。

动力学普遍方程的解析形式为

$$\sum_{i=1}^{n}[(F_{ix}-m_i\ddot{x}_i)\delta x_i+(F_{iy}-m_i\ddot{y}_i)\delta y+(F_{iz}-m_i\ddot{z}_i)\delta z_i]=0 \tag{15-2}$$

与静力学普遍方程相比较，可以发现它们具有的共同特点：（1）理想约束的约束

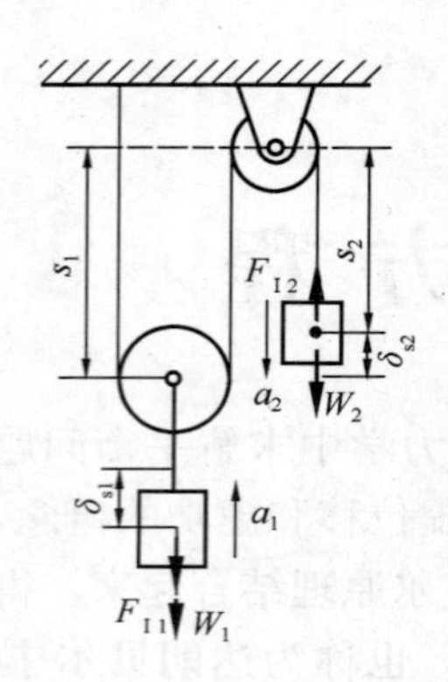

图 15-1

反力在方程中均不出现；（2）在任意多自由度质点系中，质点系的独立平衡方程或运动微分方程的数目与自由度数相等。

【例 15-1】 在图 15-1 所示滑轮系统中，动滑轮上悬挂着重为 W_1 的重物。绳子绕过定滑轮后悬挂着重物为 W_2 的重物。设滑轮和绳子的重量以及轮轴摩擦均忽略不计，求重为 W_1 的重物上升的加速度。

【解】 1. 研究整个滑轮系统，此为一个自由度的系统。

2. 分析主动力，作用在系统上的主动力只有两物块的重力 W_1，W_2。

3. 分析运动，虚加惯性力。两物块均作直线运动，由运动学知，$\boldsymbol{a}_2=2\boldsymbol{a}_1$，其惯性力大小分别为：$F_{I1}=\dfrac{W_1}{g}a_1$，$F_{I2}=\dfrac{W_2}{g}a_2=\dfrac{2W_2}{g}a_1$，方向如图 15-1 所示。

4. 任给系统一组虚位移，由定滑轮与动滑轮的传动关系，有 $\delta s_2=2\delta s_1$。

5. 由动力学普遍方程求解。

$$\Sigma(\boldsymbol{F}_i-m_i\ddot{\boldsymbol{r}}_i)\cdot\delta\boldsymbol{r}_i=0,\ -(W_1+F_{I1})\delta s_1+(W_2-F_{I2})\delta s_2=0$$

将惯性力和虚位移关系代入上式，有

$$\left[-\left(W_1+\frac{W_1}{g}a_1\right)+2\left(W_2-\frac{2W_2}{g}a_1\right)\right]\delta s_1=0$$

由 δs_1 的独立性，解得

$$a_1=\frac{2W_2-W_1}{4W_2+W_1}g$$

【例 15-2】 在光滑的水平面上放置有质量为 m_1 的三棱柱 ABC，其水平倾角为 θ。一质量为 m_2，半径为 r 的匀质圆轮沿该三棱柱的斜面 AB 无滑动地滚下，如图 15-2 所示。试求三棱柱向左运动的加速度 $\boldsymbol{a}_1$ 和圆柱质心 O 相对三棱柱的加速度 $\boldsymbol{a}_r$。

【解】 1. 研究整体，此为二自由度系统，选圆柱转角 φ 与三棱柱位移 x 为广义坐标。

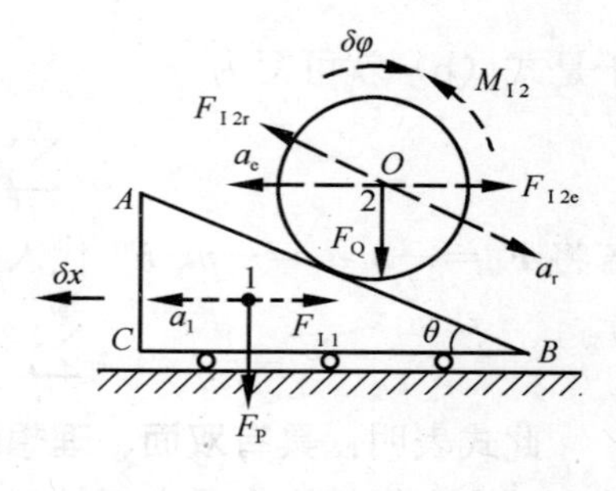

图 15-2

2. 分析运动，对系统施加相应的惯性力与惯性力偶。其中，三棱柱的惯性力

$$\boldsymbol{F}_{I1}=-m_1\boldsymbol{a}_1$$

式中，$\boldsymbol{a}_1$ 为三棱柱的加速度。

圆柱质心的牵连加速度所对应的惯性力

$$\boldsymbol{F}_{I2e}=-m_2\boldsymbol{a}_1$$

其中，$\boldsymbol{a}_1$ 为棱柱的加速度，即圆柱质心的牵连加速度。

圆柱质心的相对加速度所对应的惯性力

$$\boldsymbol{F}_{I2r}=-m_2\boldsymbol{a}_r$$

式中，$\boldsymbol{a}_r$ 为圆柱质心 O 相对于三棱柱的加速度。

圆柱的惯性力偶

$$M_{I2} = -J_2\alpha_2$$

式中 $J_2 = \frac{1}{2}mr^2$，α_2 为圆柱的角加速度。

3. 任给系统一虚位移，二自由度刚体系统有两组独立的虚位移。

(1) 令 $\delta x_1=0$，$\delta\varphi\neq0$，由动力学普遍方程，有

$$m_2 g\sin\theta \cdot r\delta\varphi + F_{I2e}\cos\theta \cdot r\delta\varphi - F_{I2r} \cdot r\delta\varphi - J_2\alpha_2\delta\varphi = 0 \tag{a}$$

将各惯性力（惯性力偶矩）项代入后，得

$$\left[\sin\theta + \frac{1}{g}\left(a_1\cos\theta - a_r - \frac{1}{2}a_r\right]m_2 gr\delta\varphi = 0$$

由 $\delta\varphi$ 的任意性，得

$$\sin\theta + \frac{1}{g}\left(a_1\cos\theta - \frac{3}{2}a_r\right) = 0 \tag{b}$$

(2) 令 $\delta\varphi=0$，$\delta x_1\neq0$，由动力学普遍方程，有

$$-(F_{I1} + F_{I2e})\delta x_1 + F_{I2r}\cos\theta \cdot \delta x_1 = 0 \tag{c}$$

同样得

$$a_r = \frac{(m_2 + m_1)a_1}{m_2\cos\theta} \tag{d}$$

将式（b）与式（d）联立，解得

$$a_1 = \frac{m_2 g\sin2\theta}{3(m_2 + m_1) - 2m_2\cos^2\theta}, \qquad a_r = \frac{2g\sin(m_2 + m_1)}{3(m_2 + m_1) - 2m_2\cos^2\theta}$$

请读者思考：虚位移 $\delta\varphi$ 是相对运动量。令 $\delta x_1 = 0, \delta\varphi \neq 0$ 时，式（a）中是否应不包括 F_{I2e} 的虚功？另外，δx_1 是绝对运动量。令 $\delta\varphi = 0, \delta x_1 \neq 0$ 时，式（c）中是否也应不包括 F_{I2r} 的虚功？搞清这一个问题，有利于深入理解虚位移的概念。

动力学普遍方程在应用时应注意：

1. 主要用于求解动力学第二类问题，即已知主动力求运动规律；

2. 只要正确分析运动，对系统虚加惯性力，其他步骤与应用虚位移原理求解静力学问题相同；

3. 关键是计算质点系上各主动力、惯性力的虚功，一般只需考虑整体，而不必拆开系统。

§15.2 拉格朗日方程

前面讨论的动力学普遍方程由于系统存在约束，各质点的虚位移可能是不全独立的，解题时需要找出各虚位移之间的关系，有时很不方便。如果采用广义坐标，将可得到与自由度数相同的独立的运动微分方程，即**拉格朗日第二类方程**或简称为**拉格朗日方程**。

设由 n 个质点组成的质点系，受到 s 个完整的理想约束，选 k（$k=3n-s$）

个广义坐标 q_1，q_2，…，q_k 表示质点系的位置。质点系中任一质点 m_i 的矢径 $\boldsymbol{r}_i$ 可以表示为广义坐标和时间 t 的函数，即

$$\boldsymbol{r}_i=\boldsymbol{r}_i(q_1,q_2,\cdots,q_k,t)(i=1,2,\cdots,n) \tag{15-3}$$

将上式两边求变分，得

$$\delta\boldsymbol{r}_i=\sum_{j=1}^{k}\frac{\partial\boldsymbol{r}_i}{\partial q_j}\delta q_j(i=1,2,\cdots,n) \tag{15-4}$$

因为求变分时要“冻结”或“凝固”时间 t，即 $\delta t=0$，所以式（15-3）与式（14-2a）的变分相同（见式 14-3a）。

将式（15-4）代入式（15-1b），有

$$\sum_{i=1}^{n}(\boldsymbol{F}_i-m_i\ddot{\boldsymbol{r}}_i)\cdot\sum_{j=1}^{k}\frac{\partial\boldsymbol{r}_i}{\partial q_j}\delta q_j=0$$

变换求和顺序，有

$$\sum_{j=1}^{k}\Big(\sum_{i=1}^{n}\boldsymbol{F}_i\cdot\frac{\partial\boldsymbol{r}_i}{\partial q_j}-\sum_{i=1}^{n}m_i\ddot{\boldsymbol{r}}_i\cdot\frac{\partial\boldsymbol{r}_i}{\partial q_j}\Big)\delta q_j=0 \tag{a}$$

由式（14-8a）知，上式括号中第一项就是对应于广义坐标 q_j 的**广义力**，即

$$F_{Qj}=\sum_{i=1}^{n}\boldsymbol{F}_i\cdot\frac{\partial\boldsymbol{r}_i}{\partial q_j}$$

第二项可称为**广义惯性力**。为计算方便，对广义惯性力作如下变换

$$\sum_{i=1}^{n}m_i\ddot{\boldsymbol{r}}_i\cdot\frac{\partial\boldsymbol{r}_i}{\partial q_j}=\frac{\mathrm{d}}{\mathrm{d}t}\Big(\sum_{i=1}^{n}m_i\dot{\boldsymbol{r}}\cdot\frac{\partial\boldsymbol{r}_i}{\partial q_j}\Big)-\sum_{i=1}^{n}m_i\dot{\boldsymbol{r}}_i\cdot\frac{\mathrm{d}}{\mathrm{d}t}\Big(\frac{\partial\boldsymbol{r}_i}{\partial q_j}\Big) \tag{b}$$

为了进一步简化，先证明两个恒等式，即**拉格朗日关系式**

$$\frac{\partial\boldsymbol{r}_i}{\partial q_j}=\frac{\partial\dot{\boldsymbol{r}}_i}{\partial\dot{q}_j} \tag{15-5}$$

$$\frac{\mathrm{d}}{\mathrm{d}t}\Big(\frac{\partial\boldsymbol{r}_i}{\partial q_j}\Big)=\frac{\partial\dot{\boldsymbol{r}}_i}{\partial\dot{q}_j} \tag{15-6}$$

（1）先证明式（15-5）。

将式（15-3）对时间 t 求导数，有

$$\dot{\boldsymbol{r}}_i=\sum_{j=1}^{k}\frac{\partial\boldsymbol{r}_i}{\partial q_j}\dot{q}_j+\frac{\partial\boldsymbol{r}_i}{\partial t} \tag{15-7}$$

式中广义坐标对时间的变化率 $\dot{q}_j$ 称为广义速度，而 $\frac{\partial\boldsymbol{r}_i}{\partial q_j}$，$\frac{\partial\boldsymbol{r}_i}{\partial t}$ 仅是广义坐标和时间的函数，与广义速度 $\dot{q}_j$ 无关，所以将式（15-7）对广义速度 $\dot{q}_j$ 求偏导数，得

$$\frac{\partial\dot{\boldsymbol{r}}_i}{\partial\dot{q}_j}=\frac{\partial\boldsymbol{r}_i}{\partial q_j}$$

（2）再证明式（15-6）。

将式（15-7）对任一广义坐标 q_l 求偏导数，得

$$\frac{\partial\dot{\boldsymbol{r}}_i}{\partial q_l}=\sum_{j=1}^{k}\frac{\partial^2\boldsymbol{r}_i}{\partial q_j\partial q_l}\dot{q}_j+\frac{\partial^2\boldsymbol{r}_i}{\partial t\partial q_l} \tag{c}$$

将矢径 $\boldsymbol{r}_i$ 直接对 q_1 求偏导后得 $\frac{\partial\boldsymbol{r}_i}{\partial q_l}$，再对时间 t 求导数，得

$$\frac{\mathrm{d}}{\mathrm{d}t}\left(\frac{\partial \boldsymbol{r}_i}{\partial q_l}\right)=\sum_{j=1}^{k}\frac{\partial^2 \boldsymbol{r}_i}{\partial q_l \partial q_j}\dot{q}_j+\frac{\partial^2 \boldsymbol{r}_i}{\partial q_l \partial t} \tag{d}$$

考虑到 $\frac{\partial^2 \boldsymbol{r}_i}{\partial q_j \partial q_l}=\frac{\partial^2 \boldsymbol{r}_i}{\partial q_l \partial q_j}$ 和 $\frac{\partial^2 \boldsymbol{r}_i}{\partial t \partial q_l}=\frac{\partial^2 \boldsymbol{r}_i}{\partial q_l \partial t}$，比较式（c）和式（d），可得

$$\frac{\mathrm{d}}{\mathrm{d}t}\left(\frac{\partial \boldsymbol{r}_i}{\partial q_j}\right)=\frac{\partial \dot{\boldsymbol{r}}_i}{\partial q_j}$$

以上两式证毕。

将式（15-5）和式（15-6）代入式（b），有

$$\begin{aligned}\sum_{i=1}^{n} m_i\ddot{\boldsymbol{r}}_i\cdot\frac{\partial \boldsymbol{r}_i}{\partial q_j}&=\frac{\mathrm{d}}{\mathrm{d}t}\left[\sum_{i=1}^{n} m_i\dot{\boldsymbol{r}}_i\cdot\frac{\partial \dot{\boldsymbol{r}}_i}{\partial \dot{q}_j}\right]-\sum_{i=1}^{n} m_i\dot{\boldsymbol{r}}_i\cdot\frac{\partial \dot{\boldsymbol{r}}_i}{\partial q_j}\\&=\frac{\mathrm{d}}{\mathrm{d}t}\frac{\partial}{\partial \dot{q}_j}\left(\sum_{i=1}^{n}\frac{1}{2}m_i\dot{\boldsymbol{r}}_i\cdot\dot{\boldsymbol{r}}_i\right)-\frac{\partial}{\partial q_j}\left(\sum_{i=1}^{n}\frac{1}{2}m_i\dot{\boldsymbol{r}}_i\cdot\dot{\boldsymbol{r}}_i\right)\\&=\frac{\mathrm{d}}{\mathrm{d}t}\frac{\partial}{\partial \dot{q}_j}\left(\sum_{i=1}^{n}\frac{1}{2}m_i v_i^2\right)-\frac{\partial}{\partial q_j}\left(\sum_{i=1}^{n}\frac{1}{2}m_i v_i^2\right)\\&=\frac{\mathrm{d}}{\mathrm{d}t}\frac{\partial T}{\partial \dot{q}_j}-\frac{\partial T}{\partial q_j}\end{aligned} \tag{15-8}$$

其中 $v_i^2=\dot{\boldsymbol{r}}_i\cdot\dot{\boldsymbol{r}}_i$ 为第 i 个质点速度的平方，$T=\sum_{i=1}^{n}\frac{1}{2}m_i\dot{\boldsymbol{r}}_i\cdot\dot{\boldsymbol{r}}_i=\sum_{i=1}^{n}\frac{1}{2}m_i v_i^2$ 是质点系的动能。将式（14-7a）和式（15-8）代入式（a），有

$$\sum_{j=1}^{k}\left[F_{Qj}-\left(\frac{\mathrm{d}}{\mathrm{d}t}\frac{\partial T}{\partial \dot{q}_j}-\frac{\partial T}{\partial q_j}\right)\right]\delta q_j=0 \tag{15-9}$$

上式为用广义坐标表示的动力学普遍方程，对于完整约束的质点系，广义坐标的变分 δq_j 是独立的。因此要使上式成立，δq_j 的系数必须等于零，由此得

$$\frac{\mathrm{d}}{\mathrm{d}t}\frac{\partial T}{\partial \dot{q}_j}-\frac{\partial T}{\partial q_j}=F_{Qj}\quad (j=1,2,\cdots,k) \tag{15-10}$$

式（15-10）称为**拉格朗日方程**，该方程组中方程式的数目等于质点系的自由度数，是一组用广义坐标表示的二阶微分方程。一般情况下，这些方程是非线性的，很难进行解析积分，但可以进行数值积分。

如果作用在质点系上的主动力都是有势力（保守力），设质点系的势能为 V，由式（14-11）知，对应于广义坐标 q_j 的广义力为

$$F_{Qj}=-\frac{\partial V}{\partial q_j}\quad (j=1,2,\cdots,k)$$

将上式代入式（15-10），有

$$\frac{\mathrm{d}}{\mathrm{d}t}\frac{\partial T}{\partial \dot{q}_j}-\frac{\partial T}{\partial q_j}=-\frac{\partial V}{\partial q_j}\quad (j=1,2,\cdots,k)$$

由于势能不是广义速度的函数，即有 $\frac{\partial V}{\partial \dot{q}_j}=0$，故上式可写为

$$\frac{\mathrm{d}}{\mathrm{d}t}\frac{\partial (T-V)}{\partial \dot{q}_j}-\frac{\partial (T-V)}{\partial q_j}=0\quad (j=1,2,\cdots,k) \tag{e}$$

若令

$$L=T-V \tag{15-11}$$

称 L 为**拉格朗日函数**，又称为动势。则式（e）可写为

$$\frac{\mathrm{d}}{\mathrm{d}t}\frac{\partial L}{\partial \dot{q}_j}-\frac{\partial L}{\partial q_j}=0 \quad (j=1,2,\cdots,k) \tag{15-12}$$

式（15-12）称为**保守系统的拉格朗日方程。**

下面通过实例说明拉格朗日方程的应用。应用拉格朗日方程求解具体问题时，可按照如下步骤进行：

1. 选取研究对象，判断系统是否受理想、完整约束。主动力是否有势力，确定采用拉格朗日方程的形式；

2. 确定系统的自由度数，选择一组适当的广义坐标；

3. 分析速度，写出系统的动能、势能或广义力，把它们表示成广义坐标和广义速度的函数；

4. 将动能或拉格朗日函数或广义力代入式（15-10）和式（15-12），得到与质点系自由度数相同的运动微分方程。

【例 15-3】 半径均为 R 的均质圆盘和均质细圆环，质量分别为 m_1 和 m_2，用绕过无重定滑轮的软绳相连，绳一端系于盘心，另一端缠在圆环上，如图 15-3 所示，圆盘放在粗糙水平面上，圆环铅直悬吊，试求它们的质心加速度。

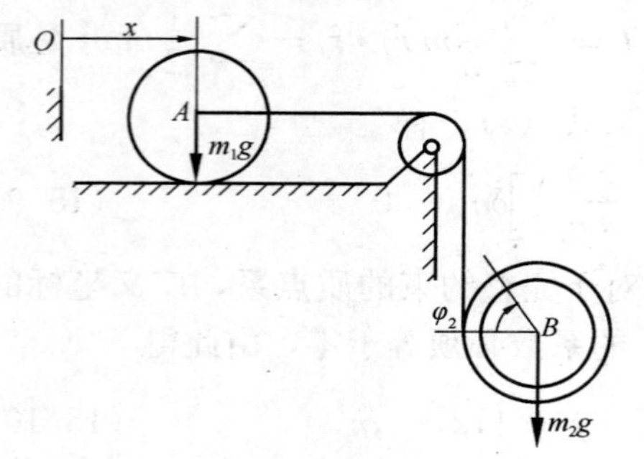

图 15-3

【解】 1. 研究由圆盘和圆环组成的系统，此为两个自由度的系统。选取 x 和 φ_2 为广义坐标，如图 15-3 所示。

2. 计算系统的动能。

圆盘和圆环均作平面运动，其质心速度和角速度分别为

圆盘： $\upsilon_1=\dot{x}$， $\omega_1=\dfrac{\dot{x}}{R}$ (a)

圆环： $\upsilon_2=\dot{x}+R\dot{\varphi}_2$， $\omega_2=\dot{\varphi}_2$ (b)

系统的动能为

$$T=\frac{1}{2}m_1\upsilon_1^2+\frac{1}{2}\frac{m_1R^2}{2}\omega_1^2+\frac{1}{2}m_2\upsilon_2^2+\frac{1}{2}m_2R^2\omega_2^2$$

将式（a），式（b）代入上式，并化简得

$$T=\left(\frac{3}{4}m_1+\frac{1}{2}m_2\right)\dot{x}^2+m_2R\dot{x}\dot{\varphi}_2+m_2R^2\dot{\varphi}_2^2$$

3. 利用几何法计算广义力。

令 $\delta x\neq0$，$\delta\varphi_2=0$，有

$$F_{Q1}=\frac{\Sigma\delta W_i^1}{\delta x}=\frac{m_2g\delta x}{\delta x}=m_2g$$

令 $\delta x=0,\delta\varphi_2\neq0$，有

$$F_{Q2}=\frac{\Sigma\delta W_i^2}{\delta\varphi_2}=\frac{m_2g\delta\varphi_2}{\delta\varphi_2}=m_2gR$$

4. 计算偏导数。

$$\frac{\partial T}{\partial \dot{x}}=\left(\frac{3}{2}m_1+m_2\right)\dot{x}+m_2R\dot{\varphi}_2,\frac{\partial T}{\partial x}=0$$

$$\frac{\partial T}{\partial \dot{\varphi}_2}=m_2R\dot{x}+2m_2R^2\dot{\varphi}_2,\frac{\partial T}{\partial \varphi_2}=0$$

5. 利用拉格朗日方程求解。

$$\frac{\mathrm{d}}{\mathrm{d}t}\left(\frac{\partial T}{\partial \dot{x}}\right)-\frac{\partial T}{\partial x}=F_{Q1},\left(\frac{3}{2}m_1+m_2\right)\ddot{x}+m_2R\ddot{\varphi}_2-0=m_2g \tag{c}$$

$$\frac{\mathrm{d}}{\mathrm{d}t}\left(\frac{\partial T}{\partial \dot{\varphi}_2}\right)-\frac{\partial T}{\partial \varphi_2}=F_{Q2},m_2R\ddot{x}+2m_2R\ddot{\varphi}_2-0=m_2gR \tag{d}$$

联立式（c），式（b），解得

$$\ddot{x}=\frac{m_2g}{3m_1+m_2},\ddot{\varphi}_2=\frac{3m_1g}{2(3m_1+m_2)R}$$

圆盘质心加速度为

$$\ddot{x}=\frac{m_2g}{3m_1+m_2}$$

圆环质心加速度为

$$a_B=\ddot{x}+R\ddot{\varphi}_2=\frac{3m_1+2m_2}{6m_1+2m_2}g$$

【例 15-4】 质量为 m，长度为 l 的均质杆 AB，A 端与刚性系数为 k 的弹簧相连并限制在铅垂方向运动，AB 杆还可以绕过 A 的水平轴摆动，如图 15-4 所示，小轮 A 质量不计。试求 AB 杆的运动微分方程。

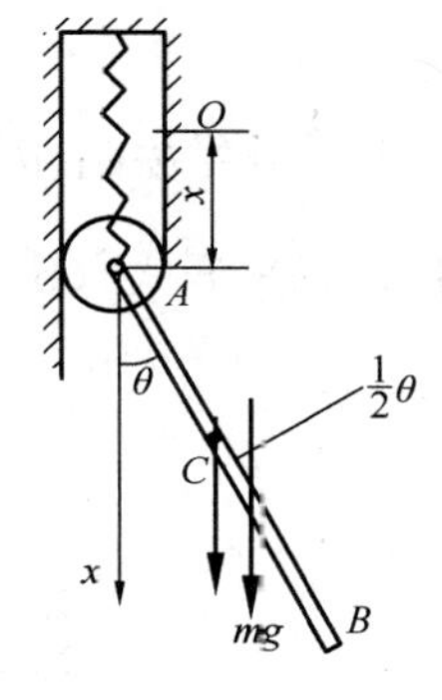

图 15-4

【解】 1. 研究 AB 杆，此为两个自由度的系统，选 x 和 θ 角为广义坐标，如图 15-4 所示。

坐标原点 O 为平衡位置，在平衡位置时，有

$$k\lambda_0=mg \tag{a}$$

2. 计算 AB 杆的动能。

AB 杆作平面运动，质心 C 坐标和速度为

$$x_C=x+\frac{l}{2}\cos\theta,y_C=\frac{l}{2}\sin\theta$$

$$\dot{x}_C=\dot{x}-\frac{l}{2}\dot{\theta}\sin\theta,\dot{y}_C=\frac{l}{2}\dot{\theta}\cos\theta \tag{b}$$

AB 杆动能为

$$T=\frac{1}{2}mv_C^2+\frac{1}{2}J_C\dot{\theta}^2=\frac{1}{2}m(\dot{x}_C^2+\dot{y}_C^2)+\frac{1}{2}\frac{ml^2}{12}\dot{\theta}^2$$

将式（b）代入上式，并化简得

$$T=\frac{m}{2}\dot{x}^2-\frac{m}{2}l\dot{x}\dot{\theta}\sin\theta+\frac{ml^2}{6}\dot{\theta}^2$$

3. 计算势能，并写出拉格朗日函数。

选 O 点为弹性力和重力的零势能点，则

$$V=\frac{k}{2}[(x+\lambda_0)^2-\lambda_0^2]-mg\left(x+\frac{l}{2}\cos\theta\right)$$

将式（a）代入上式，并化简得

$$V=\frac{k}{2}x^2-mg\ \frac{l}{2}\cos\theta$$

拉格朗日函数为

$$L=T-V=\frac{m}{2}\dot{x}^2-\frac{m}{2}l\dot{x}\dot{\theta}\sin\theta+\frac{ml^2}{6}\dot{\theta}^2-\frac{k}{2}x^2+mg\ \frac{l}{2}\cos\theta$$

4. 求偏导数。

$$\frac{\partial T}{\partial \dot{x}}=m\dot{x}-\frac{m}{2}l\dot{\theta}\sin\theta,\quad \frac{\partial L}{\partial x}=-kx$$

$$\frac{\partial L}{\partial \dot{\theta}}=-\frac{m}{2}l\dot{x}\sin\theta+\frac{ml^2}{3}\dot{\theta},\quad \frac{\partial L}{\partial \theta}=-\frac{m}{2}l\dot{x}\dot{\theta}\cos\theta-mg\ \frac{l}{2}\sin\theta$$

5. 利用保守系统的拉格朗日方程求解。

$$\frac{\mathrm{d}}{\mathrm{d}t}\left(\frac{\partial L}{\partial \dot{x}}\right)-\frac{\partial L}{\partial x}=0$$

$$m\ddot{x}-\frac{m}{2}l\ddot{\theta}\sin\theta-\frac{m}{2}l\dot{\theta}^2\cos\theta+kx=0 \tag{c}$$

$$\frac{\mathrm{d}}{\mathrm{d}t}\left(\frac{\partial L}{\partial \dot{\theta}}\right)-\frac{\partial L}{\partial \theta}=0$$

$$-\frac{m}{2}l\ddot{x}\sin\theta-\frac{m}{2}l\dot{x}\dot{\theta}\cos\theta+\frac{ml^2}{3}\ddot{\theta}+\frac{m}{2}l\dot{x}\dot{\theta}\cos\theta+mg\ \frac{l}{2}\sin\theta=0 \tag{d}$$

将式(c)和式(b)化简,得

$$2m\ddot{x}-ml\ddot{\theta}\sin\theta-ml\dot{\theta}^2\cos\theta+2kx=0$$

$$2l\ddot{\theta}-3\ddot{x}\sin\theta+3g\sin\theta=0$$

* §15.3 拉格朗日方程的首次积分

拉格朗日方程是一个关于广义坐标的二阶微分方程组,如果要知道系统的运动规律,则需要对方程进行积分,下面研究在保守系统中的拉格朗日方程的首次积分。

一、循环积分

对于完整保守质点系,如果在它的拉格朗日函数 L 中不包含某一个广义坐标 q_a,而只包含它的导数 $\dot{q}_a$,则这个广义坐标 q_a 称为**循环坐标**,或称**可遗坐标**。

如果 q_a 是循环坐标,就有 $\frac{\partial L}{\partial q_a}=0$,那么对应于该坐标的拉格朗日方程为

$$\frac{\mathrm{d}}{\mathrm{d}t}\left(\frac{\partial L}{\partial \dot{q}_a}\right)=0$$

积分该式得到一个首次积分

$$\frac{\partial L}{\partial \dot{q}_a}=p_a=\text{常数} \tag{15-13}$$

这个积分称为**循环积分**。

拉格朗日函数 L 对于广义速度的一阶偏导数

$$p_a = \frac{\partial L}{\partial \dot{q}_a} \tag{15-14}$$

称为对应于广义坐标 q_a 的**广义动量**。根据这个定义可以看出，循环积分表示广义动量是守恒的。

如果质点系有多个循环坐标，那么类似地可以得出相同个数的相应循环积分。

二、广义能量积分

设质点系受非定常、完整、理想约束，由式（15-3）知，质点系中各质点的矢径可表示为广义坐标和时间的函数，即

$$\boldsymbol{r}_i = \boldsymbol{r}_i(q_1, q_2, \cdots, q_k, t)$$

各质点的速度为

$$\boldsymbol{v}_i = \dot{\boldsymbol{r}}_i = \sum_{j=1}^{k} \frac{\partial \boldsymbol{r}_i}{\partial q_j}\dot{q}_j + \frac{\partial \boldsymbol{r}_i}{\partial t}$$

质点系的动能为

$$\begin{aligned} T &= \sum_{i=1}^{n} \frac{1}{2} m_i v_i^2 = \frac{1}{2}\sum_{i=1}^{n} m_i \boldsymbol{v}_i \cdot \boldsymbol{v}_i \\ &= \frac{1}{2}\sum_{i=1}^{n} m_i \left(\sum_{j=1}^{k} \frac{\partial \boldsymbol{r}_i}{\partial q_j}\dot{q}_j + \frac{\partial \boldsymbol{r}_i}{\partial t}\right)\cdot\left(\sum_{l=1}^{k} \frac{\partial \boldsymbol{r}_i}{\partial q_l}\dot{q}_l + \frac{\partial \boldsymbol{r}_i}{\partial t}\right) \\ &= \frac{1}{2}\sum_{j=1}^{k}\sum_{l=1}^{k}\left(\sum_{i=1}^{n} m_i \frac{\partial \boldsymbol{r}_i}{\partial q_j}\cdot\frac{\partial \boldsymbol{r}_i}{\partial q_l}\right)\dot{q}_j\dot{q}_l + \sum_{j=1}^{k}\left(\sum_{i=1}^{n} m_i \frac{\partial \boldsymbol{r}_i}{\partial q_j}\cdot\frac{\partial \boldsymbol{r}_i}{\partial t}\right)\dot{q}_j \\ &\quad + \frac{1}{2}\sum_{i=1}^{n} m_i \frac{\partial \boldsymbol{r}_i}{\partial t}\cdot\frac{\partial \boldsymbol{r}_i}{\partial t} \end{aligned}$$

式中 $\frac{\partial \boldsymbol{r}_i}{\partial q_j}, \frac{\partial \boldsymbol{r}_i}{\partial q_l}, \frac{\partial \boldsymbol{r}_i}{\partial t}$ 均是广义坐标和时间的函数。

令
$$T_2 = \frac{1}{2}\sum_{j=1}^{k}\sum_{l=1}^{k} A_{jl}\dot{q}_j\dot{q}_l, \quad T_1 = \sum_{j=1}^{k} B_j\dot{q}_j, \quad T_0 = C \tag{15-15}$$

式中，$A_{jl} = \sum_{i=1}^{n} m_i \frac{\partial \boldsymbol{r}_i}{\partial q_j}\cdot\frac{\partial \boldsymbol{r}_i}{\partial q_l}$，$B_j = \sum_{i=1}^{n} m_i \frac{\partial \boldsymbol{r}_i}{\partial q_j}\cdot\frac{\partial \boldsymbol{r}_i}{\partial t}$，$C = \frac{1}{2}\sum_{i=1}^{n} m_i \frac{\partial \boldsymbol{r}_i}{\partial t}\cdot\frac{\partial \boldsymbol{r}_i}{\partial t}$，则质点系的动能为

$$T = T_2 + T_1 + T_0 \tag{15-16}$$

因 A_{jl}，B_j，C 只是广义坐标和时间的函数，所以 T_2 是广义速度的齐二次式，T_1 是广义速度的一次式，T_0 中不含广义速度。由欧拉齐次函数定理有

$$\sum_{j=1}^{k} \frac{\partial T}{\partial \dot{q}_j}\dot{q}_j = 2T_2 + T_1 \tag{15-17}$$

现在来求拉格朗日方程的首次积分。设系统所受的主动力是有势力，且拉格朗日函数 $L=T-V$ 中不显含时间 t，则

$$\frac{\mathrm{d}L}{\mathrm{d}t} = \sum_{j=1}^{k}\left(\frac{\partial L}{\partial q_j}\dot{q}_j + \frac{\partial L}{\partial \dot{q}_j}\ddot{q}_j\right) \tag{a}$$

将保守系统的拉格朗日方程式（15-12）改写为

$$\frac{\mathrm{d}}{\mathrm{d}t}\left(\frac{\partial L}{\partial \dot{q}_j}\right)=\frac{\partial L}{\partial q_j} \tag{b}$$

将式（b）代入式（a），有

$$\frac{\mathrm{d}L}{\mathrm{d}t}=\sum_{j=1}^{k}\left[\frac{\mathrm{d}}{\mathrm{d}t}\left(\frac{\partial L}{\partial \dot{q}_j}\right)\dot{q}_j+\frac{\partial L}{\partial \dot{q}_j}\ddot{q}_j\right]=\frac{\mathrm{d}}{\mathrm{d}t}\left(\sum_{j=1}^{k}\frac{\partial L}{\partial \dot{q}_j}\dot{q}_j\right)$$

将上式移项后，得

$$\frac{\mathrm{d}}{\mathrm{d}t}\left(\sum_{j=1}^{k}\frac{\partial L}{\partial \dot{q}_j}\dot{q}_j-L\right)=0$$

因此，有

$$\sum_{j=1}^{k}\frac{\partial L}{\partial \dot{q}_j}\dot{q}_j-L=\text{常数} \tag{c}$$

因为势能函数 V 不显含广义速度，并注意到式（15-17），有

$$\sum_{j=1}^{k}\frac{\partial L}{\partial \dot{q}_j}\dot{q}_j=2T_2+T_1$$

于是式（c）可写为

$$T_2-T_0+V=\text{常数} \tag{15-18}$$

上式称为**广义能量积分**，又称为**雅可比积分**，它并不表示机械能守恒，只表示系统内部分能之间的关系。

三、能量积分

如果保守系统的约束是定常的，各质点的矢径 $\boldsymbol{r}_i$ 不显含时间 t，有 $\frac{\partial \boldsymbol{r}_i}{\partial t}=0$，由式（15-15）知，$T_1=T_0=0$，于是 $T=T_2$，由式（15-18），有

$$T+V=\text{常数} \tag{15-19}$$

这就是**能量积分**，实际上就是在第 12 章中所述的机械能守恒定律。

对于一个系统，能量积分（广义能量积分）只有一个。而循环积分可能有多个。应用拉格朗日方程解题时，应注意分析有无能量积分和循环积分存在。若有，可以直接写出，以使求解过程简化。

【例 15-5】 如图 15-5 所示，滑块 A 质量为 m_1，放在光滑的水平面上，小球 B 质量为 m_2，用光滑铰链和长为 l 的无重直杆与滑块 A 相连，当 AB 与铅垂线夹角为 φ_0 时，系统由静止释放，试求系统的首次积分。

【解】 1. 研究由滑块 A 和小球 B 组成的质点系，此为两个自由度的系统，选 x 和 φ 为广义坐标，如图 15-5 所示。

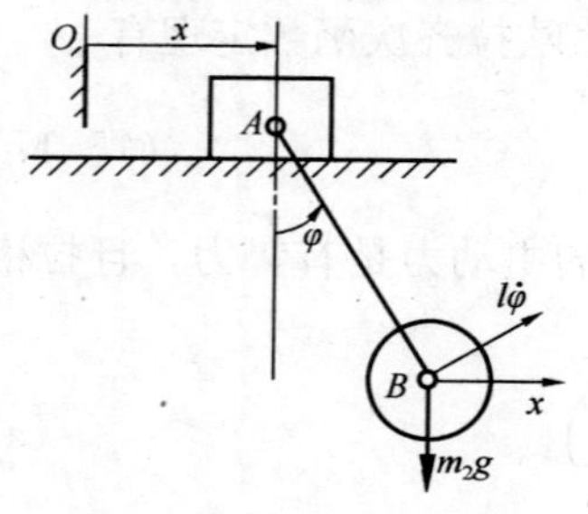

图 15-5

2. 计算系统的动能。

因 AB 杆作平面运动，B 点的速度为

$$\dot{x}_B=\dot{x}+l\dot{\varphi}\cos\varphi,\ \dot{y}_B=l\dot{\varphi}\sin\varphi$$

系统的动能为

$$T=\frac{m_1}{2}\dot{x}^2+\frac{m_2}{2}(\dot{x}_B^2+\dot{y}_B^2)$$

$$= \frac{1}{2}(m_1 + m_2)\dot{x}^2 + \frac{m_2}{2}(2l\dot{x}\dot{\varphi}\cos\varphi + l^2\dot{\varphi}^2)$$

可见动能为广义速度的齐二次式，即 $T=T_2$。

3. 计算系统的势能。

此为保守系统，选过 A 的水平位置为零势能位置，系统的势能为

$$V = -m_2 gl\cos\varphi$$

拉格朗日函数为

$$L = T - V = \frac{1}{2}(m_1 + m_2)\dot{x}^2 + \frac{m_2}{2}(2l\dot{x}\dot{\varphi}\cos\varphi + l^2\dot{\varphi}^2) + m_2 gl\cos\varphi$$

4. 分析拉格朗日函数 L 和动能 T，可知系统存在循环积分和能量积分，循环坐标为 x。循环积分为

$$\frac{\partial L}{\partial \dot{x}} = p_x, \quad (m_1 + m_2)\dot{x} + m_2 l\dot{\varphi}\cos\varphi = C_1 \tag{a}$$

上式为水平动量守恒。

能量积分为

$$T + V = E$$

$$\frac{1}{2}(m_1 + m_2)\dot{x}^2 + \frac{m_2}{2}(2l\dot{x}\dot{\varphi}\cos\varphi + l^2\dot{\varphi}^2) - m_2 gl\cos\varphi = E \tag{b}$$

将初始条件 $t=0$ 时，$\dot{x}=0$，$\dot{\varphi}=0$，$\varphi=\varphi_0$ 代入式 (a)，式 (b)，得

$$C_1 = 0, \qquad E = -m_2 gl\cos\varphi_0$$

于是可得系统的两个首次积分为

$$(m_1 + m_2)\dot{x} + m_2 l\dot{\varphi}\cos\varphi = 0$$

$$\frac{1}{2}(m_1 + m_2)\dot{x}^2 + \frac{m_2}{2}(2l\dot{x}\dot{\varphi}\cos\varphi + l^2\dot{\varphi}^2) = m_2 gl(\cos\varphi - \cos\varphi_0)$$

小　　结（知识结构图）

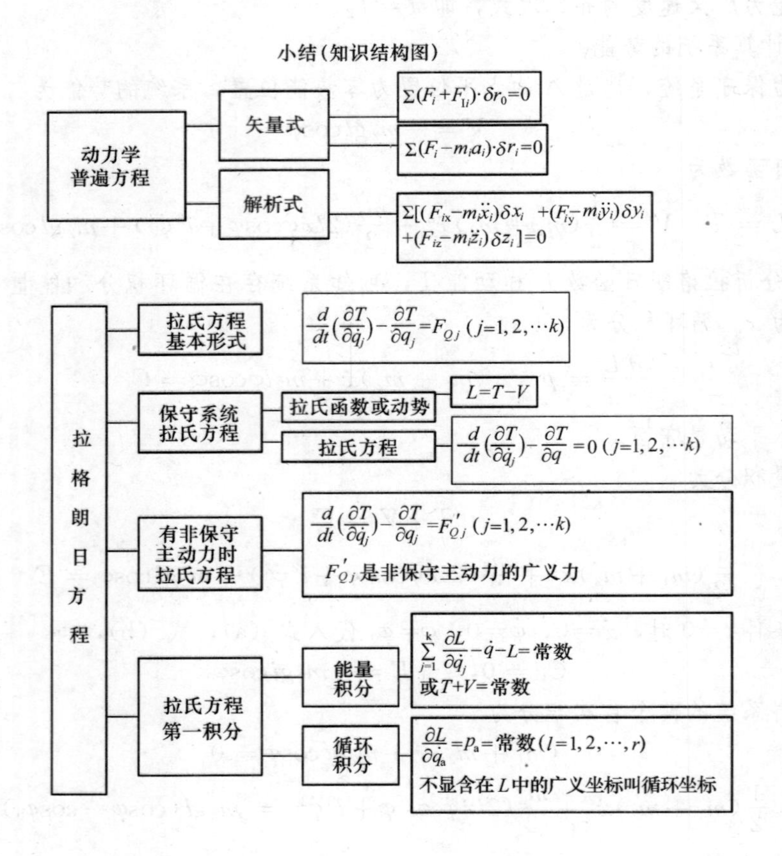

思　考　题

15-1　用拉格朗日方程建立单摆的运动微分方程时，取 φ 为广义坐标，则动能 $T=\frac{P}{2g}(l\dot{\varphi})^2$，若令 $\delta\varphi$ 转向如图 15-6 所示，则广义力 $F_Q=\frac{\delta W}{\delta\varphi}=lP\sin\varphi$，于是由拉格朗日方程得单摆的运动微分方程为 $\ddot{\varphi}-\frac{g}{l}\sin\varphi=0$。对吗？为什么？

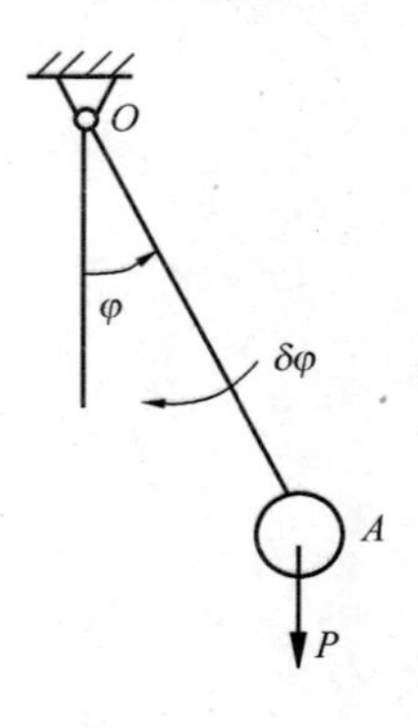

图 15-6

15-2 动力学普遍方程中应包含内力的虚功吗?

15-3 如果研究系统中有摩擦力，如何应用动力学普遍方程和拉格朗日方程?

15-4 试用拉格朗日方程推导刚体平面运动的运动微分方程。

习 题

15-1 试用拉格朗日方程求解习题 12-13 中滑块 A 的加速度。

15-2 试用拉格朗日方程求解习题综-6 中三棱柱 B 的加速度。

15-3 试求解习题 13-12 图中的广义力。

15-4 行星轮系的无重系杆 OA 上作用矩为 M 的力偶，带动半径为 r，质量为 m 的匀质轮沿半径为 R 的固定内齿轮滚动，机构在水平面运动，试求曲柄的角加速度。

15-5 质量为 m、半径为 $3R$ 的大圆环在粗糙的水平地面上作纯滚动，如图所示。另一小圆环的质量亦为 m、半径为 R 又在粗糙的大圆环内壁作纯滚动。不计滚动阻碍，整个系统处于铅垂面内。初始时，O_1O_2 在水平线上，被无初速度释放。试求系统的运动微分方程。

15-6 质量为 m 的质点 M 悬挂在一线上，线的另一端绕在半径为 r 的固定圆柱体上，构成一摆。设在平衡位置时线的下垂部分长为 l，不计线的质量，试求摆的运动微分方程。

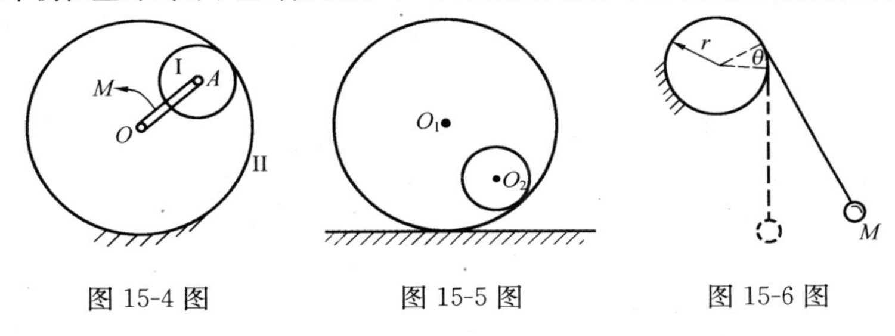

图 15-4 图　　图 15-5 图　　图 15-6 图

15-7 质量为 m_1 的滑块 A 在光滑水平面上，用刚性系数为 k 的水平弹簧与固定点 O 相连，它又与长度为 l 的无重直杆光滑铰接，杆端固定一个质量为 m_2 的小球 B，试求系统的运动微分方程。

15-8 如图所示，两根长为 l，质量为 m 的匀质杆，用刚度系数 k 的弹簧在中点相连。设弹簧原长为 d，两根杆只允许在铅直面内摆动。试列出其运动微分方程。

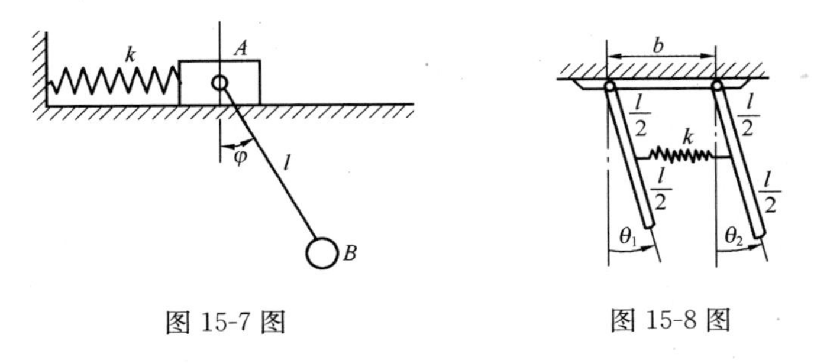

图 15-7 图　　图 15-8 图

15-9 两均质圆柱 A 和 B，重各为 P_1 和 P_2，半径各为 R_1 和 R_2。圆柱绕以绳索，其轴水平放置，圆柱 A 可绕定轴转动，圆柱 B 则在重力作用下自由下落。试求系统的运动微分方程。

15-10 匀质杆 AB 质量为 m，长度为 $2l$，其 A 端通过无重滚轮可沿水平导轨作直线移动，杆本身又可在铅垂面内绕 A 端转动。除杆的重力外 B 端还作用一不变水平力 $\boldsymbol{F}$。试写出杆 AB 的运动微分方程。

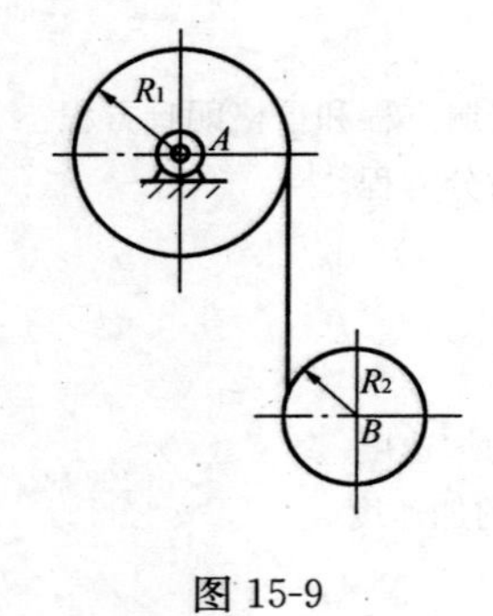

图 15-9

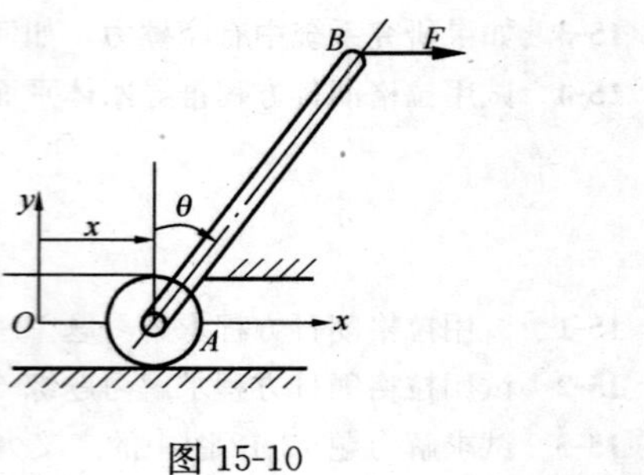

图 15-10

附录　习题参考答案

第2章　平　面　力　系

2-1 $F_R=161.2N$，$\angle(\boldsymbol{F}_R, \boldsymbol{F}_1)=29°44'$

2-2 $F_R=5000N$，$\angle(\boldsymbol{F}_R, \boldsymbol{F}_1)=29°44'$

2-3 $F_{AB}=54.64kN$（拉），$F_{BC}=74.64kN$（压）

2-4 $F_{AB}=1133N$，$F_E=1125N$

2-5 $F_A=\frac{\sqrt{5}}{2}F$，$F_D=\frac{1}{2}F$

2-6 $F_C=2000N$，$F_A=F_B=2010N$

2-7 $F_H=\frac{F}{2\sin^2\theta}$

2-8 $F=142kN$

2-9 $F_1 : F_2=0.644$

2-10 $M_A(\boldsymbol{F})=-Fb\cos\theta$，$M_B(\boldsymbol{F})=F(a\sin\theta-b\cos\theta)$

2-11 (a) $F_A=F_B=\frac{M}{2a}$ (b) $F_A=F_B=\frac{M}{a}$

2-12 $F_A=F_C=\frac{M}{2\sqrt{2}a}$

2-13 $F_A=\sqrt{2}\frac{M}{l}$

2-14 $3F'_R=466.5N$，$M_O=21.44N\cdot m$

$F_R=466.5N$，$d=45.96mm$

2-15 (1) $F'_R=150N$ (←)，$M_O=900N\cdot mm$

(2) $F=150N$，$y=-6mm$

2-16 $F_x=4kN$，$F_{y_1}=28.73kN$，$F_{y_2}=1.269kN$

2-17 $F_{Ax}=0$，$F_{Ay}=6kN$，$M_A=12kN\cdot m$

2-18 $F_0=-385kN$，$M_0=-1626kN\cdot m$

2-19 (a) $F_{Ax}=0$，$F_{Ay}=-\frac{1}{2}\left(F+\frac{M}{a}\right)$，$F_B=\frac{1}{2}\left(3F+\frac{M}{a}\right)$

(b) $F_{Ax}=0$，$F_{Ay}=-\frac{1}{2}\left(F+\frac{M}{a}-\frac{5}{2}qa\right)$，$F_B=\frac{1}{2}\left(3F+\frac{M}{a}-\frac{1}{2}qa\right)$

2-20 (a) $F_A=33.23kN$，$F_B=96.77kN$；(b) $P_{max}=52.22kN$

2-21 $P_2=333.3kN$，$x=6.75m$

2-22 $F=F_1\frac{h}{c}$

2-23 $F_{BC}=848.5N$，$F_{Ax}=2400N$，$F_{Ay}=1200N$

2-24 $F_A=-15kN$，$F_B=40kN$，$F_C=5kN$，$F_D=15kN$

2-25 (a) $F_{Ax}=\frac{M}{a}\tan\theta$，$F_{Ay}=-\frac{M}{a}$，$M_A=-M$，$F_B=F_C=\frac{M}{a\cos\theta}$

(b) $F_{Ax}=\frac{qa}{2}\tan\theta$，$F_{Ay}=\frac{1}{2}qa$，$M_A=\frac{1}{2}qa^2$；$F_{Bx}=\frac{qa}{2}\tan\theta$；

$F_{By}=\frac{1}{2}qa$，$F_C=\frac{qa}{2\cos\theta}$

2-26 $F_A=-48.33\text{kN}$，$F_B=100\text{kN}$，$F_D=8.333\text{kN}$

2-27 $F_A=42.5\text{kN}$，$M_A=165\text{kN}\cdot\text{m}$，$F_B=7.5\text{kN}$

2-28 $M=70.36\text{N}\cdot\text{m}$

2-29 $M=135\text{N}\cdot\text{m}$

2-30 $F_{Ax}=2075\text{N}$，$F_{Ay}=1000\text{N}$；$F_{Ex}=-2075\text{N}$，$F_{Ey}=2000\text{N}$；

2-31 $M=\frac{Fr\cos(\beta-\theta)}{\sin\beta}$

2-32 (1) $F_{Ax}=-F_{Bx}=40\text{kN}$，$F_{Ay}=F_{By}=80\text{kN}$；

(2) $F_{Ax}=-F_{Bx}=15\text{kN}$，$F_{Ay}=55\text{kN}$，$F_{By}=45\text{kN}$

2-33 $F_{Ax}=12\text{kN}$，$F_{Ay}=1.5\text{kN}$，$F_B=10.5\text{kN}$，$F_{BC}=15\text{kN}$（压）

2-34 (1) $F_{Ax}=\frac{3}{2}F_1$，$F_{Ay}=F_2+\frac{F_1}{2}$，$M_A=-\left(F_2+\frac{F_1}{2}\right)a$；

(2) $F_{BAx}=-\frac{3}{2}F_1$，$F_{BAy}=-\left(F_2+\frac{F_1}{2}\right)$，$F_{BTx}=\frac{3}{2}F_1$，$F_{BTy}=\frac{F_1}{2}$

2-35 $F_{Bx}=122.5\text{N}$，$F_{By}=147\text{N}$，$F_C=122.5\text{N}$

2-36 $F_{Bx}=-F$，$F_{By}=0$，$F_{Cx}=F$，$F_{Cy}=F$，

$F_{Ax}=-F$，$F_{Ay}=F$，$F_{Dx}=2F$，$F_{Dy}=F$

2-37 (a) $F_1=F_3=F_5=1.93F$（拉），

$F_2=F_4=F_6=-1.93F$（压）；

(b) $F_1=F_2=F_3=F=F$，$F_5=F_6=0$

2-38 (a) $F_1=-\frac{F}{3}$，$F_2=0$，$F_3=-\frac{2}{3}F$；

(b) $F_1=F$，$F_2=-1.41F$，$F_3=0$

第3章 空 间 力 学

3-1 $F_{Rx}=-354.4\text{N}$，$F_{Ry}=-249.6\text{N}$，$F_{Rz}=-10.56\text{N}$，

$M_x=-51.78\text{N}\cdot\text{m}$，$M_y=-36.65\text{N}\cdot\text{m}$，$M_z=106.6\text{N}\cdot\text{m}$

3-2 $F_R=20\text{N}$，沿 z 轴正向，作用线的位置由 $x_C=60\text{mm}$ 和 $y_C=32.5\text{mm}$ 来确定。

3-3 $F_A=F_B=-26.39\text{kN}$（压），$F_C=33.45\text{kN}$（拉）

3-4 $F_{CA}=-\sqrt{2}P$（压），$F_{BD}=P(\cos\theta-\sin\theta)$，$F_{BE}=P(\cos\theta+\sin\theta)$，

$F_{AB}=-\sqrt{2}P\cos\theta$

3-5 $F_1=-5\text{kN}$（压），$F_2=-5\text{kN}$（压），$F_3=-7.07\text{kN}$（压），

$F_4=5\text{ kN}$（拉），$F_5=5\text{ kN}$（拉），$F_6=-10\text{kN}$（压）

3-6 $F=50\text{N}$，$\theta=143°8'$

3-7 $M_z=-101.4\text{N}\cdot\text{m}$

3-8 $M_z=Fa\sin\beta\sin\theta$

3-9 $M_x=\frac{F}{4}(h-3r)$，$M_y=\frac{\sqrt{3}}{4}F(r+h)$，$M_z=-\frac{Fr}{2}$

3-10 $a=350\text{mm}$

3-11 (1) $M=22.5\text{N}\cdot\text{m}$；(2) $F_{Ax}=75\text{N}$，$F_{Ay}=0$，$F_{Az}=50\text{N}$；

(3) $F_x=-75N$，$F_y=0$

3-12 $F_1=10kN$，$F_2=5kN$，$F_{Ax}=-5.2kN$，$F_{Az}=6kN$；$F_{Bx}=-7.8kN$，$F_{Bz}=1.5kN$

3-13 $F_{Cx}=-666.7N$，$F_{Cy}=-14.7N$，$F_{Cz}=12640N$；$F_{Ax}=2667N$，$F_{Ay}=-325.3N$

3-14 $F=200N$；$F_{Bz}=F_{Bx}=0$；$F_{Ax}=86.6N$，$F_{Ay}=150N$，$F_{Az}=100N$

3-15 $F_1=F_5=-F$（压），$F_3=F$（拉），$F_2=F_4=F_6=0$

3-16 $M_1=\frac{b}{a}M_2+\frac{c}{a}M_3$；$F_{Ay}=\frac{M_3}{a}$，$F_{Az}=\frac{M_2}{a}$；$F_{Dx}=0$，$F_{Dy}=-\frac{M_3}{a}$；$F_{Dz}=-\frac{M_2}{a}$

3-17 $F_1=F_D$，$F_2=-\sqrt{2}F_D$，$F_3=-\sqrt{2}F_D$，$F_4=\sqrt{6}F_D$ $F_5=-F-\sqrt{2}F_D$，$F_6=F_D$

3-18 重心离底面的高度为 0.659m，离 B 端距离为 1.68m

3-19 $x_C=90mm$

3-20 $x_C=-\frac{r^2R}{2(R^2-r^2)}$，$y_C=0$

3-21 $x_C=\frac{a}{2}$，$y_C=0.634a$

3-22 $x_C=0$，$y_C=15.12cm$

3-23 $x_C=21.72mm$，$y_C=40.69mm$，$z_C=-23.62mm$

3-24 $h=\frac{r}{\sqrt{2}}$

第4章 摩 擦

4-1 $F_s=100N$

4-2 $P=2370N$

4-3 $\theta\leqslant 26°34'$

4-4 $f_s=0.224$

4-5 $s=0.456l$

4-6 $l_{min}=100mm$

4-7 $M_{制动}=300N\cdot m$

4-8 $b<7.5mm$

4-9 $M_{min}=0.212P_r$

4-10 $f_s\geqslant 0.15$

4-11 $49.61N\cdot m\leqslant M_C\leqslant 70.39N\cdot m$

4-12 $\theta\leqslant 11°26'$

4-13 $\frac{\sin\theta-f_s\cos\theta}{\cos\theta+f_s\sin\theta}P\leqslant F\leqslant\frac{\sin\theta+f_s\cos\theta}{\cos\theta-f_s\sin\theta}P$

4-14 $M=P_1(R\sin\alpha-r)$，$F_s=P_1\sin\alpha$，$F_N=P-P_1\cos\alpha$

4-15 $M=1.867kN\cdot m$，$f_s\geqslant 0.752$

4-16 $\theta=1°9'$

4-17 $\tan\theta=\frac{f_s a}{\sqrt{l^2-a^2}}$

4-18 $M=122.5N\cdot m$

第5章 点的运动学

5-1 $x=200\cos\frac{\pi}{5}t$ mm，$y=100\sin\frac{\pi}{5}t$ mm；轨迹 $\frac{x^2}{40000}+\frac{y^2}{10000}=1$

5-2 $\frac{(x-a)^2}{(b+l)^2}+\frac{y^2}{l^2}=1$

5-3 对地：$y_A=0.01\sqrt{64-t^2}$ m；$v_A=\frac{0.01t}{\sqrt{64-t^2}}$ m/s，方向垂直向下；

对凸轮：$x'_A=0.01t$ m；$y'_A=0.01\sqrt{64-t^2}$ m；$v_{Ax'}=0.01$ m/s，

$v_{Ay'}=-\frac{0.01t}{\sqrt{64-t^2}}$ m/s

5-4 $y=\tan kt$；

5-5 $v_A=10$ m/s，$v_B=20$ m/s

5-6 $y=e\sin\omega t+\sqrt{R^2-e^2\cos^2\omega t}$；$v=e\omega\left[\cos\omega t+\frac{e\sin 2\omega t}{2\sqrt{R^2-e^2\cos^2\omega t}}\right]$

5-7 $x=r\cos\omega t+l\sin\frac{\omega t}{2}$，$y=r\sin\omega t-l\cos\frac{\omega t}{2}$

$v=\omega\sqrt{r^2+\frac{l^2}{4}-rl\sin\frac{\omega t}{2}}$；$a=\omega^2\sqrt{r^2+\frac{l^2}{16}-\frac{rl}{2}\sin\frac{\omega t}{2}}$

5-8 (1) 自然法：$s=2R\omega t$；$v=2R\omega$；$a_\tau=0$；$a_n=4R\omega^2$；

(2) 直角坐标法：$x=R+R\cos 2\omega t$，$y=R\sin 2\omega t$

$v_x=-2R\omega\sin 2\omega t$，$v_y=2R\omega\cos 2\omega t$；

$a_x=-4R\omega^2\cos 2\omega t$，$a_y=-4R\omega^2\sin 2\omega t$

5-9 $v=ak$，$v_r=-ak\sin kt$

5-10 $a_{max}=1$ m/s^2

5-11 $\rho=5$ m，$a_\tau=8.66$ m/s^2

5-12 $v_M=v\sqrt{1+\frac{p}{2x}}$；$a_M=-\frac{v^2}{4x}\sqrt{\frac{2p}{x}}$

5-13 $a_\tau=\frac{1}{9}$ m/s^2，$a_n=\frac{2}{9}$ m/s^2

5-14 $t=0$ s 时，$a=10$ m/s^2

$t=1$ s 时，$a_\tau=10$ m/s^2，$a_n=106.7$ m/s^2

$t=2$ s 时，$a_\tau=10$ m/s^2，$a_n=83.3$ m/s^2

5-15 $l=14.64$ m ($g\approx 10$ m/s^2)

***5-16** $\rho=\frac{v_0}{\omega_0}\varphi$

***5-17** $\varphi=kt$；$\rho=b+2a\cos kt$；

轨迹为螺旋线：$\rho=b+2a\cos\varphi$

$v=k\sqrt{4a^2+b^2+4ab\cos kt}$；$a=k^2\sqrt{16a^2+b^2+8ab\cos kt}$

第6章 刚体的基本运动

6-1 $x=0.2\cos 4t$ m；$v=0.4$ m/s；$a=-2.770$ m/s^2

6-2 $\omega=\frac{v}{2l}$；$\alpha=\frac{v^2}{2l^2}$

6-3 $\theta_A = \arctan \dfrac{\sin \omega_0 t}{\dfrac{h}{r} - \cos \omega_0 t}$

6-4 $\alpha = \dfrac{av^2}{2\pi r^3}$

6-5 $\dfrac{\boldsymbol{\omega}}{\omega} = 2\boldsymbol{k}$，$\boldsymbol{a} = -1.5\boldsymbol{k}$，$\boldsymbol{a}_c =$ $(-388.9\boldsymbol{i} + 176.8\boldsymbol{j})$ mm/s^2

6-6 （1）$\alpha_2 = \dfrac{5000\pi}{d^2} rad/s^2$；（2）$a = 592.2 m/s^2$

第7章　点的合成运动

7-1 $v_r = 10.06 m/s$，$\angle(\boldsymbol{v}_r, \boldsymbol{R}) = 41°48'$

7-2 $v_A = \dfrac{lav}{x^2 + a^2}$

7-3 $v_r = 63.62 mm/s$，$\angle(\boldsymbol{v}_r, \boldsymbol{R}) = 80°57'$

7-4 当 $\varphi = 0°$时，$v = \dfrac{\sqrt{3}}{3} r\omega$ 向左

当 $\varphi = 30°$时，$v = 0$

当 $\varphi = 60°$时，$v = \dfrac{\sqrt{3}}{3} r\omega$ 向右

7-5 $v_c = \dfrac{av}{2l}$

7-6 $v_{AB} = \omega e$

7-7 $v = \dfrac{1}{\sin\theta} \sqrt{v_1^2 + v_2^2 2 v_1 v_2 \cos\theta}$

7-8 $v_r = 316.2 mm/s$，$a_r = 500 mm/s^2$

7-9 $v = 0.1 m/s$，$a = 0.346 m/s^2$

7-10 $v_r = 0.052 m/s$，$a_r = 0.00529 m/s^2$

$\omega = 0.175 rad/s$，$\alpha = 0.0352 rad/s^2$

7-11 $v = 0.173 m/s$，$a = 0.05 m/s^2$

7-12 $\omega_1 = \dfrac{\omega}{2}$，$\alpha_1 = \dfrac{\sqrt{3}}{12} \omega^2$

7-13 $v_r = \dfrac{2}{\sqrt{3}} v_0$，$a_r = \dfrac{8\sqrt{3}}{9} \dfrac{v_0^2}{R}$

7-14 $v_M = 0.173 m/s$，$a_M = 0.35 m/s^2$

7-15 $v = 0.325 m/s$，$a = 0.657 m/s^2$

7-16 $v = 0.325 m/s$，$a = 0.657 m/s^2$

7-17 $a_m = \sqrt{(b + v_r t)^2 \omega^4 + 4\omega^2 v_r^2 \cdot \sin\theta}$

第8章　刚体的平面运动

8-1 $x_C = r\cos \omega_0 t$，$y_C = r\sin \omega_0 t$，$\varphi = \omega_0 t$

8-2 $x_A = 0$，$y_A = \dfrac{1}{3} g t^2$，$\varphi = \dfrac{g}{3r} t^2$

8-3 $x_A = (R + r) \cos \dfrac{at^2}{2}$，$y_A = (R + r) \sin \dfrac{at^2}{2}$，$\varphi_A = \dfrac{1}{2r} (R + r) a t^2$

8-4 $r_\omega = 4 rad/s$，$v_o = 4 m/s$

8-5 $v_C=200\text{mm/s}$

8-6 $v_D=216\text{mm/s}$

8-7 $\omega=2.6\text{rad/s}$

8-8 $v_A=\frac{3}{8}v_D$

8-9 $\omega_{OD}=10\sqrt{3}\text{rad/s}$，$\omega_{DE}=\frac{10}{3}\sqrt{3}\text{rad/s}$

8-10 $v_F=0.462\text{m/s}$，$\omega_{EF}=1.333\text{rad/s}$

8-11 $n=10800\text{r/min}$

8-12 $\omega_{O1}=\frac{(b_1+b_2)\ r_2 v}{a_1 b_2 r_2 a_2 b_1 r_1}$

8-13 $a_C=2r\omega_0^2$

8-14 $v_o=\frac{R}{R-r}v$，$a_o=\frac{R}{R-r}a$

8-15 $v_B=2\text{m/s}$，$v_C=2.828\text{m/s}$

$a_B=8\text{m/s}^2$，$a_C=11.31\text{m/s}^2$

8-16 $v_C=\frac{3}{2}r\omega_o$，$a_C=\frac{\sqrt{3}}{12}r\omega_0^2$

8-17 $\omega=-1\text{rad/s}$，$\alpha=2\text{rad/s}^2$

$v_C=0.05\text{m/s}$（↑），$a_C=0.1\text{m/s}^2$（↓）

$v_D=0.2\text{m/s}$（↑），$a_D=0.427\text{m/s}^2$（↓）

$v_E=0.1\text{m/s}$（↓），$a_E=0.25\text{m/s}^2$（↑）

8-18 $\omega=2\text{rad/s}$，$\alpha=2\text{rad/s}^2$

8-19 $\omega_{O_1C}=6.186\text{rad/s}$，$\alpha_{O_1C}=78.17\text{rad/s}^2$

8-20 $\omega_{O_1A}=0.2\text{rad/s}$，$\alpha_{O_1A}=0.0462\text{rad/s}^2$

8-21 (1) $v_C=0.4\text{m/s}$，$v_r=0.2\text{m/s}$；

(2) $a_C=0.159\text{m/s}^2$，$a_r=0.139\text{m/s}^2$

8-22 $v_C=6.865r\omega_o$，$a_C=16.14r\omega_0^2$

8-23 $\varphi=0°$时，$v=0.15\text{m/s}$

$\varphi=45°$时，$v=0.49\text{m/s}$

$\varphi=90°$时，$v=0.588\text{m/s}$

8-24 有两个解：$a_C=28.8\text{m/s}^2$，$a_C=40\text{m/s}^2$，$v_C=1058\text{mm/s}$

第9章 质点动力学的基本方程

9-1 $n_{max}=\frac{30}{\pi}\sqrt{\frac{fg}{r}}\text{r/min}$

9-2 $t=\sqrt{\frac{h}{g}\frac{m_1+m_2}{m_1-m_2}}$

9-3 (1) $F_{Nmax}=m(g+e\omega^2)$；(2) $\omega_{max}=\sqrt{\frac{g}{e}}$

9-4 $n=67\text{r/min}$

9-5 $F=m\left(g+\frac{l^2 v_0^2}{x^3}\right)\sqrt{1+\left(\frac{l}{x}\right)^2}$

9-6 $F=488.56\text{kN}$

9-7 时间 $t=2.02\text{s}$；路程 $s=7.07\text{m}$

9-8　$v=\frac{P}{kA}(1-e^{-\frac{kA}{m}t})$，$s=\frac{P}{kA}\left[T-\frac{m}{kA}(1-e^{-\frac{kA}{m}T})\right]$

9-9　椭圆 $\frac{x^2}{x_0^2}+\frac{k}{m}\frac{y^2}{v_0^2}=1$

9-10　$x=\frac{v_0}{k}(1-e^{-kt})$，$y=h+\frac{g}{k}t-\frac{g}{k^2}(1-e^{-kt})$

轨迹为：$y=h+\frac{g}{k^2}\ln\frac{v_0}{v_0-kx}-\frac{gx}{kv_0}$

9-11　$t=0.639\text{s}$，$d=3.19\text{m}$

* **9-12**　(1) $F_r=4\text{N}$，$F_\theta=0$；(2) $F_r=-21.34\text{N}$；$F_\theta=21.3$

* **9-13**　$F_N=P\left(3\sin\theta+3\frac{a}{g}\cos\theta-2\frac{a}{g}\right)$，$F_{N\max}=2(2+\sqrt{2})mr\omega^2$

* **9-14**　$x'=\text{arcosh}(\omega t)$；$F_N=2m\omega^2\text{arsinh}(\omega t)$

第10章　动　量　定　理

10-1　$f=0.17$

10-2　(a) $m\frac{l}{2}\omega$，(b) $m\frac{l}{6}\omega$，(c) $m\frac{\sqrt{3}}{3}v$，(d) $m\frac{l}{2}a\omega$，(e) $mR\omega$，(f) mv

10-3　向左移动0.266m

10-4　向左移动0.138m

10-5　向左移动$\frac{a-b}{4}$m

10-6　$x''+\frac{k}{m+m_1}x=\frac{m_1 l\omega^2}{m+m_1}\sin\varphi$

10-7　椭圆 $4x^2+y^2=L^2$

10-8　$\Delta v=0.246\text{m/s}$

10-9　$p=\frac{5}{2}mL_1\omega$，(方向水平向右)

10-10　$x_C=\frac{m_3L}{2(m_1+m_2+m_3)}+\frac{m_1+2m_2+2m_3}{2(m_1+m_2+m_3)}L\cos\omega t$

10-11　$F_{Ox}=-\frac{4mR}{3\pi}(\omega^2\cos\varphi+\alpha\sin\varphi)$

$F_{Oy}=mg-\frac{4mR}{3\pi}(\omega^2\sin\varphi-\alpha\cos\varphi)$

10-12　$F_O^n=\frac{p}{g}l\omega^2+p\sin\varphi$，$F_O^\tau=\frac{p}{g}l\alpha-p\cos\varphi$

第11章　动 量 矩 定 理

11-1　$L_O=2ab\omega m\cos^3\omega t$

11-2　$n=480\text{r/min}$

11-3　(1) $L=2m\omega L^2\sin^2\theta$；(2) $L=\frac{8}{3}m\omega L^2\sin^2\theta$

11-4　$L_O=\frac{vr}{2g}[2(G_A+G_B)+G]$

11-5　$\omega=\frac{4m+3m_1}{4(m+3m_1)}\omega_0$

11-6 (a) $\alpha=\frac{g}{2r}$, $F_n=0$, $F_\tau=-\frac{1}{2}mg$;

(b) $\alpha=\frac{2g}{3r}$, $F_n=0$, $F_\tau=-\frac{1}{3}mg$

11-7 $\alpha=(m_1r_1-m_2r_2)g/m_1r_1^2+m_2r_2^2+m_3\rho^2$

11-8 $\alpha=\frac{a}{a^2+\rho_C^2}g$, $F_n=0$, $F_\tau=\frac{-\rho_C^2}{a^2+\rho_C^2}mg$

11-9 (1) $\omega=\frac{J_1\omega_o}{J_1+J_2}$; (2) $M_f=\frac{J_1J_2\omega_o}{(J_1+J_2)t}$

11-10 $\varphi=\frac{\delta_O}{l}\sin\left(\sqrt{\frac{k}{3(m_1+3m_2)}}t+\frac{\pi}{2}\right)$

$T=2\pi\sqrt{\frac{3(m_1+3m_2)}{k}}$

11-11 $\alpha_1=\frac{2(R_2M-R_1M')}{(m_1+m_2)R_1^2R_2}$

11-12 $J_A=J_B+m(a^2-b^2)$

11-13 $a=\frac{(Mi-mgR)R}{mR^2+J_1i^2+J_2}$

11-14 $v=\frac{2}{3}\sqrt{3gh}$, $T=\frac{1}{3}mg$

11-15 $a_C=\frac{FR(R\cos\theta-r_o)}{m(\rho^2+R^2)}$, $f=\frac{F(\rho^2\cos\theta+R\cdot r)}{(mg-F\sin\theta)(\rho^2+R^2)}$

11-16 $F_{NA}=\frac{2}{5}mg$

11-17 $a_A=\frac{m_1g(r+R)^2}{m_1(R+r)^2+m_2(\rho^2+R^2)}$

11-18 $a=\frac{F-f(m_1+m_2)g}{m_1+\frac{m_2}{3}}$

11-19 $a=\frac{4}{7}g\sin\theta$; $F=-\frac{1}{7}mg\sin\theta$

11-20 $a_C=0.355g$

11-21 $\alpha=\frac{3g}{2l}\cos\varphi$; $\omega=\sqrt{\frac{3g}{l}(\sin\varphi_0-\sin\varphi)}$;

$\varphi_1=\arcsin\left(\frac{2}{3}\sin\varphi_0\right)$

第12章 动 能 定 理

12-1 $W_{BA}=-20.3J$, $W_{AD}=20.3J$

12-2 $v=8.1\text{m/s}$

12-3 (a) $\frac{1}{6}ml^2\omega^2$, (b) $\frac{1}{18}ml^2\omega^2$, (c) $\frac{2}{9}mv^2$,

(d) $\frac{5}{6}ma^2\omega^2$, (e) $\frac{3}{4}mR^2\omega^2$, (f) $\frac{3}{4}mv^2$

12-4 $\omega=\sqrt{\frac{3}{2}[W+(\sqrt{2}-1)kl]g/Wl}$

12-5 $T=\frac{1}{6}ml^2\omega^2\sin^2\theta$

12-6 （1）$\lambda=5\text{cm}$；（2）$\omega=15.5\text{rad/s}$

12-7 $v_2=\sqrt{\frac{4gh(m_2-2m_1+m_4)}{2m_2+8m_1+4m_3+3m_4}}$

12-8 $v=\sqrt{3gh}$

12-9 （1）$\omega_B=0$，$\omega_{AB}=4.95\text{rad/s}$；（2）$\delta_{max}=87.1\text{mm}$

12-10 $\omega=\sqrt{\frac{12(M\pi-2fm_2gL)}{L^2(m_1+3m_2\sin^2\varphi)}\varphi}$

12-11 $\omega=\frac{2}{r}\sqrt{\frac{M-m_2gr(\sin\theta+f\cos\theta)}{m_1+2m_2}\varphi}$，$\alpha=\frac{2[M-m_2gr(\sin\theta+f\cos\theta)]}{r^2(2m_2+m_1)}$

12-12 $\omega=\frac{2}{R+r}\sqrt{\frac{3M\varphi}{9m_1+2m_2}}$，$a=\frac{6M}{(R+r)^2(9m_1+2m_2)}$

12-13 $a_{AB}=\frac{mg\tan^2\theta}{m_C+m\tan^2\theta}$，$a_C=\frac{mg\tan\theta}{m_C+m\tan^2\theta}$

12-14 $\omega=\sqrt{\frac{2M\varphi}{(3m_1+4m_2)L^2}}$，$a=\frac{M}{(3m_1+4m_2)L^2}$

12-15 $a=\frac{2(P+Q)\sin\beta}{3P+2Q}$

12-16 $\omega^2=\frac{3g[(\sqrt{3}-1)W-(2-\sqrt{3})kl]}{7Wl}$

12-17 $\theta=0°$时，$\omega_{AB}^2=\frac{3\sqrt{3}g}{2l}$

12-18 $\omega=\frac{1}{r}\sqrt{\frac{4M\pi-4mgr\pi\sin\beta-kr^2\pi^2}{7m}}$，$\alpha=\frac{2(2M-2mgr\sin\beta-kr^2\pi)}{7mr^2}$

12-19 $v=\sqrt{\frac{g}{l}(l^2-h^2)}$

12-20 $a_A=\frac{3m_1g}{4m_1+9m_2}$

12-21 $M_{主}=188.2\text{N}\cdot\text{m}$；$M_{电}=42.4\text{ N}\cdot\text{m}$；$P_{电}=6.31\text{kW}$

综-1 $F_x=\frac{m_1\sin\theta-m_2}{m_1+m_2}m_1g\cos\theta$

综-2 $F_1=mg\cos\varphi+\frac{2mga^2}{\rho^2+a^2}(\cos\varphi-\cos\varphi_0)$，$F_2=\frac{mg\rho^2\sin\varphi}{\rho^2+a^2}$

综-3 （1）$\alpha=\frac{M-mgR\sin\theta}{2mR^2}$；（2）$F_x=\frac{1}{8R}(6M\cos\theta+mgR\sin2\theta)$

综-4 $\omega_B=\frac{J\omega}{J+mR^2}$，$\omega_C=\omega$；$v_C=\sqrt{4gR}$，

$$v_B=\sqrt{\frac{2mgR-J\omega^2\left[\frac{J^2}{(J+mR^2)}-1\right]}{m}}$$

综-5 $v_A=\frac{\sqrt{km_2}(L-L_0)}{\sqrt{m_1(m_1+m_2)}}$，$v_B=\frac{\sqrt{km_1}(L-L_0)}{\sqrt{m_2(m_1+m_2)}}$

综-6 $a_B=\frac{m_1 g\sin 2\theta}{2\ (m_2+m_1\ \sin^2\theta)}$

综-7 $\omega=\sqrt{\frac{3g}{l}\ (1-\sin\varphi)}$；$\alpha=\frac{3g}{2l}\cos\varphi$;

$F_A=\frac{9}{4}mg\cos\varphi\left(\sin\varphi-\frac{2}{3}\right)$，$F_B=\frac{mg}{4}\left[1+9\sin\varphi\left(\sin\varphi-\frac{2}{3}\right)\right]$

综-8 $a_A=\frac{m\ (R-r)^2 g}{m'\ (\rho^2+r^2)\ +m\ (R-r)^2}$（向下）

综-9 $a_A=\frac{1}{6}g$；$F=\frac{4}{3}mg$；$F_{Kx}=0$，$F_{Ky}=4.5mg$，$M_K=13.5mgR$

综-10 $a=\frac{m_2\sin 2\theta}{3m_1+m_2+2m_2\ \sin^2\theta}g$

第13章 达朗贝尔原理

13-1 $F_{NA}=m\frac{bg-ha}{(c+b)}$，$F_{NB}=m\frac{cg+ha}{(c+b)}$

当 $a=\frac{(b-c)}{2h}g$ 时，$F_{NA}=F_{NB}$

13-2 $F=\frac{l^2-h^2}{2l}m\omega^2$

13-3 $\omega^2=3g\frac{b^2\cos\varphi-a^2\sin\varphi}{(b^3-a^3)\ \sin 2\varphi}$

13-4 $M_D=106.3\text{kN}\cdot\text{m}$，$F_{Dx}=479.9\text{N}$，$F_{Dy}=-177.2\text{N}$

13-5 $F_{CD}=\frac{4m_1 m_2 g l_2}{(m_1+m_2)\ l_1\sin\alpha}$

13-6 $\alpha=\frac{3g}{4l}$，$F_{Ax}=0$，$F_{Ay}=\frac{1}{4}mg$

13-7 $\alpha=47\text{rad/s}^2$，$F_{Ax}=-95.3\text{kN}$，$F_{Ay}=137.72\text{kN}$

13-8 $a=\frac{(mr-m_1R)\ g}{J+m_1R^2+m_2r^2}$，$F'_{Ox}=0$，$F'_{Oy}=\frac{-g\ (m_2r-m_1R)^2}{J_O+m_1R^2+m_2r^2}$

13-9 $M=\frac{\sqrt{3}}{4}\ (m_1+2m_2)\ gr-\frac{\sqrt{3}}{4}m_2r^2\omega^2$，

$F_{Ox}=-\frac{\sqrt{3}}{4}m_1r\omega^2$，

$F_{Oy}=\ (m_1+m_2)\ g-\ (m_1+2m_2)\ \frac{r\omega^2}{4}$

13-10 $\alpha=\frac{6g}{17r}$，$F_{Ax}=\frac{6mg}{17}-mr\omega^2$，

$F_{Ay}=\frac{11}{17}mg-mr\omega^2$，

$M_A=\frac{9}{17}mgr-mr^2\omega^2$

13-11 向质心 C 简化结果 $F_I^t=mr\cdot\alpha$（←），

$F_I^n=\frac{mr^2\omega^2}{r+R}$（↑），

$M_{IC}=\frac{1}{2}mr^2\cdot\alpha$（逆时针），

向瞬心 P 简化结果：F_{I}^{τ}、F_{I}^{n} 同上 $M_{Ip}=\frac{3}{2}mr^2\alpha$

13-12　$a_C=2.8\text{m/s}^2$

13-13　$\alpha=3.52\text{rad/s}^2$，$F_B=176\text{N}$，$F_A=358\text{N}$

13-14　$\alpha=\frac{6g}{5L}$，$F_{TB}=\frac{\sqrt{2}}{5}mg$

13-15　$F_A=\frac{P}{2}+\frac{M}{3R}$；$F_{Bx}=\frac{2M}{3R}$，$F_{By}=\frac{P}{2}-\frac{M}{3R}$

13-16　(1) $a_o=\frac{2}{7mR}(2M-mgR\sin\theta)$，$F_T=\frac{1}{7R}(3M+2mgR\sin\theta)$；

(2) $F_{Bx}=\frac{1}{7R}(3M+2mgR\sin\theta)\cos\theta$，

$F_{By}=Mg+\frac{1}{7R}(3M+2mgR\sin\theta)\sin\theta$，

$M_B=\frac{l}{7R}(3M+2mgR\sin\theta)\cos\theta$

13-17　$F_{Ox}=-\frac{4}{3}P$，$F_{Oy}=\frac{P}{3}$

13-18　$\alpha_1=\frac{3g}{4l}$，$\alpha_2=\frac{63g}{16l}$；

$F_{Ax}=\frac{3\sqrt{3}}{16}mg$，$F_{Ay}=-\frac{5}{32}mg$

第 14 章　虚位移原理

14-3　$F=\frac{1}{2}F_1\tan\alpha$

14-4　$F_1=\frac{F_2 l}{a\cos^2\varphi}$

14-5　$P_B=5P_A$

14-6　$F_3=P$

14-7　$F=\frac{\pi M\cot\alpha}{h}$

14-8　$F=\frac{M}{a}\cot 2\theta$

14-9　$M=\frac{450\sin\theta(1-\cos\theta)}{\cos^3\theta}\text{N}\cdot\text{m}$

14-10　$F_2=1.5F_1\cot\theta$

14-11　$M=2RF$，$F_s=F$

14-12　$F_{Ax}=0$，$F_{Ay}=-2450\text{N}$，$F_B=14700\text{N}$，$F_E=2450\text{N}$

14-13　$F_1=\frac{2\sqrt{3}F}{3}, F_2=0$

14-14　$F_1=3.67\text{kN}$

14-15　$F_{Ax}=F_2$，$F_{Ay}=F_1-\frac{hF_2}{l}$，$M_A=F_1 l-2F_2 h$

第 15 章　拉格朗日方程

15-1　同 12-13 答案

15-2 $a_{B}=\dfrac{m_1 g\sin 2\theta}{2(m_2+m_1\sin^2\theta)}$

15-3 $q=\varphi, F_{Q\varphi}=M-\left(m_1+\dfrac{m_2}{2}\right)(r_1+r_2)g\cos\varphi$

15-4 $\alpha_{OA}=\dfrac{2M}{3m(R-r)^2}$

15-5 $6\ddot{\theta}-\ddot{\varphi}(1+\cos\varphi)+\dot{\varphi}^2\sin\varphi=0$

$4\ddot{\varphi}-3\ddot{\theta}(1+\cos\varphi)+\dfrac{g}{R}\sin\varphi=0$

15-6 $(l+r\theta)\ddot{\theta}+r\dot{\theta}^2+g\sin\theta=0$

15-7 $(m_1+m_2)\ddot{x}+m_2 l\ddot{\varphi}\cos\varphi-m_2 l\dot{\varphi}\sin\varphi+k(x-l_0)=0$

$l\ddot{\varphi}+\ddot{x}\cos\varphi+g\sin\varphi=0$

15-8 $\dfrac{1}{3}ml\ddot{\theta}_1+\dfrac{1}{2}mg\sin\theta_1+\dfrac{kl}{4}(\theta_1+\theta_2)=0$

$\dfrac{1}{3}ml\ddot{\theta}_2+\dfrac{1}{2}mg\sin\theta_2+\dfrac{kl}{4}(\theta_1+\theta_2)=0$

15-9 $(0.5P_1+P_2)R_1^2\ddot{\theta}_1+P_2R_1R_2\ddot{\theta}_2-P_2R_1g=0$

$2R_1\ddot{\theta}_1+3R_2\ddot{\theta}_2-2gP_2R_2=0$

15-10 $m[\ddot{x}+k(\ddot{\theta}\cos\theta-\dot{\theta}^2\sin\theta)]=F, \dfrac{3}{4}ml\ddot{\theta}+m\ddot{x}\cos\theta=2F\cos\theta+mg\sin\theta$

主 要 参 考 文 献

[1] 哈尔滨工业大学理论力学教研室编. 理论力学. 上册，下册. 第五版. 北京：高等教育出版社，1997.

[2] 哈尔滨工业大学理论力学教研室编. 理论力学. （Ⅰ）册，（Ⅱ）册. 第六版. 北京：高等教育出版社，2002.

[3] 范钦珊主编. 理论力学. 北京：高等教育出版社，2000.

[4] 浙江大学理论力学教研室编. 理论力学. 第三版. 北京：高等教育出版社，1999.

[5] 郝桐生编. 理论力学. 第二版. 北京：高等教育出版社，1988.

[6] 贾书惠编著. 理论力学教程. 北京：清华大学出版社，2004.

[7] 谢传锋主编. 理论力学. 北京：高等教育出版社，1999.

[8] 蔡泰信，和兴锁主编. 理论力学（导教・导学・导考）. 上册、下册. 西安：西北工业大学出版社，2004.

[9] 国防科技大学等合编. 理论力学. 北京：国防工业出版社，1991.